膨胀土边坡工程学

徐永福 刘建红 著

本书是国家重点研发计划项目"膨胀土滑坡和工程边坡新型防治技术研究"（项目编号：2019YFC1509800）和国家自然科学基金重点项目"季节性气候影响下膨胀土工程边坡的失稳机制与防控理论"（项目编号：42330701）的重要研究成果。

科学出版社

北京

内 容 简 介

本书系统阐述膨胀土的地质成因、矿物成分和膨胀等级的划分方法，论述膨胀土的强度特性、胀缩性和裂隙性；基于膨胀土孔隙表面的分形模型，揭示膨胀土的水力作用机理，建立膨胀土的广义有效应力和膨胀变形理论；探究胀缩裂隙控制的膨胀土边坡浅层失稳机制和软弱夹层控制的膨胀土边坡深层失稳机制，提出膨胀土边坡两种失稳机制的稳定性评价方法；建立膨胀土的朗肯土压力理论，提出了膨胀土边坡的新型防护技术：分隔防护技术、减压支挡技术和超前稳固技术，形成了膨胀土边坡防护的土袋防护技术、加筋土覆盖技术、复合防排水技术、EPS减压挡土墙技术、抗滑桩技术、锚固技术、桩板墙技术和生态防护技术理论体系，建成新型防护技术的标准化应用示范工程；对膨胀土边坡防护工程的健康诊断方法、膨胀土滑坡的早期识别方法以及膨胀土边坡变形的北斗实时监测技术进行系统研究。

本书可供从事防灾减灾工程、地质环境工程、岩土工程的科研、教学、工程技术、管理技术人员参考阅读，也可作为工程技术和管理技术人员设计、施工、抢险的指导书。

图书在版编目（CIP）数据

膨胀土边坡工程学 / 徐永福，刘建红著. —北京：科学出版社，2024.9
ISBN 978-7-03-078527-5

Ⅰ. ①膨… Ⅱ. ①徐… ②刘… Ⅲ. ①膨胀土-边坡-道路工程
Ⅳ. ①TU475

中国国家版本馆 CIP 数据核字（2024）第 097817 号

责任编辑：李 海 李程程 / 责任校对：赵丽杰
责任印制：吕春珉 / 封面设计：东方人华平面设计部

科 学 出 版 社 出版
北京东黄城根北街 16 号
邮政编码：100717
http://www.sciencep.com

北京中科印刷有限公司印刷
科学出版社发行 各地新华书店经销
*
2024 年 9 月第 一 版 开本：787×1092 1/16
2024 年 9 月第一次印刷 印张：27 3/4
字数：658 000
定价：358.00 元
（如有印装质量问题，我社负责调换）
销售部电话 010-62136230 编辑部电话 010-62135319-2030

前　　言

膨胀土是一种在我国广泛分布的特殊土,与人类活动和工程建设密切相关。膨胀土通常处于非饱和状态,其性质随气候变化而发生显著的改变,具有湿胀干缩和裂隙发育等重要特性,受到学术界和工程界的长期关注。自美籍华人学者陈孚华在 1975 年出版 *Foundations on Expansive Soils*(《膨胀土上的基础》)一书起,对膨胀土的研究已将近半个世纪;尽管已召开 7 届膨胀土国际学术会议和 8 届非饱和土国际会议,出版数以千计的有关膨胀土学术论文,但迄今尚没有一本以非饱和土力学为基础系统论述膨胀土边坡工程方面的专著。

近年来,在国家重点研发计划项目和国家自然科学基金重点项目的大力支持下,本书作者所在科研团队对膨胀土滑坡和工程边坡新型防治技术开展了深入系统的研究;在总结多年研究成果的基础上,撰写本书。本书主要特色如下。

(1)机理与应用并重,知识面广。全书涵盖膨胀土的持水特性、变形特性、强度特性、土压力理论、测试技术、边坡稳定性评价方法、防治新材料新技术和监测预警新方法,并提出胀缩裂隙控制的浅层边坡失稳和软弱夹层控制的深层边坡失稳两类边坡稳定性分析方法。

(2)理论和方法先进,思路新颖。以分形理论为基础,通过深入研究,提出非饱和膨胀土的有效应力公式和考虑渗透吸力影响的膨胀土广义有效应力公式,采用核磁共振和北斗等多种现代高新技术测定孔隙水分布形态和实时监测膨胀土边坡的动态变形,研究成果相当丰富。

(3)防治与诊断多种方法并举,针对性强。针对膨胀土滑坡和工程边坡提出土袋防护、加筋土覆盖、EPS 减压、生态防护等多种新型防治技术,对膨胀土边坡防护工程引进层次分析、正交试验、聚类分析等多种健康诊断方法,并给出多个工程应用实例,方法简单实用。

基于上述特点,陈正汉教授在审阅本书书稿时认为:"本书把膨胀土的理论研究、测试技术和边坡防治方法提高到了一个新水平,对本领域的科研人员和工程技术工作者均有良好的参考价值。"他指出,"经过 60 多年的不懈努力 [从 1961 年出版会议论文集 *Pore Pressure and Suction in Soil*(《土壤中的孔隙压力和吸力》)算起],非饱和土与特殊土力学已发展成土力学的一门成熟的新的分支学科,并进入实用阶段,能够为解决工程建设中的非饱和土和特殊土疑难问题提供科学依据。"1999 年 11 月出版的《非饱和土强度理论及其工程应用》(徐永福和刘松玉编著)、2022 年 12 月出版的《非饱和土与特殊土力学》(上、下卷)(陈正汉著)、2023 年 10 月施行的《非饱和土试验方法标准》

（T/CECS 1337—2023）（陈正汉主编、徐永福主审），以及本书的出版是非饱和土与特殊土力学发展成熟的标志，必将在今后的膨胀土工程建设中发挥重要作用。

　　全书内容如下：绪论简要阐述了膨胀土边坡的稳定性分析方法及边坡防治措施，由徐永福撰写；第 1 章阐述膨胀土的地质成因、矿物成分和判别方法，由徐永福和刘建红撰写；第 2 章通过核磁共振技术分析膨胀土的土-水作用机理，由田慧会和马田田撰写；第 3 章论述膨胀土的无侧限抗压强度、抗拉强度和剪切强度特性，由程岩、汪磊和蔡国军撰写；第 4 章分析膨胀土的胀缩特性，建立胀缩变形理论，由徐永福、李晓月和项国圣撰写；第 5 章分析膨胀土的裂隙特性，提出裂隙土的剪切强度理论，由徐永福和刘建红撰写；第 6 章提出膨胀土的朗肯土压力理论，由徐永福和张红日撰写；第 7 章提出胀缩裂隙控制的膨胀土边坡浅层失稳机制及其稳定性分析方法，由王叶娇、王骜洵和杨济铭撰写；第 8 章提出软弱夹层控制的膨胀土边坡深层失稳机制及其稳定性评价方法，由戚顺超和许帅撰写；第 9 章提出膨胀土滑坡和工程边坡的分隔防护技术、减压支挡技术和超前稳固技术，由徐永福撰写；第 10 章提出膨胀土边坡的土袋防护技术，由徐永福和张红日撰写；第 11 章提出膨胀土边坡的加筋土覆盖技术，由肖杰、常锦、韩仲和张红日撰写；第 12 章提出膨胀土边坡的复合防排水技术，由肖杰、陈冠一和张红日撰写；第 13 章提出 EPS 减压挡土墙技术，由邹维列、韩仲、张红日和万梁龙撰写；第 14 章介绍膨胀土边坡支挡的抗滑桩技术，由刘传新、张磊和严俊撰写；第 15 章介绍膨胀土边坡的锚固技术，由熊勇和程永辉撰写；第 16 章介绍膨胀土边坡防护的桩板墙技术及其标准化应用，由林宇亮和杨果林撰写；第 17 章介绍膨胀土边坡的生态防护技术，由徐永福、杨果林、张攀和林宇亮撰写；第 18 章提出膨胀土边坡防护工程的健康诊断方法，由汪磊、刘东云和邹华撰写；第 19 章介绍膨胀土滑坡隐患识别与北斗实时监测技术，由张双成、黄观文、朱武和张红日撰写。全书由徐永福统稿。本书由陈正汉、杨和平、孙德安、龚壁卫、秦冰等学术造诣颇深的学者审阅，对此表示衷心感谢！

　　膨胀土工程边坡和滑坡防治是非常棘手的难题，一直停留在经验性阶段，膨胀土的土力学理论仍然是空白，本书力求在膨胀土的土力学理论和边坡防护设计理论方面做一些探索性工作。本书在撰写过程中参考了大量的著作、论文及相关研究成果。在此对以上参考文献的作者表示衷心的感谢！

　　由于作者水平有限，书中难免有不妥之处，敬请广大读者不吝赐教。

目　　录

绪　　论

我国膨胀土边坡防治难题最早是在铁道工程中遇到的，在 20 世纪 70 年代焦枝线和鸦官线发生 125 次失稳事故，阳安膨胀土路段的路基病害 521 处（廖世文，1984）。卢肇钧等（1997）根据膨胀土铁路路基滑坡处治的研究，在膨胀土强度、膨胀压力和裂土路基稳定性分析方面做出了重要贡献。张颖钧（1995a）实测了裂隙性膨胀土的土压力分布，提出了膨胀土的库仑土压力公式。后来大兴水利工程建设，在膨胀土渠道边坡工程中出现了广泛的滑坡现象，安徽淠史杭灌区 1385km 长的干渠发生滑坡 195 处，平均每 10km 有 1.4 个滑坡，湖北引丹灌区干渠挖方渠段坍塌 55 处，填方段滑坡 18 处（刘特洪，1997）。膨胀土滑坡常常出现在平缓的边坡上，如陶岔引丹渠道，开工 1 年后在两渠段上相继发生 13 处滑坡，大多发生在 1∶4～1∶5 的缓坡上（包承纲，2004）。在膨胀土地质成因和力学特性的长期研究过程中，李生林等（1992）从土质学角度对我国各地膨胀土的微观结构、矿物组分、化学成分、颗粒组成和地质成因进行了系统深入研究，把膨胀土的地质成因分为冲积、洪积、冲洪积、湖积、残坡积等，最早研究了石灰改良膨胀土的微观机理和工程应用。包承纲（2004）围绕膨胀土的吸力问题，总结了南水北调中线非饱和膨胀土边坡滑动的内在和外界因素，定量分析了降雨入渗和裂隙的影响，提出了考虑裂隙及雨水入渗影响的膨胀土边坡稳定分析方法。殷宗泽等（2010）建立了非饱和膨胀土的一维固结理论，提出了考虑裂隙影响的膨胀土边坡稳定性分析方法，最早开发了水泥改良土和土工防渗膜覆盖法处治膨胀土滑坡的技术。陈正汉（2014）建立了非饱和土、湿陷性黄土和膨胀土的本构模型谱系、广义土-水特征曲线模型谱系和非饱和土三维固结理论。Xu 等基于膨胀土孔隙表面分形模型，建立了膨胀土的土-水特征曲线方程、渗透系数和扩散系数公式、有效应力和广义有效应力理论、剪切强度理论和膨胀变形理论，弥补了弗雷德隆德（Fredlund）双应力参量的不足，完善了毕晓普（Bishop）有效应力理论（Xu，2004a；Xu et al.，2014）。1990～2000 年，膨胀土的研究处于百花齐放状态，以研究膨胀土的胀缩变形、有效应力、本构模型和非饱和土固结理论为主，奠定了我国膨胀土力学的理论框架。

随着我国重大基础设施建设广泛开展，膨胀土滑坡在高速公路、高速铁路、水利工程建设中经常遇到，研究重心慢慢由膨胀土的土力学理论转向滑坡防治。在高速公路膨胀土边坡防护研究中，徐永福和刘松玉（1999）针对宁淮和南京绕越高速公路膨胀土路堑边坡防护，提出了土工编织袋反压覆盖护坡技术，土工编织袋摊铺宽度为 2.0m（5 排、土工编织袋规格为 40cm×40cm×10cm）；陈善雄等（2006）依托襄荆高速公路膨胀土路堤边坡防治，采用石灰土包边防治技术，石灰土包边宽度为 2.0m；郑健龙和杨和平（2009）提出了土工格栅加筋反包处治技术，在隆百高速、南友高速、南宁外环和北京西六环高速公路膨胀土路基边坡防护中得到了成功应用。高速铁路膨胀土路基边坡防护以桩板墙和挡土墙为主，在云桂铁路南宁—百色段、宜昌当阳岩屋庙 4970 专用线等铁路膨胀土路基边坡防治中取得了成功应用（杨果林等，2017）。在水利工程的膨胀土渠道边坡防治中，王钊等（2007）采用了玻璃钢螺旋锚、土工格栅和土工泡沫板修复引丹灌渠、红水河西干渠膨胀土边坡，土工泡沫板可以减小混凝土板衬砌下的膨胀力，土工格栅可以提高渠道边坡的稳定性系数，玻璃钢螺旋锚能将混凝土框架梁与混凝土板锚固在一起；程展林和龚壁卫（2015）通过膨胀土水泥改性施工工艺现场试验，对开挖料含水量速降、开挖料土团破碎、改性土填筑施工时效性等关键技术进行了系统研究，提出了破碎机、旋耕机、条筛、碾压组合的优化施工工艺，在南水北调膨胀土渠道边坡防治中引进了抗滑桩和伞式锚防护技术；殷宗泽和袁俊平（2018）在南水北调中线膨胀土渠道边坡南阳段提出了采用水泥改良膨胀土覆盖技术；刘斯宏等（2019）采用土工袋修复了南水北调中线总干渠河南潞王坟段膨胀土渠道边坡，土工袋具有抑制水分迁移和膨胀变形、增加边坡稳定性的效果。

长期以来，膨胀土边坡工程学研究分为两个独立方向：一是膨胀土土力学理论，遵从非饱和土土力学理论思路，引进经验性参量反映膨胀特性，无法真正考虑膨胀土的自身特性；二是膨胀土边坡防护工程实践，按照膨胀土胀缩等级和自身特性提出了边坡防护的工程措施，确保膨胀土边坡安全稳定，但对工程防护措施的理论机理缺乏深入研究。当前，膨胀土边坡工程学的两个研究方向互不相关，造成了膨胀土力学理论研究与膨胀土边坡防护技术严重脱节的现状。由于膨胀土土力学理论研究没有摆脱非饱和土土力学理论框架的束缚，膨胀土土力学理论研究一直难有突破；同时，非饱和土土力学理论无法表示膨胀土特有的力学参量——膨胀力，致使膨胀土的非饱和土土力学理论与膨胀土的固有力学特性相差很远。因此，在膨胀土边坡防治研究中，还有许多基础理论问题没有达成共识。

1. 膨胀土边坡的稳定性分析方法

膨胀土滑坡具有浅层性、平缓性、牵引性、反复性、季节性、方向性等特点，即便坡度小于 1∶5 的膨胀土缓坡也发生了滑动。对于如此平缓边坡，采用非饱和原状膨胀土剪切强度参数，根据圆弧滑动法计算的边坡稳定性系数远远大于 1.0，即使采用原状膨胀土的残余剪切强度参数计算的边坡稳定性系数也大于 1.0，膨胀土边坡稳定性到底能不能采用圆弧滑动法分析而备受争议（徐永福等，2022）。对于真实的膨胀土滑坡，为了实现边坡稳定性系数接近 1.0，剪切强度指标非常小（郑健龙和杨和平，2009），基于极限平衡理论的圆弧滑动法在分析膨胀土边坡的稳定性时遇到了麻烦。因此，膨胀土边坡稳定性分析要么摒弃圆弧滑动法，要么提出膨胀土剪切强度参数确定的新方法，同时考虑裂隙和沿裂隙渗流对强度的影响。

膨胀土具有胀缩性和裂隙性两个特性，裂隙存在明显影响了膨胀土的剪切强度，在膨胀土边坡的稳定性分析中必须考虑裂隙对剪切强度参数的影响。为了使圆弧滑动法计算的膨胀土边坡稳定性系数符合实际滑坡现象，殷宗泽和徐彬（2011）考虑了裂隙对膨胀土剪切强度参数的影响，将大气影响深度（ h_a ，膨胀土大气影响深度是指在自然气候中对膨胀土的湿度和应力影响的深度）范围内的膨胀土边坡分为 3 层：裂隙充分发展层（a 层）、裂隙发育不充分层（b 层）和无裂隙层（c 层）。在膨胀土边坡稳定性分析时，剪切强度指标分别按如下规则选取：a 层选取经过 5 次干湿循环后饱和土的固结不排水剪（consolidated undrain，CU）试验强度参数 c_f 和 φ_f；c 层选取原状饱和土的 CU 强度参数 c_0 和 φ_0；b 层选取 a 层和 c 层土强度参数的平均值。剪切强度参数经过这样处理后，根据圆弧滑动法计算的膨胀土边坡稳定性系数的可信度有显著改善，但膨胀土边坡的稳定性还是有高估现象。降雨条件下，经过多次干湿循环后，膨胀土边坡的破坏模式为浅层牵引式崩塌，滑坡面位于风化区内，湿胀软化引起边坡土体位移增大了几个数量级，稳定性系数显著降低，尽管在膨胀土边坡稳定性分析中考虑了裂隙对强度的影响，但膨胀土边坡稳定性分析结果与实际情况仍有出入，显然还有其他因素影响膨胀土边坡稳定性。

程展林和龚壁卫（2015）通过对膨胀土滑坡的长期研究，认为膨胀土滑坡有两种模式：膨胀变形控制的失稳模式和裂隙控制的失稳模式，提出了膨胀土边坡稳定性分析方法。膨胀土边坡吸水膨胀，产生浅层失稳滑动，受膨胀变形控制，采用有限元法分析边坡稳定性，根据理想弹塑性模型和莫尔–库仑（Mohr-Coulomb）强度准则，计算由天然含水量增湿至饱和状态的膨胀应变，将各单元的膨胀应变作为初始应变，由初始应变法计算边坡中应力和应变，将等效塑性应变完全贯通作为边坡失稳破坏准则，采用传统的有限元强度折减法计算膨胀土边坡的稳定性系数。对于裂隙控制破坏的膨胀土边坡，现场开挖探槽，描绘裂隙分布形态，建立裂隙网络计算模型，采用土块强度和裂隙面强度表征裂隙土的强度参数，根据折线滑动面条分法自动搜索"最危险"滑动面，计算边坡稳定性系数。采用有限元方法计算膨胀土边坡的等效塑性应变并不是所有工程设计人员都能完成的，即使工程师能够掌握有限元方法，但膨胀变形并不符合理想弹塑性模型，过于简化的有限元方法也不能准确反映膨胀土的真实行为，采用强度折减法搜索膨胀土边坡"最危险"滑动面也不准确。严格意义上讲，膨胀土边坡稳定性分析的难题并没有解决，目前缺乏能反映膨胀土滑坡机理的简单分析方法。

受季节性气候影响，膨胀土发生胀缩变形，产生裂隙，又常被称为"裂土"（陈孚华，1979）。殷宗泽和徐彬（2011）认为，裂隙是引起膨胀土边坡失稳多变性的根本原因，胀缩性是内因，只要解决了裂隙问题，与膨胀土滑坡灾害相关的各类问题就会迎刃而解。膨胀土的裂隙分为软弱夹层和次生裂隙两类。软弱夹层是指在成土过程中由于温度、湿度、不均匀胀缩效应等地质营力作用产生的裂隙，裂隙面呈蜡状光泽，多被灰白色黏土充填；次生裂隙是指因风化和干湿循环等气候变化产生的裂隙。裂隙对膨胀土的强度影响显著，浅层的次生裂隙面和底部的软弱夹层就成了膨胀土边坡失稳滑动面。次生裂隙发育就是膨胀土边坡失稳滑动的开始，由次生裂隙发育决定的膨胀土边坡浅层失稳破坏的条件为：$\psi \geqslant \beta \cdot \sigma_t$（$\psi$ 为膨胀土的基质吸力，σ_t 为拉伸强度，β 为经验系数）。对于由软弱夹层控制的深层滑坡，膨胀土的软弱夹层完全软化后，黏聚力很小，只有摩擦角。由软弱夹层控制的膨胀土边坡深层失稳破坏的条件是：$\sigma_h \geqslant \sigma_v \cdot \tan\varphi_t$（$\sigma_h$ 为开挖卸荷和吸水膨胀引起的水平应力，σ_v 为软弱夹层的上覆应力，φ_t 为软弱夹层的摩擦角）。因此，次生裂隙发育和软弱夹层滑动是膨胀土发生滑坡的原因，基于次生裂隙发育和软弱夹层滑动判据能够建立膨胀土边坡稳定性分析的简单、实用方法。

2. 膨胀土滑坡和工程边坡防治措施

当前，膨胀土滑坡和工程边坡防治理论远远落后于工程实践，膨胀土边坡防治的理论研究也非常不平衡，对胀缩变形的研究非常充分，对膨胀力的研究重视不足。这里的膨胀力是指在保持土样体积不变的条件下吸水膨胀产生的应力，等价于基质吸力产生的有效应力，具有明确的物理意义（Frydman，1992）。类似于基质吸力，膨胀力可以作为应力状态变量表示膨胀土的强度和变形。Xu（2004b）以膨胀力作变量，建立了膨胀土的结构强度理论，提出了由膨胀力表示的膨胀土地基承载力公式。同样，在膨胀土边坡防治设计中，必须考虑膨胀力产生的土压力，膨胀力类似于自重应力，直接参与到膨胀土的极限平衡分析中，从而建立膨胀土的朗肯土压力理论（Xu and Zhang，2021）。

膨胀土边坡防治的基本理念是避免"刺激"膨胀土，抑制膨胀土的胀缩性和裂隙性，确保膨胀土边坡稳定。在膨胀土边坡防治实践中，一直有"柔性支护"和"刚柔相济"之别，土工格栅加筋技术和土袋覆盖技术属于"柔性支护"类别，桩板墙属于"刚柔相济"类别。柔性支护称呼的由来主要是基于加筋土和土袋允许产生一定数量的变形、不至于引起边坡滑动破坏，即所谓的"以柔治胀"。柔性支护存在这样一个基本问题：柔性支护到底能允许产生多大的变形？目前尚无定论。以桩板墙为代表的"刚柔相济"类别则很难界定"刚"和"柔"。正是由于膨胀土边坡传统防护技术不够严谨，本书基于膨胀土边坡失稳机理，提出膨胀土滑坡防护新技术：分隔防护技术、减压支挡技术和超前稳固技术（简称"隔、挡、固"）。分隔防护技术采用非膨胀性黏土、物理和化学改良膨胀土覆盖和反压膨胀土边坡，起到"防渗保湿"作用，抑制膨胀变形和裂隙发育；减压支挡技术采用可发性聚苯乙烯（expandable polystyrene，EPS）板减小挡墙承担的膨胀土的土压力，支挡松散的膨胀土坡体，避免膨胀土坡体剥落、溜塌；超前稳固技术是在边坡开挖前，采用抗滑桩、锚杆、注浆等超前加固软弱夹层或潜在滑动面，避免膨胀土边坡产生大规模滑动破坏。

针对膨胀土边坡稳定性分析和防护难题，殷宗泽已经找到了解决膨胀土边坡防护难题的方法：裂隙是膨胀土边坡滑动的根本原因，覆盖法是膨胀土边坡防护的有效方法。本书立足客观事实、开展理论创新、研发核心技术、形成广泛应用。国家重点研发计划项目"膨胀土滑坡和工程边坡新型防治技术研究"（项目编号：2019YFC1509800）囊括了国内膨胀土研究最强团队，其中包括上海交通大学、长安大学、武汉大学、苏交科集团股份有限公司、中南大学、长沙理工大学、中国科学院武汉岩土力学研究所、广西交科集团有限公司、四川大学、中国水利水电科学研究院研究团队，从膨胀土边坡防护现状入手，理论创新和技术研发并重，开发膨胀土滑坡和工程边坡防治新技术并形成其标准化应用示范工程。本书基于严谨的理论推演，提出简单实用的方法，形成标准化应用示范，力求做到每项防护技术都可行、简单和实用。

1 膨胀土的地质成因与判别方法

1.1 膨胀土的成因与成分

1.1.1 膨胀土分布的分带性

我国膨胀土特别发育,分布区域主要在西南、西北、东北,黄河中下游地区、长江中下游地区和部分东南沿海地区,已在 20 多个省、自治区、直辖市发现有膨胀土分布,总面积在 10 万 km^2 以上,超过 5 亿人生活在膨胀土分布地区(李生林等,1992;徐永福和刘松玉,1999)。膨胀土分布集中在淮河流域、黄河流域和海河流域的各干支流水系,长江流域的长江、汉江、嘉陵江、岷乌江水系,珠江流域的东江、桂江、郁江和南盘江水系地区,具有显著的分带性,集中分布在北纬 60° 至南纬 50° 范围内。我国膨胀土分布的大致界线是以北纬 44°、东经 126° 为起点,沿辽河,经太行山,穿过秦岭,沿四川盆地西缘,至云南下关、保山一线的东南内陆(廖世文,1984)。膨胀土集中分布在我国人口密度大的地区,在胡焕庸线以西,除了新疆以外,很少发现膨胀土分布。胡焕庸线是中国地理学家胡焕庸在 1935 年提出的划分我国人口密度的对比线,最初称"瑷珲—腾冲"一线,后因地名变迁,先后改称"爱辉—腾冲"一线、"黑河—腾冲"一线,一直被国内外人口学者和地理学者所承认和引用。

1.1.2 膨胀土的地质成因

我国膨胀土分布与区域地质、水文地貌、地理气候的分带性具有显著的关联性(表 1-1)。膨胀土的母岩涉及三大岩类:火成岩、变质岩和沉积岩。火成岩中的花岗岩-流纹岩、正长岩-粗面岩、闪长岩-安山岩、辉长岩-玄武岩、凝灰岩等,变质岩中的各类片麻岩、片岩,沉积岩中的砂岩、黏土页岩、黏土岩、泥灰岩等,都含有丰富的铝硅酸盐,经过风化作用、氧化作用、水合作用、淋滤作用、水解作用等地球化学演变,在有利于蒙脱石生成的气候环境下,形成富含蒙脱石的膨胀土。适合膨胀土生成的气候是蒸发量大于降雨量的半干旱、半湿润气候。湿润、半干旱气候有利于水的有限交替循环,母岩矿物风化变慢,便于亲水性强的蒙脱石类矿物形成;同时,干燥、半干燥气候使水溶液的 pH 值增加,碱性环境有利于蒙脱石形成。

表 1-1 我国膨胀土成因与矿物成分

地区		矿物成分	地质成因	母岩				地貌单元
				岩类	岩性	地质时代	符号	
云南	鸡街	伊利石、蒙脱石	冲积、湖积	沉积岩	泥岩、泥灰岩	新近纪—第四纪	N_1—Q_1	二级阶地、残丘
	曲靖	水云母、高岭石、绿泥石	残坡积、湖积	沉积岩	泥岩、泥灰岩	新近纪—第四纪	N_1—Q_1	山间盆地、残丘

地区		矿物成分	地质成因	母岩				地貌单元
				岩类	岩性	地质时代	符号	
贵州	贵阳	绿泥石、伊利石、高岭石，少量蒙脱石	残坡积	沉积岩	灰岩风化残积物	第四纪	Q	低丘、缓坡
	遵义	伊利石、蒙脱石，高岭石	残坡积	沉积岩	灰岩风化残积物	第四纪	Q	山前缓坡
四川	成都	伊利石、蒙脱石、高岭石	冲积、洪积	沉积岩	黏土岩、泥灰岩	第四纪	Q_2	二、三级阶地
	西昌	伊利石、蒙脱石、高岭石	残积	沉积岩	黏土岩	第四纪	Q	低丘缓坡
广西	南宁	伊利石、多水高岭石	冲积、洪积	沉积岩	黏土岩、泥灰岩	第四纪	Q_3—Q_4	一、二级阶地
	宁明	伊利石、高岭石+绿泥石、蒙脱石	残坡积	沉积岩	泥岩、泥灰岩	新近纪—第四纪	N—Q_1	残丘
	贵港	伊利石、高岭石、蒙脱石或蒙脱石-伊利石混层、绿泥石	残坡积	沉积岩	石灰岩	第四纪	Q	平原、阶地
	柳州	伊利石、高岭石+绿泥石	残坡积、冲积、洪积	沉积岩	泥灰岩、页岩、细砂岩	第四纪	Q	低丘、缓坡
海南	琼北	伊利石、高岭石、蒙脱石	残坡积	火成岩	玄武岩	第四纪	Q_3—Q_4	残丘、矮岗
湖北	郧阳	蒙脱石、伊利石、蛭石	冲洪积、湖积	变质岩、火成岩		第四纪	Q_2	盆地、阶地
	荆门	伊利石、蒙脱石、高岭石	残坡积、湖积	沉积岩	黏土岩	第四纪	Q_2	低丘岗地
江苏	南京	蒙脱石、伊利石、高岭石	残坡积	火成岩	玄武岩	第四纪	Q	残丘、低丘
安徽	合肥	蒙脱石、伊利石	冲积、洪积	沉积岩、火成岩	黏土岩、页岩、玄武岩	第四纪	Q_2	二级阶地
	淮南	蒙脱石、伊利石、多水高岭石	洪积	沉积岩	黏土岩	第四纪	Q	山前洪积扇
河南	南阳	蒙脱石、伊利石、高岭石	冲积、洪积	沉积岩、火成岩	泥灰岩、黏土岩	新近纪—第四纪	N—Q_4	二级阶地、岗地
	平顶山	伊利石、蒙脱石	湖积、坡积	沉积岩、火成岩	玄武岩、泥灰岩	第四纪	Q_1—Q_4	山前缓坡
河北	邯郸	蒙脱石、伊利石	湖积	沉积岩、火成岩	玄武岩、泥灰岩	第四纪	Q_1	山前平原、丘陵岗地
山东	临沂	伊利石、蒙脱石、高岭石	冲积、湖积、冲洪积	沉积岩、火成岩	玄武岩、凝灰岩、碳酸岩	第四纪	Q_3	一级岗地
	泰安	蛭石、伊利石、蒙脱石、高岭石	冲积、湖积、冲洪积	沉积岩、火成岩	泥灰岩、玄武岩、泥岩	第四纪	Q_1—Q_3	河谷平原地
山西	太谷	伊利石、高岭石	湖积、冲积	沉积岩	泥灰岩、砂页岩	新近纪—第四纪	N_1—Q_1	盆地
陕西	安康汉中	蒙脱石、伊利石	冲积、洪积	变质岩、火成岩		第四纪	Q_1—Q_2	盆地、阶地
		伊利石、高岭石、蒙脱石						
新疆		蒙脱石、伊利石-蒙脱石、绿泥石-蒙脱石	冲积、洪积	火成岩	凝灰岩、火山岩	新近纪	N	山前缓坡、阶地

膨胀土的地质成因主要有两类：一类是母岩风化产物经水流搬运沉积，形成冲积、洪积、湖积和冲洪积膨胀土；另一类是母岩风化产物在原地堆积或在重力作用下沿山坡堆积，形成残积、坡积或残坡积膨胀土。地质年代多为 N_2—Q_4。膨胀土的地貌主要

有二级以上的河谷阶地、盆地、低丘和山前缓坡。膨胀土地区冲刷严重，冲沟发育，多被切割成岗地，形成"八沟、十岭、二十面坡"的地貌景观。膨胀土的地质成因类型主要有以下三种。

1）湖积（河积、冰水沉积）膨胀土

湖积膨胀土是在湖泊、沼泽等水流极为缓慢和静水条件下沉积形成的，分为湖边沉积土和湖心沉积土。湖边沉积土由湖浪冲蚀湖岸、破坏岸壁形成的碎屑物质组成，具有明显的斜层理构造，作为地基时，近岸带有较高的承载力，远岸带则差些；湖心沉积土是由河流和湖流夹带的细小悬浮颗粒到达湖心后沉积形成的，常伴有生物化学作用形成的钙质团块、铁锰结核等。湖积膨胀土以灰色为主，夹有棕、黄色的斑状黏土，与粉细砂、砂砾互层，含有钙质团块、铁锰结核等，裂隙非常发育，有的地方层理清晰。地貌单元以盆地、山前平原、山前缓坡等为主，越靠近盆地中心，膨胀土沉积厚度越大。湖积相膨胀土广泛分布在云南、四川、广西、湖北、河南、河北、陕西、山西的盆地中。

2）冲积、洪积膨胀土

冲积膨胀土是指河流两岸基岩及其上部覆盖的松散物质被河流流水剥蚀后搬运、沉积在河床较平缓地带形成的沉积物。冲积膨胀土具有明显的层理构造。随着河流的流速从上游到下游逐渐减小，冲积土有明显的分选现象（李章政，2011）。冲积膨胀土是由暂时性洪流，将山区高地的碎屑物质携带至沟口或平缓地带堆积形成的土，因水流流速骤减而呈扇形沉积体，称洪积扇。冲积、洪积膨胀土以深色物质为主，为褐、黄、红、棕色黏土，底部常有砂砾层。裂隙发育，裂隙面常充填灰白色黏土夹层，呈蜡状光泽，含有钙质结核、铁锰结核。地貌单元以河谷阶地、盆地和平原为主，冲积、洪积膨胀土地层厚度大，构成阶地垄岗、岗地性平原，广泛分布于广西、四川、安徽、山东、广东等地。

3）残积、坡积膨胀土

残积膨胀土是母岩风化后未被搬运，残留在原地的松散岩屑和土形成的堆积物，又称为残积膨胀土（曹文贵等，2015）。坡积膨胀土是指高地上母岩的风化产物或其他松散物质，被地表径流和重力搬运，堆积在山坡上的堆积物（林鹏等，2002）。残积、坡积膨胀土地层岩性取决于母岩岩性，一般为棕、红色黏土，夹少量基岩碎屑，母岩多为石灰岩、玄武岩、花岗岩、砂页岩、泥灰岩；裂隙发育，裂隙面有铁锰膜；地貌单元以丘陵、山麓斜坡为主，地层厚度小，多属于第四纪上、中更新世沉积；广泛分布于云南、贵州、广西、广东、湖北、山东等地。残积膨胀土的特点为：①黏土矿物成分取决于母岩的性质；②碎屑物未经搬运，颗粒大小不一，常见岩块、碎石与细粒土混杂，没有分选性和层理；③从地表向深处粒度由细变粗，逐渐过渡为基岩风化带；④多位于斜坡下部或山麓地带，围绕山坡形成残丘，上部与残积土相接，构成残坡积膨胀土。

膨胀土地层以灰绿、灰白色和棕、红、褐色为主，常与砂砾互层；裂隙发育，裂隙面有灰白色黏土层充填，呈蜡状光泽，含有钙质结核、铁锰结核；膨胀土地质时代是新生代，包括古近纪、新近纪和第四纪。

1.1.3 膨胀土的矿物成分

地表土的形成是由母岩经过风化以后形成的。图1-1表示了土与母岩之间的转化过程。土的物质组成主要有四类：①原生矿物，母岩中没有风化、残留下来的矿物，主要有石英、云母、长石等低温结晶矿物（图1-2）；②次生矿物，主要指母岩风化后形成的黏土矿物，主要有蒙脱石、伊利石、高岭石、水云母、绿泥石等，黏土矿物的存在使土的物理力学性质变得丰富多样，造成了膨胀土物理力学性质的复杂性；③可溶性盐，包括易溶性盐［NaCl、$CaCl_2$、芒硝（$Na_2SO_4 \cdot 10H_2O$）、苏打（$Na_2CO_3 \cdot 10H_2O$）］、中溶性盐［石膏（$CaSO_4 \cdot 2H_2O$）、$MgSO_4$］和难溶性盐（$CaCO_3$、$MgCO_3$）；④有机质，植物残骸在微生物作用下分解而形成的有机产物。

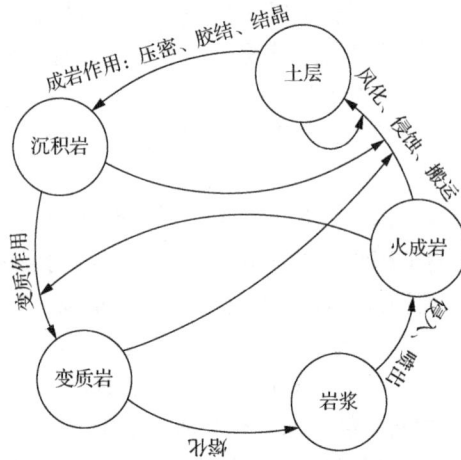

图1-1 土与母岩之间的转化过程

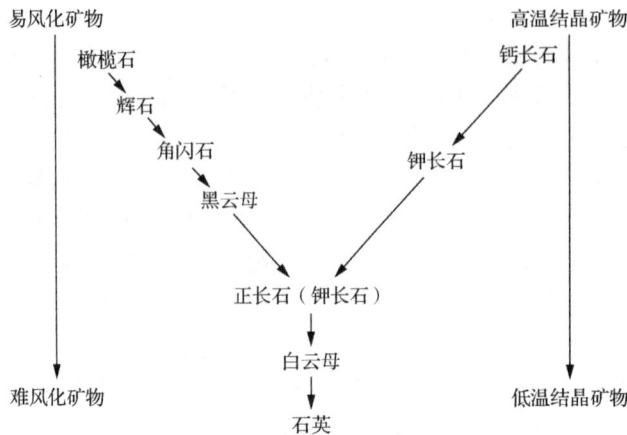

图1-2 矿物风化难易程度

黏土矿物的分析方法主要有X射线衍射法、红外光谱法、化学全分析法、透射电镜法等。X射线的波长很短（0.01～10nm），能穿透一定厚度的物质，以黏土矿物晶体作为X射线的空间衍射光栅，当X射线通过晶体时会发生衍射，衍射波叠加加强某个方向上的射线强度，形成与特定晶体结构对应的衍射花样，分析黏土矿物含量（图1-3）。

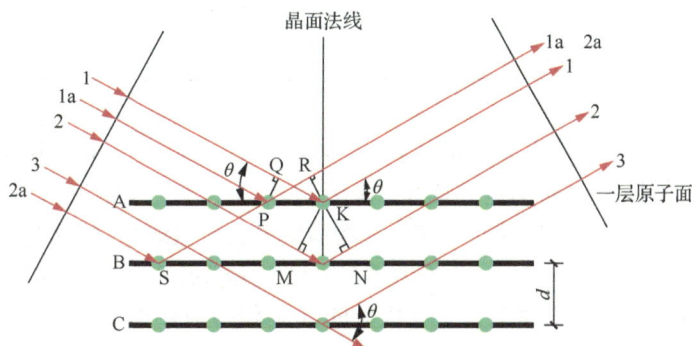

1、1a、2、2a、3——射线标号；A、B、C——晶面的层数；K、M、N、P、Q、R、S——点位；

θ——布拉格衍射角；d——晶面间距。

图 1-3　X 射线衍射试验原理图

红外光谱法是将一束不同波长的红外射线照射到矿物分子上，某些特定波长的红外射线被吸收，形成红外吸收光谱，每种矿物成分的分子都有与其组成和结构对应的独有的红外吸收光谱。红外吸收光谱是由分子不停地振动和转动而产生的，分子振动是指分子中各原子在平衡位置附近做相对运动，组成多种振动图形。分子振动的能量与红外射线的光量子能量对应，分子的振动状态发生改变，产生红外吸收光谱。分子的红外光谱属带状光谱，分子越大，红外谱带越多。

化学全分析法是依赖于特定的化学反应及其计量关系的分析方法，包括重量分析法和滴定分析法。重量分析法根据物质的化学性质，选择合适的化学反应，将被测组分转化为一种组成固定的沉淀或气体形式，经过钝化、干燥、灼烧、吸收、称重等处理，求出被测组分的含量；滴定分析法根据被测物质与标准溶液的化学反应计量关系，通过测量滴定所消耗标准溶液的浓度和体积，测出物质的含量。

透射电镜方法是利用透射电镜分析矿物结构和性能，与光学透射显微镜类似，只是用电子束替代了光束，用磁聚焦的电子透镜替代了玻璃透镜，电子成像显示于荧光屏上。

X 射线衍射法是比较常用的分析测定方法。宁明膨胀土的 X 射线衍射图谱如图 1-4 所示，图中 M 代表蒙脱石，Mu 代表云母，C 代表绿泥石，Q 代表石英。宁明膨胀土中黏土矿物占 53%，主要成分为蒙脱石、云母、绿泥石等；碎屑的矿物成分主要为石英，占 47%（表 1-2）。

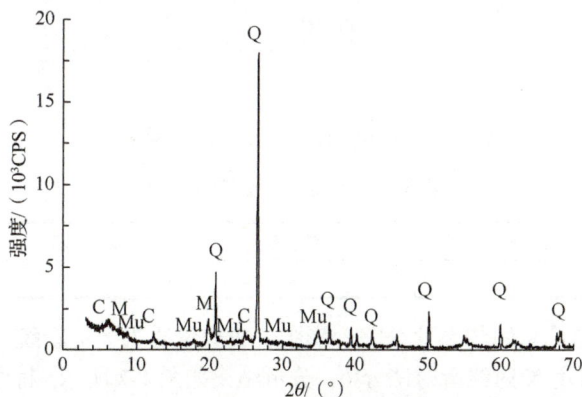

θ——布拉格衍射角；CPS——每秒脉冲数。

图 1-4　宁明膨胀土的 X 射线衍射图谱

表 1-2   宁明膨胀土矿物成分

矿物成分	石英	云母	绿泥石	蒙脱石
含量/%	47	4	7	42

南阳膨胀土土样取自河南省南阳市宛城区红泥湾，取土深度 6m，现场取样后及时采用蜡封方式将原状膨胀土块保存装箱，在实验室里放入保湿缸，以减少土块水分丧失。土样尺寸为 200mm×200mm×200mm 立方体，原状土呈棕褐色，表面微缝隙密布，可见黑色铁锰结核（图 1-5）。南阳膨胀土矿物成分的 X 射线衍射图谱如图 1-6 所示。图中，M 表示蒙脱石，I 表示伊利石，K 表示高岭石，F 表示长石，Q 表示石英，I/S 表示伊蒙混层。南阳膨胀土的碎屑矿物占 74%，主要成分为石英；黏土矿物占 26%，主要成分为伊利石-蒙脱石混层矿物，伊利石含量和蒙脱石含量分别为 5% 和 2%，矿物成分列于表 1-3 中。

（a）现场取土

（b）蜡封并装箱

图 1-5   南阳膨胀土现场取样

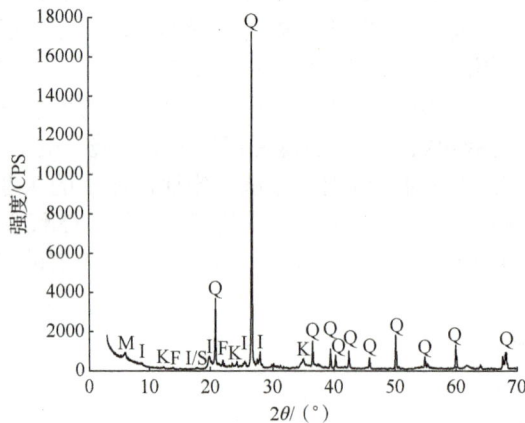

图 1-6   南阳膨胀土的 X 射线衍射图谱

表 1-3   南阳膨胀土矿物成分

矿物成分	石英	斜长石	微斜长石	黏土总量
含量/%	60	8	6	26

南京膨胀土取自南京绕越高速公路，膨胀土成岩母质为上更新统（N_2）黏土岩。南京膨胀土的矿物成分采用 X 射线衍射法分析，分析结果如图 1-7 所示。棕色膨胀土黏土矿物主要有：富镁皂石、水铝黄长石、皮水硅铝钾石。黑色膨胀土黏土矿物主要有：斜绿泥石、多硅锂云母、毛沸石、绿泥间滑石、蒙脱石、富铬绿脱石、锌蒙皂石、富镁皂石、方解石等。

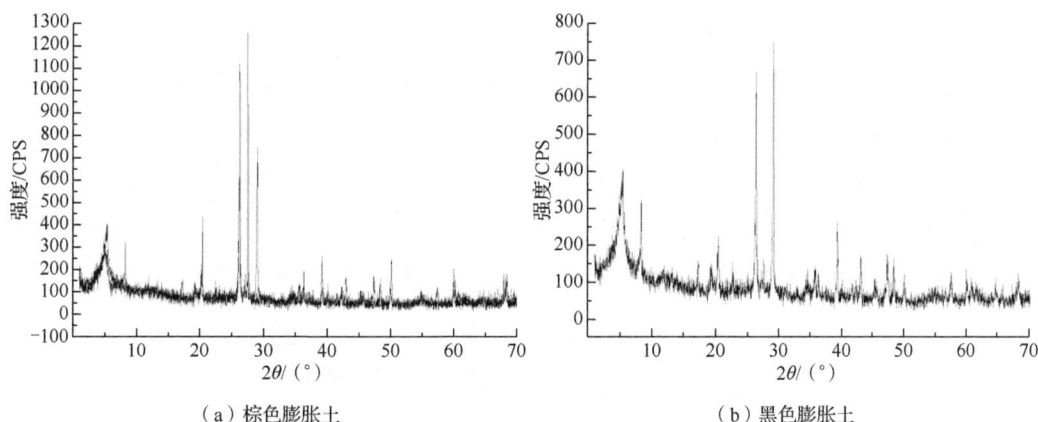

（a）棕色膨胀土　　　　　　　　　　（b）黑色膨胀土

图 1-7　南京膨胀土的 X 射线衍射图谱

我国膨胀土的矿物成分大多以伊利石（水云母）为主，含有蒙脱石、高岭石、绿泥石等；少数以蒙脱石为主，含有伊利石、高岭石、埃洛石等，更多的是伊利石-蒙脱石混层（表 1-1）。四种黏土矿物的地质成因和结构特性分述如下。

蒙脱石首先在法国的 Montmorillon（蒙莫里隆）发现，在干旱、半干旱气候的湿热碱性环境中，由基性火成岩（玄武岩）在碱性环境中风化而成，也有的是海底沉积的火山灰分解后的产物。蒙脱石是中间为铝氧八面体，上、下为硅氧四面体所组成的三层片状结构，即两层硅氧四面体夹一层铝氧八面体，两层间为氧原子与氧原子的分子键（范德瓦耳斯力），晶胞厚 14Å（1Å=0.1nm），化学式为$(Na,Ca)(Al,Mg,Fe)_2[(Si,Al)_4O_{10}](OH)_2 \cdot nH_2O$（图 1-8）。蒙脱石晶体属单斜晶系的含水层状结构硅酸盐矿物，2∶1 型结构单元层的二八面体型结构。蒙脱石在晶体构造层间含水及进行一些阳离子交换，有较高的离子交换容量、较高的吸水膨胀能力，水稳性差，吸水膨胀、失水收缩。蒙脱石的热分析结果：在 80～250℃之间出现第一个吸热谷，脱去层间水和吸附水。一般钠蒙脱石脱水温度较低，且为单吸热谷；钙蒙脱石脱水温度较高，且出现复合谷。第二个吸热谷出现于 600～700℃之间，脱去结构水。第三个吸热谷在 800～935℃之间，晶格完全破坏。紧接着是一个放热峰，有新相尖晶石和石英生成。我国蒙脱石产地有很多，如辽宁、黑龙江、吉林、河北、河南、浙江等。

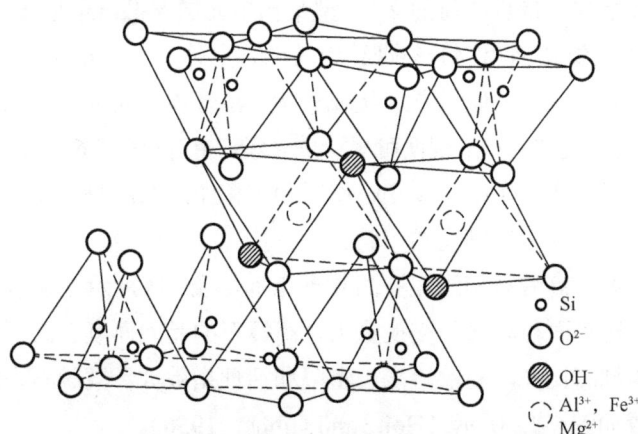

Si
O^{2-}
OH^-
Al^{3+}, Fe^{3+}
Mg^{2+}

图 1-8　蒙脱石的晶层结构图

高岭石（$Al_4[Si_4O_{10}](OH)_8$）在江西景德镇的高岭村首次发现。它主要是富铝硅酸盐（花岗岩中长石）在酸性介质条件下，经风化作用或低温热液交代变化的产物。高岭石是两层结构，即一层硅氧四面体与一层铝氧八面体，晶胞厚 7.2Å，氢氧根中的氢与相邻氧形成氢键，水稳性好（图1-9）。高岭石属于三斜晶系，结构属 TO 型，即结构单元层由硅氧四面体片与"氢氧铝石"八面体片连结形成的结构层沿 c 轴堆垛而成。层间没有阳离子或水分子存在，强氢键（O-OH=0.289nm）加强了结构层之间的连结。

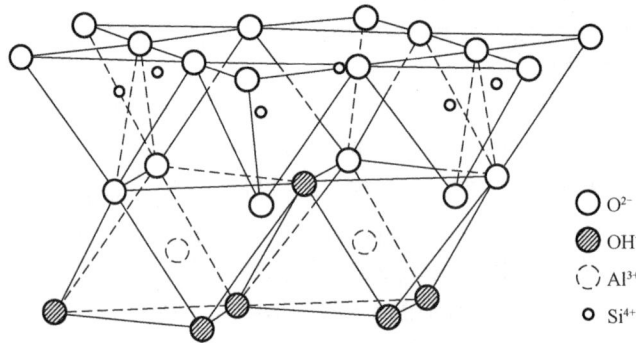

图1-9　高岭石的晶层结构图

如果在层间域内充填一层水分子，形成埃洛石（$Al_4[Si_4O_{10}](OH)_8·4H_2O$）。在埃洛石的晶体结构中，层间存在水分子，破坏了原来较强的氢键连结，埃洛石的结构是被水分子层隔开的高岭石结构。

伊利石（$KAl_2[AlSi_3O_{10}](OH)_2·nH_2O$）因最早发现于美国的伊利岛而得名，是富钾的硅酸盐云母类黏土矿物的统称，在有足够钾离子的湿热碱性环境中，由白云母、钾长石风化而成，并产于泥质岩。伊利石是三层结构，晶胞厚 10Å，钾键连结晶胞，水稳性介于高岭石和蒙脱石之间。伊利石晶体主要属单斜晶系的含水层状结构硅酸盐矿物，晶体结构与白云母的基本相同，也属于 2：1 型结构单元层的二八面体型（图1-10）。

绿泥石的晶体结构由带负电荷的 2：1 型结构单元层 $Y_3[Z_4O_{10}](OH)_2$（Y 代表 Mg^{2+}、Fe^{2+}、Al^{3+} 和 Fe^{3+}，Z 主要是 Si 和 Al）与带正电荷的八面体片 $Y_3(OH)_6$ 交替组成（图1-11）；其为三斜晶系和单斜晶系，呈假六方片状或板状，集合体呈鳞片状、土状；颜色随含铁量变化，从玻璃光泽至无光泽，节理面可呈珍珠光泽；相对密度 2.6～3.3，莫氏硬度 2～3。绿泥石主要是中、低温热液作用，浅变质作用和沉积作用的产物。在火成岩中，绿泥石多是辉石、角闪石、黑云母等蚀变的产物。

蒙脱石、伊利石、高岭石和绿泥石的物理指标如表1-4所示。蒙脱石、绿泥石和伊利石的晶胞厚度、比表面积和离子交换量大，高岭石的晶胞厚度、比表面积和离子交换量小；蒙脱石和伊利石比高岭石的液限、塑限和活性指数大。蒙脱石、伊利石和高岭石在塑性图上的位置如图1-12所示（Holtz and Gibbs，1956）。

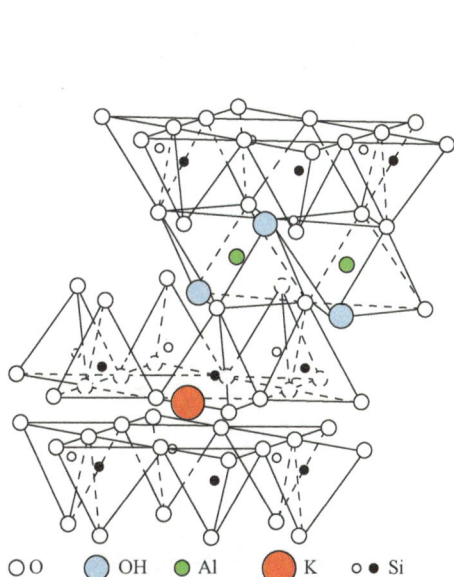

图 1-10 伊利石的晶层结构图

○ ○ O　● OH　● Al　● K　○ ● Si

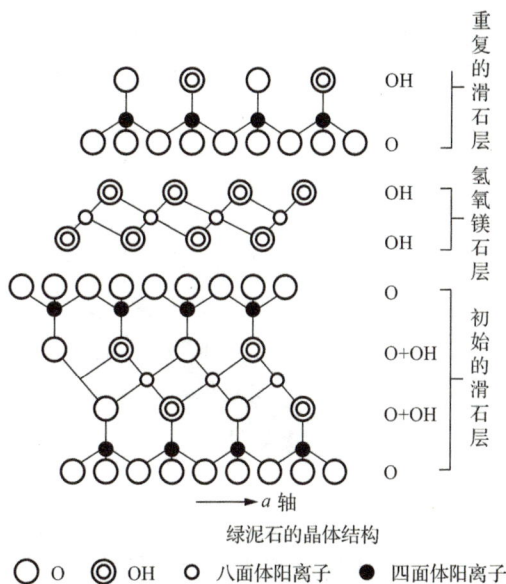

绿泥石的晶体结构

○ O　◎ OH　○ 八面体阳离子　● 四面体阳离子

图 1-11 绿泥石的晶层结构图

表 1-4 黏土矿物的物理指标

黏土矿物	晶胞厚度/Å	比表面积/(m²/g)	离子交换量/(mEq/g)	密度/(g/cm³)	液限 w_L/%	塑限 w_P/%	缩限 w_s/%	活性指数 A
蒙脱石	14	700～800	0.8～1.5	2.2～2.7	100～900	50～100	8.5～15	1～7
伊利石	10	65～100	0.1～0.4	2.6～3.0	60～120	35～60	15～17	0.5～1.0
高岭石	7.2	10～20	0.03～0.15	2.60～2.68	30～110	25～40	25～29	≤0.5
绿泥石	14		0.1～0.4	2.6～2.96	40～47	36～40		

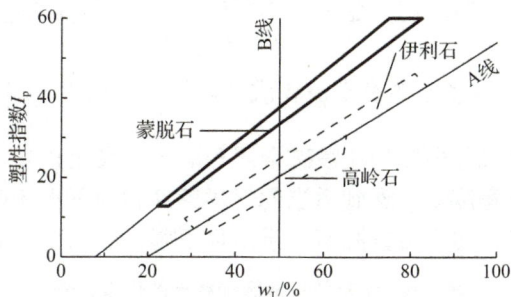

A 线——黏土和粉土区分线；B 线——高液限和低液限界线。

图 1-12 黏土矿物在塑性图上的分布

膨胀土的活性指数（A）反映了膨胀土的亲水能力，定义为塑性指数（I_p）与粒径不大于 0.002mm 颗粒的含量的比值：

$$A = \frac{I_p}{\leqslant 0.002\,mm\text{颗粒的含量(\%)}} \tag{1-1}$$

非活性黏土：活性指数 $A<0.75$。正常黏土：$0.75\leqslant A\leqslant1.25$。活性黏土：$A>1.25$。膨胀土的塑性指数（$I_p$）与粒径不大于 0.002mm 颗粒的含量的关系如图 1-13 所示，塑性指数（I_p）与粒径不大于 0.002mm 颗粒的含量基本成正比，比例系数即为活性指数（A）。我国膨胀土的活性指数（A）均小于 0.75，基本都是非活性黏土。

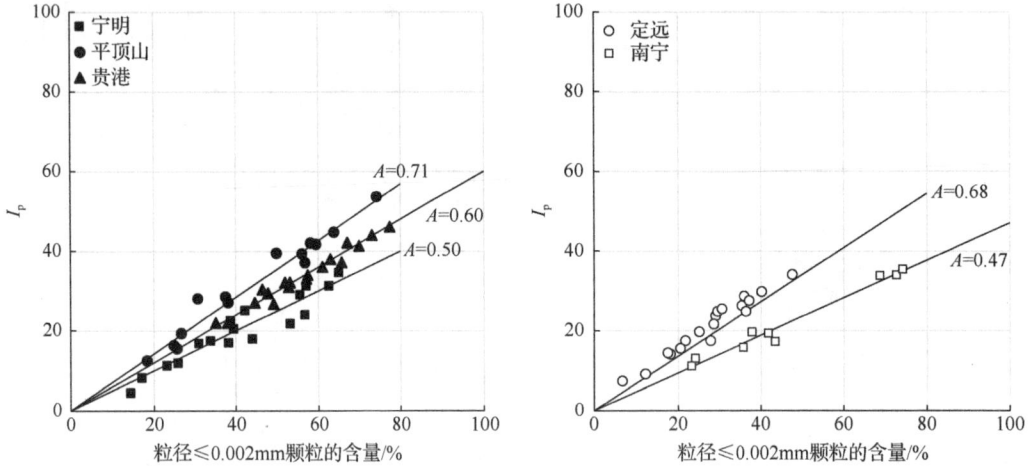

图 1-13　膨胀土的活性指数

我国部分地区膨胀土的化学成分收集汇总于表 1-5 中。膨胀土以 SiO_2、Al_2O_3 和 Fe_2O_3 为主要化学成分，SiO_2 的含量超过 50%，三种成分总含量超过 70%；其次是 MgO、CaO、K_2O 和 Na_2O。廖世文（1984）总结了膨胀土化学成分的特点。

（1）黏土矿物成分以伊利石和蒙脱石为主，SiO_2、Al_2O_3、MgO、CaO、K_2O 和 Na_2O 含量很高，Al_2O_3 含量特别高的膨胀土中含有较多的高岭石。

（2）膨胀土的 $\dfrac{SiO_2}{Al_2O_3}$ 大多介于 3.0～3.8 之间，少数膨胀土的 $\dfrac{SiO_2}{Al_2O_3}$ 大于 4。根据黏土矿物的标准硅铝比率：蒙脱石类黏土，$\dfrac{SiO_2}{Al_2O_3}=4$；伊利石类黏土，$\dfrac{SiO_2}{Al_2O_3}=3$；高岭石类黏土，$\dfrac{SiO_2}{Al_2O_3}=2$，膨胀土的黏土矿物成分以伊利石为主，部分膨胀土含有蒙脱石。

（3）膨胀土的化学成分中较为活泼碱金属和碱土金属元素 K、Na、Ca、Mg 等含量高，膨胀土风化、淋滤程度低，遇到适当的气候条件和地下水环境，还将进一步风化，像水云母类的伊利石脱钾转变成蒙脱石，亲水性更强，胀缩变形更大，工程性质更差。

表 1-5　我国部分地区膨胀土的化学成分

地区		SiO_2	TiO_2	Al_2O_3	Fe_2O_3	FeO	MnO	MgO	CaO	Na_2O	K_2O	P_2O_5	H_2O	$\dfrac{SiO_2}{Al_2O_3}$	$\dfrac{SiO_2}{R_2O_3}$
云南	曲靖	44.67	2.75	24.15	8.82			1.48	2.58	2.65	1.20			1.85	1.35
	曲靖茨营	63.67	0.71	24.07	3.48			1.51	1.40	4.85	0.99			2.65	2.31
贵州	贵阳	39.03		30.17	12.40			1.05	0.45	1.94	1.94			1.29	0.92
	遵义	46.76		40.09	10.63			2.60	0.40	0.19	4.69			1.17	0.92
四川	广汉	44.80	0.88	24.19	10.76	0.10	0.02	1.34	0.20	0.29	2.39	0.12		1.85	1.28
	西昌	47.50		25.75	8.55			1.51	1.40					1.84	1.38

续表

地区		SiO$_2$	TiO$_2$	Al$_2$O$_3$	Fe$_2$O$_3$	FeO	MnO	MgO	CaO	Na$_2$O	K$_2$O	P$_2$O$_5$	H$_2$O	$\dfrac{SiO_2}{Al_2O_3}$	$\dfrac{SiO_2}{R_2O_3}$
广西	宁明	52.02	0.33	29.19	3.79	0.14	0.07	1.14	0.19	0.22	3.16	0.37	7.03	1.78	1.58
	三塘	45.20	0.50	25.13	7.05			1.51	4.21	3.20	5.85			1.80	1.40
	贵港	41.22	0.71	31.16	10.60		0.03	1.43	0.60	0.21	2.11	0.12	11.11	1.32	0.99
陕西	安康	49.72		23.49	5.50			4.41	4.20	1.58	4.80		11.40	2.12	1.72
	安康	50.23		23.70	6.02			2.97	4.14	2.00	4.90		10.39	2.12	1.69
湖北	郧阳	62.71	0.84	17.50	6.79	0.21	0.04	1.45	1.07	0.60	2.66	0.13	7.48	3.58	2.58
	十堰	67.85	0.86	14.17	1.52	0.33	0.18	1.55	1.01	0.67	2.54			4.79	4.32
	荆门	45.93	0.36	24.44	9.60		0.05	6.96	0.74	0.33	2.70	0.13	17.63	1.88	1.35
河南	南阳	44.57	0.55	20.49	9.06		0.02	1.96	0.70	0.27	2.13	0.04	14.74	2.18	1.51
	宝丰、鲁山	60.10	0.58	13.80	5.85		0.05	1.52	1.96	0.18	1.87	0.09	13.82	4.36	3.06
	平顶山	53.29	0.68	20.76	8.12		0.12	3.67	1.78	0.12	2.77	0.12		2.57	1.85
安徽	合肥	46.58		26.54	10.66			2.00	0.16	0.59	2.12			1.76	1.25
	淮南	49.11	0.85	19.79	9.57			2.85	1.87	2.72	2.03			2.48	1.67
河北	邯郸	52.33	0.64	22.92	8.76			2.66	0.95	0.42	1.90			2.28	1.65

注：R 代表 Al 和 Fe。

1.2　膨胀土的结构模型

土的结构包含两方面含义：一是结构要素（土颗粒、孔隙）的尺寸和形状特性，二是结构要素间的连结特性。根据结构要素的尺寸，结构分为三个等级（李生林等，1992）：宏观结构、中观结构和微观结构（表 1-6）。

表 1-6　土结构等级划分及分析方法

结构等级	尺寸/mm	结构要素	研究方法
宏观结构	>2	颗粒	切片、筛分法
		孔隙	尺子、压汞法
中观结构	0.005~2	颗粒	切片、筛分法、比重计法
		孔隙	压汞法
微观结构	<0.005	颗粒	比重计、扫描电镜、X 射线衍射法
		孔隙	压汞法、等温吸附试验

膨胀土的微观结构包括两个方面：①固、液、气等基本结构要素的大小、形态和相互关系；②固、液、气间的相互作用和连结特征。土颗粒的大小、形态和分布是土结构主导因素，土颗粒间的相互关系决定了土中的液、气分布特征。土颗粒与孔隙是不规则的，没有特征长度，因此传统理论显得无能为力。分形理论为成功描述土颗粒的形态、分布和孔隙的形态、分布提供了新途径。

1.2.1 颗粒分布

膨胀土的颗粒组成和分布采用筛分法和水分法测试，水分法又包括密度计法和移液管法，将膨胀土风干，用粉碎机碾碎过筛处理，测量膨胀土的颗粒组成和分布。对于粒径大于 0.075mm 的土颗粒采用筛分法，粒径小于 0.075mm 的土颗粒采用水分法。颗粒分布反映了土中各组分的相对含量，根据颗粒分布曲线形状，判断土颗粒均匀性；曲线缓表示颗粒大小差别大，曲线陡表示颗粒大小均匀。

南阳膨胀土和南京膨胀土的颗粒分布曲线采用密度计法（粒径<0.075mm）测量。南阳膨胀土颗粒分布曲线如图 1-14（a）所示。膨胀土的颗粒粒径主要集中在 0.001~0.1mm 之间，约占总质量的 90%。南京膨胀土的颗粒分布曲线如图 1-14（b）所示。粒径小于 0.075mm 的颗粒累计质量分数大于 50%、小于 0.002mm 的颗粒累计质量分数小于 15%，以黏粒为主。

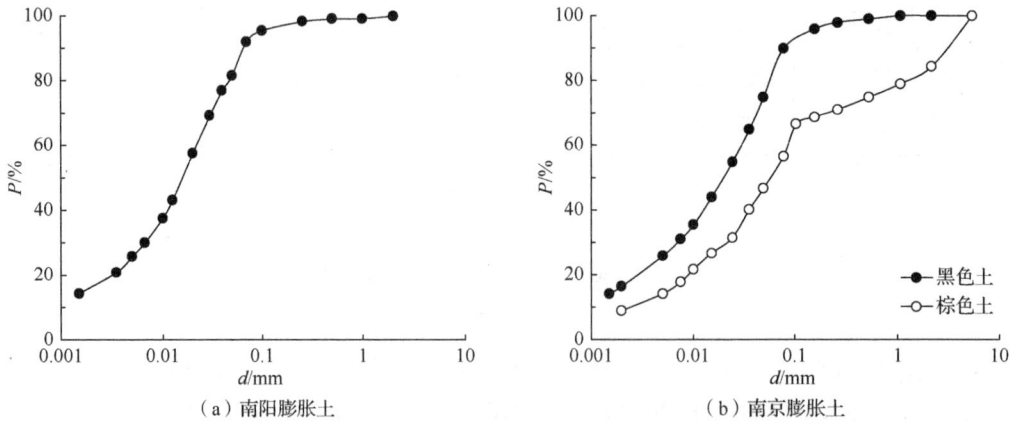

（a）南阳膨胀土 　　　　　　　（b）南京膨胀土

图 1-14　膨胀土颗粒分布曲线

徐永福等（1996，1997，1999）建立了膨胀土颗粒分布的分形模型，根据膨胀土风化过程中颗粒质量守恒原理，导出了颗粒分布分维的计算方法：

$$P(\leqslant d) = \frac{M(\leqslant d)}{M_T} = \left(\frac{d}{d_{max}}\right)^{3-D} \tag{1-2}$$

式中，$P(\leqslant d)$ 为粒径不大于 d 的土颗粒累计质量分数；d 为颗粒粒径；$M(\leqslant d)$ 为粒径不大于 d 的土颗粒累计质量；M_T 为土颗粒的总质量；d_{max} 为土颗粒的最大粒径；D 为土颗粒分布的分维。膨胀土颗粒分布按分形理论整理，如图 1-15 所示。由图可知，膨胀土的颗粒分布与分形模型结果较一致，膨胀土颗粒分布的分维介于 2.0~3.0 之间。南阳膨胀土颗粒分布的分维为 2.48 [图 1-15（a）]，南京膨胀土的黑色土和棕色土的颗粒分布的分维分别为 2.53 和 2.49 [图 1-15（b）]。

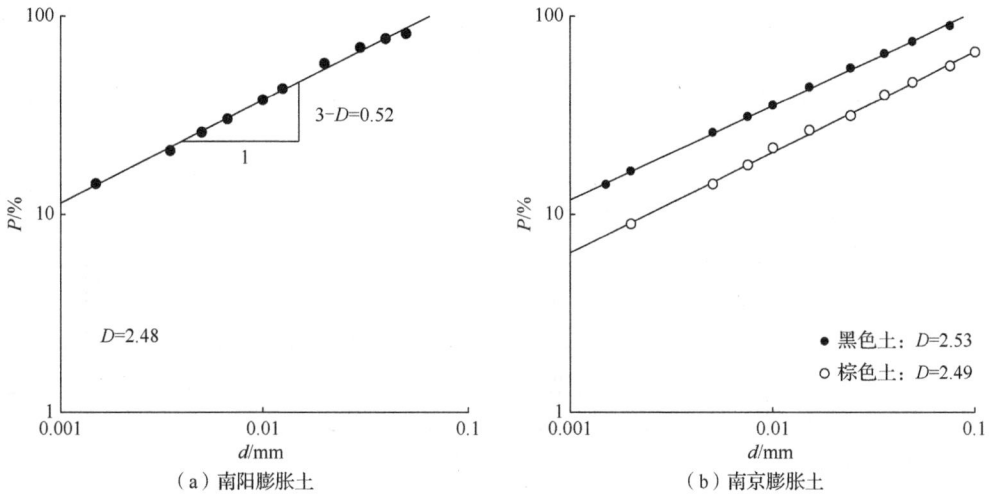

（a）南阳膨胀土　　　　　　　　　　　　（b）南京膨胀土

图 1-15　膨胀土的颗粒分布的分维

不同地质成因的膨胀土的颗粒分布分维列于表 1-7 中（徐永福和田美存，1996；徐永福等，1997）。残积、坡积和湖积膨胀土颗粒分布的分维介于 2.72~2.92，冲积膨胀土颗粒分布的分维介于 2.56~2.63，洪积膨胀土的颗粒分布的分维介于 2.70~2.73。不同地质成因的膨胀土的粒度分布的分维不同，是由于其形成的地质环境和力学条件不同。残积、坡积和湖积膨胀土形成时的动力较小，膨胀土以细颗粒为主，颗粒分布的分维较大；洪积和冲积膨胀土形成时动力大，膨胀土颗粒较粗，颗粒分布的分维较小。

表 1-7　不同地质成因的膨胀土的颗粒分布分维

成因	地点	颗粒累计质量分数/%							分维
		<0.250mm	<0.100mm	<0.075mm	<0.050mm	<0.010mm	<0.005mm	<0.002mm	
残积、坡积	贵港		97.8		92.6	78.6	70.6	58.9	2.87
			97.1		84.7	66.3	60.3	49.1	2.83
			99.0		96.3	84.0	75.6	65.5	2.89
	柳州		84.9		78.0	60.5	54.0	47.0	2.85
			78.4		72.3	55.3	50.3	42.3	2.84
			95.5		86.0	71.0	64.6	57.6	2.88
	宁明	100	92.0		86.6	72.4	64.2	57.0	2.88
		99.8	82.0		74.0	52.0	46.0	38.0	2.80
			99.5		96.0	84.2	78.0	72.6	2.92
			98.2		81.1	51.6	42.0	32.6	2.72
	遵义				92.0		62.0	55.0	2.84
湖积	平顶山		97.7		86.6	72.4	64.2	56.0	2.86
			97.0		88.6	73.6	64.7	58.1	2.87
			87.9		73.7	54.4	46.4	38.4	2.79
冲积、洪积	郧阳		97.0		74.0	38.0	29.0	18.0	2.57
			97.0		73.0	40.0	30.0	21.0	2.61

续表

成因	地点	颗粒质量累计百分数/%							分维
		<0.250mm	<0.100mm	<0.075mm	<0.050mm	<0.010mm	<0.005mm	<0.002mm	
冲积、洪积	郧阳		95.0		74.0	41.0	32.0	24.0	2.65
			97.0		80.0	48.0	40.0	30.0	2.70
	定远			100	50.0	18.7	12.3	10.0	2.31
				100	58.0	28.0	21.0	12.1	2.46
	宁夏	99.0		60.1		22.0	15.0	10.0	2.52
		96.0		51.8		17.2	12.0	7.0	2.46
		99.8		64.0		28.0	21.0	14.0	2.59
		97.5		64.0		32.0	24.0	19.5	2.66
		99.5		54.8		19.0	14.5	8.0	2.48

1.2.2　孔隙分布

膨胀土的孔隙按孔隙成因分为原生孔隙和次生孔隙；按孔径大小分为大孔孔隙、中（介）孔孔隙和微孔孔隙。膨胀土微观孔隙测试方法如图 1-16 所示，膨胀土孔隙分布的定量测试多采用压汞法（mercury intrusion porosimetry，MIP）。

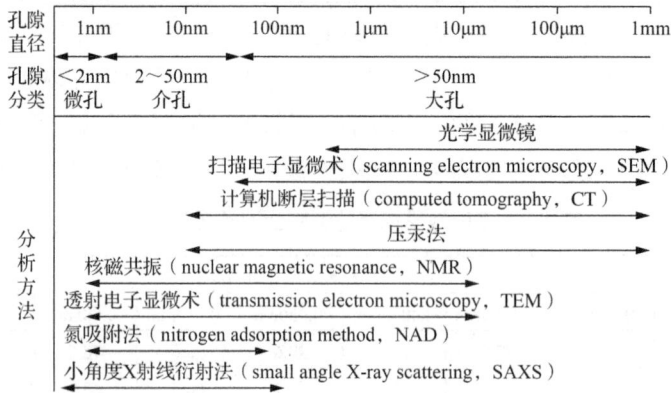

图 1-16　孔隙分析方法

压汞法是依靠外加压力使汞克服表面张力进入膨胀土孔隙，测定膨胀土的孔隙孔径和孔隙分布。外加压力增大，将汞压入更小的孔隙中，进入膨胀土孔隙的汞量也愈多。假设膨胀土孔隙为柱形，根据汞在孔隙中的表面张力与外加压力平衡，计算膨胀土孔径分布。压汞法的基本原理是：汞对一般固体不润湿，欲使汞进入孔需要施加外压，外压越大，汞能进入孔隙的孔径越小。

压汞法常用来测定膨胀土的孔隙结构特性，基于毛细管束模型，膨胀土孔隙由直径相等的毛细管束组成，根据汞的表面张力与外加压力平衡，外加压汞压力与膨胀土孔隙孔径的关系满足拉普拉斯方程：

$$P = \frac{2\Gamma \cos \alpha}{r} \tag{1-3}$$

式中，P 为压汞压力；Γ 为汞与空气的界面张力，$\Gamma=4.8\times10^{-3}$N/cm；α 为汞与土的湿润角，$\alpha=140°$；r 为孔隙半径。

宁明膨胀土的压汞试验曲线如图 1-17 所示，V 为压汞比体积（简称体积），d 为孔径，加压曲线与卸压曲线之间存在滞回环。膨胀土孔隙中有部分毛细管孔隙，汞在毛细管孔隙中受毛细阻力，不能自由流动。在卸压排汞时孔隙中均为非润湿相的汞，毛细阻力比注汞时大，在同样大的外界压力下，加压汞能注入毛细管中，但卸压汞却不能排出。压汞试验曲线的滞回环可以形象地用孔隙率和有效孔隙率类比，加压注汞时所有的孔隙都是有效的，卸压退汞时只有有效孔隙对排汞才是有效的。根据膨胀土的 $dV/d(\log d)$ 分布（图 1-17），宁明膨胀土的孔隙分布呈双峰分布，以小孔隙为主，大孔隙的峰值不明显。

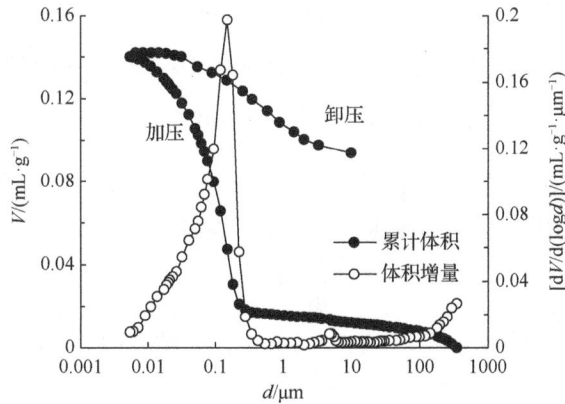

图 1-17 宁明膨胀土的压汞试验曲线

南阳膨胀土的压汞试验曲线如图 1-18 所示。南阳膨胀土的累计体积分布曲线如图 1-18（a）所示，三种含水量膨胀土的孔隙体积不同，含水量越大，膨胀变形越大，孔隙比越大，累计压汞体积越大。含水量 $w=20\%$ 时，南阳膨胀土的孔隙体积增量呈单峰分布，以小孔隙为主，大孔隙的峰值不明显；$w=15\%$ 和 $w=7.5\%$ 时，南阳膨胀土的孔隙体积增量呈双峰分布［图 1-18（b）］。击实膨胀土的压汞试验曲线在高含水量时，呈单峰分布，膨胀变形优先在小孔隙中产生，引起小孔隙孔径增加，导致孔隙呈单峰分布。

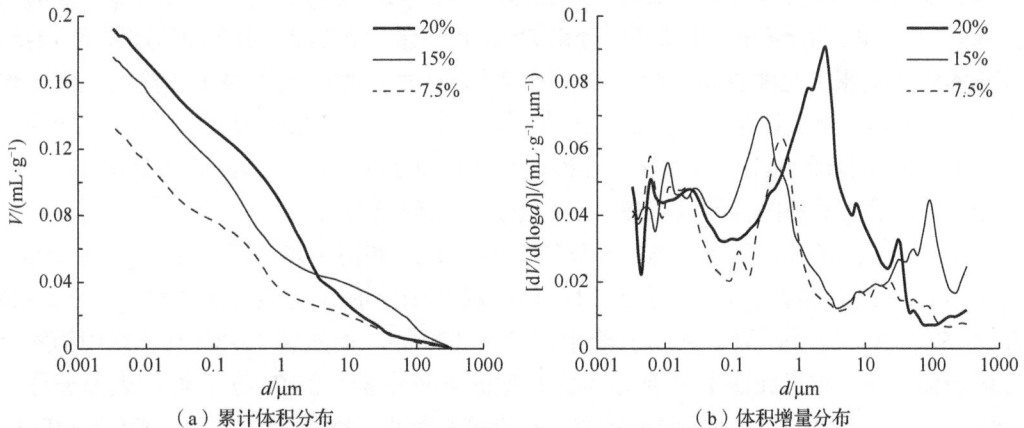

（a）累计体积分布　　　　　　　　　（b）体积增量分布

图 1-18 南阳膨胀土的压汞试验曲线

1.2.3　孔隙表面分维

根据压汞试验曲线计算膨胀土孔隙表面分维有多种方法，Xu（2004a）提出了根据孔隙体积与孔径之间的关系计算膨胀土孔隙表面分维的方法：

$$V_{\mathrm{p}} = Ar^{3-D} \tag{1-4}$$

式中，V_{p} 为孔隙体积；A 为系数；r 为孔隙半径。这个方法的优点是能同时确定最大孔隙的孔径，计算非饱和土的进气值。Neimark（1992）根据孔隙比表面积与孔径的关系，提出孔隙表面分维的计算方法：

$$S \propto r^{2-D} \propto P^{2+D} \tag{1-5}$$

式中，S 为孔隙比表面积；r 为孔隙半径；P 为压汞压力。根据热力学理论，孔隙比表面积为

$$S = \int_0^{V(P)} \frac{V}{\varGamma \cos\alpha} \mathrm{d}P \tag{1-6}$$

式中，V 为压力 P 下压入孔隙内的汞体积；$\varGamma$ 为表面张力；α 为孔隙水接触角。Friesen 和 Mikula（1987）导出孔隙表面分维的计算公式如下：

$$-\frac{\mathrm{d}V}{\mathrm{d}r} \propto r^{2-D} \tag{1-7a}$$

由压汞压力与孔隙半径的关系：$P = 2\varGamma \cos\alpha / r$，孔隙表面分维的计算公式：

$$-\frac{\mathrm{d}V}{\mathrm{d}P} \propto P^{D-4} \tag{1-7b}$$

Zhang 和 Li（1995）给出孔隙表面分维的计算公式：

$$W_n = KQ_n^D \tag{1-8}$$

式中，$W_n = \left(\sum_{i=1}^{n} P_i \Delta V_i \right) \Big/ r_n^2$；$Q_n = V_n^{1/3} / r_n$。不同孔隙表面分维计算方法的适用范围表示在图 1-19 中，不同方法计算得到的孔隙表面分维数值可能不同。

对于宁明膨胀土，分别采用式（1-4）和式（1-5）计算孔隙表面分维，结果如图 1-20 所示。按式（1-4）计算时，需要将 $V(>r)$ 换算成 $V(\leqslant r)$，$V(\leqslant r) = V_{\mathrm{T}} - V(>r)$，$V_{\mathrm{T}}$ 为总的汞压入量，$V_{\mathrm{T}} = 0.1401\mathrm{mL/g}$。孔隙表面分维 $D = 2.101$，最大孔径 $2R = 250\mathrm{nm}$。按照式（1-5）计算的宁明膨胀土孔隙表面分维 $D = 2.753$。图 1-21 所示为按式（1-8）计算的孔隙分布的分维。根据压汞法计算宁明膨胀土孔隙表面分维，宁明膨胀土的压汞试验曲线分为三段：大孔隙（$d > 6000\mathrm{nm}$）、过渡段（$120\mathrm{nm} \leqslant d \leqslant 6000\mathrm{nm}$）和小孔隙（$d < 120\mathrm{nm}$）。宁明膨胀土的大孔隙分布的分维为 2.55，小孔隙分布的分维为 2.42。

南阳膨胀土的孔隙分布分维的计算结果如图 1-22 和图 1-23 所示。其中，$w = 20\%$，$V_{\mathrm{T}} = 0.1922\mathrm{mL/g}$。根据式（1-4）和式（1-5）计算的南阳膨胀土孔隙表面分维分别是 2.746 和 2.767。图 1-22（a）中，最大孔隙半径 $R = 10000\mathrm{nm}$。根据式（1-8）计算南阳膨胀土孔隙表面分维，结果如图 1-23 所示。大孔隙的表面分维为 2.87，小孔隙的表面分维为 2.86。含水量 $w = 20\%$ 的宁明膨胀土孔隙分布为单峰曲线，此时大孔隙和小孔隙分布相同，孔隙分布分维相同。

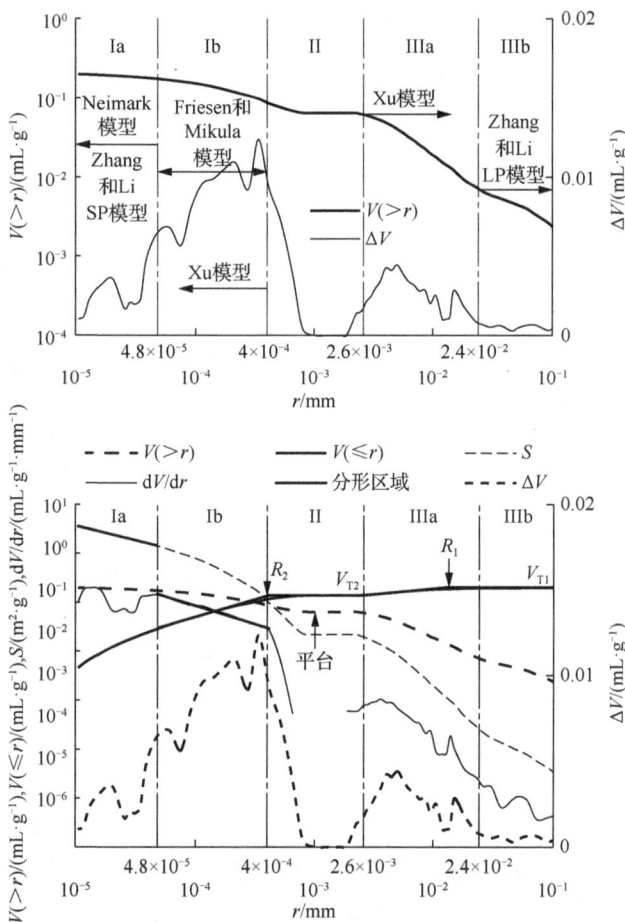

Ia、Ib、II、IIIa、IIIb ——粒径分区; R_2 ——小孔隙的最大半径; V_{T2} ——小孔隙的最大孔隙体积;
R_1 ——大孔隙的最大半径; V_{T1} ——大孔隙的最大孔隙体积。

图 1-19 孔隙表面分维计算方法的适用范围

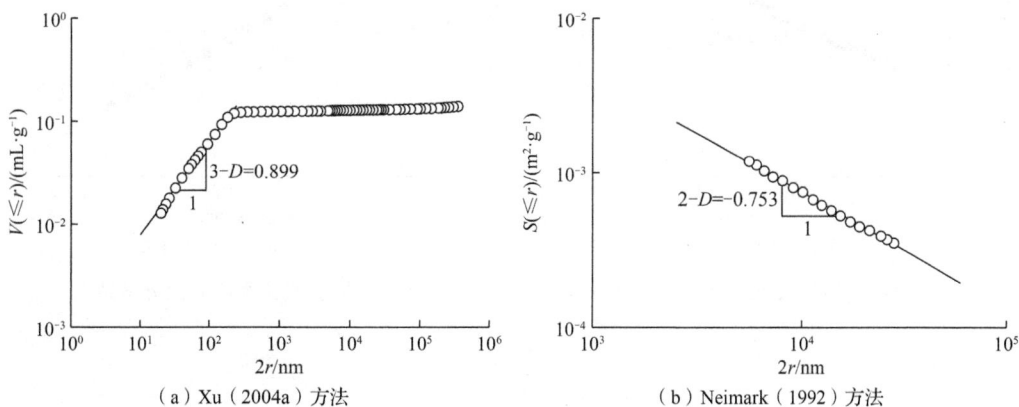

（a）Xu（2004a）方法　　　　　　　　（b）Neimark（1992）方法

图 1-20 宁明膨胀土孔隙表面分维

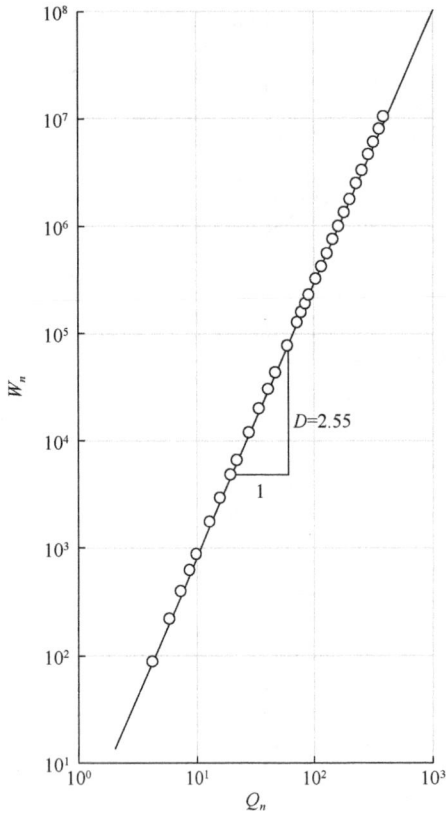
（a）大孔隙

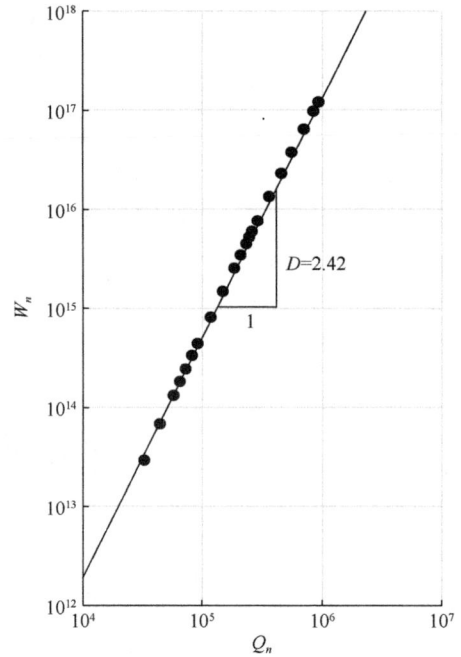
（b）小孔隙

图 1-21　根据 Zhang 和 Li（1995）方法计算的宁明膨胀土孔隙表面分维

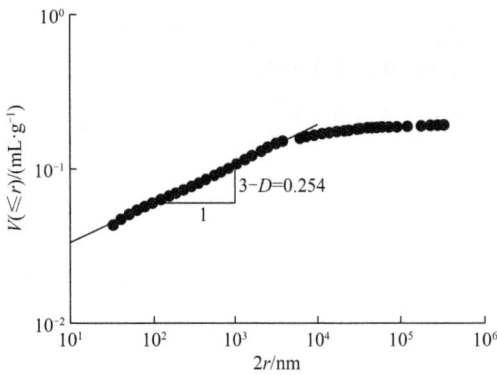
（a）Xu（2004a）方法

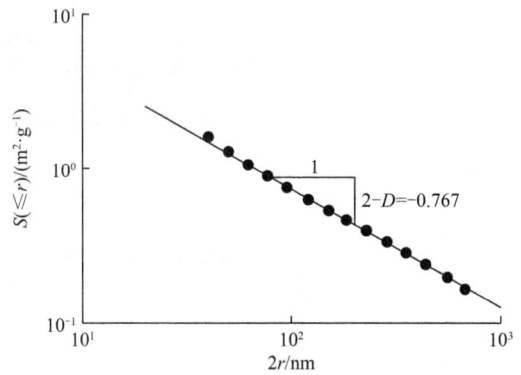
（b）Neimark（1992）方法

图 1-22　根据 Xu（2014a）和 Neimark（1992）方法计算南阳膨胀土孔隙表面分维结果

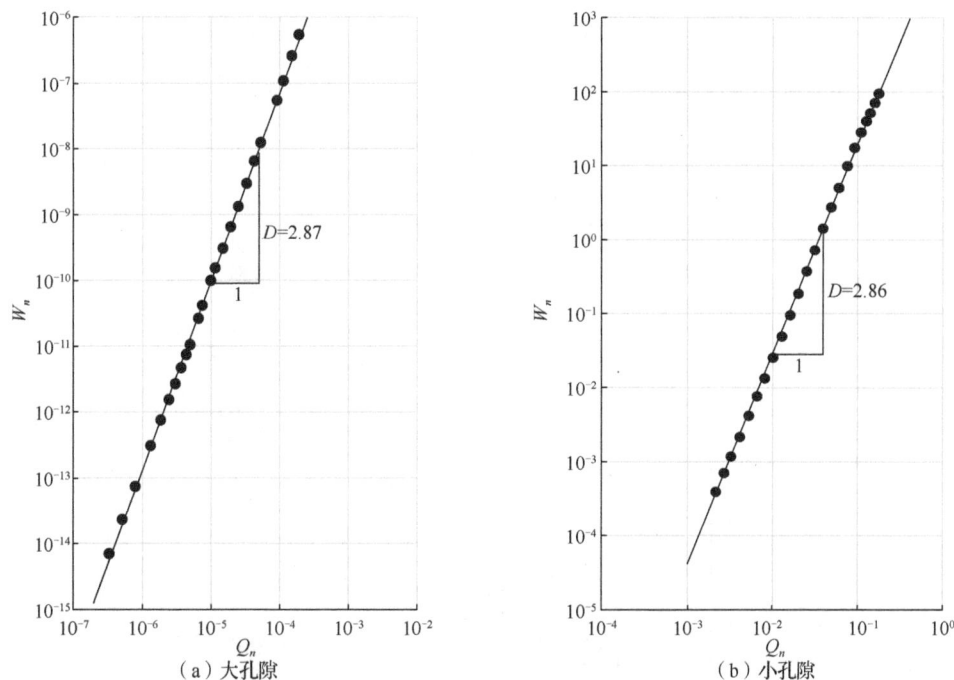

图 1-23　根据 Zhang 和 Li（1995）方法计算南阳膨胀土孔隙表面分维（w=20%）结果

根据不同方法计算的膨胀土孔隙表面分维如表 1-8 所示。根据不同方法计算得到的孔隙表面分维不同，对应的孔径范围也不同。

表 1-8　不同方法计算的孔隙表面分维比较

土样	孔隙表面分维			
	Xu（2004a）	Neimark（1992）	Zhang 和 Li（1995）	
			大孔隙	小孔隙
宁明	2.101	2.746	2.55	2.42
南阳	2.753	2.767	2.87	2.86

1.3　膨胀土的判别与等级划分

1.3.1　判别指标

1. 稠度指标

稠度指标反映了膨胀土的亲水性，与膨胀土的矿物成分、颗粒组成、水溶液性质等有关，主要有液限（w_L）、塑限（w_p）和缩限（w_s）。膨胀土的液限接近胀限含水率，塑性指数 I_p（$I_p = w_L - w_p$）表征可塑性能的湿度变化范围，反映了结合水数量。塑性图中液限为横坐标，塑性指数为纵坐标，同时反映了决定胀缩性能的矿物成分和结合水数量，能全面反映膨胀土的胀缩性能。膨胀土在塑性图上的位置都落在液限 w_L >40%、A 线以上（图 1-24）。

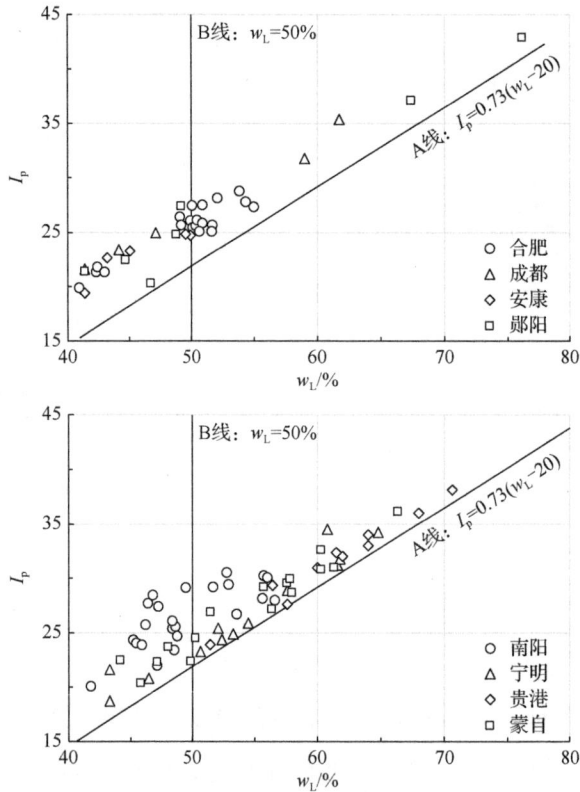

图 1-24 膨胀土在塑性图上的位置

膨胀土的缩限（w_s）与塑限（w_p）接近，缩限与塑限有很好的相关关系（图 1-25）。缩限指数 I_s（$I_s = w_L - w_s$）表征膨胀和收缩性能的湿度变化范围，缩限指数越大，胀缩性越强。按照缩限指数将黑棉土的胀缩性分为低（20～30）、中（30～60）和高（>60）三个等级（Sridharan et al.，1986）。

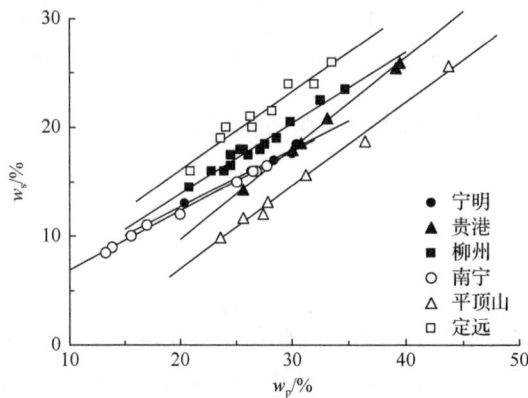

图 1-25 缩限与塑限的相关关系

2. 膨胀指标

膨胀土的膨胀指标主要有自由膨胀率、膨胀力、胀限和缩限。

1）自由膨胀率

Holtz 和 Gibbs（1956）提出了自由膨胀率（free swell）的概念，是指人工制备的烘干、碾细的膨胀土试样，在水中膨胀体积与原始体积之比，以百分率表示。自由膨胀率用来表征膨胀土粒在无结构力影响下的膨胀特性，主要受黏粒含量和矿物成分影响。黏粒含量愈高，矿物亲水性愈强，自由膨胀率愈大。自由膨胀率是膨胀土的判别和胀缩等级划分的重要指标。

自由膨胀率的测试方法是：将上口直径 50mm、下口直径 5mm 的无颈漏斗放在支架上，漏斗下口对准内径为 20mm、容积为 10mL 的量杯中心，并保持 10mm 距离。用取土匙取适量试样倒入漏斗中，倒土时取土匙应与漏斗壁接触，尽量靠近漏斗底部，边倒边用细铁丝轻轻搅动，当量杯装满土样并溢出时，停止向漏斗倒土，移开漏斗刮去杯口多余土，称量杯中土样质量。将量杯中土样倒入匙中，再次按上述步骤进行两次平行测定，两次测定的差值不得大于 0.1g。在 50mL 量筒内注入 30mL 纯水，加入 5mL 浓度为 5% 的分析纯氯化钠溶液，将备好的土样倒入量筒内，用搅拌器上下搅拌悬液各 10 次，用纯水冲洗搅拌器和量筒壁至悬液达 50mL，静置 24h。待悬液澄清后，每 2h 测读 1 次土面读数，估读至 0.1mL。直至 6h 内两次读数差值不超过 0.2mL，土样在水中膨胀稳定，读取土样在水中膨胀稳定后的体积。自由膨胀率的计算公式为（精确至 1%）：

$$\delta_{ef} = \frac{V_{we} - V_0}{V_0} \times 100\% \qquad (1\text{-}9)$$

式中，δ_{ef} 为自由膨胀率；V_{we} 为土样膨胀稳定后的体积；V_0 为初始土样体积，为 10mL。

膨胀土的自由膨胀率受颗粒势能状态、颗粒形状、介质环境（pH 值），以及颗粒与介质间的离子交换量的影响。试样倒入量筒可能产生不均匀性，试样在水中浸湿需要时间。膨胀土的自由膨胀率的试验结果受试样制备方法、试验设备（量筒大小）、试验方法（凝聚剂多少、搅拌方法、搅拌次数和浸水时间）影响。考虑自由膨胀率试验的缺陷，印度学者提出采用差分自由膨胀率代替自由膨胀率对黑棉土进行分类。取 2 份 10g 试样，一份浸泡在水中，一份浸泡在煤油中，测定两者浸泡后的体积，在水中多膨胀出来的体积百分率，即为差分自由膨胀率。按照差分自由膨胀率大小将黑棉土的胀缩性分为低（20～35）、中（35～50）和高（>50）三个等级（Sridharan et al.，1986）。

2）膨胀力

膨胀力是反映膨胀土膨胀性强弱的指标，指膨胀土在有侧限条件下充分吸水，保持体积不变、不发生竖向膨胀变形所施加的最大压力。如图 1-26 所示，膨胀力的测试方法主要有三种（Sridharan et al.，1986；丁振洲等，2007）：膨胀反压法（图 1-26 中方法 1）、加压膨胀法（图 1-26 中方法 2）和加压平衡法（图 1-26 中方法 3）。

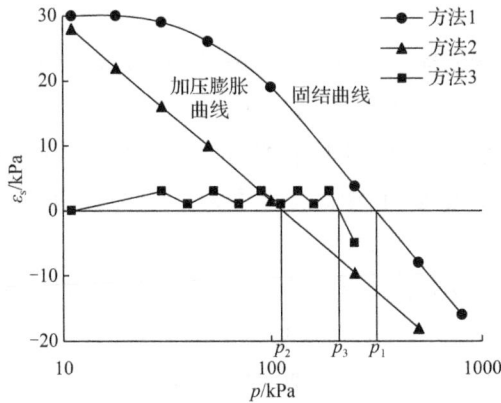

图 1-26　膨胀力的测试方法（Sridharan et al.，1986）

膨胀反压法是膨胀土试样在设定压力下充分吸水膨胀稳定后再施加压力，恢复到初始体积。施加压力，压缩饱和膨胀土试样是固结过程，如图 1-27 中的固结曲线，在压力 p_1 作用下，土样体积与初始条件相等，对应的压力 p_1 就是膨胀力。在饱和土固结过程中，土颗粒发生滑移和重排，孔隙自由水排出和孔隙体积减小，是一个物理过程；膨胀力产生是晶间膨胀和层间结合水膜增厚，是一个物理、化学和力学的耦合过程。因此，方法 1 测得的压力 p_1 是饱和膨胀土的固结压力，不是膨胀力。

加压膨胀法是根据压力（p）-膨胀变形（ε_s）的关系曲线计算膨胀变形为 0 时的压力值（p_2），作为膨胀力。将加压膨胀曲线在 ε_s-$\log p$ 坐标上视为直线，直线 ε_s-$\log p$ 与直线 $\varepsilon_s = 0$ 的交点即为土样吸水饱和后不发生体积变化的点，对应的压力 p_2 就是膨胀力。方法 2 分为多试样法和单个试样法：多试样法是同时制备多个相同干密度、相同含水量的试样，同时进行加压膨胀试验，施加的压力不同，根据不同压力作用下稳定的膨胀变形，绘制直线 ε_s-$\log p$，计算与直线 $\varepsilon_s = 0$ 交点的压力 p_2，即为膨胀力；单个试样法制备一个试样，在某个指定压力下吸水膨胀稳定后，再施加更大的压力，进行吸水膨胀试验，如此重复，绘制直线 ε_s-$\log p$，计算膨胀力。方法 2 施加更大一级荷载时土样产生压缩变形，改变了土样的干密度和结构，测得的膨胀力与初始土样不同。

加压平衡法是在膨胀土试样吸水开始膨胀时，立即施加压力阻止膨胀变形、维持土样体积不变，这个维持土样体积不变的压力（p_3）就是膨胀力。只有压力 p_3 才能称为膨胀力，原因是：在整个试验中土样体积基本保持不变，土样密实状态不变、结构不变。方法 3 测得的膨胀力就是初始土样的膨胀力，具有明确的物理意义，被广泛用于评价膨胀土的膨胀性能。

Sridharan 等（1986）比较了不同试验方法测得的黑棉土的膨胀力（图 1-27）。黑棉土试样在含水量为 0 时静压制成。不同试验方法测得的膨胀力不同，膨胀反压法得到的膨胀力数值最大，加压膨胀法得到的膨胀力数值最小，加压平衡法得到的膨胀力数值居中。图 1-28 中比较了三种方法得到的膨胀力数值大小，方法 1 得到的膨胀力数据（p_1）远远大于膨胀力的真实数值（p_3），方法 2 得到的膨胀力数据（p_2）略小于膨胀力的真实数值（p_3）。

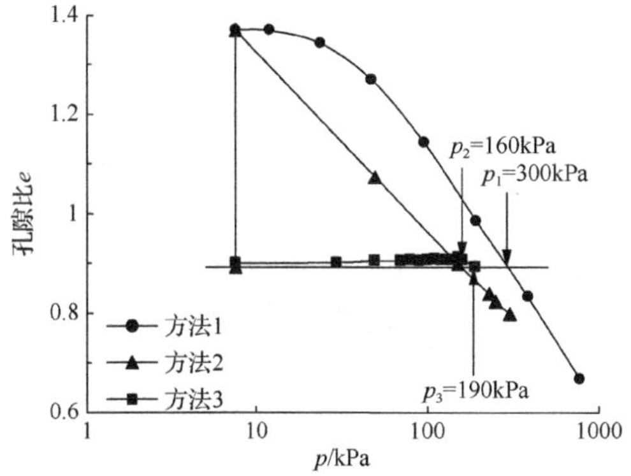

图 1-27　黑棉土的膨胀力试验方法比较
（Sridharan et al., 1986）

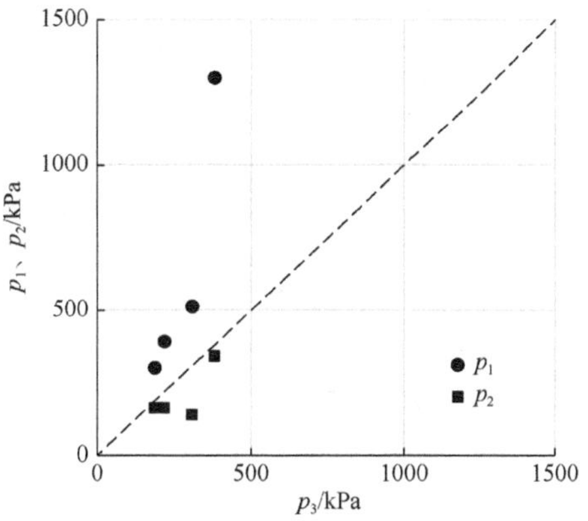

图 1-28　黑棉土的膨胀力大小比较
（Sridharan et al., 1986）

　　我国各地典型膨胀土的膨胀力列于表 1-9 中。加压平衡法测得的膨胀力是土体吸水产生的内应力，膨胀力与膨胀特性之间具有明确的对应关系，膨胀性越强，膨胀力越大。图 1-29 表示了击实土样的膨胀力与自由膨胀率的相关关系，两者的关系表达式为 $p_s = k \cdot \delta_{ef}$，其中，$p_s$ 为膨胀力，δ_{ef} 为自由膨胀率，k 为系数。原状膨胀土的膨胀力反映了黏土矿物成分、颗粒粒度成分和膨胀土结构的影响，导致膨胀力数值的差异很大。一般情况下，竖直向膨胀力大于水平向膨胀力。

表 1-9　膨胀土的膨胀指标

地区		原状土		击实土				膨胀力
		胀限 w_e/%	缩限 w_s/%	最大干密度 $\rho_{d,max}$/(g·cm⁻³)	最优含水量 w_{opt}/%	胀限 w_e/%	缩限 w_s/%	p_s/kPa
云南	鸡街	37.4	17.9	1.65	22.5	37.7	12.5	10～350
贵州	贵阳	34.5	21.5	1.28	41.8	46.3	21.7	
四川	成都	21.7	14.0	1.71	21.1	25.8	12.7	17～45
广西	南宁	31.7	14.5	1.6	27.1	35.8	16.0	47～85
	宁明	33.2	17.0	1.6	22.4	41.4	15.2	119～136
	上思	47.0	12.5	1.59	24.0	50.0	12.5	
湖北	郧阳	28.0	12.7	1.66	23.3	26.7	11.1	
	荆门	28.0	14.0	1.56	21.1	40.0	10.8	183
河南	邓州	28.6	12.3	1.62	23.5	27.9	13.4	
	南阳	23.9	11.0	1.65	19.7	27.9	13.4	63
安徽	合肥	28.3	12.0	1.59	24.6	32.0	12.7	10～250
陕西	安康							30～150
	汉中							40～120
河北	邯郸							30～205

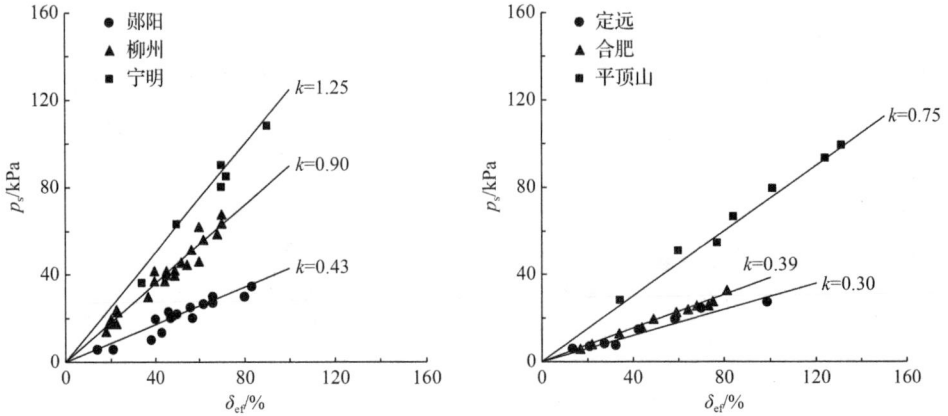

图 1-29　膨胀力与自由膨胀率的相关关系

3）胀限和缩限

膨胀土的胀限含水量（简称胀限）是指膨胀土吸水膨胀稳定后的最大含水量，是产生最大膨胀变形的极限含水量，用于表征膨胀土的矿物成分和结构特征对膨胀性的影响。

膨胀土的缩限含水量（简称缩限）是土从半固态过渡到固态的稠度界限，当含水量小于缩限时，膨胀土呈固体状态，此时膨胀土的含水量减小，膨胀土体积收缩很小，甚至不收缩。缩限是膨胀土干燥收缩至体积不变时的含水量，只反映膨胀土矿物成分和黏粒的影响。膨胀土的胀限和缩限列于表 1-9 中。原状膨胀土（原状土）与击实膨胀土（击实土）的胀限和缩限比较如图 1-30 所示。原状土的缩限与击实土的缩限基本相等，原状土的胀限小于击实土的胀限。

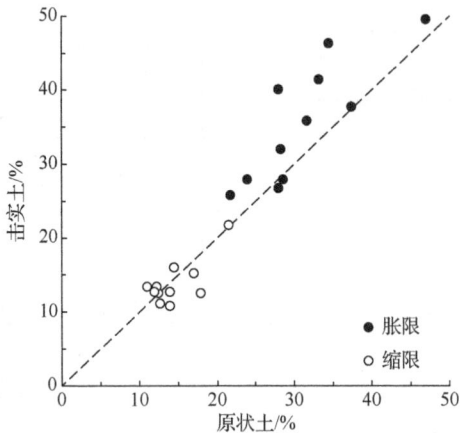

图 1-30　原状土与击实土的胀限和缩限的比较

3. 结构指标

（1）胶粒指粒径≤0.001mm 的土颗粒，是膨胀土颗粒中最细微的部分，表现出强烈的胶体特征，包括次生的铝硅酸盐黏土矿物和氧化物，以次生铝硅酸盐黏土矿物为主要成分。层状硅酸盐类矿物由两种基本结构单位硅氧四面体和铝氧八面体构成，且含有结晶水。

（2）黏粒指粒径≤0.002mm 的土颗粒，膨胀土黏粒的矿物成分以蒙脱石、伊利石、绿泥石等黏土矿物为主。黏粒含量越多，分散度越好，比表面积越大，亲水性越强，膨胀性越强。

（3）颗粒分布分维。膨胀土颗粒分布分维反映膨胀土的颗粒粒度组成，黏粒含量越大，膨胀土颗粒分布分维越大，膨胀性越强（图1-31）。

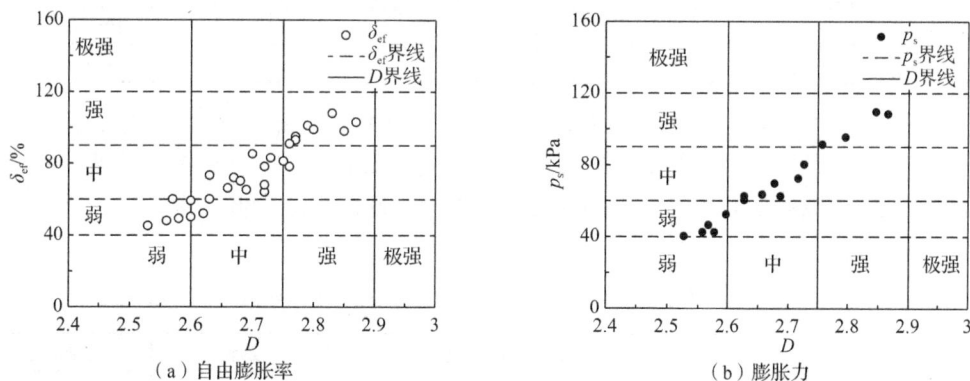

图1-31　膨胀土颗粒分布分维与自由膨胀率和膨胀力的相关关系

1.3.2　判别方法

膨胀土有不同的定义和分类，《水利水电工程地质勘察规范（2022 年版）》（GB 50487—2008）中定义：膨胀土是一种含有大量亲水性矿物、湿度变化时有较大体积变化、变形受约束时产生较大内应力的黏性土。膨胀土具有以下特征。

（1）地层年代为第四纪晚更新世 Q_3 以前，分布在二级或二级以上阶地，山前丘陵和盆地边缘。

（2）地形平缓，无明显自然陡坎，常见浅层滑坡和地裂。

（3）土体裂隙发育，常有光滑面和擦痕，有的裂隙中充填灰白或灰绿色黏土，干时坚硬，遇水软化，自然条件下呈坚硬或硬塑状态。

（4）浅部胀缩裂隙中含上层滞水，无统一地下水位，水量较贫且随季节变化明显。

（5）新开挖边坡工程易发生坍塌，地基未经处理的建筑物破坏严重，刚性结构较柔性结构严重，建筑物裂缝宽度随季节变化。

《公路路基设计规范》（JTG D30—2015）中定义：膨胀土是指含亲水性矿物并具有明显的吸水膨胀与失水收缩特性的高塑性黏土。

膨胀土的判别方法有不同标准，总的来说，具有以下特性。

（1）黏粒（≤0.002mm）含量≥30%，黏土矿物以蒙脱石、伊利石等亲水矿物为主。

（2）液限 w_L≥40%，塑性指数 I_p≥20，活性指数 A≥0.8。

（3）自由膨胀率 δ_{ef}≥40%，胀缩总率 ε_{ps}≥7%。

（4）蒙脱石含量 M≥7%。

1.3.3　等级划分

美国以胶粒含量、塑性指数、缩限和体积膨胀率为指标，将膨胀土胀缩等级分为四类：弱、中、强和极强（表 1-10）。

表 1-10　膨胀土的胀缩等级标准（美国）

级别	胶粒（<0.001mm）含量/%	塑性指数 I_p	缩限 w_s/%	体积膨胀率 δ_p/%
极强膨胀土	>28	>35	<11	>30
强膨胀土	20~31	25~41	7~12	20~30
中膨胀土	11~23	15~28	10~16	10~20
弱膨胀土	<15	<15	>15	<10

我国《公路工程地质勘察规范》（JTG C20—2011）将膨胀土分为弱、中、强三个等级（表 1-11）。膨胀土的标准吸湿含水率（w_f）是指膨胀土在溴化钠饱和溶液中的吸水率。Williams（威廉斯）在膨胀土的活性指数图上将膨胀土分为低、中、高和极高四个等级（图 1-32）。

表 1-11　《公路工程地质勘察规范》（JTG C20—2011）中膨胀土的等级标准

级别	非膨胀土	弱膨胀土	中膨胀土	强膨胀土
自由膨胀率 δ_{ef}/%	<40	40~60	60~90	≥90
标准吸湿含水率 w_f/%	<2.5	2.5~4.8	4.8~6.8	≥6.8
塑性指数 I_p	<15	15~28	28~40	≥40

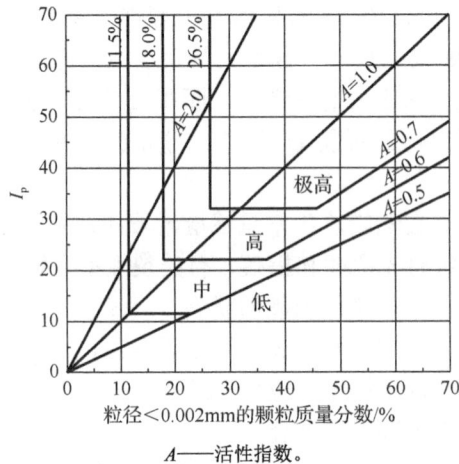

A——活性指数。

图 1-32　Williams 膨胀土等级分类方法

采用膨胀土常见参数作为等级划分的综合指标，主要参数有：胶粒（≤0.001mm）含量、黏粒（≤0.002mm）含量、蒙脱石含量、阳离子交换量、液限、塑性指数、自由膨胀率、膨胀力等。膨胀土等级划分的综合标准列于表 1-12。膨胀土颗粒的最大粒径 $d_{max}=0.1$mm，由膨胀土颗粒分布分维的界限值，根据式（1-2）计算黏粒含量的界限值，分别为 21%、38% 和 68%。对黏粒含量取整数，得到的黏粒含量界限分别取 20%、35% 和 60%，弱、中、强和极强膨胀土的黏粒含量界限分别为<20%、20%~35%、35%~60% 和>60%。根据表 1-12 中膨胀土等级划分的综合评价指标，对南京、南阳、平顶山、宁明和安康膨胀土的等级进行划分（表 1-13），各个指标的判别结果基本一致，表 1-12 中的综合指标体系设置合理。

表 1-12 膨胀土等级划分的综合标准

级别	弱膨胀土	中膨胀土	强膨胀土	极强膨胀土
胶粒（≤0.001mm）含量/%	<15	11～23	20～31	>28
黏粒（≤0.002mm）含量/%	<20	20～35	35～60	>60
蒙脱石含量 M/%	7～17	17～27	27～35	>35
阳离子交换量 CEC/（mmol·kg^{-1}）	170～260	260～360	>360	
液限 w_L/%	40～50	50～70	70～90	>90
塑性指数 I_p	<15	15～28	28～40	≥40
自由膨胀率 δ_{ef}/%	40～60	60～90	90～120	≥120
膨胀力 p_s/kPa	40～60	60～90	90～120	>120
颗粒分布分维 D	<2.60	2.60～2.75	2.75～2.90	>2.90

表 1-13 膨胀土等级划分综合指标的验证

判别指标	南京			南阳		平顶山		宁明		安康	
	棕色土	红色土	等级	参数	等级	参数	等级	参数	等级	参数	等级
胶粒含量/%											
黏粒含量/%	16.5	9.0	弱	16	弱	32～41	中、强		弱		
蒙脱石含量 M/%	<10	<10	弱	5+2	弱	35	强	13.62	弱	19.6	中
阳离子交换量 CEC/（mmol·kg^{-1}）				247.2	弱	540	极强	180		273.7	中
液限 w_L/%	47.73	44.90	弱	47.5	弱	65～72	中、强		弱	46.8	弱
塑性指数 I_p	28.93	23.55	弱	22.2	弱	22～44	强		弱	26.1	中
自由膨胀率 δ_{ef}/%	49	42	弱	52	弱	66～99	中、强		弱	67.0	中
膨胀力 p_s/kPa						63～99	中、强				
颗粒分布分维 D	2.53	2.49	弱	2.48	弱	2.84	强	2.52	弱		

2 膨胀土孔隙水的分布形态

2.1 核磁共振的基本概念

核磁共振是指具有固定磁矩的原子核，如 ^1H、^{13}C、^{31}P、^{19}F、^{15}N、^{129}Xe 等，在恒定磁场与交变磁场作用下，与交变磁场发生能量交换的现象（Coates et al.，1999）。水是一种含氢量较高的物质，在核磁共振中具有很强的信号和敏感性，因此质子核磁共振适用于探测多孔介质中水分含量与分布。

2.1.1 弛豫时间

在处于恒定磁场中的自旋系统上加一个射频脉冲激励磁场，当射频脉冲的频率与自旋核的拉莫尔频率相等时，自旋系统与射频场发生共振，并从射频场中吸收能量，跃迁到高能态。自旋系统宏观磁化矢量失去平衡，偏离 z 方向，使得纵向磁化强度 M_z 减小，同时出现横向磁化强度 M_{xy}。射频停止后，自旋系统从非平衡状态恢复到平衡状态，分别包括纵向磁化强度 M_z 的恢复和横向磁化强度 M_{xy} 的恢复。

自旋系统从非平衡状态恢复到平衡状态的过程称为弛豫，纵向弛豫过程以磁化强度纵轴分量 M_z 的恢复为标志。纵向磁化强度随纵向弛豫时间变化的曲线称为纵向弛豫曲线。纵向磁化强度从零恢复到最大值的 67%时所需的时间定义为 T_1 时间。纵向弛豫曲线遵循指数规律（汪红志等，2008）：

$$M_z(t) = M_0(1 - e^{-t/T_1}) \tag{2-1}$$

式中，$M_z(t)$ 为弛豫开始后 t 时刻的纵向磁化强度；M_0 为系统的磁化强度。纵向弛豫过程的本质是自旋原子核把吸收的能量通过与周围晶格的作用传递给周围物质，因此 T_1 弛豫时间又称为自旋-晶格弛豫时间。

横向弛豫过程以横向磁化强度 M_{xy} 为标志，用其消失至零的时间衡量弛豫过程的快慢。横向磁化强度随横向弛豫时间变化的曲线称为横向弛豫曲线。横向磁化强度减小至最大值的 37%所需的时间定义为 T_2 时间。横向弛豫曲线遵循指数规律（汪红志等，2008）：

$$M_{xy}(t) = M_0 e^{-t/T_2} \tag{2-2}$$

式中，$M_{xy}(t)$ 为弛豫开始后 t 时刻的横向磁化强度。弛豫时间 T_2 又称为自旋-自旋弛豫时间。分子结构越均匀，散相效果越差，横向磁化减小得越慢，需要的横向弛豫时间 T_2 越长。对于同一分子，T_2 时间主要取决于质子所处磁场的均匀性。横向弛豫总是比纵向弛豫快，所以 T_2 总是小于或等于 T_1。

2.1.2 弛豫机制

在饱和膨胀土中，当水分子在固体颗粒表面附近扩散时，孔隙表面位置波动的磁场与水分子中的质子自旋发生相互作用，孔隙水中的质子与表面吸附质子之间的交换引起

质子弛豫:

$$\frac{1}{T_k} = \frac{1}{T_{kB}} + \frac{1}{\dfrac{r}{\alpha\rho_k} + \dfrac{r^2}{2\alpha D}} = \frac{1}{T_{kB}} + \frac{\alpha\rho_k}{r}\frac{1}{1 + \dfrac{\rho_k r}{2D}} \tag{2-3}$$

式中，T_{kB} 为自由水的弛豫时间；r 为孔隙半径；α 为形状因子，平板、圆柱形和球形孔隙的形状因子分别为 1、2 和 3（Jaeger et al.，2009）；ρ_k（$k=1$ 或 2）为膨胀土表面弛豫率；D 为水分子在孔隙空间内的自扩散系数（Jaeger et al.，2009）。孔隙水的弛豫过程由自由弛豫（右边第一项）和受限弛豫（右边第二项）两部分组成。通过比较 $2D/r$ 和 ρ_k 的相对大小，确定受限弛豫由表面弛豫过程控制还是水分子扩散过程控制。当 $(\rho_k r)/D \ll 1$ 时，孔隙水处于"快扩散"区，式（2-3）简化（Godefroy et al.，2001）为

$$\frac{1}{T_k} = \frac{1}{T_{kB}} + \frac{\alpha\rho_k}{r} \tag{2-4}$$

相应地，当 $(\rho_k r)/D \gg 1$ 时，孔隙水处于"慢扩散"区，表明受限弛豫受控于孔隙水的扩散过程，式（2-4）可改写为

$$\frac{1}{T_k} = \frac{1}{T_{kB}} + \frac{2\alpha D}{r^2} \tag{2-5}$$

通过测量孔隙水弛豫时间随温度的变化规律，区分受限弛豫是由表面弛豫主导还是由孔隙水扩散主导。当孔隙水弛豫时间随温度升高而减小时，无法区分受限弛豫是由表面弛豫主导还是由孔隙水扩散主导；当孔隙水弛豫时间随温度升高而增加时，受限弛豫只能是由表面弛豫主导。

一般情况下，膨胀土中孔隙水的自由弛豫时间远远大于表面弛豫时间，孔隙水的弛豫时间简化为

$$\frac{1}{T_k} \approx \frac{1}{T_{kS}} = \frac{\alpha\rho_k}{r} \tag{2-6}$$

由此可知，孔隙水弛豫时间与孔隙半径 r 成正比，说明吸附水或小孔隙中水的弛豫时间比大孔隙中水的弛豫时间小。因此，含水膨胀土的弛豫时间分布曲线能反映膨胀土中孔隙水分布（Jaeger et al.，2009），曲线下方的峰面积代表对应弛豫时间范围内的核磁信号量。

2.2 土-水作用

蒙脱石是一种复合的铝硅酸盐晶体，由硅片和铝片构成的晶胞交互成层叠而成，具有较高的比表面积，高达 $800\text{m}^2/\text{g}$，由于同晶替代和晶格缺失，矿物表面带负电。水分子是强极性分子，由于蒙脱石的影响，膨胀土中的绝大部分孔隙水处于吸附状态，导致膨胀土具有低渗性和高膨胀性。Korb 模型（Korb et al.，1998）认为，表面吸附水在土颗粒表面随机扩散，当吸附水中质子（自旋 I）与土颗粒表面的离子（自旋 S）发生作用时，局部磁场发生变化，吸附水发生弛豫，T_{2S}/T_{1S} 表示为

$$
\frac{T_{2\mathrm{S}}}{T_{1\mathrm{S}}} = \frac{\rho_1}{\rho_2} = 2 \left(\frac{3\ln\left(\dfrac{1+\omega_\mathrm{I}^2\tau_\mathrm{m}^2}{\left(\dfrac{\tau_\mathrm{m}}{\tau_\mathrm{s}}\right)^2+\omega_\mathrm{I}^2\tau_\mathrm{m}^2}\right)+7\ln\left(\dfrac{1+\omega_\mathrm{S}^2\tau_\mathrm{m}^2}{\left(\dfrac{\tau_\mathrm{m}}{\tau_\mathrm{s}}\right)^2+\omega_\mathrm{S}^2\tau_\mathrm{m}^2}\right)}{4\ln\left(\left(\dfrac{\tau_\mathrm{s}}{\tau_\mathrm{m}}\right)^2\right)+3\ln\left(\dfrac{1+\omega_\mathrm{I}^2\tau_\mathrm{m}^2}{\left(\dfrac{\tau_\mathrm{m}}{\tau_\mathrm{s}}\right)^2+\omega_\mathrm{I}^2\tau_\mathrm{m}^2}\right)+13\ln\left(\dfrac{1+\omega_\mathrm{S}^2\tau_\mathrm{m}^2}{\left(\dfrac{\tau_\mathrm{m}}{\tau_\mathrm{s}}\right)^2+\omega_\mathrm{S}^2\tau_\mathrm{m}^2}\right)} \right) \tag{2-7}
$$

式中，ω_I 为自旋 I 的共振角速度；ω_S 为自旋 S 的共振角速度；ρ_1 简化为

$$
\rho_1(T) \propto \alpha\tau_\mathrm{m} \tag{2-8}
$$

其中，$\alpha = \dfrac{N_\mathrm{S}}{N}\dfrac{\pi}{20}\dfrac{\sigma_\mathrm{S}}{\delta^4}(\gamma_\mathrm{I}\gamma_\mathrm{S}\hbar)^2 S(S+1)$，$\hbar = h/2\pi$，$h$ 为普朗克常数，S 为自旋 S 的自旋量子数。模型中有两个特征时间，平移相关时间 τ_m 和表面停留时间 τ_s，其中 τ_m 与水分子在颗粒表面的扩散快慢相关，τ_s 与土颗粒表面的土-水作用有关，受水分子解吸限制（Godefroy et al.，2001）。N_S/N 代表吸附水含量，σ_S 代表表面离子的面密度，δ 为 I 和 S 的最短距离，γ_S 与 γ_I 分别代表 S 和 I 的旋磁比。

表面弛豫率与弛豫时间的温度依赖性符合阿伦尼乌斯（Arrhenius）定律（Godefroy et al.，2001）：

$$
\tau_\mathrm{m}(T) = \tau_\mathrm{m0}\exp\left(\frac{\Delta E}{RT}\right) \tag{2-9}
$$

式中，$\Delta E = E_\mathrm{m} - E_\mathrm{s}$ 表示水分子在孔隙中的有效活化能，代表了膨胀土颗粒表面水分子平动时（基于 Korb 模型对水分子微观运动的描述）的能量壁垒。E_m 和 E_s 分别代表水分子在孔隙中的扩散和吸附活化能。R 为理想气体常数，T 为温度。当扩散能量壁垒大于表面吸附作用时，$\Delta E > 0$，弛豫率 ρ_k 随温度增加而降低，弛豫时间 T_k 增加；$\Delta E < 0$ 时，弛豫率 ρ_k 随温度增加而增加，弛豫时间 T_k 降低。

选用广西宁明膨胀土和 MX80 膨润土，物性指标见表 2-1，根据《森林土壤阳离子交换量的测定》（LY/T 1243—1999）测量阳离子交换量，总比表面积采用亚甲基蓝法测量，包括黏土矿物的内外表面积。

表 2-1　膨胀土物性指标

物性指标		宁明膨胀土	MX80 膨润土
矿物分析	蒙脱石含量/%	20.84	77
	高岭石含量/%	2.06	
	伊利石含量/%	46.77	
	长石含量/%	8.17	11
	石英含量/%	20.14	7
	云母含量/%		

物性指标		宁明膨胀土	MX80 膨润土
矿物分析	方解石含量/%		
	石膏含量/%		5
	菱铁矿含量/%	1.39	
阳离子交换量 CEC/（mEq/100g）	Ca^{2+}	4.94	12.51
	Na^+	8.41	60.32
	总和	32.10	86.67

试验中用到 IR 和 IR-CPMG 序列，IR 序列由一对 180°和 90°脉冲组成，随着脉冲间距增加，被施加 m 次。IR-CPMG 结合了 IR 和 CPMG，表示为重复采样等待时间 $-\pi - T_a - \pi/2 - T_E/2 - (\pi - T_E/2 - \pi - 回波信号采集 - T_E/2)_n$，其中 T_a 为恢复时间，$\pi/2$ 和 π 分别为 90°和 180°脉冲，T_E 为回波间隔。试验中 $\pi=64\mu s$，$\pi/2=33\mu s$，$m=20$，$n=2000$，$T_E=0.544ms$。

2.2.1 盐溶液的影响

宁明膨胀土重塑压实土样的干密度为 1.5g/cm^3。采用尺寸为 20mm×ϕ55mm 的聚四氟乙烯环刀取代传统的不锈钢环刀制样，排除铁磁物质对主磁场均匀性的影响。将制备好的环刀样装入饱和器，先抽真空 3h，然后抽入溶液或蒸馏水饱和试样 1h，盐溶液分别为 1mol/L 的 NaCl 溶液、CaCl$_2$ 溶液和 KCl 溶液，最后浸泡 7d 以上。饱和结束后将试样置于温控箱中升温，温度加载序列为：20℃（室温）→35℃→45℃→55℃→65℃→75℃。每级温度平衡后将试样放入核磁试样管中进行核磁测试，通过 IR 和 IR-CPMG 序列分别获得各级温度下试样的 T_1 分布曲线和 T_1-T_2 谱。图 2-1 给出了饱和盐溶液的宁明膨胀土的 T_1-T_2 谱。每个谱中只有一个峰，峰脊大致平行于 $T_1 = T_2$ 线，T_1 与 T_2 值都比较小，意味着土样中孔隙水具有相似的 T_1/T_2 值。

图 2-2 给出饱和盐溶液的宁明膨胀土的 $\log(T_1/T_2)$ 分布曲线，类似 T_1-T_2 谱，$\log(T_1/T_2)$ 分布曲线也是单峰；而且峰点处 $T_1/T_2 \approx 2$，与饱和溶液无关，饱和溶液试样具有更宽的峰形，表明离子改变了孔隙水的状态。在 BPP（Bloembergen-Purcell-Pound）模型（Bloembergen et al.，1948）中，弛豫时间与偶极-偶极作用有关。当水分子处于自由态时，水分子运动是各向均等的，此时 $T_1 = T_2$，即 $T_1/T_2 = 1$。当水分子运动受限，活动度降低时，$T_1/T_2 > 1$。宁明膨胀土中孔隙水的 $T_1/T_2 \approx 2$，表明孔隙水的弛豫主要为表面弛豫，孔隙水弛豫主要受土颗粒表面吸附的影响。基于 Korb 模型，假设 $\tau_m = 1ns$，孔隙表面吸附水有效扩散系数 $D_{eff} = \varepsilon^2/(4\tau_m) = 3.61 \times 10^{-7}$（cm^2/s），（$\varepsilon$ 为土颗粒表面水膜厚度，这里假设为水分子直径，$\varepsilon = 3.8$Å），比自由水扩散系数 $D = 3 \times 10^{-5}$（cm^2/s）小两个数量级。孔隙水活动度降低的原因是：受土颗粒表面氢键和离子水合作用，渗透吸引和偶极吸引对水分子的吸附作用导致水分子被紧密地吸附于土颗粒表面，水分子活动受限，扩散系数降低。孔隙结构的几何迂曲度也导致了孔隙水有效扩散系数降低。核磁试验中，水分子长距离扩散（与孔隙尺度相当），在水分子与黏土颗粒表面碰撞时产生弛豫。对于平均孔径较小的压实黏土，黏土颗粒是扩散水分子的障碍物，导致水分子与黏土颗粒发生高碰撞频率，降低扩散系数。

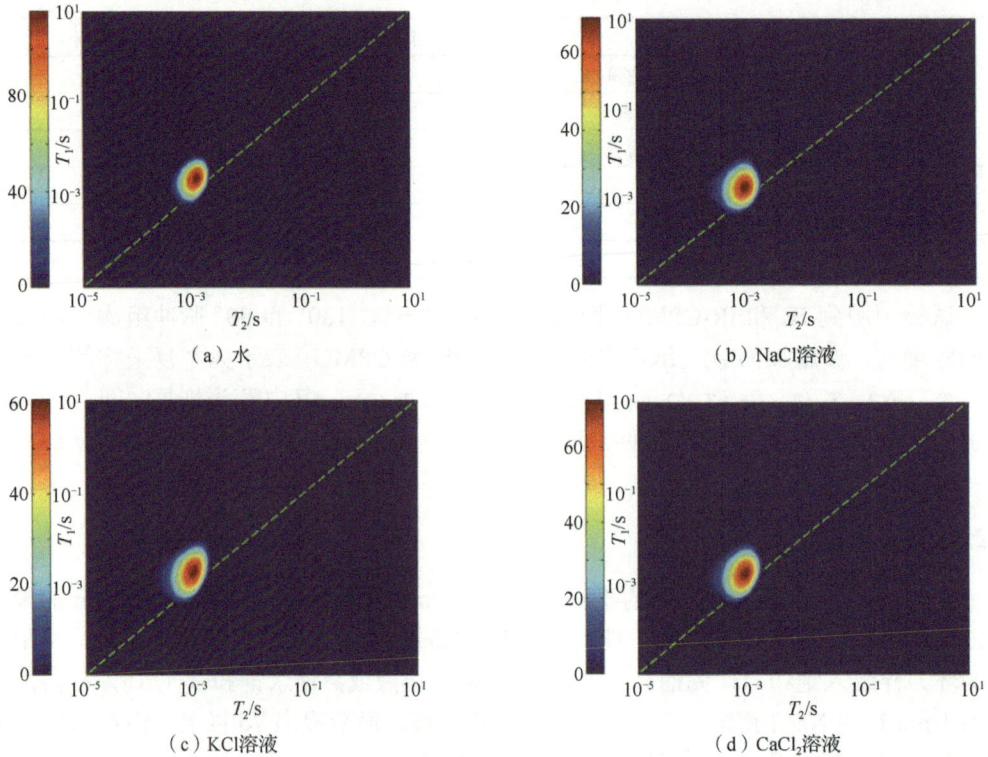

（a）水

（b）NaCl溶液

（c）KCl溶液

（d）CaCl$_2$溶液

图 2-1　饱和盐溶液的宁明膨胀土的 T_1-T_2 谱

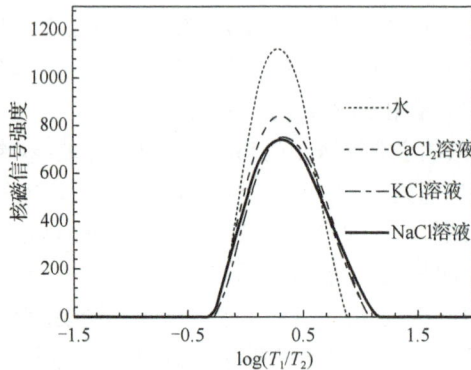

图 2-2　饱和盐溶液的宁明膨胀土的 $\log(T_1/T_2)$ 分布曲线

图 2-3 给出了饱和盐溶液的宁明膨胀土的 T_1 分布曲线随温度的变化。所有试样的分布曲线基本为对称的单峰，峰点 T_1 值在 2～4ms。在水分子发生弛豫期间，黏土矿物层间水与外部孔隙水发生了快速交换（弛豫时间一般为毫秒级，而水分子交换时间可短至纳米级），使得 T_1 时间被平均，T_1 分布为对称单峰。假设孔隙表面吸附水的有效扩散系数为 $3.61×10^{-7}$cm^2/s，在水分子弛豫期间 t（$5T_1$）内，水分子的运动路程 $\sqrt{6Dt}$ 约为 1.5μm，土样的最优孔径（孔径分布中占比最高的孔径）或平均孔径应该小于 1.5μm。在盐溶液中，水分子的强偶极性导致离子水化（离子周围出现水化层），水化层中水分

子活动度降低，水化层中水分子与周围水分子发生快速交换，导致水分子弛豫加速。T_1 分布曲线随温度升高向右移，即温度升高降低了弛豫率，减小了土颗粒对孔隙水的吸附作用。一般情况下，温度升高会加速水分子的热运动，水分子逃离土颗粒表面的吸引，弱化土-水作用。

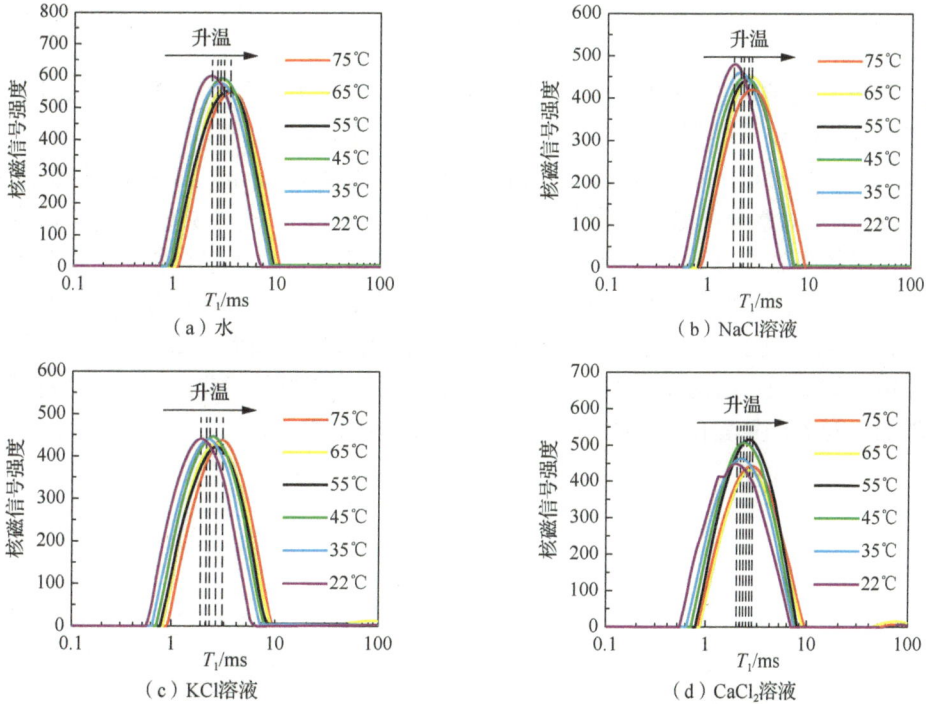

图 2-3 饱和盐溶液的宁明膨胀土的 T_1 分布曲线随温度的变化

图 2-4 是宁明膨胀土中孔隙水 $1/T_1$ 随温度的变化（Arrhenius 图），NaCl 溶液、CaCl$_2$ 溶液、KCl 溶液和蒸馏水饱和试样的有效活化能分别为 1.57kcal/mol（1cal≈4.1868J）、1.35kcal/mol、1.79kcal/mol 和 1.45kcal/mol。孔隙溶液中离子对孔隙水的有效活化能有较大影响。单价离子盐溶液（NaCl 溶液和 KCl 溶液）引起有效活化能增大，二价离子盐溶液引起有效活化能降低。在黏土-水体系中，黏土颗粒视为负极板，孔隙溶液中阳离子紧密地吸附于带负电的土颗粒表面。水偶极子定向排列，取向度随着距表面距离增加而减小。颗粒表面的高浓度阳离子一方面试图扩散，使整个孔隙流体中的阳离子浓度相等（本质为熵效应）；另一方面又受到源自颗粒表面库仑力限制，达到平衡状态。负电表面与表面分布的阳离子共同被称为扩散双电层，双电层的厚度表示为

$$\frac{1}{K} = \left(\frac{\varepsilon_0 \varepsilon k T}{2 n_0 e^2 v^2} \right)^{1/2} \tag{2-10}$$

式中，$1/K$ 代表双电层的厚度；k 为玻尔兹曼常数（1.38×10^{-23}J/K）；e 为单位电荷带电量（1.602×10^{-19}C）；ε_0 为真空介电常数，一般取 8.8542×10^{-12}F/m；ε 为孔隙溶液相对介电常数，一般取 80；n_0 为电解质浓度；v 为离子价；T 为温度（K）。扩散双电层厚度随着离子价数和离子浓度升高而降低，浓度为 1mol/L 的 NaCl 溶液、CaCl$_2$ 溶液、KCl 溶液和

蒸馏水饱和的宁明膨胀土颗粒表面的扩散双电层厚度分别为 0.3nm、0.18nm、0.3nm 和 960nm。对于饱和土体，当吸附水含量低时，自由水含量就相对高，整体水分子活动度高，孔隙水扩散的能量壁垒就低，具有最低吸附水含量的 $CaCl_2$ 溶液饱和试样有效活化能最低。溶液中离子对电偶极子水分子的作用能表示为

$$w(r) = -\frac{veu}{4\pi\varepsilon_0\varepsilon r^2} \tag{2-11}$$

式中，$w(r)$ 为离子对电偶极子水分子的作用能；u 为水分子的偶极矩，$u \approx 1.85D$，$D = 3.336 \times 10^{-30} C \cdot m$；$r$ 为离子与水分子之间的距离，最小值为离子与水分子的半径之和。水分子的半径约为 0.14nm，Na^+、Ca^{2+} 和 K^+ 的半径分别为 0.095nm、0.099nm 和 0.133nm。Na^+、Ca^{2+} 和 K^+ 对水分子最小作用能分别为 $-0.49kT$、$-1.88kT$ 和 $-0.36kT$，Ca^{2+} 对水分子的吸附作用最强烈。对于 KCl 溶液和 NaCl 溶液饱和土样，离子水合作用对水分子活动度的影响抵消了离子对双电层厚度的抑制作用，比蒸馏水饱和试样具有更高的有效活化能。由于有效活化能均大于零，平移相关时间 τ_m 随着温度升高而降低，水分子在颗粒表面的停留时间变短，活动度增加，孔隙水有效扩散系数增加。因此，膨胀土渗透系数随温度增加而变大，且变化的快慢与有效活化能大小成正相关。

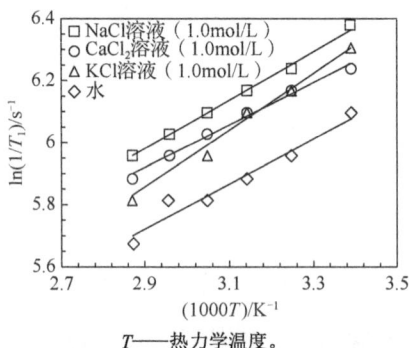

图 2-4　宁明膨胀土中孔隙水 $1/T_1$ 对数随温度的变化

2.2.2　温度的影响

采用宁明膨胀土和 MX80 膨润土的重塑压实土样，土样干密度为 1.3g/cm³。在室温（20℃）和给定吸力条件下，采用盐溶液平衡技术对饱和土样进行脱湿试验，将饱和样品放置在装有饱和盐溶液的密闭玻璃容器中。所用盐溶液的吸力列于表 2-2 中。脱湿过程中，将试样置于密闭玻璃容器中平衡 4～8 周，测量平衡含水量。将在相应吸力下平衡的样品放入加热箱中，温度依次升高：20℃（室温）→30℃→35℃→45℃→55℃→65℃→75℃。在施加每个温度后，样品需要 8h 才能达到平衡。当土样在每个温度下达到平衡后，移动到核磁共振仪的试样管中进行测量。利用 IR 和 IR-CPMG 序列分别获得 T_1 分布曲线和 T_1-T_2 相关谱。

图 2-5 给出了室温下不同含水量条件下两种膨胀土的 T_1 分布曲线。在脱湿过程中，随着含水量减小，T_1 分布曲线的峰值弛豫时间向更短时间方向移动，表明孔隙水排出是由大孔隙向小孔隙依次进行，因为大孔隙中的水比小孔隙中的水具有更高的化学势。

表 2-2　饱和盐溶液对应的吸力

饱和盐溶液	相对湿度 RH/%	吸力 S_c/MPa
K$_2$SO$_4$	97.6	3.29
Na$_2$CO$_3$	91.0	12.7
NaCl	75.5	37.9
NaBr	59.1	71.1
K$_2$CO$_3$	43.2	113.3
MgCl$_2$	33.1	149.3
CH$_3$COOK	23.1	197.9
LiCl	12.0	286.3
LiBr	6.6	367.5

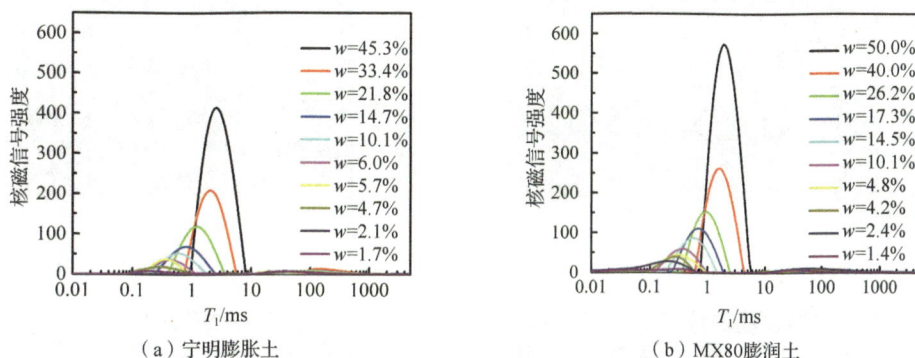

（a）宁明膨胀土　　　　　　　　　（b）MX80 膨润土

图 2-5　脱湿过程中膨胀土 T_1 分布曲线随吸力的变化

　　膨胀土中孔隙水的弛豫时间是由土-水作用决定的。膨胀土对孔隙水的束缚降低了孔隙水的活动度，加快了孔隙水的弛豫过程，降低了弛豫时间。假设膨胀土表面性质绝对均匀，根据 $\rho_1 = \dfrac{w}{T_1 \cdot \text{SSA} \cdot \gamma_w}$ 计算土-水弛豫率，其中 SSA 为固液界面总面积（通过测试土颗粒比表面积获得），γ_w 为水的密度。脱湿过程中膨胀土的 ρ_1 随含水量的变化过程如图 2-6 所示。当 $w>10\%$ 时，ρ_1 在 0.35～0.4μm/s 上下波动；当 $w<10\%$ 时，ρ_1 随 w 剧烈变化。显然，$w=10\%$ 为两种膨胀土的一个特征含水量，与单层吸附水含量有关。单层吸附水含量 $w_m = (M_w \text{SSA})/(2N_A A)$，其中 M_w 为水的摩尔质量，N_A 为阿伏伽德罗常数，$N_A = 6.022 \times 10^{23}\text{mol}^{-1}$，$A$ 为单个水分子所占的表面积，$A = 10.8 \times 10^{-20}\text{m}^2$。宁明膨胀土和 MX80 膨润土的单层含水量分别为 6.7% 与 9.4%，与图 2-6 中弛豫率转折处的含水量接近。当孔隙水含量低于单层吸附水含量时，弛豫率开始急剧下降。当弛豫率平稳后，宁明膨胀土和 MX80 膨润土的弛豫率分别为 $\rho_1 = 0.36$μm/s 和 0.39μm/s。

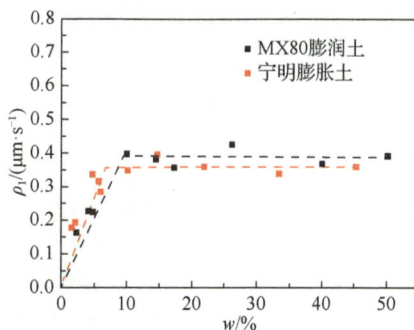

图 2-6　脱湿过程中膨胀土的
ρ_1 随含水量的变化

图 2-7 给出了宁明膨胀土在不同吸力作用下的 T_1-T_2 二维图谱。在脱湿过程中,随着吸力增加,图谱中峰数量减少。饱和试样的二维图谱沿对角线排列有两个峰,主峰占分布强度的大部分(93%)。当吸力达到 71.1MPa 时,二维图谱只剩下一个主峰,且主峰脊近似平行于 $T_1=T_2$ 线,孔隙水的 T_1/T_2 值相当接近。随着脱湿过程进行,图谱主峰中心明显向较小的 T_1 和 T_2 移动,从(1.5ms,2.5ms)到(0.2ms,0.5ms)。当土-水作用导致孔隙水活动度降低时,T_1/T_2 大于 1.0。对二维图谱进行积分,得到 $\log(T_1/T_2)$ 的分布曲线,如图 2-8 所示。在脱湿过程中,随着吸力增加,孔隙水活动度降低,T_1/T_2 峰值增大。

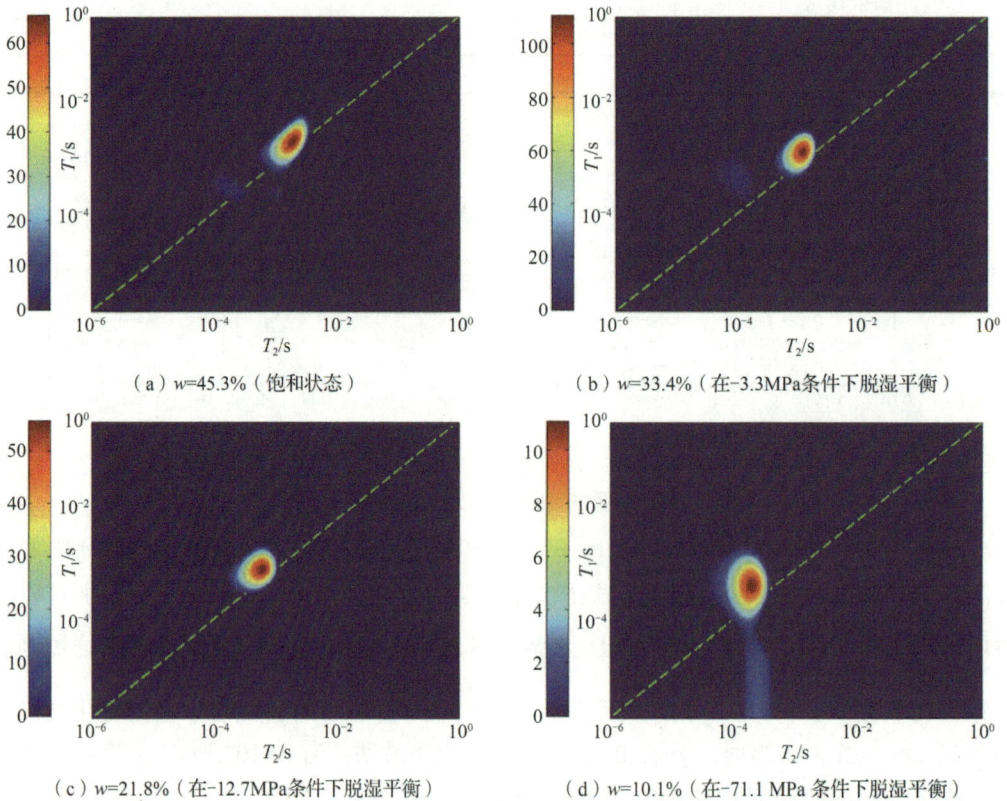

（a）w=45.3%（饱和状态）　　　　　　（b）w=33.4%（在-3.3MPa 条件下脱湿平衡）

（c）w=21.8%（在-12.7MPa 条件下脱湿平衡）　　（d）w=10.1%（在-71.1 MPa 条件下脱湿平衡）

图 2-7　脱湿过程中宁明膨胀土的 T_1-T_2 二维图谱（虚线代表 T_1/T_2=1）

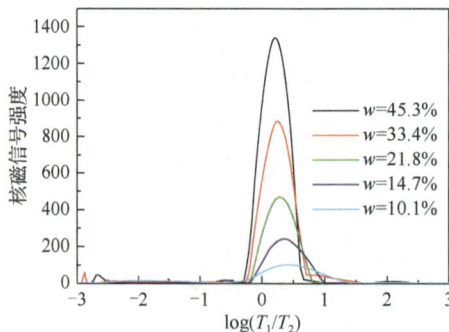

图 2-8　脱湿过程中宁明膨胀土的 $\log(T_1/T_2)$ 分布曲线

基于 Korb 模型，假设吸附水分子在孔隙表面扩散的相关时间 $\tau_m = 1ns$，计算得到饱和土样的孔隙表面停留时间 $\tau_s \approx 104ns$，吸力为 71.1MPa 时，孔隙表面停留时间 $\tau_s \approx 3.78\mu s$。水分子表面停留时间变化趋势与吸力变化是一致的，说明在吸力较大的平衡试样中，水分子在孔隙表面停留的时间较长。τ_s / τ_m 表示水分子在膨胀土颗粒表面停留期间的跳跃次数，用比值 τ_s / τ_m 表征膨胀土对水分子的亲和力。吸力为 71.1MPa 时，饱和试样 $\tau_s / \tau_m \approx 104$，不饱和试样 $\tau_s / \tau_m \approx 3780$，表明不饱和试样具有较大的分子亲和力，孔隙水分子活动度更低。

与宁明膨胀土相似，MX80 膨润土脱湿过程中 T_1-T_2 相关谱（图 2-9）的主峰质心从饱和状态的（2.0ms，1.2ms）移至 71.1MPa 吸力时的（0.4ms，0.1ms），T_1 / T_2（图 2-10）比值从饱和状态的 1.545 增加到 71.1MPa 吸力时的 2.662。饱和样品的孔隙表面停留时间 $\tau_s \approx 51ns$，吸力为 71.1MPa 时的孔隙表面停留时间 $\tau_s \approx 3.78\mu s$。弛豫时间减小和 τ_s / τ_m 增大都说明孔隙水的活动度随吸力增加而逐渐减小。

宁明膨胀土 T_1 分布曲线随温度的变化趋势如图 2-11 所示。饱和试样的 T_1 分布曲线只有一个峰值，位于 1～10ms 之间；对于非饱和试样，T_1 分布曲线上有两个明显的峰。由于孔隙表面矿物与水相互作用的变化，T_1 分布随温度右移，峰值形状基本不变。

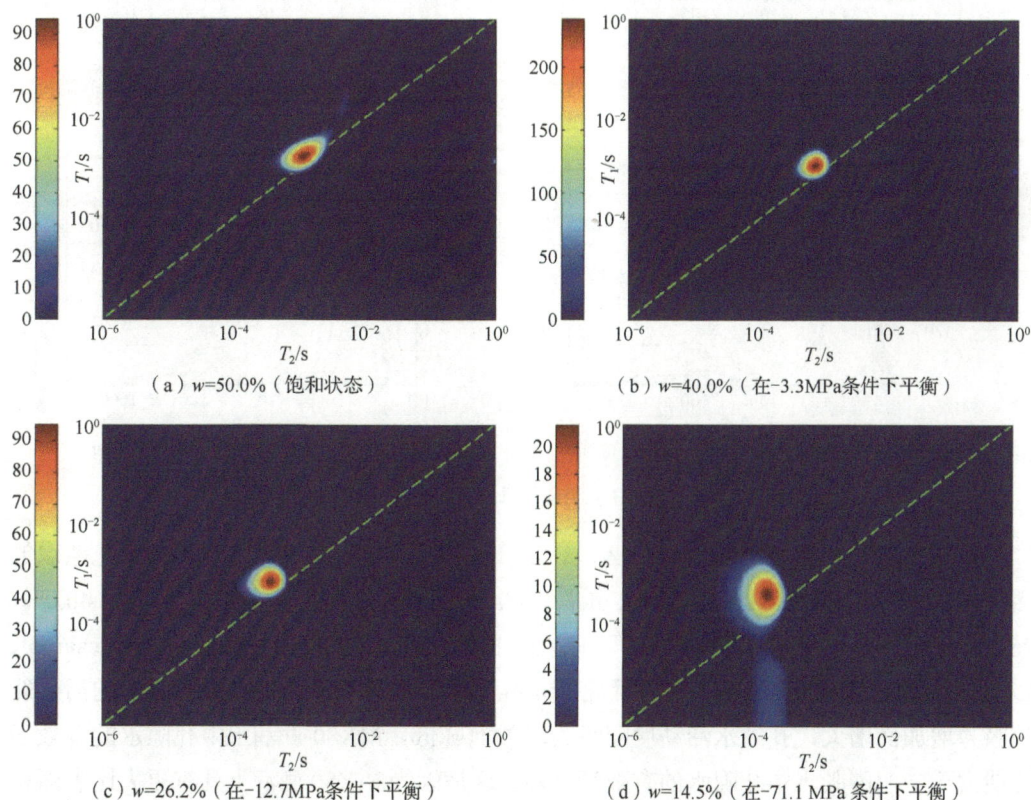

（a）w=50.0%（饱和状态）

（b）w=40.0%（在-3.3MPa条件下平衡）

（c）w=26.2%（在-12.7MPa条件下平衡）

（d）w=14.5%（在-71.1 MPa 条件下平衡）

图 2-9　脱湿过程中 MX80 膨润土的 T_1-T_2 二维图谱（虚线代表 T_1/T_2=1）

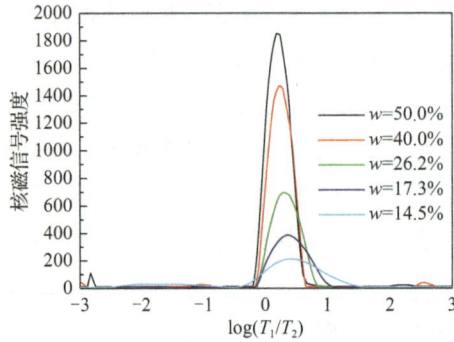

图 2-10 脱湿过程中 MX80 膨润土的 $\log(T_1/T_2)$ 分布曲线

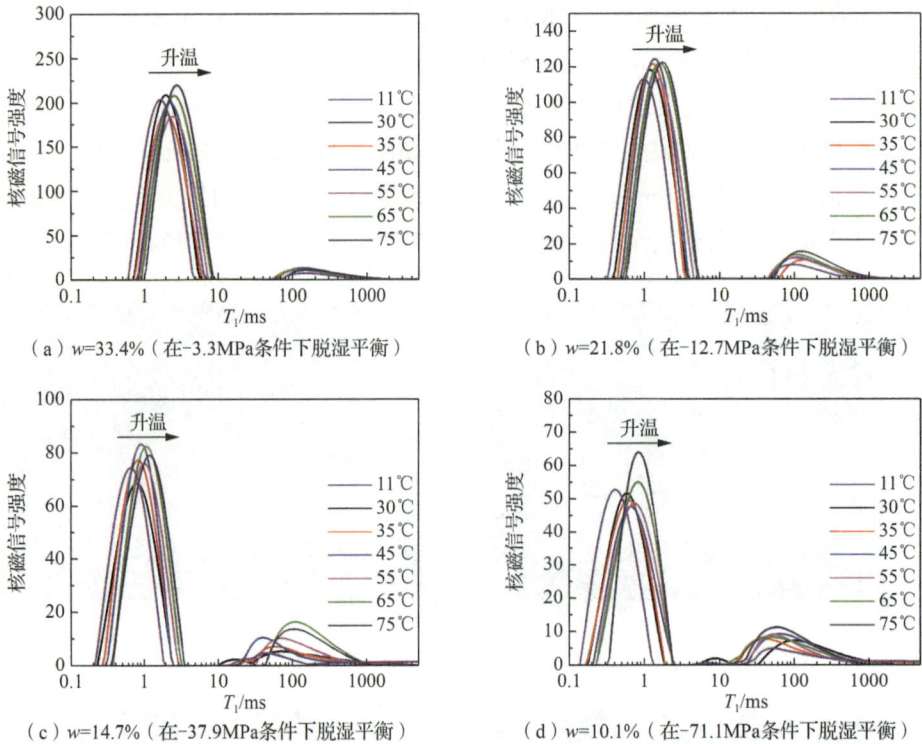

（a）w=33.4%（在-3.3MPa条件下脱湿平衡）

（b）w=21.8%（在-12.7MPa条件下脱湿平衡）

（c）w=14.7%（在-37.9MPa条件下脱湿平衡）

（d）w=10.1%（在-71.1MPa条件下脱湿平衡）

图 2-11 脱湿过程中宁明膨胀土 T_1 分布曲线随温度的变化

如图 2-12 所示，含水量为 33.4%、21.8%、14.7%和 10.1%时，宁明膨胀土孔隙水的活化能分别为 1.53kcal/mol、1.68kcal/mol、1.97kcal/mol 和 2.24kcal/mol。含水量为 40.0%、26.2%、17.3%和 14.5%时，MX80 膨润土孔隙水的活化能分别为 2.24kcal/mol、2.51kcal/mol、2.44kcal/mol 和 2.69kcal/mol。有效活化能是孔隙水平动的势垒，试样中孔隙水的活化能随吸力增加而增大，孔隙水活动度随吸力增加而降低。MX80 膨润土中孔隙水的有效活化能大于宁明膨胀土中孔隙水的有效活化能，这是因为 MX80 膨润土具有更大比表面积和阳离子交换量，土-水作用更强烈。

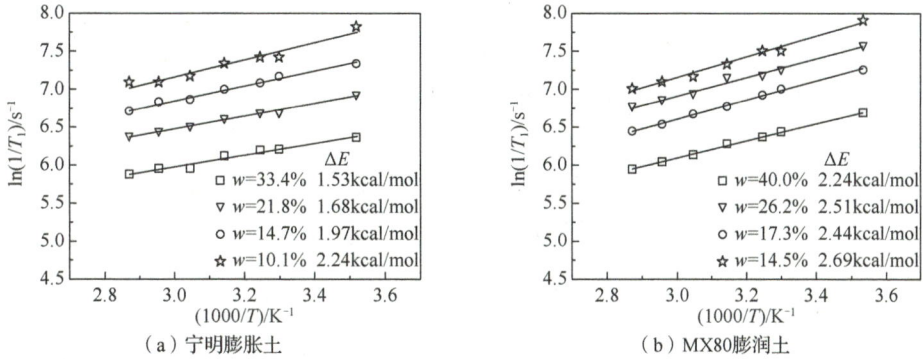

（a）宁明膨胀土　　　　　　　　（b）MX80膨润土

图 2-12　脱湿过程中有效活化能随含水量的变化

2.3　孔隙水的状态

2.3.1　土-水特征曲线

非饱和土的土-水特征曲线（soil-water characteristic curve，SWCC）描述了吸力和含水量之间的关系，分为吸附部分和毛细部分（Or and Tuller，1999；Nitao and Bear，1996）。在低毛细力下，毛细作用占主导地位；在高毛细力下，吸附作用占主导地位。在毛细区域，压实度对膨胀土的持水性具有重要影响，吸附作用仅受矿物类型和数量控制，与压实度几乎无关。采用湿度控制技术测试脱吸湿的土-水特征曲线，如图 2-13 所示，将两个相同的饱和试样放置在密封的保湿缸中，保湿缸内含有特定的饱和盐溶液，对应所需的相对湿度水平进行脱湿试验。吸湿过程首先将 12 个样品放入含有溴化锂（LiBr）饱和溶液的保湿缸中（最低相对湿度）脱湿到最干状态，然后将土样分别放置在不同相对湿度的保湿缸中进行吸湿。样品定期称重，直到总质量在 3d 内变化小于 0.01g，即认为达到平衡状态。通过称量平衡后的土样质量计算每级吸力对应的含水量。

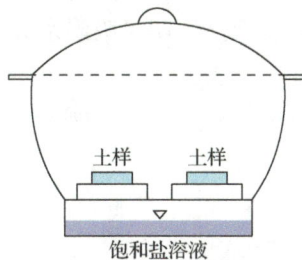

图 2-13　蒸汽平衡法示意图

图 2-14 为由湿度控制方法测定的脱吸湿循环下膨胀土的土-水特征曲线，以质量含水量为横坐标。图 2-14 中实线表示干密度为 1.2g/cm³ 压实土样的 SWCC，虚线表示粉末土样的 SWCC。在较低毛细力下，粉末土样的土-水特征曲线位于压实土样的下方，受孔隙结构和密实度影响。随着吸力增加，压实土样和粉末土样的 SWCC 逐渐靠近；当吸力达到 24MPa 时，两条曲线重合为一条曲线。

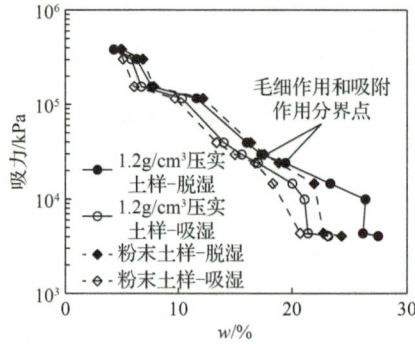

图2-14　宁明膨胀土的脱吸湿土-水特征曲线

2.3.2　吸附水与毛细水的区分

在核磁共振测量中，由于颗粒表面与孔隙水之间显著的物理化学作用，吸附水的弛豫速度比毛细水快，因此吸附水的 T_2 值较小。结合土-水特征曲线，在24MPa吸力下土样的 T_2 分布曲线被视为区分膨胀土毛细水和吸附水分布的边界线。边界线内的区域表示吸附水，边界线外的区域表示毛细水。完全饱和土样的 T_2 分布曲线和边界线如图2-15所示，两条曲线交叉的重叠区域表示吸附水，其他区域为毛细水。

根据核磁共振原理，T_2 分布曲线下方的面积表示含水量，进而依据曲线面积的大小计算吸附水和毛细水的含量。假设 A 为NMR信号的总曲线下方的面积，对应总含水量为 w，A_a 和 A_c 分别表示吸附水和毛细水所占面积，含水量的计算式为

$$w_a = \frac{w}{A} \cdot A_a \tag{2-12}$$

$$w_c = \frac{w}{A} \cdot A_c \tag{2-13}$$

式中，w_a 和 w_c 分别为吸附水和毛细水的含量。

图2-16显示了在24MPa吸力下，压实土样和粉末土样的水分分布。观察到不同密实度土样中吸附水的 T_2 分布几乎重合，证明了吸附水分布与土结构无关，与SWCC结果一致。

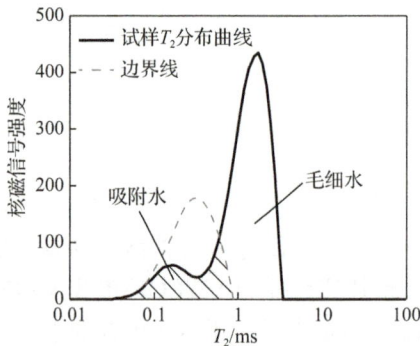

图2-15　区分毛细水和吸附水的示意图

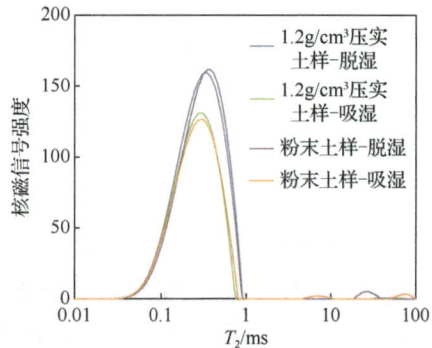

图2-16　不同密实度土样中吸附水的 T_2 分布曲线

2.3.3 脱吸湿过程中水分分布

图 2-17 为脱湿-吸湿循环过程中的 T_2 分布曲线。T_2 的大小（横轴）代表土的弛豫时间，NMR 信号强度（竖轴）则代表孔隙中的水含量多少。T_2 跨越多个数量级，集中在 0.05～5ms 左右。随着吸力增加，对应较大 T_2 的 NMR 信号逐渐减小，表明孔隙水从较大孔隙逐渐排空至较小孔隙。在图 2-17（a）中，当土样变为非饱和状态时，T_2 分布曲线向左移动，在较小 T_2 范围内测得的 NMR 信号比饱和土样的 NMR 信号相对更大。在脱湿过程中，当施加 4MPa 的吸力时，样品发生明显收缩。随着进一步脱湿，NMR 信号衰减速率逐渐降低，含水量降低幅度减慢。较大 T_2 的 NMR 信号逐渐消失，较小 T_2 范围内的 NMR 信号略微增加，表明收缩率减小。图 2-17（b）描述了在吸湿过程中 T_2 分布的演变，选择饱和土样的 T_2 分布曲线作为参考曲线。随着吸力降低，T_2 分布曲线变宽，相应地，T_2 值逐渐增加。在吸湿过程中，水开始进入微观孔隙，然后进入宏观孔隙。与脱湿过程不同，在较小的 T_2 范围内，低含水量土样的 T_2 分布始终低于高含水量土样的 T_2 分布，即脱湿过程中的水分分布不一致，是由脱吸湿滞回效应所致。

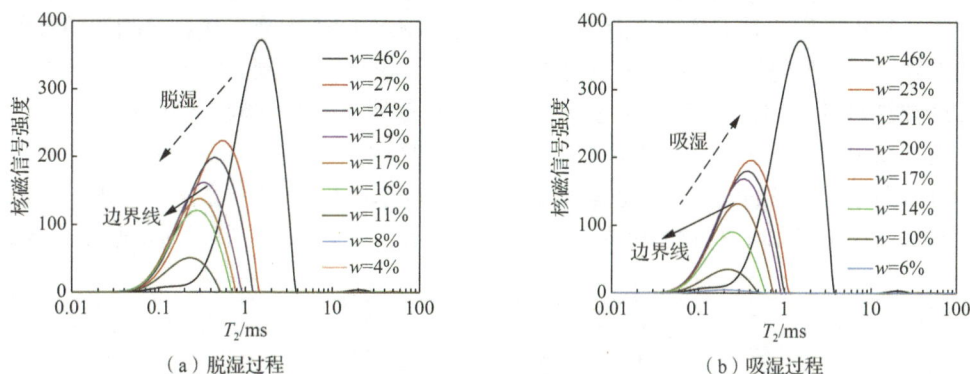

图 2-17　不同含水量条件下的 T_2 分布曲线

由于颗粒表面和孔隙水之间存在显著的物理化学作用，吸附水的弛豫速度比毛细水快，测得的 T_2 值较小。因此，T_2 分布的左侧部分与吸附水相关，右侧部分与毛细水相关。24MPa 的吸力被认为是区分吸附和毛细效应的阈值点。结合 NMR 得到的 T_2 分布，将含水量为 19%（对应 24MPa 的吸力）的 T_2 分布曲线定义为脱湿过程中区分毛细水分布和吸附水分布的边界曲线，将含水量为 17%（对应 24MPa 的吸力）的 T_2 分布定义为吸湿过程中区分毛细水分布和吸附水分布的边界曲线。边界曲线内部表示吸附水，外部表示毛细水，吸附水的最大 T_2 为 0.86ms。

在吸附区域，毛细作用忽略，土样中所有水分都是吸附水。在毛细区域，土样孔隙中同时存在吸附水和毛细水。因此，毛细区域的 T_2 分布曲线减去吸附水的边界 T_2 分布曲线就是毛细水的分布。图 2-18 描绘了在不同含水量下脱湿循环过程中的吸附水和毛细水的分布情况。在完全饱和状态下（含水量为 46%），T_2 分布曲线在较低的 T_2 时间处有一个平台区域，与含水量为 8% 的 T_2 分布曲线基本重合。这部分水在脱湿循环过程中始终保持不变，甚至与粉末土样中的水分布相同，是强结合水，仅存在于扩散双电层的亥姆霍兹层（Mitchell and Soga，2005）中。

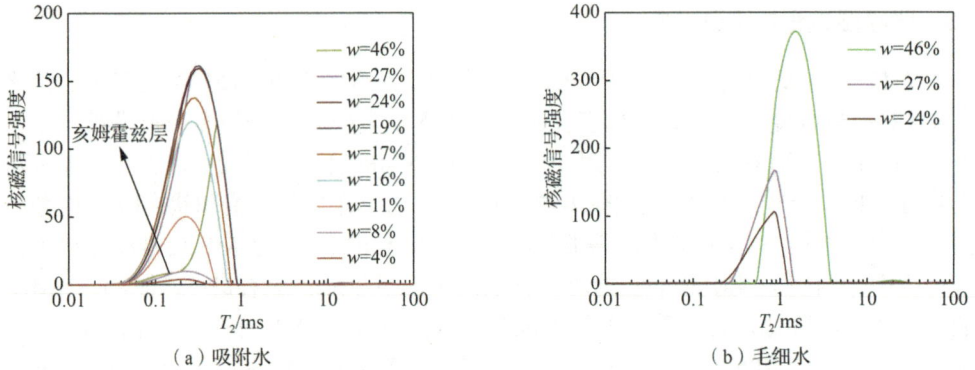

图 2-18　脱湿过程中的 T_2 分布曲线

图 2-19 展示了脱吸湿循环过程中，膨胀土的吸附水含量和毛细水含量随吸力的变化趋势。在吸附阶段，毛细水不存在，吸附水是膨胀土水含量变化的唯一因素。吸附水含量的滞回现象非常显著。因为毛细水和吸附水保持机制在物理上是不同的，所以相应的滞回现象也不同。对于毛细水而言，滞回现象常常归因于固液气接触角和孔隙几何形态的差异。对于吸附作用，滞回现象主要归因于不同的水化机制。当吸力降低至 24MPa（毛细力发挥作用）时，吸附水含量开始减小，由膨胀土孔隙结构变化所致。在脱湿过程中观察到土颗粒的生长和团聚现象，其中微孔和吸附水含量增加。因此，在相对湿度从 100%降低到 97%的过程中，收缩现象非常显著，对应的微孔数量大幅增加，相应的吸附水含量增加。因此，相对湿度为 97%时的吸附水含量大于饱和状态时的吸附水含量。

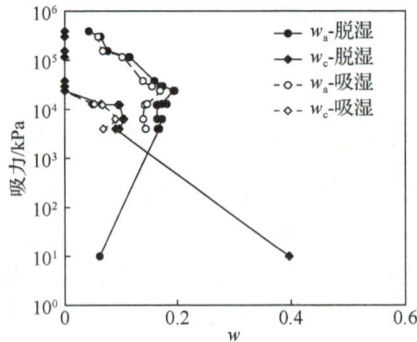

图 2-19　吸附水含量和毛细水含量随吸力的变化关系

如图 2-20（a）所示，当浓度保持不变时，随着温度降低，吸附水含量增加，毛细水含量相应减少。对于干密度为 1.2g/cm³ 的土样，孔隙溶液浓度越高，吸附水含量随温度变化越剧烈。不同浓度的曲线在高温下趋于接近。吸附水含量随温度变化的机制包括两个方面：孔隙水势状态变化和土结构变化。随着温度降低，孔隙水活性降低，水吸附作用增强，吸附水含量增加。随着温度降低，水的化学势降低，导致吸附水含量增加。在低温下，土样的孔隙更集中于微孔中；在高温下则更集中于宏观孔隙中，微孔中的水被释放到宏观孔隙中，导致吸附水含量随温度升高而减少。当温度保持不变时［图 2-20（b）］，吸附水含量随着浓度增加而增加。

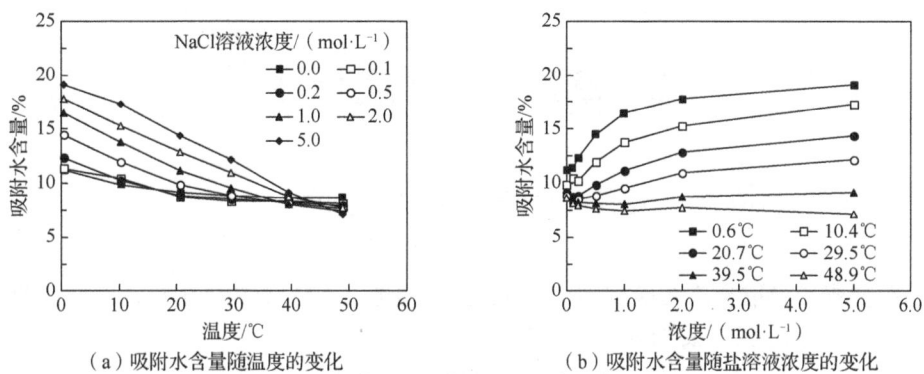

（a）吸附水含量随温度的变化

（b）吸附水含量随盐溶液浓度的变化

图 2-20 干密度为 1.2g/cm³ 土样吸附水含量随温度和盐溶液浓度的变化

3 膨胀土的强度特性

3.1 无侧限抗压强度

宁明膨胀土样取自广西南友高速 G7211 与国道 G322 交会处附近，距宁明县城约 12km，呈灰白色，其主要物理力学参数列于表 3-1 中。

表 3-1 宁明膨胀土基本参数

相对密度	液限/%	塑限/%	塑性指数	自由膨胀率/%
2.75	47.9	24.6	23.3	48.5

膨胀土的无侧限抗压强度试验的应力–应变关系曲线如图 3-1 所示。无侧限抗压强度试验的压应力随压应变增加而增加，直到峰值（无侧限抗压强度）。含水量小（$w<26\%$）的试样在应力达到峰值后随应变继续增加而减小，表现为脆性破坏；含水量大（$w=31\%$）的试样在应力达到峰值后随应变继续增加而保持不变，趋于定值，表现为塑性破坏。随着试样的含水量从 7% 增至 31%，应力–应变关系曲线逐渐向右延伸，破坏应变逐渐增大。含水量相同的土样，无侧限抗压强度随干密度的增加而增加。

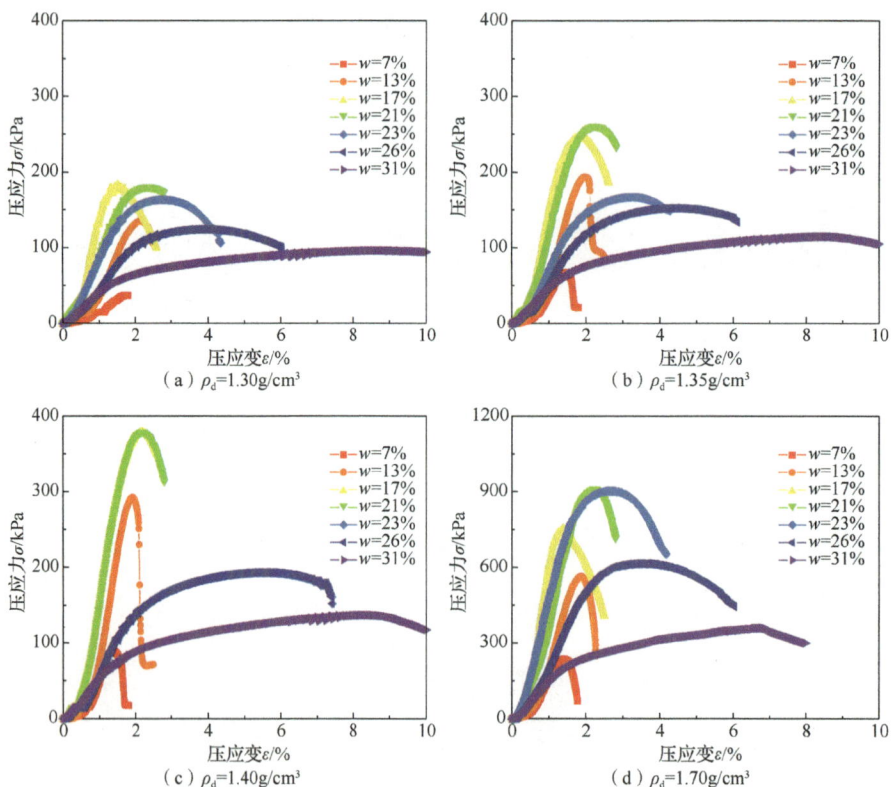

图 3-1 无侧限抗压强度试验应力–应变关系曲线

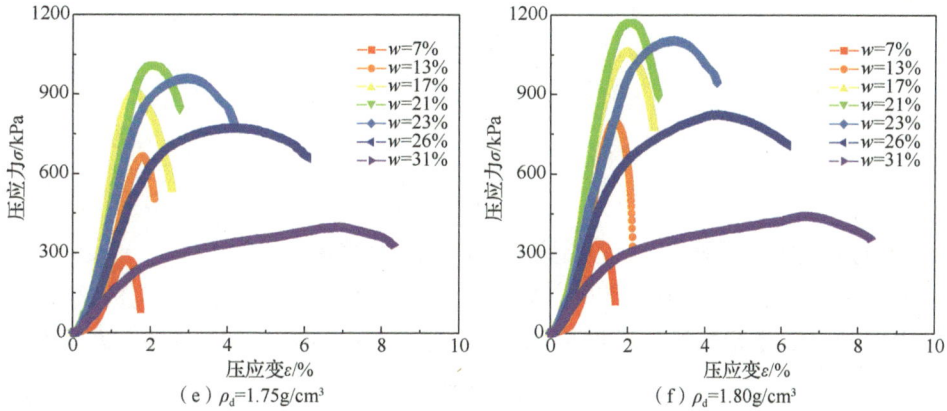

（e）ρ_d=1.75g/cm³   （f）ρ_d=1.80g/cm³

图 3-1（续）

不同干密度膨胀土的无侧限抗压强度与含水量的关系对比如图 3-2 所示。无侧限抗压强度随含水量的变化趋势基本一致。当 w=19%时，低密度土样的无侧限抗压强度达到最大值，随后随着含水量增加，无侧限抗压强度减小；在 w=21%附近，高密度土样的无侧限抗压强度达到最大值。低密度土样无侧限抗压强度达到峰值的含水量比高密度土样小。含水量越小，土样内裂隙数量越多，导致低含水量土样的无侧限抗压强度随含水量增加而增加；含水量大于最优含水量，土粒周围水膜增厚，颗粒间的连结作用减弱，无侧限抗压强度减小。

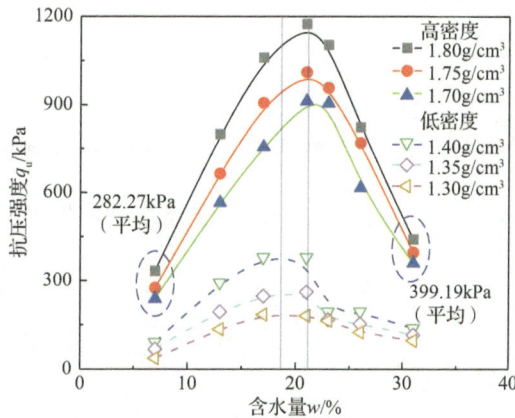

图 3-2 无侧限抗压强度与含水量的关系

3.2 抗 拉 强 度

3.2.1 抗拉强度理论

莫尔-库仑强度准则是简单的线性函数，在计算抗拉强度时，仍采用莫尔-库仑强度准则，如图 3-3（a）所示，σ_{it} 是等向抗拉强度，σ_t 是一轴抗拉强度。一轴抗拉强度、无侧限抗压强度和黏聚力之间的理论关系为

$$\sigma_t = c\frac{2\cos\varphi'}{1+\sin\varphi'} \tag{3-1a}$$

$$\sigma_c = c\frac{2\cos\varphi'}{1-\sin\varphi'} \tag{3-1b}$$

$$\sigma_t = \sigma_c\frac{1-\sin\varphi'}{1+\sin\varphi'} \tag{3-1c}$$

式中，σ_c 为无侧限抗压强度；c 为黏聚力；φ' 为有效摩擦角。

根据莫尔-库仑强度准则计算的一轴抗拉强度往往大于一轴抗拉强度的试验数据，一轴抗拉强度公式中增加折减系数 η［图 3-3（b）］（Varsei et al.，2016），表示为

$$\sigma_t = \eta\cdot c\frac{2\cos\varphi'}{1+\sin\varphi'} \tag{3-2a}$$

$$\sigma_t = \eta\cdot\sigma_c\frac{1-\sin\varphi'}{1+\sin\varphi'} \tag{3-2b}$$

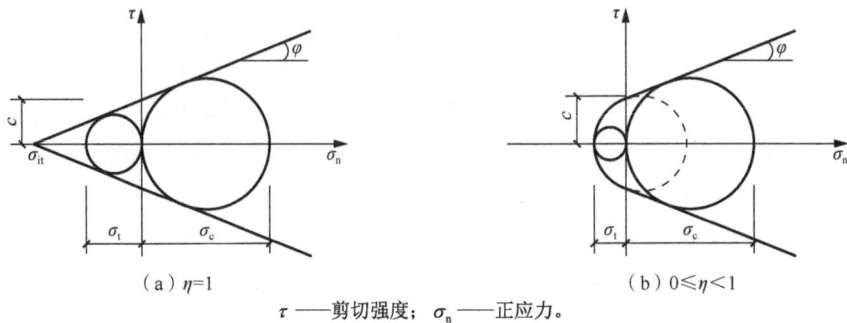

（a）$\eta=1$　　　　　　　　　　　　（b）$0\leqslant\eta<1$

τ ——剪切强度；σ_n ——正应力。

图 3-3　莫尔-库仑修正模型（Michalowski，2013；Varsei et al.，2016）

Shin 和 Santamarina（2011）基于莫尔-库仑强度准则，提出抗拉强度上限值与非饱和土的进气值的关系：

$$\sigma_t = \psi_e\frac{2\sin\varphi'}{1+\sin\varphi'} \tag{3-3}$$

式中，ψ_e 为非饱和土的进气值。

根据抗拉强度理论，膨胀土的干湿循环对抗拉强度产生明显影响，与土-水特征曲线一样，存在明显的"滞回环"。图 3-4 表示了干湿循环对纳费顿（Nafferton）黏土抗拉强度的影响（Stirling et al.，2020），膨胀土的一轴抗拉强度是含水量的指数函数。图 3-4（a）中表示了干湿循环对一轴抗拉强度的影响，干燥路径的一轴抗拉强度比浸湿路径的一轴抗拉强度大，与土-水特征曲线一样，干燥路径的基质吸力比浸湿路径的基质吸力大。图 3-4（b）中对比了初次干燥和二次干燥对一轴抗拉强度的影响，初次干燥路径的一轴抗拉强度比二次干燥路径的一轴抗拉强度大。因此，一轴抗拉强度与基质吸力间存在单一相关关系。

（a）干湿循环的影响

（b）二次干燥的影响

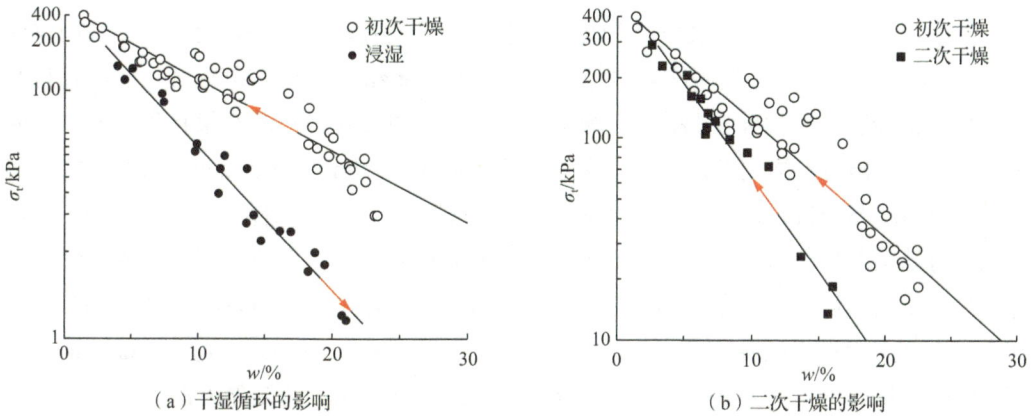

图 3-4 干湿循环对抗拉强度的影响（Stirling et al.，2020）

3.2.2 拉伸试验类型

魏洪山等（2022）对膨胀土的拉伸试验做了详细总结，拉伸试验主要有：土梁弯曲试验 [图 3-5（a）]（Viswanadham et al.，2010）、轴向压裂试验 [图 3-5（b）]（刘正和等，2019）、径向压裂试验 [图 3-5（c）]（沈忠言等，1994）、三轴拉伸试验 [图 3-5（d）]（周鸿逵，1984）和单轴拉伸试验 [图 3-5（e）]（Nahlawi et al.，2004；Trabelsi et al.，2018）。根据土梁弯曲试验、轴向压裂试验、径向压裂试验、三轴拉伸试验和单轴拉伸试验，抗拉强度的计算式为

$$\sigma_t = 3PL/(2bh^2) \tag{3-4a}$$

$$\sigma_t = P/[\pi(Dh - d^2)] \tag{3-4b}$$

$$\sigma_t = 2PL/(\pi Ld^2) \tag{3-4c}$$

$$\sigma_t = \sigma_3 - P/(\pi D^2) \tag{3-4d}$$

$$\sigma_t = P/(\pi D^2) \tag{3-4e}$$

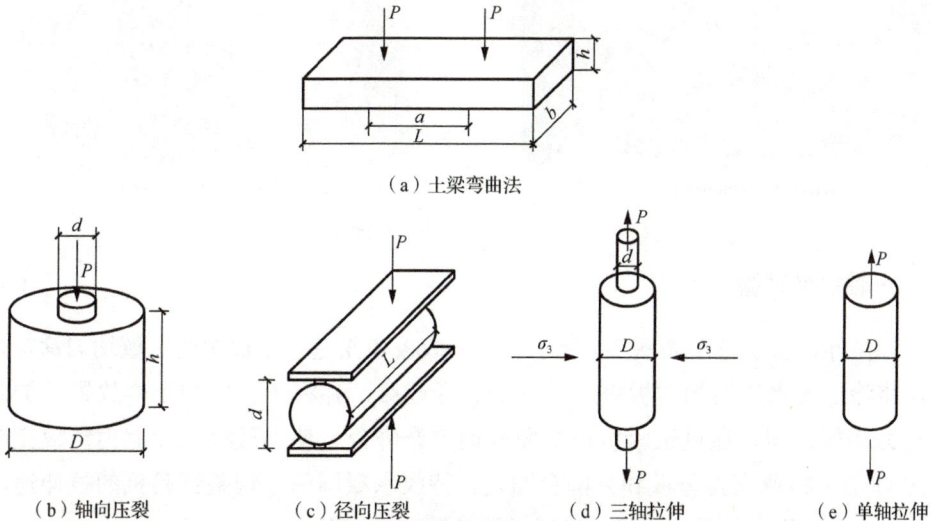

（a）土梁弯曲法

（b）轴向压裂　　　（c）径向压裂　　　（d）三轴拉伸　　　（e）单轴拉伸

图 3-5 抗拉强度试验方法

　　土梁弯曲试验、轴向压裂试验和径向压裂试验为间接测试方法，间接测试法操作简单，但试验结果不能直接反映实际抗拉强度（Beckett et al.，2015；Akin and Likos，2017）。三轴拉伸试验和单轴拉伸试验为直接测试方法，其中单轴拉伸试验结果物理意义简单明了，但拉伸仪器与土样间的连接是个关键技术难题（Lakshmikantha et al.，2012；Stirling et al.，2015；Varsei et al.，2016）。针对单轴拉伸试验中仪器与土样间连接的难题，在试样制作方法上做出很多改进。Nahlawi 等（2004）在拉伸试验盒里设置金属棒，保证土样与拉伸试验盒固定在一起，直接测量抗拉强度［图 3-6（a）］；Ibarra 等（2005）在柱状土样中部用圆形板刮除部分土，形成哑铃状的拉伸试样［图 3-6（b）］；Lakshmikantha 等（2012）和 Stirling 等（2015）研发了双三角形拉伸试验土样的制作方法［图 3-6（c）］；Tamrakar 等（2005）研制了双球形拉伸试样，用于直接测量抗拉强度［图 3-6（d）］。研制特殊形状的试样，确保拉伸应力直接施加在土样上。特殊形状拉伸试样仍有不足之处：试样制作复杂，很难保证均匀、各向同性；拉伸应力作用之处容易产生应力集中，造成抗拉强度失真；与间接试验方法类似，采用特殊形状的试样直接测量的抗拉强度与真正意义上的抗拉强度有差别。Namikaw 和 Koseki（2007）对比直接拉伸试验与土梁弯曲试验测试的抗拉强度，发现土梁弯曲试验的抗拉强度相对小一些。

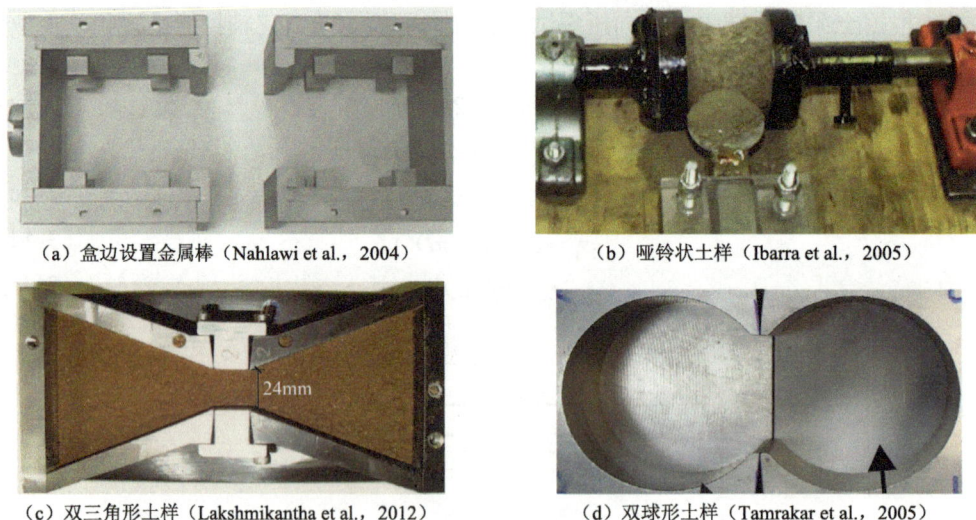

（a）盒边设置金属棒（Nahlawi et al.，2004）　　　　（b）哑铃状土样（Ibarra et al.，2005）

（c）双三角形土样（Lakshmikantha et al.，2012）　　（d）双球形土样（Tamrakar et al.，2005）

图 3-6　直接拉伸试验的试样改进方法

3.2.3　一轴拉伸试验

　　一轴拉伸试验示意图如图 3-7 所示。在加载板和亚克力垫板中间区域均匀涂抹足量胶水，将涂抹胶水后的加载板螺纹口与加载杆连接，并将制备好的土样放置于加载板和亚克力垫板之间，通过试验机控制面板调节升降台，使加载板和亚克力垫板完全接触，用 G 型夹将亚克力垫板和升降台固定，待胶水凝固后，调整试验机的拉伸速率为 0.4mm/min，使升降台缓慢下降。当试样被拉断时，试验结束。

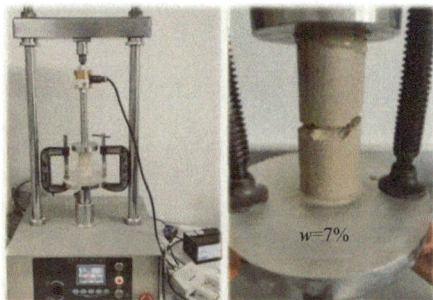

图 3-7   一轴拉伸试验示意图

1）拉伸试验曲线

图 3-8 是膨胀土试样拉伸试验的应力-应变关系曲线。土样的拉应力随拉应变增加先增加，达到拉应力峰值后，随拉应变增加而减小。膨胀土的抗拉强度受含水量的影响显著，初始含水量由 7%增加到 31%，拉应力峰值增加；当含水量 w>21%时，抗拉强度随含水量增大而减小。膨胀土试样拉伸破坏形式基本上都是脆性破坏，应力-应变关系曲线上出现明显的陡降现象。

如图 3-9 所示，膨胀土试样的含水量对抗拉强度的影响显著。含水量从 7%增加到21%时，抗拉强度逐渐增加；含水量从 21%增加到 31%时，抗拉强度逐渐减小。干密度对膨胀土抗拉强度的影响也很明显，随着干密度增加，膨胀土的抗拉强度增加。

宁明膨胀土的抗拉强度与无侧限抗压强度的相关关系如图 3-10 所示。抗拉强度与无侧限抗压强度呈正相关关系，$\sigma_t=0.115\sigma_c$。

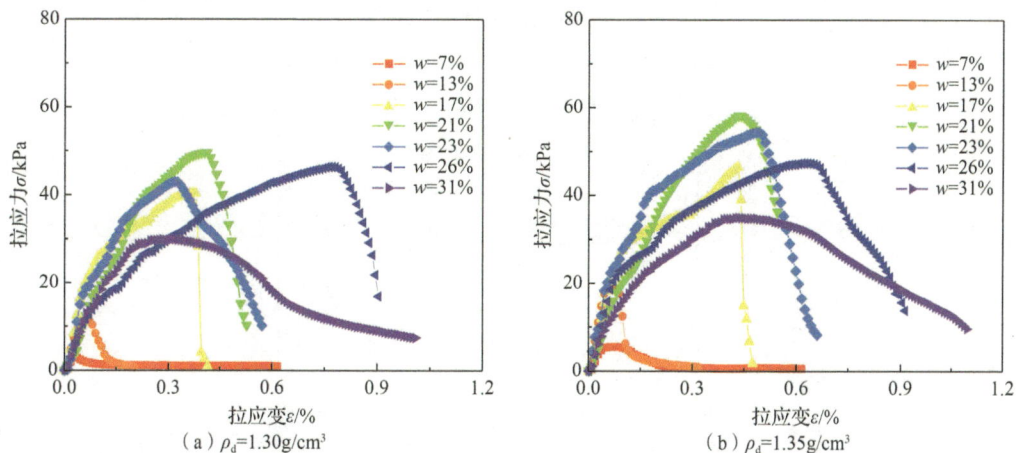

图 3-8   拉应力与拉应变的关系曲线

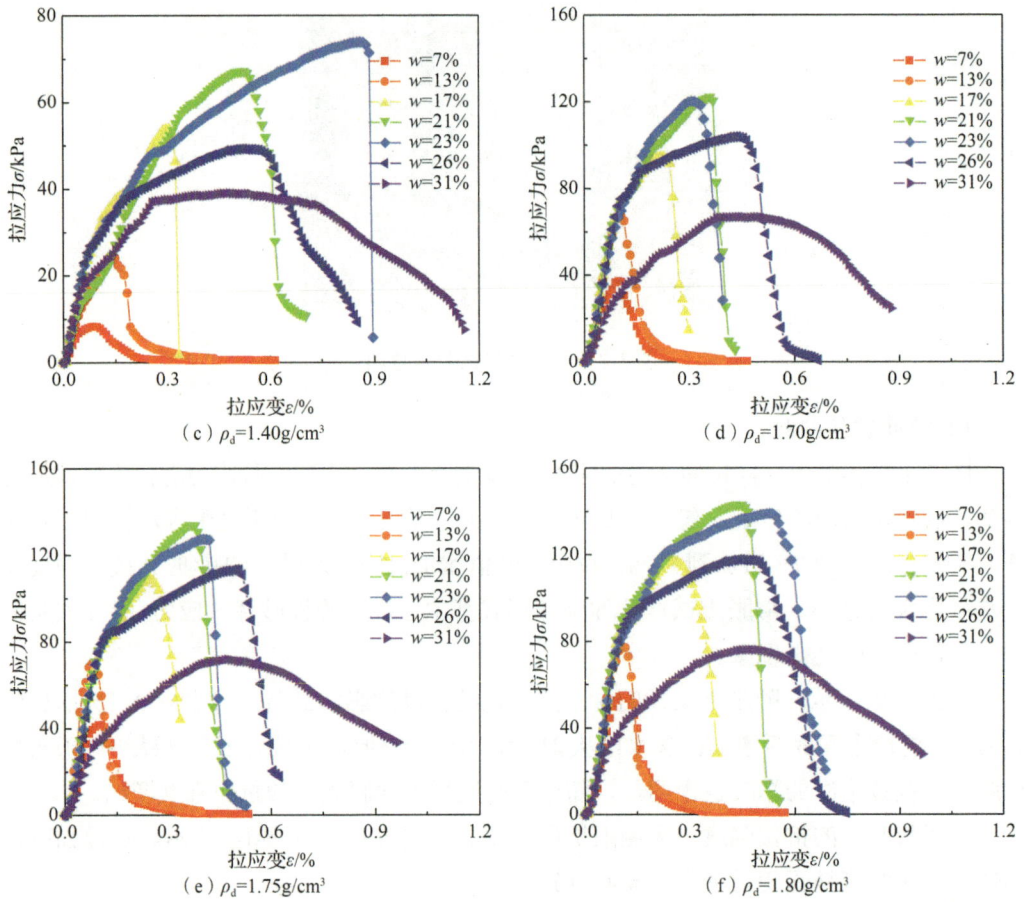

（c）$\rho_d=1.40\text{g/cm}^3$

（d）$\rho_d=1.70\text{g/cm}^3$

（e）$\rho_d=1.75\text{g/cm}^3$

（f）$\rho_d=1.80\text{g/cm}^3$

图 3-8（续）

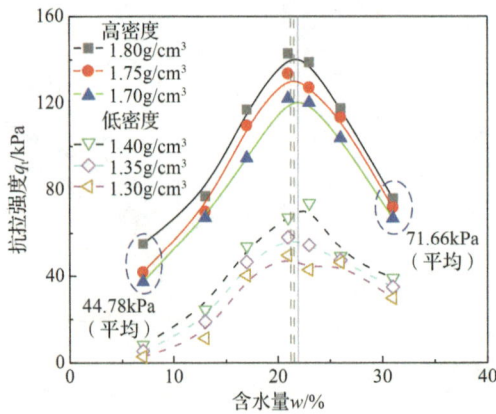

图 3-9　抗拉强度与含水量的关系

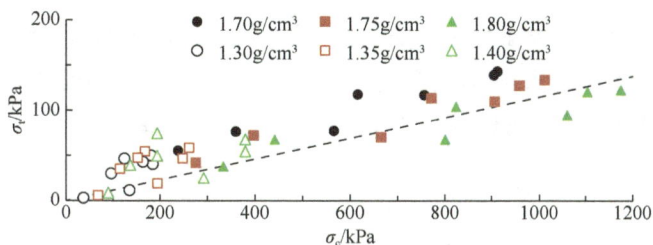

图 3-10 抗拉强度与无侧限抗压强度的关系

2）抗拉强度"滞回"现象

南阳膨胀土的吸力测量使用美国渗透压仪公司生产的 WP4C 露点水势仪,利用冷镜露点法,通过平衡样品的液相水和封闭样品室内的气相水,测量土样的蒸汽压,计算吸力。脱吸湿过程中南阳膨胀土的原状土样与压实土样的土-水特征曲线如图 3-11 所示。原状土样与压实土样经过脱湿和吸湿后进行拉伸试验,压实土样的初始含水量 w_0 =16%、初始干密度 ρ_{d0} =1.5g/cm³。干湿循环过程的含水量为 20%→16%→13%→10%→7%→4%→7%→10%→13%→16%,将制备好的土样置于阴凉处风干,至目标含水量后进行拉伸试验。吸湿过程中,将风干至最低含水量的土样,采用喷雾法达到目标含水量,用保鲜膜包裹静置,至水分均匀后进行拉伸试验。拉伸试验结束后测量土样的含水量和干密度。

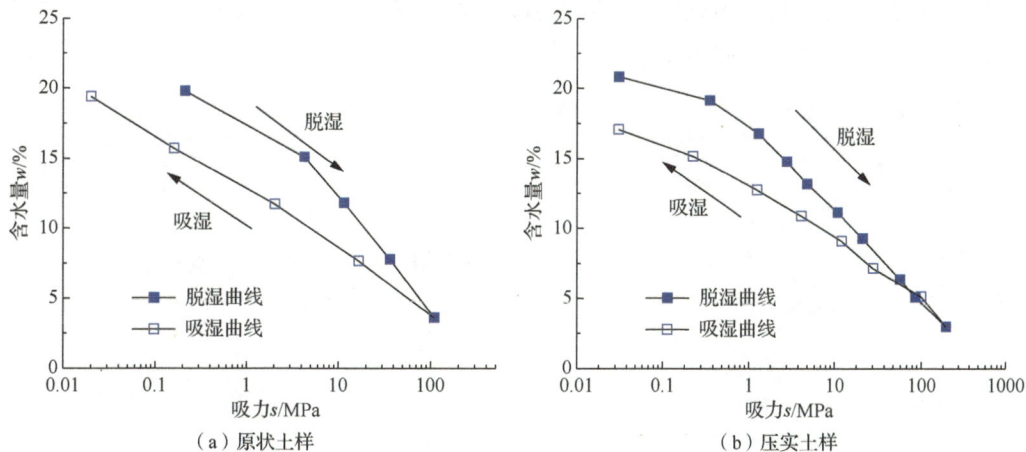

图 3-11 脱吸湿过程中南阳膨胀土的土-水特征曲线

膨胀土原状土样和压实土样经历干湿循环过程的一轴抗拉强度和干密度与含水量的关系如图 3-12 所示。含水量变化为 20%→4%→20%。原状土样与压实土样在初始条件相同时,含水量越低,抗拉强度越大;干密度随含水量降低先呈线性增加,含水量大于 8%的干密度增加变缓。随着含水量降低,毛细力引起抗拉强度增加。干燥过程中,含水量降低,膨胀土体积收缩,干密度增大,土粒间孔隙体积和间距均减小,土颗粒间的分子引力和范德瓦耳斯力增大,宏观上表现为抗拉强度增加。增湿过程中,含水量增大，抗拉强度显著降低，吸湿至 10% 后抗拉强度趋于稳定；增湿至 16% 后，抗拉强度几乎为零。经历风干的土样内部颗粒重新排列紧密，吸湿初期土颗粒之间的水膜增厚打破原有土结构，土颗粒间大孔隙重新产生，引起抗拉强度衰减。

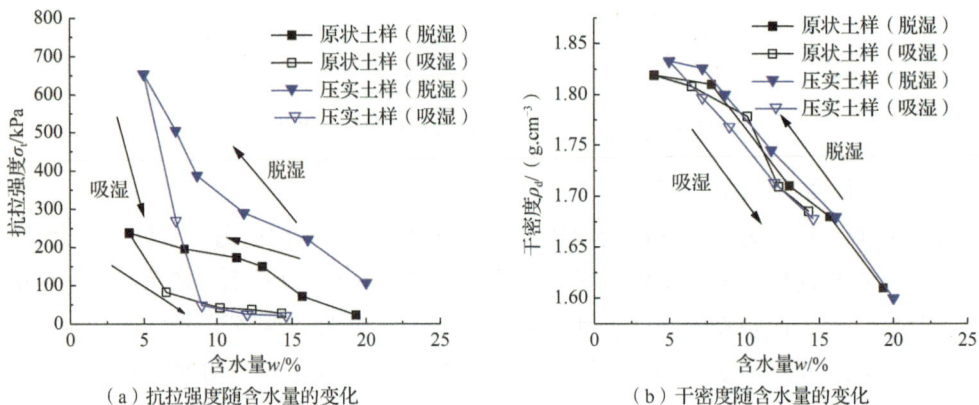

（a）抗拉强度随含水量的变化　　　　　（b）干密度随含水量的变化

图 3-12　干湿循环过程中抗拉强度和干密度与含水量的关系（$w_0=20\%$，$\rho_{d0}=1.6\mathrm{g/cm}^3$）

图 3-13 为经历最小含水量 $w_{\min}$ 为 4% 和 10% 原状土样与压实土样的抗拉强度。在不同含水量处开始吸湿过程中，抗拉强度随含水量的变化趋势相似，即随着含水量增加，抗拉强度减小。在相同含水量下吸水增湿，经历最小含水量低的试样抗拉强度相对要小一些。经历最小含水量低的试样中裂隙发育，试样能承受的拉力小。膨胀土经历极端干燥天气后，吸湿时的抗拉强度很小。

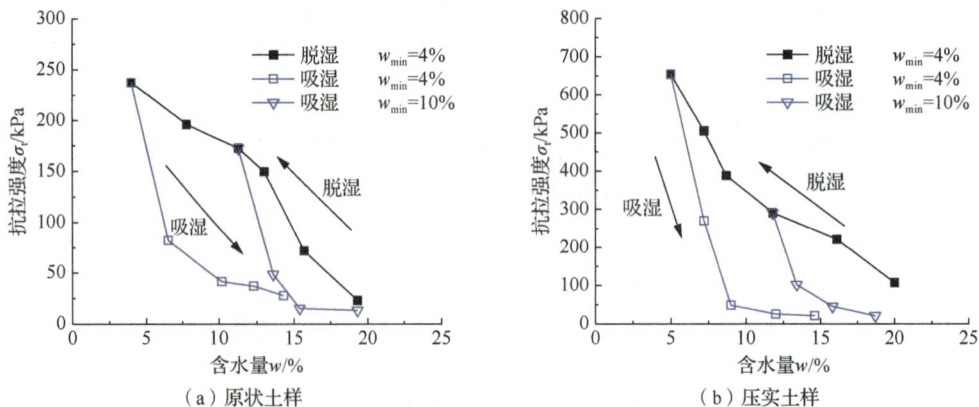

（a）原状土样　　　　　　　　（b）压实土样

图 3-13　经历不同最小含水量试样的抗拉强度与含水量的关系（$w_0=20\%$，$\rho_{d0}=1.6\mathrm{g/cm}^3$）

初始含水量为 16% 和 20%、初始干密度为 1.5g/cm³ 和 1.6g/cm³ 试样的抗拉强度随含水量的变化规律如图 3-14 所示。在干湿过程中，不同初始含水量与初始干密度试样的抗拉强度变化规律基本相同。在脱湿过程中，抗拉强度随含水量降低而增大；在吸湿过程前期，抗拉强度迅速减小而后趋于稳定。

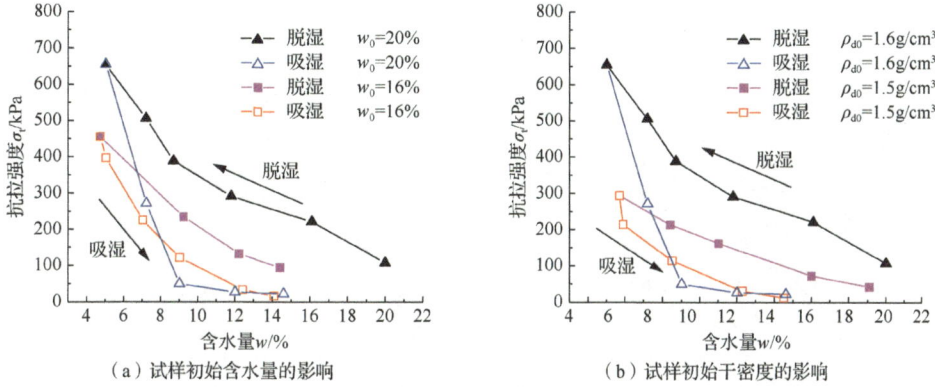

（a）试样初始含水量的影响　　　　　　　　（b）试样初始干密度的影响

图 3-14　不同初始含水量与初始干密度试样的抗拉强度与含水量的关系

3.3　剪　切　强　度

3.3.1　直剪试验

膨胀土的剪切强度采用改进后的常规直剪试验仪测试，剪切速率为 0.02mm/min，竖向应力分别为 6.25kPa、12.5kPa、25kPa 和 50kPa。图 3-15 为膨胀土的剪应力-剪切位移的关系曲线。在不同初始条件下，膨胀土的剪应力-剪切位移关系曲线基本相似，具有显著的剪切软化现象，属于脆性破坏。膨胀土的剪切强度随干密度增加而增加，随初始含水量增加表现为先增加后减小，与无侧限抗压强度和抗拉强度与含水量的关系相同。

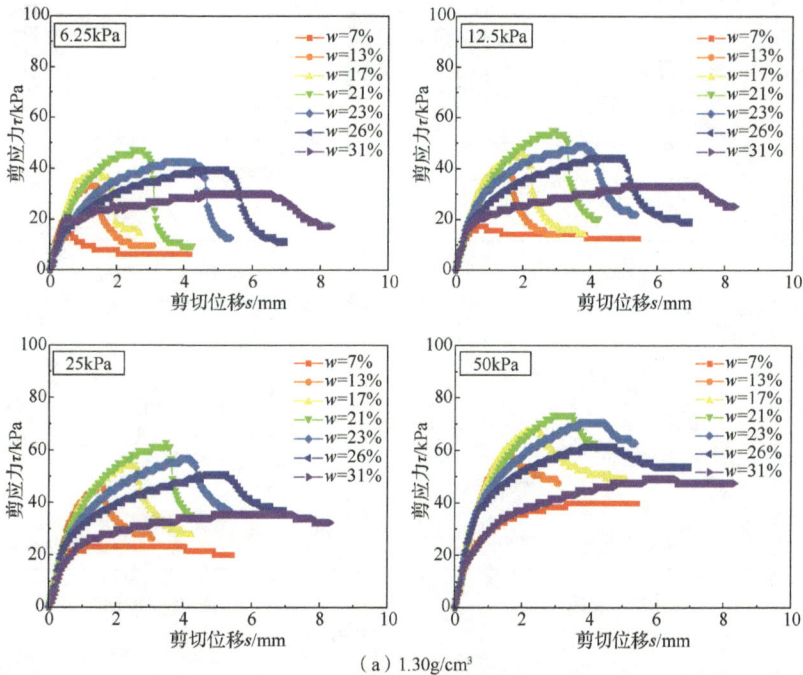

（a）1.30g/cm³

图 3-15　剪应力-剪切位移关系曲线

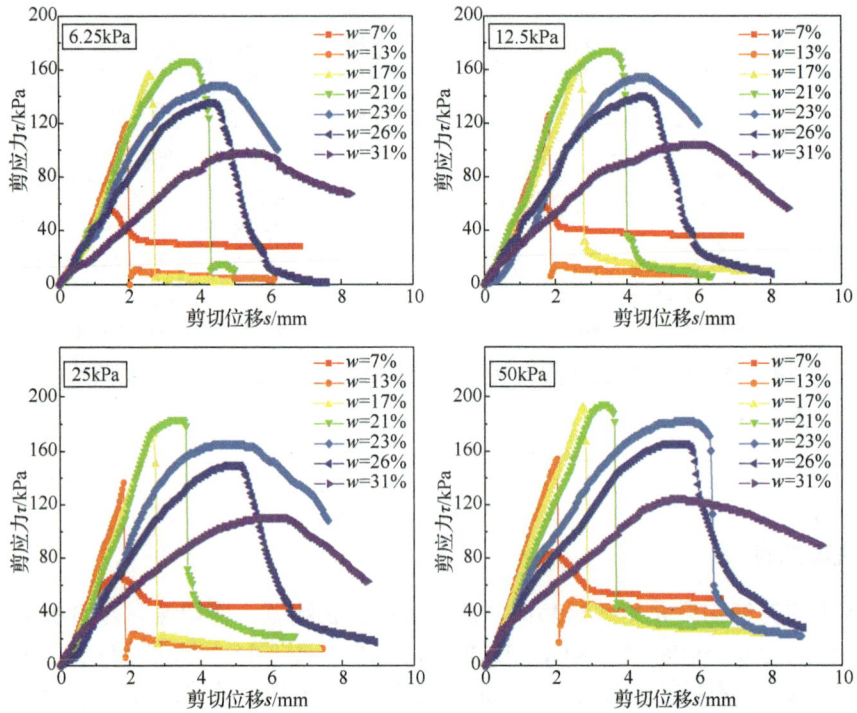

（b）1.80g/cm³

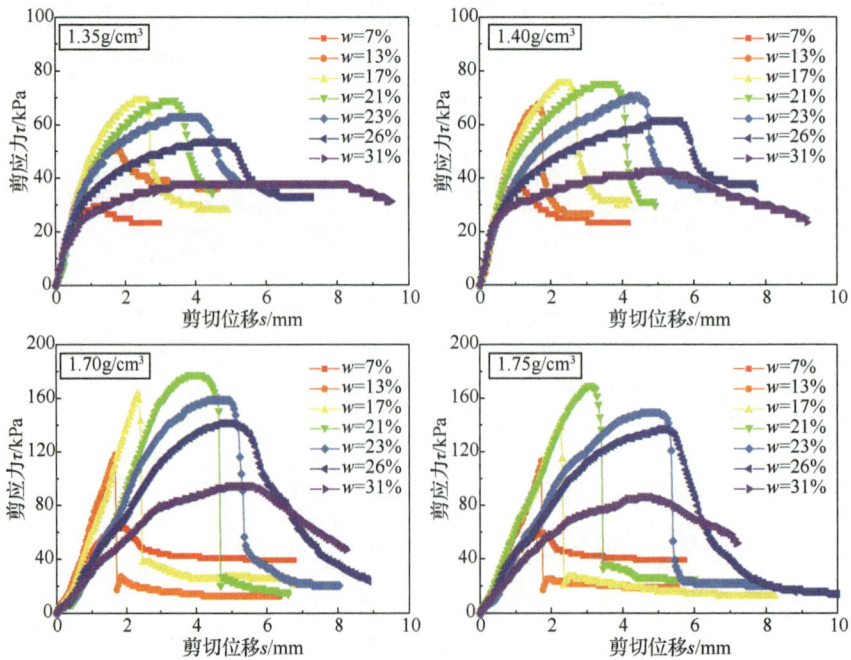

（c）σ_n=25kPa

图 3-15（续）

图 3-16 是膨胀土的剪切强度参数（黏聚力 c 和内摩擦角 φ）与含水量的关系。膨胀土的黏聚力和内摩擦角随含水量增加先增加后减少，与无侧限抗压强度和抗拉强度随含水量的变化规律相同。土样干密度对膨胀土的内摩擦角影响不明显，对黏聚力影响显著，高密度膨胀土的黏聚力明显大于低密度土样的黏聚力。

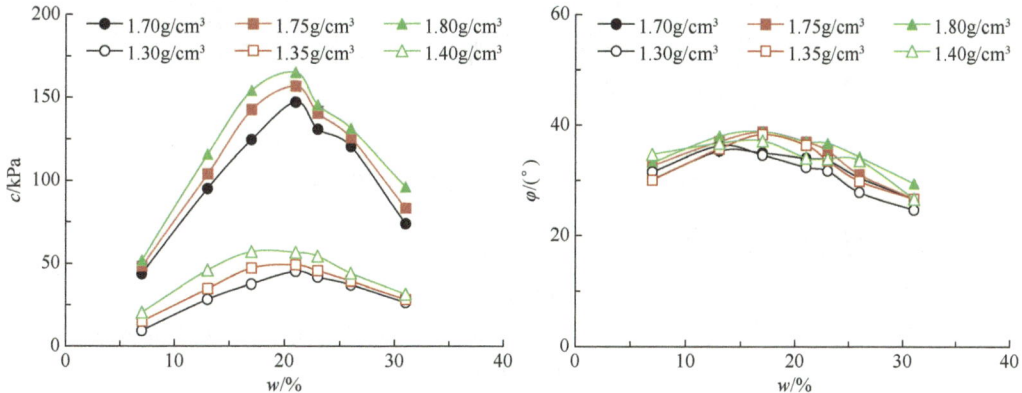

图 3-16 剪切强度参数（c 和 φ）与含水量的关系

3.3.2 非饱和土剪切强度理论

1）分形理论

非饱和土的基质吸力是表示非饱和土力学性质的一个独立的状态变量，杨-拉普拉斯（Young-Laplace）公式建立了基质吸力与非饱和土孔隙半径之间的关系，即 $\psi = 2\Gamma\cos\alpha/r$，其中 ψ 为基质吸力，Γ 为表面张力，α 为接触角，r 为非饱和土孔隙半径。土体孔隙分布满足分形模型，用分形理论研究非饱和土的力学性质具有得天独厚的优势。分维被用来描述分形的几何复杂程度和比较分形在欧几里得空间的充填程度，分维数值小于 3。分维定义如下：对于一个分形几何体，如果用尺寸为 r 的尺子来度量，所得到的数目为 N，两者之间的关系表示为

$$N(r) \approx Cr^{-D} \tag{3-5}$$

式中，C 为比例常数；D 为孔隙分布分维。如果土体孔隙分布符合分形理论，那么孔径为 r 的孔隙的数量与孔径 r 的关系用式（3-5）表示，孔隙的体积可以用 $V_\mathrm{p} = \int_0^r N4\pi r^2 \mathrm{d}r$ 计算，将式（3-5）代入得

$$V_\mathrm{p} = Ar^{3-D} \tag{3-6}$$

式中，A 为常数，$A = 4\pi C/(3-D)$。

对于非饱和土孔隙水的分布形态，做以下假定：当含水量小于残余含水量时，孔隙水被土颗粒吸附在其周围，不能自由移动，可以视为固体颗粒的一部分（图 3-17），定义相对含水量 Λ 为 $\Lambda = \theta - \theta_\mathrm{r}$，$\theta$ 为非饱和土的体积含水量，θ_r 为残余含水量。非饱和土孔隙孔径的增量对其含水体积的贡献可以表示为

$$\mathrm{d}\Lambda = \frac{N4\pi r^2 \mathrm{d}r}{V_\mathrm{T}} \tag{3-7}$$

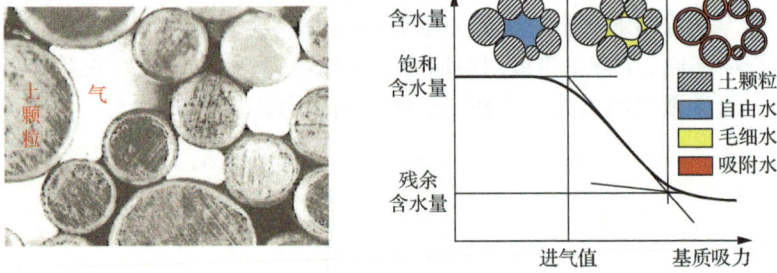

图 3-17　非饱和土孔隙水的存在形态

将式（3-5）代入式（3-7）得到 Λ 与孔径的关系为

$$\Lambda = Br^{3-D} \tag{3-8}$$

式中，B 为常数，$B = 4\pi C / [V_T(3-D)]$。同样地，饱和状态的相对体积含水量为

$$\Lambda_s = BR^{3-D} \tag{3-9}$$

式中，R 为最大孔隙半径。由 Young-Laplace 公式得到非饱和膨胀土的土-水特征曲线为

$$S_e = \left(\frac{\psi}{\psi_e}\right)^{D-3} \tag{3-10}$$

式中，ψ_e 为非饱和土的进气值，与最大孔隙半径 R 的关系为 $\psi_e = 2\sigma\cos\alpha/R$；$S_e$ 为有效饱和度，$S_e = \Lambda/\Lambda_s = (\theta-\theta_r)/(\theta_s-\theta_r)$。

如图 3-18 所示，根据应力 σ 作用下土体的应力平衡得

$$\sigma A = \sigma_s A_s + u_a A_a + u_w A_{uw} \tag{3-11}$$

式中，σ_s 为颗粒接触应力；A_s 为剪切面上土颗粒接触面积；A_a 为剪切面上的孔隙气面积；A_{uw} 为剪切面上的孔隙水面积；u_a 为孔隙气压力；u_w 为孔隙水压力。有效应力 σ' 定义为 $\sigma' = \sigma_s \cdot A_s / A$，忽略土颗粒接触面积 A_s，非饱和膨胀土的有效应力公式为

$$\sigma' = (\sigma - u_a) + \frac{A_{uw}}{A}\psi \tag{3-12}$$

式中，ψ 为基质吸力，$\psi = u_a - u_w$。根据孔隙分布的分形模型，剪切面上的孔隙水面积和孔隙面积分别表示为

$$A_{uw} = \int_0^r n2\pi r \mathrm{d}r = br^{3-D} \tag{3-13a}$$

$$A = \int_0^R n2\pi r \mathrm{d}r = bR^{3-D} \tag{3-13b}$$

式中，b 为比例常数；n 为剪切面上的孔隙数目，$n = cr^{1-D}$，c 为比例常数。非饱和膨胀土的有效应力公式（Xu，2004a）为

$$\sigma' = (\sigma_n - u_a) + \left(\frac{\psi}{\psi_e}\right)^{D-3}\psi \tag{3-14}$$

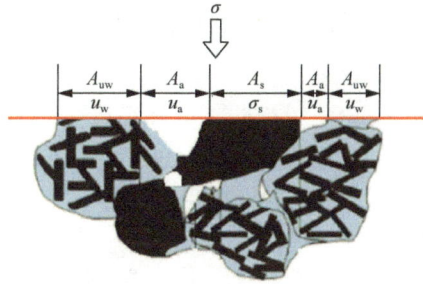

图 3-18 应力平衡分析

非饱和土的剪切强度可以由有效应力公式和莫尔-库仑强度准则得到：

$$\tau_f = c' + (\sigma_n - u_a)\tan\varphi' + \psi_e^{3-D}\psi^{D-2}\tan\varphi' \tag{3-15}$$

由基质吸力引起的强度 τ_s 表示为

$$\tau_s = \psi_e^{3-D}\psi^{D-2}\tan\varphi' \tag{3-16}$$

土体孔隙分布分维 D 介于 2.0～3.0 之间，常数（$D-2$）介于 0～1.0 之间。

非饱和土剪切强度与基质吸力的关系如图 3-19 所示。基质吸力小于非饱和土的进气值（ψ_e）时，土体接近饱和状态，剪切强度随基质吸力增加而成正比例增加，比例系数为 $\tan\varphi'$；基质吸力大于非饱和土的进气值（ψ_e）时，土体处于非饱和状态，剪切强度随基质吸力呈幂函数增加。

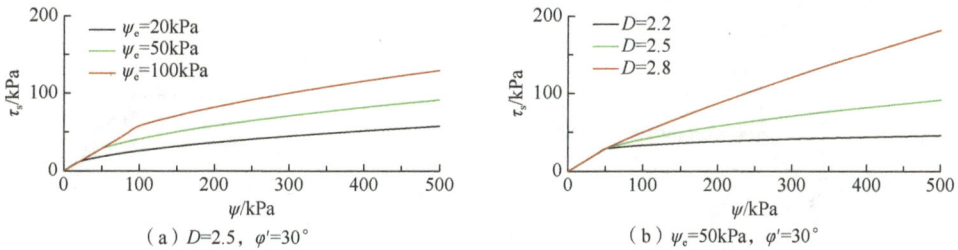

（a）$D=2.5$，$\varphi'=30°$ （b）$\psi_e=50$kPa，$\varphi'=30°$

图 3-19 非饱和土剪切强度与基质吸力的关系

2）理论验证

宁明膨胀土的土-水特征曲线测试采用滤纸法［《非饱和土试验方法标准》（T/CECS 1337—2023）］，干密度分别为 1.30g/cm³、1.35g/cm³、1.40g/cm³ 和 1.50g/cm³。试样制备方法是：用自制模具压制 42 个环刀试样，每种干密度和含水量制备 2 个试样，裁剪两种直径的滤纸，直径 6cm 的为保护滤纸，直径 5cm 的为测试滤纸。将滤纸放入水分测定仪中快速烘干，将烘干后冷却的滤纸放置在试样上下底面的中央；先用干燥洁净的保鲜膜将试样包裹严密，再用锡箔纸将试样包裹严密，置于恒温恒湿箱静置 14d。

吸力测量步骤是：将静置 14d 的试样从恒温恒湿箱中取出，用高精度的电子天平（精度 0.1mg）测量洁净干燥的密封袋质量；将试样外的锡箔纸、保鲜膜依次拆掉，立即用镊子将测试滤纸放入小型密封袋中，这个过程须快，防止外界水分对滤纸的影响；用电子天平测得装有测试滤纸的小型密封袋质量，差值即为测试滤纸的质量；用水分测定仪将测试滤纸烘干，测得烘干后的滤纸质量，计算滤纸的含水量。图 3-20 是由滤纸法测试的宁明膨胀土的土-水特征曲线。不同干密度的膨胀土的土-水特征曲线形状相似,具有相似的持水特性。

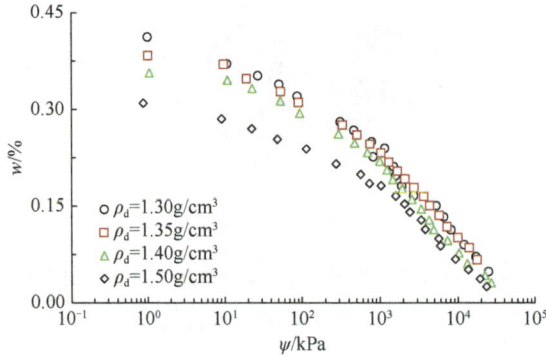

图 3-20　宁明膨胀土的土-水特征曲线

宁明膨胀土孔隙表面分维采用 Xu(2004a)的方法计算,结果如图 3-21 所示。孔隙表面分维为 2.1,最大孔径(2R)为 250nm。$\alpha=0$,$\Gamma=75$kPa·μm,宁明膨胀土的进气值由 $\psi_e=2\Gamma\cos\alpha/R$ 计算,为 1200kPa。宁明膨胀土的土-水特征曲线的预测结果与试验数据比较如图 3-22 所示。干密度为 1.30g/cm³、1.35g/cm³ 和 1.40g/cm³ 土样的饱和含水量(w_{sat})分别为 0.412、0.384 和 0.357;残余含水量取基质吸力为 15000kPa 对应的含水量。宁明膨胀土的土-水特征曲线的预测结果与试验数据一致。

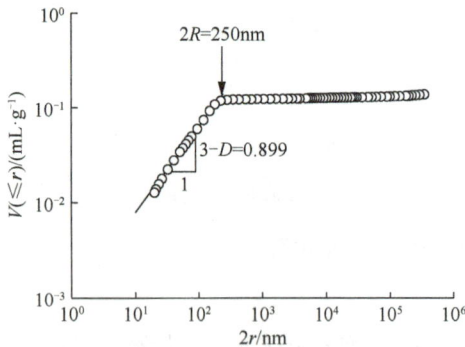

图 3-21　宁明膨胀土孔隙表面分维和最大孔径

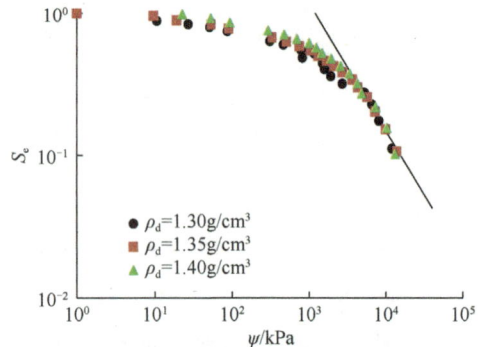

图 3-22　宁明膨胀土的土-水特征曲线的预测结果与试验数据比较

宁明膨胀土的剪切强度与非饱和土有效应力的关系如图 3-23 所示,图中只计算了含水量为 13%($\psi=6600$kPa)、17%($\psi=2800$kPa)和 21%($\psi=1500$kPa)时的有效应力,其他含水量不在进气值与残余含水量之间。含水量为 7%的土样,$\psi=17000$kPa,大于残余含水量对应的基质吸力(15000kPa);含水量为 23%($\psi=1000$kPa)、26%($\psi=460$kPa)和 31%($\psi=70$kPa)时,基质吸力均小于进气值($\psi_e=1200$kPa),接近饱和状态。非饱和土的有效应力的计算参数为 $D=2.10$,$\psi_e=1200$kPa。不同含水量膨胀土试样的内摩擦角基本相等,$\varphi'=31.2°$,且不随含水量变化而变化;膨胀土的有效黏聚力是负值,含水量越小,黏聚力绝对值越大。低应力状态下,非饱和膨胀土的黏聚力是负值说明两个问题，一是低应力状态下，膨胀土处于拉伸状态，非饱和膨胀土中产生胀缩裂隙。正是由于胀缩裂隙的存在，小于最优含水量膨胀土的无侧限抗压强度、抗拉强度和剪切强度都随含水量减小而减小。二是验证了采用总应力剪切强度参数验算膨胀土边坡稳定性与实际情况不符的事实。

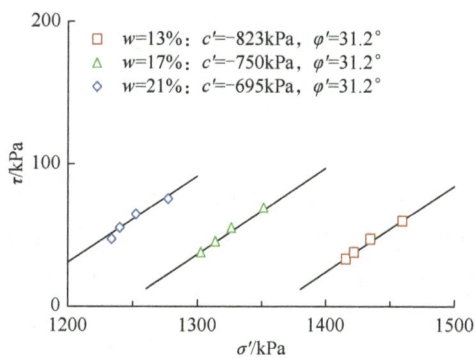

图 3-23　宁明膨胀土的剪切强度与非饱和土有效应力的关系

4 膨胀土的胀缩特性

4.1 膨 胀 变 形

4.1.1 膨胀变形机理

蒙脱石单层晶体呈片状，多个片状晶体聚集，构成晶粒。晶层间的聚集形式有面面型（F-F）、边面型（E-F）和边边型（E-E）。蒙脱石晶层以面面型聚集在一起，形成蒙脱石晶粒。钙基蒙脱石中的晶粒由 2～20 层的晶层堆叠而成，钠基蒙脱石晶粒只有 1～5 层。膨胀土的构造层次如图 4-1 所示，若干晶片层堆叠成为蒙脱石晶粒，若干晶粒构成颗粒。膨胀土孔隙具有层次性，晶粒内的晶层间隙称为晶间孔隙（0.2～2.0nm），晶粒间的孔隙称为微观孔隙（<150～200nm），蒙脱石颗粒间的孔隙称为宏观孔隙（>150～200nm）。

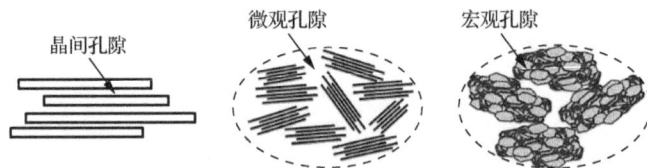

图 4-1 膨胀土的构造层次

膨胀土膨胀机理主要有蒙脱石晶层膨胀、双电层膨胀和吸附理论。晶层膨胀理论（Mitchell and Soga，2005）：水易渗入晶层间形成水膜夹层，引起晶层膨胀。晶层膨胀理论仅仅局限于晶层间吸附结合水膜的楔入作用，没有考虑黏土颗粒之间、团粒之间结合水的作用，蒙脱石颗粒保持完整［图 4-2（a）］。在晶层膨胀时，蒙脱石吸收水分，晶层表面和层间阳离子发生水化反应。在静电力作用下，极性水分子在晶层表面、层间阳离子周围排列成定向有序的水分子层，晶层表面水分子层最多可被吸附 4 层，干燥状态下蒙脱石的晶层底面间距为 9.6Å，吸附 1、2、3 和 4 层水分子时，对应的晶层底面间距分别为 12.6Å、15.6Å、18.6Å 和 21.6Å，当达到 4 层水分子时，晶层间距大约为 1nm。在晶层膨胀过程中，水分子层数的增加主导膨胀土的晶层膨胀。

双电层理论（Mitchell and Soga，2005）：膨胀土的膨胀变形不仅发生在晶格内部的晶层之间，也发生在颗粒与颗粒之间、团粒与团粒之间。随着水分子进入晶层间，蒙脱石膨胀逐渐从晶层膨胀过渡到双电层膨胀。当晶层间距达到 40Å 时，蒙脱石开始双电层膨胀。在晶层表面受静电吸引力影响，部分阳离子与极性分子被牢牢吸附在晶层表面，形成固定层，扩散层与固定层共同组成扩散双电层。双电层膨胀是由晶层内外浓度差产生的渗透压力引起的，又称为渗透膨胀。蒙脱石颗粒表面双电层结合水膜增厚，导致膨胀土体积膨胀［图 4-2（b）］。

（a）晶格膨胀

（b）双电层膨胀

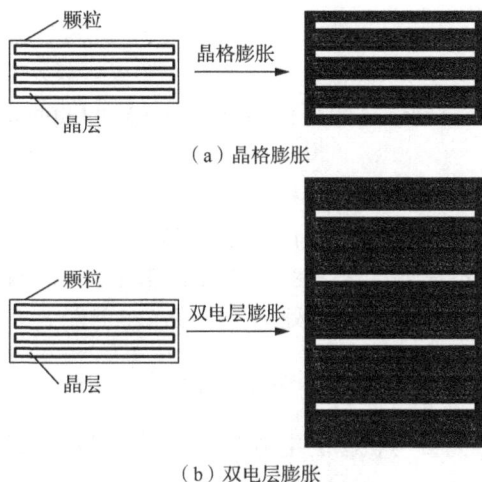

图 4-2 膨胀土的膨胀机理

表面吸附理论（Xu et al.，2003）：膨胀土的膨胀机理不仅取决于膨胀土的矿物成分，还取决于矿物颗粒表面结构形状。膨胀土比表面积大，具有很高的吸水能力。膨胀土表面吸附分为物理吸附和化学吸附。物理吸附通过分子间引力（范德瓦耳斯力）产生吸附，化学吸附通过化学键引起的吸附。膨胀土颗粒表面的离子交换实际上就是物理吸附，产生吸附的力是分子间引力（范德瓦耳斯力）。

4.1.2 扩散双电层理论

蒙脱石晶层之间存在斥力和引力，导致蒙脱石矿物产生膨胀力和膨胀变形。黏土颗粒间的阳离子置换、选择性吸附、解离吸附、晶格破损等，导致晶层表面带负电。在土-水系统中，水化阳离子受静电引力作用吸附在带负电的黏土颗粒周围。阳离子在颗粒表面的浓度高，阳离子从颗粒表面向外扩散。随着距颗粒表面距离增大，静电引力减小，阳离子浓度逐渐降低。颗粒表面负电和阳离子扩散层称为扩散双电层，如图 4-3 所示。

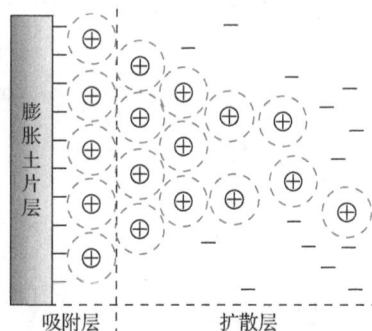

图 4-3 双电层示意图

Gouy（1910）和 Chapman（1913）建立了扩散双电层模型，并假设：①双层中的离子是点电荷，没有相互作用；②粒子表面电荷均匀分布；③颗粒表面是一个平板，尺寸远大于颗粒厚度；④粒子表面附近介质的介电常数与位置无关。双电层理论适用于描述浓度极低的单价电解质溶液中蒙脱石颗粒的离子分布情况。

膨胀力等于双电层斥力与范德瓦耳斯力之间的差值：

$$p_s = p_r - p_v \tag{4-1}$$

式中，p_r 为相邻颗粒间的排斥力；p_v 为吸引力，又称范德瓦耳斯力，p_v（Casimir and Polder，1948）表示为

$$p_v = \frac{A_h}{6\pi}\left[\frac{1}{\lambda^3} - \frac{2}{(\lambda+d)^2} + \frac{1}{(\lambda+2d)^3}\right] \tag{4-2}$$

式中，A_h 为哈马克（Hamaker）常数，取 2.2×10^{-20}J；λ 为晶层间距，当晶层间距达到 2.5nm 时进入双电层膨胀，取 $\lambda = 2.5$nm；d 为晶片层厚度，取 $d = 0.96$nm。根据泊松公式，晶层间某点处的电势与电荷密度之间存在如下关系（Van Olphen，1977）：

$$\frac{\mathrm{d}^2\psi}{\mathrm{d}x^2} = -\frac{\rho}{\varepsilon_r\varepsilon_0} \tag{4-3}$$

式中，ψ 为晶层间 $\mathrm{d}x$ 处相对电势；ρ 为静电荷密度（C/m³），在数值上等于阴、阳离子电量之和；ε_0 为真空介电常数，$\varepsilon_0 = 8.8542 \times 10^{-12}$F/m；$\varepsilon_r$ 为相对介电常数（纯水取 78.15）。根据玻尔兹曼方程，扩散层某处离子浓度与电势能 E_p 的关系为

$$n = n_0 \exp\left(\frac{E_{p0} - E_p}{kT}\right) \tag{4-4}$$

式中，E_p 为电势能；E_{p0} 为参考状态的电势能；n_0 为离子浓度。假设两个晶层的中平面处的电势为零，离子浓度为 n_0，浓度 n 与相对电势 ψ 的关系为

$$n = n_0 \exp\left(-\frac{ev\psi}{kT}\right) \tag{4-5}$$

式中，e 为电荷量，$e = 1.602 \times 10^{-19}$C；$v$ 为吸附阳离子的化合价；k 为玻尔兹曼常数，$k = 1.38 \times 10^{-23}$J/K；T 为绝对温度（K）。

$$\frac{\mathrm{d}^2\psi}{\mathrm{d}x^2} = -\frac{eN_A}{\varepsilon_r\varepsilon_0}\sum v_i n_{i0}\exp\left(-\frac{ev_i\psi}{kT}\right) \tag{4-6}$$

式中，N_A 为阿伏伽德罗常数；v_i 为第 i 种离子的化合价；n_{i0} 为参考状态下第 i 种离子的浓度。阳离子的 v 取正，阴离子的 v 取负。

$$\frac{\mathrm{d}^2\psi}{\mathrm{d}x^2} = -\frac{2vn_0eN_A}{\varepsilon_r\varepsilon_0}\sinh\left(\frac{ev\psi}{kT}\right) \tag{4-7}$$

令 $y = \dfrac{ev\psi}{kT}$，$\xi = Kx$，$K^2 = \dfrac{2(ev)^2 n_0 N_A}{\varepsilon_r\varepsilon_0 kT}$，有

$$\frac{\mathrm{d}^2 y}{\mathrm{d}\xi^2} = \sinh y \tag{4-8}$$

1）单晶层

令 $p\dfrac{\mathrm{d}p}{\mathrm{d}y} = \sinh y$，则有 $p\mathrm{d}p = \sinh y\mathrm{d}y$，无穷远处，电势梯度和电势为零。

$$p = -2\sinh\left(\frac{y}{2}\right) \tag{4-9}$$

$$\frac{\mathrm{d}y}{\mathrm{d}\xi} = -2\sinh\left(\frac{y}{2}\right) \tag{4-10}$$

根据 $\ln\left(\dfrac{\mathrm{e}^{\frac{y}{2}} - 1}{\mathrm{e}^{\frac{y}{2}} + 1}\right) = -\xi$，有

$$\frac{\mathrm{d}y}{\mathrm{d}\xi} = \mathrm{e}^{-\frac{y}{2}} - \mathrm{e}^{\frac{y}{2}} \tag{4-11}$$

表面电荷密度表示为

$$\omega = -\int_0^\infty \rho \mathrm{d}x = -\varepsilon_\mathrm{r}\varepsilon_0 \left(\frac{\mathrm{d}\psi}{\mathrm{d}x}\right)_{x=0} \tag{4-12}$$

设晶层表面的无量纲电势为 z，即当 $x=0$ 时，$y=z$，则有

$$z = 2\,\mathrm{arsinh}\left(\frac{\omega}{\sqrt{8n_0 N_\mathrm{A} kT\varepsilon_\mathrm{r}\varepsilon_0}}\right) \tag{4-13}$$

由 $\ln\left[\dfrac{\left(\mathrm{e}^{\frac{y}{2}}-1\right)\left(\mathrm{e}^{\frac{z}{2}}+1\right)}{\left(\mathrm{e}^{\frac{z}{2}}-1\right)\left(\mathrm{e}^{\frac{y}{2}}+1\right)}\right] = -\xi$，得

$$y = 4\tanh^{-1}\left[\mathrm{e}^{-\xi}\tanh\left(\frac{z}{4}\right)\right] \tag{4-14}$$

2）双电层

在两个晶层间中点处，边界条件为

$$\begin{cases} x = \dfrac{\lambda}{2} \\ y = u_\mathrm{m} \\ \dfrac{\mathrm{d}y}{\mathrm{d}\xi} = 0 \end{cases} \tag{4-15}$$

式中，λ 为晶层间距；u_m 为平行晶层间中平面处的无量纲电势。

$$\frac{\mathrm{d}y}{\mathrm{d}\xi} = -(2\cosh y - 2\cosh u_\mathrm{m})^{\frac{1}{2}} \tag{4-16}$$

设晶层表面的无量纲电势为 z，即当 $x=0$ 时，$y=z$：

$$\int_0^\infty (2\cosh y - 2\cosh u_\mathrm{m})^{\frac{1}{2}}\mathrm{d}y = \int_0^d \mathrm{d}\xi = -Kd \tag{4-17}$$

通过数值求解椭圆积分，表面电荷密度为

$$\omega = -\int_0^{\lambda/2} \rho \mathrm{d}x = \sqrt{2n_0 N_\mathrm{A} kT\varepsilon_\mathrm{r}\varepsilon_0}\,(2\cosh z - 2\cosh u_\mathrm{m})^{\frac{1}{2}} \tag{4-18}$$

双电层斥力 p_r 表示为

$$p_\mathrm{r} = 2n_0 RT(\cosh u_\mathrm{m} - 1) \tag{4-19}$$

式中，n_0 为初始孔隙水离子浓度，取 0.01mol/L；R 为气体常数，R=8.314J/（mol·K）。

当两平行晶层间相互作用较小时，双电层中间的电势看作是两个单晶层电势的叠加，采用单晶层的双电层理论求解。当 $u_\mathrm{m}<25$mV 时，晶层表面电势简单表示为

$$p_\mathrm{r} = n_0 RT u_\mathrm{m}^2 \tag{4-20a}$$

$$u_\mathrm{m} = 2y = 8\mathrm{e}^{-kd}\tanh\left(\frac{z}{4}\right) \tag{4-20b}$$

结合式（4-19），双电层斥力的计算式简化为

$$p_\mathrm{r} = 64n_0 N_\mathrm{A} kT\tanh^2\left(\frac{z}{4}\right)\mathrm{e}^{-K\lambda} \tag{4-21}$$

式中，k 为玻尔兹曼常数。

晶层中平面处的电势为

$$u_{\mathrm{m}} = \sinh^{-1}\left[2\sinh u_{\mathrm{m},\infty} + \frac{4}{\kappa d}\sinh\left(\frac{u_{\mathrm{h},\infty}}{2}\right)\right] \tag{4-22}$$

$$u_{\mathrm{m},\infty} = 4\tanh^{-1}\left[\exp\left(\frac{-\kappa\lambda}{2}\right)\tanh\left(\frac{z}{4}\right)\right] \tag{4-23}$$

$$u_{\mathrm{h},\infty} = 4\tanh^{-1}\left[\exp\left(-\kappa\lambda\right)\tanh\left(\frac{z}{4}\right)\right] \tag{4-24}$$

$$z = 2\sinh^{-1}\left(\frac{\nu F\omega_0}{2\kappa\varepsilon_{\mathrm{r}}\varepsilon_0 RT}\right) \tag{4-25}$$

$$\kappa = \left(\frac{2n_0\nu^2 F^2}{\varepsilon_0\varepsilon_{\mathrm{r}}RT}\right)^{\frac{1}{2}} \tag{4-26}$$

式中，ω_0 为膨胀土的表面电荷密度（C/m²），此处取 0.1C/m²；F 为法拉第（Faraday）常数（9.648×10⁴C/mol）；ν 为可交换离子的平均化合价。

图 4-4 分析了干密度、表面电荷密度和离子浓度对膨胀力的影响。由图可知，膨胀力受溶液离子浓度的影响明显，双电层理论并没有反映这一现象 [图 4-4（c）]。图 4-5 表示了膨胀力与晶层间距的关系，膨胀力与晶层间距呈幂函数相关。双电层理论仅适用于极稀的单价电解质溶液。换句话说，在二价离子电解质、离子浓度较高和晶层间距很小的情况下，扩散双电层理论具有局限性。

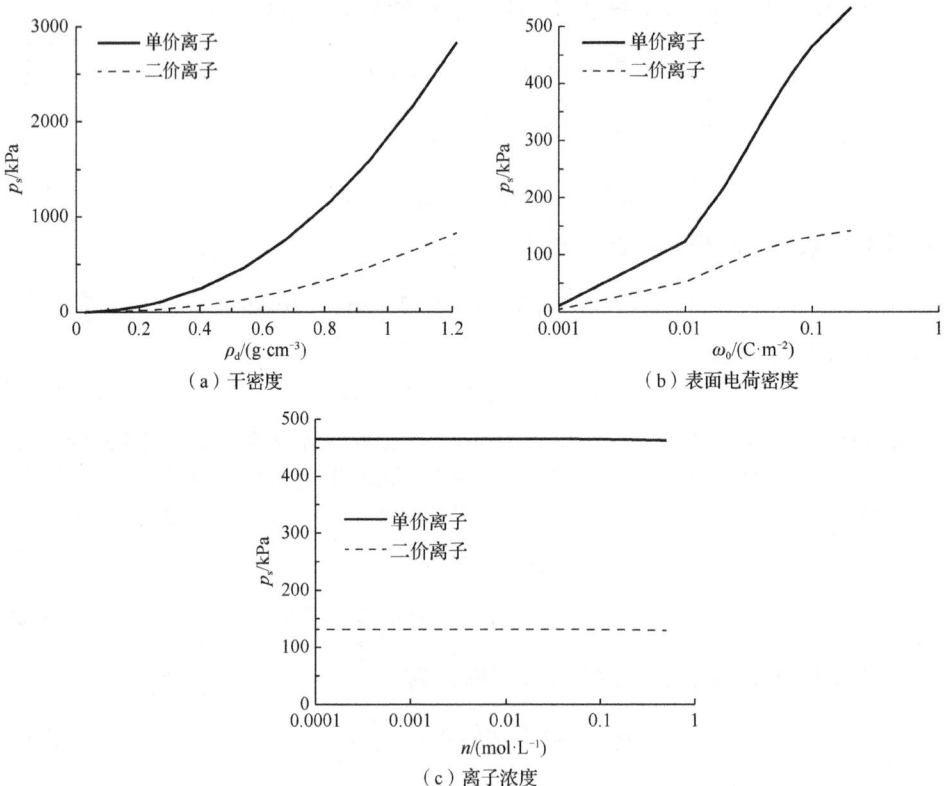

（a）干密度

（b）表面电荷密度

（c）离子浓度

图 4-4　膨胀力的影响因素分析

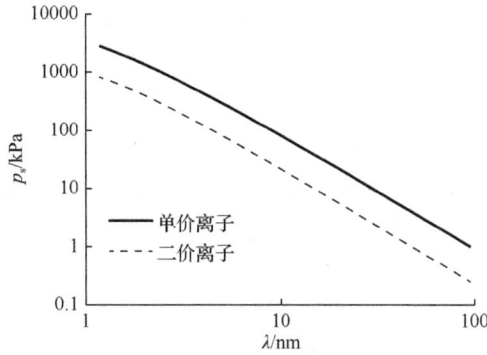

图 4-5　膨胀力与晶层间距的关系

3）纯水中的膨胀力

纯水中不存在阴离子，电势满足：

$$\frac{\mathrm{d}^2\psi}{\mathrm{d}x^2} = -\frac{evn_0N_A}{\varepsilon_r\varepsilon_0}\exp\left(-\frac{ev\psi}{kT}\right) \tag{4-27}$$

令 $y = \dfrac{ev\psi}{kT}$，$\xi = Kx$，$K^2 = \dfrac{2(ev)^2n_0N_A}{\varepsilon_r\varepsilon_0 kT}$，有

$$\frac{\mathrm{d}^2 y}{\mathrm{d}\xi^2} = -2\exp(-y) \tag{4-28}$$

考虑中平面两侧的对称性，即 $\dfrac{\mathrm{d}y}{\mathrm{d}\xi} = 0$，

$$\frac{\mathrm{d}y}{\mathrm{d}\xi} = -2\sqrt{\mathrm{e}^{-y} - 1} \tag{4-29}$$

令 $y = \ln\cos^2\xi$，有

$$\frac{\mathrm{d}y}{\mathrm{d}\xi} = -2\tan\xi \tag{4-30}$$

对式（4-30）中 x 求导，有

$$\frac{\mathrm{d}\psi}{\mathrm{d}x} = -\frac{2kTK}{ev}\tan Kx \tag{4-31}$$

扩散层单位体积中阳离子的电荷之和为总净电荷密度。根据电荷守恒，层表面负电荷密度数值等于整个扩散层中阳离子电荷的积分：

$$\omega = -\int_0^{\lambda/2}\rho\mathrm{d}x = -\varepsilon_r\varepsilon_0\left(\frac{\mathrm{d}\psi}{\mathrm{d}x}\right)_{x=\frac{\lambda}{2}} \tag{4-32}$$

式中，λ 为晶层间距。在中平面处 $x = \dfrac{\lambda}{2}$，

$$\left(\frac{\mathrm{d}\psi}{\mathrm{d}x}\right)_{x=\frac{\lambda}{2}} = -\frac{2kTK}{ev}\tan\frac{K\lambda}{2} \tag{4-33}$$

$$\omega = \varepsilon_r \varepsilon_0 \frac{2kTK}{ev} \tan \frac{K\lambda}{2} \qquad (4\text{-}34)$$

两平行晶层间的膨胀力表示为

$$p_s = kTN_A(n_0 - n_{out}) - p_v \qquad (4\text{-}35)$$

式中，n_0 为两晶层之间中平面处的离子浓度；n_{out} 为晶层外的离子浓度；N_A 为阿伏伽德罗常数，$N_A = 6.022 \times 10^{23} \text{mol}^{-1}$；$p_v$ 为范德瓦耳斯力。去离子水中的 $n_{out} = 0$，膨胀力表示为

$$p_s = kTn_0 N_A - p_v \qquad (4\text{-}36)$$

联合式（4-26）和式（4-36），膨胀力表示为

$$p_s = 2\varepsilon_0 \varepsilon_r \left(\frac{kTK}{ev} \right)^2 - p_v \qquad (4\text{-}37)$$

扩散双电层理论的假设中忽略了很多因素（如 pH 值、离子尺寸、粒子相互作用等）的影响，导致双电层理论与膨胀变形的实际情况存在严重偏差。

4.1.3　分形吸附理论

1. 孔隙水的吸附方程

膨胀土的水力作用就是在竖向应力作用下黏土矿物吸附水的特性，用吸附方程表示。在黏土-水体系中，纯水的自由能或者化学能比黏土-水溶液大，黏土矿物要吸附水分。在膨胀土吸水膨胀过程中，黏土矿物吸附水体积与黏土矿物表面结构有关。根据热力学理论，吸附水的自由能增量与竖向应力所做功相等：

$$G\mathrm{d}S_p = p\mathrm{d}V_w \qquad (4\text{-}38)$$

式中，G 为水的自由能；p 为竖向应力；$\mathrm{d}S_p$ 为黏土矿物中吸附水面积的增量；$\mathrm{d}V_w$ 为黏土矿物吸附水体积的增量。竖向应力由黏土-水体系中吸力（势能）承担，在给定含水量条件下，竖向应力与黏土-水体系中的吸力平衡，竖向外加压力等于吸力。因此，根据 Young-Laplace 方程，黏土的孔隙半径与竖向应力的关系表示为

$$p = \frac{2\Gamma \cos \alpha}{r} \qquad (4\text{-}39)$$

式中，Γ 为黏土-水的表面张力；α 为黏土-水的接触角；r 为孔隙半径。膨胀土孔隙表面具有分形特征，孔隙的表面积表示为

$$S_p = Cr^{2-D_s} \qquad (4\text{-}40)$$

式中，C 为系数；D_s 为表面分维。

黏土矿物吸附水体积与竖向应力的关系为

$$\frac{V_w}{V_m} = K p^{D_s - 3} \qquad (4\text{-}41)$$

式中，K 为常数；V_w 为吸附水体积；V_m 为蒙脱石体积。膨胀土吸附水体积与蒙脱石体积之比表示为竖向应力的幂函数关系，幂函数的指数是孔隙表面分维的函数。

Low（1980）给出了多种膨胀土的吸附水质量与蒙脱石质量之比随竖向应力的变化规律（图 4-6）。吸附水质量比与吸附水体积比的关系为

$$\frac{V_{\mathrm{w}}}{V_{\mathrm{m}}} = \rho_{\mathrm{m}} \frac{m_{\mathrm{w}}}{m_{\mathrm{m}}} \qquad (4\text{-}42)$$

式中，ρ_{m} 为蒙脱石的密度；m_{w} 为吸附水质量；m_{m} 为蒙脱石质量。

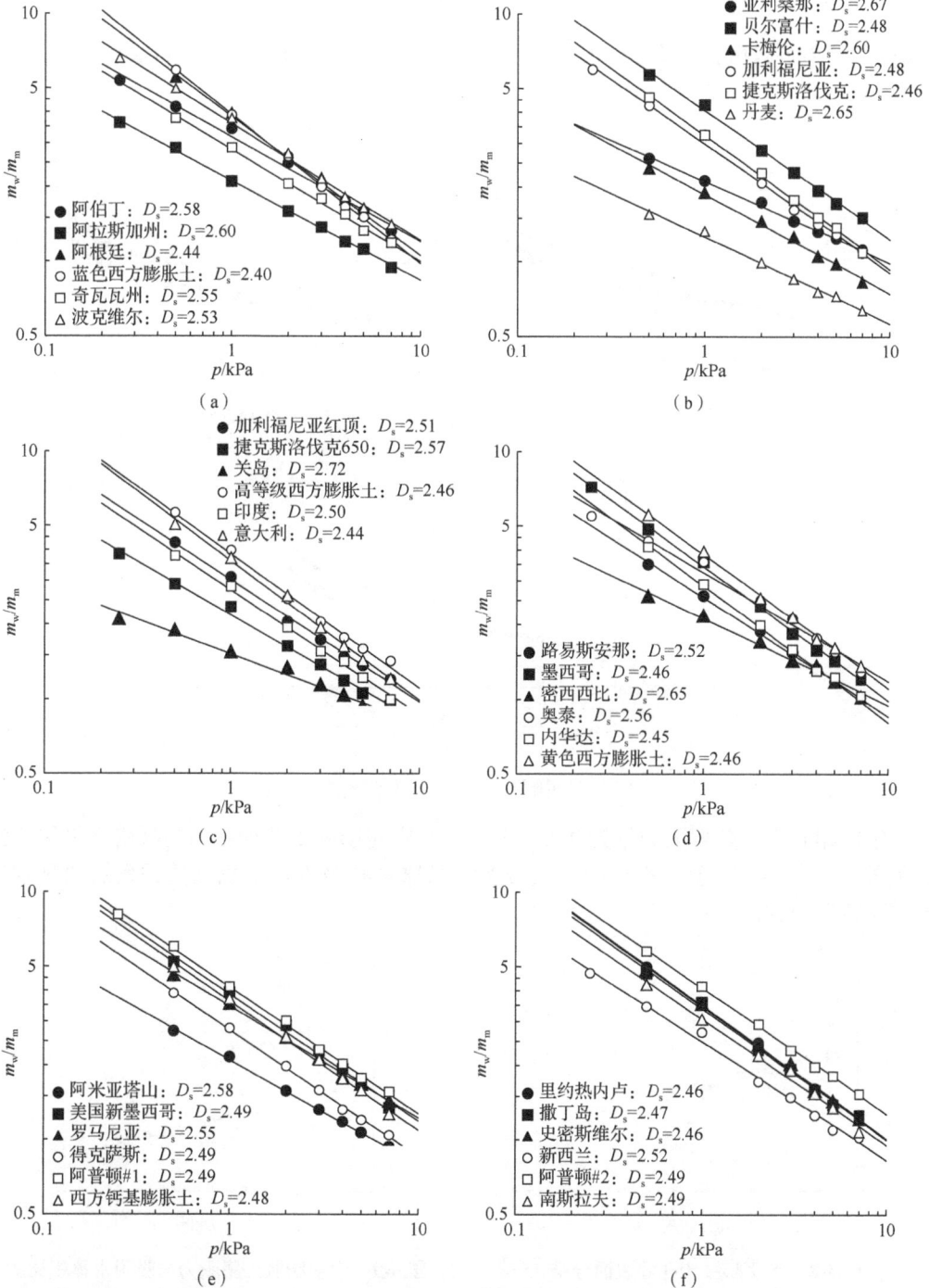

图4-6 吸附水质量与蒙脱石质量之比随竖向应力的变化规律（Low，1980）

广西宁明膨胀土（样品编号 No.1、No.2、No.3）的氮等温吸附试验曲线如图 4-7 所示。膨胀土的表面分维根据氮等温吸附公式（Avnir and Jaroniec，1989）计算：

$$V_{ads} \propto \left[\ln\left(\frac{P_0}{P}\right) \right]^{D_s-3} \tag{4-43}$$

式中，V_{ads} 为吸附体积；$\dfrac{P}{P_0}$ 为相对压力，P 为当前蒸汽压力，P_0 为饱和蒸汽压力。

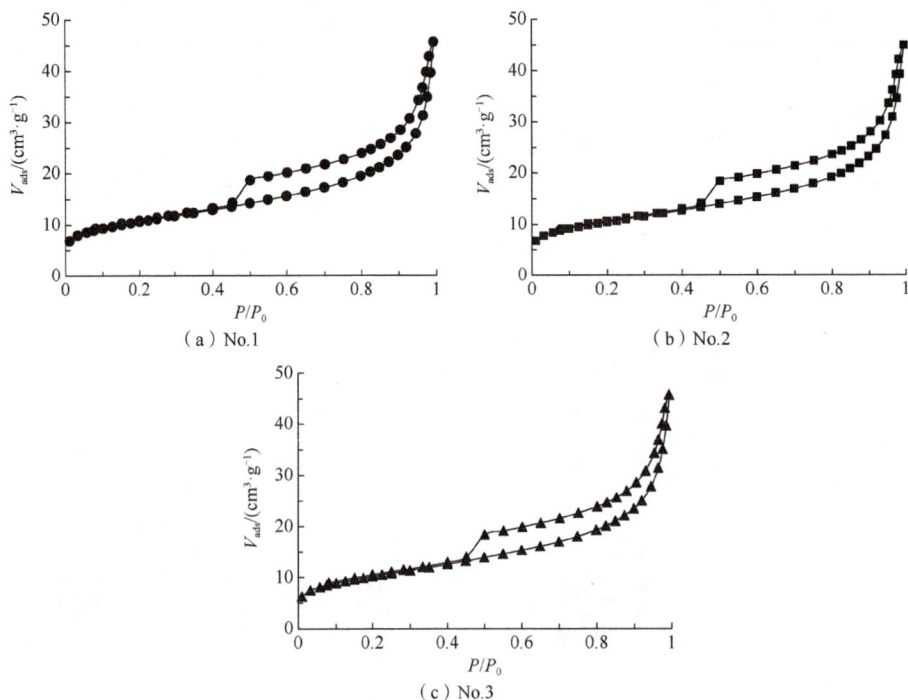

（a）No.1　　　　　　　　　　　（b）No.2

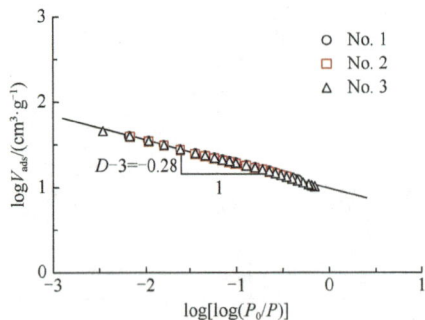

（c）No.3

图 4-7　宁明膨胀土的氮等温吸附试验曲线

宁明膨胀土孔隙表面分维为 2.72（图 4-8）。宁明膨胀土的膨胀力与吸附水体积比的相关关系如图 4-9 所示，采用分维 D_s=2.72，膨胀力与吸附水体积比的关系的预测结果与试验数据一致。

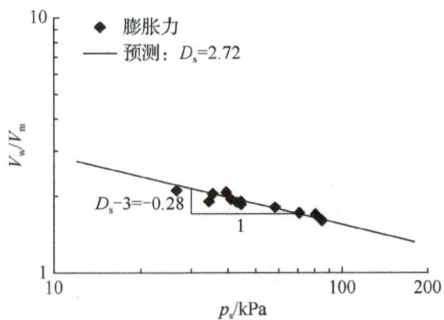

图 4-8　宁明膨胀土孔隙表面分维　　　　图 4-9　宁明膨胀土膨胀力与吸附水体积比的
　　　　　　　　　　　　　　　　　　　　　　　　相关关系

2. 盐溶液的吸附方程

盐溶液中渗透吸力产生机理如图 4-10（a）所示。渗透吸力是由孔隙溶液浓度差异引起的渗透压力差，盐溶液渗透吸力的范托夫（Van't Hoff）公式为

$$\pi = \nu RTm\phi \tag{4-44}$$

式中，π 为渗透吸力；ν 为盐离子的化合价；R 为气体通用常数；T 为热力学温度；m 为盐离子的摩尔浓度；ϕ 为渗透吸力系数，根据相对湿度计算：

$$\phi = \frac{\rho_w}{v_{w0}M_w}\ln\left(\frac{P}{P_0}\right) \tag{4-45}$$

式中，ρ_w 为水的密度；v_{w0} 为水的比体积；M_w 为水蒸气的分子摩尔质量，$M_w=18.016\text{kg/kmol}$；P 为蒸汽压；P_0 为纯水平衡蒸汽压。不同盐溶液的渗透吸力如表 4-1 所示。

表 4-1　不同盐溶液的渗透吸力

浓度/ (mol/L^1)	渗透吸力/kPa									
	1-1 型	4-1 型	4-1 型	1-2 型	1-3 型	1-4 型	1-5 型	2-2 型		
	KCl	Ca(NO$_3$)$_2$	AlCl$_3$	Na$_2$SO$_4$	K$_3$PO$_4$	Na$_4$P$_2$O$_7$	Na$_5$P$_3$O$_{10}$	MgSO$_4$	ZnSO$_4$	CuSO$_4$
0.01	47.9	67.2	83.4	66.7	81.2	91.5	99.2	36.72	36.72	35.92
0.05	232.9	315.9	401.4	307.7	365.7	398.9	428.1	157.33	154.35	151.38
0.1	458.8	617.7	811.7	589.4	701.6	729.6	758.1	294.83	283.93	277.49
0.2	904.8	1219.0	1684.7	1120.9	1347.8	1288.3	1284.4			
0.3	1346.8	1824.0	2649.0	1623.3	1983.0	1817.3	1770.5			
0.4	1787.8	2435.0	3734.2	2102.0	2624.2	2393.3	2235.8			
0.5	2229.8	3058.6	4965.1	2568.0	3275.4	3072.2		1300.73	1194.19	1157.03
1	4449.7	6399.6	13775.3	4764.4				2611.36	2363.60	2294.23
1.4								3898.71	3537.97	3385.35
1.6	7175.0	10905.3	30967.7	7397.0						
2	9048.1	14137.0		9276.0				6540.79	6005.63	
2.5	11446.4			11855.2						
3	13928.9			14761.4				13572.14	12784.27	
3.5									17724.55	
4	19126.9			21822.5						

盐溶液中，膨胀土在竖向应力作用下，还承担了盐溶液的渗透吸力，渗透吸力对膨胀变形的作用与竖向应力不等价，渗透吸力与竖向应力不能直接相加。盐溶液中膨胀土的受力平衡示意图如图 4-10（b）所示，盐溶液的渗透吸力是有效应力的组成部分。假设膨胀土颗粒在盐溶液中呈平行排列，作用在黏土颗粒微观表面上的渗透吸力与由之产生的作用在宏观尺度上的有效应力相等：

$$p_\pi L^2 = \pi\left(\frac{L}{l}\right)^{D_s} l^2 \tag{4-46}$$

式中，p_π 为由渗透吸力产生的有效应力；L 为宏观尺寸；l 为微观尺寸。在竖向应力 p

作用下，膨胀土的吸附水体积表示为

$$\frac{V_w^L}{V_m} = Kp^{D_s-3} \tag{4-47a}$$

式中，V_w^L 为膨胀土的吸附水体积，$V_w^L = f^L \cdot L \cdot S$，$f^L$ 为团粒的形状系数，S 为膨胀土团粒孔隙表面积。类似地，在渗透吸力作用下，黏土颗粒的吸附水体积表示为

$$\frac{V_w^l}{V_m} = K\pi^{D_s-3} \tag{4-47b}$$

式中，V_w^l 为黏土颗粒的吸附水体积，$V_w^l = f^l \cdot l \cdot s$，$f^l$ 为颗粒的形状系数，s 为黏土颗粒的孔隙表面积。膨胀土团粒具有自相似性，$f^L = f^l$，与渗透吸力等价的有效应力表示为

$$p_\pi = \pi \left(\frac{p}{\pi}\right)^{D_s-2} \tag{4-48}$$

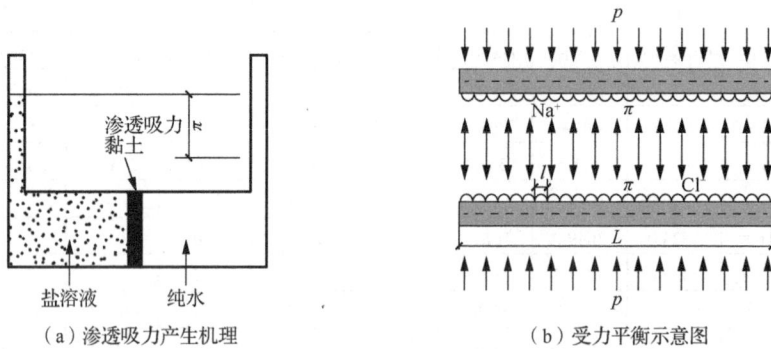

（a）渗透吸力产生机理　　　　　　　　（b）受力平衡示意图

图 4-10　渗透吸力产生的有效应力示意图

对于多组分盐溶液，综合考虑各组分的渗透吸力和竖向应力（p）共同作用，盐溶液中膨胀土的广义有效应力公式表示为

$$p^e = p + \sum_i \left[\pi_i \left(\frac{p}{\pi_i}\right)^{D_s-2} \right] \tag{4-49}$$

式中，p 为竖向应力；π_i 为盐溶液中组分 i 的渗透吸力。定义广义有效应力的目的是区别于饱和土的有效应力概念。盐溶液中膨胀土的吸附方程为

$$\frac{V_w}{V_m} = k(p^e)^{D_s-3} \tag{4-50}$$

选取 3 种盐溶液（NaCl 溶液、Na_2SO_4 溶液和 $CaCl_2$ 溶液）、5 种浓度（0mol/L、0.1mol/L、0.5mol/L、1mol/L 和 2mol/L），土样厚度为 10mm，直径为 37mm。根据氮等温吸附试验，商用膨胀土的表面分维为 2.64（图 4-11）。盐溶液中膨胀土吸附水体积与蒙脱石体积之比为

$$\frac{V_{\text{w}}}{V_{\text{m}}} = \left(\frac{H_1}{H_0} - \frac{\rho_{\text{d}}}{G_{\text{s}}} \right) \frac{G_{\text{s}}}{C_{\text{m}}\rho_{\text{d}}} \quad\quad (4\text{-}51)$$

式中，H_0 和 H_1 分别为土样的初始厚度和膨胀后的厚度；G_{s} 为膨胀土的相对密度；C_{m} 为蒙脱石含量；ρ_{d} 为干密度。计算广义有效应力时，竖向应力 p 等于水柱的重力，表面分维取 2.64。盐溶液中膨胀土吸附水体积与蒙脱石体积之比与广义有效应力的关系如图 4-12 所示，图中 $e_{\text{m}} = V_{\text{w}} / V_{\text{m}}$。盐溶液中膨胀土吸附水体积与广义有效应力的关系满足式（4-50）。

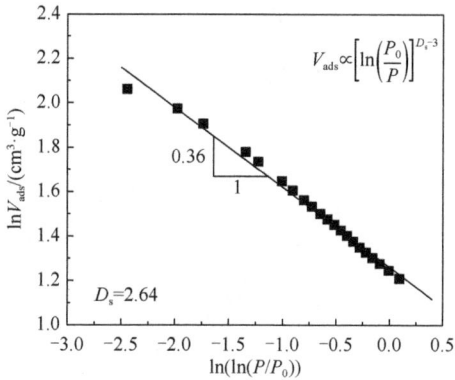

图 4-11　商用膨胀土的表面分维

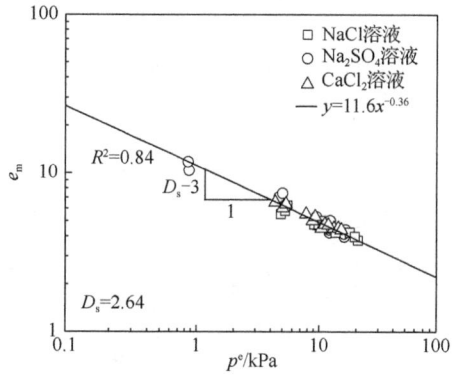

图 4-12　盐溶液中膨胀土吸附水体积与蒙脱石体积之比与广义有效应力的关系

为了验证广义有效应力，收集已有盐溶液中膨胀土的膨胀变形试验数据进行验证。膨胀土的表面分维根据纯水中的 $V_{\text{w}}/V_{\text{m}}$-$p$ 关系计算，由表面分维和渗透吸力计算广义有效应力 p^{e}，预测 e_{m}-p^{e} 关系。高纳、怀俄明、蓬扎和比萨恰膨胀土在纯水和 NaCl 溶液中的膨胀变形数据分别引自 Mesri 和 Olson（1971）、Studds 等（1998）、Di Maio 等（2004）和 Calvello 等（2005）。利用膨胀土在纯水中的膨胀变形数据，根据式（4-43）计算膨胀土的表面分维如图 4-13 所示。高纳、怀俄明、蓬扎和比萨恰膨胀土的表面分维列于表 4-2 中。采用膨胀土的表面分维和 NaCl 溶液的渗透吸力，计算不同浓度 NaCl 溶液中膨胀土的广义有效应力。盐溶液中膨胀土的孔隙水吸附方程的预测结果与试验数据比较如图 4-14 所示。图 4-13（d）、图 4-14（d）中 C_{m} 为膨胀土中蒙脱石的含量。盐溶液中膨胀土的孔隙水吸附方程的预测结果与试验数据一致。

表 4-2　膨胀土的表面分维

膨胀土	D_{s}	k	数据来源
高纳	2.44	165	Mesri 和 Olson（1971）
怀俄明	2.56	19.5	Studds 等（1998）
蓬扎	2.55	39	Di Maio 等（2004）
比萨恰	2.67	8.9	Calvello 等（2005）

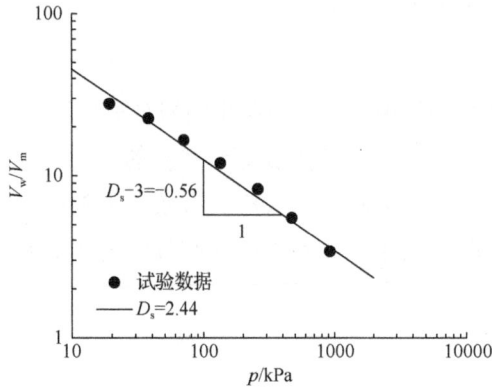

（a）数据引自Mesri和Olson（1971）　　　　　（b）数据引自Studds等（1998）

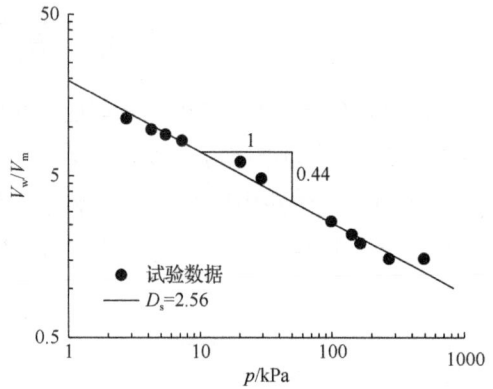

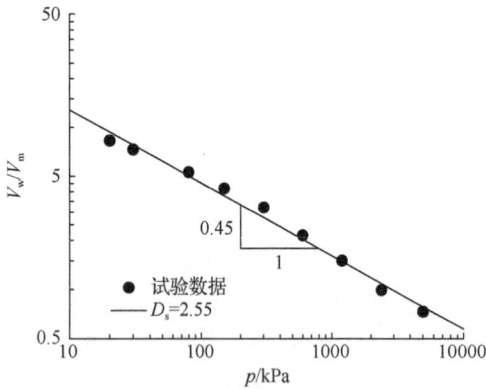

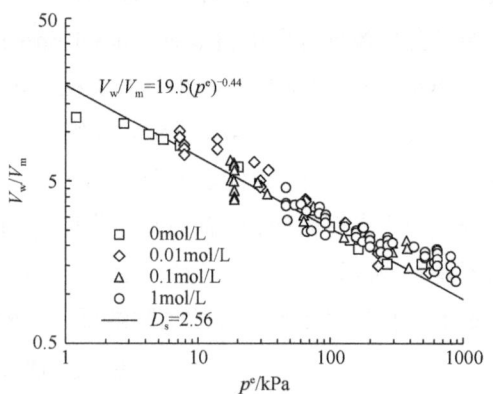

（c）数据引自Di Maio等（2004）　　　　　（d）数据引自Calvello等（2005）

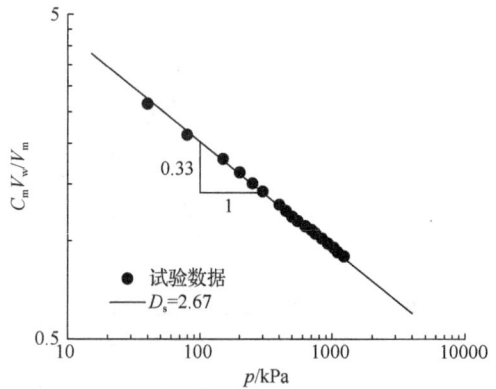

图 4-13　膨胀土的表面分维

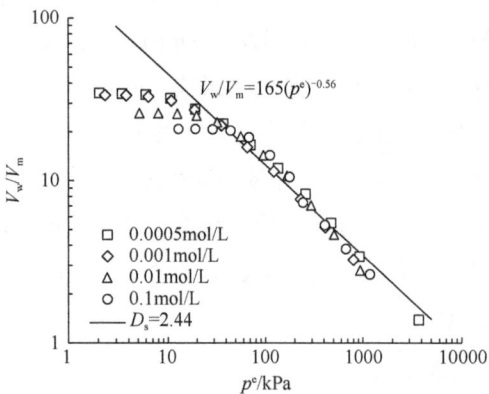

（a）数据引自Mesri和Olson（1971）　　　　　（b）数据引自Studds等（1998）

图 4-14　吸附方程的预测结果与试验数据比较

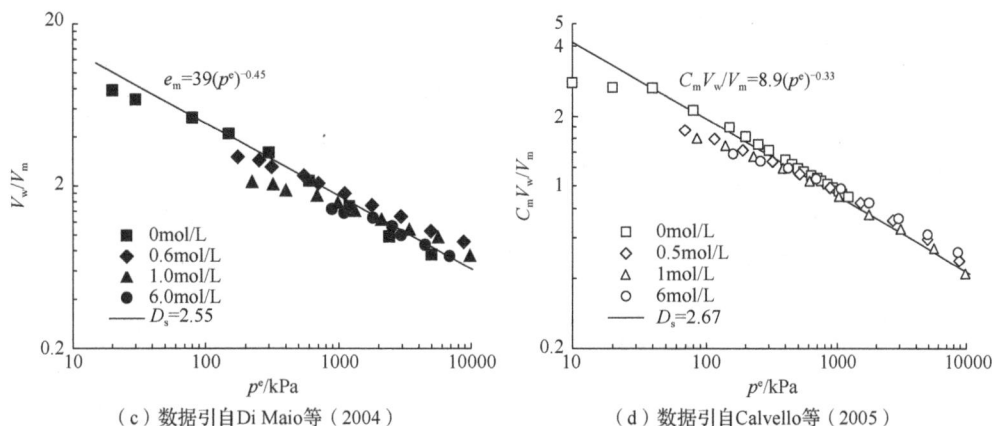

（c）数据引自 Di Maio 等（2004）　　　　（d）数据引自 Calvello 等（2005）

图 4-14（续）

3. 膨胀变形理论

膨胀力定义为膨胀变形等于 0 时的竖向应力，即

$$p_s = p\big|_{\varepsilon_s=0} = \frac{1}{K}\left(\frac{G_s}{\rho_d}\right)^{\frac{1}{D_s-3}} \tag{4-52}$$

由孔隙水吸附方程得到的膨胀力表达式为

$$p_s + \sum_i\left[\pi_i\left(\frac{p_s}{\pi_i}\right)^{D_s-2}\right] = \left[C_m K\left(\frac{G_s}{\rho_d}-1\right)\right]^{\frac{1}{D_s-3}} \tag{4-53}$$

膨胀变形定义为

$$\varepsilon_s = \frac{V_w}{V_0} \times 100\% \tag{4-54}$$

式中，V_0 为土样的初始体积。由孔隙水吸附方程得到膨胀变形公式为

$$\varepsilon_s = C_m K \frac{G_s}{\rho_d}\left\{p + \sum_i\left[\pi_i\left(\frac{p}{\pi_i}\right)^{D_s-2}\right]\right\}^{D_s-3} + \frac{G_s}{\rho_d} - 1 \tag{4-55}$$

1）膨胀力特性

膨胀土的膨胀力随压实干密度的变化特性如图 4-15 所示。图 4-15（a）表示了不同渗透吸力盐溶液中膨胀力随干密度的变化特性，图 4-15（b）表示了表面特性不同的膨胀土的膨胀力随干密度的变化特性。表面分维相同的膨胀土，在不同渗透吸力盐溶液中的膨胀力随干密度的变化规律基本相同，只是数值相差较大。在渗透吸力越大的盐溶液中，膨胀力越小，表明渗透吸力类似于竖向应力，抵消了膨胀土的部分膨胀力，导致膨胀力减小。在渗透吸力相同的盐溶液中，膨胀力随干密度增加而增大，变化趋势差别很大。对于表面分维为 2.0 的膨胀土，干密度的微小增加，都会导致膨胀力的急剧增大。随着表面分维增加，膨胀力随干密度增加的趋势减缓。黏土矿物表面分维越大，吸附水能力越强，吸附水大部分蓄在孔隙内，导致膨胀力随干密度增加的趋势减缓。干密度接近膨胀土比重时，膨胀力的计算精度很差，干密度的微小变化，都可能引起膨胀变形和膨胀

力数量级的变化。

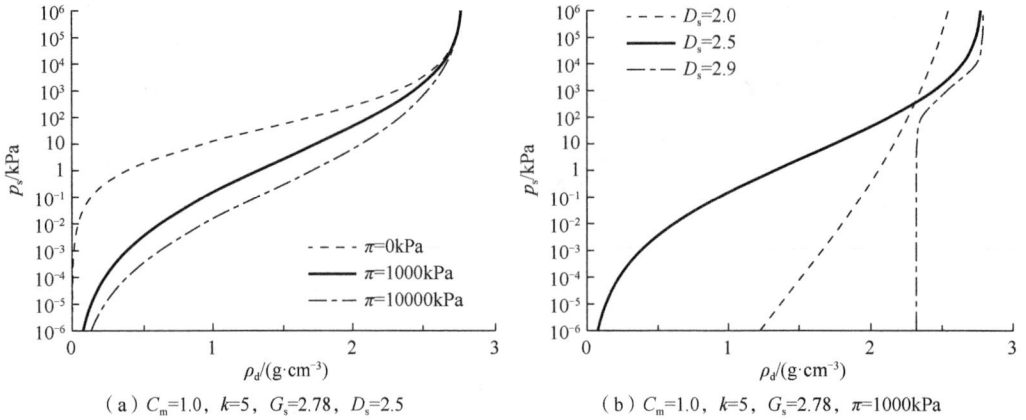

（a）C_m=1.0, k=5, G_s=2.78, D_s=2.5　　　　　（b）C_m=1.0, k=5, G_s=2.78, π=1000kPa

图 4-15　膨胀力随干密度的变化特性

膨胀力与渗透吸力的关系如图 4-16 所示，膨胀力随渗透吸力增加呈幂函数减小：

$$p_s \propto \pi^{-f(D_s)}$$

（4-56）

幂函数的指数是表面分维的函数，随着表面分维增加，幂函数的指数减小。

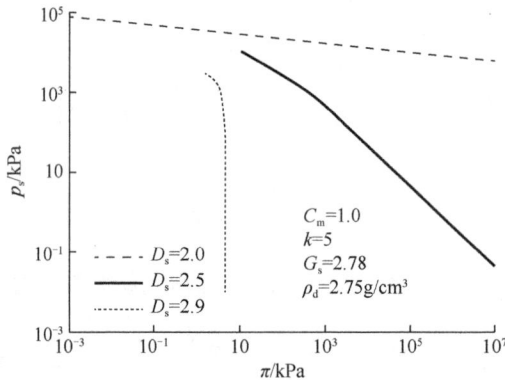

图 4-16　膨胀力与渗透吸力的关系

2）膨胀变形特性

膨胀土的膨胀变形随竖向应力的变化规律如图 4-17 所示。图 4-17（a）表示了不同渗透吸力盐溶液中膨胀变形随竖向应力的变化规律，图 4-17（b）表示了表面特性不同的膨胀土在盐溶液中的膨胀变形随竖向应力的变化规律。表面分维相同的膨胀土，在不同渗透吸力的盐溶液中膨胀变形随竖向应力的变化规律基本相同，膨胀变形随竖向应力增加而减小。渗透吸力越大，膨胀变形越小，渗透吸力相当于附加的竖向应力，减小了膨胀土的膨胀变形。在渗透吸力相同的盐溶液中，膨胀土的膨胀变形随竖向应力的变化规律不同。对于表面分维为 2.0 的膨胀土，无论竖向应力的大小，膨胀变形的数值很小。表面分维为 2.0 时，黏土矿物颗粒是光滑的平板，膨胀土吸附水的能力很小，膨胀变形很小。随着表面分维增加，膨胀变形增加。

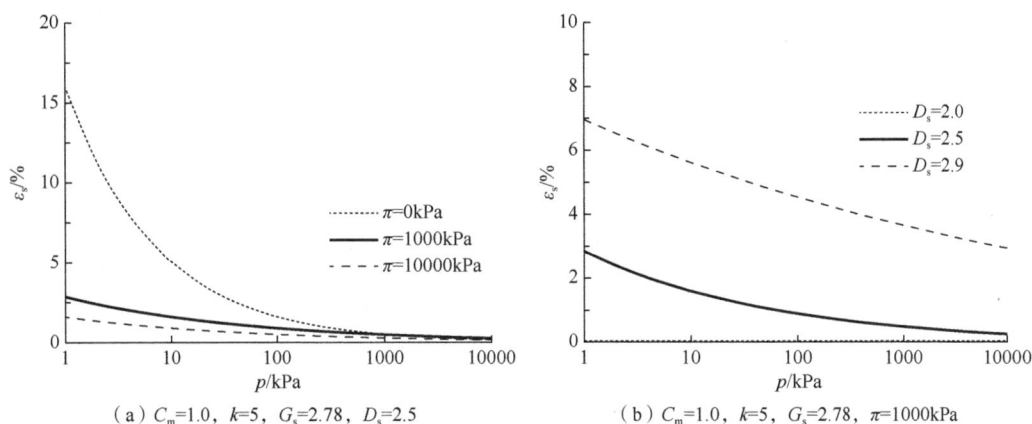

（a）$C_m=1.0$，$k=5$，$G_s=2.78$，$D_s=2.5$　　　　　　（b）$C_m=1.0$，$k=5$，$G_s=2.78$，$\pi=1000kPa$

图 4-17　膨胀变形随竖向应力的变化规律

4.2　收　缩　变　形

4.2.1　收缩变形试验

膨胀土的收缩特性曲线（soil shrinkage characteristic curve，SSCC）是指干燥过程中膨胀土的孔隙体积（孔隙比，e）与孔隙水体积（体积含水量，θ）的关系曲线。膨胀土的收缩特性曲线如图 4-18 所示，含水量由大到小分为四个阶段：结构收缩、正常收缩、残余收缩和零收缩（Stirk，1954；Bronswijk，1991）。结构收缩阶段是干燥过程中，孔隙水体积减少，不至于引起孔隙体积变化，只发生在结构性强的原状膨胀土中；在正常收缩阶段，孔隙水体积减少引起等量的孔隙体积收缩，此时团粒内部孔隙处于饱和状态，直线 e-θ 的斜率等于 1；在残余收缩阶段，空气进入膨胀土孔隙，孔隙水体积的减少量大于孔隙体积的减少量；在零收缩阶段，孔隙水体积减少不会引起土体体积减少。在零收缩阶段，膨胀土的孔隙体积收缩为 0，含水量的减少是由吸附水体积减少引起的。

SSCC 的测量方法主要有：①岩芯法（Berndt and Coughlan，1976），直接用游标卡尺和电子天平分别测量土样的尺寸和重量，计算孔隙体积和孔隙水体积，适用于原状膨胀土；②气球法（Tariq and Durnford，1993a），如图 4-19 所示，土样烘干、敲碎，灌入气球中，通过进出气孔风干土样，根据气球内排出水的体积测量土样体积，用电子秤测量土样重量，计算土样的含水量；③蜡封法（Cornelis et al.，2006），用熔化的石蜡封闭土样，等石蜡凝固后放入水中，根据排出孔隙水的体积和石蜡体积，计算孔隙体积和含水量。SSCC 的三种试验方法的测试结果比较于图 4-20 中，与气球法和蜡封法相比，岩芯法严重偏离实际情况。Crescimanno 和 Provenzano（1999）归因于收缩是各向异性的，岩芯法是假设各向同性。另外，岩芯法取样过程中沿样品壁产生的剪切应力，引起颗粒重新排列，导致岩芯法测得的土体体积小。Tariq 和 Durnford（1993a）认为，原状土样中微小裂纹造成岩芯法测得的土体体积收缩量小。SSCC 的三种试验方法中，蜡封法是最优方法，只测量膨胀土块体的收缩变形，不受土体裂隙的影响，蜡封法既适用于原状土样，也适用于击实土样。

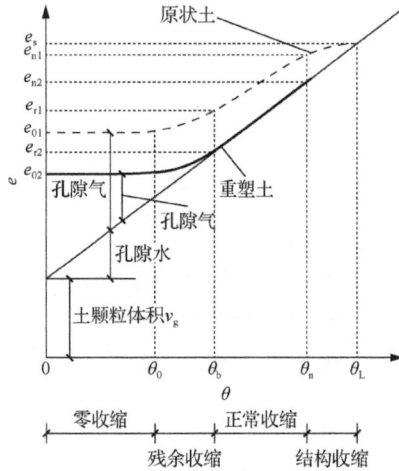

e_s——初始饱和状态原状土的孔隙比；e_{n1}——结构收缩结束时原状土的孔隙比；e_{n2}——结构收缩结束时重塑土的孔隙水占据的孔隙比；e_{r1}——正常收缩结束时原状土的孔隙比；e_{01}——零收缩阶段原状土的孔隙比；e_{r2}——正常收缩结束时重塑土的孔隙水占据的孔隙比；e_{02}——零收缩阶段重塑土的孔隙比；θ_0——残余收缩结束时的体积含水量；θ_b——正常收缩结束时的体积含水量；θ_n——结构收缩结束时的体积含水量；θ_L——初始饱和状态的体积含水量。

图 4-18 膨胀土的收缩特性曲线

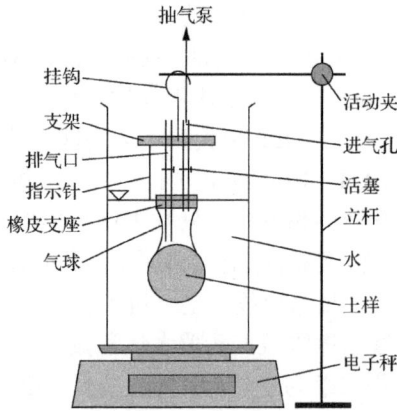

图 4-19 气球法示意图

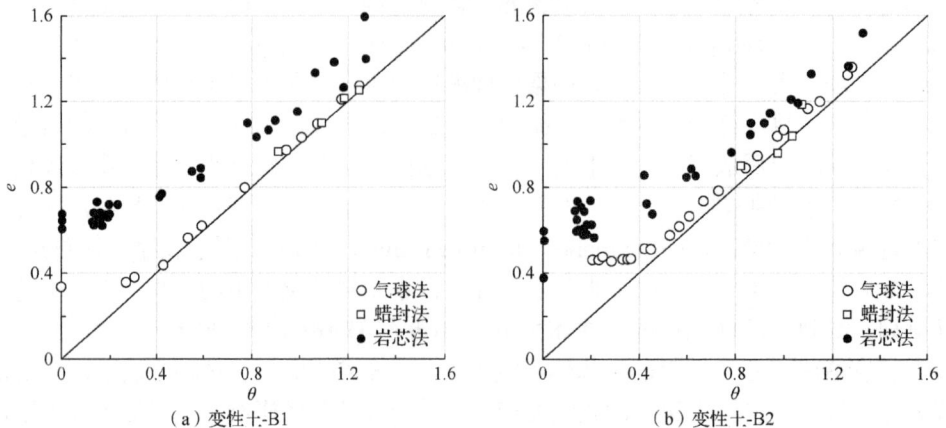

（a）变性土-B1   （b）变性土-B2

图 4-20 收缩特性曲线比较（Cornelis et al.，2006）

图 4-21 表示了击实含水量对膨胀土体缩率的影响，在最优含水量处，膨胀土的体缩率最小。随着含水量与最优含水量之间的差值增加，膨胀土的体缩率增大，含水量大于最优含水量一侧，体缩率更大。塑性指数对膨胀土体缩率的影响表示在图 4-22 中，塑性指数越大，膨胀土的体缩率越大。塑性指数越大，膨胀土的亲水性越强，膨胀土的最优含水量越大，最大干密度越小，对应的体缩率越大。

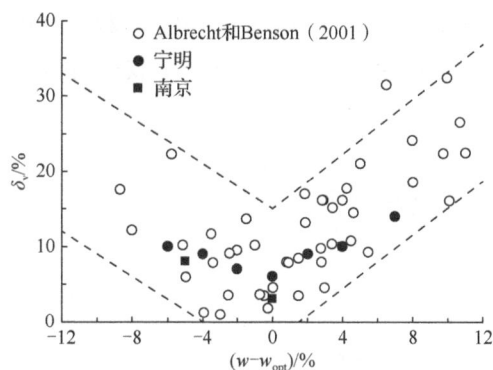

图 4-21　击实含水量对体积收缩的影响　　图 4-22　塑性指数对体积收缩的影响（$w>w_{\text{opt}}+2\%$）

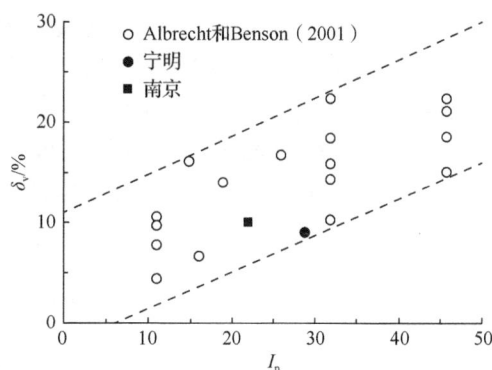

4.2.2　收缩特性曲线方程

膨胀土的收缩特性曲线方程用孔隙比（e）与体积含水量（θ）表示，体积含水量与质量含水量（w）的关系为 $\theta=w(\rho_s/\rho_w)$，ρ_s 为土粒密度，ρ_w 为水的密度。孔隙比由土体密度（ρ_b）计算，$e=(\rho_s/\rho_b)-1$。

当前，膨胀土收缩特性曲线的数学表述主要有两类方法，一类方法是将收缩特性曲线进行分区，采用分段线性方程拟合收缩特性曲线，建立膨胀土收缩特性曲线的数学表达式。这类方法的参数多，收缩特性曲线分区的分界线很难确定；另一类是通过对收缩特性曲线拟合，用拟合曲线公式表示。这类收缩特性曲线方程的参数物理意义不明确，无法反映膨胀土收缩的物理机理。收缩特性曲线的常见数学表达式主要有以下几种。

1）二阶双曲线模型（Olsen and Haugen，1998）

Olsen 和 Haugen（1998）提出用二阶双曲线方程的正解表示由零收缩阶段到正常收缩阶段的 SSCC、负解表示由正常收缩阶段到结构收缩阶段的 SSCC：

$$
\begin{cases}
e=\dfrac{\kappa\theta+e_0+\sqrt{(\kappa\theta+e_0)^2-4e_0(1-\eta)\theta}}{2} & \theta\leqslant\theta_t \\
e=\Delta(\theta_t)+\dfrac{\kappa\theta+\varepsilon+\sqrt{(\kappa\theta+\varepsilon)^2-4\varepsilon(1-\lambda)\theta}}{2} & \theta>\theta_t
\end{cases}
\tag{4-57}
$$

式中，η 为残余收缩与正常收缩转化阶段的曲率；κ 为饱和线的斜率；λ 为正常收缩与结构收缩转化阶段的曲率；ε 为与上渐近线有关的系数；θ_t 为 SSCC 两个域连接处的阈值含水量。

2）三段直线模型（McGarry and Malafant，1987）

McGarry 和 Malafant（1987）提出用三段直线分别表示残余收缩、正常收缩和结构收缩阶段的 SSCC：

$$\begin{cases} e = e_0 + \dfrac{\theta}{\theta_b}(\theta_b - e_0 + e_n) & 0 < \theta < \theta_b \\[2mm] e = e_n + \theta & \theta_b < \theta < \theta_c \\[2mm] e = e_s + \dfrac{\theta}{\theta_c}(\theta_c - e_s + e_n) & \theta_c < \theta < \theta_d \end{cases} \qquad (4\text{-}58)$$

式中，θ_b 为与进气值对应的体积含水量；θ_c 为胀限含水量，与图 4-19 中的 θ_n 对应；θ_d 为最大含水量；e_0 为含水量为 0 时的孔隙比，e_n 为恒定孔隙比，在正常收缩阶段，$e_n = e - \theta$；e_s 为结构收缩曲线的截距。

3）修正模型（Chertkov，2000，2003）

Chertkov（2000，2003）提出了膨胀土收缩特性曲线的修正模型：

$$\begin{cases} e = e_0 & 0 < \theta < \theta_a \\[2mm] e = e_0 + \lambda(\theta - \theta_a)^2 \dfrac{\rho_w{}^2}{\rho_s} & \theta_a < \theta < \theta_b \\[2mm] e = \theta & \theta_b < \theta < \theta_L \end{cases} \qquad (4\text{-}59)$$

式中，λ 为模型参数；θ_a 为无收缩变形的最小体积含水量；θ_L 为液限体积含水量。

4）四阶段多项式模型（Tariq and Durnford，1993b）

Tariq 和 Durnford（1993b）提出了 SSCC 的指数和线性双函数模型：

$$\begin{cases} e = e_0 & 0 < \theta < \theta_a \\[1mm] e = A_0 + A_1\theta + A_2\theta^2 + A_3\theta^3 & \theta_a < \theta < \theta_b \\[1mm] e = e_b - \theta_b + \theta & \theta_b < \theta < \theta_c \\[1mm] e = \theta_0 + C_1\theta + C_2\theta^2 & \theta_c < \theta < \theta_s \end{cases} \qquad (4\text{-}60)$$

式中，$A_0 = e_0 + a\theta_a{}^2/2 + b\theta_a{}^3/3$；$A_1 = -a\theta_a - b\theta_b{}^2/2$；$A_2 = a/2$；$A_3 = b/6$；$C_1 = 1 - a\theta_c$；$C_2 = a/2$；$a = 1/(\theta_b - \theta_a) - b(\theta_b + \theta_a)/2$；$b = 6/(\theta_b - \theta_a)^2 - 12(e_b - e_a)/(\theta_b + \theta_a)^3$；$e_a$ 为与 θ_c 对应的孔隙比；e_b 为与进气值对应的孔隙比。

5）五阶段指数函数模型（Braudeau et al.，1999）

Braudeau 等（1999）将结构收缩阶段曲线分成直线和曲线两段，提出了包含 7 个参数的五阶段指数函数模型：

$$\begin{cases} e = e_a + (e - e_0)\theta_{oa} & 0 < \theta < \theta_a \\[2mm] e = e_a + (e_b - e_a)\dfrac{K_{bc}(e^{\theta_{ab}} - \theta_{ab} - 1) + K_{oa}(m\theta_{ab} - e^{\theta_{ab}} + 1)}{nK_{bc} + K_{oa}} & \theta_a < \theta < \theta_b \\[2mm] e = e_b + (e_c - e_b)\theta_{bc} & \theta_b < \theta < \theta_c \\[2mm] e = e_d + (e_c - e_d)\dfrac{K_{bc}(e^{\theta_{cd}} - \theta_{cd} - 1) + K_{ds}(m\theta_{cd} - e^{\theta_{cd}} + 1)}{nK_{bc} + K_{ds}} & \theta_c < \theta < \theta_d \\[2mm] e = e_d + (e_s - e_d)\theta_{ds} & \theta_d < \theta < \theta_s \end{cases} \qquad (4\text{-}61)$$

式中，θ_a、θ_b、θ_c、θ_d、θ_s 含义同上；e_a、e_b、e_c、e_d、e_s 分别为对应的孔隙比；$\theta_{ij} = \dfrac{\theta - \theta_i}{\theta_j - \theta_i}$

$(i, j=0, a, b, c, d, s; \ i \neq j)$；$K_{oa} = \dfrac{e_a - e_0}{\theta_a}$；$K_{bc} = \dfrac{e_b - e_c}{\theta_b - \theta_c}$；$K_{ds} = \dfrac{e_d - e_s}{\theta_d - \theta_s}$，$m=2.172$，$n=0.718$。

6）三次多项式模型（Giráldez et al.，1983）

Giráldez 和 Sposito（1983）及 Giráldez 等（1983）给出 SSCC 表达式，采用体积含水量（θ）的三次多项式表示膨胀土的孔隙比（e）：

$$e = A\kappa\theta_b + B\frac{\kappa}{\theta_b}\theta^2 + C\frac{\kappa}{\theta_b^2}\theta^3 \tag{4-62}$$

式中，A、B 和 C 为拟合参数，$A=0.743$，$B=0.230$，$C=0.0267$；κ 为饱和线的斜率；θ_b 为与进气值对应的体积含水量。该模型适用于正常收缩、残余收缩和零收缩阶段，只有两个参数，κ 和 θ_b。

7）逻辑回归模型（McGarry and Malafant，1987）

基于 SSCC 呈"S"形状，McGarry 和 Malafant（1987）提出了四参数的逻辑回归模型：

$$e = e_0 + \frac{e_s - e_0}{1 + e^{-\beta(\theta - \theta_i)}} \tag{4-63}$$

式中，e_s 为饱和状态的孔隙比；e_0 为烘干土样（含水量等于 0）的孔隙比；β 为与进气值有关的斜率；θ_i 为拐点的体积含水量。逻辑回归模型能同时描述 SSCC 的四个阶段：结构收缩、正常收缩、残余收缩和零收缩。

8）指数和线性双函数模型（Kim et al.，1992）

Kim 等（1992）提出了 SSCC 的指数和线性双函数模型：

$$e = e_0 e^{-\beta\theta} + \kappa\theta \tag{4-64}$$

指数和线性双函数模型中有三个参数，不包含结构收缩阶段，用线性函数表示正常收缩阶段的 SSCC，用负相关指数函数表示残余收缩和零收缩阶段的 SSCC。

9）简化模型（Groenevelt and Grant，2001，2002；Cornelis et al.，2006）

Groenevelt 和 Bolt（1972）提出了压力（p）作用下膨胀土的收缩特性曲线方程：

$$\theta(e) = \left[\frac{k_2(e^\zeta p - k_1)}{k_2 p + \ln\left(\dfrac{e - e_b}{k_3} + e^{-k_1 k_2 e_b^{-\zeta}}\right)}\right]^{\frac{1}{\zeta}} \tag{4-65}$$

式中，k_1、k_2、k_3 和 ζ 为模型参数。在没有外加压力的情况下，$p=0$，令 $k_0 = k_1 k_2$，膨胀土收缩特性曲线的简化方程（Groenevelt and Grant，2001，2002；Cornelis et al.，2006）为

$$e = e_b + \xi\left(e^{-\frac{k_0}{\theta^\zeta}} - e^{-\frac{k_0}{e_b^\zeta}}\right) \tag{4-66}$$

式中，ξ 和 ζ 为模型参数。Cornelis 等（2006）进一步将 SSCC 简化为

$$e = e_0 + \xi \cdot e^{\frac{-k_0}{\theta^\zeta}} \tag{4-67}$$

当 $\theta=0$ 时，$e=e_0$。

10）修正 V-G 模型（Peng and Horn，2005）

Peng 和 Horn（2005）根据非饱和土的土-水特征曲线（SWCC）的 V-G 模型（Van

Genuchten，1980）提出了膨胀土的收缩特性曲线方程：

$$
\begin{cases}
e = e_0 & \theta = 0 \\[2mm]
e = e_0 + \dfrac{e_s - e_0}{\left[1 + \left(\dfrac{\alpha\theta}{e_s - \theta}\right)^{-n}\right]^m} & 0 < \theta < \theta_s \\[4mm]
e = e_s & \theta = \theta_s
\end{cases}
\tag{4-68}
$$

式中，α、m 和 n 为模型参数。

4.2.3　收缩特性曲线的分形模型

膨胀土失水收缩过程中，处于非饱和状态，收缩特性曲线与土-水特征曲线密切相关（Peng and Horn，2005；Boivin et al.，2006）。图 4-23 表示了南阳膨胀土的收缩特性曲线与土-水特征曲线的对比，在干燥收缩过程中，含水率小于进气值对应的含水率，膨胀土孔隙同时含有孔隙气和孔隙水，收缩体积取决于孔隙结构特性。

在膨胀土的收缩特性曲线和土-水特征曲线图（图 4-24）中，膨胀土的孔隙水一般有三种分布形态（Xu，2004a）：①自由水，指饱和土的孔隙水，可以自由流动；②毛细水，在颗粒间的孔隙中以弯液面的形式存在，产生基质吸力；③吸附水，被膨胀土黏土颗粒紧紧吸附，与土颗粒一起变形。Xu（2004a）假设小于残余含水量（θ_r）的孔隙水被土颗粒吸附，为吸附水，构成土颗粒的一部分，通过定义新参量，相对含水量 $\varLambda = \theta - \theta_r$，基于孔隙表面的分形模型提出了土-水特征曲线方程：

$$
S_e = \frac{\theta - \theta_r}{\theta_s - \theta_r} = \left(\frac{\psi}{\psi_e}\right)^{D-3}
\tag{4-69}
$$

式中，S_e 为有效饱和度；ψ 和 ψ_e 分别为基质吸力和非饱和土的进气值；D 为孔隙表面分维。

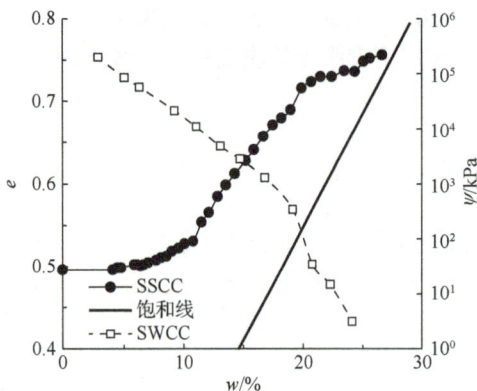

图 4-23　南阳膨胀土的 SSCC 与 SWCC 对比　　　　图 4-24　膨胀土的 SSCC 与 SWCC

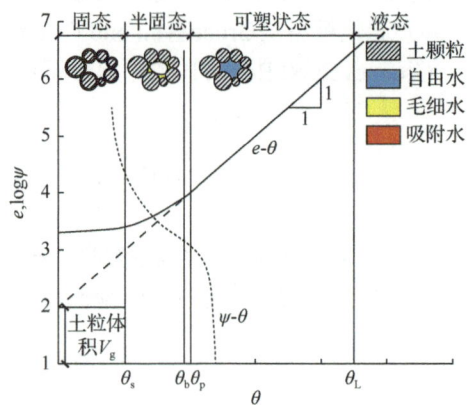

对于膨胀土单元，产生收缩变形后，单元尺寸由 L_0 收缩到 L（图 4-25），根据多孔介质的分形理论，土单元的体积与尺寸的关系为

$$
V \propto L^{D_b}
\tag{4-70}
$$

式中，V 为膨胀土单元收缩后的体积；D_b 为土块体分维。萨里德黏土收缩后的体积与高

度的相关关系如图 4-26 所示（Chertkov et al.，2004），其中 $G_s = 2.70$ ， $w_L = 89\%$ 。收缩后的体积与高度的相关关系满足式（4-70），在 log-log 坐标中的直线斜率为块体分维。Cornelis 等（2006）给出了沃体索（Vertisol）黏土块体分维随含水量的变化规律（图 4-27），随着含水量增加，膨胀土块体分维减小，裂隙发育差。

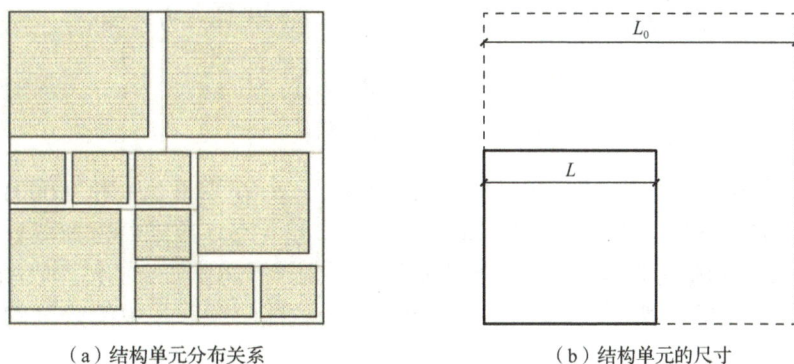

（a）结构单元分布关系 （b）结构单元的尺寸

图 4-25 膨胀土单元收缩示意图

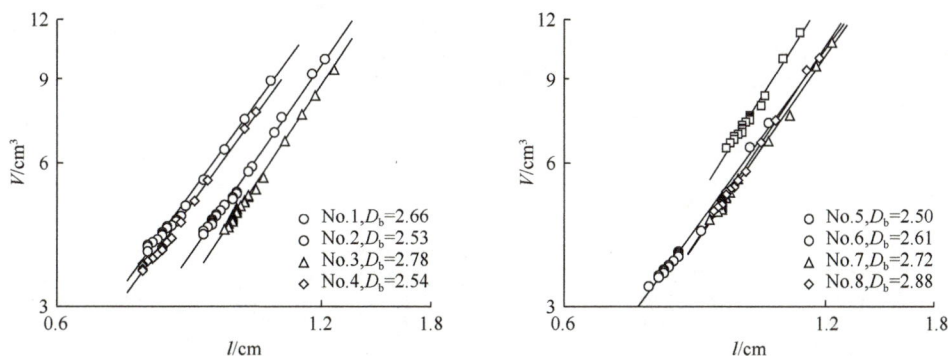

图 4-26 萨里德黏土收缩后的体积与高度的相关关系（Chertkov et al.，2004）

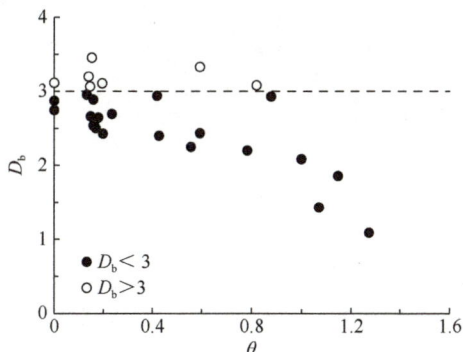

图 4-27 膨胀土块体分维随含水量的变化规律（Cornelis et al.，2006）

膨胀土收缩后的体积与初始条件下的体积之比表示为

$$\frac{V}{V_0} = \frac{1+e}{1+e_{sat}} = \left(\frac{L}{L_0}\right)^{D_b} = (1-\varepsilon)^{D_b} \tag{4-71}$$

式中，e 和 e_{sat} 分别为收缩后土体的孔隙比和饱和土的孔隙比；ε 为膨胀土的线缩率，$\varepsilon = (L_0 - L) / L_0$。基质吸力作用下膨胀土的收缩变形为

$$\varepsilon = \frac{\Delta L}{L_0} = \frac{\psi}{H} \tag{4-72}$$

式中，H 为与基质吸力对应的弹性模量。膨胀土收缩特性曲线方程为

$$\frac{1+e}{1+e_{sat}} = \left[1 - \frac{\psi_e}{H} \left(\frac{\theta - \theta_r}{\theta_s - \theta_r} \right)^{\frac{1}{D-3}} \right]^{D_b} \tag{4-73}$$

膨胀土孔隙表面分维（D）分别为 2.5 和 2.8，ψ_e/H 取 0.001 和 0.0001，膨胀土块体分维（D_b）取 2.5 和 2.8，$\theta_s = 0.6$，$\theta_r = 0.2$，$e_{sat} = 1.5$，收缩特性曲线计算结果如图 4-28 所示。膨胀土收缩特性曲线分形模型只适用于计算膨胀土的结构收缩阶段和正常收缩阶段的收缩特性曲线，不适用于计算残余收缩阶段和零收缩阶段的收缩特性曲线。

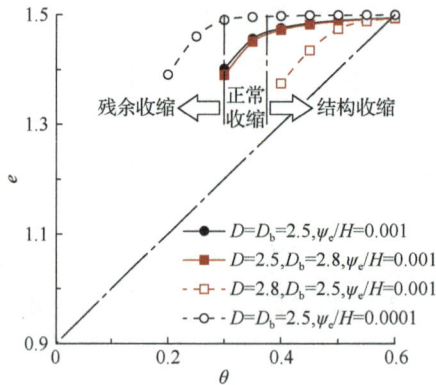

图 4-28　膨胀土收缩特性曲线的分形模型

5 膨胀土的裂隙特性

5.1 裂隙发育机理

膨胀土的工程地质特性受气候变化影响敏感,膨胀土吸水膨胀、失水收缩,导致裂隙发育,常被称为"裂土(fissured clay)"(陈孚华,1979;廖世文,1984)。殷宗泽等(2012,2018)明确指出:裂隙是引起膨胀土边坡失稳多变性的根本原因,只要解决了裂隙问题,与膨胀土滑坡灾害相关的各类问题就不再是问题了。

膨胀土的裂隙分为胀缩裂隙和非胀缩裂隙两类。胀缩裂隙是指由风化和干湿循环等气候变化而产生的裂隙,又被称为次生裂隙[图5-1(a)];非胀缩裂隙是指在成土过程中由于温度、湿度、不均匀胀缩效应等地质营力作用产生的裂隙,裂隙面呈蜡状光泽,多充填灰白色黏土,又被称为原生结构面[图5-1(b)]。程展林和龚壁卫(2015)根据南水北调中线南阳段渠道滑坡的现场调查结果,膨胀土边坡滑动面由非胀缩裂隙(原生结构面)和胀缩裂隙(次生裂隙)共同组成。

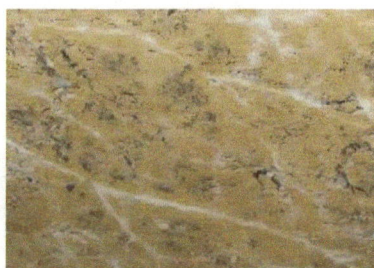

(a)胀缩裂隙(次生裂隙)　　　　　　　　(b)非胀缩裂隙(原生结构面)

图5-1　膨胀土的裂隙特性

膨胀土在干湿循环过程中,产生胀缩变形,当胀缩变形受到限制时,产生拉应力。拉应力是在干燥条件下由蒸发过程中产生的不均匀收缩变形引起的(Bronswijk,1988)。根据拉伸破坏模型,裂隙产生的判别准则是拉应力超过拉伸强度。殷宗泽等(2011,2012)进一步明确,膨胀土的高收缩性和低渗透性造就了膨胀土的裂隙性,如图5-2所示。由于膨胀土的低渗透性,上、下土层蒸发收缩时产生不均匀收缩,引起裂隙发育。膨胀土表面的单元体在蒸发过程中,竖向收缩是自由的、水平向收缩受到限制,在竖向面上产生拉应力。裂隙深度很小的情况下,自重引起的侧向压应力σ_x很小,可忽略不计。随着膨胀土的收缩变形增大,拉应力增加,当拉应力达到拉伸强度(σ_t)时产生裂隙。对于竖向的胀缩裂隙而言,拉应力是水平方向的,用σ_h表示。膨胀土胀缩裂隙的发育判据为

$$\sigma_h = \sigma_t \tag{5-1}$$

Abu-Hejleh和Znidarcic(1995)假设裂隙发育是由一维收缩变形引起的,提出了裂

隙发育条件是：水平向应力（σ_h）等于拉伸强度（σ_t）。

图 5-2　膨胀土裂隙发育与发展（殷宗泽等，2011，2012）

Konrad 和 Ayad（1997）展示了膨胀土胀缩裂隙发育过程（图 5-3）和应力状态（图 5-4）。如图 5-3（a）所示，水分通过膨胀土表面发生干燥蒸发，经过一段时间 t_1 的蒸发作用，在基质吸力引起的固结作用下，产生竖向沉降，但还没有出现侧限变形［图 5-3（b）］；随着干燥蒸发过程继续发展，水平向应力（σ_h）不断增加，竖向应力（σ_v）保持为 0。当水平向应力达到拉伸强度（σ_t）时，裂隙开始发育，如图 5-4 中的 F 点。在裂隙开始发育时，基质吸力达到极限值 ψ_{cr}［图 5-3（c）］；最终形成深度 d_c 固定、间距 a_c 固定的裂隙群［图 5-3（d）］。在膨胀土裂隙扩展过程中，土单元应力沿着 $\sigma_v=0$ 和 K_{0nc} 线变化，在水平向拉伸应力 σ_3 达到拉伸强度 σ_t 时（图 5-4 中的 F 点），裂隙发育。根据 K_0 系数的表达式，$K_0=1-\sin\varphi'$，裂隙发育时的基质吸力极限值（ψ_{cr}）为

$$\psi_{cr}=\frac{\sigma_t}{\sin\varphi'} \tag{5-2}$$

式中，φ' 为有效内摩擦角。

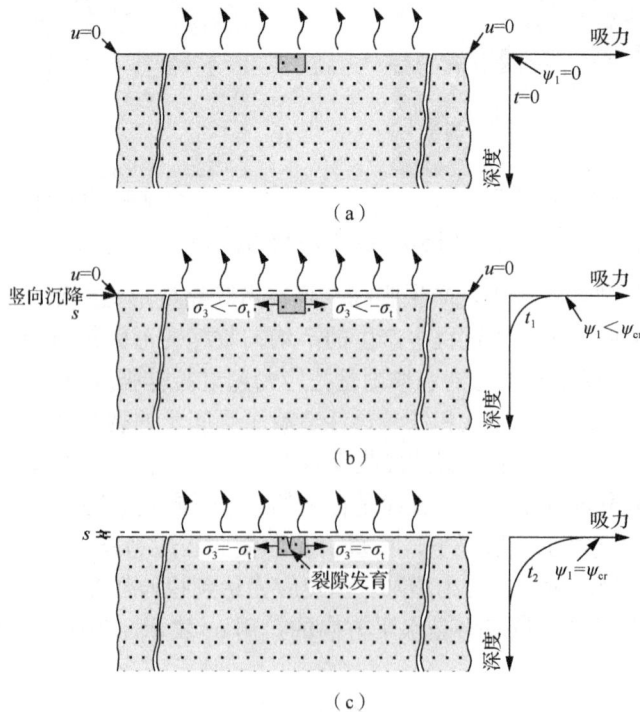

（a）

（b）

（c）

图 5-3　裂隙发育过程示意图（Konrad and Ayad，1997）

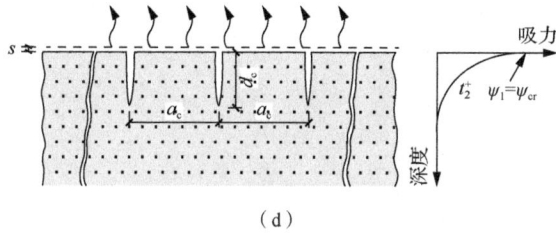

（d）

图 5-3（续）

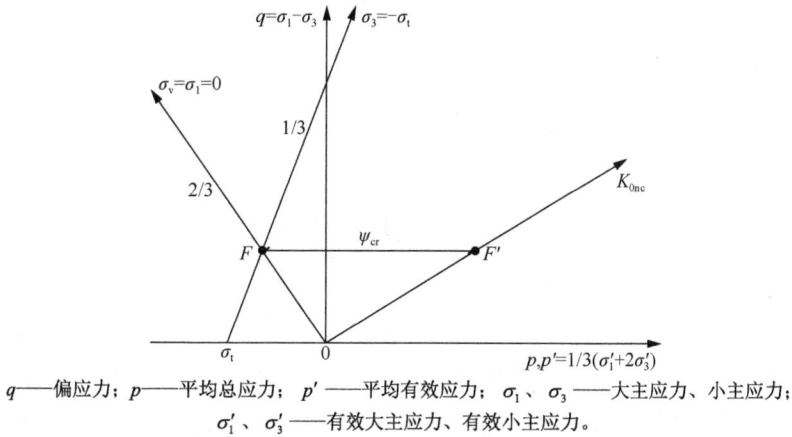

q——偏应力；p——平均总应力；p'——平均有效应力；σ_1、σ_3——大主应力、小主应力；
σ_1'、σ_3'——有效大主应力、有效小主应力。

图 5-4　膨胀土裂隙发育的应力状态（Konrad and Ayad，1997）

Li 和 Zhang（2011）假设 K_0 状态下的侧向变形为 0，裂隙发育条件为

$$\psi_{cr} = \beta\sigma_t \tag{5-3}$$

式中，β 为常数，$\beta = H / [E(1-\mu)]$，H 为与基质吸力对应的弹性模量，E 为用净应力（$\sigma - u_a$）表示的弹性模量，u_a 为孔隙气压，μ 为泊松比。Graham 和 Williams（1992）认为 E/H=1-2μ，系数 β 表示为

$$\beta = \frac{1}{(1-\mu)(1-2\mu)} \tag{5-4}$$

Trabelsi 等（2018）采用贝雅黏土研究拉伸强度与裂隙产生时的基质吸力极限值（ψ_{cr}）的关系。试样制作方法有两种：标准击实试样（用符号 CD 表示）和饱和泥浆干化固结重塑试样（用符号 SD 表示）。贝雅黏土的拉伸强度与基质吸力极限值的相关关系如图 5-5 所示，CD1 的干密度为 1.6g/cm³，CD2 的干密度为 1.5g/cm³。贝雅黏土的拉伸强度与裂隙产生时的基质吸力极限值呈线性正相关关系。

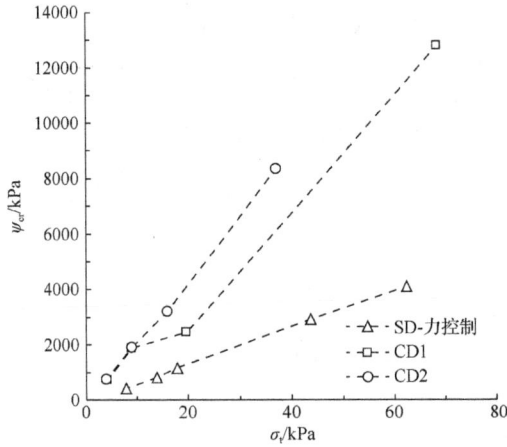

图 5-5　裂隙发育时的基质吸力极限值与拉伸强度的关系（Trabelsi et al.，2018）

5.2　胀缩裂隙发育规律

5.2.1　裂隙率

　　胀缩裂隙的裂隙率表示了裂隙的发育程度，包括裂隙数量和裂隙间距。Peron 等（2009）根据裂隙产生的能量守恒，提出了裂隙数量的计算方法。对于长为 L、宽为 l、高为 h 的土块，胀缩裂隙发育时刻的弹性应变为 ε_e，弹性应变能 U 为

$$U = \frac{ELhl\varepsilon_e}{2} \tag{5-5}$$

式中，E 为弹性模量。裂隙发育后的裂隙表面能 W_c 为

$$W_c = n_c(d_{cf} - d_{c0}) \cdot l \cdot G_c \tag{5-6}$$

式中，n_c 为裂隙数量；d_{cf} 为裂隙最终深度；d_{c0} 为裂隙初始深度；G_c 为断裂能量。假设 $d_{cf} = h$，$d_{c0} = 0$，根据 $W_c = U$ 计算裂隙数量：

$$n_c = \frac{E}{G_c} \frac{L(\varepsilon_e)^2}{2} \tag{5-7}$$

　　Ayad 等（1997）给出 G_c =0.35N/m、E=32MPa，Peron 等（2009）给出 ε_e =0.12%，用于计算胀缩裂隙数量。

　　Scott 等（1986）根据裂隙间距分布函数的实测曲线呈"S"形，提出裂隙间距分布函数的表达式：

$$F(a_c) = \int_0^{a_c} \frac{(\lambda y)^{\alpha-1}}{\Gamma(\alpha)} \exp(-\lambda y) \mathrm{d}y \tag{5-8}$$

式中，λ 为比例系数；$F(a_c)$ 为裂隙间距为 a_c 的裂隙累积分布函数；$\Gamma(\alpha)$ 函数表示为

$$\Gamma(\alpha) = \int_0^{\infty} y^{\alpha-1} \exp(-y) \mathrm{d}y \tag{5-9}$$

　　因此，裂隙间距的 Γ 分布［又称韦布尔（Weibull）分布］为

$$F(a_c) = 1 - \exp(-\lambda a_c)^{\alpha} \tag{5-10}$$

当 $\alpha = 1$ 时，裂隙间距的分布函数表示为指数形式分布：

$$F(a_c) = 1 - \exp(-\lambda a_c) \tag{5-11}$$

由于 $\alpha \leqslant 2$，裂隙间距分布用 Γ 分布和指数形式分布表示的结果是一样的。

5.2.2 裂隙尺寸

1）裂隙长度和宽度

膨胀土胀缩裂隙模式如图 5-6 所示，裂隙边长计算式（Costa et al.，2013）分别如下：

$$b_c = 2\frac{G_c E}{\sigma^2} \quad \text{（平行裂隙）} \tag{5-12a}$$

$$b_c = 4\frac{G_c E}{\sigma^2} \quad \text{（正方形裂隙）} \tag{5-12b}$$

$$b_c = 2.31\frac{G_c E}{\sigma^2} \quad \text{（六角形裂隙）} \tag{5-12c}$$

式中，G_c 为断裂能量；E 为弹性模量；σ 为拉应力。

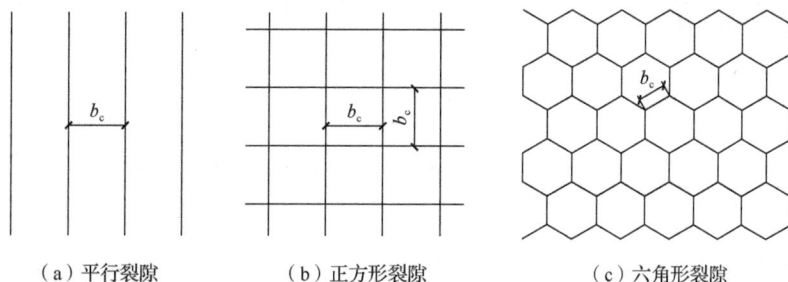

（a）平行裂隙　　　　　（b）正方形裂隙　　　　　（c）六角形裂隙

图 5-6　胀缩裂隙模式

2）裂隙深度

胀缩裂隙深度是指胀缩裂隙沿地表方向的扩展程度。针对各向同性理想弹性体，假设基质吸力从地表至地下水位处呈线性减小，由 ψ_0 减小到 0，裂隙发育前，$\sigma_x = \sigma_y \neq \sigma_z$（$\sigma_x$、$\sigma_y$、$\sigma_z$ 分别为 x、y、z 方向的应力），$\varepsilon_x = \varepsilon_y = 0$（$\varepsilon_x$、$\varepsilon_y$ 分别为 x、y 方向的应变），裂隙发育深度的计算式（Graham and Williams，1992）：

$$\frac{\sigma_x - u_a}{E} - \frac{2\mu(\sigma_x + \sigma_z - 2u_a)}{E} + \frac{u_a - u_w}{H} = 0 \tag{5-13}$$

$$\sigma_x - u_a = \frac{\mu}{1-\mu}(\sigma_z - u_a) + \frac{E}{H(1-\mu)}\psi \tag{5-14}$$

式中，ψ 为基质吸力，$\psi = u_a - u_w$，u_a、u_w 分别为孔隙气压和孔隙水压。根据裂隙发育判据式（5-1），裂隙发育的水平应力为

$$\sigma_x - u_a = \frac{\mu}{1-\mu}(\sigma_z - u_a) + \frac{E}{H(1-\mu)}\psi = \sigma_t \tag{5-15}$$

根据 $\sigma_z - u_a = \gamma z$，$\gamma$ 为容重，$E/H = 1-2\mu$，初始基质吸力为 ψ_0，裂隙发育深度为

$$z_c = \frac{1-2\mu}{\mu\gamma}\psi_0 + \frac{1-\mu}{\mu\gamma}\sigma_t \tag{5-16}$$

假设地下水位深度为 z_w，基质吸力随深度 z 变化表示为

$$\psi = \psi_0\left(1-\frac{z}{z_w}\right) \tag{5-17}$$

拉伸强度与基质吸力的关系（Graham and Williams，1992）为

$$\sigma_t = \alpha_T\psi \cdot \tan\varphi^b \cdot \cot\varphi' \tag{5-18}$$

式中，α_T 为折减系数；φ' 为有效内摩擦角；φ^b 为吸力摩擦角，$\tan\varphi^b = \left(\dfrac{\psi}{\psi_e}\right)^{D-3}\tan\varphi'$，一般情况下，$\psi \geqslant \psi_e$，$D-3 \leqslant 0$，所以，$\varphi^b \leqslant \varphi$，$\psi_e$ 为非饱和土的进气值。

胀缩裂隙发育深度为

$$z_c = \frac{\psi_0}{\psi_0/z_w + \beta_T} \tag{5-19}$$

式中，$\beta_T = \dfrac{\mu\gamma}{1-2\mu-(1-\mu)\alpha_T \cdot \tan\varphi^b \cdot \cot\varphi'}$。胀缩裂隙深度 z_w 为

$$A_c\left(1-\frac{z_c}{z_w}\right)^{D-2} + B_c\left(1-\frac{z_c}{z_w}\right) + C_c\left(1-\frac{z_c}{z_w}\right) - C_c = 0 \tag{5-20}$$

式中，$A_c = \alpha_T\psi_0^{D-2}\psi_e^{3-D}$；$B_c = -\psi_0(1-2\mu)/(1-\mu)$；$C_c = -z_w\mu\lambda/(1-\mu)$，$D$ 为孔隙分布分维。

5.2.3 裂隙的分维

1）盒维数

计算地表膨胀土胀缩裂隙分布的分维，把胀缩裂隙平面分布图置于均匀分割的网格上，计数覆盖裂隙平面分布图的最少格子数量，通过逐步精化网格，计数网格覆盖数目，计算胀缩裂隙分布的盒维数。假设格子边长为 l 时，平面裂隙分成 N 个格子，裂隙的盒维数为

$$D_b = \lim_{r\to0}\frac{\log N(l)}{\log(1/l)} \tag{5-21}$$

用尺寸为 l 的格子覆盖裂隙平面图，逐步减小格子尺寸，计算盒维数。在很多情况下使用方形格子计算 $N(l)$ 更简单，且方形格子数目与覆盖的裂隙数一致。

2）关联分维

设点序列 x_1，x_2，…，x_i，…，x_n 表示胀缩裂隙分布，用 $B_r(x_i)$ 表示以裂隙 x_i 为中心、半径为 r 的球形盒子，盒子 $B_r(x_i)$ 的概率测度为

$$P[B_r(x_i)] = \frac{1}{N-1}\sum_{j=1,i\neq j}^{n} H\left(r-\|x_i-x_j\|\right) \tag{5-22}$$

式中，|·| 为欧几里得范数；$H(x)$ 为赫维赛德阶跃函数：

$$H(x) = \begin{cases} 1 & x \geqslant 0 \\ 0 & x < 0 \end{cases} \tag{5-23}$$

关联积分表示为

$$C(r) = \frac{1}{N(N-1)} \sum_{i=1, i \neq j} \sum_{j=1}^{n} H\left(r - \|x_i - x_j\|\right) \tag{5-24}$$

关联维数（D_c）为

$$D_c = \lim_{r \to 0} \frac{\log C(r)}{\log r} \tag{5-25}$$

式中，$C(r)$ 为关联积分，含义为距离小于 r 的点对数目与总点数之比。关联维数（D_c）与分维的关系为

$$D_c = D_f - d_E \tag{5-26}$$

式中，D_c 为关联维数；D_f 为分维；d_E 为欧拉维数。

5.2.4 引江济淮膨胀土的裂隙特性

1）裂隙率

引江济淮膨胀土的自由膨胀率为 80%。试样直径分别为 14cm 和 17.5cm，高度分别为 8cm、10cm、12cm、14cm 和 16cm。采用风干的膨胀土样，配制膨胀土土样和石灰土样，土样的含水量和干密度分别为 23% 和 1.6g/cm³，石灰掺量为 4%，采用击样法分 3 层将土样放入容器内，逐层压实，直到顶面。

图 5-7 为膨胀土和掺石灰膨胀土试样在干湿循环风干后的裂隙开展情况。将制备好的膨胀土和掺石灰膨胀土试样放于同一间实验室，确保试验条件基本相同，测出室内温度和湿度，每日观察膨胀土和掺石灰膨胀土的变化情况；当膨胀土和掺石灰膨胀土尺寸基本保持稳定后浸水，浸水方式模拟自然降雨过程，连续喷水于试样之上，待试样表面的积水在 10min 内不再继续浸入试样内部时，停止喷水，将试样搁置 12h，然后采用灯光照射，照射时间控制为 6h，静置 6h 后，继续浸水，至此，完成一个干湿循环。经历不同的干湿循环次数以后，试样表面的裂隙清晰可见。经历第 1 次干湿循环后，发育分布均匀的裂隙呈网状。随着干湿循环次数增多，裂隙宽度逐渐增大，达到毫米级大小，同时伴有次生裂隙开展。

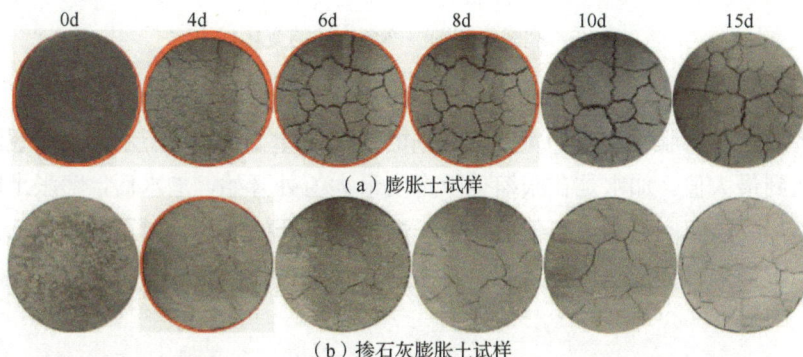

（a）膨胀土试样

（b）掺石灰膨胀土试样

图 5-7 膨胀土试样和掺石灰膨胀土试样的裂隙发育试验结果

膨胀土胀缩裂隙的裂隙率反映了裂隙发育程度，是裂隙面积占整个土样面积的百分比。经过图像处理，裂隙用黑色像素表示，土样用白色像素表示，裂隙率定义为

$$\delta_c = \frac{n_{bl}}{n_{bl} + n_{wh}} \times 100\% \qquad (5\text{-}27)$$

式中，δ_c 为裂隙率；n_{bl} 为黑色像素点数；n_{wh} 为白色像素点数。引江济淮膨胀土（样品编号为 No.2、No.3、No.4、No.5）的裂隙率随干湿循环次数的变化规律如图 5-8 所示。第一次干湿循环过程中，膨胀土胀缩裂隙发育变化显著，表现为裂隙率变化大。干燥过程中，裂隙率增加；浸湿过程中，裂隙率减小。经过四次干湿循环后，裂隙率基本不变。

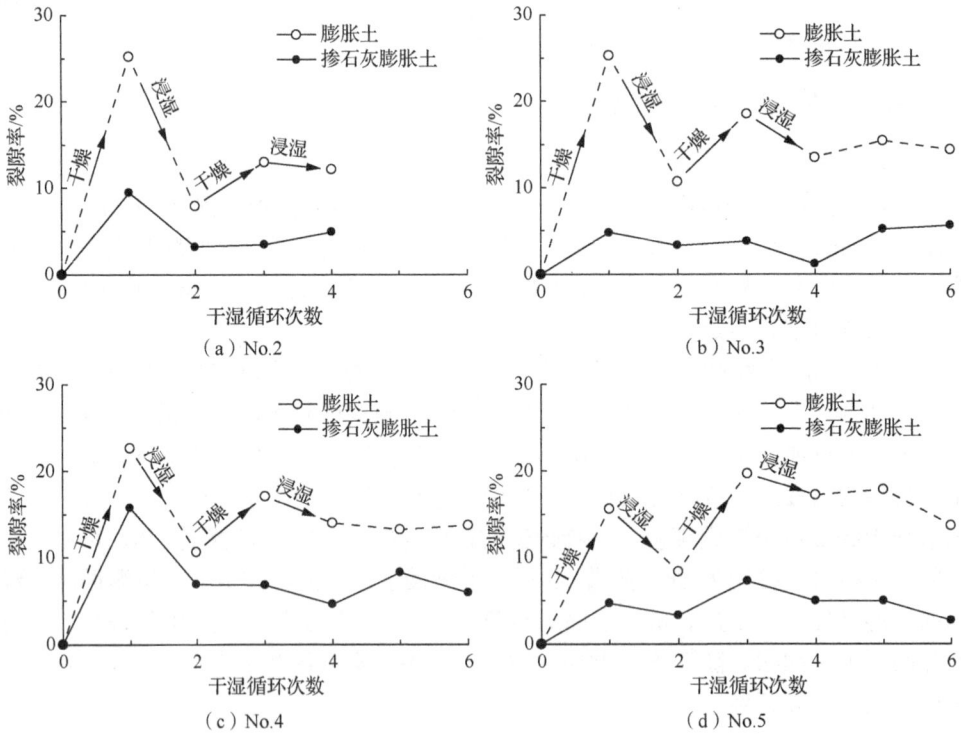

图 5-8　裂隙率随干湿循环次数的变化规律

2）裂隙宽度

引江济淮膨胀土胀缩裂隙的宽度随时间的变化规律如图 5-9 所示。胀缩裂隙的宽度在 3～7d 达到最大值。加水是在胀缩裂隙宽度最大值处开始，加水后，膨胀土的裂隙宽度开始减小，裂隙宽度达到最小值后，在干燥作用下开始增加，增至最大值后加水，进入下一个干湿循环，裂隙宽度进入下一次减小、增加的循环过程。

（a）高8cm

（b）高10cm

（c）高12cm

（d）高14cm

（e）高16cm

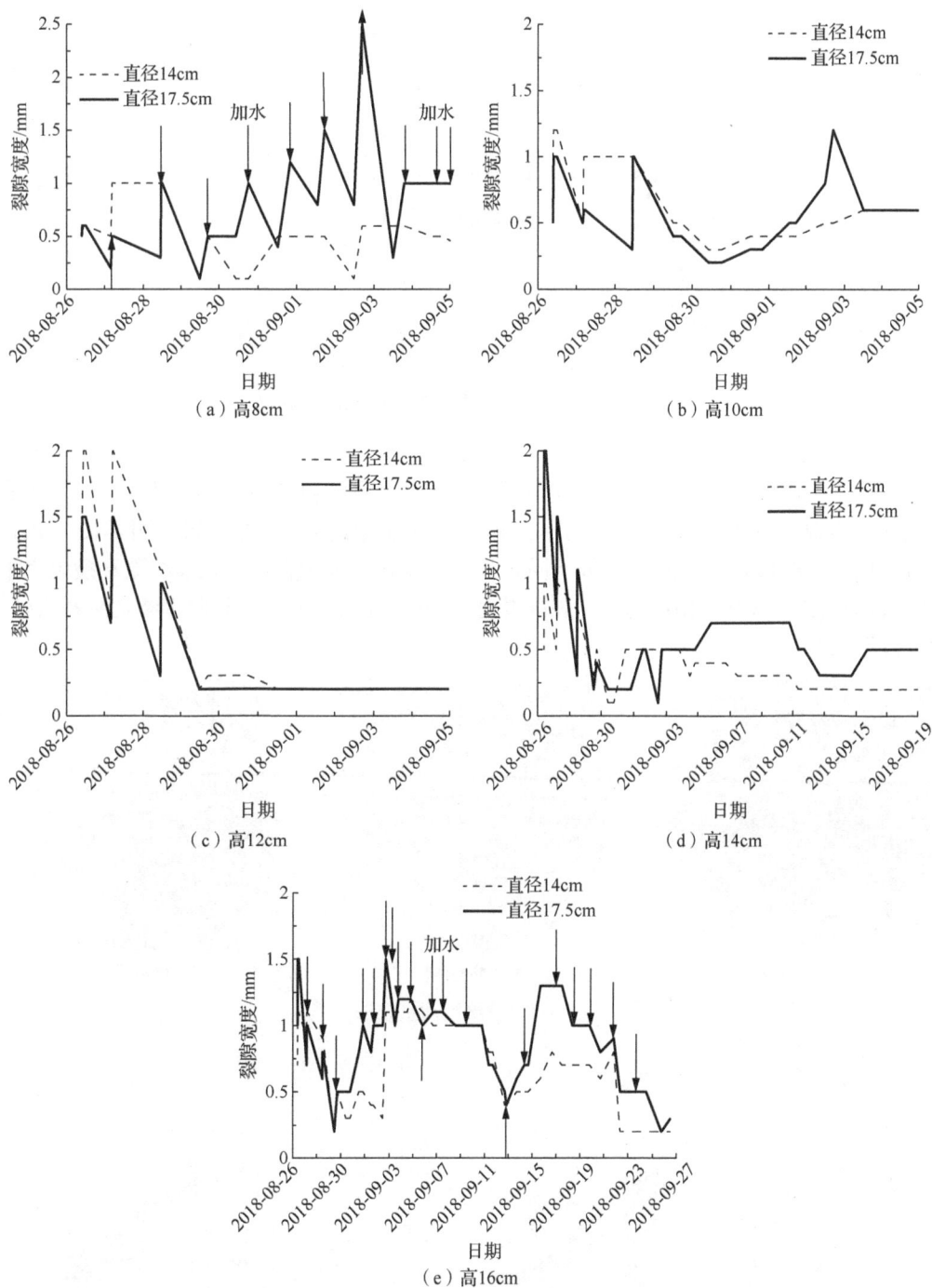

图5-9　裂隙宽度随时间的变化规律

3）裂隙深度

膨胀土胀缩裂隙发育深度随干湿循环时间的变化规律表示在图 5-10 中。随着干湿循环次数增加，裂隙深度增加，经过 4 次循环后，裂隙深度基本不变。

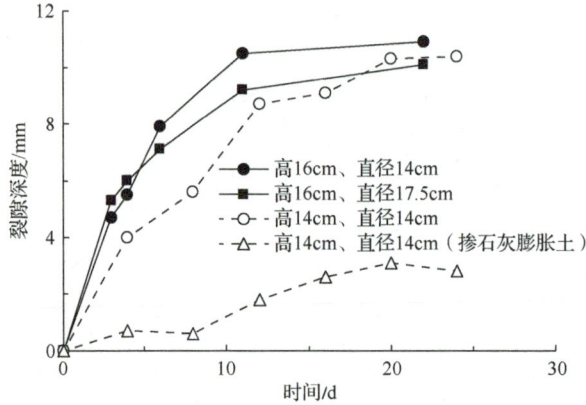

图 5-10　裂隙深度随干湿循环时间的变化规律

4）盒维数

膨胀土裂隙的盒维数测量方法就是用边长（l）不同的网格覆盖裂隙土样，计数含有裂隙的网格数目（N），如图 5-11 所示。膨胀土裂隙盒维数的计算结果如图 5-12 所示，经过不同发育时间，裂隙的盒维数不同。干湿循环时间对膨胀土裂隙盒维数和裂隙率的影响表示在图 5-13 中。由图可知，裂隙发育 8d 时，裂隙盒维数和裂隙率都达到最大值，随后逐渐减小。

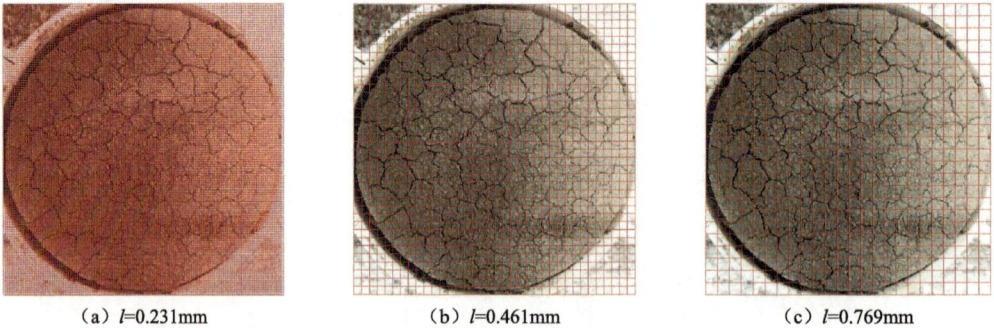

（a）l=0.231mm　　　　（b）l=0.461mm　　　　（c）l=0.769mm

图 5-11　盒维数测量方法

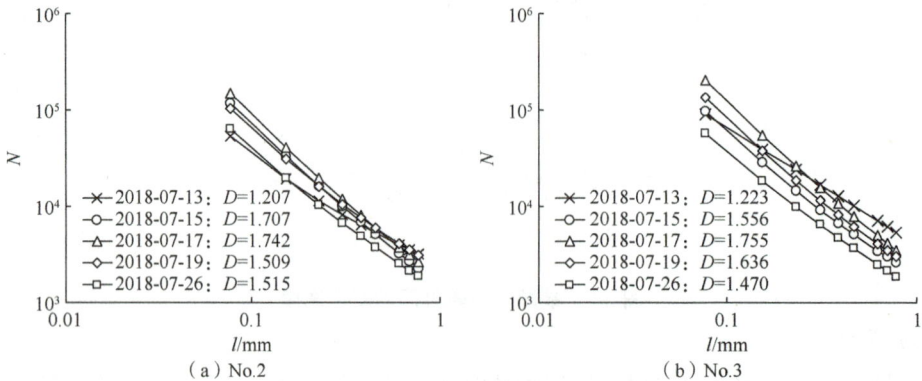

（a）No.2　　　　　　　　　　　　（b）No.3

图 5-12　膨胀土裂隙盒维数的计算结果

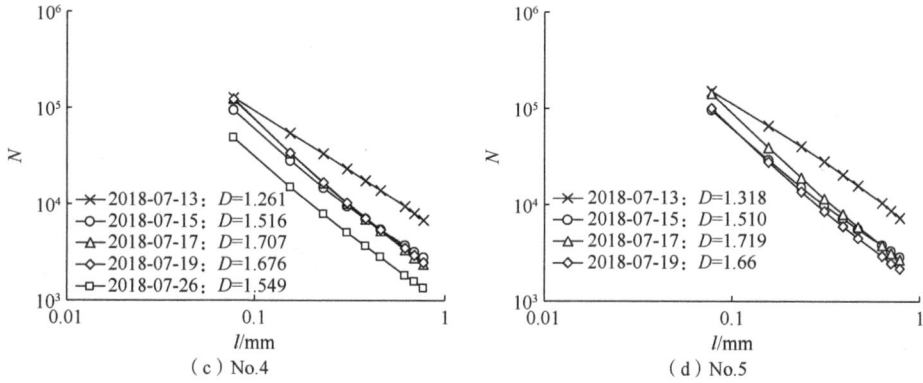

（c）No.4 　　　（d）No.5

图 5-12（续）

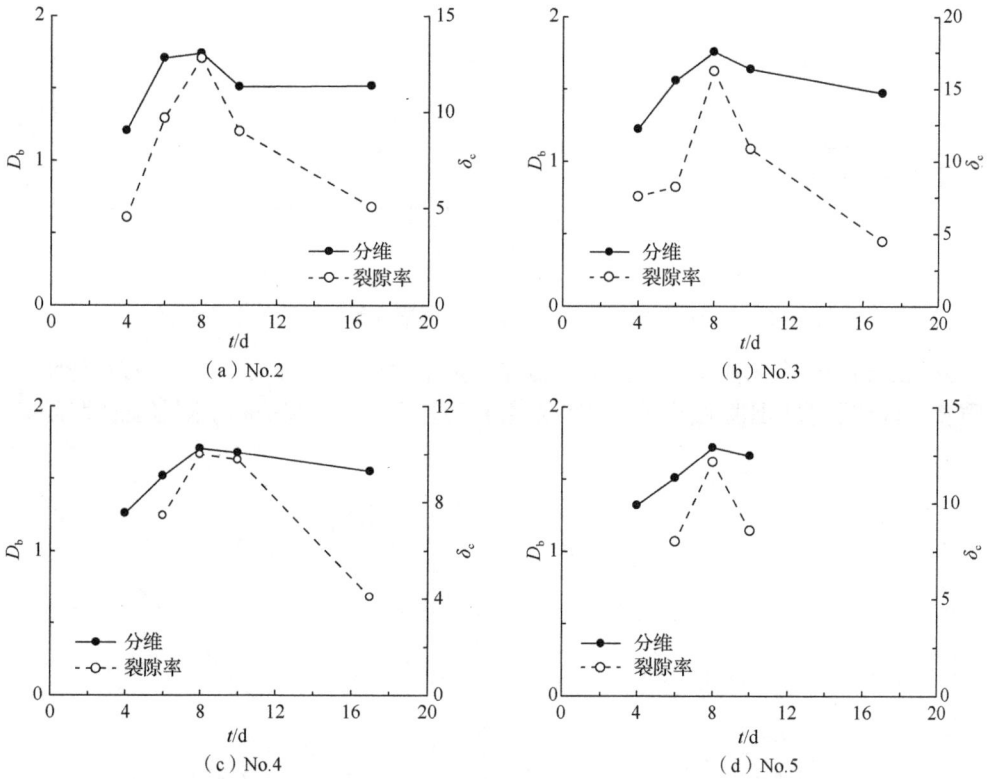

（a）No.2 　　　（b）No.3

（c）No.4 　　　（d）No.5

图 5-13　干湿循环时间对膨胀土裂隙盒维数和裂隙率的影响

　　干湿循环时间对掺石灰膨胀土的裂隙盒维数和裂隙率的影响如图 5-14 所示。裂隙盒维数和裂隙率随干湿循环时间的变化规律相同，裂隙发育 10d 时，裂隙盒维数和裂隙率都达到最大值，随后随着干湿循环时间增加，裂隙盒维数和裂隙率均减小。

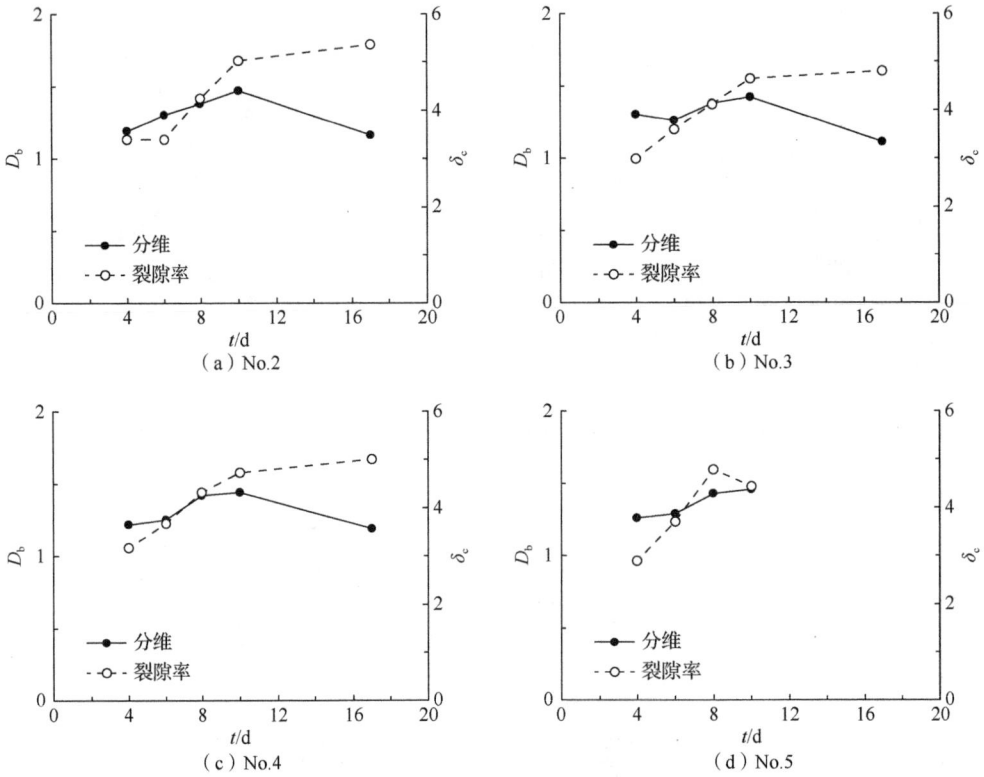

图 5-14　干湿循环时间对掺石灰膨胀土裂隙盒维数和裂隙率的影响

膨胀土与掺石灰膨胀土的裂隙盒维数和裂隙率对比于图 5-15 中。掺石灰膨胀土的裂隙盒维数和裂隙率比膨胀土的裂隙盒维数和裂隙率小，石灰抑制了膨胀土的胀缩裂隙发育。

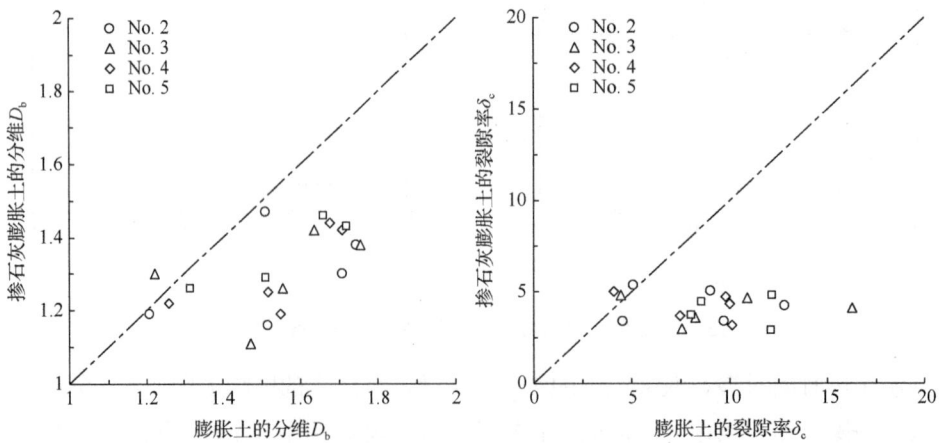

图 5-15　膨胀土与掺石灰膨胀土裂隙盒维数和裂隙率的比较

5.3 裂隙性膨胀土的剪切强度

5.3.1 裂隙土的强度组成

Picarelli 和 Di Maio（2010）给出裂隙土的强度包络线，如图 5-16 所示。裂隙土边坡滑动时，应力状态并没有达到破坏面。裂隙土剪切强度的包络线分为两部分：低应力状态下为上突曲线、高应力状态下为直线。Picarelli 和 Di Maio（2010）将裂隙土边坡失稳滑动归结为裂隙土的强度软化效应。

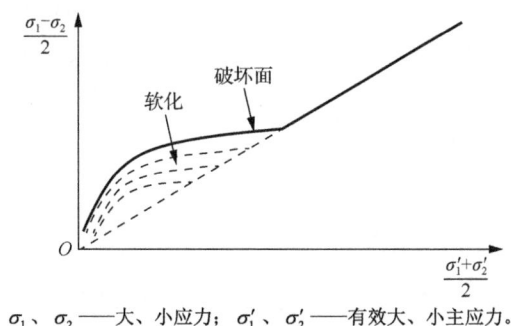

σ_1、σ_2——大、小应力；σ_1'、σ_2'——有效大、小主应力。

图 5-16 裂隙土的强度包络线（Picarelli and Di Maio，2010）

裂隙发育将土分为完整的土块和裂隙面，裂隙土的剪切强度分为完整土块的剪切强度和裂隙面的剪切强度。Ward 等（1965）对比了完整土块的剪切强度和裂隙面剪切强度的特性（图 5-17）。完整土块的剪切强度明显比裂隙面剪切强度大。伦敦黏土完整块体的应力-应变关系呈脆性破坏，裂隙面的应力-应变关系表现为塑性破坏。

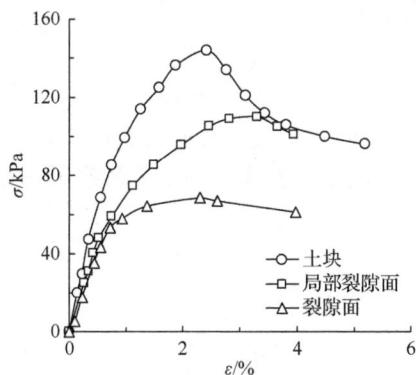

图 5-17 裂隙对伦敦黏土应力-应变关系曲线的影响（Ward et al.，1965）

裂隙土的剪切强度受裂隙方向的影响，Tudisco 等（2022）系统地研究了裂隙方向对裂隙土剪切强度的影响（图 5-18）。图中 H 表示水平向的裂隙，V 表示竖向的裂隙，I 表示倾角为 45° 的裂隙，H、V、I 后数字为土样编号。无论围压是多少，倾斜方向的裂隙土的剪切强度最小。围压为 50kPa 和 300kPa 的试验中，水平向的裂隙土的剪切强度最大；围压为 600kPa 的试验中，竖向的裂隙土的剪切强度最大。

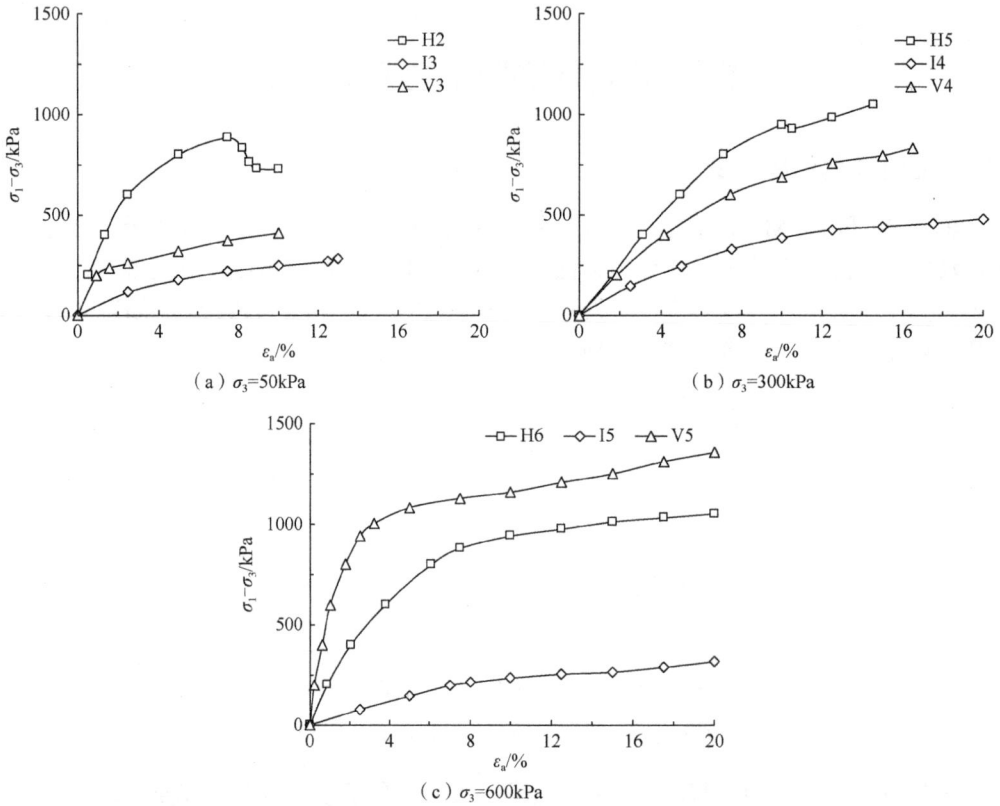

（a）σ_3=50kPa

（b）σ_3=300kPa

（c）σ_3=600kPa

图 5-18　裂隙方向对裂隙土剪切强度的影响（Tudisco et al.，2022）

5.3.2　裂隙土强度的尺寸效应

裂隙性黏土的表观强度定义为

$$\sigma_f = \frac{F_f}{A_{app}} \qquad (5\text{-}28)$$

式中，σ_f 为破碎强度；F_f 为破碎力；A_{app} 为垂直于 F_f 方向土样的截面积，$A_{app} = k_1 d^2$，其中 k_1 为形状系数，d 为试样尺寸。裂隙土满足分形模型，如图 5-19 所示。破坏面的真实面积为

$$A_{real} = k_2 d^{D-1} \qquad (5\text{-}29)$$

定义裂隙土破碎的固有强度（σ_f^*）为

$$\sigma_f^* = \frac{F_f}{A_{real}} \qquad (5\text{-}30)$$

裂隙土的破碎强度表示为

$$\begin{cases} \sigma_f = \sigma_f^* d^{D-3} \\ \sigma_f^* = \dfrac{\displaystyle\sum_{i=1}^{n}\left(\dfrac{\sigma_{fi}}{d^{D-3}}\right)}{n} \end{cases} \qquad (5\text{-}31)$$

式中，σ_{fi} 为试样 i 的破碎强度。

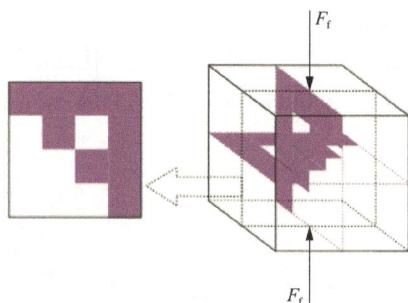

图 5-19　裂隙性黏土破坏面的截面面积

式（5-30）是裂隙土破碎强度的尺寸效应。随着尺寸增加，裂隙土破碎强度呈幂函数减小。

楠蒂科克（Nanticoke）黏土的黏聚力与尺寸的关系如图 5-20 所示（Lo，1970）。Nanticoke 黏土的黏聚力与土样截面积的关系满足式（5-31）。裂隙土的破坏强度与截面积的关系为

$$\sigma_f = \sigma_f^* A^{\frac{D-3}{2}} \tag{5-32}$$

Nanticoke 黏土的分维为 2.86（3.05m 深度）和 2.89（6.10m 和 9.15m 深度）。

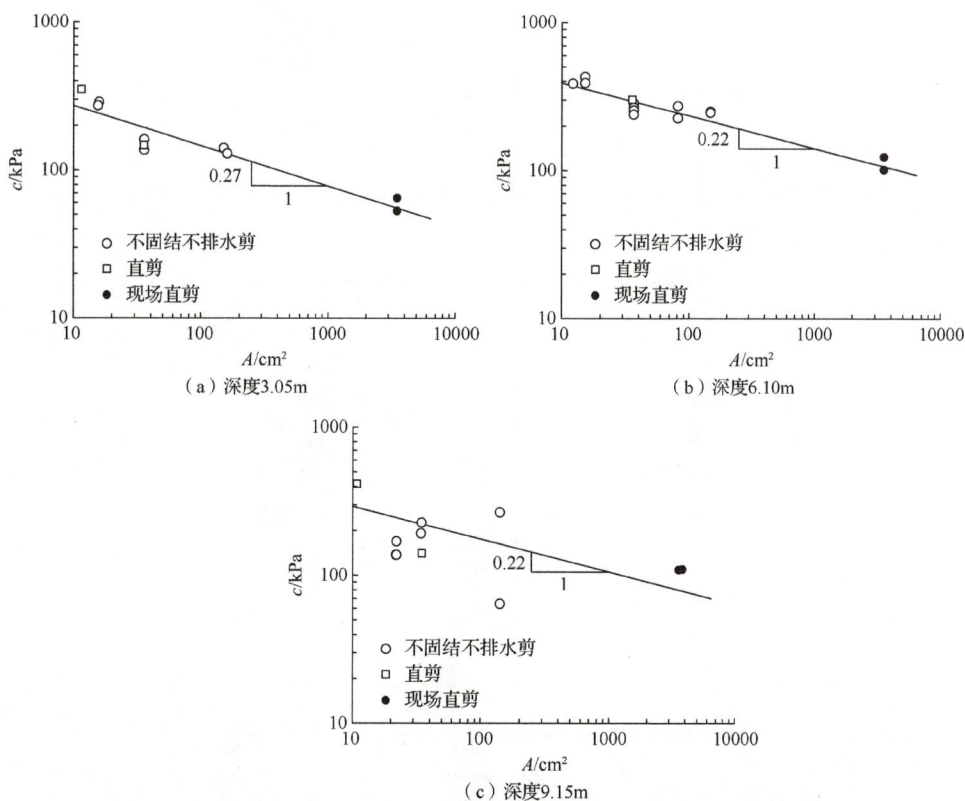

（a）深度3.05m

（b）深度6.10m

（c）深度9.15m

图 5-20　Nanticoke 黏土强度的尺寸效应（Lo，1970）

巴西风化玄武岩剪切强度的尺寸效应如图 5-21 所示（Garga，1988）。巴西风化玄武岩剪切强度与土样尺寸的关系满足式（5-31）。巴西风化玄武岩的分维随竖向正应力变化，分维分别为 2.75（50kPa）、2.89（200kPa）和 2.92（350kPa）。随着正应力增加，分维相应增加。

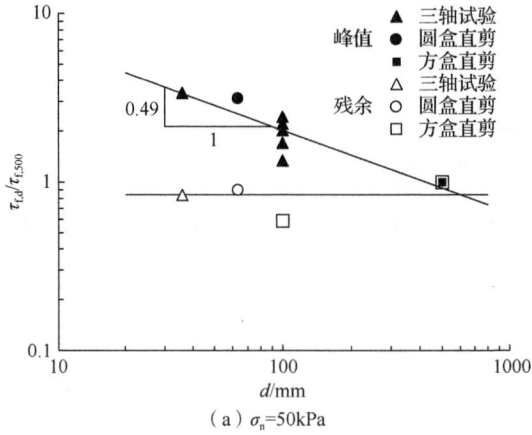

（a）σ_n=50kPa

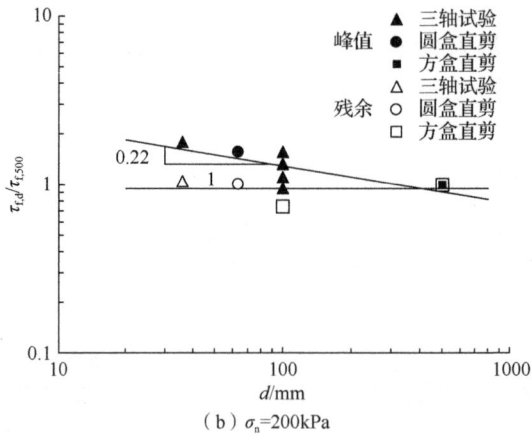

（b）σ_n=200kPa

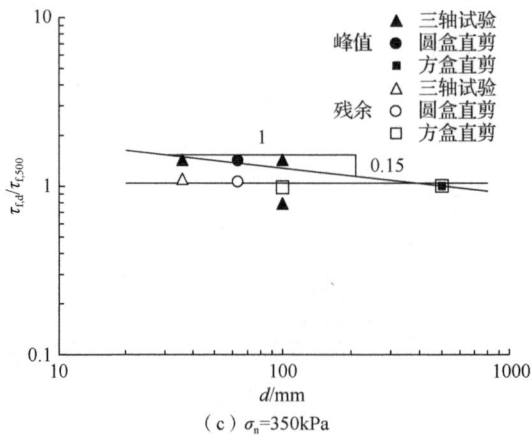

（c）σ_n=350kPa

图 5-21 巴西风化玄武岩剪切强度的尺寸效应（Garga，1988）

5.3.3 裂隙土的剪切强度理论

Brand 等（1983）对香港残积花岗岩进行直剪试验，直剪试验中香港残积花岗岩的应力-应变关系如图 5-22 所示。不同正应力（σ_n）下，残积花岗岩的变形特性不同，随着剪切位移（s）增加，土样彻底破坏后的剪切强度（τ_f）趋于一致，即在土样剪切破坏后，剪切强度与裂隙方向无关，土样的剪切强度用残余强度参数（c_r，φ_r）表示。

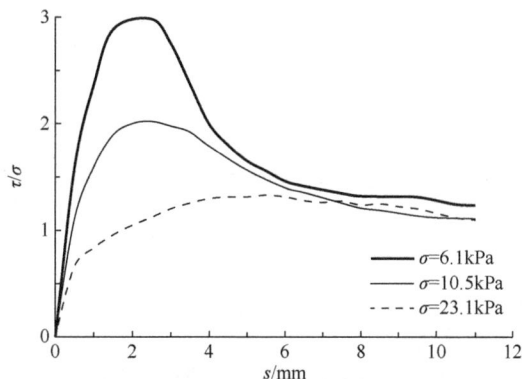

图 5-22 香港残积花岗岩的直剪试验结果（Brand et al., 1983）

膨胀土的强度可分为 4 类：土块强度（不含裂隙的原状土强度）、裂隙面强度、连续结构软弱面强度和滑动面强度（陈正汉，2022）。参照膨胀土的强度分类，将裂隙土分为完整块体强度（土块的固有强度）和裂隙面的剪切强度。Barton（1971，1973）提出的岩体剪切强度公式，采用固有无侧限抗压强度和残余强度参数表示裂隙土的剪切强度：

$$\tau_f = \sigma_n \tan\left[\varphi_r + c_r \cdot \lg\left(\frac{\sigma_c^*}{\sigma_n}\right)\right] \tag{5-33}$$

式中，σ_n 为正应力；φ_r 为残余内摩擦角；c_r 为残余黏聚力；σ_c^* 为固有无侧限抗压强度。裂隙土的剪切强度如图 5-23 所示，在结构面完全软化后，裂隙土的破坏包络线就是残余强度包络线。裂隙土的固有无侧限抗压强度对剪切强度影响最明显，随着固有无侧限抗压强度增加，裂隙土的剪切强度增大 [图 5-23（a）]；裂隙性膨胀土的剪切强度随残余黏聚力增加而增大，残余黏聚力对裂隙土强度包络线形状有明显影响。原生结构面完全软化后，膨胀土具有相同的破坏强度，即为裂隙面的剪切强度 [图 5-23（b）]。裂隙土的剪切强度随裂隙面的摩擦角增加而增大 [图 5-23（c）]。

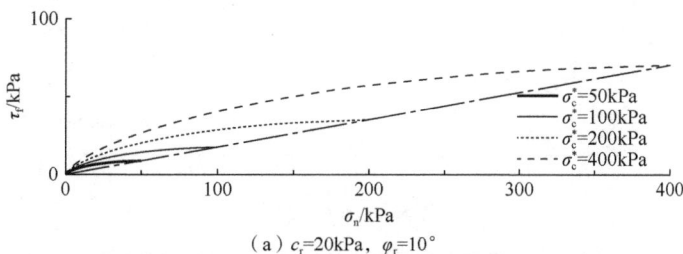

（a）c_r=20kPa，φ_r=10°

图 5-23 裂隙土的剪切强度

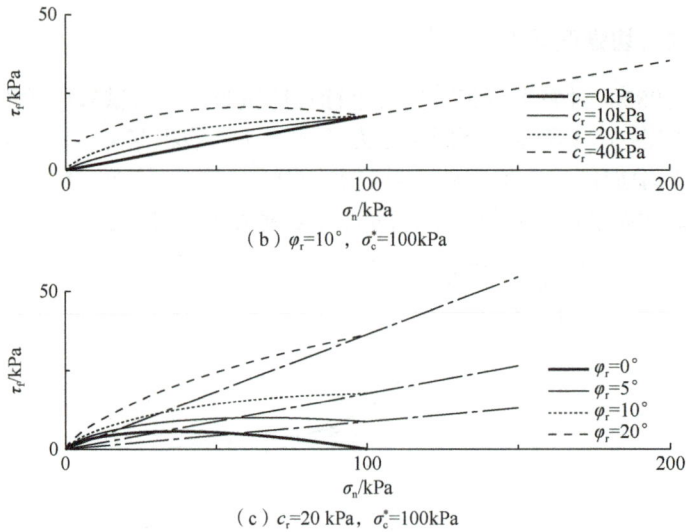

（b）$\varphi_r=10°$，$\sigma_c^*=100\text{kPa}$

（c）$c_r=20\text{ kPa}$，$\sigma_c^*=100\text{kPa}$

图 5-23（续）

　　南阳裂隙性膨胀土的剪切强度试验数据引自龚壁卫等（2014），澳大利亚尾矿裂隙土的剪切强度引自 Morris 等（1992）。裂隙土剪切强度的计算参数列于表 5-1 中。裂隙土剪切强度的计算值与试验数据比较如图 5-24 所示，裂隙土的剪切强度理论有较好的预测精度。

表 5-1　裂隙土剪切强度的计算参数

地名	σ_c^*/kPa	c_r/kPa	$\varphi_r/（°）$	试验数据来源
南阳	300	20	16	龚壁卫等，2014
澳大利亚尾矿	400	40	30	Morris 等，1992

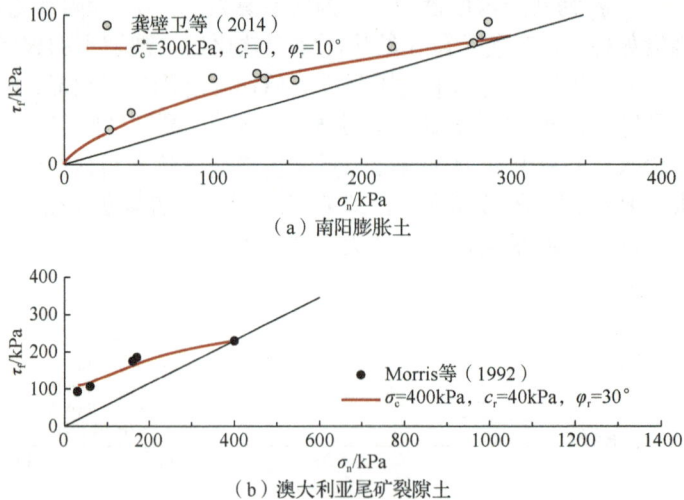

（a）南阳膨胀土

（b）澳大利亚尾矿裂隙土

图 5-24　裂隙土剪切强度的计算值与试验数据比较

6 膨胀土的土压力理论

6.1 土压力的测试结果

6.1.1 索洛昌（1982）的测试结果

萨尔马特和赫瓦伦膨胀土土压力的现场测试如图 6-1 所示（索洛昌，1982）。萨尔马特和赫瓦伦膨胀土的物理参数列于表 6-1 中。混凝土板与直立膨胀土壁之间留有 50cm 的空隙，用于安装土压力计，最上面一排土压力计埋于地表下 45cm 处，其余土压力计沿深度每 50cm 安装一个；填土分层夯实，干容重为 1.38g/cm³，与天然土的干容重（1.4g/cm³）接近；赫瓦伦黏土的干容重为 1.52g/cm³，含水量为 26%。灌水孔深 4m，灌水孔的间距为 1m。

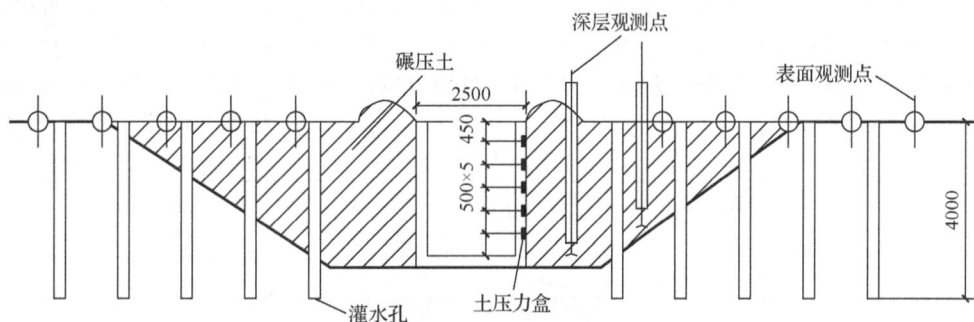

图 6-1　现场观测示意图（单位：mm）

表 6-1　膨胀土的物理指标

黏土	天然含水量 w/%	天然容重 γ/(g·cm⁻³)	液限 w_L/%	塑限 w_p/%	缩限 w_s/%	k	K
萨尔马特黏土	39.0	1.80	68.0	19.0	12.2	0.85	0.20
赫瓦伦黏土	25.7	1.93	60.5	27.1	17.1	0.80	0.20

现场浸水 8 个月，土压力分布的测试结果如图 6-2 所示。浸水后，土压力立即增加到最大值（p_0^p），然后又逐渐减小到稳定值（p_0^r）。随着深度增加，达到土压力最大值的时间剧增。萨尔马特膨胀土在 1m 深度处，土压力分布发生明显变化。在 1m 以上深度范围内，土压力随深度增加而增加，1m 以下深度范围内，土压力基本不变。对于萨尔马特原状土，p_0^r/p_0^p 接近 0.75，p_s =300kPa，p_0^r/p_s = 0.20。赫瓦伦黏土的土压力分布在 2.5m 处发生明显变化。在 2.5m 以下，土压力随深度的增加幅度减小，p_0^r/p_0^p 接近 0.80，p_s =380kPa，p_0^r/p_s =0.20。无论是赫瓦伦黏土，还是萨尔马特黏土，浸水膨胀稳定后，膨胀土的土压力与峰值土压力和膨胀力的比值都是常数：

$$p_0^r = k \cdot p_0^p = K \cdot p_s \tag{6-1}$$

式中，k 和 K 为常数。萨尔马特黏土和赫瓦伦黏土的 k 和 K 值列于表 6-1 中。

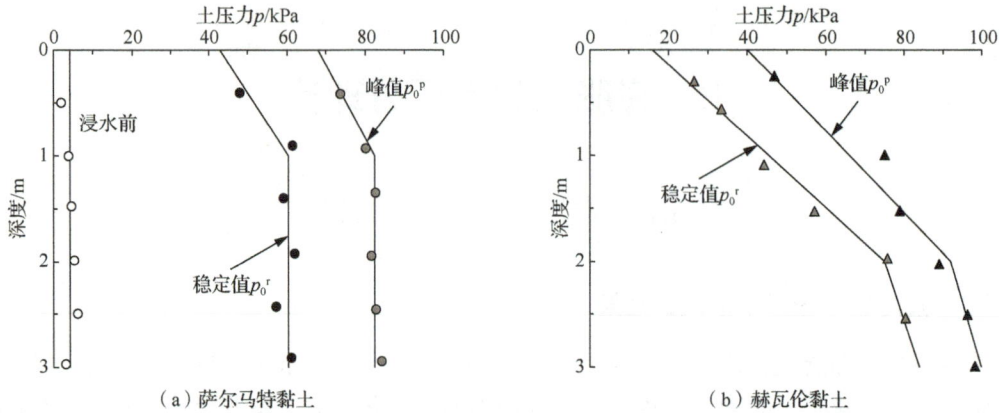

图 6-2　膨胀土的土压力分布测试结果

6.1.2　蒋世庭等（2011）的测试结果

　　门架式双排抗滑桩克服了传统抗滑桩的不足，具有刚度大、整体稳定性好和抗倾覆能力强的优点，被广泛应用于膨胀土路堑边坡防护工程。蒋世庭等（2011）依托湘桂铁路柳州至南宁段扩能改造工程的弱、中膨胀土路堑边坡工程，采用双排抗滑桩支挡结构防护膨胀土边坡。对双排抗滑桩支挡结构的桩后和桩前土压力分布进行了长期的现场观测分析。前排桩的土压力分布如图 6-3（a）所示，前排桩桩前有开挖基坑，桩前土压力近似地呈梯形分布，桩后土压力呈三角形分布；后排桩为全埋式抗滑桩，桩前和桩后的土压力分布近似呈三角形分布 [图 6-3（b）]。

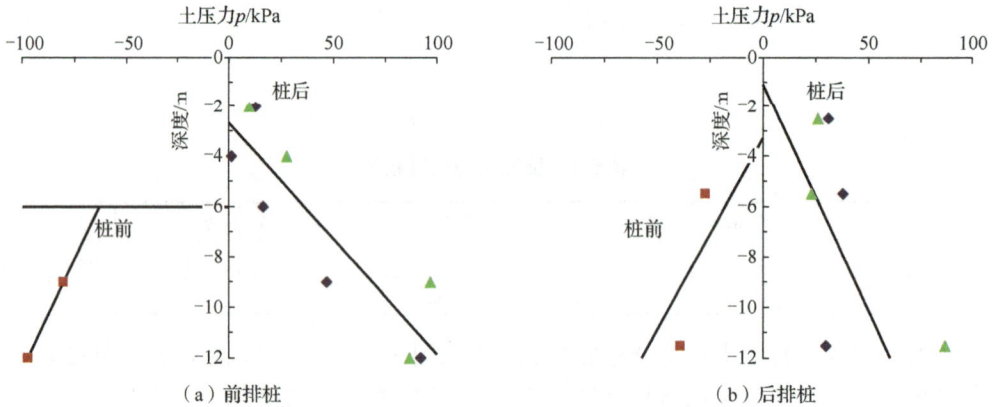

图 6-3　抗滑桩两侧的土压力分布（蒋世庭等，2011）

6.1.3　模型试验结果

　　Katti 等（1983）根据膨胀土挡土墙土压力分布的模型试验，测量了非膨胀性黏土和膨胀土对挡土墙产生的土压力，如图 6-4 所示。膨胀土的土压力分布与非膨胀性黏土的土压力分布不同，膨胀土的土压力远大于非膨胀性黏土的土压力，土压力沿深度呈两段线性分布，浅层（深度小于 1.5m）的土压力随深度增加幅度大，深层（深度大于 1.5m）的土压力随深度增加幅度小。Katti 等（1983）根据膨胀土土压力分布的测试结果，给出了膨胀土的土压力与非膨胀性黏土的土压力的关系：

$$p_{sw} = 0.8p_{NS} + 0.2p_s \qquad (6-2)$$

式中，p_{sw} 为膨胀土的土压力；p_{NS} 为非膨胀性黏土的土压力；p_s 为膨胀力。根据膨胀土的土压力沿深度分布的测试数据，Katti 等（1983）和 Clayton 等（1991）指出，膨胀土的土压力沿深度呈三角形分布，1.5m 深度处，土压力沿深度分布的斜率发生变化（图 6-5）。

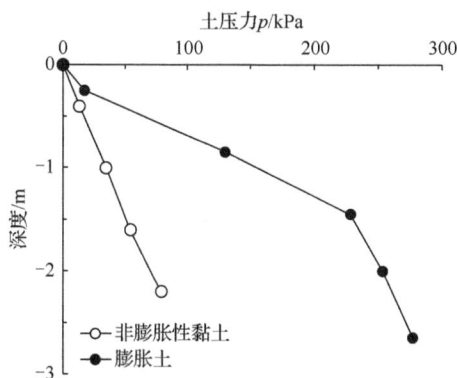

图 6-4　非膨胀性黏土和膨胀土的土压力实测数据
（Katti et al.，1983）

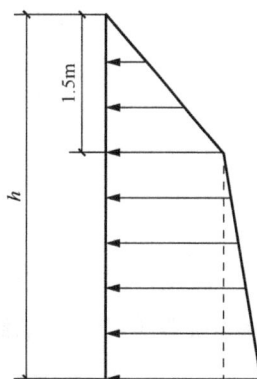

图 6-5　膨胀土的土压力分布
（Katti et al.，1983；Clayton et al.，1991）

根据膨胀土土压力的实测结果，总结膨胀土土压力分布规律如下。

（1）膨胀土的土压力分布与普通黏土的土压力分布规律相同，膨胀土的土压力数值比普通黏土的土压力数值大。Moza 等（1987）对比了膨胀土吸水膨胀饱和前、后的土压力，膨胀土吸水膨胀饱和后的主动土压力增大十几倍。

（2）膨胀土的土压力分布明显分为两段，分界点在大气剧烈影响深度附近，在大气剧烈影响深度范围以上，膨胀土产生了膨胀变形，膨胀土的土压力减小。

（3）膨胀土的主动土压力与竖向应力之比可能大于 1.0（索洛昌，1982）。在膨胀土边坡防治设计计算中，一定要考虑膨胀力对土压力的影响。

6.2　土压力的经验公式

6.2.1　Sudhindra 和 Moza（1988）的经验公式

Sudhindra 和 Moza（1988）给出膨胀土的土压力沿深度分布的经验公式：

$$p_{sw} = \frac{r_h p_s}{a + 0.6r_h} \qquad (6-3)$$

式中，a 为膨胀土的黏粒（<2μm）含量（%）；r_h 为相对深度（h/h_0），h 为深度（cm），h_0 =1cm。根据式（6-3）计算的膨胀土土压力沿深度的分布如图 6-6 所示，图中三条曲线对应弱膨胀性、中等膨胀性和强膨胀性膨胀土。与膨胀土土压力的实测数据一样，在深度 1.6m 处，膨胀土的土压力沿深度分布发生明显变化。膨胀土土压力分布规律都是在

1.5m 左右发生变化（Katti et al.，1983；Sudhindra and Moza，1988），与印度大气剧烈影响深度对应。

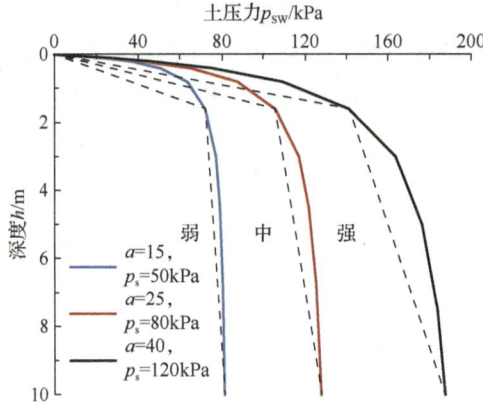

图 6-6　不同胀缩等级的膨胀土的土压力分布（Sudhindra and Moza，1988）

6.2.2　Nelson 等（2015）的经验公式

Nelson 等（2015）认为由膨胀力产生的土压力是膨胀力的 β 倍，即

$$p = \beta p_s \qquad (6-4)$$

式中，β 为折减系数；p 为由膨胀力产生的土压力；p_s 为膨胀力。张颖钧（1995a）提出 $\beta = 0.658$，Katti 等（2002）提出 $\beta = 1.0$，Sapaz（2004）提出 $\beta = 0.7$。膨胀土的土压力为

$$\sigma_i = K\gamma h + \beta p_s \qquad (6-5)$$

式中，i（a、p、0）表示土压力的类型，a 为主动土压力，p 为被动土压力，0 为静止土压力；K 为土压力系数；γ 为容重；h 为深度。膨胀土的土压力分布如图 6-7 所示。图 6-7（a）是普通黏土的朗肯土压力分布，按朗肯土压力公式计算；图 6-7（b）是由膨胀力产生的土压力，等于 βp_s，在浅层出现膨胀力产生的土压力（p）大于朗肯被动土压力（σ_p），即 $\beta p_s \geqslant \sigma_p$，发生挤出破坏，不存在这种土压力状态；图 6-7（c）是膨胀土的土压力分布形式，是前两项土压力的总和。

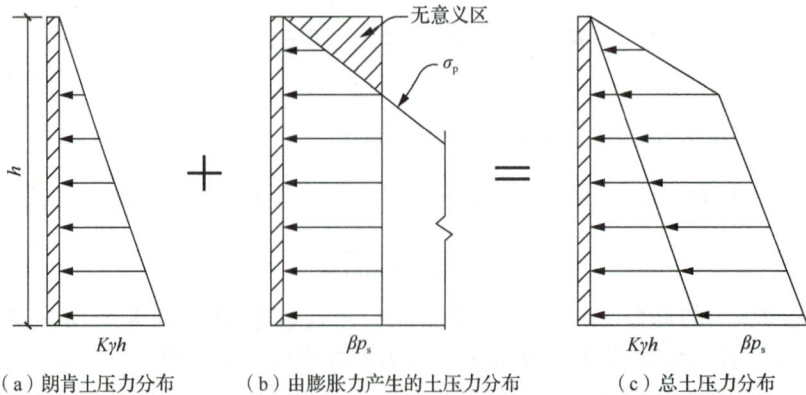

（a）朗肯土压力分布　　　（b）由膨胀力产生的土压力分布　　　（c）总土压力分布

图 6-7　膨胀土的土压力分布

6.3　土压力理论

6.3.1　非饱和土的土压力理论

1）Pufahl 等（1983）土压力理论

Pufahl 等（1983）基于非饱和土的剪切强度理论，推导出非饱和土的朗肯土压力公式。非饱和土剪切强度的莫尔-库仑包络线表示在图 6-8 中（Fredlund et al., 1978）。图中莫尔圆（Mohr circle）1 代表非饱和土，莫尔圆 2 代表饱和土。根据朗肯土压力理论，饱和土的主动土压力（σ_a）与竖向应力（$\sigma_v = \gamma h$）的关系为

$$\sigma_a = \sigma_h = \frac{\sigma_v}{N_\varphi} - \frac{2c'}{\sqrt{N_\varphi}} \tag{6-6}$$

式中，$N_\varphi = (1 + \sin\varphi')/(1 - \sin\varphi') = \tan^2(45° + \varphi'/2)$。由饱和土过渡到非饱和土，由图中莫尔圆 2 变成莫尔圆 1，非饱和土的主动土压力（σ_a）表示为

$$\sigma_a = \sigma_h = \frac{\sigma_v}{N_\varphi} - \frac{2[c' + (u_a - u_w)\tan\varphi^b - u_a \tan\varphi']}{\sqrt{N_\varphi}} \tag{6-7}$$

孔隙气压力等于 0，$u_a \tan\varphi'$ 忽略不计。假设基质吸力与孔隙水压力的变化规律相同，如图 6-9 所示，非饱和土的基质吸力随深度的变化表示为

$$(u_a - u_w)_z = (u_a - u_w)_s \left(1 - \frac{z}{d}\right) \tag{6-8}$$

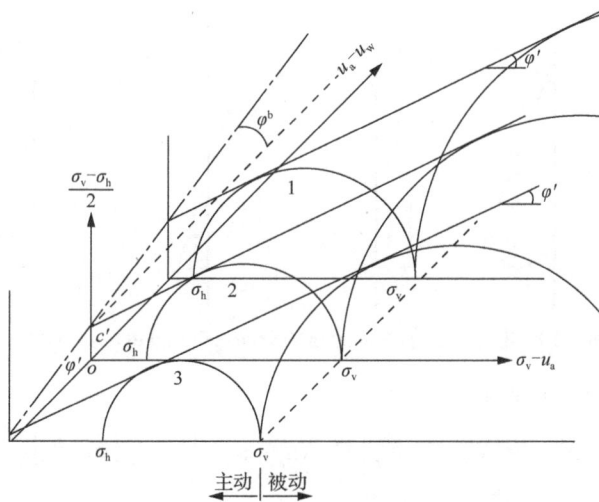

σ_h——水平向应力；$u_a - u_w$——基质吸力；φ_b——吸力摩擦角；c'——有效黏聚力；φ'——有效内摩擦角。

图 6-8　非饱和土的主动土压力和被动土压力（Pufahl et al., 1983）

非饱和土的主动土压力为

$$\sigma_a = \frac{\sigma_v}{N_\varphi} - \frac{2}{\sqrt{N_\varphi}} \left[c' + (u_a - u_w)_s \left(1 - \frac{z}{d}\right)\tan\varphi^b\right] \tag{6-9}$$

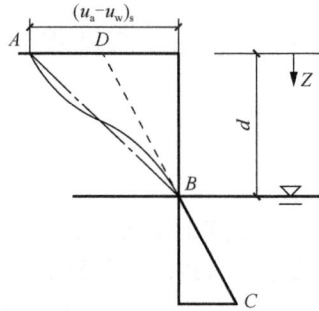

图 6-9　非饱和土的基质吸力随深度的变化（Pufahl et al.，1983）

非饱和土的主动土压力分布如图 6-10 所示。如果 $z_{ut} < d$，非饱和土的拉伸区深度为

$$z_{ut} = \frac{2\sqrt{N_\varphi}[c' + (u_a - u_w)_s \tan\varphi^b]}{\gamma_u + \dfrac{2\sqrt{N_\varphi}}{d}(u_a - u_w)_s \tan\varphi^b} \tag{6-10a}$$

如果 $z_{ut} > D$，非饱和土的拉伸区深度为

$$z_{ut} = \frac{2\sqrt{N_\varphi}(c' + d\gamma_w \tan\varphi') + (\gamma_s - \gamma_u)d}{\gamma_s + 2\sqrt{N_\varphi}\gamma_w \tan\varphi'} \tag{6-10b}$$

式中，γ_w、γ_s 和 γ_u 分别为水的容重、饱和土的容重和非饱和土的容重。

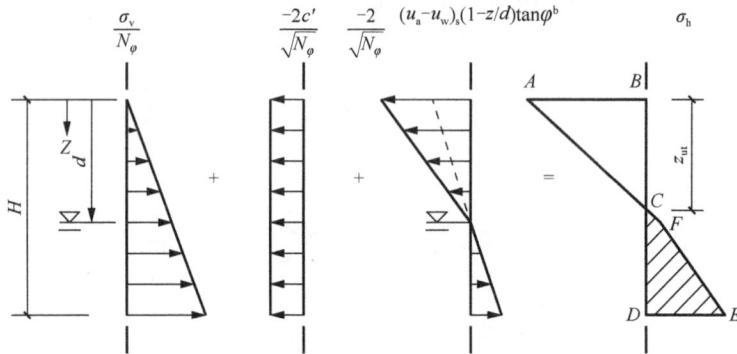

图 6-10　非饱和土的主动土压力分布（Pufahl et al.，1983）

非饱和土的被动土压力表示为

$$\sigma_p = \sigma_v N_\varphi - 2\sqrt{N_\varphi}\left[c' + (u_a - u_w)_s\left(1 - \frac{z}{d}\right)\tan\varphi^b\right] \tag{6-11}$$

对于地表裂隙发育的非饱和土，将裂隙范围内的土作为上覆荷载。对于裂隙深度为 z_c 的非饱和土的主动土压力为

$$\sigma_a = \frac{\sigma_v}{N_\varphi} - \frac{2[c' + (z - d)\gamma_w \tan\varphi']}{\sqrt{N_\varphi}} + \frac{\gamma_u z_c}{N_\varphi} \tag{6-12}$$

2）Liu 和 Vanapalli（2017）土压力理论

Liu 和 Vanapalli（2017）根据非饱和土单元的变形，提出非饱和土的土压力理论。

非饱和土净应力和基质吸力变化产生的变形（Fredlund and Morgenstern，1976）表示为

$$
\begin{cases}
\varepsilon_x = \dfrac{\sigma_x - u_a}{E} - \dfrac{\mu}{E}(\sigma_y + \sigma_z - 2u_a) + \dfrac{u_a - u_w}{H} \\[3mm]
\varepsilon_y = \dfrac{\sigma_y - u_a}{E} - \dfrac{\mu}{E}(\sigma_z + \sigma_x - 2u_a) + \dfrac{u_a - u_w}{H} \\[3mm]
\varepsilon_z = \dfrac{\sigma_z - u_a}{E} - \dfrac{\mu}{E}(\sigma_x + \sigma_y - 2u_a) + \dfrac{u_a - u_w}{H}
\end{cases}
\tag{6-13}
$$

式中，$\sigma - u_a$ 为净应力；$u_a - u_w$ 为基质吸力；E 为弹性模量；H 为与基质吸力对应的弹性模量；μ 为泊松比。

Liu 和 Vanapalli（2017）首先分析基质吸力变化产生的变形 [图 6-11（a）中阶段 A]。随着基质吸力减小，土单元自由胀缩，由于侧向变形受到限制，只能产生竖向变形，土单元边长由 c 变化到 b，产生侧向应力 σ_{L1}。侧向应力 σ_{L1} 由土单元变形计算：

$$
\sigma_{L1} = \frac{E \cdot (u_a - u_w)}{H(1 - \mu)}
\tag{6-14}
$$

如图 6-11（b）中阶段 B，在土单元上施加竖向荷载 σ_s，产生竖向变形，单元边长由 b 变化到 d，产生侧向应力 σ_{L2}：

$$
\sigma_{L2} = \frac{\mu \cdot \sigma_s}{1 - \mu}
\tag{6-15}
$$

式中，竖向荷载 σ_s 包括自重应力和上覆荷载，$\sigma_s = \gamma h + q_0$，$\gamma$ 为土的容重，h 为深度，q_0 为上覆荷载。由基质吸力和上覆荷载产生的土压力为

$$
\sigma_L = \sigma_{L1} + \sigma_{L2} = \frac{E \cdot (u_a - u_w)}{H(1 - \mu)} + \frac{\mu \cdot (\gamma h + q_0)}{1 - \mu}
\tag{6-16}
$$

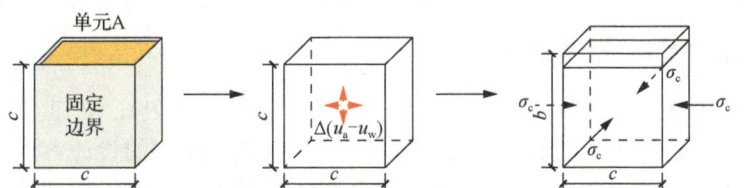

（a）阶段A：基质吸力变化产生的变形

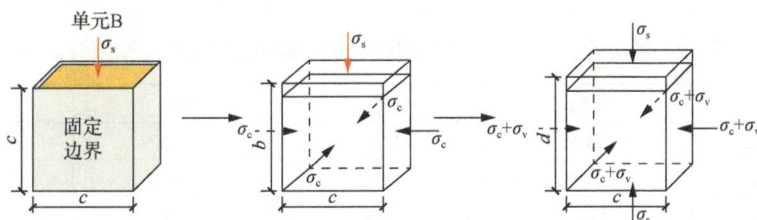

（b）阶段B：上覆荷载变化产生的变形

图 6-11　土单元的应力状态

3）Abdollahi 和 Vahedifard（2021）土压力理论

根据胡克（Hooke）定律，非饱和土的三维变形（Shahrokhabadi et al.，2019）表示为

$$\begin{cases} \varepsilon_x = \dfrac{\sigma_x - u_a}{E} - \dfrac{\mu}{E}(\sigma_y + \sigma_z - 2u_a) + \dfrac{1-2\mu}{H}\sigma^s \\[2mm] \varepsilon_y = \dfrac{\sigma_y - u_a}{E} - \dfrac{\mu}{E}(\sigma_z + \sigma_x - 2u_a) + \dfrac{1-2\mu}{H}\sigma^s \\[2mm] \varepsilon_z = \dfrac{\sigma_z - u_a}{E} - \dfrac{\mu}{E}(\sigma_x + \sigma_y - 2u_a) + \dfrac{1-2\mu}{H}\sigma^s \end{cases} \tag{6-17}$$

式中，σ^s 为吸力应力，$\sigma^s = S_e \cdot (u_a - u_w)$，$S_e$ 为有效饱和度，$S_e = (S - S_r)/(100 - S_r)$，$S$ 和 S_r 分别为饱和度和残余饱和度。令 $\sigma_x = \sigma_y = \sigma_h$，$\varepsilon_x = \varepsilon_y = \varepsilon_h$，$\sigma_z = \sigma_v$，$\varepsilon_z = \varepsilon_v$，竖向应变和水平向应变（Abdollahi and Vahedifard，2021）分别表示为

$$\begin{cases} \varepsilon_v = \dfrac{\sigma_v - u_a}{E} - \dfrac{2\mu}{E}(\sigma_{vh} - u_a) + \dfrac{1-2\mu}{E}\sigma^s \\[2mm] \varepsilon_h = \dfrac{\sigma_h - u_a}{E} - \dfrac{\mu}{E}(\sigma_z + \sigma_h - 2u_a) + \dfrac{1-2\mu}{E}\sigma^s \end{cases} \tag{6-18}$$

式中，假设吸力应力变化（$\Delta\sigma^s$）产生的土压力为 σ_{LS}；上覆应力（σ_v）产生的土压力为 σ_{LV}；水平向应变等于 0，即 $\sigma_h = 0$，有

$$\begin{cases} \varepsilon_h = \dfrac{\sigma_{LS}}{E_{ave}} - \dfrac{\mu\sigma_{LS}}{E_{ave}} + \dfrac{1-2\mu}{E_{ave}}\Delta\sigma^s = 0 \\[2mm] \varepsilon_h = \dfrac{-\sigma_L}{E} - \dfrac{\mu}{E}(\sigma_v + \sigma_{LV}) = 0 \end{cases} \tag{6-19}$$

式中，E_{ave} 为弹性模量平均值。

非饱和土的土压力（Abdollahi and Vahedifard，2021）为

$$\sigma_L = \sigma_{LS} + \sigma_{LV} = \dfrac{1-2\mu}{(1-\mu)}\Delta\sigma^s + \dfrac{\mu}{1-\mu}\sigma_v \tag{6-20}$$

6.3.2　膨胀土的库仑土压力理论

张颖钧（1995b）选取安康、鸦鹊岭（宜昌）、穰东（南阳）、安口（蚌埠）四个典型膨胀土地区，研究裂隙性膨胀土的土压力分布及其减压垫层的设计方法。安康、鸦鹊岭（宜昌）、穰东（南阳）、安口（蚌埠）四种膨胀土的物理力学指标列于表 6-2 中。安康膨胀土属中膨胀性黏土、鸦鹊岭膨胀土属强膨胀性黏土、穰东和安口膨胀土属弱膨胀性黏土。

表 6-2　安康、鸦鹊岭、穰东、安口典型膨胀土的物理力学指标（张颖钧，1995b）

指标	安康	鸦鹊岭	穰东	安口
液限 w_L/%	46.8	67.9	42.0	54.0
塑限 w_p/%	20.7	29.4	20.4	30.3
塑性指数 I_p	26.1	38.5	21.6	23.7
自由膨胀率 δ_{ef}/%	67	110	63	45
膨胀力 p_s/kPa	20~31	24~42	24~31	22.8
黏聚力 c/kPa	16.5	11~17	19	19
内摩擦角 φ/(°)	18.6~28.5	16~31.5	26~29	24
裂隙深度 h_c/m	2.4~2.8	1.83~2.6	2.96~3.42	2.83~2.93

张颖钧（1993）现场测量了安康膨胀土的水平向膨胀力（$p_{s,x}$和$p_{s,y}$）与竖向膨胀力（p_s），如图 6-12 所示。由图可以发现，水平向膨胀力与竖向膨胀力不等，x 和 y 两个方向的水平向膨胀力基本相等，且均小于竖向膨胀力，膨胀土的水平向膨胀力与竖向膨胀力有很好的相关关系，$p_{s,x} = p_{s,y} = K \cdot p_s$，类似于静止土压力与自重应力的关系。

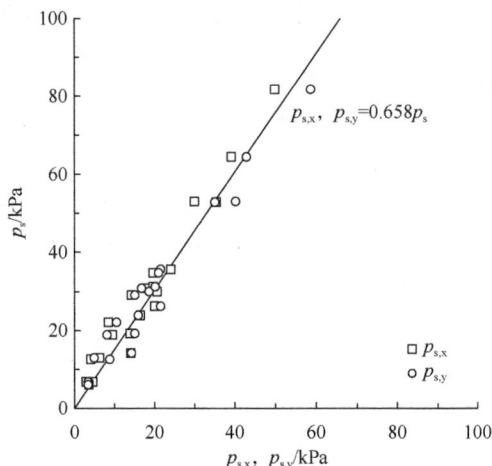

图 6-12 安康膨胀土水平向膨胀力与竖向膨胀力的关系（张颖钧，1995b）

库仑主动土压力与挡土墙墙背的摩擦角为 δ，最不利的膨胀土压力 $p_{(\delta-\alpha)}$ 与水平方向的夹角为 $\delta - \alpha$，膨胀土的土压力为

$$p_{(\delta-\alpha)} = \eta_d \frac{p_s \cdot p_{s,y}}{\sqrt{[p_s \cos(\delta-\alpha)]^2 + [p_{s,y} \sin(\delta-\alpha)]^2}} \tag{6-21}$$

式中，η_d 为膨胀变形引起的膨胀土压力折减系数，一般介于 0.3～0.6。基于剪切强度相等的假设，将黏聚力转成内摩擦角，黏土的等效内摩擦角为

$$\varphi_e = \tan^{-1}\left(\tan\varphi + \frac{c}{\gamma h}\right) \tag{6-22}$$

式中，φ_e 为等效内摩擦角；φ 为内摩擦角；c 为黏聚力；γ 为容重；h 为挡土墙的高度。

库仑主动土压力系数采用等效内摩擦角计算：

$$K_a = \frac{\cos^2(\varphi_e + \alpha)}{\cos^2\alpha\cos(\delta-\alpha)\left[1 + \sqrt{\dfrac{\sin(\varphi_e+\delta)\sin(\varphi_e-i)}{\cos(\delta-\alpha)\cos(\alpha+i)}}\right]^2} \tag{6-23}$$

式中，α 为墙背与竖直线的夹角；δ 为墙壁与土间的摩擦角；i 为地面倾角。膨胀土路堑边坡在垂直深度为 1.5m 以下，三个方向的膨胀力增加幅度明显减小。假设在 1.5m 深度处，膨胀力达到最大值，其后随深度增加，土压力基本保持恒值不变，膨胀土的总土压力随深度的分布形式如图 6-13 所示，图中 h_c 是裂隙发育深度。假设在 0～1.5m 深度内，膨胀土土压力随深度呈线性增加，膨胀土的土压力公式为

$$\sigma_a = p_{(\delta-\alpha)} + K_a\gamma h \tag{6-24}$$

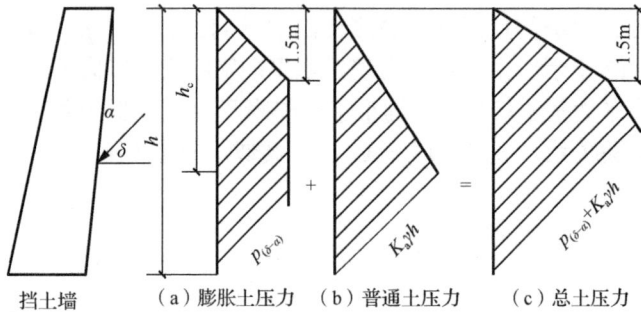

图 6-13　膨胀土的库仑土压力

安口膨胀土的土压力计算值与现场测试结果比较如图 6-14 所示。安口膨胀土的快剪强度指标：c=19kPa，φ=24°，φ_e=31.86°；挡土墙，α=0°，i=0°，$\delta=\varphi_e/2$，库仑主动土压力系数 K_a=0.28；p_s=22.8kPa，$p_{s,y}$=13.7kPa，取 η_d=0.6，膨胀土土压力 $p_{(\delta-\alpha)}$=8.49kPa。安口膨胀土的土压力计算参数列于表 6-3 中。膨胀土的土压力计算值与测试结果一致。

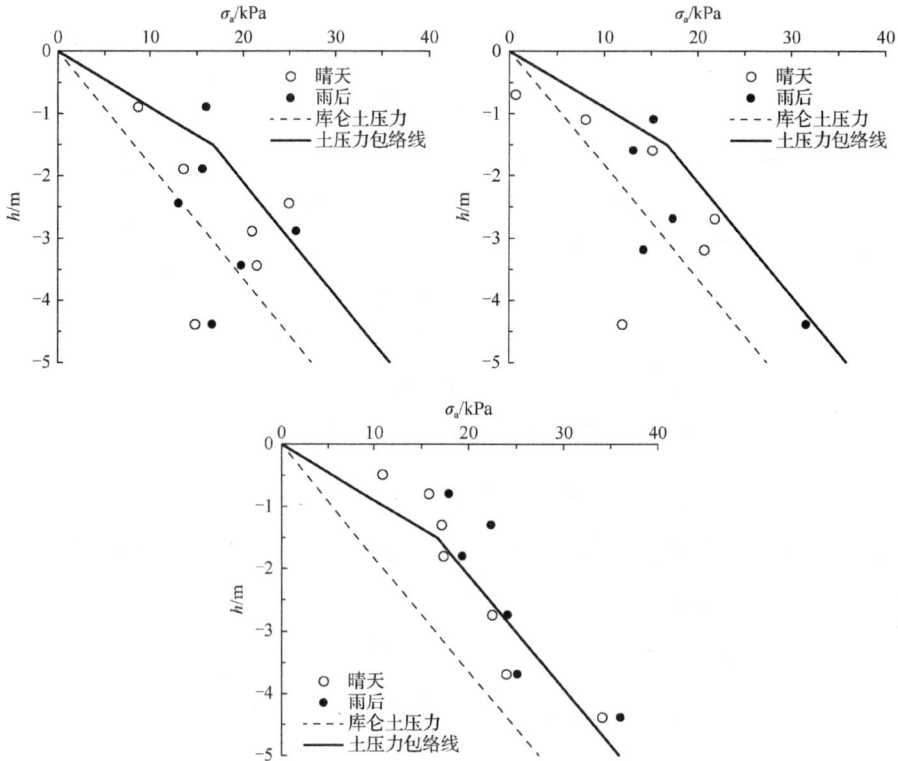

图 6-14　安口膨胀土的土压力计算值与现场测试结果比较（张颖钧，1995c）

砾石和中砂垫层能够消化部分膨胀变形，减小挡土墙的土压力。张颖钧（1995b）研究了砾石和中砂垫层对膨胀土土压力的减小效果，砾石和中砂控制在中密状态，相对密度为 0.5。垫层结构组合为：10cm 砾石、10cm 砾石+10cm 中砂、10cm 砾石+20cm中砂和 20cm 砾石+30cm 中砂。四种垫层对膨胀土土压力的减小效果如图 6-15 所示。图 6-15（a）中挡土墙没有产生位移，图 6-15（b）中挡土墙产生了位移。有垫层挡土墙的膨胀土土压力（$\sigma_{a,c}$）随垫层厚度（t）增加而减小，当垫层厚度达到 30cm 时，土压力减小幅度降低，垫层厚度为 30cm 是最合适的。

表 6-3　安口膨胀土的库仑土压力计算参数

c/kPa	φ/(°)	h/m	φ_e/(°)	γ/(kN/m³)	δ/(°)	α/(°)	i/(°)	K_a	η_d	p_s/kPa	$p_{s,y}$/kPa
19	24	5.5	31.86	19.6	15.93	0	0	0.28	0.6	22.8	13.7

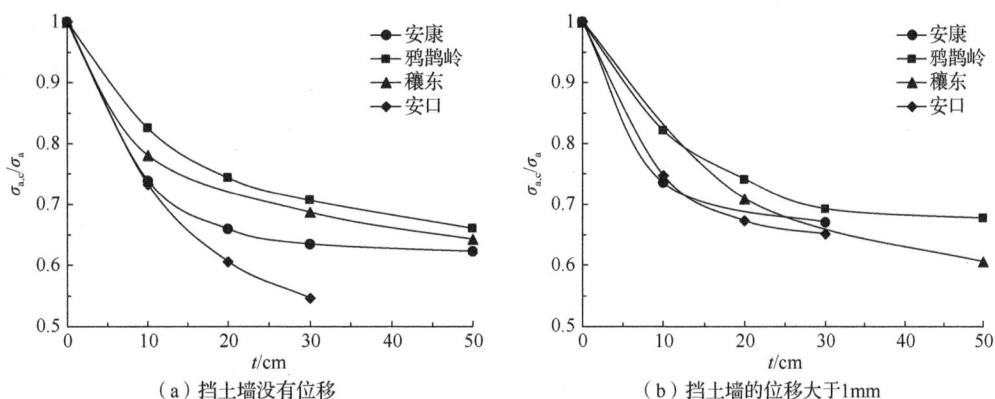

（a）挡土墙没有位移　　　　　　　　　　（b）挡土墙的位移大于 1mm

图 6-15　膨胀土挡土墙砾石和中砂垫层的减载效果（张颖钧，1995b）

6.3.3　膨胀土的朗肯土压力理论

根据安康膨胀土的竖向膨胀力与水平向膨胀力的相关关系（图 6-12），内摩擦角为 20°（表 6-2），静止土压力系数为

$$K_0 = 1 - \sin\varphi = 0.658 \tag{6-25}$$

和自重应力与静止土压力的关系一样，膨胀土的竖向膨胀力与水平向膨胀力的关系表示为 $p_{s,x} = p_{s,y} = K_0 \cdot p_s$。因此，膨胀土的竖向膨胀力等同于自重应力。

Sapaz（2004）通过模型试验系统地测试了含水量和干密度对安卡拉（Ankara）膨胀土的竖向膨胀力（p_s）和水平向膨胀力（$p_{s,x}$）的影响。Ankara 膨胀土的物理力学指标列于表 6-4 中，Ankara 膨胀土是高液限黏土，膨胀等级为超强膨胀性。图 6-16 中表示了竖向膨胀力（p_s）和水平向膨胀力（$p_{s,x}$）的相关关系，竖向膨胀力与水平向膨胀力的相关关系为 $p_{s,x} = K_0 \cdot p_s$，线性相关系数 $K_0 = 0.605$，计算 Ankara 膨胀土的内摩擦角为 $\varphi = 23.3°$。竖向膨胀力与自重应力具有同等属性。

表 6-4　Ankara 膨胀土的物理力学指标

参数	指标
液限 w_L/%	87.83
塑限 w_p/%	32.0
塑性指数 I_p	55.83
缩限 w_s/%	15.9
比重 G_s	2.605
<75μm 颗粒含量/%	69.7
>4.75mm 颗粒含量/%	1.42
<2μm 颗粒含量/%	44.7

参数	指标
活性指数 A/%	1.26
最优含水量 w_{opt}/%	36.5
最大干密度 ρ_d/(g·cm^{-3})	1.265
胀缩等级	超强
土的类型	CH

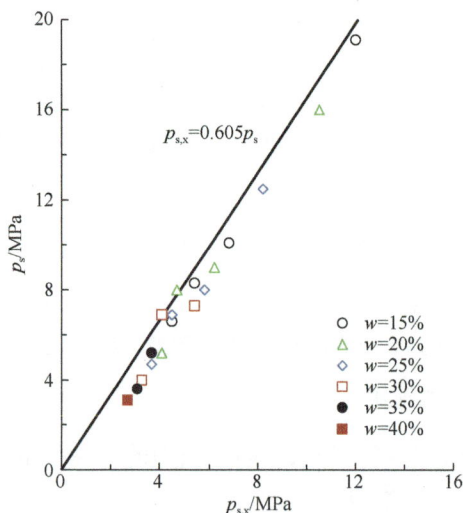

图 6-16　竖向膨胀力与水平向膨胀力的相关关系（Sapaz，2004）

　　膨胀土单元产生膨胀变形和膨胀力示意图如图 6-17 所示，膨胀土吸水和开挖卸荷产生膨胀变形；如果膨胀土的膨胀变形受到限制，产生膨胀力。在膨胀土边坡地表附近，膨胀土受气候的干湿循环影响，膨胀变形不受限制。随着深度增加，自重应力增加，膨胀变形受到限制，膨胀应力增加。在大气影响深度处，膨胀变形为 0，膨胀应力等于膨胀力。假设膨胀应力随深度增加呈线性增加，膨胀应力表示为

$$\begin{cases} \sigma_s = p_s \dfrac{z}{z_a} & (z < z_a) \\ \sigma_s = p_s & (z \geqslant z_a) \end{cases} \qquad (6\text{-}26)$$

式中，σ_s 为膨胀应力；p_s 为膨胀力；z 为计算深度；z_a 为大气影响深度，一般为 2～3m（表 6-5）。

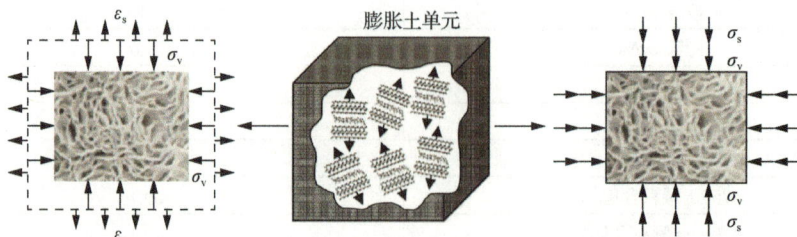

图 6-17　膨胀土单元的膨胀变形和膨胀力产生示意图

表 6-5 大气影响深度（廖世文，1984）

地区		影响深度/m
云南	鸡街	3～4
	蒙自市江水地	3～5
四川	成都	1.5
广西	宁明	3
	南宁	2.5～3
陕西	西康	3
湖北	荆门	1.2～2
	郧阳	2
	宜昌	2.1
河南	南阳	3.2
	平顶山	2.5
安徽	合肥	2
河北	邯郸	2

膨胀土的膨胀力与自重应力相同，两者直接相加（$\sigma_v + \sigma_s$），如图 6-18 所示。膨胀土的朗肯土压力公式为

$$\sigma_a = (\gamma h + q_0 + \sigma_s)K_a - 2c\sqrt{K_a} \tag{6-27}$$

式中，σ_a 为主动土压力；γ 为容重；h 为高度；σ_s 为膨胀应力；q_0 为均布荷载；K_a 为主动土压力系数；c 为黏聚力。

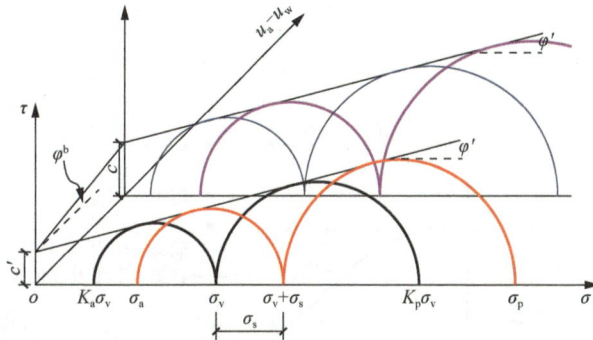

图 6-18 膨胀土在膨胀应力和竖向应力作用下的极限应力状态

不同膨胀等级膨胀土的土压力分布如图 6-19 所示，γ=20g/cm³，φ=20°，c=10kPa，$q_0 = 0$。不同膨胀等级膨胀土的膨胀力分别为：弱膨胀土，p_s=50kPa；中膨胀土，p_s=80kPa；强膨胀土，p_s=100kPa；超强膨胀土，p_s=150kPa。膨胀土的土压力分布分两段，浅层土压力分布直线的斜率大、深层土压力分布直线的斜率小；膨胀土土压力明显大于非膨胀性黏土的土压力，土压力随膨胀力增加而增大。

膨胀土的朗肯土压力理论计算结果与张颖均（1995c）的实测数据对比于图 6-20 中，填土的容重取 γ=20kN/m³，快剪强度参数为 c=19kPa，φ=24°，膨胀力 p_s=22.8kPa（表 6-2）。安口膨胀土的朗肯土压力理论的计算结果与实测数据一致。

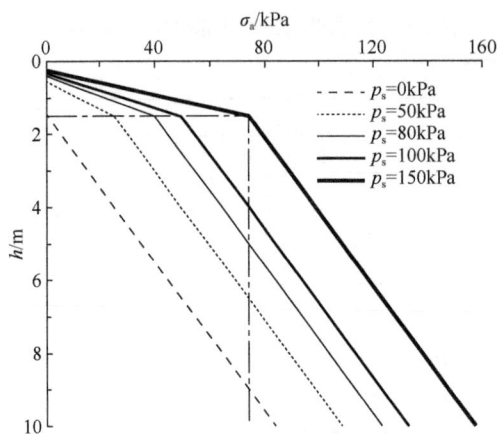

图 6-19　膨胀土的土压力分布

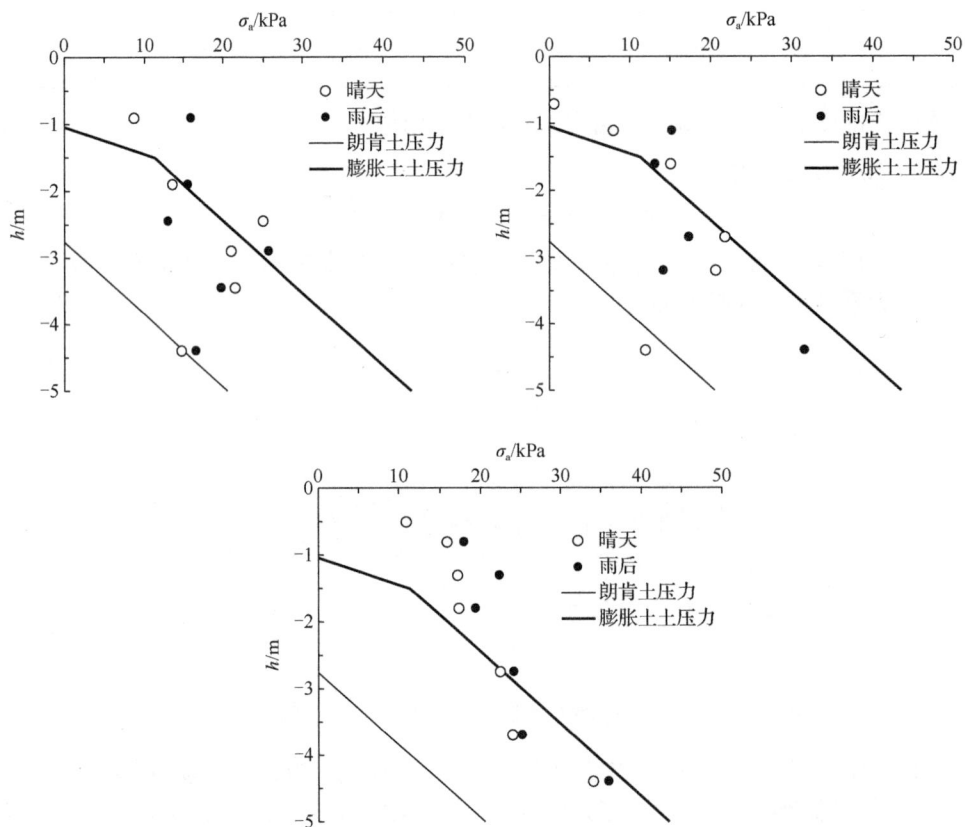

图 6-20　膨胀土的朗肯土压力理论计算结果与试验数据的对比

7 胀缩裂隙控制的膨胀土边坡浅层失稳机制及其稳定性分析方法

7.1 模 型 试 验

7.1.1 模型制作

选取广西宁明 G322 膨胀土滑坡处灰白色膨胀土，开展室内膨胀土边坡干湿循环模型试验，采用数字图像技术、三维实景扫描技术和图像处理技术，模拟干湿循环作用下膨胀土边坡胀缩裂隙动态发育规律、坡面位移和力学响应，揭示胀缩裂隙控制的膨胀土边坡浅层失稳机制。

膨胀土的物理力学指标列于表 7-1 中。模型箱尺寸：长×宽×高=1.8m×1.0m×1.2m，模型箱三侧均采用 18mm 厚钢化玻璃，钢化玻璃内侧均匀涂抹凡士林，减少摩擦。模型箱外用铝合金角钢搭建边框、铺设雨布，模型箱旁建有宽 20cm 的水槽，收集雨水。填筑前在模型箱底部依次铺设夹有 10mm 厚粗砂、两层不锈钢筛网和一层土工布，防止试验过程中膨胀土细颗粒流失。

表 7-1 膨胀土的物理力学指标

比重	液限/%	塑限/%	I_p	自由膨胀率/%	膨胀力/kPa	最大干密度/（g·cm^{-3}）	最优含水量/%
2.75	47.9	24.6	23.3	48.5	40.8	1.82	23

膨胀土边坡模型坡高 100cm，分层压实填筑，压实度为 95%。将土样晒干、碾碎、过 5mm 筛，按最优含水量 23%控制填土的含水量，闷置 24h。填筑前在玻璃外部画出边坡轮廓、台阶线和仪器摆放位置；每层填土采用平板振动夯压实，钢化玻璃边界处的填土采用橡胶锤锤实；采用环刀检测压实度和含水量，填筑完成后的膨胀土边坡模型如图 7-1 所示。边坡表面均匀撒上粒径为 0.1mm 黑色细砂，细砂经过染色处理，增强填土的层理；试验前对相机进行标定，建立图像像素与现实距离的关系。

图 7-1 膨胀土边坡模型试验图

7.1.2 仪器布设

降雨装置包括：降雨系统控制箱、储水箱、抽水泵、翻滚式雨量计、压力控制表及互成 44° 夹角的微雾降雨喷头，能产生 15.0～220.0mm/h 连续变化的降雨强度，雨滴直径为 1.5～6.0mm，降雨过程中均匀度大于 85%。

在模型箱外部框架上搭设三个波长为 360～800nm、色温 5600K 的长弧氙气灯，模拟太阳光，光照强度通过调节光源与边坡的距离实现，模拟暴晒炎热天气。

TEROS12 型水分传感器和 MPS-6 型基质吸力传感器埋设于边坡模型左右两侧距边壁 20cm 处，采用 CR300 型数据采集仪，每 60s 间隔采集一次数据。三维布设位置和平面示意图如图 7-2 所示。

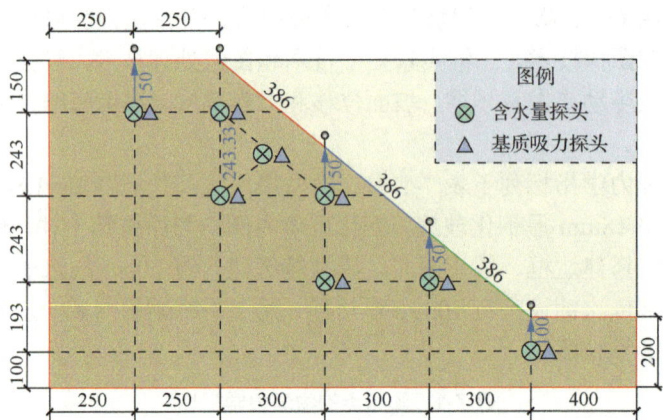

（a）仪器布置立面图

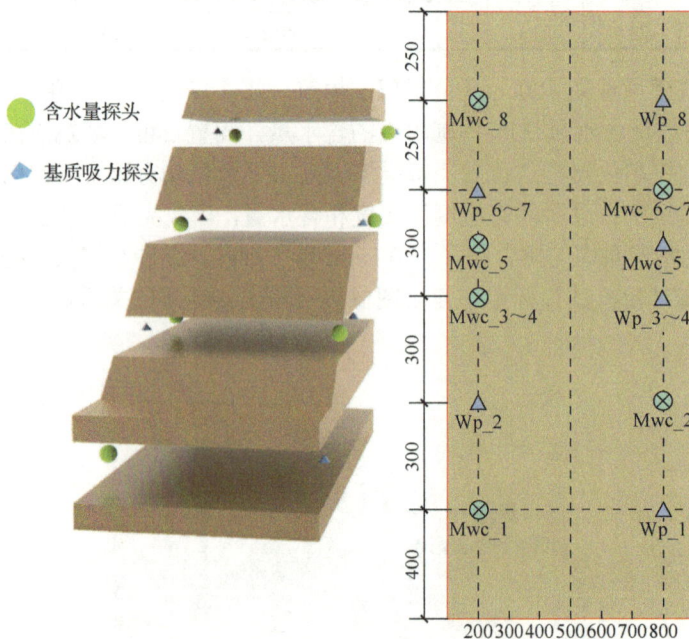

（b）仪器布置三维图 　　（c）仪器布置俯视图

图 7-2　监测仪器布设示意图（单位：mm）

采用两台佳能 80D 数码单反相机定时拍照，有效像素为 2420 万，快门速度最高可达 1/8000s，能敏锐地捕捉膨胀土边坡的干湿循环影响。在模型箱顶部布设索尼 EVI-D100P 高清摄像头，实时监测边坡裂隙发育，摄像头有效像素 300 万，具备红外夜视功能，最大水平视角可达 70°，采用数字图像技术分析处理。采用 Faro Focus3D-X130 扫描仪对干湿循环中膨胀土边坡进行扫描，为彩色点云数据。降雨强度设计为 18.7mm/h，光照强度设计为 840W/m²，试验历时 425h，模拟 7 次干湿循环，干湿循环历时如图 7-3 所示。

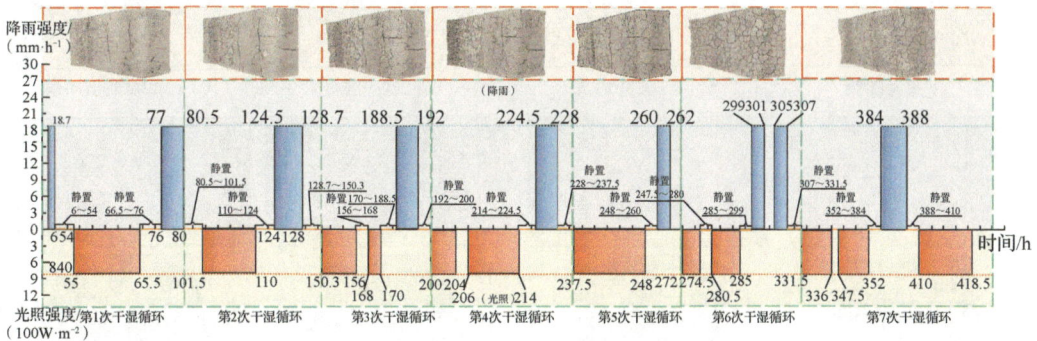

图 7-3　模型试验的干湿循环历时

7.1.3　试验结果分析

1）裂隙发育特征

干湿循环试验中的每一次降雨吸湿和光照脱湿后，使用 Faro Focus3D-X130 扫描仪对膨胀土边坡坡面进行扫描，生成带有彩色纹理的点云数据，膨胀土边坡干湿循环过程中边坡正面、后缘的裂隙发育如图 7-4 所示，膨胀土边坡在脱湿过程中裂隙发育形态呈递进式变化。在第 1 次脱湿结束后，坡面裂隙发育明显，迎面坡及前缘均发育有众多横纵交错的裂隙，距坡脚处发育近乎呈水平的主裂隙，在光照脱湿作用下主裂隙不断横向发展，派生出诸多弧形次级裂缝，与初级主裂缝衔接处多呈 "Y" 形或垂直状态。干湿循环过程中，膨胀土边坡裂隙发育具有相似和重复性，主裂缝长度、宽度不断增加，与主裂隙衔接的裂隙网格范围不断扩大。在第 1 次至第 4 次脱湿过程中，后缘主裂隙逐渐向坡顶延展，与迎坡面 4 号主裂隙衔接；在第 4 次脱湿结束后，坡面主裂隙将膨胀土边坡表面分割为数个块体，坡顶处以 "Y" 形衔接主裂缝；第 5 次脱湿结束后，坡顶被裂隙分割为四个块体，形成不同规模的裂隙网络；第 6 次脱湿结束后，各个块体内部出现错综复杂的裂隙网络；第 7 次脱湿结束后，坡顶、坡面处的裂隙均匀分布，呈现多边形块体。

2）胀缩裂隙的浅层性

图 7-5 为经历 7 次干湿循环后膨胀土边坡含水量沿深度的分布。第 1 次脱湿后，浅层（第 1、第 2 层）断面处含水量变化迅速，其中第 1 层断面变化最为显著，由 23% 递减至 20.75%；随着脱湿过程继续，各个断面含水量变化趋势接近，在 39.3cm 深度以上的含水量变化明显，向下逐层递减。经历 7 次降雨的含水量变化规律相似，39.3cm 深度以上的含水量变化明显，在第 7 次降雨后的含水量变化最大，达到 6.93%，含水量变化幅度从上至下逐层递减，39.3cm 深度以下含水量变化较小。

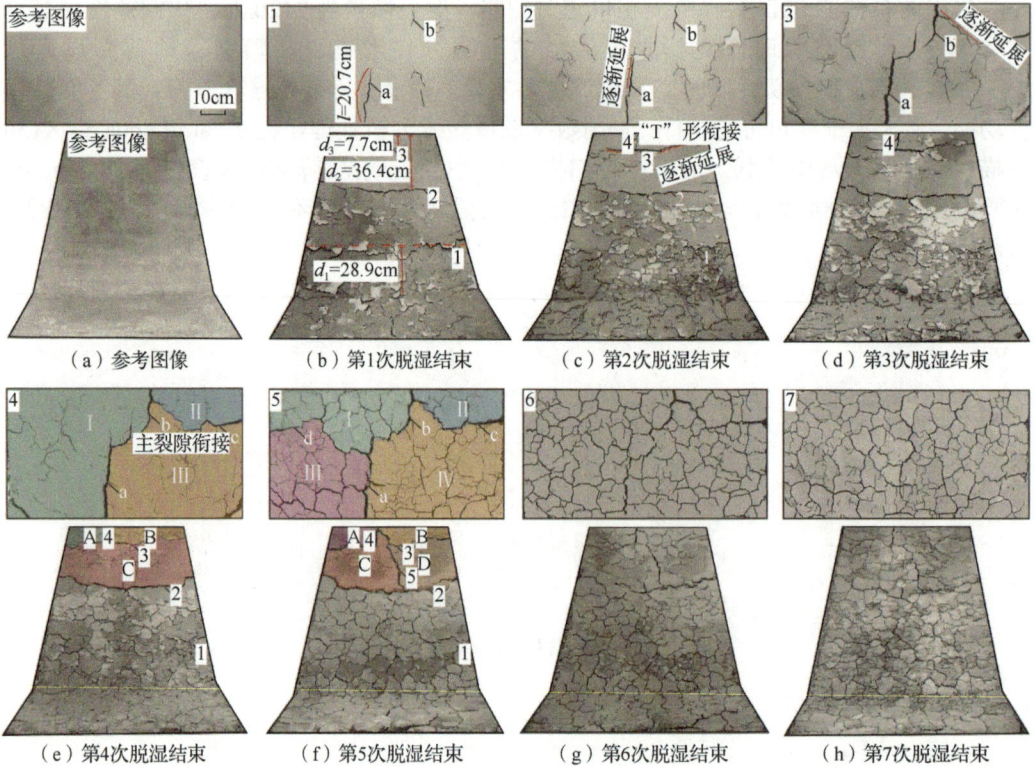

（a）参考图像　　　（b）第1次脱湿结束　　　（c）第2次脱湿结束　　　（d）第3次脱湿结束

（e）第4次脱湿结束　　　（f）第5次脱湿结束　　　（g）第6次脱湿结束　　　（h）第7次脱湿结束

图 7-4　边坡正面和后缘裂隙发育图

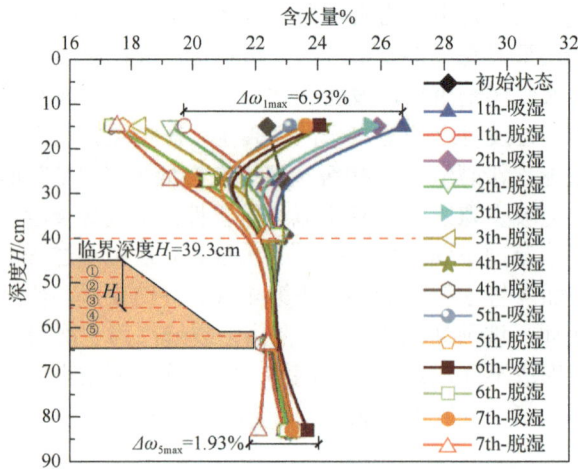

图 7-5　经历 7 次干湿循环后膨胀土边坡含水量沿深度的分布

　　经历 7 次干湿循环膨胀土边坡的基质吸力随深度的变化如图 7-6 所示。干燥脱湿阶段和降雨吸湿阶段各断面的基质吸力变化规律具有相似性。在干燥脱湿阶段，基质吸力变化与含水量变化类似，即第 1 次脱湿后浅层的基质吸力增加最快，在第 2～7 次脱湿过程中，基质吸力增长幅度变化呈现出从上至下逐层递减趋势。

在干湿循环作用下，膨胀土边坡裂隙发育显著，膨胀土边坡表面形成错综复杂裂隙网络，破坏了边坡的完整性；同时，水分更快地浸入坡体，膨胀土边坡抗剪强度持续劣化；竖向裂隙发育与大气联通，水分蒸发、浸水范围增大，含水量随干湿交替变化迅速，拉应力集中于裂隙深部尖端，裂隙不断向深部延展、连通，形成边坡浅层滑裂面（图7-7），膨胀土边坡失稳滑动。膨胀土边坡经过7次干湿循环，坡顶和坡侧面裂隙持续发展，裂隙数量增多，在边坡内扩展，浅层胀缩裂隙贯通，边坡产生失稳滑动。膨胀土边坡裂隙沿顺坡向发育，不纯粹是竖向发育，形成浅层滑动面，膨胀土边坡发生浅层失稳破坏。

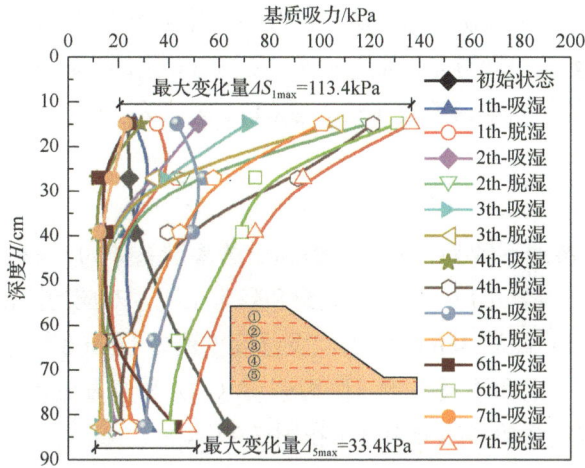

图7-6　经历7次干湿循环膨胀土边坡的基质吸力随深度的变化

图7-7　膨胀土边坡浅层滑裂面

7.2　降雨-蒸发模拟

7.2.1　计算模型

降雨-蒸发过程中膨胀土边坡的含水量分布采用非饱和渗流计算，二维渗流偏微分控制方程为

$$\frac{\partial}{\partial x}\left(k_x\frac{\partial H}{\partial x}\right)+\frac{\partial}{\partial y}\left(k_y\frac{\partial H}{\partial y}\right)+Q=m_w\gamma_w\frac{\partial H}{\partial t}\quad(7\text{-}1)$$

式中，H为总水头；k_x和k_y分别为x和y方向的渗透系数；Q为边界流量；m_w为土-水特征曲线的斜率；γ_w为水的容重；t为时间。

降雨引起的非饱和土边坡失稳多发生在边坡浅层部位，滑面大致与坡面平行，假设边坡长度与垂直于坡面的深度之比大于10:1。在此假设下，渗流过程简化为一维渗流模型，降雨入渗在边坡坡面是均匀分布的，一维渗流模型如图7-8所示。计算模型宽为1m，深度为4m。初始水位

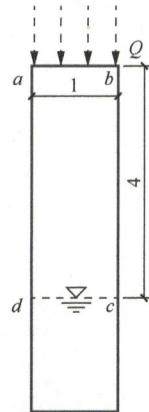

图7-8　计算模型（单位：m）

位于 *cd* 边界，设置边坡边界 *ad* 和 *bc* 为不透水边界，*ab* 为坡面大气相互作用边界。平均气温为 27℃，相对湿度为 75%，降雨 12h 后蒸发 12h 为一个降雨-蒸发循环周期，共计算 10 次循环。

7.2.2　计算参数

非饱和土的土-水特征曲线方程（Xu，2004a）为

$$S_e = \left(\frac{\psi}{\psi_e} \right)^{D-3} \tag{7-2}$$

式中，S_e 为有效饱和度，$S_e = (\theta - \theta_r)/(\theta_s - \theta_r)$，$\theta$、$\theta_s$ 和 θ_r 分别为体积含水量、饱和体积含水量和残余体积含水量；D 为孔隙表面分维，取值介于 2.0 到 3.0 之间；ψ 和 ψ_e 分别为基质吸力和进气值。非饱和土的相对渗透系数（Xu，2004a）表示为

$$k_r = \left(\frac{\psi}{\psi_e} \right)^{3D-11} \tag{7-3}$$

式中，k_r 为相对渗透系数。当饱和渗透系数为 k_s 时，非饱和土的渗透系数为 $k = k_s \cdot k_r$。

根据气象部门的降雨等级分类，设置小雨、中雨、大雨和暴雨工况，对应的降雨强度（Q）为 3mm·h^{-1}、9mm·h^{-1}、15mm·h^{-1} 和 36mm·h^{-1}，蒸发强度设置为 1mm·h^{-1}。各计算工况中的孔隙表面分维、进气值、饱和渗透系数、降雨强度（Q）和蒸发强度（E）列于表 7-2 中。土-水特征曲线和渗透系数曲线分别表示在图 7-9 中。

表 7-2　计算参数

工况	D	ψ_e/kPa	k_s/(m·s^{-1})	Q/(mm·h^{-1})	E/(mm·h^{-1})
小雨				3	
中雨	2.5	50	1.0×10^{-6}	9	1
大雨				15	
暴雨				36	

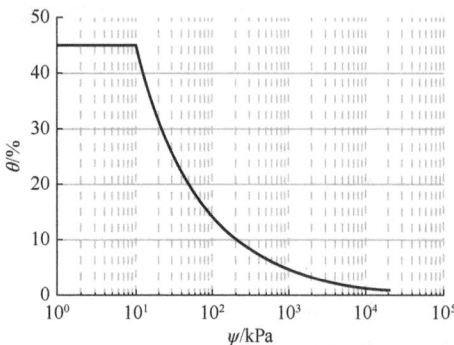

（a）土-水特征曲线　　　　　　　（b）渗透系数曲线

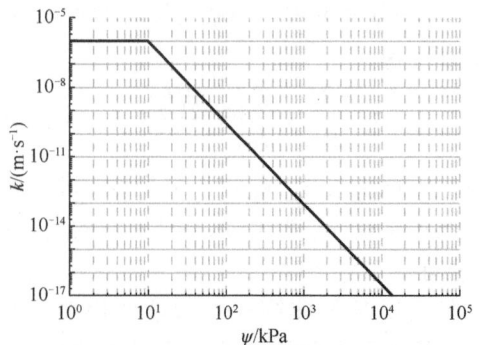

图 7-9　非饱和土的土-水特征曲线和渗透系数曲线

7.2.3 计算结果

利用有限元方法模拟降雨-蒸发循环过程中体积含水量和基质吸力（孔隙水压力）的分布，分析降雨-蒸发循环作用的影响深度。小雨工况下边坡在不同深度处的体积含水量随时间变化如图 7-10 所示。在降雨条件下，雨水优先浸润表层土，坡面土的体积含水量出现明显增加。随着深度增加，雨水入渗和蒸发引起的体积含水量变化滞后于表层。随着循环次数增加，体积含水量变化幅度明显降低。经过 10 次降雨-蒸发循环作用，0.4m 深度以上的体积含水量变化明显，0.4m 深度以下的体积含水量基本不变。

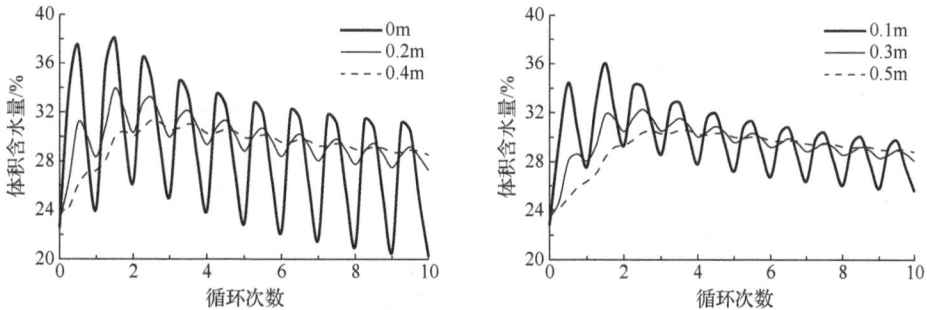

图 7-10　不同深度处体积含水量随时间的变化

不同降雨强度下，1 次降雨-蒸发循环中基质吸力随深度分布情况如图 7-11 所示。在降雨过程中，雨水入渗引起体积含水量增加，基质吸力降低；在蒸发过程中，体积含水量和基质吸力的变化正好相反，体积含水量增加，基质吸力降低。不同降雨强度下，经过 1 次降雨-蒸发循环过程，基质吸力变化的深度在 1.0m 左右。

降雨-蒸发循环次数对基质吸力沿深度分布的影响如图 7-12 所示。随着循环次数增加，基质吸力变化幅度减小，基质吸力变化深度增加，基质吸力变化深度不超过 2m。经历 10 次降雨-蒸发循环后，基质吸力变化深度趋于稳定（图 7-13）。因此，降雨-蒸发循环对膨胀土边坡的影响深度很小。

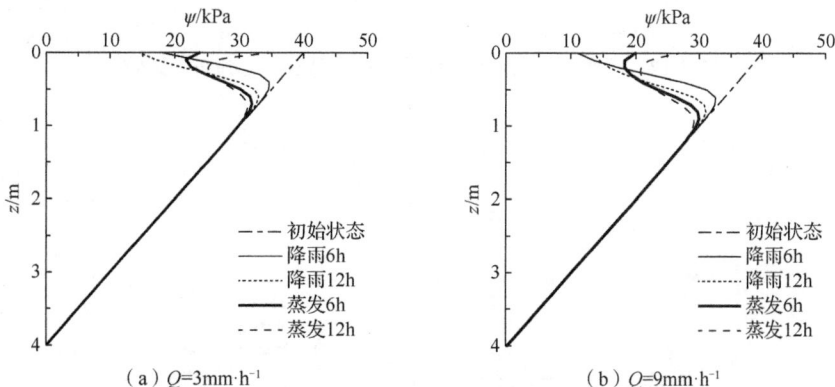

（a）$Q=3\text{mm}\cdot\text{h}^{-1}$　　　　（b）$Q=9\text{mm}\cdot\text{h}^{-1}$

图 7-11　不同降雨强度下，1 次降雨-蒸发循环中基质吸力随深度的分布

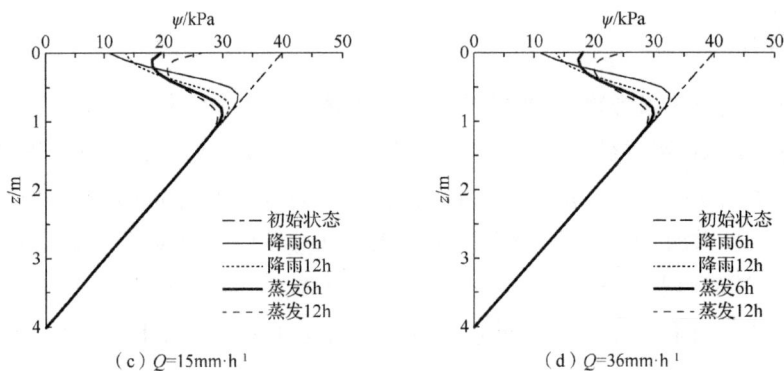

（c）$Q=15\text{mm·h}^{-1}$

（d）$Q=36\text{mm·h}^{-1}$

图 7-11（续）

（a）$Q=3\text{mm·h}^{-1}$

（b）$Q=9\text{mm·h}^{-1}$

（c）$Q=15\text{mm·h}^{-1}$

（d）$Q=36\text{mm·h}^{-1}$

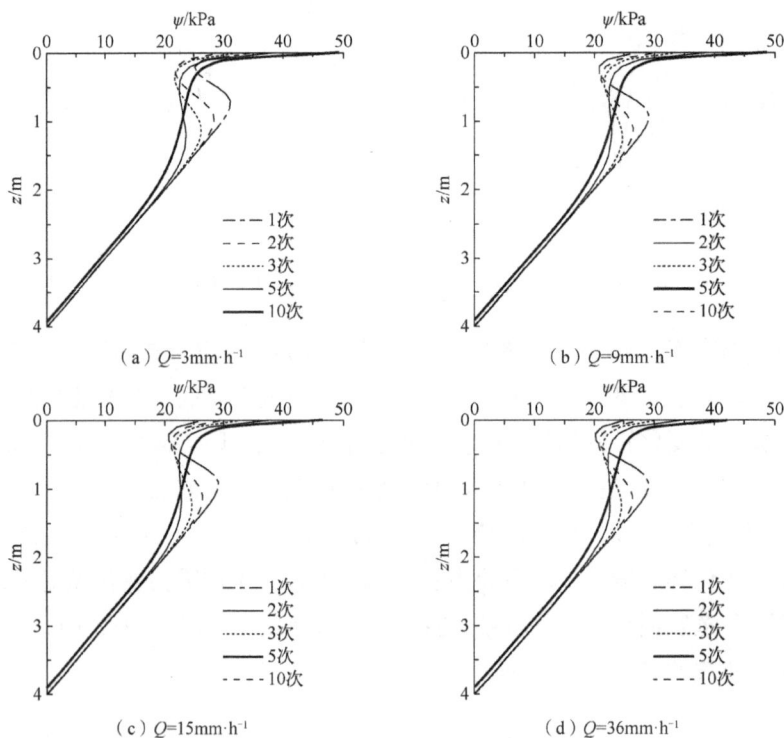

图 7-12　降雨-蒸发循环次数对基质吸力沿深度分布的影响

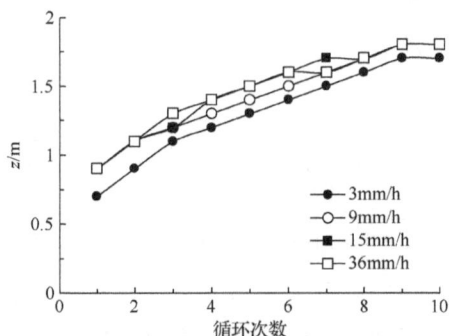

图 7-13　降雨-蒸发循环次数对基质吸力变化深度的影响

7.3　裂隙发育模拟

7.3.1　胀缩变形模拟

随着膨胀土含水量降低、吸力增大、体积收缩，内部产生拉应力，当拉应力大于土的抗拉强度与自重侧应力之和时，产生裂隙。膨胀土遇水膨胀，导致裂隙有所收缩，甚至闭合。在离散元模拟方法中，将每个颗粒单元看作是颗粒与孔隙的集合体，如图7-14所示，通过控制颗粒单元的体积变化模拟膨胀土的胀缩现象。颗粒单元的二维胀缩变形表示为

$$R = \alpha R_0 \tag{7-4}$$

式中，R和R_0分别为颗粒半径和颗粒初始半径；α为胀缩系数，计算如下：

$$\alpha = \sqrt{\frac{e+1}{e_0+1}} \tag{7-5}$$

式中，e和e_0分别为与目标含水量和初始含水量对应的孔隙比。

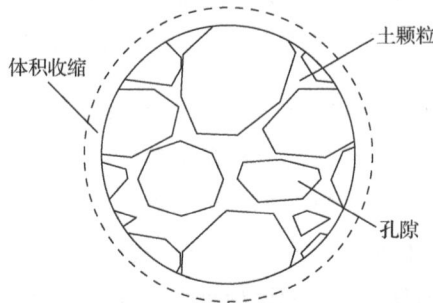

图7-14　膨胀土湿胀干缩的离散元模拟方法

7.3.2　离散元接触模型

采用MatDEM软件建立离散元数值模拟模型，单元接触模型采用线弹性接触模型，颗粒与颗粒之间以弹簧形式接触，如图7-15所示。颗粒间的法向力和法向相对位移通过颗粒间的法向弹簧模拟：

$$F_n = \begin{cases} K_n X_n & (X_n < X_b，连接完整) \\ K_n X_n & (X_n < 0，连接断开) \\ 0 & (X_n \geqslant 0，连接断开) \end{cases} \tag{7-6}$$

式中，F_n为法向力；K_n为法向刚度；X_n为法向相对位移；X_b为断裂位移。当2个相邻颗粒间的相对位移不超过断裂位移时，颗粒受弹簧力作用；当相对位移超过断裂位移后，颗粒间拉力消失，仅存在压力作用。

颗粒间的剪切力用切向弹簧模拟：

$$F_s = K_s X_s \tag{7-7}$$

式中，F_s为切向力；K_s为切向刚度；X_s为切向位移。弹簧切向破坏符合莫尔-库仑强度准则：

$$F_{smax} = F_{s0} - \mu_p F_n \tag{7-8}$$

式中，F_{smax} 为最大剪切力；F_{s0} 为颗粒间的抗剪力；μ_p 为颗粒间的摩擦系数。当颗粒间切向力超过最大剪切力时，切向连接断裂，颗粒间仅存在滑动摩擦力 $-\mu_p F_n$。

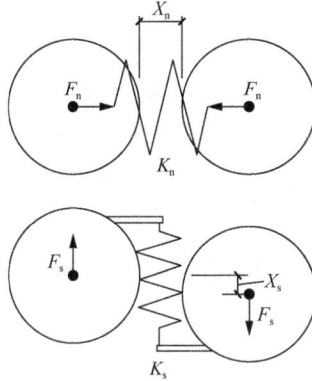

图 7-15　线弹性接触模型示意图

7.3.3　计算参数

MatDEM 建模方式是通过模拟颗粒单元自然沉积构建初始的堆积模型，颗粒平均半径为 2mm，分布系数为 0.15，颗粒单元半径在 1.73～2.27mm 之间呈正态分布。对所有颗粒单元施加随机初速度，通过迭代计算使颗粒运动和相互碰撞至随机位置。随后对单元施加重力作用，单元逐渐沉积，重力沉积结束后，按照边坡尺寸切割堆积体，如图 7-16 所示。

数值模型的微观参数有 5 个，主要是法向刚度 K_n、切向刚度 K_s、断裂位移 X_b、初始抗剪力 F_{s0} 和摩擦系数 μ_p，根据弹性模量 E、泊松比 μ、抗压强度 C_u、抗拉强度 T_u 和内摩擦系数 μ_i 计算，宏观和微观参数列于表 7-3 中。

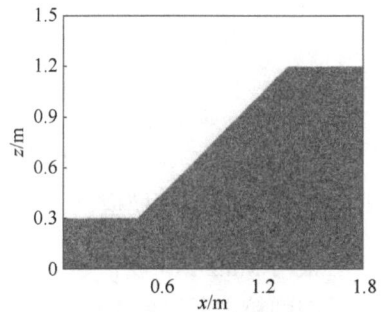

图 7-16　离散元边坡模型

表 7-3　膨胀土宏观力学性质及离散元力学参数

宏观参数	数值	微观参数	数值
弹性模量 E/MPa	12	法向刚度 K_n/(kN·m^{-1})	129
泊松比 μ	0.4	切向刚度 K_s/(kN·m^{-1})	31.5
抗拉强度 T_u/kPa	132	断裂位移 X_b/m	3.02×10^{-5}
抗压强度 C_u/kPa	209	初始剪切力 F_{s0}/N	2.9537
内摩擦系数 μ_i	0.513	摩擦系数 μ_p	0.1306

离散元模拟蒸发–降雨过程，含水量变化产生膨胀土胀缩变形，引起抗拉强度变化，胀缩变形与抗拉强度的关系根据室内试验确定。在离散元模拟过程中，颗粒单元设置一个含水量参数，按照非饱和渗流计算含水量分布，每个颗粒中心点位置赋予有限元网格中对应位置处的含水量，在干缩、湿胀过程中按照胀缩系数改变颗粒的半径。

7.3.4　计算结果

蒸发–降雨过程中膨胀土边坡含水量分布及裂隙演化如图 7-17 所示。在蒸发 1d 后，在边坡含水量变化最明显的坡顶及坡面靠近坡肩的部位率先出现裂隙；随着蒸发过程进行，坡顶、坡面和坡底均出现干缩裂隙，并不断向深处扩展。坡顶和坡底裂隙沿竖向发展，坡面裂隙沿垂直于坡面方向发展。蒸发过程中边坡距表层相同深度处的含水量变化幅度与土的收缩变形相同，当收缩产生的拉应力大于抗拉强度与自重侧应力之和时，裂隙发育，并沿相同方向继续扩展。裂隙宽度沿发育方向呈现出上宽下窄的"Y"形，上部土体受到自重侧应力作用较小，导致裂隙宽度较大。随着深度增加，土失水较少且受到较大自重侧应力作用，裂隙宽度逐渐变窄。蒸发结束后坡面部位裂隙发展深度从低到高呈现递增趋势，底部土受到较大自重侧应力作用，对裂隙发育起到了抑制作用。在连续蒸发 7d、降雨 1d 后，坡面的含水量增加，吸水膨胀，裂隙收缩。

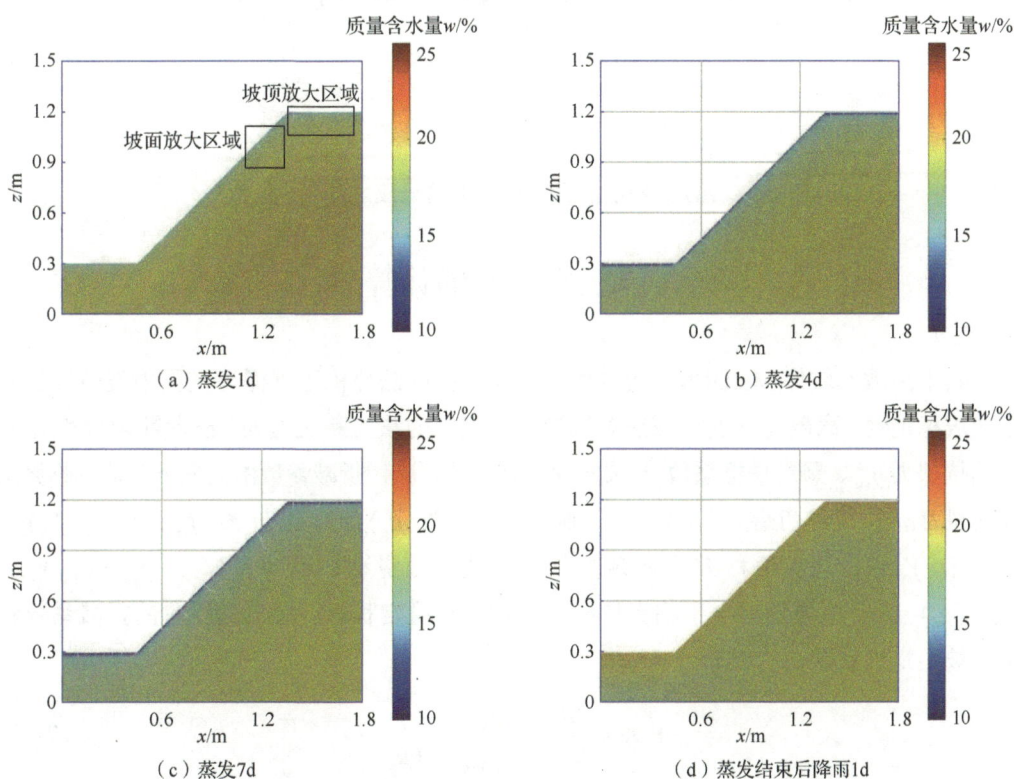

（a）蒸发1d　　　　　　　　（b）蒸发4d

（c）蒸发7d　　　　　　　　（d）蒸发结束后降雨1d

图 7-17　蒸发–降雨过程中膨胀土边坡含水量分布及裂隙演化

蒸发-降雨过程中膨胀土边坡坡顶、坡面和坡底处的最大裂隙深度比较如图 7-18 所示。蒸发 2d 后坡面处最大裂隙深度为 12.6cm；坡顶处最大裂隙深度为 9.90cm；坡底处最大裂隙深度为 5.36cm。蒸发至 7d 后，坡面处最大裂隙深度为 20.6cm；坡顶处最大裂隙深度为 10.2cm；坡底处最大裂隙深度为 5.82cm。降雨 1d 后坡面最大裂隙深度降低至 10.1cm；坡顶最大裂隙深度降低至 2.83cm；坡底最大裂隙深度降低至 1.28cm。在蒸发早期，边坡表层含水量减少快，裂隙发育速率也快，边坡各部位裂隙快速增加，但随着蒸发时间延长，表层含水量变化速率逐渐减小，裂隙发育速率和裂隙数量增加趋势明显下降，最大裂隙发育深度逐渐趋于稳定。蒸发过程中坡面处裂隙深度大于坡顶与坡底部位裂隙深度，坡面存在临空面导致自重侧应力作用较小，坡面处裂隙发育深度较大。在降雨过程中，裂隙深度逐渐减小，裂隙数量减少。

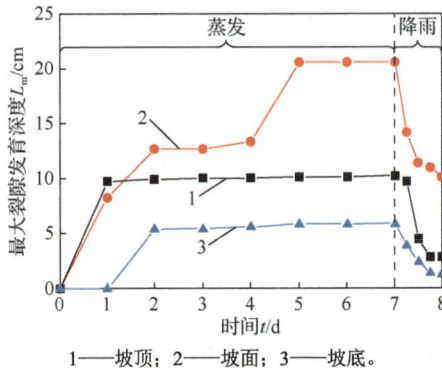

图 7-18　蒸发-降雨过程中边坡各位置处最大裂隙发育深度

7.4　边坡稳定性的计算方法

基于离散元软件 MatDEM，通过离散元强度折减法分析干湿循环过程中裂隙性膨胀土边坡稳定性。离散元强度折减法对线弹性模型中的法向断裂力 bf（法向断裂位移 x_b）、初始抗剪力 f_{s0}、颗粒摩擦系数 μ_p 按相同折减系数折减，折减参量由大变小，达到临界法向断裂力 bf_{cr}、临界初始抗剪力 $(f_{s0})_{cr}$、临界摩擦系数 $(\mu_p)_{cr}$ 时，当 $bf \leqslant bf_{cr}$、$f_{s0} \leqslant (f_{s0})_{cr}$、$\mu_p \leqslant (\mu_p)_{cr}$ 时，边坡位移大于临界位移，边坡失稳滑动；当 $bf > bf_{cr}$、$f_{s0} > (f_{s0})_{cr}$、$\mu_p > (\mu_p)_{cr}$ 时，边坡位移小于临界位移，边坡处于稳定状态。边坡失稳时的折减系数就是边坡稳定性系数：

$$\mathrm{FOS} = \frac{bf}{bf_{cr}} = \frac{f_{s0}}{(f_{s0})_{cr}} = \frac{\mu_p}{(\mu_p)_{cr}} \tag{7-9}$$

MatDEM 自动计算流程如图 7-19 所示。5 个监测点布置情况如图 7-20 所示。

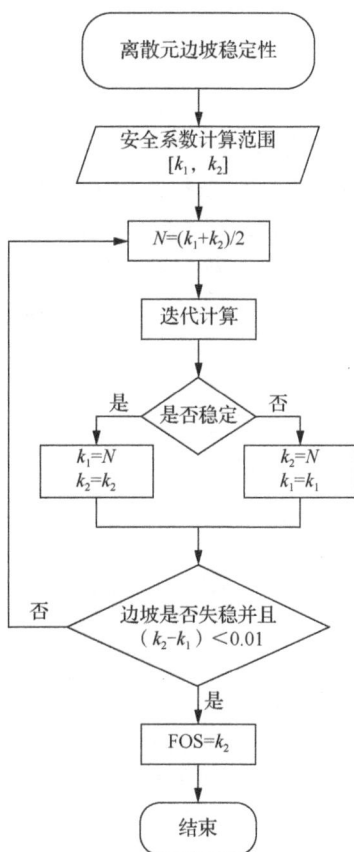

图 7-19 离散元强度折减法计算流程图

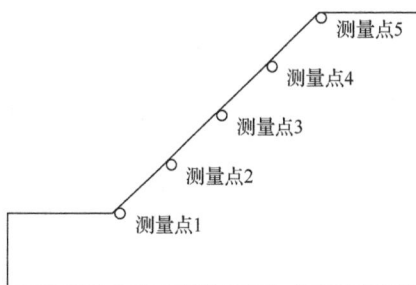

图 7-20 离散元边坡模型测量点布置情况

7.4.1 计算参数

裂隙性膨胀土边坡稳定性分析参数设置如下。

（1）设置裂隙土的强度。按照裂隙发育深度划分膨胀土边坡裂隙区域，按照干湿循环强度参数设置，非裂隙区的强度初始设置为未经干湿循环的强度参数。

（2）计算模型中嵌置裂隙。干湿循环过程中膨胀土边坡离散元模型中存在裂隙，裂隙处的颗粒处于断开状态；降雨后土吸水膨胀，裂隙逐渐收窄或闭合，裂隙处的颗粒仅能承受压力作用，不能承受拉力作用。干湿循环过程中膨胀土边坡裂隙最大发育深度列于表 7-4 中。

表 7-4 干湿循环过程中膨胀土边坡裂隙最大发育深度

干湿循环次数	裂隙最大发育深度/mm
0	0
1	450
2	800
3	1450
4	1600
5	1900

7.4.2 计算结果

1）边坡稳定性系数

经历不同干湿循环次数的膨胀土边坡位移如图 7-21 所示。当边坡强度折减系数达到临界值时，位移明显增加，离散元方法计算的膨胀土边坡的稳定性系数如表 7-5 所示。随着干湿循环次数增加，边坡稳定性系数逐渐降低，最终趋于稳定。在干湿循环早期（1～3 次干湿循环），土的抗剪强度随干湿循环次数增加而快速减小，裂隙数量和裂隙发育深度迅速增加，边坡稳定性系数迅速减小且降低幅度很大；在干湿循环后期（3～5 次干湿循环），土的抗剪强度趋于稳定，裂隙数量与裂隙发育深度增加幅度逐渐减小，边坡稳定性系数降低幅度也逐渐减小。

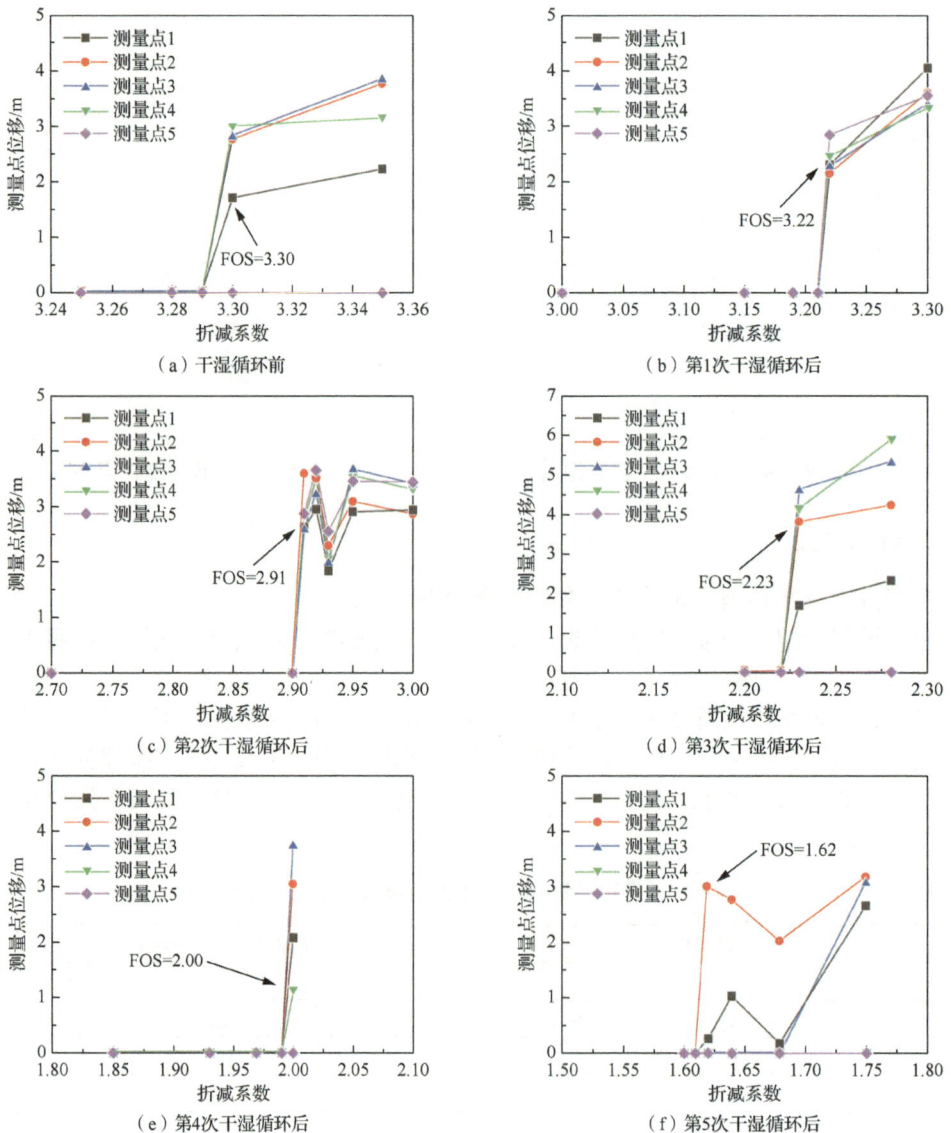

图 7-21 膨胀土边坡测量点位移图

表 7-5　离散元方法计算的稳定性系数

干湿循环次数	边坡稳定性系数
0	3.30
1	3.22
2	2.91
3	2.23
4	2.00
5	1.62

2）边坡失稳特征

未经干湿循环的膨胀土边坡临界状态位移如图 7-22 所示。在 25000 时步后边坡整体暂未出现滑动，从边坡坡脚处沿坡面向上出现一条明显的裂隙，表现出滑动趋势；计算 50000 时步后坡脚处的第一段滑动面已明显形成，计算 75000 时步后第一段滑坡的滑动距离已达 1m 以上，并牵引上部土体滑动，引发第二段滑坡；计算 100000 时步后边坡最大滑动位移大于 3m，整体呈深层滑坡。

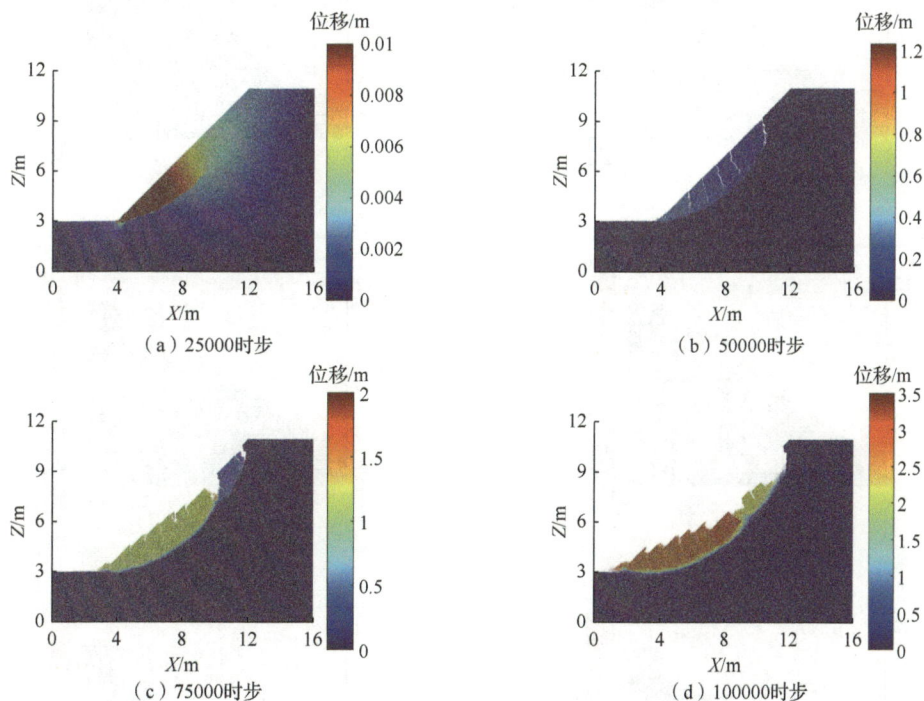

图 7-22　未经干湿循环的膨胀土边坡临界状态位移

干湿循环 1 次与 2 次的膨胀土边坡临界状态位移趋势基本相似，如图 7-23 所示。在 25000 时步后边坡整体暂未出现较大滑动，滑动面从坡顶裂隙处开始，沿着边坡内部呈圆弧状逐渐向下发展；计算 50000 时步后边坡滑动裂隙面已完全贯通，出现整体滑动趋势；计算 50000～100000 时步时，出现整体滑坡，滑动位移量随着计算时步增加而逐渐增加，整体呈深层滑坡。在干湿循环次数较少时，膨胀土边坡滑动面亦呈深层圆弧形，与未经干湿循环的边坡滑动面类似。在干湿循环早期，虽然抗剪强度下降较快，但边坡裂隙数量与裂隙发育深度较小，滑坡仍表现为整体滑动。干湿循环后边坡滑动率先由坡顶裂隙处开始，在重力作用下形成圆弧形整体滑动。

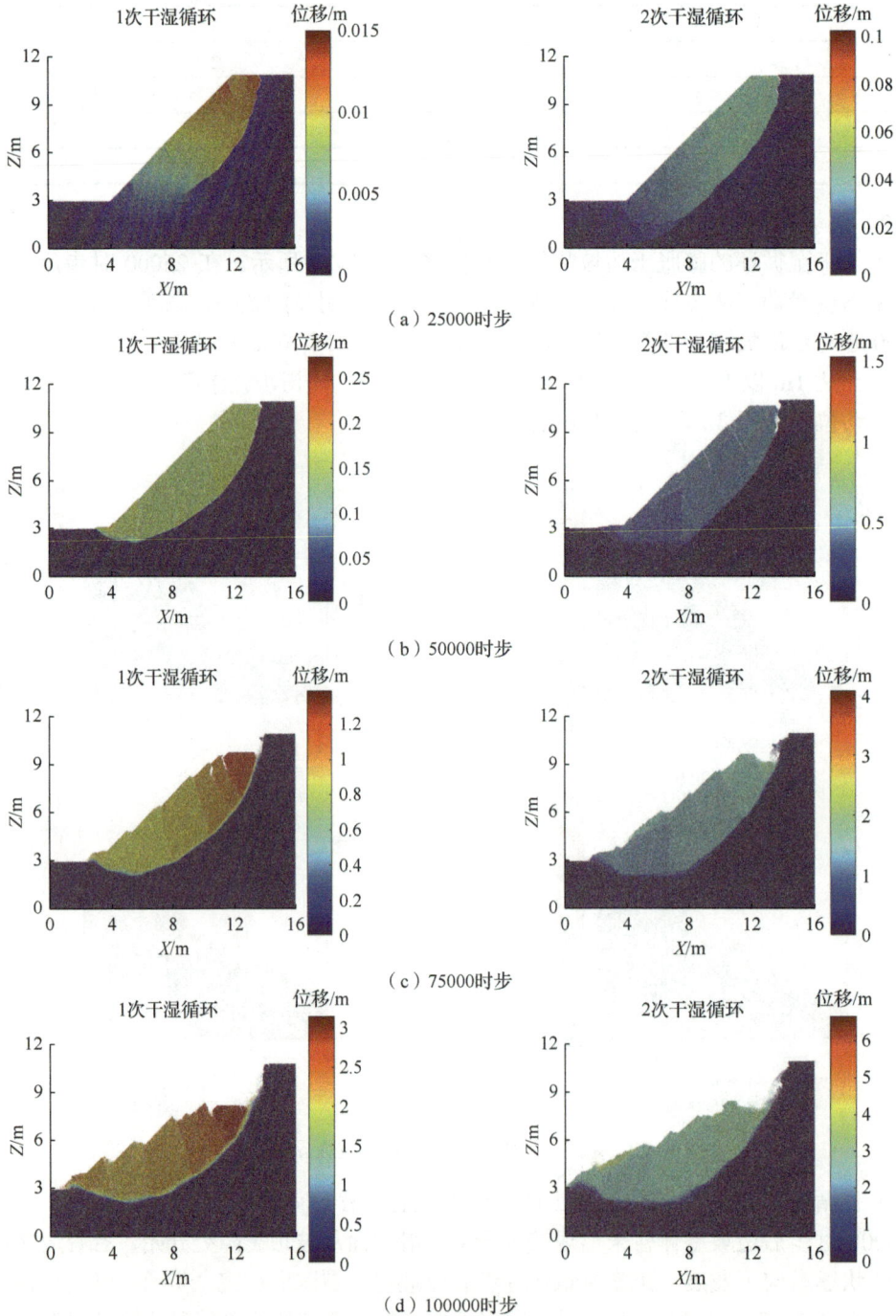

（a）25000时步

（b）50000时步

（c）75000时步

（d）100000时步

图7-23　经历1~2次干湿循环后的膨胀土边坡临界状态位移

干湿循环 3～5 次的膨胀土边坡临界状态位移趋势基本相似，均呈现出浅层滑动，如图 7-24 所示。在 25000 时步后边坡整体未出现较大滑动，坡面较浅处沿胀缩裂隙出现滑动趋势；计算 50000 时步后坡脚处的浅层滑动面已完全贯通；计算 50000～100000时步时，滑坡体继续向下滑动，滑动位移随计算时步增加而逐渐增加，边坡滑动呈现出浅层性、牵引性。在干湿循环后期（3～5 次），膨胀土抗剪强度小，同时边坡裂隙数量多、裂隙发育深度大，边坡表层强度低与胀缩裂隙多是导致边坡产生浅层滑动的原因。

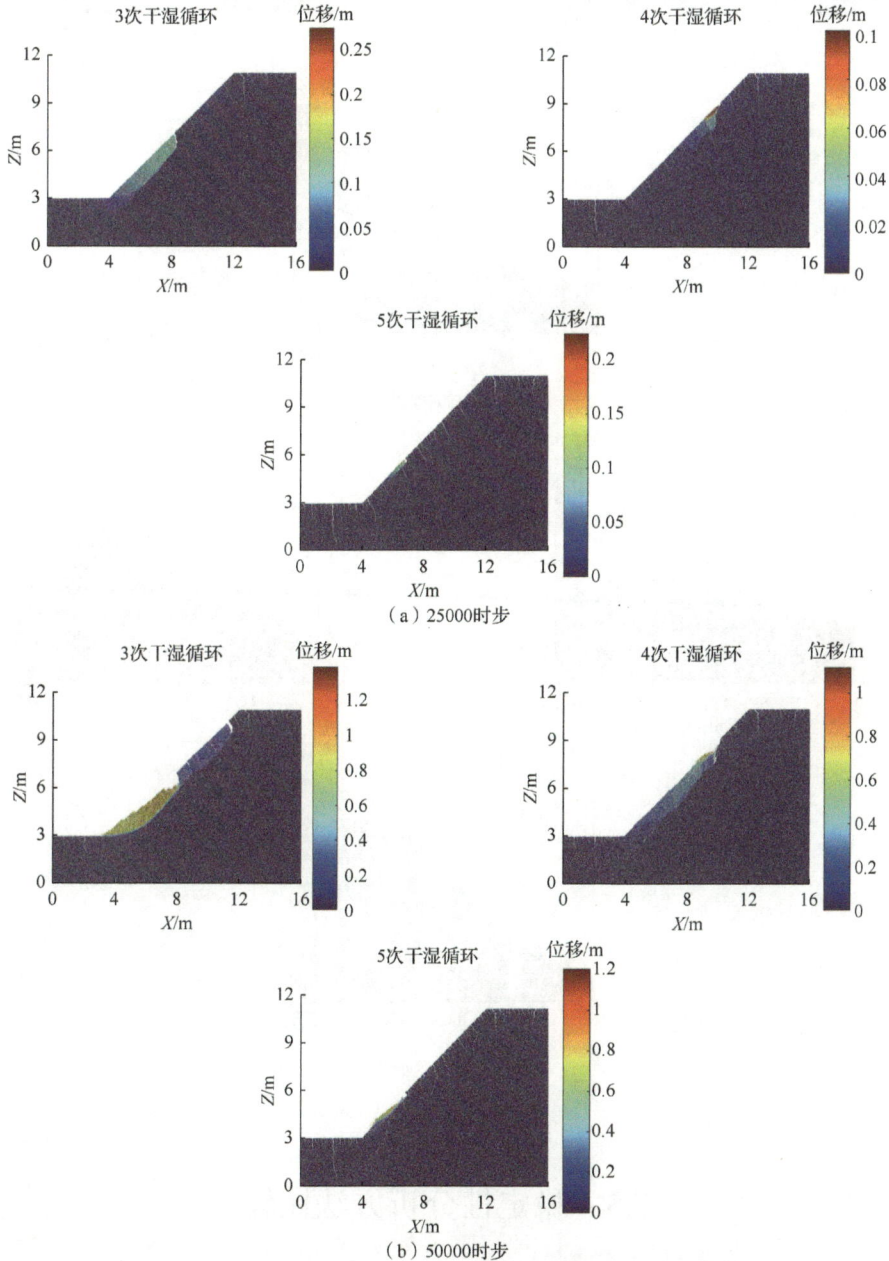

（a）25000时步

（b）50000时步

图 7-24　经历 3～5 次干湿循环后膨胀土边坡临界状态位移

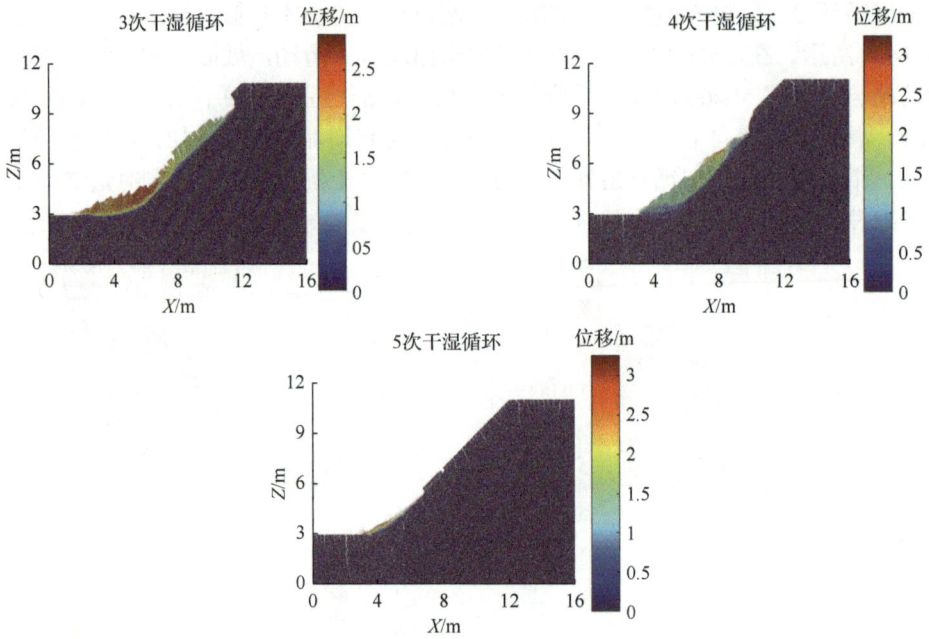

（c）75000时步

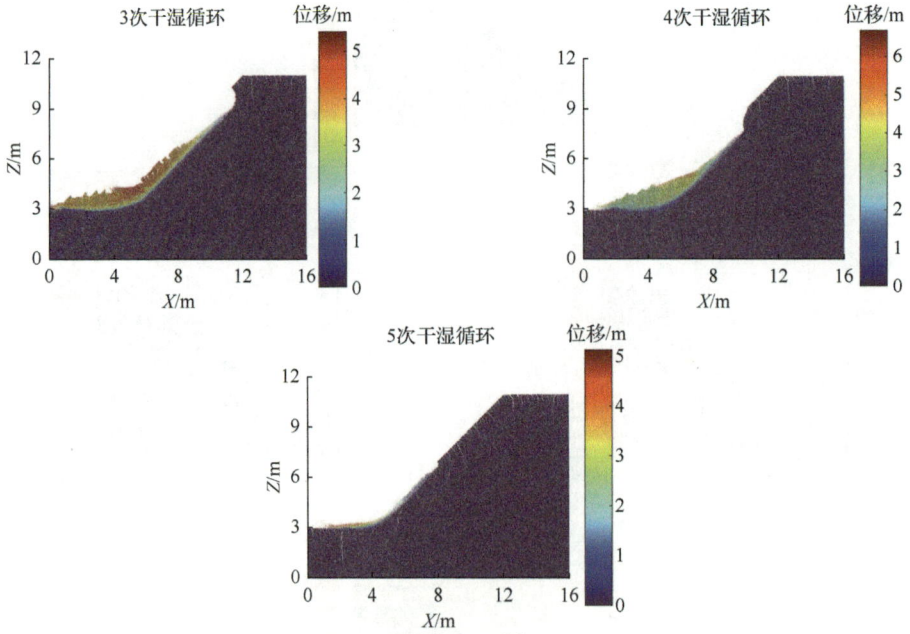

（d）100000时步

图7-24（续）

7.5　稳定性分析方法比较

离散元强度折减法、极限平衡法和有限元强度折减法计算膨胀土边坡稳定性系数对比如图 7-25 所示。极限平衡法采用莫根施特恩-普赖斯（Morgenstern-Price）法计算边坡的稳定性系数，有限元法基于强度折减法，极限平衡法和有限元法的计算参数与离散元法的计算参数保持一致。离散元法以胶结断裂位置确定滑动面（图中红色部分），有限元法以贯通塑性区域确定滑动面。经历 0～2 次干湿循环后 [图 7-25（a）～（c）]，不同计算方法得到的边坡滑动面虽然存在一定差异，但均呈整体深层滑动。干湿循环次数较少时，离散元模型中裂隙数量和发育深度较小，边坡浅层的整体性较高，裂隙存在对边坡稳定性系数和边坡滑动面位置影响较小。经历 3～4 次干湿循环后 [图 7-25（d）～（e）]，根据离散元法计算的边坡滑动面呈浅层滑动，其余两种方法计算的边坡滑动面仍呈整体深层圆弧形。随着干湿循环次数增加，离散元模型中裂隙数量和裂隙发育深度逐渐增加，裂隙显著地影响边坡稳定性系数与滑动面位置，出现浅层滑动。经历 5 次干湿循环后裂隙发育深度大，土的强度小，边坡呈现出浅层滑动 [图 7-25（f）]。由于极限平衡法与有限元法中仅考虑了土的强度衰减，并未体现裂隙的作用，计算得到的滑动面形态与离散元法差距较大。因此，在分析裂隙膨胀土边坡稳定性时，离散元强度折减法能考虑胀缩裂隙对边坡稳定性系数和滑动面位置的影响。

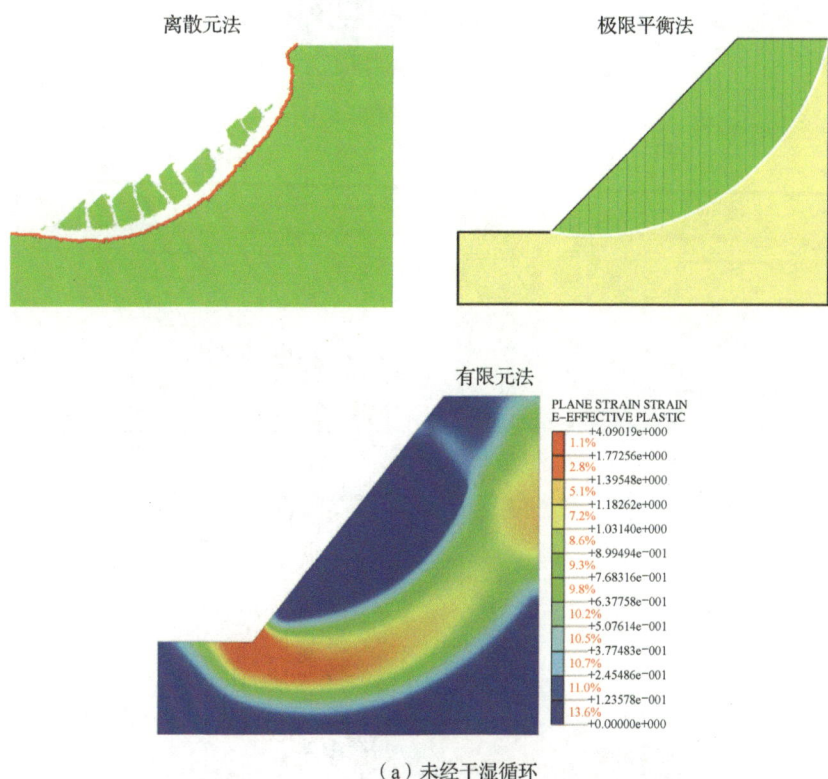

（a）未经干湿循环

图 7-25　3 种边坡稳定性分析方法的比较

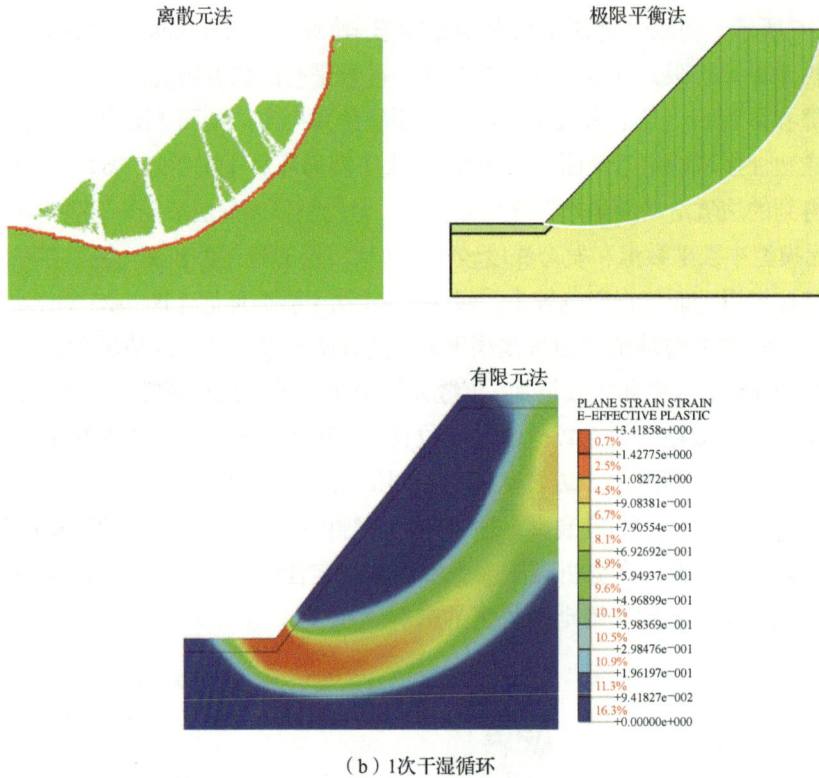

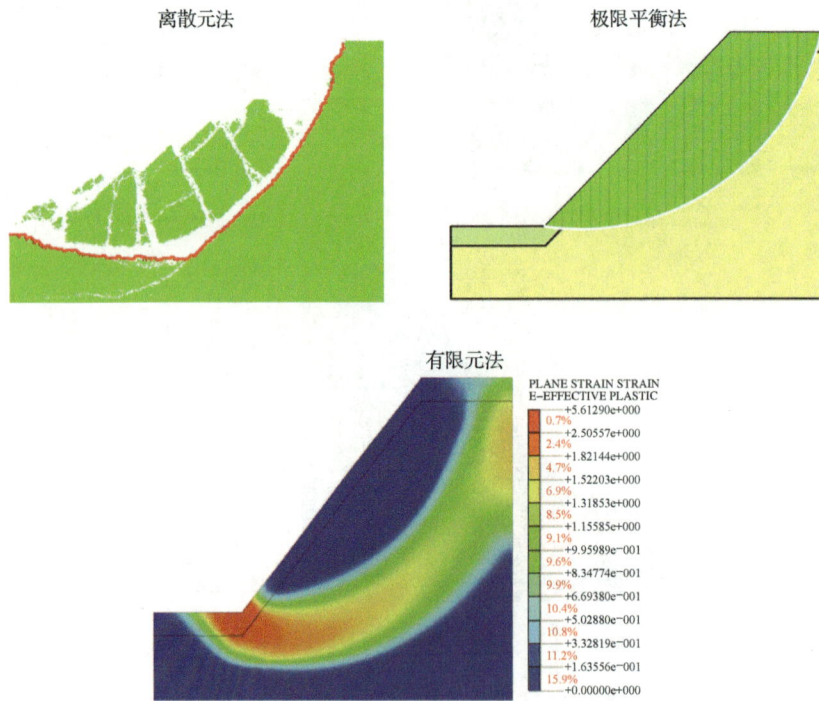

离散元法 极限平衡法

有限元法

PLANE STRAIN STRAIN
E-EFFECTIVE PLASTIC

	+3.41858e+000
0.7%	+1.42775e+000
2.5%	+1.08272e+000
4.5%	+9.08381e−001
6.7%	+7.90554e−001
8.1%	+6.92692e−001
8.9%	+5.94937e−001
9.6%	+4.96899e−001
10.1%	+3.98369e−001
10.5%	+2.98476e−001
10.9%	+1.96197e−001
11.3%	+9.41827e−002
16.3%	+0.00000e+000

（b）1次干湿循环

离散元法 极限平衡法

有限元法

PLANE STRAIN STRAIN
E-EFFECTIVE PLASTIC

	+5.61290e+000
0.7%	+2.50557e+000
2.4%	+1.82144e+000
4.7%	+1.52203e+000
6.9%	+1.31853e+000
8.5%	+1.15585e+000
9.1%	+9.95989e−001
9.6%	+8.34774e−001
9.9%	+6.69380e−001
10.4%	+5.02880e−001
10.8%	+3.32819e−001
11.2%	+1.63556e−001
15.9%	+0.00000e+000

（c）2次干湿循环

图 7-25（续）

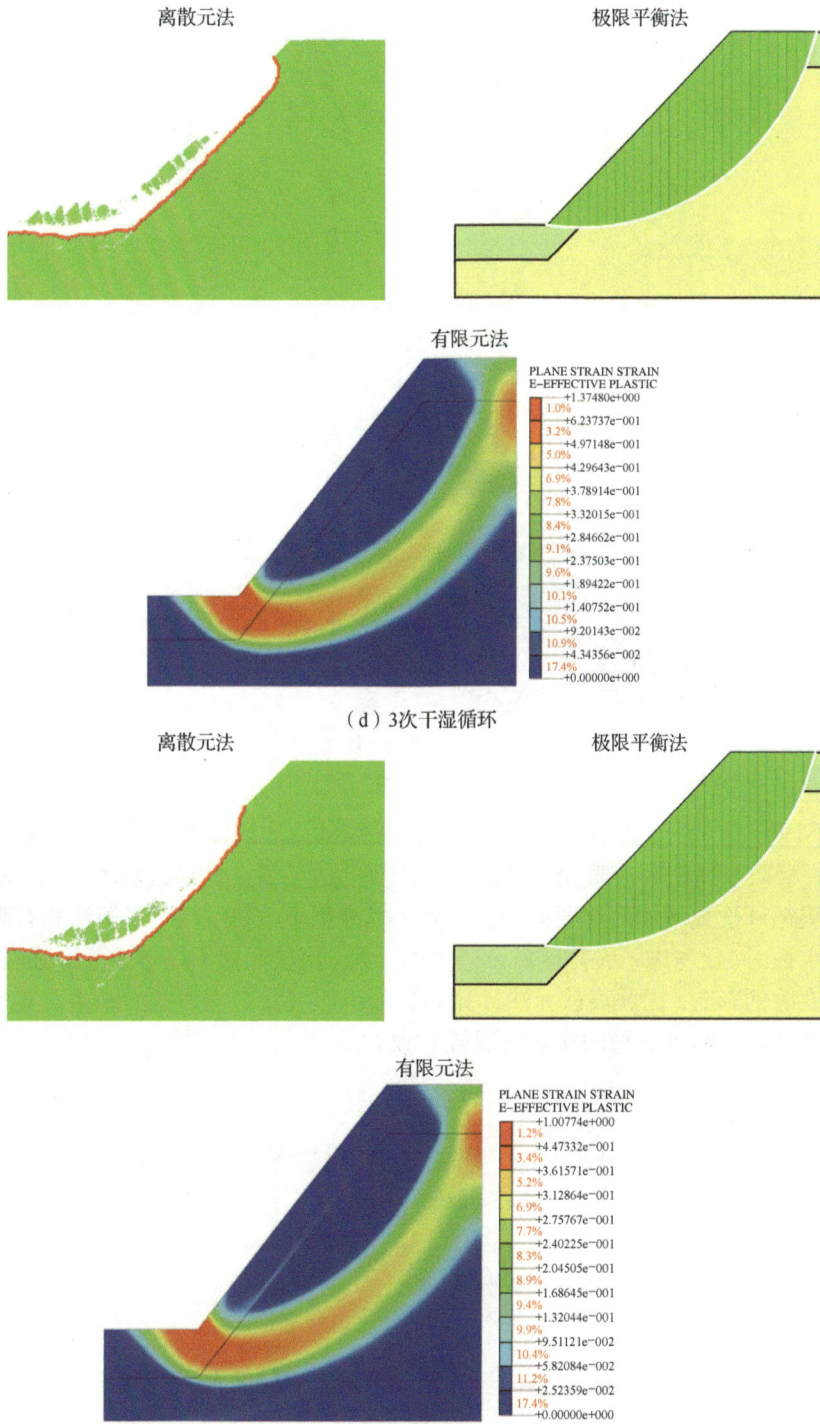

离散元法

极限平衡法

有限元法

（d）3次干湿循环

离散元法

极限平衡法

有限元法

（e）4次干湿循环

图7-25（续）

离散元法　　　　　　　　　　　　　极限平衡法

有限元法

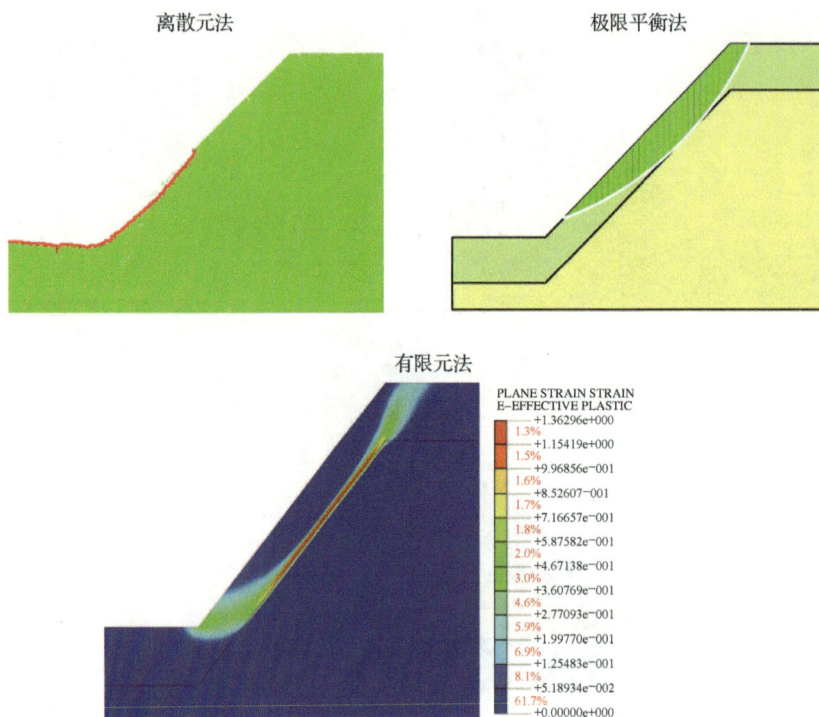

（f）5次干湿循环

图 7-25（续）

　　3 种不同分析方法计算的膨胀土边坡稳定性系数比较如图 7-26 所示。随着干湿循环次数增加，极限平衡法和有限元强度折减法计算的边坡稳定性系数基本一致，稳定性系数随着干湿循环次数增加而逐渐减小，但变化幅度很小。利用极限平衡法和有限元法计算边坡稳定性时，仅考虑了裂隙区域土强度的下降，离散元法不仅考虑了土强度的下降，还考虑了裂隙的影响。因此离散元法计算的膨胀土边坡稳定性系数的结果比其他两种计算方法更合理，与边坡失稳的实际情况较一致。

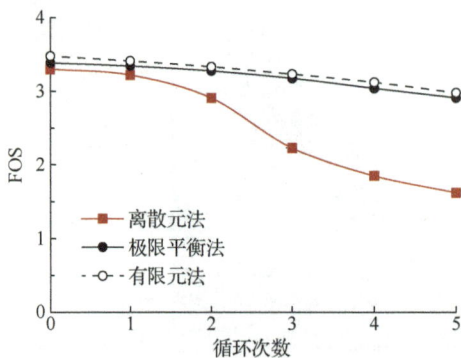

图 7-26　3 种不同分析方法计算的膨胀土边坡稳定性系数比较

8 软弱夹层控制的膨胀土边坡深层失稳机制及其稳定性评价方法

8.1 模 拟 方 法

8.1.1 计算模型

采用有限元软件 CODE_BRIGHT（Olivella et al., 1996）模拟开挖与蓄水过程中含有软弱夹层的膨胀土边坡失稳特征。CODE_BRIGHT 通过内置的土-水特征曲线与应力-应变本构模型对膨胀土的水力作用机理进行耦合分析，计算模型如图 8-1 所示。模型长 100m、高 20m，软弱夹层厚 0.5m，距地面 10.5m，软弱夹层的本构模型为巴塞罗那膨胀模型（Barcelona expansive model, BExM）（Alonso et al., 1999），边坡的其余部分采用非饱和土莫尔-库仑弹塑性模型描述。地下水位在软弱夹层下 2m 处，膨胀土软弱夹层与上层土初始均处于不饱和状态，忽略地表蒸发效应，最大吸力设为 127.53kPa，底部静孔压为 68.67kPa。边界条件为：模型两侧不发生水平位移、不透水，模型底部不产生水平和竖向位移，允许地表水分蒸发和降雨入渗。计算分两个阶段：第一阶段为边坡开挖，开挖分 5 层，每层开挖 2m，间隔时间为 10d；第二阶段为蓄水入渗，从第 50 天开始蓄水，以 0.15m/d 进行蓄水，10d 后水深达到 1.5m，蓄水量持续 365d 保持不变，在淹没边界上施加水压，模拟蓄水的水力效应。

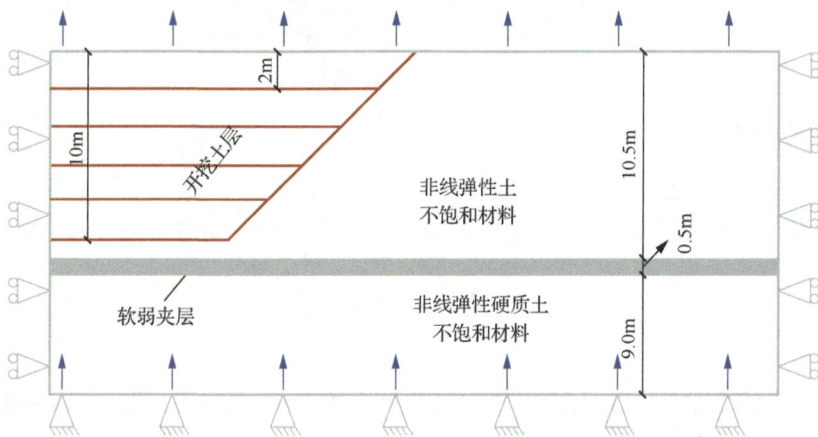

（a）开挖阶段

图 8-1 计算模型图

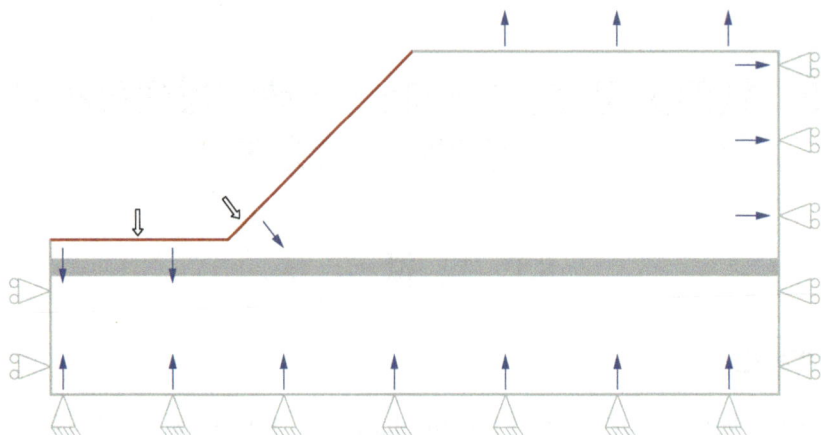

（b）蓄水阶段

图 8-1（续）

如图 8-2 所示，开挖层采用三角形网格单元模拟，三角形网格数量为 16964；软弱夹层采用四边形网格模拟，四边形网格数量为 100，共计 8796 个网格节点，坡度为 1： 2.0、1：2.5 和 1：3.0。采用有限元强度折减法计算边坡的稳定性系数：

$$K_s = \frac{c}{c'} = \frac{\tan\varphi}{\tan\varphi'} \tag{8-1}$$

式中，K_s 为稳定性系数，将位移发生突变时的折减系数定义为稳定性系数；c 和 φ 分别为土体特征黏聚力和内摩擦角；c' 和 φ' 分别为强度折减后的有效黏聚力和内摩擦角。

图 8-2 模型离散图

8.1.2 本构理论

1）土-水特征曲线

土-水特征曲线方程采用改进的 Van Genuchten 模型（Van Genuchten，1980）：

$$S_e = \frac{S_r - S_{rl}}{1 - S_{rl}} = \left[1 + \left(\frac{\psi}{p_1} \right)^{\frac{1}{1-\lambda_1}} \right]^{-\lambda_1} \tag{8-2}$$

式中，S_e 为土体含水量；S_r 为饱和度；S_{rl} 为残余饱和度；$\psi = u_a - u_w$，u_a 为孔隙气压，u_w 为孔隙水压；λ_1 为形状参数，假设参数 p_1 和 λ_1 与孔隙率 ϕ 呈指数关系。饱和渗透率 k_s 为

$$k_s = k_{s0} \frac{\phi^3}{(1-\phi)^2} \frac{(1-\phi_0)^2}{\phi_0^3} \tag{8-3}$$

式中，k_{s0} 为固有饱和渗透率，即孔隙率 ϕ 为 ϕ_0（参考孔隙率）时的饱和渗透率。非饱和土的相对渗透率 k_r 为

$$k_r = AS_e^{\lambda_2} \tag{8-4}$$

式中，A 为常数；λ_2 为形状参数。非饱和土的渗透率（k）为

$$k = k_s k_r \tag{8-5}$$

2）BExM 本构模型

Alonso 等（1990）提出了非饱和土的弹塑性本构模型，采用净应力和吸力作为应力状态量，如图 8-3 所示，非饱和土弹塑性模型不适用于膨胀土。因此，Alonso 等（1999）提出了膨胀土的弹塑性本构模型，即 BExM，如图 8-4 所示，变形包括两部分：宏观变形和微观变形：

$$d\epsilon = \frac{de}{1+e} = \frac{de_m}{1+e_m} + \frac{de_M}{1+e_M} \tag{8-6}$$

式中，e_m 和 e_M 分别为微观孔隙比和宏观孔隙比。微观结构的有效应力为

$$\hat{p} = p + S_r \psi \tag{8-7}$$

式中，p 为土体净应力。饱和土的有效应力为

$$\hat{p} = p \tag{8-8}$$

微观结构的塑性体应变为

$$d\epsilon_m^e = \frac{d\hat{p}}{K_m} \quad \text{且} \quad K_m = \frac{(1+e_m)\hat{p}}{\kappa_m} \tag{8-9}$$

式中，K_m 为微观体积模量；κ_m 为微观回弹模量。宏观弹性应变表示为

$$d\epsilon_M^e = \frac{dp}{p}\frac{\kappa}{1+e_M} + \frac{d\psi}{\psi+p_{atm}}\frac{\kappa_s}{1+e_M} \tag{8-10}$$

式中，κ 和 κ_s 为与净应力和吸力变化有关的宏观弹性参数；p_{atm} 为大气压力。巴塞罗那膨胀土本构模型的宏观屈服函数与巴塞罗那模型（Alonso et al. 1990）一样，硬化参数（先期固结压力为 p_0）与吸力关系为

$$p_0 = p_c \left(\frac{p_0^*}{p_c} \right)^{\frac{\lambda(0)-\kappa}{\lambda(\psi)-\kappa}} \tag{8-11}$$

式中，$\lambda(0)$ 为饱和状态下正常固结曲线的斜率；$\lambda(\psi)$ 为非饱和状态下压缩曲线的斜率，$\lambda(\psi) = \lambda(0)[r+(1-r)e^{-\beta\psi}]$，其中 r 和 β 描述压缩模量随吸力的变化规律；p_c 为参考应力；p_0^* 为饱和状态下的硬化参数。

式（8-11）即为 $p-\psi$ 平面上的加载-湿陷（LC）屈服函数（图 8-3）。与剑桥椭球屈服面结合，巴塞罗那膨胀土本构模型的屈服面为 $p-q-\psi$ 空间的三维曲面（图 8-4），其表达式为

$$q^2 - M^2(p+k_s\psi)(p_0-p) = 0 \tag{8-12}$$

式中，M 为临界状态线斜率。

当应力路径在三维应力空间中达到 LC、吸力增加（SI）和吸力降低（SD）屈服面时，产生塑性应变：

$$d\epsilon_M^p = \frac{dp_0^*}{p_0^*}\frac{\lambda(0)-\kappa}{1+e_M} = d\epsilon_{LC}^p + d\epsilon_{SI}^p + d\epsilon_{SD}^p \tag{8-13}$$

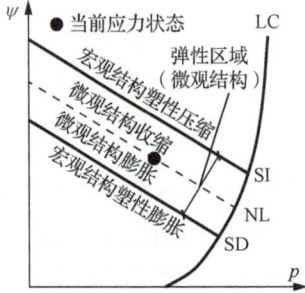

图 8-3　$p-\psi$ 平面上的 LC 屈服函数

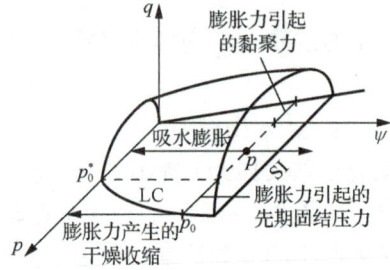

图 8-4　$p-q-\psi$ 三维空间屈服曲面

微观弹性应变和宏观塑性应变的耦合关系为

$$\frac{\mathrm{d}\epsilon_{\mathrm{SI}}^{p} + \mathrm{d}\epsilon_{\mathrm{SD}}^{p}}{\mathrm{d}\epsilon_{\mathrm{m}}^{e}} = f \tag{8-14a}$$

$$f_{\mathrm{I}} = f_{\mathrm{I0}} + f_{\mathrm{II}}\left(\frac{p^{*}}{p_{0}}\right)^{n_{\mathrm{I}}} \quad \text{且} \quad f_{\mathrm{D}} = f_{\mathrm{D0}} + f_{\mathrm{D1}}\left(\frac{p^{*}}{p_{0}}\right)^{n_{\mathrm{D}}} \tag{8-14b}$$

$$p^{*} = p + \frac{q^{2}}{M^{2}(p + k_{\mathrm{s}}\psi)} \tag{8-14c}$$

式中，p^{*} 为通过当前应力点的虚拟屈服面与 p 轴交点，干湿路径下的耦合函数 f_{I} 和 f_{D} 分别由参数 f_{I0}、f_{II} 与 n_{I} 和 f_{D0}、f_{D1} 与 n_{D} 确定，如图 8-5 所示。膨胀土的临界状态线斜率 M 表示为

$$M = \frac{6\sin\varphi}{3 - \sin\varphi} \tag{8-15}$$

式中，φ 为内摩擦角。

在卸荷与吸湿作用下，膨胀土产生不可恢复塑性体胀，导致孔隙增加、微观损伤、黏土颗粒间的有效摩擦角减少。土体软化将导致宏观强度参数减小。巴塞罗那膨胀土本构模型中，塑性体胀包括由微观弹性应变引起的耦合塑性体变和应力路径达到 LC 屈服面引起的塑性剪切应变（图 8-6）。与剪切塑性软化类似，塑性体变软化表示为

$$M = M_{0} - \delta\varepsilon_{\mathrm{v}}^{p} \cdot a \tag{8-16}$$

式中，M_{0} 为初始强度参数，取 0.7；$\delta\varepsilon_{\mathrm{v}}^{p}$ 为累积塑性体变；a 为强度参数随塑性体变的软化率。当累积塑性体变达到 0.01 时，强度不再降低，$M=0.3$。土体达到饱和后，巴塞罗那膨胀土本构模型退化为剑桥模型，因此仅需在开挖阶段对软弱夹层强度进行折减。

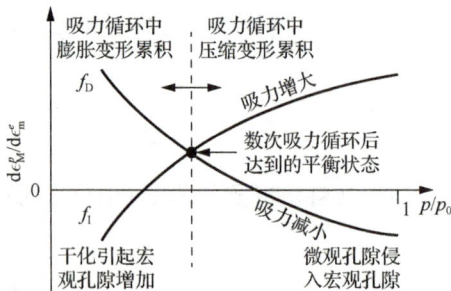

图 8-5　宏微观孔隙耦合机制

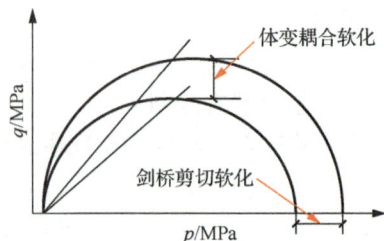

图 8-6　模型软化示意图

8.1.3 计算参数

膨胀土软弱夹层的力学参数列于表 8-1 中。采用扩展的非饱和土莫尔-库仑模型模拟上层土体与下层土体的力学行为,力学参数取值列于表 8-2。土-水特性曲线参数和渗透率列于表 8-3。与中等和强膨胀土对应,微观回弹系数(κ_{m})分别取 0.15 和 0.2。

表 8-1 膨胀土软弱夹层的力学参数

参数	符号	单位	数值
微观回弹参数	κ_{m}		0.15/0.2
净应力对应的宏观弹性参数	κ		0.06
吸力对应的弹性参数	k_{s}		0.05
泊松比	μ		0.33
耦合参数	f_{D0}/f_{10}		0
	f_{D1}/f_{11}		2
	n_{D}/n_{1}		2/0.5
临界状态线斜率	M		0.7(23°)
LC 屈服函数的参数	r		0.78
	β	MPa^{-1}	5
参考正应力	p_{c}	MPa	0.01
吸力对抗拉强度的影响参数	k_{s}		0.1
饱和状态的抗拉强度	p_{t0}	MPa	0.01
饱和压缩曲线斜率	$\lambda(0)$		1

表 8-2 黏土层参数

参数	符号	单位	上层土	下层土
弹性模量	E	MPa	30	100
泊松比	μ		0.3	0.3
摩擦角	φ	°	18	35
黏聚力	c	MPa	0.014	0.02
吸力摩擦角	φ_{b}	°	12	0

表 8-3 渗流参数

参数	符号	单位	普通黏土	膨胀土
进气值参数	p_{1}	MPa	0.06	0.26
形状参数	λ_{1}		0.25	0.3
参考渗透率	k_{s0}	m^{2}	1×10^{-12}	1×10^{-15}
参考孔隙率	ϕ_{0}		0.35	0.35
常数	A		1	1
形状参数	λ_{2}		3	3

8.2 边坡失稳机制

膨胀土边坡的坡比为 1：2.0、1：2.5 和 1：3.0。以强膨胀性（$\kappa_m = 0.2$）的软弱夹层、坡比 1：2.0 为例，分别针对软弱夹层软化与不软化，对比膨胀土边坡和软弱夹层的位移、应力、塑性区和稳定性系数，探讨受软弱夹层软化控制的膨胀土边坡深层失稳机制。

8.2.1 位移

开挖阶段的位移等值线如图 8-7 所示，图中实线和虚线分别代表不考虑和考虑软弱夹层软化的情况。开挖阶段横向位移从坡脚开始，横向位移等值线的轮廓尺寸随着坡体开挖而增大，−0.005m 等值线的长度从开挖第三层时的 22m 延伸至开挖第五层时的 37m，高度从−5m 上升至地表，等值线的几何形状没有明显变化。开挖完成后，考虑软化的位移轮廓线明显更大，夹层附近的位移等值线更加密集，软弱夹层软化导致膨胀土边坡失稳。开挖过程中坡体竖向位移与开挖后的卸荷量呈正相关，坡脚处的竖向位移最大，沿坡顶方向逐渐减小。开挖完成时，软弱夹层软化导致 0.08m 位移等值线延伸了 4m，0.03m 位移等值线延伸了 3m，软弱夹层软化的竖向位移明显增加，坡脚处的竖向位移增加尤为明显，软弱夹层软化不改变位移空间的分布特征。

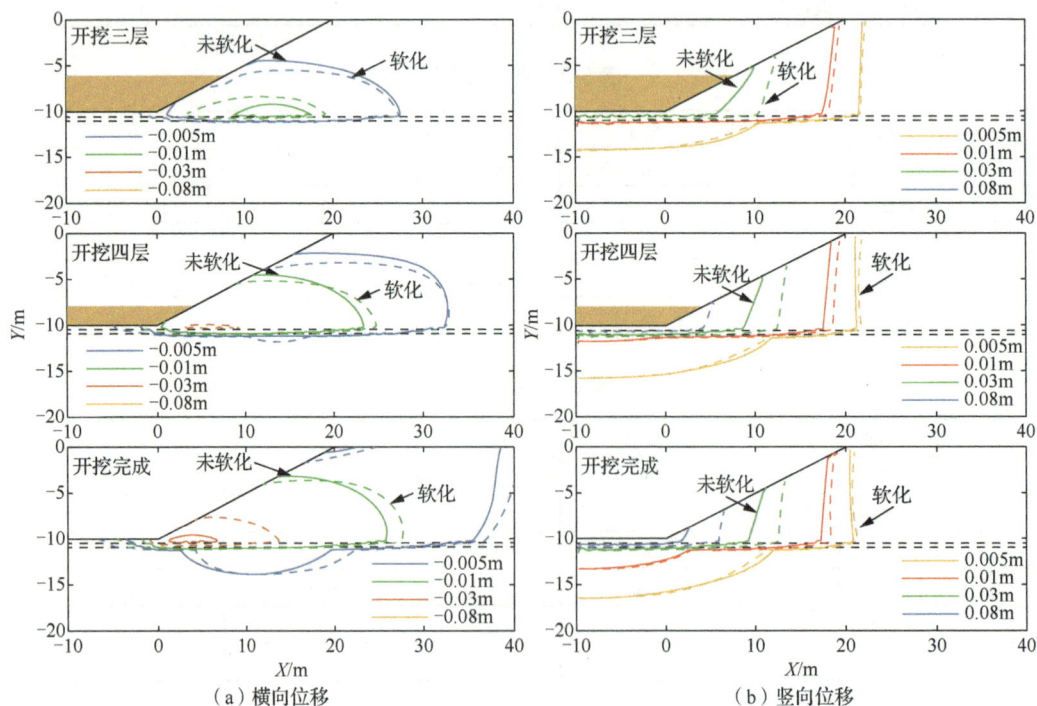

（a）横向位移　　　　　　　　　　（b）竖向位移

图 8-7　开挖阶段的位移等值线

蓄水完成时边坡的位移等值线如图 8-8 所示，蓄水渗流导致坡体位移增加和位移等值线轮廓扩大。不考虑软化时，-0.03m 等值线在蓄水期间向右移动 6m，向上移动 2m，-0.01m 等值线向右移动 1m，沿着软弱夹层向左滑动；考虑软化时，-0.03m 等值线向右移动 12m，向上移动 4m，-0.01m 等值线向右移动 4m，软弱夹层附近的位移等值线轮廓更加明显，软弱夹层软化更容易导致边坡失稳。蓄水完成后，渗流引起竖向位移和位移等值线轮廓增大。不考虑软化时，0.08m、0.03m 和 0.01m 的位移等值线均向右移动 3m；考虑软化时，0.08m、0.03m 和 0.01m 的位移等值线相比开挖阶段分别向右移动 1m、3m 和 3m。与开挖阶段卸荷引起软弱夹层膨胀不同，蓄水阶段软弱夹层竖向位移的增加原因是吸力降低和屈服强度下降。

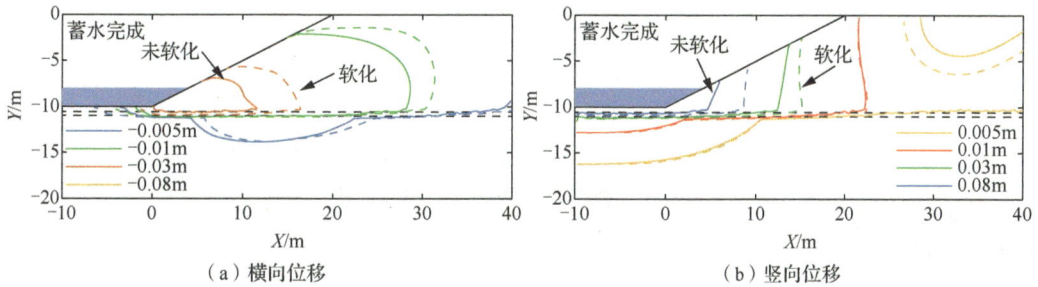

（a）横向位移　　　　　　　　　　（b）竖向位移

图 8-8　蓄水完成时边坡的位移等值线

开挖和蓄水过程中膨胀土软弱夹层的横向位移如图 8-9 所示。随着开挖进行，膨胀土软弱夹层的横向位移不断增大，横向位移累积主要集中在开挖第四层与第五层，软弱夹层产生了塑性变形。不考虑软化时，横向位移峰值点随开挖进行不断向左移动，表明坡脚附近发生滑动的可能性最大。考虑软化时，软弱夹层的横向位移等值线随开挖不断向左移动，但在蓄水渗流阶段横向位移显著增加，横向位移峰值点向坡内移动表明影响区域发展至坡内。

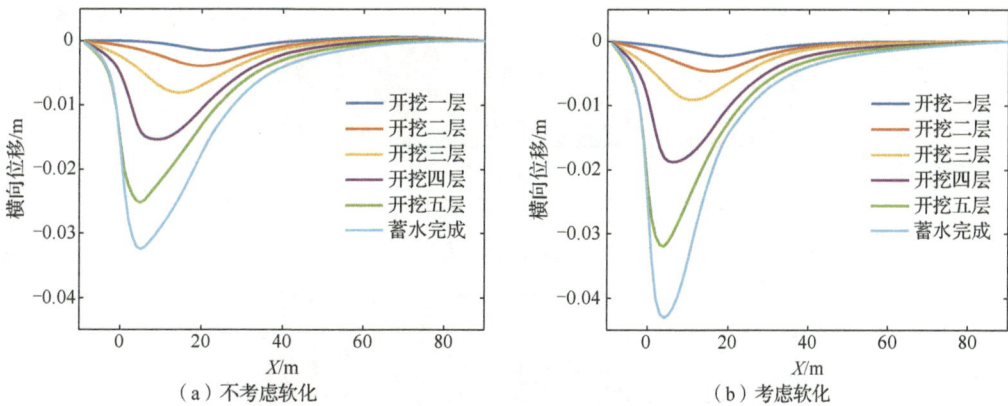

（a）不考虑软化　　　　　　　　　　（b）考虑软化

图 8-9　开挖和蓄水过程中膨胀土软弱夹层的横向位移

膨胀土软弱夹层的竖向位移如图 8-10 所示。软弱夹层的竖向位移均表现为从坡脚至坡顶逐渐减小，竖向位移累积主要集中在开挖第四层与第五层。不考虑软化时，竖向位移在蓄水完成时达到最大值，为 0.095m；考虑软化时，竖向位移整体增加，最大值为

0.103m。蓄水渗流产生的横向位移主要集中在坡脚附近，吸力变化引起整个软弱夹层的竖向位移增加。考虑软化时，坡体位移的时空演化规律都发生改变，加剧膨胀土边坡的不稳定性。

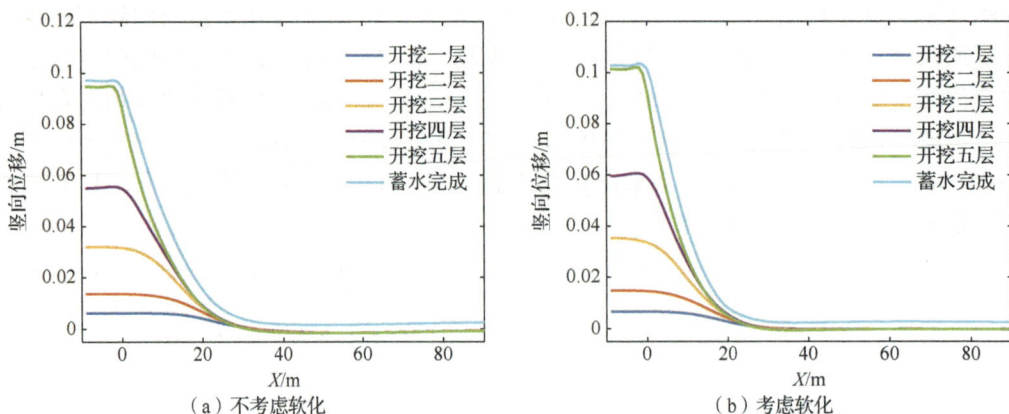

图 8-10 膨胀土软弱夹层的竖向位移

8.2.2 应力

开挖完成后坡体内的剪应力分布如图 8-11 所示，随着开挖进行，坡内剪应力逐渐增大，剪应力分布范围不断扩大。不考虑软化时，开挖完成时坡脚处的剪应力最大，为 0.033MPa，膨胀土软弱夹层抗剪强度小且坡脚处剪应力大，导致部分剪应力沿着软弱夹层向坡内传递。考虑软弱夹层软化时，膨胀土软弱夹层的屈服强度进一步降低，坡内剪应力及其分布范围明显增加，坡体塑性区范围增大。考虑软化时，剪应力沿软弱夹层传递到更大范围，且剪应力仍在开挖面附近，未能传递至坡内其他区域。软弱夹层软化导致坡内剪应力增大，且软弱夹层抗剪强度降低。

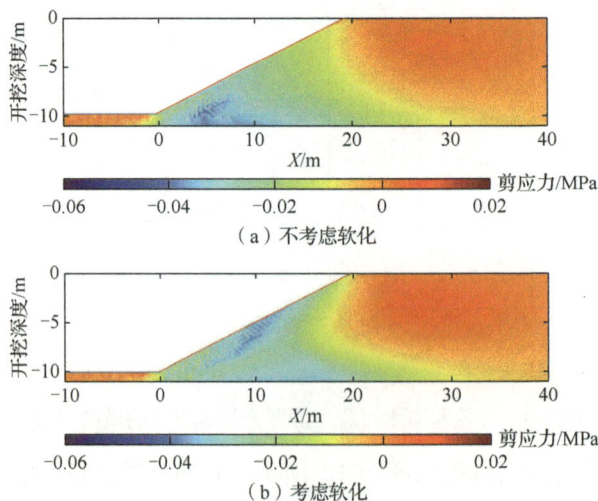

图 8-11 开挖完成后坡体内的剪应力分布

蓄水阶段剪应力分布如图 8-12 所示。在蓄水过程中，开挖面附近的剪应力进一步向坡内传递，且坡体剪应力整体呈下降趋势，剪应力峰值从 0.033MPa 减小到 0.021MPa，在渗流过程中上层土体处于饱和状态，吸力降低导致强度下降。考虑软化时，坡面处的剪应力分布范围大；强度下降后，软弱夹层上部土的剪应力开始减小，剪应力分布范围进一步扩大。

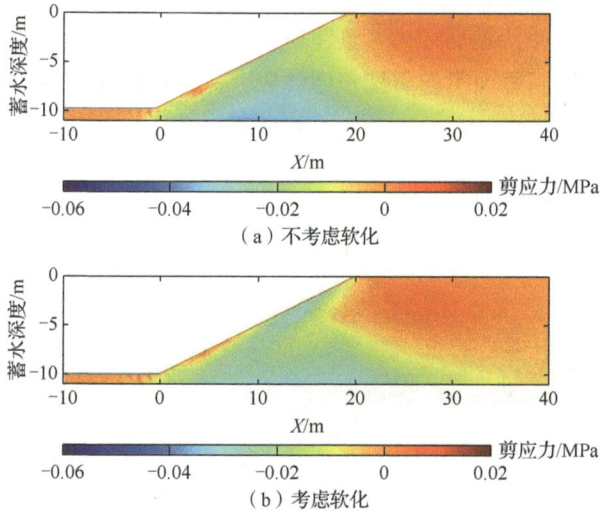

（a）不考虑软化

（b）考虑软化

图 8-12　蓄水阶段剪应力分布

图 8-13 表示了膨胀土软弱夹层的剪应力分布。在开挖阶段，膨胀土软弱夹层的剪应力不断增加，最大剪应力的位置随开挖进行逐渐左移。开挖前三层时，剪应力峰值增量相近；开挖第四层时，上层土的剪应力扩散到软弱夹层附近，导致剪应力峰值增大；开挖第五层时，部分膨胀土达到抗剪强度，剪应力增量下降。考虑软化时，剪应力峰值一直在坡顶附近，剪应力增量先增后减，最终峰值位置比不考虑软化的情况向左移动7m。对于靠近坡脚的软弱夹层，由于塑性体应变软化导致抗剪强度下降，剪应力由坡脚传递至坡顶下的软弱夹层。在蓄水阶段，强度进一步下降导致剪应力传播至坡内其他区域，无论是否考虑软化，蓄水完成后的剪应力均降低，且剪应力峰值向右移动。

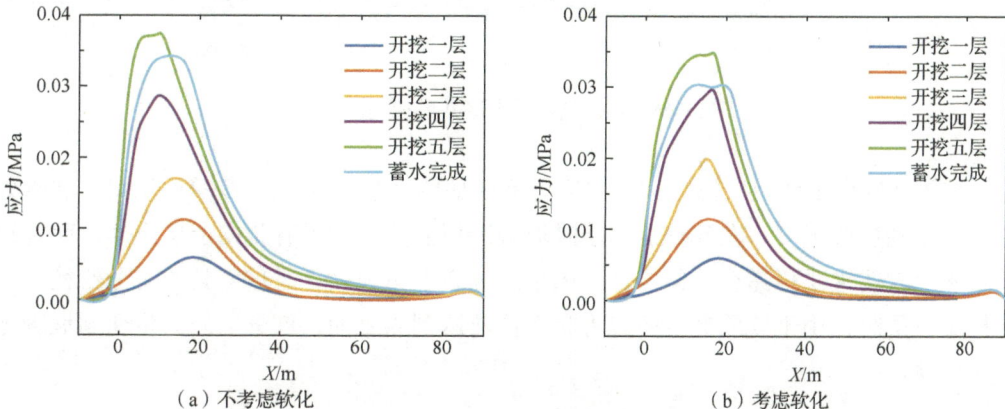

（a）不考虑软化

（b）考虑软化

图 8-13　膨胀土软弱夹层的剪应力分布

坡脚下方膨胀土软弱夹层 P_1 （图 8-14）的应力路径如图 8-15 所示，应力在达到屈服应力前只产生塑性体应变，达到屈服应力后才产生塑性剪应变。不考虑软化时，开挖第四层时，应力达到屈服强度，产生塑性剪应变，导致先期固结应力减小；在蓄水过程中，主应力 p 增加，BExM 模型退化为剑桥模型，此时 p 为有效应力。考虑软化时，由于开挖过程中塑性体应变导致屈服面收缩，在开挖第三层时，应力达到屈服强度，坡脚处的膨胀土软弱夹层开始传递剪应力，致使剪应力分布范围逐渐扩大；开挖第四层和第五层时，应力路径达到屈服面引起剪切塑性体胀，先期固结压力明显减小，屈服面收缩导致剪应力传递加剧。

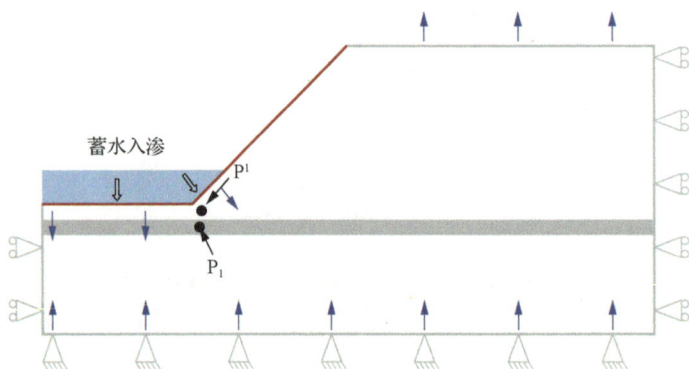

图 8-14　坡内关键点位置

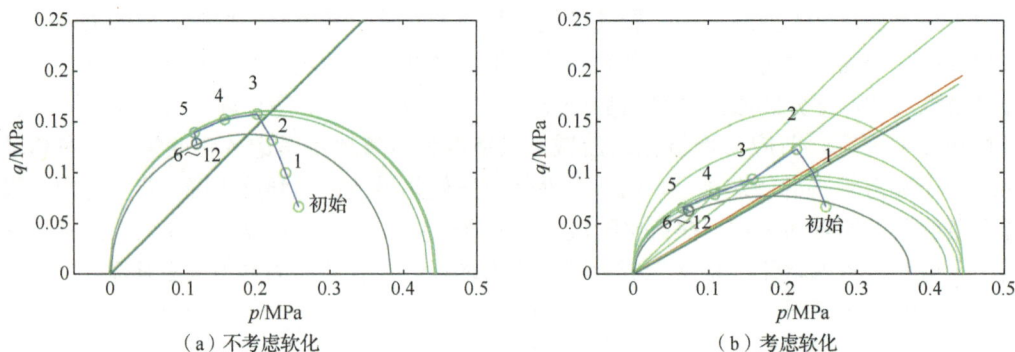

（a）不考虑软化　　　　　　　　　　　（b）考虑软化

图 8-15　坡脚处软弱夹层 P_1 的应力路径图

坡脚处残余土体 P^1 （图 8-14）的应力路径如图 8-16 所示。开挖第四层时，坡脚处的应力达到屈服强度，在开挖前四层时坡脚区域的剪应力没有传向上层土体，而是沿着膨胀土软弱夹层传递至坡体内部。图中虚线表示考虑软化时坡脚处的应力路径，在开挖第三层时，由于软弱夹层的应力状态提前达到屈服面，部分剪应力传递到坡脚处上层土体。

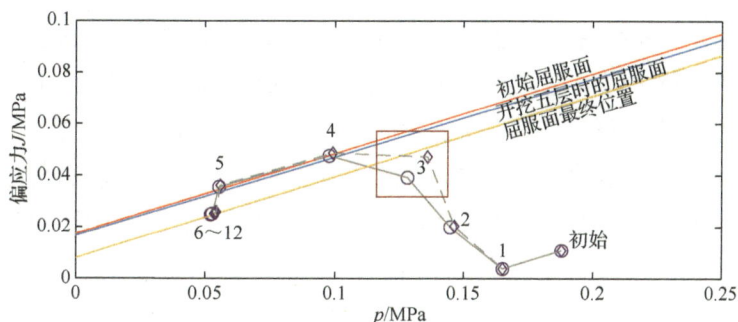

图 8-16　坡脚处残余土体 P^1 的应力路径图

8.2.3　塑性区

开挖阶段边坡的塑性应变轮廓线如图 8-17 所示，在时间和空间上都与剪应力对应。不考虑软化时，在开挖第三层时出现塑性区，位于开挖坡脚处；随着开挖进行，塑性区范围不断发展；开挖完成后，塑性区的范围主要集中在坡脚附近，长度为 20m。考虑软化时，塑性区也在开挖第三层时出现，塑性区范围扩大。开挖完成时，坡脚右侧 10m 处靠近软弱夹层产生了塑性变形，由于软弱夹层强度下降，坡脚处的软弱夹层土提前产生了塑性变形，导致坡脚处的剪应力开始向上层土体传递，在开挖第三层时形成了更大的塑性区。

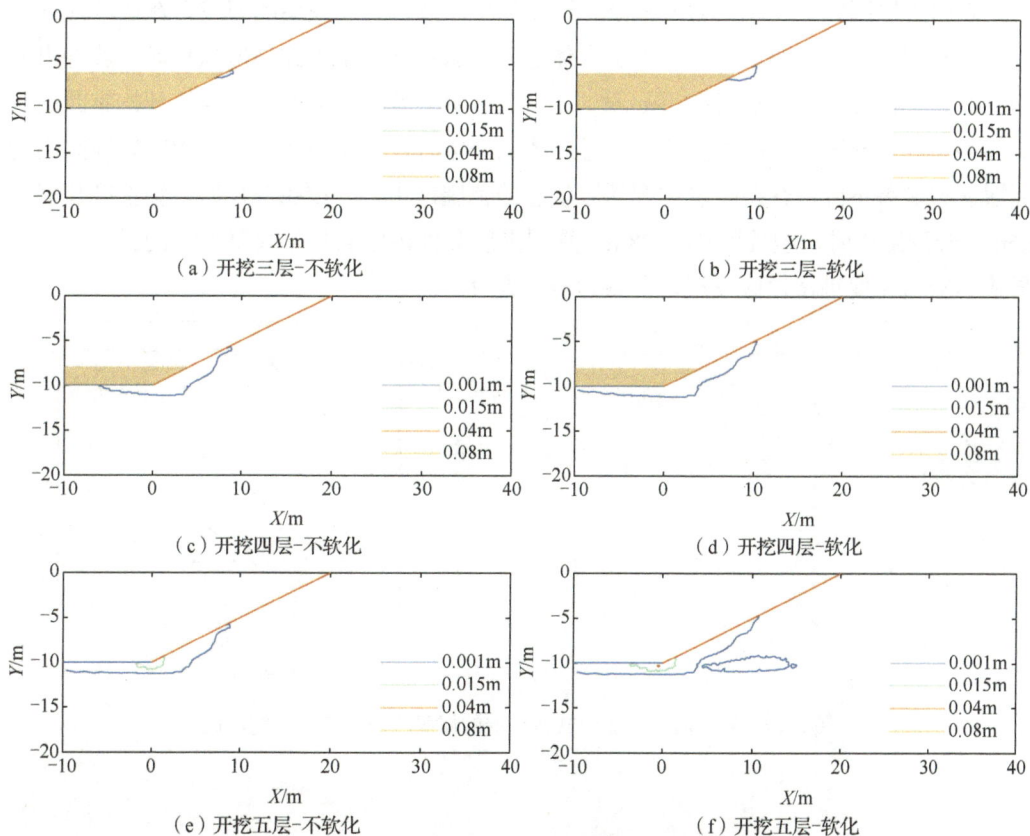

（a）开挖三层-不软化　　　　　　　　　　（b）开挖三层-软化

（c）开挖四层-不软化　　　　　　　　　　（d）开挖四层-软化

（e）开挖五层-不软化　　　　　　　　　　（f）开挖五层-软化

图 8-17　开挖阶段边坡的塑性应变轮廓线

图 8-18 表示了蓄水完成后的塑性区。由于蓄水渗流影响，塑性区进一步发展，坡脚处产生更大的塑性应变，且坡脚处的塑性区呈现向坡顶扩张的趋势。膨胀土软弱夹层软化加大了上层土塑性区沿着软弱夹层发展的趋势。开挖阶段软弱夹层软化引起剪应力向上转移与蓄水阶段的强度降低叠加，导致边坡产生沿软弱夹层失稳的潜在破坏模式。软弱夹层体胀软化起主导作用，加大塑性破坏程度，扩大塑性区范围，并降低坡体整体稳定性。

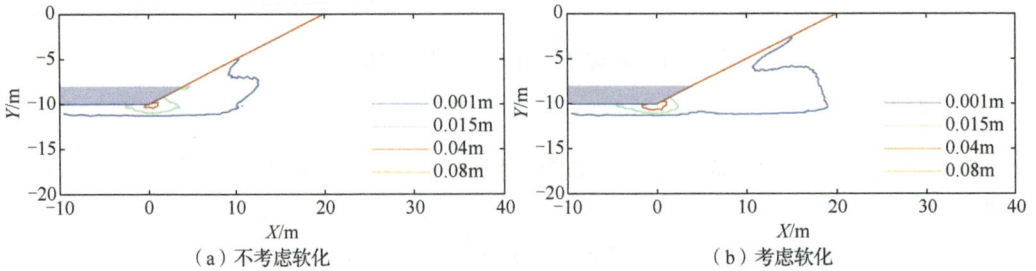

（a）不考虑软化 　　　　　　　　　　　　　（b）考虑软化

图 8-18　蓄水完成后的塑性区图

开挖阶段膨胀土软弱夹层的屈服应力与剪应力对比于图 8-19 中。开挖面下方的膨胀土软弱夹层因卸荷（净应力 p 减小）导致强度降低，软弱夹层的剪应力在边坡开挖阶段不断累积，图中应力重合区域表示土体达到屈服状态。不考虑体胀软化时，坡脚附近的软弱夹层在开挖第三层时接近屈服，随后，屈服区域不断向坡内延伸，开挖第四层时长度为 20m，开挖结束时达到 22m。考虑体胀软化时，开挖面下方大范围内软弱夹层的屈服应力显著下降，软弱夹层达到屈服状态的范围增大，开挖第三层时，塑性区长度为 26m；开挖结束时，塑性区达到 28m。软弱夹层塑性体胀软化不仅降低土的强度，还诱导应力转移和促进塑性区发展，降低边坡稳定性。

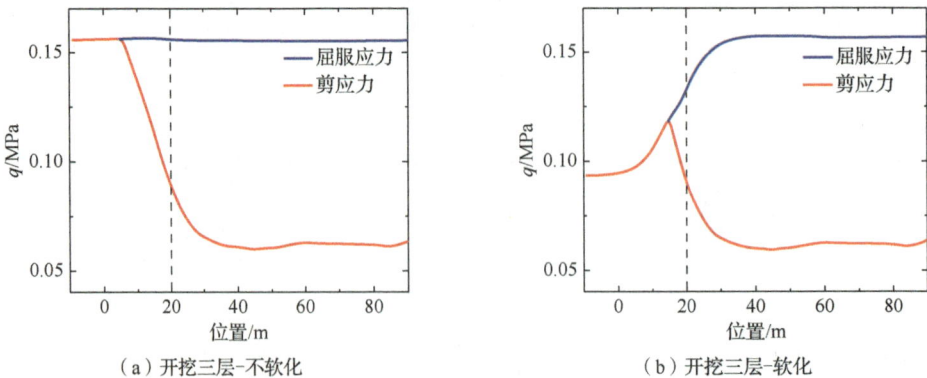

（a）开挖三层-不软化 　　　　　　　　　　（b）开挖三层-软化

图 8-19　开挖阶段膨胀土软弱夹层的屈服应力与剪应力的对比

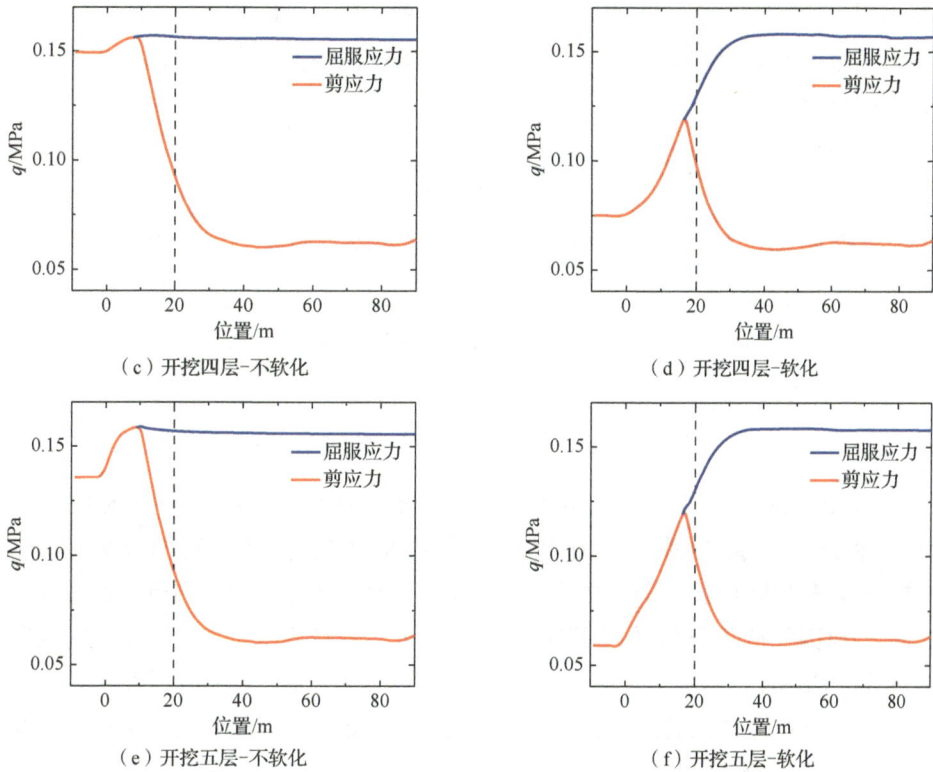

（c）开挖四层-不软化

（d）开挖四层-软化

（e）开挖五层-不软化

（f）开挖五层-软化

图 8-19（续）

蓄水完成后膨胀土软弱夹层的屈服应力与剪应力对比于图 8-20 中。无论是否考虑软化，蓄水结束后，模型退化导致软弱夹层强度进一步下降，软弱夹层达到屈服强度的范围增加，软弱夹层剪应力的扩展促使蓄水后上层土的塑性区进一步发展，增加了边坡失稳风险。

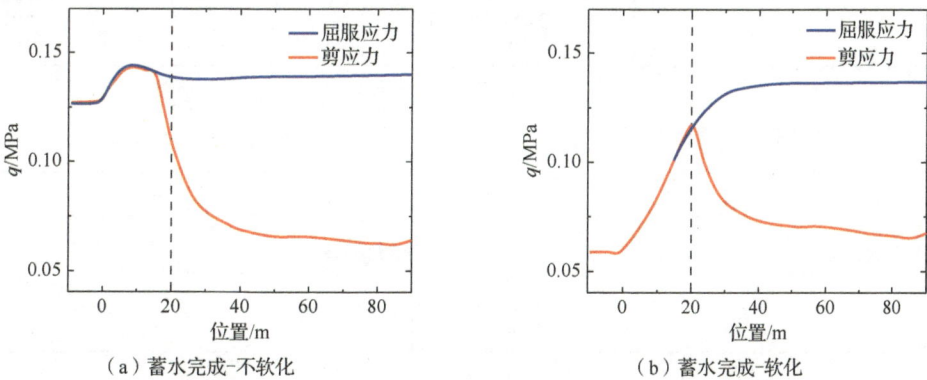

（a）蓄水完成-不软化

（b）蓄水完成-软化

图 8-20　蓄水完成后膨胀土软弱夹层的屈服应力与剪应力的对比

8.2.4　稳定性系数

图 8-21 为坡体滑移时位移等值线图。当坡体滑移时，横向位移等值轮廓线由椭圆

形改变为弧形，表明土体已沿滑动面发生坡体滑移；竖向位移在坡脚处的等值轮廓线改变较小，但坡顶下的轮廓线变化较大，坡顶下 0.01m 的等值线出现明显左移，表明坡顶下土体发生坍塌。

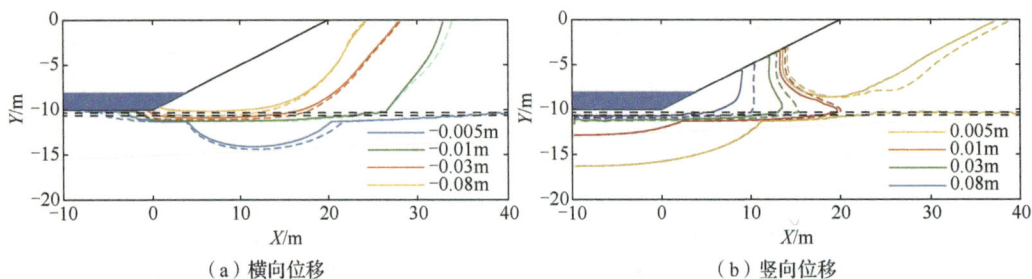

（a）横向位移　　　　　　　　　　　　　　　　　（b）竖向位移

图 8-21　坡体滑移时位移等值线图

采用有限元强度折减法计算蓄水后边坡的稳定性系数，将上层土的强度参数按式（8-1）折减。不同折减系数对应的边坡塑性区如图 8-22 所示。当坡体滑移时，无论是否考虑软化，塑性区均已完全贯穿坡体。考虑软化时，塑性区的范围更广且稳定性系数更小。主要原因包括两个方面：①开挖面处的部分土体在蓄水阶段已经形成塑性区，剪应力分布较为集中，在后续的折减过程中塑性区更容易发展；②塑性区在软弱夹层附近发育，软化后软弱夹层的剪应力释放，塑性区向坡内延伸。膨胀土软弱夹层控制的边坡破坏模式表现为开挖卸荷导致坡脚附近的土体产生较大的竖向位移，坡脚处的剪应力集中，形成塑性区。随着开挖进行，剪应力沿软弱夹层向坡内传递，塑性区扩大。当上层土体的潜在滑移面及软弱夹层土的强度达到临界值时，边坡失稳破坏。

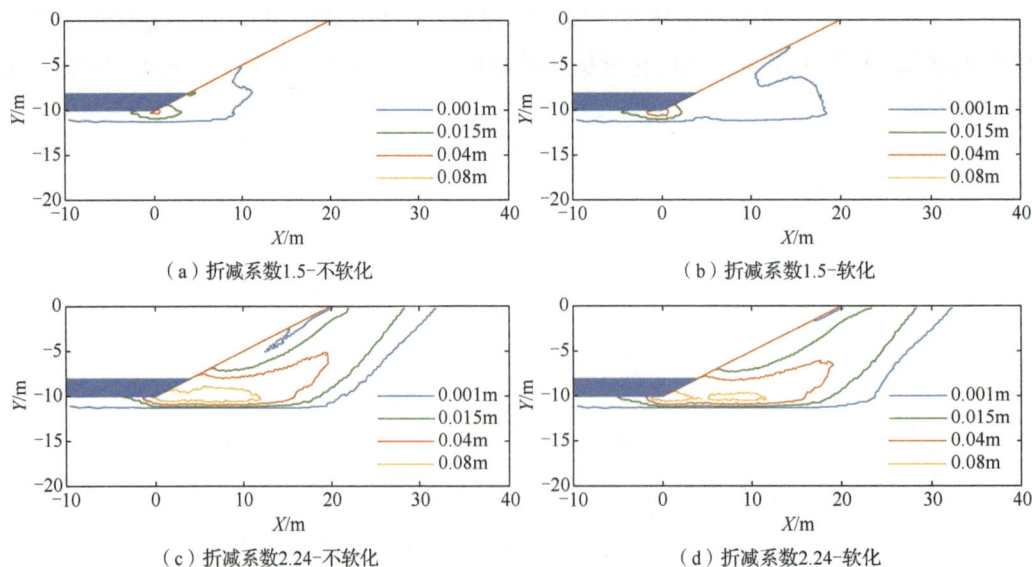

（a）折减系数1.5-不软化　　　　　　　　　　　　（b）折减系数1.5-软化

（c）折减系数2.24-不软化　　　　　　　　　　　　（d）折减系数2.24-软化

图 8-22　不同折减系数对应的边坡塑性区

8.3 最优坡角

针对强膨胀性（κ_m=0.2）软弱夹层，分析坡比 1：2.0、1：2.5 和 1：3.0 边坡的位移、应力、塑性区和稳定性系数，对比考虑软弱夹层软化与不软化膨胀土边坡失稳特征，优化膨胀土边坡坡比。

8.3.1 位移

不考虑软化的膨胀土软弱夹层位移如图 8-23 所示。开挖前三层时，软弱夹层位移增量较为平缓，软弱夹层仍处于弹性变形阶段；在后续开挖过程中，软弱夹层发生塑性变形，位移增量不断增加。开挖与蓄水完成后，边坡越陡，横向位移越大，位移峰值位置也越靠近开挖坡脚（表 8-4），位移集中在更小范围。坡脚左侧软弱夹层的竖向位移变化基本相同，膨胀土软弱夹层在坡顶右侧基本不产生竖向位移，坡脚越缓，产生竖向位移范围越广。

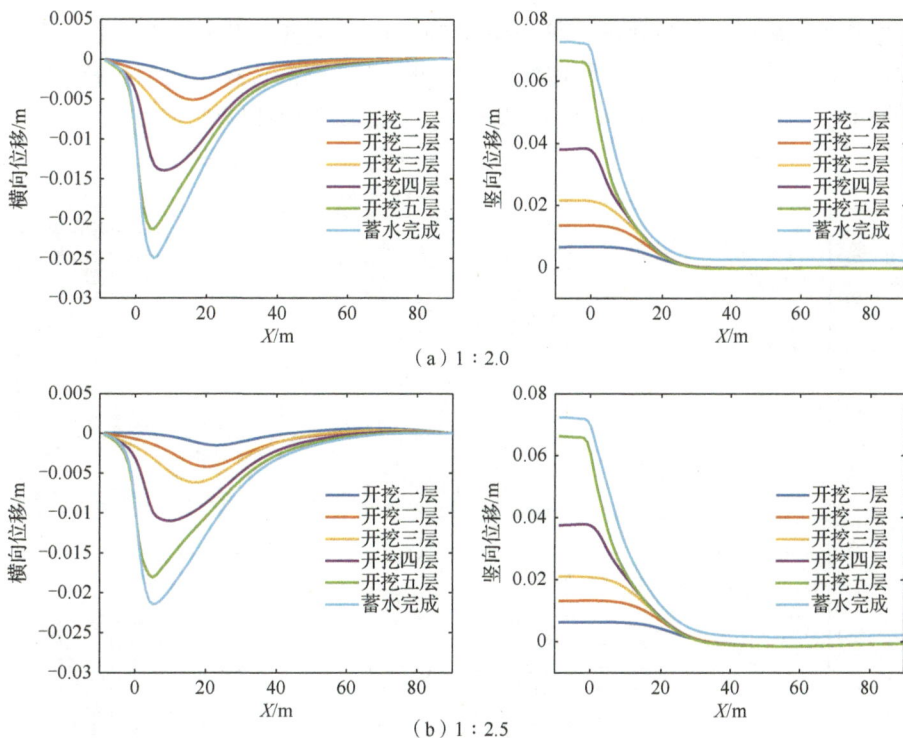

（a）1：2.0

（b）1：2.5

图 8-23 不考虑软化的膨胀土软弱夹层位移

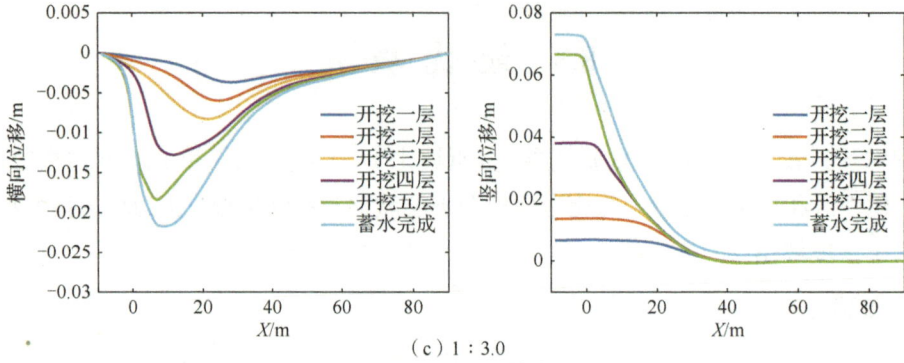

（c）1 : 3.0

图 8-23（续）

表 8-4　不考虑软化的位移峰值

坡比	横向位移			竖向位移		
	1 : 2.0	1 : 2.5	1 : 3.0	1 : 2.0	1 : 2.5	1 : 3.0
位移峰值/m	0.024	0.021	0.021	0.072	0.072	0.073
位置/m	14	15	17	−2	−2	−2

考虑膨胀土软弱夹层软化的位移如图 8-24 所示。考虑软化时，横向位移和竖向位移均明显增加，且边坡越陡，位移增量越大（表 8-5）。横向位移增加预示着软弱夹层滑动趋势明显，竖向位移增加表明软弱夹层软化产生更大的体积膨胀。

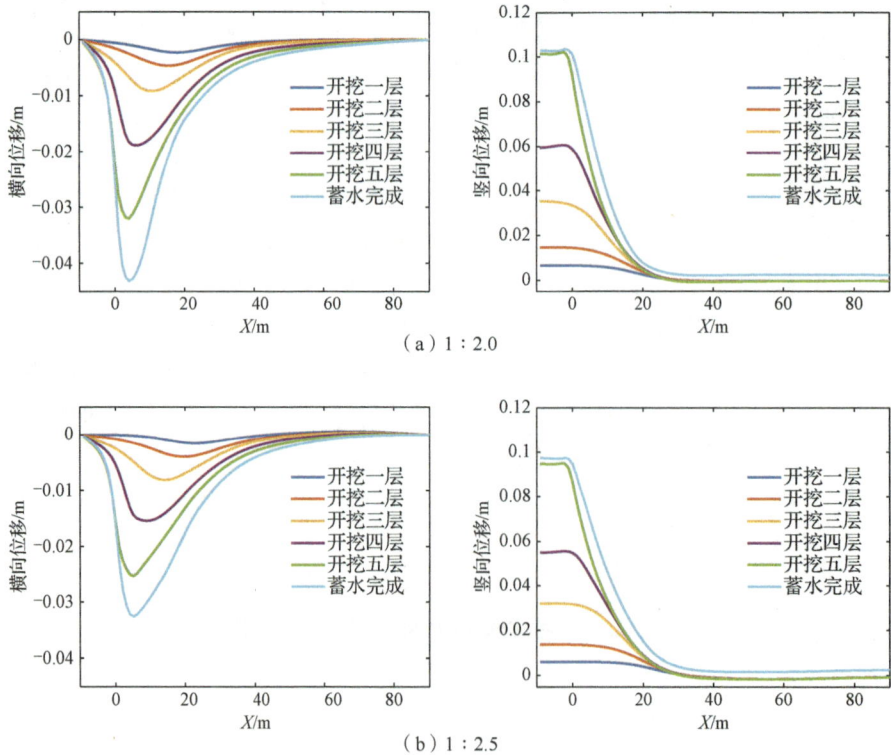

（a）1 : 2.0

（b）1 : 2.5

图 8-24　考虑膨胀土软弱夹层软化的位移

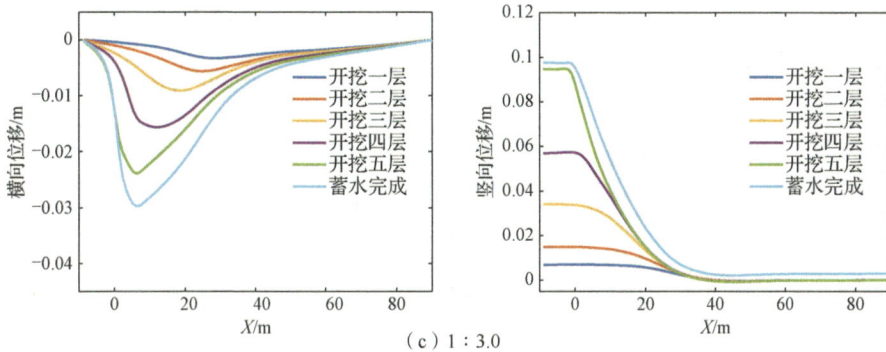

（c）1∶3.0

图 8-24（续）

表 8-5 考虑膨胀土软弱夹层软化的位移峰值

	横向位移			竖向位移		
坡比	1∶2.0	1∶2.5	1∶3.0	1∶2.0	1∶2.5	1∶3.0
位移峰值/m	0.042	0.033	0.030	0.102	0.099	0.099
位置/m	14	15	16	-2	-2	-2

8.3.2 应力

开挖完成时软弱夹层内剪应力分布如图 8-25（a）所示，虚线为考虑软化的剪应力。边坡越陡，软弱夹层内剪应力峰值越大，剪应力分布越集中。考虑软化的剪应力峰值降低，剪应力分布范围整体右移 8m 左右。

蓄水完成后软弱夹层内剪应力分布如图 8-25（b）所示。由于吸力减小，部分土体的抗剪强度下降导致剪应力向坡内延伸。与开挖完成时比较，蓄水完成后的剪应力峰值变化较小，峰值位置右移约 3m（表 8-6）。剪应力峰值取决于软弱夹层软化程度和上层土的卸荷大小，剪应力峰值大致位于坡顶以下。对于陡坡而言，软化程度高，剪应力峰值较低；对于缓坡而言，剪应力未达到抗剪强度，剪应力峰值偏高。

表 8-6 开挖完成时软弱夹层的剪应力峰值

阶段		不软化			软化		
		坡比					
		1∶2.0	1∶2.5	1∶3.0	1∶2.0	1∶2.5	1∶3.0
开挖完成	数值/MPa	0.038	0.033	0.030	0.035	0.032	0.030
	位置/m	20	22	24	27	30	32
蓄水完成	数值/MPa	0.034	0.032	0.029	0.030	0.030	0.029
	位置/m	22	26	28	29	34	37

（a）开挖完成　　　　　　　　　　　　（b）蓄水完成

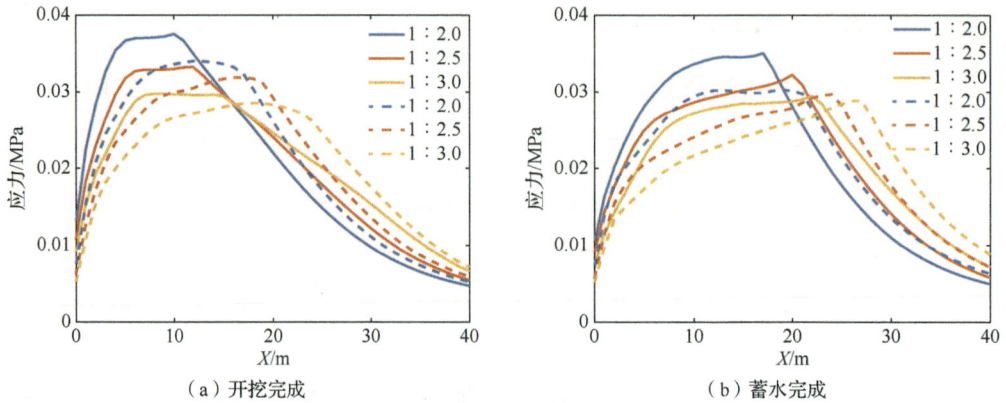

图 8-25　不同阶段软弱夹层内剪应力分布

8.3.3　塑性区

图 8-26 为开挖完成时不同坡比软弱夹层塑性区分布。塑性区长度与软弱夹层的强度有关，不考虑软化时，软弱夹层强度高，塑性区均在坡脚 10m 范围内，坡比为 1∶2.0、1∶2.5 和 1∶3.0 的软弱夹层内塑性区的长度分别为 5m、8m 和 10m。考虑软化时，软弱夹层的抗剪能力迅速下降，塑性区延长，三种坡比边坡的塑性区长度增加，分别为18m、21m 和 23m。考虑软化时，坡脚附近的土体强度进一步降低，应力沿着软弱夹层向上层土体传递，导致剪应力峰值向右移动，软弱夹层塑性区增大。

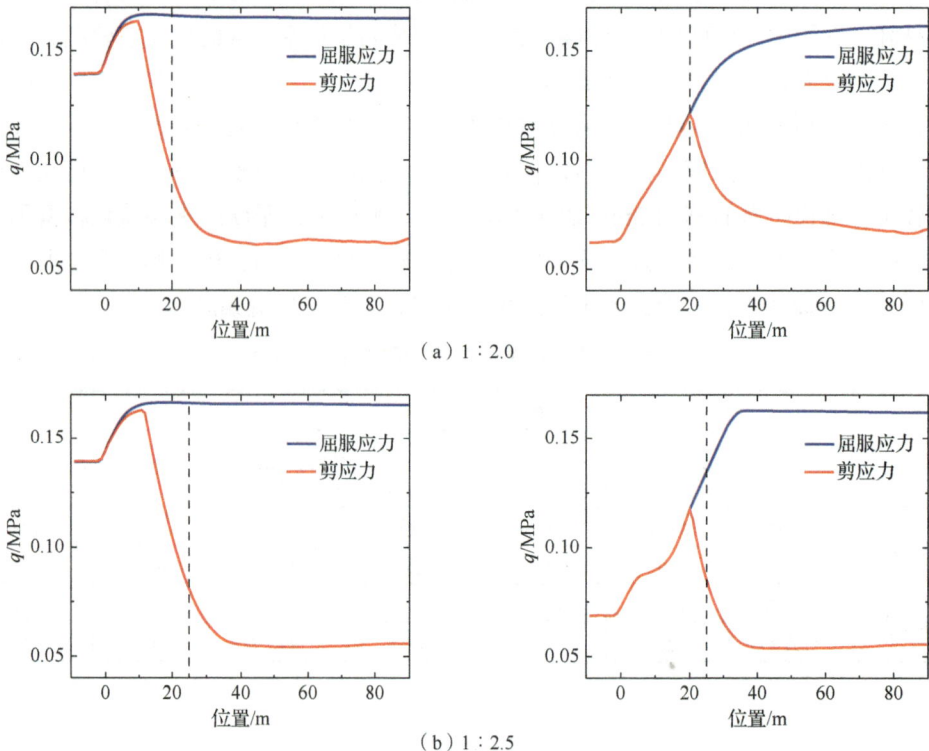

（a）1∶2.0

（b）1∶2.5

图 8-26　开挖完成时不同坡比软弱夹层的塑性区分布

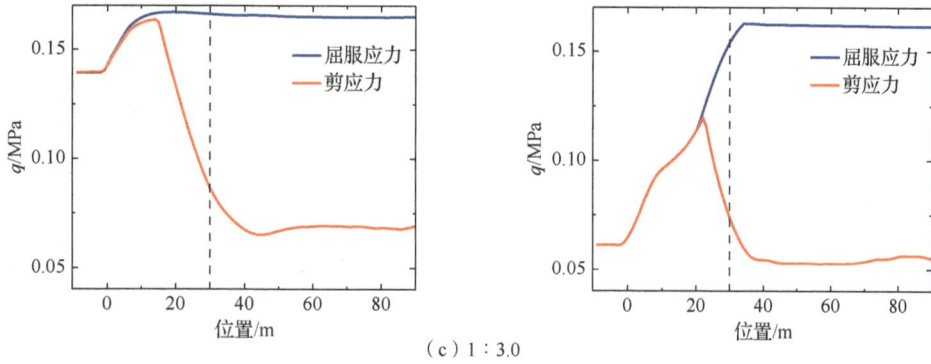

（c）1∶3.0

图 8-26（续）

图 8-27 为蓄水完成后不同坡比软弱夹层塑性区分布情况。蓄水完成后，由于吸力丧失，无论是否考虑软化，软弱夹层塑性区进一步延伸。不考虑软弱夹层软化时，三种坡比的软弱夹层塑性区长度分别延长 7m、10m 和 12m；考虑软化时，软弱夹层塑性区长度分别为 30m、33m 和 35m。考虑软弱夹层软化时，坡脚附近的土体强度进一步降低，应力沿着软弱夹层向上层土体传递，导致剪应力峰值向右移动，这是软弱夹层塑性区长度增加的主要原因。此外，不同坡比的塑性区长度与卸荷量相关，蓄水渗流则促进了剪应力的进一步传递。

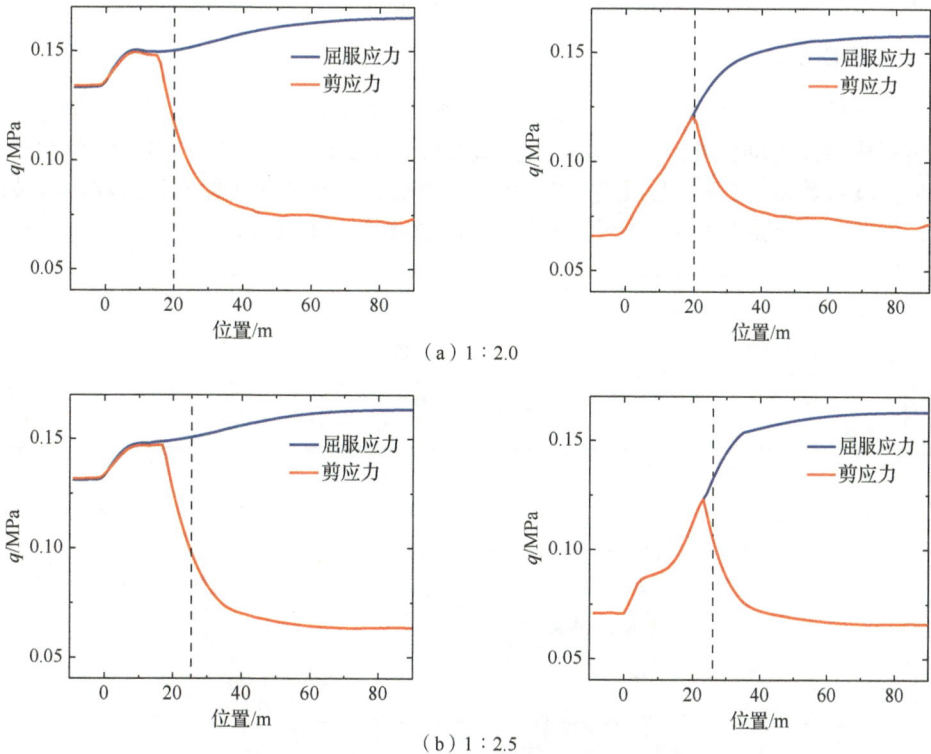

（a）1∶2.0

（b）1∶2.5

图 8-27　蓄水完成后不同坡比软弱夹层的塑性区分布

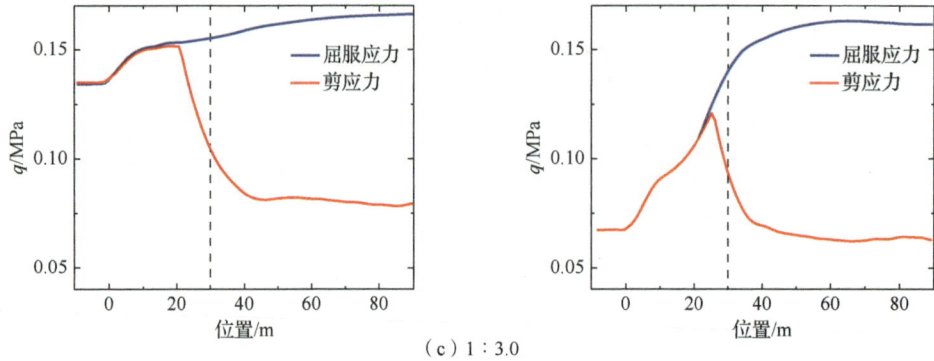

（c）1：3.0

图 8-27（续）

不考虑塑性软化时，塑性区主要集中在坡脚附近，坡角越陡，塑性区范围越广。边坡稳定性系数主要受上层土体剪应力分布的控制，坡比越小，开挖引起上层土体的剪应力越小，因此不考虑塑性软化时边坡越缓越稳定。考虑塑性软化时，塑性区发生明显变化。在开挖第四层时，软弱夹层软化导致屈服面收缩，软弱夹层应力提前达到屈服状态，软弱夹层的剪应力向上层土体传递；不仅坡脚处的塑性应变增加，开挖面下方靠近软弱夹层位置也会产生部分塑性区，不同开挖坡比的坡体均形成较广的塑性区域；塑性区从坡脚开始发育，贯穿膨胀土软弱夹层，影响坡顶下方靠近软弱夹层的上层土体，形成潜在的深层滑动面，坡角越缓，潜在滑动面越长。

8.3.4　稳定性系数

不考虑软化的边坡塑性区分布如图 8-28 所示。当折减系数为 2.2 时，坡比为 1：2.0 的边坡形成贯通滑动面并产生滑移；当折减系数为 2.5 时，坡比为 1：2.5 的边坡产生滑移；当折减系数为 2.6 时，坡比为 1：3.0 的边坡形成贯通滑动面并产生滑移，滑坡范围增大。因此，不考虑软化时，开挖边坡越陡，边坡稳定性越差。

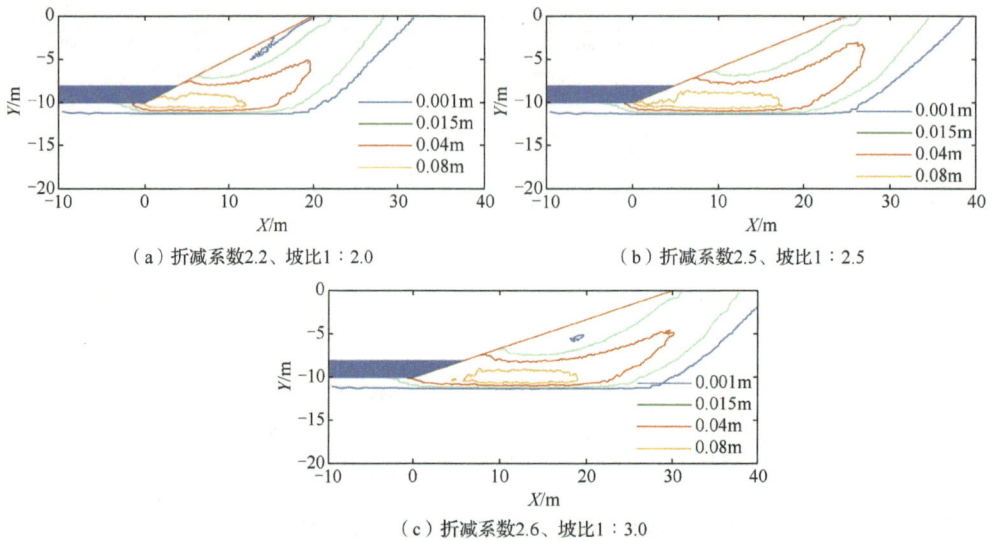

（a）折减系数2.2、坡比1：2.0　　　　　　（b）折减系数2.5、坡比1：2.5

（c）折减系数2.6、坡比1：3.0

图 8-28　不考虑软化的边坡塑性区分布

考虑塑性软化的边坡塑性区分布如图 8-29 所示。软弱夹层软化导致强度降低和剪应力增加，当折减系数为 2.1 时，1∶2.0 与 1∶3.0 边坡塑性区已经贯穿坡体 [图 8-29（a）、（c）]，形成大范围滑坡；当折减系数为 2.3 时，1∶2.5 边坡产生滑移 [图 8-29（b）]。软弱夹层的塑性软化不仅使边坡的稳定性下降，还改变了塑性区贯穿坡体的规律，缓坡不一定比陡坡更加稳定。

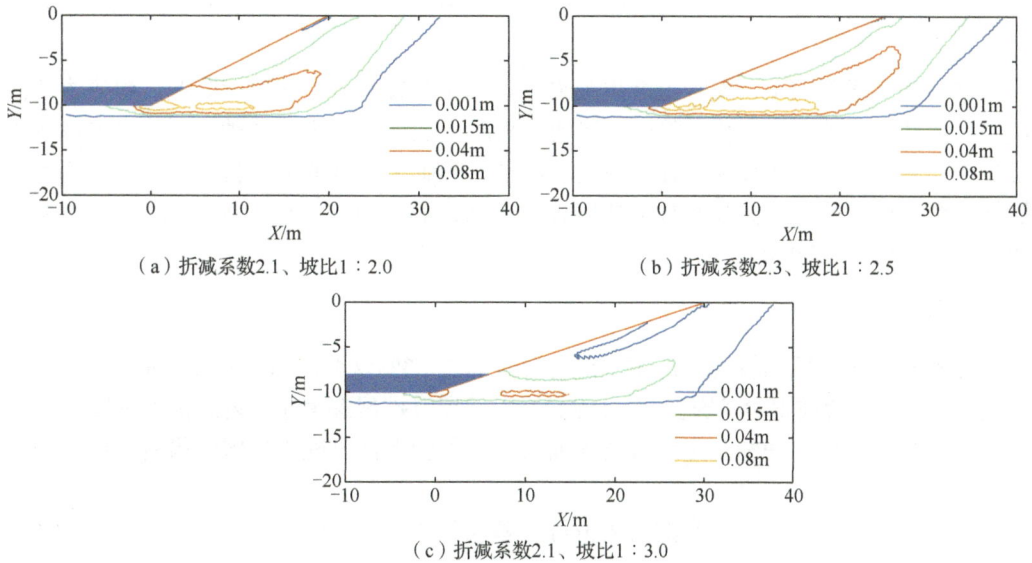

（a）折减系数2.1、坡比1∶2.0

（b）折减系数2.3、坡比1∶2.5

（c）折减系数2.1、坡比1∶3.0

图 8-29　考虑软化的边坡塑性区分布

膨胀土边坡的稳定性系数和塑性区长度与坡比的关系如图 8-30 所示。不考虑软弱夹层软化时，开挖坡比越缓，稳定性系数越大，膨胀土软弱夹层塑性区长度越长，分别为 7m、8m 和 10m；考虑软弱夹层软化时，随着坡比变缓，稳定性系数先增大后减小；不是边坡越缓，稳定性系数越大，而是坡比为 1∶2.5 的边坡稳定性系数最大。膨胀土软弱夹层塑性区长度分别为 17m、21m 和 24m。

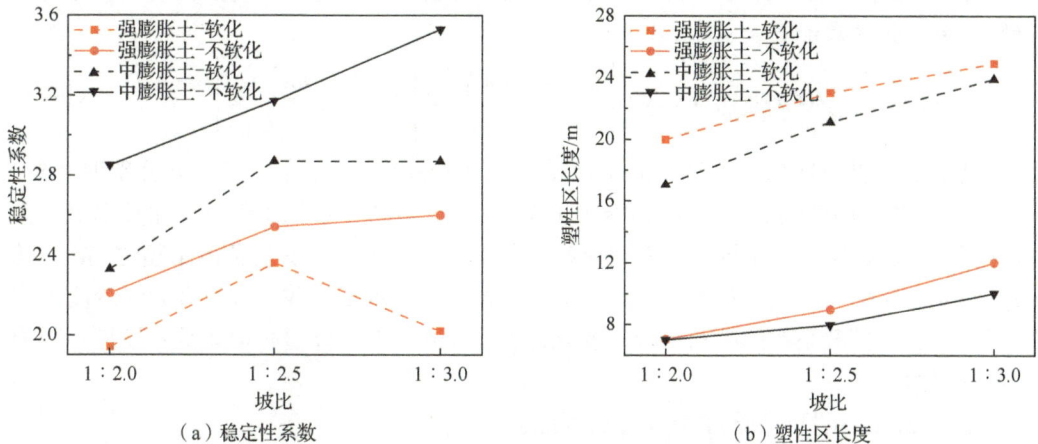

（a）稳定性系数

（b）塑性区长度

图 8-30　膨胀土边坡的稳定性系数和塑性区长度与坡比的关系

9 膨胀土滑坡和工程边坡新型防治技术

9.1 失 稳 特 征

季节性气候影响下，膨胀土产生胀缩变形和裂隙发育，引起强度降低，导致边坡浅层失稳滑动；边坡开挖卸荷、降雨入渗诱发膨胀土边坡深层失稳滑动；裂隙水的渗透力增加滑动力矩，引起边坡稳定性系数显著降低。膨胀土边坡的失稳特征主要表现为：浅层性、牵引性、平缓性、反复性、成群性、方向性和季节性（徐永福和刘松玉，1999；殷宗泽和袁俊平，2018）。

9.1.1 浅层性

膨胀土滑坡一般比较浅，深度 0.5～3.0m 的占 53%以上，3.0～6.0m 的占 29%，而深度超过 6m 的滑坡很少（廖世文，1984）。由于裂缝扩展深度小，裂隙扩展深度一般不超过大气影响深度，使膨胀土边坡滑动面浅。大气影响深度随着地区气候差异而不同，一般在 3m 左右。

通过求解表面无流动边界的扩散方程，基质吸力（Mitchell，1980）表示为

$$\psi(z,t) = \psi_0 + \psi_1 \sum_{n=1}^{\infty} \frac{8}{(2n-1)^2\pi^2} \cos\left[\frac{(2n-1)\pi z}{2z_a}\right] \cdot \exp\left[\frac{(2n-1)^2\pi^2 \upsilon t}{4z_a^2}\right] \quad (9\text{-}1)$$

式中，$\psi(z,t)$ 为吸力，是随深度和时间变化的函数（pF），pF 为吸力单位，定义为用厘米水柱高度表示吸力绝对值的对数，pF=1+log(××kPa)；ψ_0 为大气影响深度以下的平衡吸力（pF）；ψ_1 为吸力变化幅度（pF）；n 为气候变化的频率，指在自然条件下年度干湿循环的次数；υ 为扩散系数（cm²/s）；t 为时间（d）；z 为深度（m）；z_a 为大气影响深度。McKeen 和 Johnson（1990）基于 Mitchell（1980）方程导出了周期性基质吸力的一维解，用正弦函数形式表示为

$$\psi(z,t) = \psi_0 + \psi_1 \cos\left[2n\pi t - \left(\frac{n\pi}{\upsilon}\right)^{0.5} z\right] \cdot \exp\left[-\left(\frac{n\pi}{\upsilon}\right)^{0.5} z\right] \quad (9\text{-}2)$$

气候变化引起地表土的吸力变化规律如图 9-1 和图 9-2 所示。参数 n 分别取 0.5、1 和 2；υ 取 0.0003cm²/s、0.001cm²/s 和 0.003cm²/s。图 9-1 表示了气候变化频率对吸力沿深度分布的影响，在不同气候变化频率条件下，吸力变化的深度范围不超过 3m。随着气候变化频率 n 增加，吸力变化深度减小。图 9-2 表示了扩散系数对吸力沿深度分布的影响，不同扩散系数的膨胀土吸力变化深度在 3m 左右。随着扩散系数 υ 增加，吸力变化深度增加。

令 $t = z(n\pi/\upsilon)^{0.5}/(2n\pi)$，吸力表示为

$$\psi(t) = \psi_0 \pm \psi_1 \exp\left[-\left(\frac{n\pi}{\upsilon}\right)^{0.5} z\right] \quad (9\text{-}3)$$

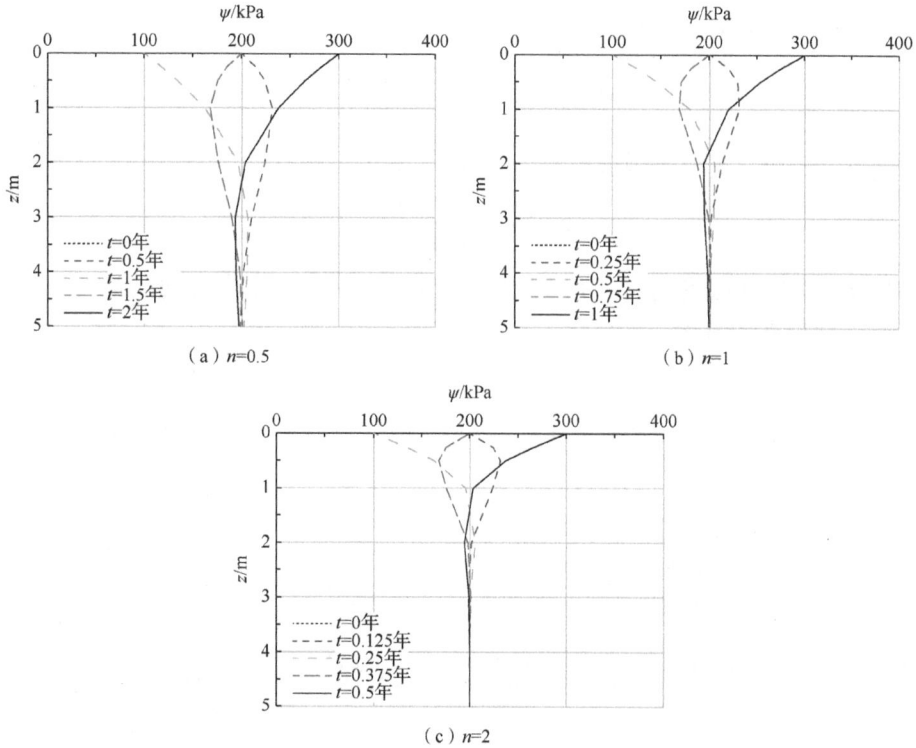

（a）n=0.5

（b）n=1

（c）n=2

图 9-1 气候变化频率对吸力沿深度分布的影响（υ=0.001cm²/s）

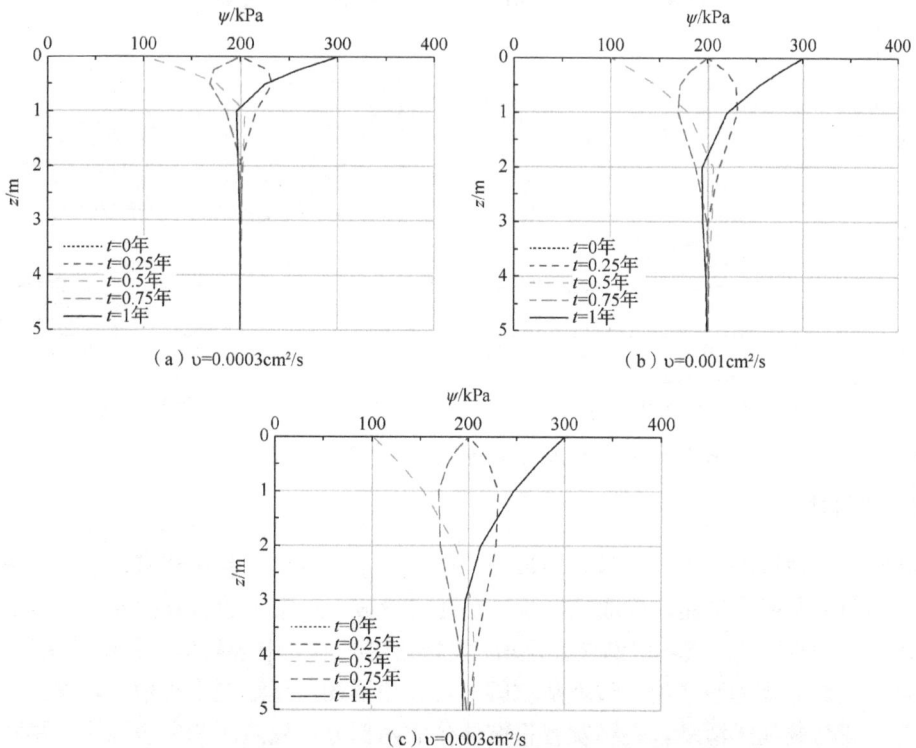

（a）υ=0.0003cm²/s

（b）υ=0.001cm²/s

（c）υ=0.003cm²/s

图 9-2 扩散系数对吸力沿深度分布的影响（n=1）

给定深度 z 处的吸力最大差为

$$\Delta\psi_{max} = 2\psi_1 \exp\left[-\left(\frac{n\pi}{\upsilon}\right)^{0.5} z\right] \tag{9-4}$$

吸力变化深度（大气影响深度）（Mitchell，1980）为

$$z_a = \frac{\ln(2\psi_1 / \Delta\psi_{max})}{\sqrt{n\pi / \upsilon}} \tag{9-5}$$

膨胀土吸力变化幅度越大，大气影响深度越大（图 9-3）。基质吸力最大差值越大，大气影响深度越小（图 9-4）。

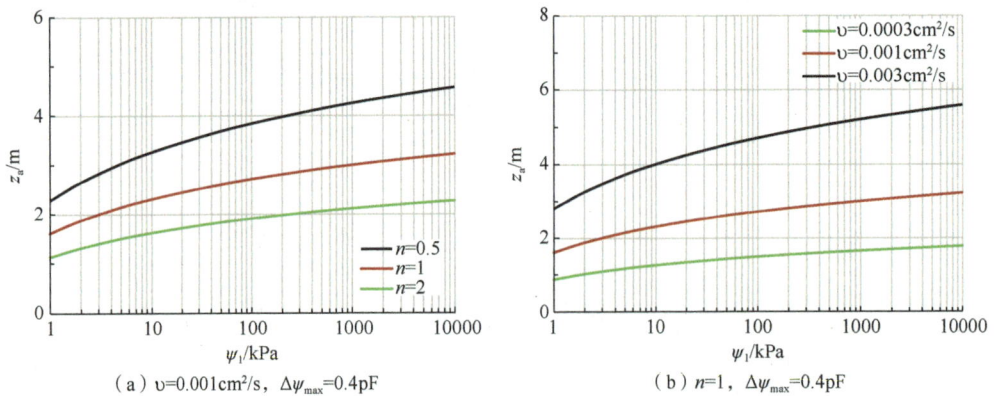

（a）$\upsilon=0.001\mathrm{cm^2/s}$，$\Delta\psi_{max}=0.4\mathrm{pF}$　　　　（b）$n=1$，$\Delta\psi_{max}=0.4\mathrm{pF}$

图 9-3　吸力变化幅度 ψ_1 对大气影响深度的影响

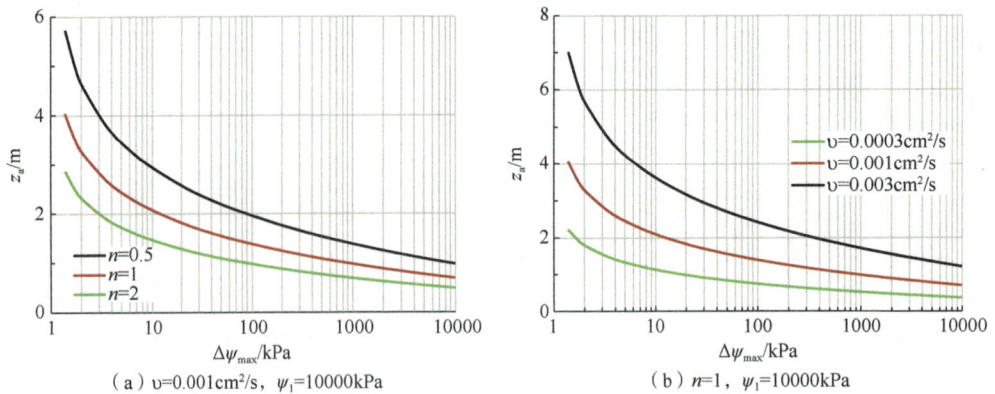

（a）$\upsilon=0.001\mathrm{cm^2/s}$，$\psi_1=10000\mathrm{kPa}$　　　　（b）$n=1$，$\psi_1=10000\mathrm{kPa}$

图 9-4　吸力最大差值 $\Delta\psi_{max}$ 对大气影响深度的影响

9.1.2　牵引性

膨胀土滑坡属于牵引式滑坡，边坡开挖卸荷、水分变化、强度衰减，滑坡从坡脚开始，逐级向上发展、贯通，形成阶梯状、叠瓦式滑坡。膨胀土边坡开挖卸荷形成的水平应力远大于垂直应力，从坡肩到坡脚递增，坡脚处剪应力集中区最早进入塑性极限状态，抗剪强度从峰值降为残余值，边坡从坡脚开始失稳滑动，逐渐向上扩散、转移，造成边坡的牵引式与叠瓦式滑动。裂缝发育将坡体分成两部分：裂隙区和非裂隙区。膨胀土滑坡发生在强度低的裂隙发育区，滑动面沿裂隙深度发展，滑动面范围小，边坡稳定性小。

9.1.3　平缓性

膨胀土边坡滑动面倾角统计结果如图 9-5 所示，滑动面倾角小于 30° 的滑坡占 90% 以上，滑动面最大倾角在 35° 左右。膨胀土边坡滑坡体的长度和深度的相关关系如图 9-6 所示，假设滑坡体深度与长度之比接近滑动面倾角，膨胀土滑动面倾角接近 3°，滑动面倾角小。膨胀土边坡滑动面平缓，地下水位为膨胀土强度等值线面，地下水位的平缓性决定了膨胀土滑动面是平缓的。Rahardjo 等（2005）给出了地下水位与边坡尺寸的相关关系的示意图如图 9-7 所示。地下水位平缓，在最干状态和最湿状态下，地下水面倾角接近 20.8°，地下水位线是膨胀土强度的分界线，膨胀土边坡滑动面一般与地下水位线和强度分界面平行，在 20°～30° 左右。

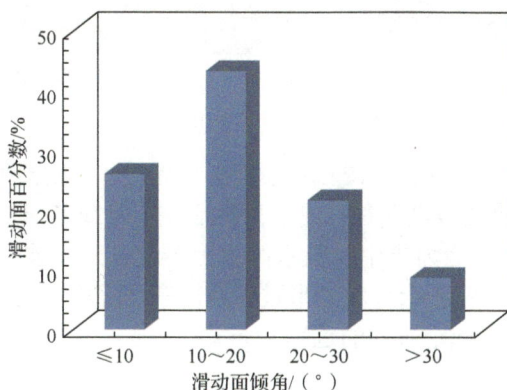

图 9-5　不同倾角的膨胀土滑动面百分数

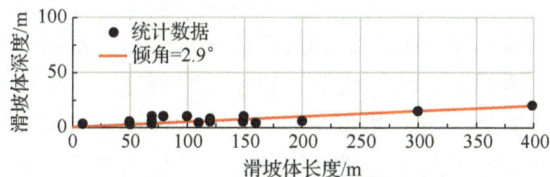

图 9-6　膨胀土边坡滑坡体的长度与深度的相关关系

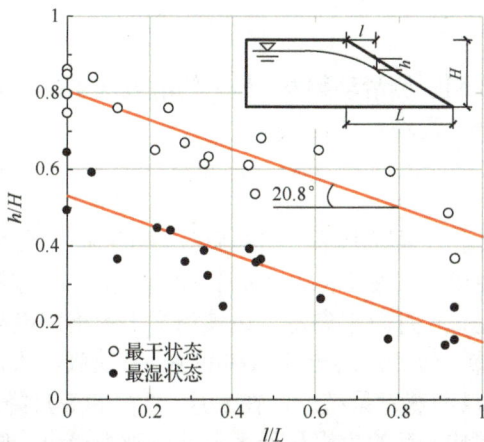

图 9-7　地下水位与边坡尺寸的相关关系示意图（Rahardjo et al.，2005）

9.1.4　反复性

　　季节性气候影响下,膨胀土的循环胀缩性决定了滑坡的反复性,多年的老滑坡都可能再次复活、滑动,具有明显的反复性。图9-8(a)显示了陕西安康膨胀土浅层滑坡反复滑动现象,在膨胀土边坡表层形成"舌状""鱼鳞状"滑动体。图9-8(b)解释了"舌状""鱼鳞状"滑动体的形成机制。

(a)安康膨胀土　　　　　　　　　　　　　(b)反复滑动机制

图9-8　膨胀土滑坡的反复性

　　季节性气候影响引起土体强度降低和裂缝扩展缓慢,导致膨胀土边坡滑动是一个长期、反复的过程。膨胀土边坡破坏往往是在开挖后几个月或若干年里。Bishop等(1960)认为膨胀土路堑边坡由于应力集中和吸水等原因会造成土质软化,黏聚力随时间而减小,引起滞后边坡破坏。膨胀土边坡变形过程经历三个阶段:吸水膨胀阶段、膨胀软化阶段和软化破坏阶段,是一个长期的过程。

9.1.5　成群性

　　膨胀土边坡失稳滑坡具有成群性,膨胀土滑坡主要发育于强膨胀土分布、软弱夹层发育地区,在空间上呈成群集中分布。膨胀土边坡发生一次滑坡,就为下次滑动创造了条件。膨胀土边坡发生滑坡后,坡体松散,裂隙发育程度高,前一次滑坡面形成的贯穿裂隙,都为下一次滑坡提供了渗水和蒸发通道,土的剪切强度减小速率更快、减小幅度更大、变化频率更高,决定了发生过滑坡位置附近的新进滑坡更容易发生,导致了膨胀土滑坡的成群性。

9.1.6　方向性

　　南水北调渠道边坡向阳一侧滑动频发,另一侧滑坡现象少。向阳边坡,日照时间长,温度变化大,裂缝较显著,滑坡可能性大。

9.1.7　季节性

　　Mitchell(1980)给出了气候影响下土的基质吸力随时间的变化规律,如图9-9所示。基质吸力随时间呈周期性和季节性变化。以$n=1$为例,相当于常规的一年一个周期,6月的吸力最小。实际情况是,6月雨水充足,边坡浅层土的饱和度高,基质吸力自然小;12月雨水最少,气候干燥,边坡浅层土的饱和度小,基质吸力大。以华东地区为例,根据2006~2009年的降水量和蒸发量统计,在6月、7月和8月降雨量最大,在7月和8月蒸发量达到最大值,对应6月的含水量最大、基质吸力最小。吸力的季节性变化必然导致膨胀土边坡滑动的季节性变化。

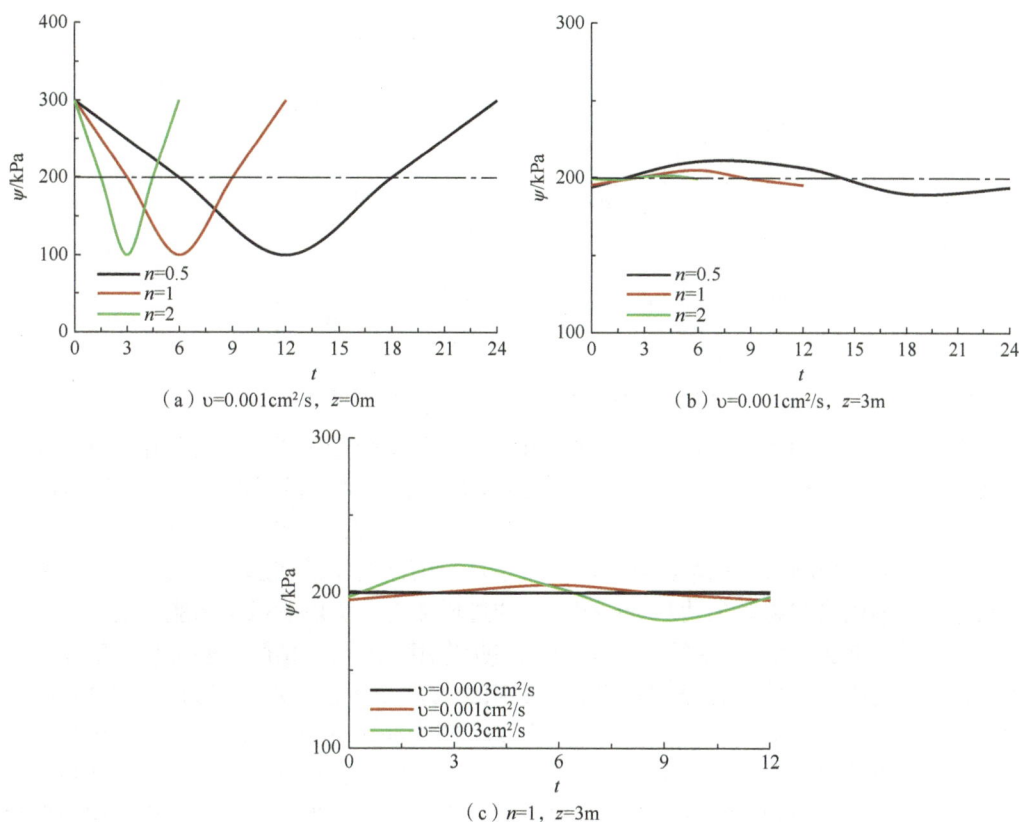

（a）$\upsilon=0.001\text{cm}^2/\text{s}$，$z=0\text{m}$

（b）$\upsilon=0.001\text{cm}^2/\text{s}$，$z=3\text{m}$

（c）$n=1$，$z=3\text{m}$

图 9-9　基质吸力随时间的变化规律

随着旱季和雨季的不断交替，膨胀土边坡发生干湿循环和反复胀缩变形，位移方向以垂直坡面方向为主，每次干湿胀缩循环变形后，都产生一个向坡下的残余变形，残余变形随循环次数增加不断累积，在坡肩附近出现张裂隙，在坡脚附近形成剪应力集中区，边坡最终发生渐进式破坏。因此，长期的季节性干湿循环作用，产生向坡下的残余变形累积，造成膨胀土边坡渐进式破坏。

9.2　新型防治技术

在膨胀土滑坡和工程边坡防治的长期实践中，提出了膨胀土边坡防治的"防渗保湿"、"以柔治胀"和"刚柔相济"理念，形成了经验性防治技术，有很多机理性的难题一直没有解决。以上三种防治理念虽然流传甚广，但一直没有上升到理论阶段，没有形成设计理论，在膨胀土边坡防治实践中常常引起误解。

引起膨胀土边坡失稳的原因主要是水分变化和开挖卸荷作用，水分变化产生胀缩变形和胀缩裂隙，胀缩裂隙引起膨胀土强度降低，产生渗流场，引起边坡失稳滑动；膨胀变形引起应变软化，导致边坡失稳滑动；膨胀土边坡开挖产生卸荷效应，引起水平应力增加，导致边坡失稳滑动，如图 9-10 所示。

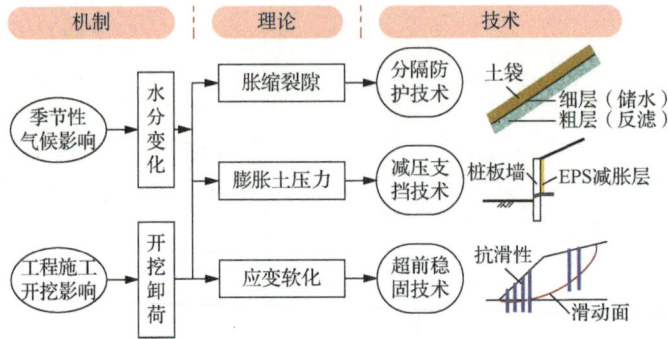

图 9-10　膨胀土边坡失稳机制和防治措施

　　膨胀土边坡失稳机制是，膨胀土边坡开挖卸荷和水分变化引起水力作用，导致膨胀土产生胀缩变形和胀缩裂隙发育，引起膨胀土边坡失稳滑动。根据膨胀土边坡失稳机制，膨胀土滑坡和工程边坡的新型防治技术主要分为：分隔防护技术、减压支挡技术和超前稳固技术。所谓分隔防护技术，采用非膨胀性填料或结构覆盖在膨胀土边坡之上，将引起水分变化的因素与膨胀土边坡分隔开来，通过增加覆盖层厚度抵消膨胀土边坡开挖卸荷效应，增加坡面强度，对膨胀土边坡起到防护作用，适用于由胀缩裂隙引起的膨胀土边坡浅层失稳滑动。对于开挖卸荷引起的膨胀土附加土压力（水平应力），通过在挡墙背后设置 EPS 减压层，减小挡土墙上的土压力，即为减压支挡技术，一般与挡土墙联合使用。超前稳固技术是针对深层存在软弱夹层或潜在滑动面的膨胀土边坡，在边坡开挖前，采用化学注浆加固、抗滑桩、锚杆等对软弱夹层或潜在滑动面进行加固，避免在边坡开挖后产生大规模滑坡。

9.2.1　分隔防护技术

　　分隔防护技术主要采用非膨胀性黏土、化学改良膨胀土（石灰改良土、水泥改良土等）、物理处治膨胀土（加筋土、土袋等）覆盖在膨胀土边坡上，消除气候影响引起的水分变化和开挖卸荷产生的水平应力，阻止裂隙发育。分隔层内增设排水结构，收集排出膨胀土边坡中的裂隙水。水泥改良土的水泥掺量一般为3%～6%，石灰改良土的石灰掺量一般为5%～8%。覆盖层的功能除了分隔气候对膨胀土边坡的影响，还有抑制膨胀变形、增强坡面的功能。

　　1）非膨胀性黏土覆盖技术

　　在膨胀土边坡表面覆盖非膨胀性黏土或改良膨胀土，起分隔作用，抑制膨胀变形，防止次生裂隙发育，如图 9-11 所示。

　　覆盖层厚度由膨胀率大小决定，如图 9-12 所示，覆盖层厚度（h）的计算公式为 $h = p_0 / \gamma$，其中 p_0 为膨胀率为 0 时的荷载，γ 为覆盖土的容重。采用覆盖技术处治膨胀土边坡时，边坡开挖不能一次性开挖到位，需预留 40～50cm 的挖方，在覆盖层施工时，以最快速度、在最短时间内挖除预留土方，立即铺填覆盖层，压实后实施坡面防护（殷宗泽和袁俊平，2018）。对于膨胀土路基边坡，覆盖层厚度要求大于植物根系生长的深度。对于填方边坡，覆盖层等同于包边土，包边土厚度大于植物根系生长深度。

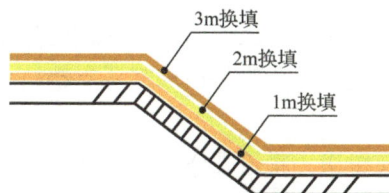

图 9-11 非膨胀性黏土覆盖层示意图

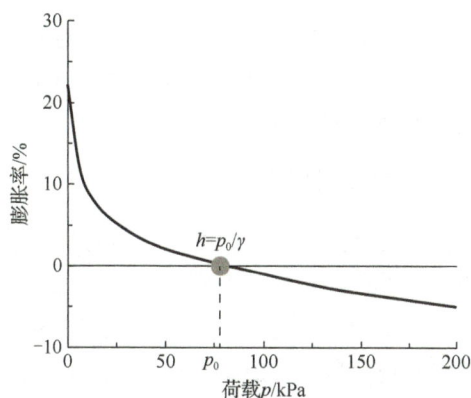

图 9-12 覆盖层厚度的计算原理示意图

2）加筋土覆盖技术

胀缩变形是膨胀土路基病害的根本起因，采用土工格栅抑制膨胀土的胀缩变形，阻止裂隙发育，如图 9-13（a）所示，根据受力平衡，土工格栅的间距 d 的计算公式为

$$K_s \cdot (\tau \cdot l) = d \cdot \sigma_a \tag{9-6}$$

式中，τ 为摩擦力，$\tau = \gamma h \cdot \tan(2\varphi/3)$，其中 φ 是内摩擦角；l 为加筋长度；K_s 为安全系数，一般取 2～3；σ_a 为主动土压力。加筋土处治膨胀土路基填土的示意图如图 9-13（b）所示，对于弱—中膨胀性土，一般 2 层填土加 1 层土工格栅，下一层土工格栅向上反包，与上层土工格栅连接，构成整体，控制胀缩变形。

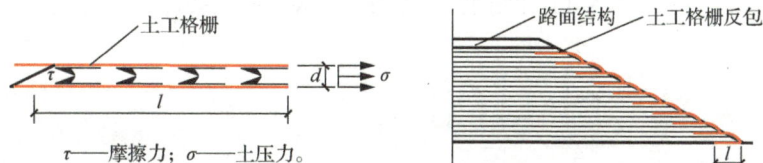

τ——摩擦力；σ——土压力。

图 9-13 土工格栅受力示意图

对于大气影响深度为 3m 的情况，针对土工格栅层间距为 20cm，填土的内摩擦角分别为 20° 和 30°，不同膨胀力的膨胀土边坡的加筋长度与填土高度的关系如图 9-14 所示。中等膨胀等级的膨胀土边坡的加筋长度不超过 1m。在实践工程中，土工格栅加筋长度一般为 3～4m，便于碾压施工。

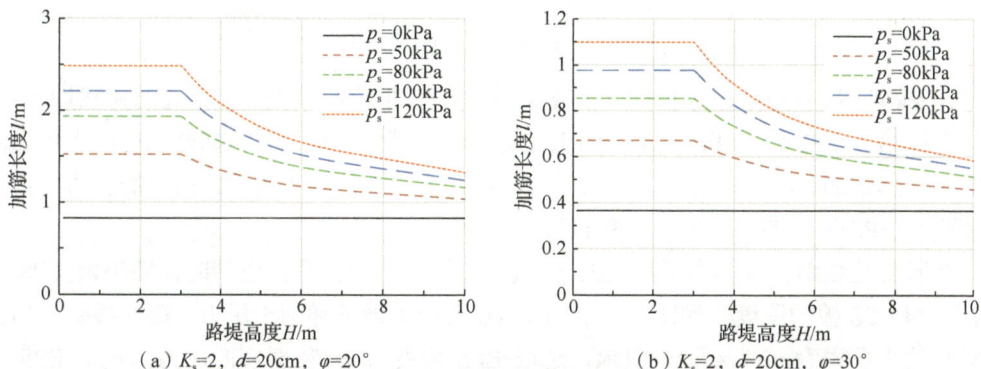

（a）$K_s=2$，$d=20$cm，$\varphi=20°$

（b）$K_s=2$，$d=20$cm，$\varphi=30°$

图 9-14 加筋长度与填土高度的关系

　　分隔防护主要适用于胀缩裂隙引起浅层滑坡的防治，防治原理是通过坡面覆盖层将引起膨胀土边坡水分变化的因素分隔开来，同时通过调整覆盖层厚度补偿边坡开挖卸荷效应，增强坡面强度。

9.2.2　减压支挡技术

　　减压支挡技术，主要指在挡墙背后设置 EPS 垫层，调节膨胀变形，减小膨胀土的土压力。如果存在深层潜在滑动面，一般与抗滑桩联合使用，称为桩板墙减压支挡技术。该技术适用于有临空面的膨胀土边坡防护。

　　EPS 是在聚苯乙烯树脂中加入发泡剂形成的发泡树脂，原始成分是苯乙烯（C_8H_8），由乙烯（C_2H_4）和苯（C_6H_6）反应生成，烯烃的一种。烯烃是一种不饱和脂肪族的烃，与碳链具有双键链接，表示为 C_nH_{2n}。当 $n<4$ 时，EPS 表现为气态；当 $n=5\sim17$ 时，EPS 表现为液态；当 $n>17$ 时，EPS 表现为固态（Horvath，2005）。如图 9-15 所示，EPS 分子结构呈六边形蜂窝状，在单向压力作用下，垂直压力方向上的六边形壁受拉伸应力作用，EPS 的拉伸强度大，不易拉断，EPS 受单向压力不易变形，抗压强度高（图 9-16）。

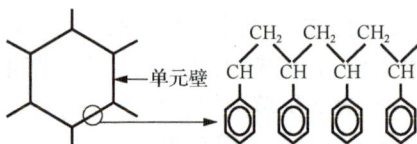

图 9-15　EPS 的结构示意图（Aytekin，1997）

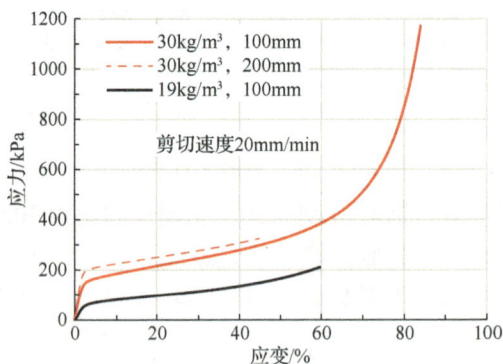

图 9-16　EPS 的应力-应变关系

　　Aytekin（1997）将 EPS 板减压机理归结为 EPS 板将挡墙上、下部位的荷载均布化。挡墙后面增添 EPS 板，EPS 板承担的土压力随着变形增加而增加，挡墙承担的土压力随 EPS 板变形增加而减小，EPS 板的土压力与挡墙土压力达到平衡时，挡墙的土压力远远小于没有 EPS 板时的土压力（图 9-17）。

　　膨胀土边坡防护结构中采用 EPS 板减小防护结构的荷载，设计时需要确定 EPS 板的密度和 EPS 板的厚度。如图 9-17 所示，σ_0 为挡墙最下部的土压力，EPS 板减压后挡墙承担的土压力为 $\sigma_0-\sigma_b$。一般地，选取 EPS 应变 $\varepsilon_b=2\%$ 对应的应力为 σ_b，EPS 的弹性模量为 $E_s=\sigma_b/\varepsilon_b$。根据弹性模量选取 EPS 的密度（表 9-1）。

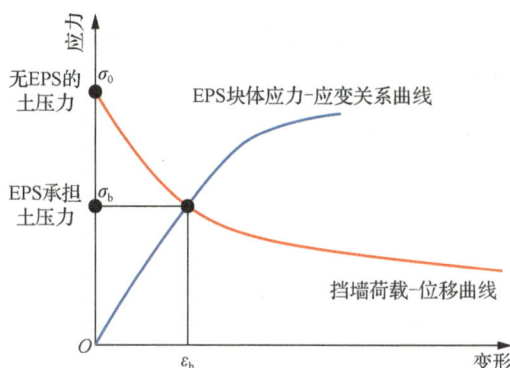

图 9-17　EPS 板减压机理（Dasaka et al.，2018）

表 9-1　EPS 的密度与弹性模量的建议值（ASTM，2017）

型号	密度/（kg·m^{-3}）	1%应变的抗压强度/kPa	弹性模量/MPa
EPS 15	14.4	15	2.5
EPS 19	18.4	40	4.0
EPS 22	21.6	50	5.0
EPS 29	28.8	75	7.5
EPS 39	38.4	103	10.3
EPS 46	45.7	128	12.8

9.2.3　超前稳固技术

　　超前稳固技术就是采用抗滑桩、锚杆等在边坡开挖前提前对潜在滑动面或软弱夹层进行加固，避免边坡开挖后产生大规模滑坡，适用于有深层潜在滑动面或软弱夹层的膨胀土边坡防护。

　　1）抗滑桩

　　如图 9-18 所示，抗滑桩设计要考虑膨胀力产生的主动土压力。在边坡防治中，抗滑桩内力在滑动面上、下分别计算，滑动面以上视为弹性定向铰支的悬臂梁，滑动面以下视为文克尔（Winkler）弹性地基梁，如图 9-19 所示。抗滑桩受到的外力作用主要有桩后滑坡推力和桩前土体抗滑力。Ito 等（1981）和 Hassiotis 等（1997）根据极限平衡分析方法，假设：①沿 AEB 和 $A'E'B'$ 两个滑动面发生剪切破坏，EB 与 x 轴的夹角 $\alpha = \pi/4 + \phi/2$；②滑体 $AEBB'E'A'$ 的极限破坏满足莫尔-库仑定律；③主动土压力作用在 AA' 面上；④假设为平面应变；⑤桩是刚性的；⑥忽略 AEB 和 $A'E'B'$ 上的摩擦力，桩水平向应力为

$$p = ac\frac{1}{N_\phi \tan\phi}\left(M_\phi - 2\sqrt{N_\phi}\tan\phi - 1\right) + ac\frac{2\tan\phi + 2\sqrt{N_\phi} + 1/\sqrt{N_\phi}}{\sqrt{N_\phi}\tan\phi + N_\phi - 1}$$

$$- c\left(d_1\frac{2\tan\phi + 2\sqrt{N_\phi} + 1/\sqrt{N_\phi}}{\sqrt{N_\phi}\tan\phi + N_\phi - 1} - 2d_2 1/\sqrt{N_\phi}\right) + \frac{\gamma z}{N_\phi}\left(aM_\phi - d_2\right) \qquad (9\text{-}7)$$

式中，c 和 ϕ 为土的剪切强度参数；γ 为土的容重；z 为地面下的深度；$\alpha = \pi/4 + \phi/2$，$\beta = \alpha/2$，$\delta = \pi/9 - \phi/2$；$N_\phi = \tan^2\alpha$；$M_\phi = \exp\{[(d_1 - d_2)/d_2]N_\phi\tan\phi\tan\beta\}$；$a = d_1(d_1/d_2)^b$；$b =$

$N_\phi^{1/2}\tan\phi + N_\phi - 1$。式（9-7）通过合理地假设抗滑桩上的滑坡推力和抗滑力的分布模式，简化抗滑桩的设计计算方法。

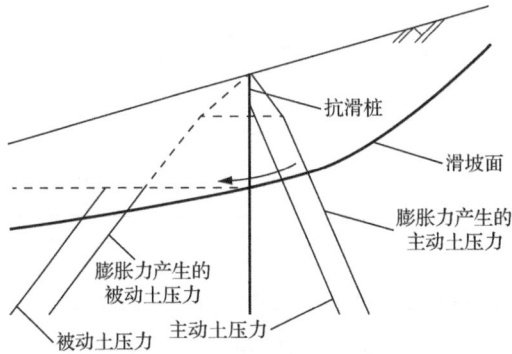

图 9-18　抗滑桩的设计示意图

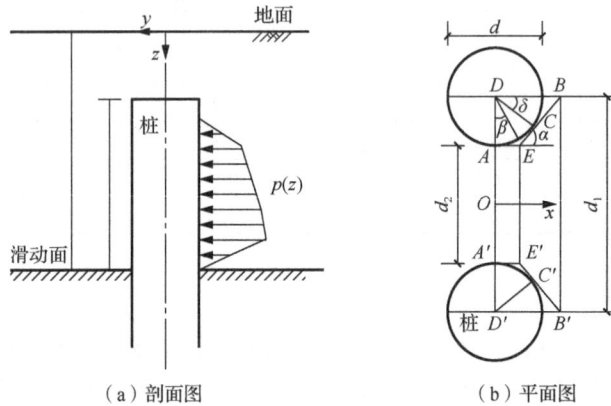

（a）剖面图　　　　　　　　（b）平面图

图 9-19　抗滑桩受力分析（Ito et al.，1981；Hassiotis et al.，1997）

2）锚杆支护技术

锚杆支护是利用锚杆头部、杆体的特殊构造和尾部托板，将土与混凝土框架梁（水上）或混凝土板（水下）连接在一起，达到膨胀土边坡防护的目的。《岩土锚杆与喷射混凝土支护工程技术规范》（GB 50086—2015）给出锚杆锚固长度（L_a）的确定方法：

$$L_a = \max\left(\frac{KN_t}{\pi D f_{mg}\psi}, \frac{KN_t}{n\pi d\eta f_{ms}\psi} \right) \tag{9-8}$$

式中，K 为抗拔安全系数，取 2.2；N_t 为轴向拉力设计值；D 为钻孔直径；d 为杆件直径；f_{mg} 为土与注浆体间的黏结强度标准值；η 为界面黏结强度降低系数，取 0.6～0.85；f_{ms} 为筋体与注浆体间的黏结强度标准值；ψ 为锚固长度影响系数，取 1.0；n 为筋体根数。根据图 9-20 中锚杆加固边坡机理示意图，锚杆加固边坡的稳定性系数计算公式为

$$F_s = \frac{W\cos\beta + T\cos\theta - p_s}{W\sin\beta - T\sin\theta} \tag{9-9}$$

式中，W 为混凝土框架梁和混凝土板的重量，$W=A\cdot h$，h 为混凝土的厚度，A 为单根锚杆支护的边坡面积；p_s 为膨胀力；T 为锚杆拉力。

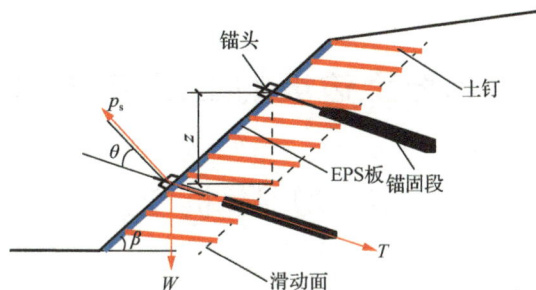

图 9-20 锚杆支护机理示意图

锚杆最优倾角满足条件：

$$\cos\beta\cos\theta_{opt} - \sin\beta\sin\theta_{opt} - \zeta\cos\theta_{opt} + \xi = 0 \tag{9-10}$$

式中，$\zeta = p_s/W$；$\xi = T/W$；θ_{opt} 为锚杆最优倾角，表示为

$$\theta_{opt} = \tan^{-1}\left[\frac{(\zeta - \cos\beta)\sin\beta + \xi\sqrt{1 + \zeta^2 - 2\zeta\cos\beta - \xi^2}}{\xi^2 - \sin^2\beta}\right] \tag{9-11}$$

每根锚杆所承担的边坡面积（A）满足：

$$T\cos\theta + W\cos\beta \geqslant A \cdot p_s \tag{9-12}$$

10 膨胀土边坡的土袋防护技术

10.1 增 强 机 理

10.1.1 土袋的抗压强度

1）一轴压缩试验

土袋采用白色米袋、黄色饲料袋和黑色编织袋填充粗砂和碎石制成，白色米袋、黄色饲料袋和黑色编织袋的拉伸强度分别为 9.0kN/m、14.9kN/m 和 18.5kN/m，粗砂和碎石的内摩擦角分别为 40° 和 44°。

土袋一轴压缩试验如图 10-1 所示。在土袋与压板边缘接触处发生应力集中，土袋边缘鼓胀、破坏。土袋的一轴压缩强度很大，在 40cm×40cm 的平面上能承受 30～50t 重量。在一轴压缩试验中，粗砂和碎石出现破碎现象，发出"吱吱"的声音，碎石发出类似轻微爆炸声。

图 10-1　土袋一轴压缩试验

土袋一轴压缩试验的压力-位移关系曲线如图 10-2（a）所示。压力-位移关系曲线分为两段，前一段压力比较小，砂比较松散，位移发展比较快，在压力-位移图上，斜率比较小、曲线平缓；后一段压力-位移曲线的斜率比较大，此时砂很密实，压力发展比较快，压力-位移关系曲线呈上翘现象。土袋一轴压缩试验的应力-应变关系曲线如图 10-2（b）所示，应力-应变关系曲线也是上翘曲线。土袋的一轴压缩强度与编织袋拉伸强度的关系如图 10-3 所示。土袋的一轴压缩强度随编织袋的拉伸强度 T 增加而呈线性增大。

土袋增强机理能从图 10-4 中得到直观的解释。压实前的土袋用图 10-4 中所示的正方形表示（图中实线表示的图形），正方形的边长为 20cm，周长为 80cm，面积为 400cm^2。土袋经过压实后，由原来的正方形断面变成长方形断面，不考虑土的体积压缩，图中的断面面积保持 400cm^2 不变，但周长变为 100cm。由于编织袋的周长增加，产生拉伸应变 λ 和张力 T，$T=\lambda E=E\Delta l/l$，其中 E 是编织袋的弹性模量，Δl 是土袋周长的增量，l 是土袋的周长。编织袋内产生张力，相当于在袋内填土施加围压，导致土袋的强度和刚度增加。

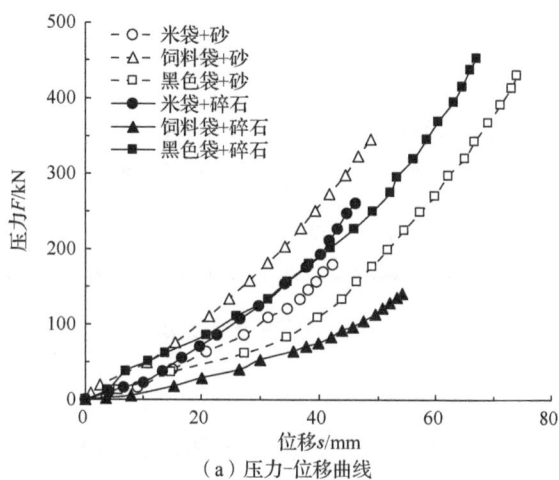

（a）压力-位移曲线

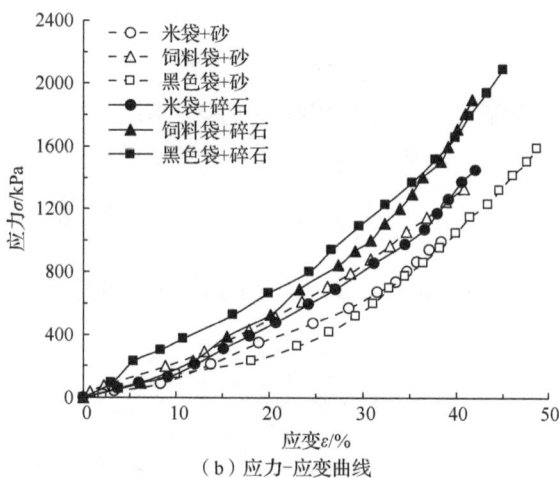

（b）应力-应变曲线

图 10-2　土袋的一轴压缩试验曲线

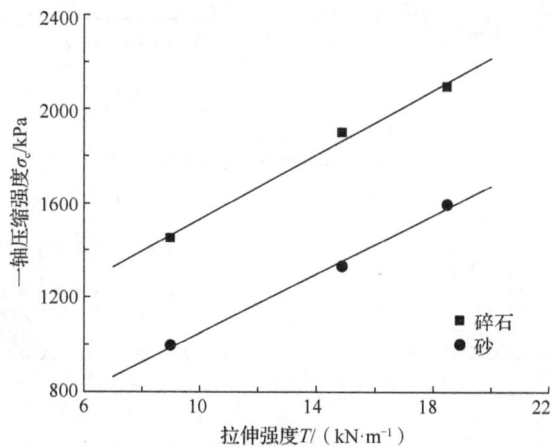

图 10-3　一轴压缩强度与拉伸强度的关系

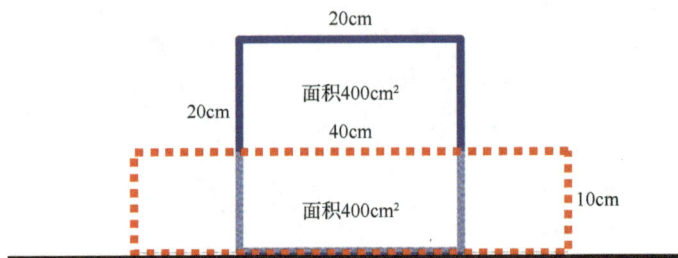

图 10-4　土袋的张力来源

2）土袋的强度

土袋内土的受力状态如图 10-5 所示，应力 σ_1 和 σ_3 由两部分组成，外荷 σ_{1f}、σ_{3f} 和由编织袋内张力引起的附加应力 σ_{01}、σ_{03}。附加应力 σ_{01} 和 σ_{03} 用张力 T 表示为

$$\sigma_{01}=\frac{2T}{B}, \quad \sigma_{03}=\frac{2T}{H} \tag{10-1}$$

根据极限平衡理论，土袋破坏时的最大和最小主应力满足：

$$\sigma_{1f}+\sigma_{01}=K_p(\sigma_{3f}+\sigma_{03}) \tag{10-2}$$

$$\sigma_{1f}=K_p\sigma_{3f}+\frac{2T}{B}(mK_p-1)=K_p\sigma_{3f}+2c\sqrt{K_p} \tag{10-3}$$

式中，K_p 为被动土压力系数；$m=\dfrac{B}{H}$。土袋的黏聚力 c（松冈元，2003）表示为

$$c=\frac{T}{\sqrt{K_p}}\left(\frac{K_p}{H}-\frac{1}{B}\right) \tag{10-4}$$

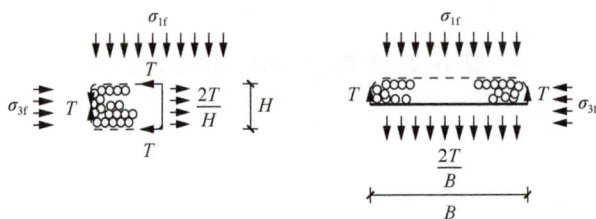

（a）编织袋张力引起的应力

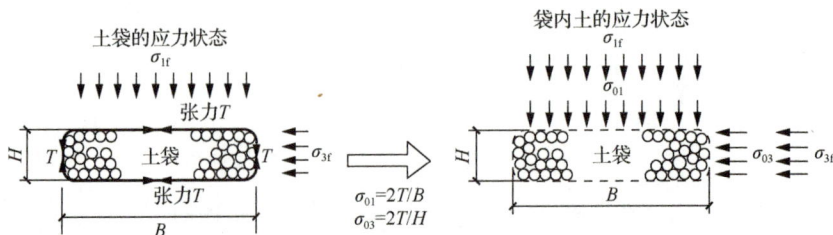

（b）填料的总应力

图 10-5　土袋内土体的受力模型（松冈元，2003）

土袋的破坏包络线如图 10-6 所示，由于受到编织袋的张力 T 作用，由原来的散粒 φ 材料变成具有黏聚力 c 的 c-φ 材料，黏聚力随土袋的厚度减小而增大。

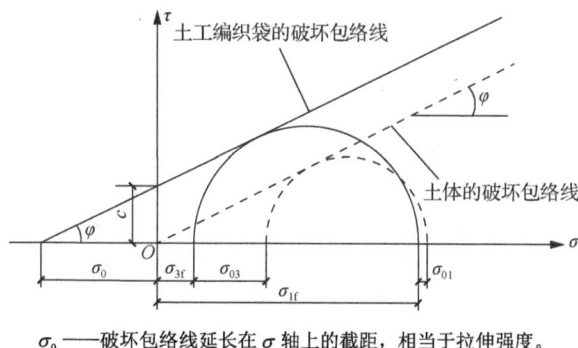

σ_0——破坏包络线延长在 σ 轴上的截距，相当于拉伸强度。

图 10-6　土袋的强度特性（松冈元，2003）

图 10-7 中比较了土袋的黏聚力的计算值与一轴压缩试验结果，一轴压缩试验中 c 值的计算公式为 $c = \sigma_f / (2\sqrt{K_p})$。土袋一轴压缩试验测得的黏聚力（$c_{测}$）与式（10-4）的计算结果（$c_{算}$）基本相同，产生误差的原因是真实土袋的形状不规则、尺寸测量不精确。

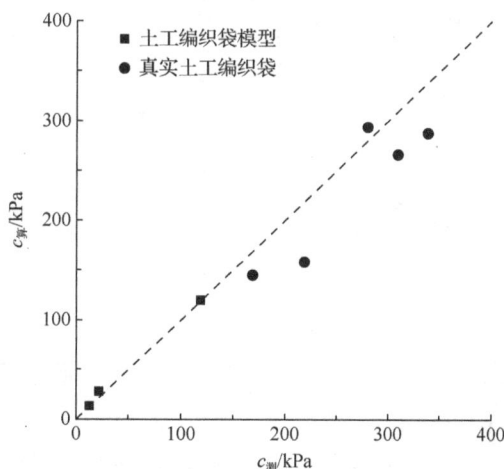

图 10-7　土袋的黏聚力的计算值与一轴压缩试验结果比较

10.1.2　土袋间的摩擦角

与土袋间的摩擦角有关的参数主要有填料的内摩擦角和编织袋间的摩擦系数。选用黑色编织袋和黄色饲料袋，填料分别为粉土、中砂和中粗砂。

1）填料的内摩擦角

中砂和中粗砂的颗粒分布曲线如图 10-8 所示，填料的基本物理力学指标列于表 10-1 中。中砂和中粗砂的内摩擦角采用直剪试验确定，剪切速度为 0.8mm/min，中砂和中粗砂的内摩擦角分别为 29.8° 和 33.5°（图 10-9，图中 No.1、No.2 为试样编号）。

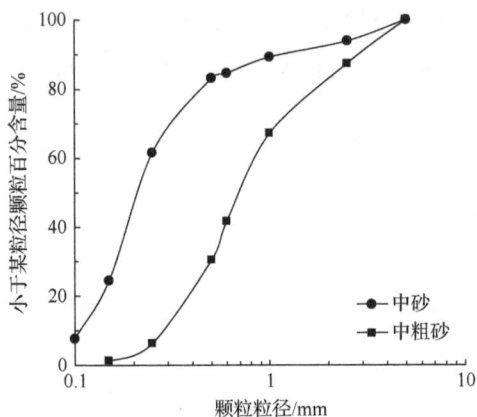

图 10-8　中砂和中粗砂的颗粒分布曲线

表 10-1　试验材料的基本物理力学指标

材料	含水量 w/%	密度 ρ/（g·cm^{-3}）	液限 w_L/%	塑限 w_p/%	不均匀系数 C_u	曲率系数 C_c	内摩擦角 φ/（°）
中砂					2.3	0.9	29.8
中粗砂					3.0	1.1	33.5
粉土	11	1.86	24	17			24.0

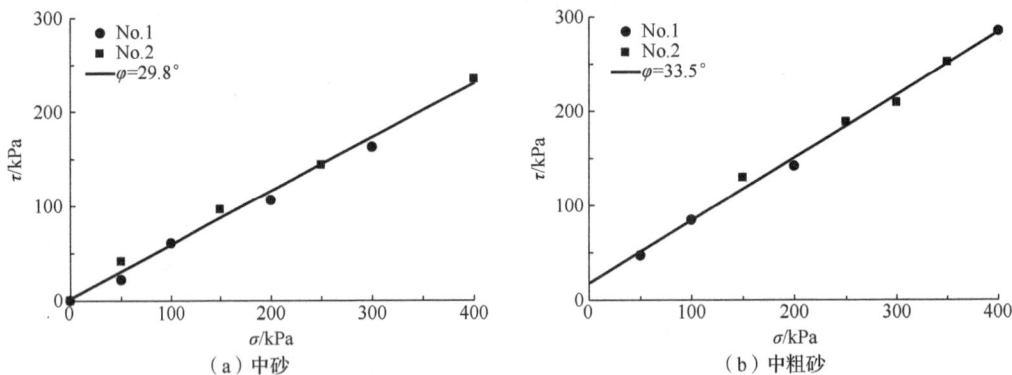

（a）中砂　　　　　　　　　　（b）中粗砂

图 10-9　砂的直剪试验结果

2）编织袋间的摩擦系数

编织袋之间的摩擦系数的测量方法是：在操作台上固定 2 层编织袋，在固定的编织袋上平铺 2 层编织袋，沿水平方向以 5mm/min 速度匀速拉中间的编织袋，编织袋的拉力-位移曲线如图 10-10 所示。在不同竖向压力 N 下测量水平拉力 F，编织袋间的摩擦系数为水平拉力 F 与竖向压力 N 之比。编织袋间摩擦系数如图 10-11 所示，黑色编织袋间的摩擦系数为 0.564，换算成摩擦角为 29.4°；黄色饲料袋之间的摩擦系数为 0.515，换算成摩擦角为 27.2°。

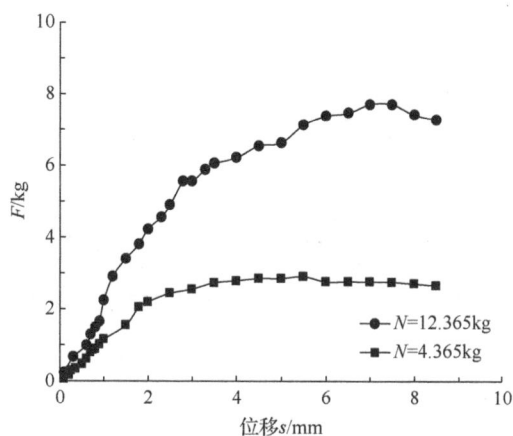

图 10-10 黑色编织袋间的拉力-位移曲线

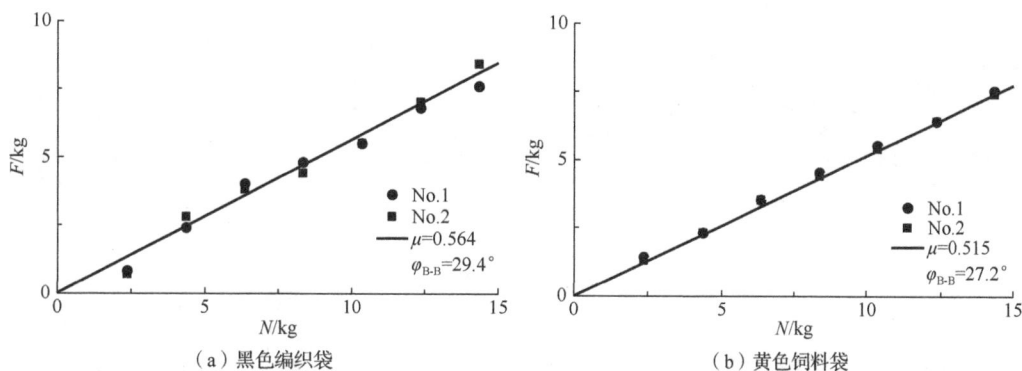

（a）黑色编织袋 （b）黄色饲料袋

No.1、No.2——试样的编号。

图 10-11 编织袋间的摩擦系数

3）土袋间的摩擦角

为了保证土袋之间的接触面积是基本不变的，将土袋表面压实、平整，其上用编织袋盒代替土袋测量土袋间的摩擦角。用编织袋将方形的泡沫盒包裹起来，撤除盒底和盒盖，其内填满填料，在编织袋盒上面加盖铁板，施加指定的竖向应力，匀速牵引编织袋盒，测出最大拉力 F，由拉力 F 和砝码重量 N 算出土袋间的摩擦系数，换算成土袋间的摩擦角。

土袋间摩擦系数的试验结果如图 10-12 所示，不同填料的土袋间的摩擦系数列于表 10-2 中。土袋间的摩擦角用 φ_{SB} 表示，编织袋与编织袋之间的摩擦角用 φ_{B-B} 表示，填料的内摩擦角用 φ 表示，土袋间的摩擦角与编织袋之间摩擦角和填料的内摩擦角比较于图 10-13 中，土袋间的摩擦角与编织袋间的摩擦角比较接近，可以用编织袋间的摩擦角代替土袋间的摩擦角。

（a）充填粉土

（b）充填中砂

（c）充填中粗砂

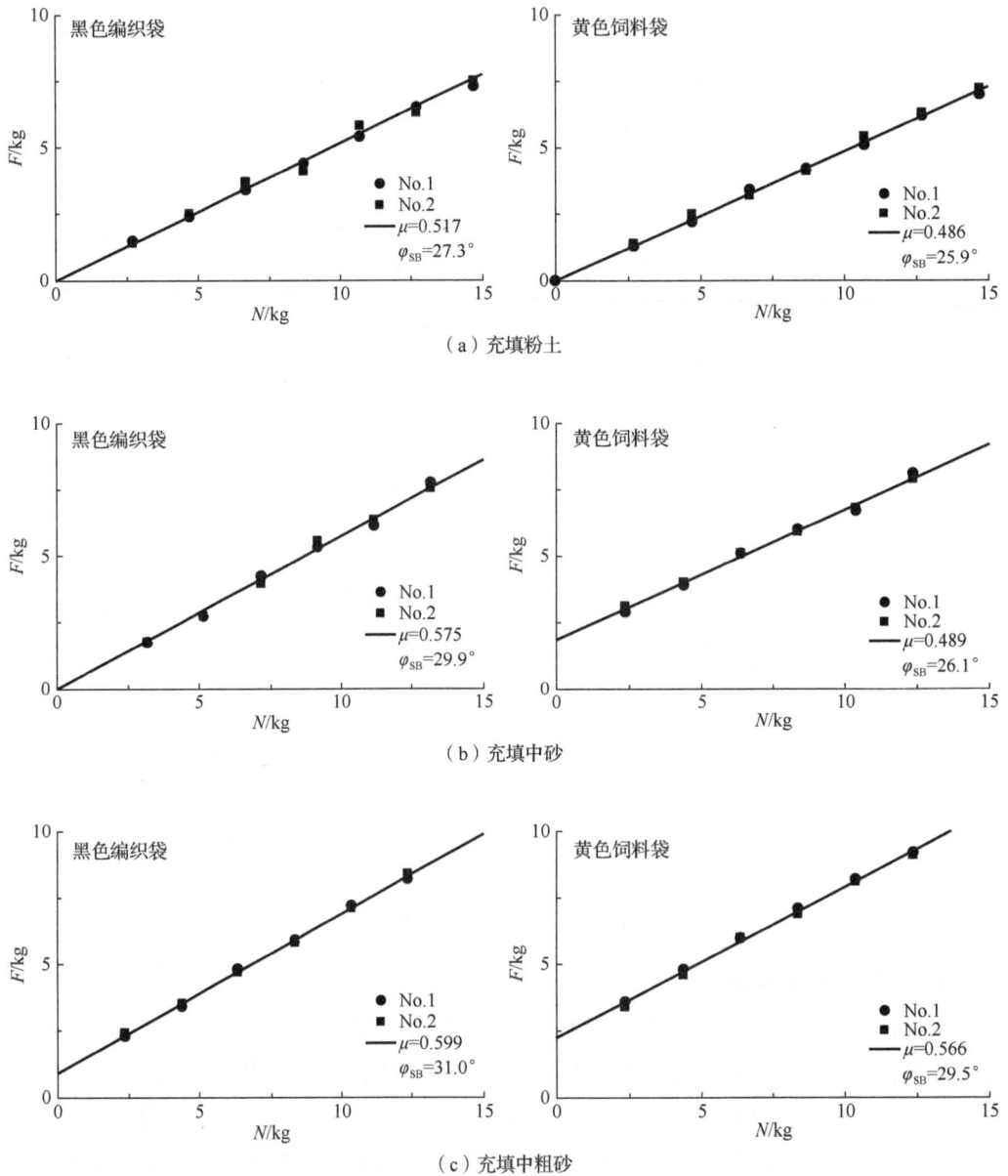

图 10-12　土袋间摩擦系数的试验结果

表 10-2　土袋间的摩擦系数和摩擦角

项目	土袋	粉土（$\varphi=24°$）	中砂（$\varphi=29.8°$）	中粗砂（$\varphi=33.5°$）
摩擦系数 μ	黑色编织袋（$\mu=0.564$）	0.517	0.575	0.599
摩擦角 φ_{SB}/（°）		27.3	29.9	31.0
摩擦系数 μ	黄色饲料袋（$\mu=0.515$）	0.486	0.489	0.566
摩擦角 φ_{SB}/（°）		25.9	26.1	29.5

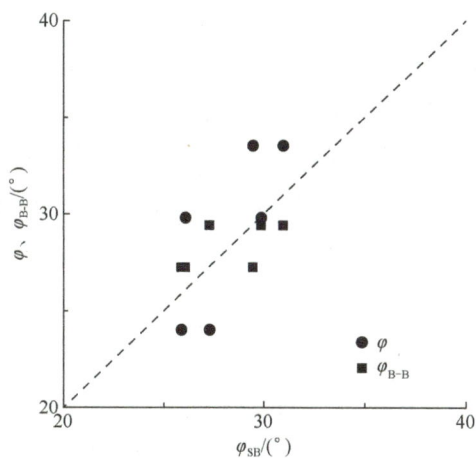

图 10-13　土袋间的摩擦角与编织袋间摩擦角和填料的内摩擦角比较

10.1.3　土袋地基承载力

　　地基承载力的载荷试验如图 10-14 所示。在不同层的土袋之间水平放置了土压力传感器，测量竖向应力［图 10-15（a）］；在同一层土袋之间竖直埋设了土压力传感器，测量土压力［图 10-15（b）］，测量土压力在土袋中的传递规律，分析土袋的侧限作用。

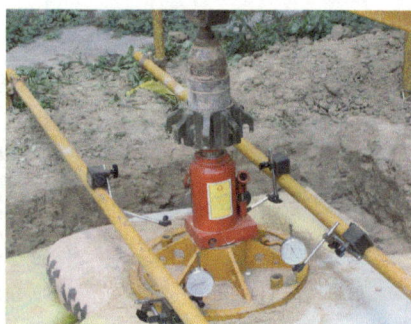

（a）原状土地基承载力试验　　　　　　　　（b）土袋地基承载力试验

图 10-14　地基承载力的载荷试验

（a）测量竖向应力　　　　　　　　　　（b）测量土压力

图 10-15　土压力计埋设

地基承载力载荷试验曲线如图 10-16 所示。原状土地基承载力为 q_{u0} =76kPa，地基土的压缩模量 E_0 =2.67MPa。土袋层数 N=2，宽度 B_{SB} =1.0m，即 B_{SB}/b =2，土袋地基的极限承载力为 $q_{u(SB)}$ =160kPa、压缩模量 E_0 =5.62MPa；土袋层数 N=2，宽度 B_{SB} =1.5m，即 B_{SB}/b =3，土袋地基的极限承载力为 $q_{u(SB)}$ =240kPa、压缩模量 E_0 =7.66MPa。土袋地基承载力比原状土地基承载力明显提高，地基土的压缩模量也明显提高。土袋地基承载力与（B_{SB}/b）成正比例增大。

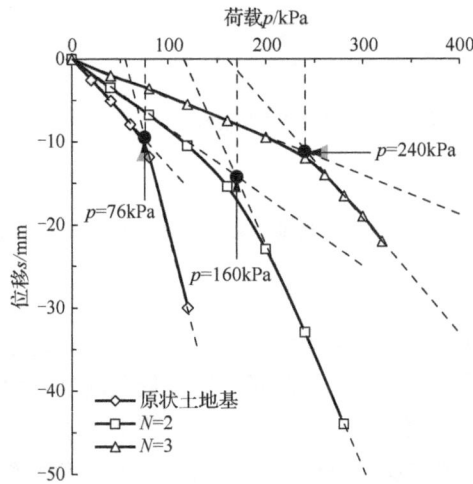

图 10-16　地基承载力试验结果

土袋地基承载力增加幅度与地基的宽度 B_{SB} 和高度 H_{SB} 有关，松冈元（2003）提出用 $(1+B_{SB}/b)\cdot(1+H_{SB}/b)$ 表示土袋地基承载力相对于普通地基承载力的增大倍数。土袋地基承载力与普通地基承载力的比值（$q_{u(SB)}/q_{u0}$）与 $(1+H_{SB}/b)\cdot(1+B_{SB}/b)$ 比较于图 10-17 中，两者基本相等，图中 b 是基础宽度（0.5m），B_{SB} 是沿基础底按 45°扩散角计算范围内土袋地基的宽度，H_{SB} 是沿基础底按 45°扩散角范围内土袋地基的高度。土袋地基承载力表示为

$$\frac{q_{u(SB)}}{q_{u0}} = \left(1+\frac{H_{SB}}{b}\right)\cdot\left(1+\frac{B_{SB}}{b}\right) \tag{10-5}$$

土袋地基的土压力（σ_x）和竖向应力（σ_z）比较于图 10-18 中。填料是中粗砂，内摩擦角 φ =33.5°，静止土压力系数 K_0 =0.45，主动土压力系数 K_0 =0.29。土袋间的土压力（σ_x）远远小于填料的主动土压力和静止土压力，编织袋对填料（中粗砂）有很好的侧限作用，可阻止袋内的填料产生侧向变形。

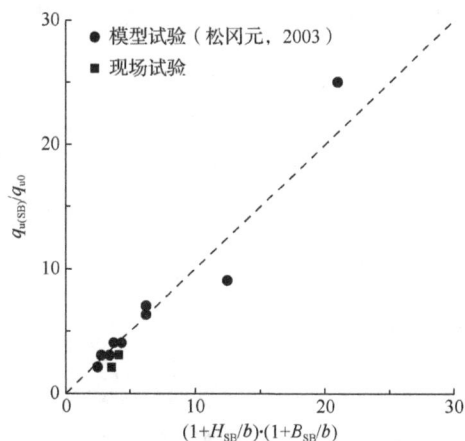

图 10-17 土袋地基承载力增加幅度

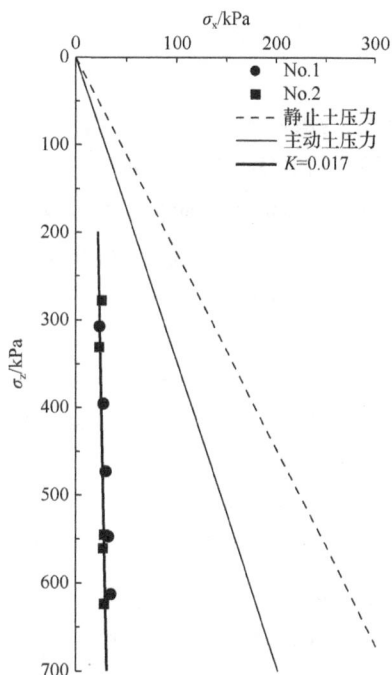

图 10-18 土袋之间的土压力分布

10.2 护 坡 设 计

10.2.1 设计方法

土袋防护膨胀土边坡的抗滑稳定性（图 10-19）为

$$\frac{T}{P_a} \geq K_s \tag{10-6}$$

式中，T 为沿土袋宽度方向上的摩擦力总和；P_a 为沿土袋高度方向的主动土压力；K_s 为抗滑稳定安全系数，一般要求 $K_s \geq 1.5$。

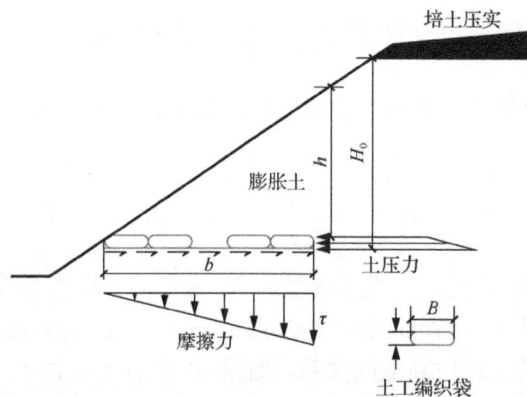

图 10-19 土袋护坡设计示意图

上、下层土袋间的摩擦力为

$$\tau = \gamma h \tan \varphi_{s} \qquad (10\text{-}7)$$

式中，τ 为最内侧的土袋间的摩擦力；γ 为容重；h 为最内侧的土袋顶的土体高度；$\tan \varphi_{s}$ 为土袋间的摩擦系数，取 $\varphi_{s} = 2\varphi / 3$，$\varphi$ 为内摩擦角。根据式（10-7）计算的土袋间摩擦力结果与土袋间水平应力实测结果比较于图 10-20 中，土袋间的摩擦力与土袋高度成正比；最外侧的土袋上方高度为 0，最内侧的土袋上方高度为 h，土袋间摩擦力从外侧向内侧逐渐增加。

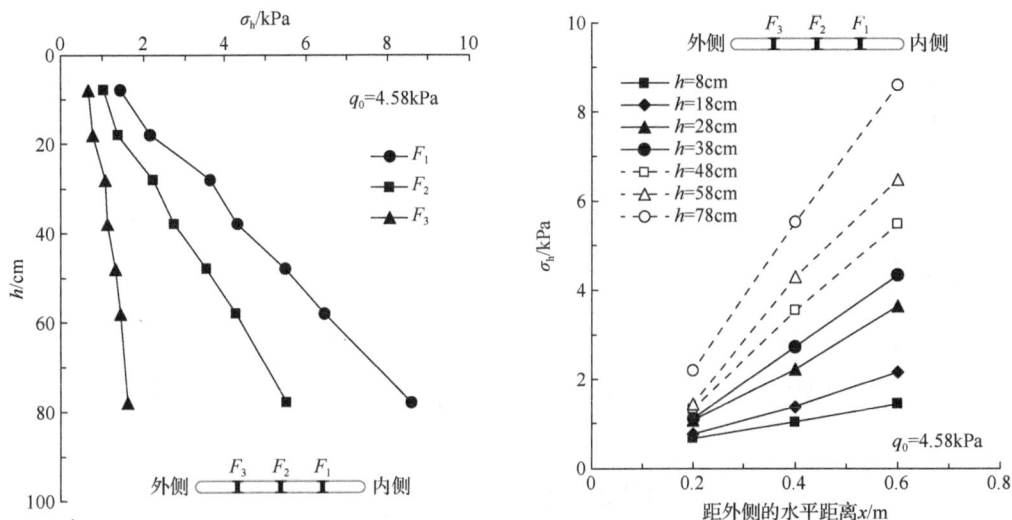

图 10-20　土袋间的水平向应力分布规律（刘斯宏等，2014）

对于坡度为 1∶n 的膨胀土边坡，最内侧土袋顶部和底部的最大摩擦力分别为

$$\tau_{\text{top}} = \gamma \frac{b}{n} \tan \varphi_{s} \qquad (10\text{-}8\text{a})$$

$$\tau_{\text{bottom}} = \gamma \left(\frac{b}{n} + H \right) \tan \varphi_{s} \qquad (10\text{-}8\text{b})$$

整列土袋顶、底面上的摩擦力总和为

$$T = \frac{b^{2} \gamma \tan \varphi_{s}}{n} + \gamma b H \tan \varphi_{s} + \frac{\gamma n H^{2}}{2} \tan \varphi_{s} \qquad (10\text{-}9)$$

式中，b 为整列土袋的宽度；H 为土袋的厚度。沿土袋高度方向上作用在土袋最内侧的主动土压力为

$$P_{a} = \left\{ \left[\gamma \left(H_{0} - \frac{H}{2} \right) + p_{s} \right] K_{a} - 2c \sqrt{K_{a}} \right\} H \qquad (10\text{-}10)$$

式中，H_{0} 为膨胀土边坡高度；p_{s} 为膨胀力；K_{a} 为主动土压力系数。

膨胀土的力学参数为 $\gamma = 20\text{kN/m}^{3}$，$c = 20\text{kPa}$，$\varphi = 20°$，$\varphi_{s} = 2\varphi / 3$。根据式（10-6）计算出土袋宽度与膨胀土边坡高度的关系，如图 10-21 所示。以坡度为 1∶1.5、坡高 6m 的膨胀土边坡为例，膨胀力分别为 0kPa、50kPa、80kPa、100kPa 和 150kPa 的膨胀土边

坡防护的土袋的宽度（b）分别为1.4m、1.65m、1.8m、1.86m和2.05m，膨胀土的膨胀力对膨胀土边坡防护的土袋的宽度（b）影响明显。因此，采用土袋防护膨胀土边坡，随着边坡坡高（H_0）增加，土袋的宽度（b）增加；随着膨胀土边坡坡度增加，土袋的宽度（b）减小；随着膨胀力增加，土袋的宽度（b）快速增加。

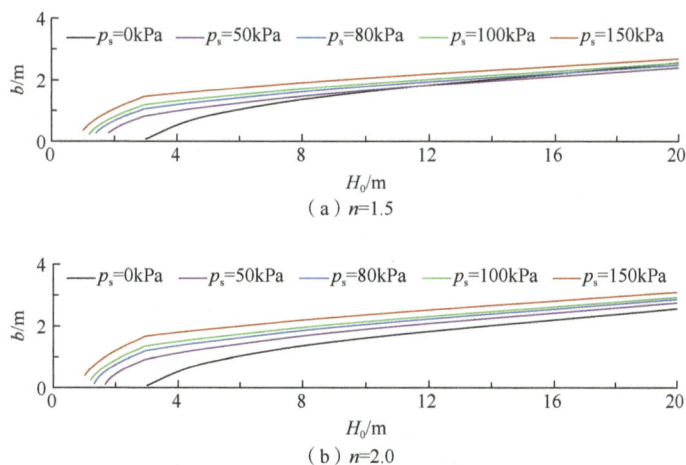

（a）n=1.5

（b）n=2.0

图10-21 土袋的宽度与膨胀土边坡高度的关系

10.2.2 标准化技术

土袋防护技术标准化就是针对不同膨胀等级的膨胀土边坡，基于土袋防护设计方法，构造膨胀土边坡的土袋防护组合单元，提出膨胀土边坡防护的土袋技术标准化方法。

以边坡坡度为1:1.5为例，选取边坡高度H_0分别为6m、10m和20m，计算土袋摊铺宽度b，列于表10-3中。根据表10-3中的土袋摊铺宽度，确定土袋摊铺的列数，构造土袋标准单元，绘制膨胀土边坡防护的土袋结构的标准图，如图10-22所示。以中等膨胀性膨胀土为例，边坡高度H_0=6m，土袋摊铺宽度b=1.41m，土袋的尺寸为10cm×40cm×40cm，并排摊铺4列土袋就能满足边坡防治的稳定性要求 [图10-22（a）]。对于边坡高度H_0=10m，土袋摊铺宽度b=1.78m，并排摊铺5列土袋就能满足边坡防治的稳定性要求 [图10-22（b）]。对于边坡高度H_0=20m，土袋摊铺宽度b=2.48m，并排摊铺7列土袋就能满足边坡防治的稳定性要求 [图10-22（c）]。

表 10-3 土袋摊铺宽度 b

p_s/kPa	膨胀等级	b/m		
		H_0=6m	H_0=10m	H_0=20m
0	非	0.90	1.41	2.23
50	弱	1.24	1.65	2.39
80	中	1.41	1.78	2.48
100	强	1.51	1.86	2.54
150	超强	1.74	2.05	2.69

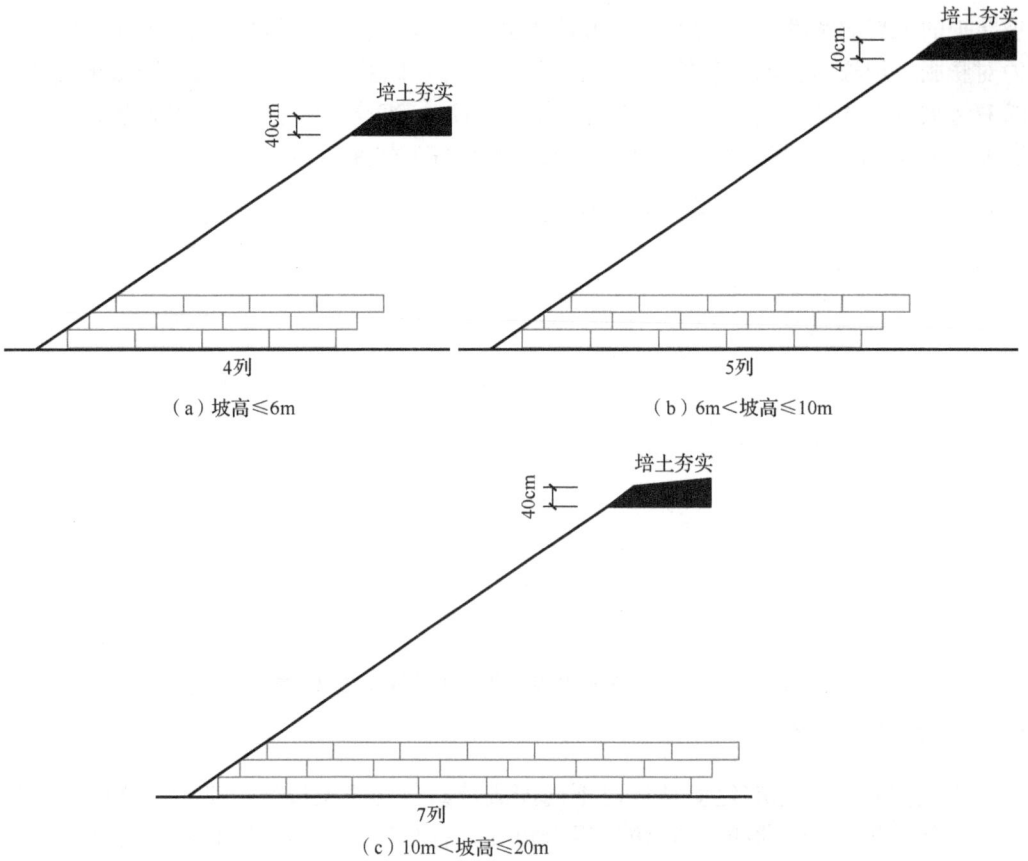

（a）坡高≤6m

（b）6m＜坡高≤10m

（c）10m＜坡高≤20m

图 10-22　膨胀土边坡防护的土袋结构标准图

10.3　护 坡 施 工

10.3.1　施工准备

1）选择编织袋

编织袋的性能指标要求如下。

密度（ρ）：≥80g/m^2。

经、纬向强度（σ_t）：≥15kN/m。

经、纬向延伸率（ε）：≤30%。

顶破强度（σ）：≥1.5kN/m。

尺寸：一般选用 75cm×55cm，满足压实成 10cm×40cm×40cm 的土袋块体的要求。

抗紫外线要求：暴露在空气和阳光下的编织袋要求选用抗紫外线能力强的黑色编织袋。

2）准备填料

土质要求：现场就地开挖膨胀土。

含水量要求：含水量接近最优含水量（w_{opt}），按 $w_{opt} \pm 5\%$ 控制。

膨胀土改性要求：对于中等以下的膨胀土，不要求做改性处理。强膨胀土、超强膨胀土需要掺加石灰处理，掺灰量一般不超过 6%。

3）准备施工机械

装土设备：购置自动装土机械，具有快速、精确的优点。

小型反铲挖掘机：用于挖掘填土，充填编织袋。

平板振动碾：用于压实土袋。

10.3.2　施工工艺

土袋防治膨胀土边坡的施工工艺流程图如图 10-23 所示。主要施工步骤如下。

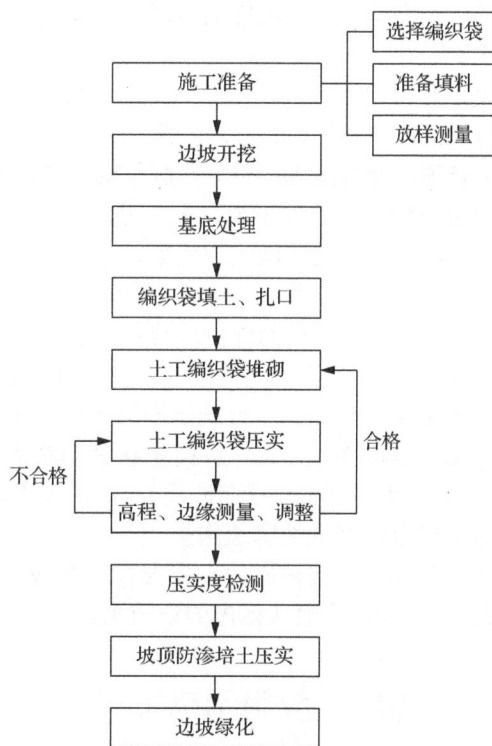

图 10-23　土袋防治膨胀土边坡的施工工艺流程图

（1）施工准备、边坡开挖和基底处理：施工准备主要包括选择编织袋、准备填料、测量放线。边坡开挖到位后，对填筑土袋的基底部位翻晒、掺加石灰，碾压至设计压实度。

（2）装袋、扎口：根据编织袋内填料压实度和土袋压实后的体积（10cm×40cm×40cm），确定装土量，采用自动装土。装好土后，将土袋扎口，如图 10-24 所示。

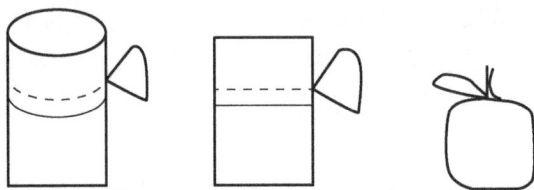

图 10-24　土袋扎口示意图

（3）摊铺、压实：沿边坡外侧纵向钉好边桩、放好边线，根据设计好的土袋摊铺宽度，沿着边线摊铺土袋，袋口多余的编织袋折叠反压在土袋下，土袋折叠成方块。同一层的土袋全部摊铺完成后，用平板振动碾沿纵向由外侧向内侧碾压，最后静压两遍、整平。

（4）高程测量、整平：土袋压实后，测量土袋表层的标高，在标高不足的地方补填素土，用平板振动碾压实、整平。

（5）压实度检测：采用环刀法或灌砂法检测编织袋内填土的压实度，环刀内径 6～8cm、高 2～3cm、壁厚 1.52mm。每 $100m^2$ 检测一次。

（6）坡顶防渗：在土袋顶层做好防渗，用非膨胀性黏土或石灰、水泥改良土填筑压实，防止雨水入渗，避免引起膨胀土边坡膨胀、失稳滑动。

（7）边坡绿化：土袋防治膨胀土边坡施工完成后，在土袋边坡外侧喷播草籽或撒土贴草皮，土袋边坡绿化不仅起到美化作用，还能避免编织袋暴露在阳光中，抵抗紫外线。

（8）坡顶防、排水：对于膨胀土堑坡的外侧地势低于堑坡顶段落，在坡顶建成外倾横坡，雨水自然漫流至路堑外侧。对于堑坡外侧地势高于堑坡顶段落，设置砖砌截水沟，截水沟汇水因地制宜分段排至堑坡外侧排水系统或沿纵坡排入路基两侧的排水系统中，出水口处采取低矮灌木绿化予以遮挡。当沿纵向排水极其困难且难于排至边坡外侧时，增设集水井和暗埋式管状急流槽（ϕ30cm 双壁波纹管），坡顶水可通过砖砌截水沟，经集水井和暗埋式管状急流槽排至暗埋式坡脚边沟中。

（9）坡体内排水：边坡开挖后，坡体原生裂隙内有水渗出，需要设置碎石排水层，在碎石层内设置多孔 PVC 管，收集排除坡体内的裂隙水。

10.4　应用示范工程

10.4.1　南京绕越高速公路膨胀土路堑边坡防护工程

1）土袋护坡施工

膨胀土成岩母质为上更新统黏土、粉质黏土。棕色土的矿物主要有富镁皂石、水铝黄长石、皮水硅铝钾石等；黑色土的矿物主要有斜绿泥石、多硅锂云母、水羟硅铝钙石、毛沸石、绿泥间滑石、蒙脱石、富铬绿脱石、锌蒙皂石和富镁皂石。两种土的蒙脱石含量均小于 10%。膨胀土的物理指标列于表 10-4 中，棕色膨胀土和黑色膨胀土的自由膨胀率分别为 49% 和 42%，属于弱膨胀土。

南京绕越高速公路膨胀土路堑边坡采用土袋防护，路堑边坡坡度为 1∶1.5，设计图如图 10-25 所示。

表 10-4 膨胀土的物理指标

取样点	天然含水量 w_0/%	天然干密度 ρ_d/(g·cm^{-3})	比重 G_s	液限 w_L/%	塑限 w_P/%	塑性指数 I_p
棕色土	20.6	2.16	2.76	44.90	22.45	23.55
黑色土	20.8	1.96	2.72	47.73	18.8	28.93

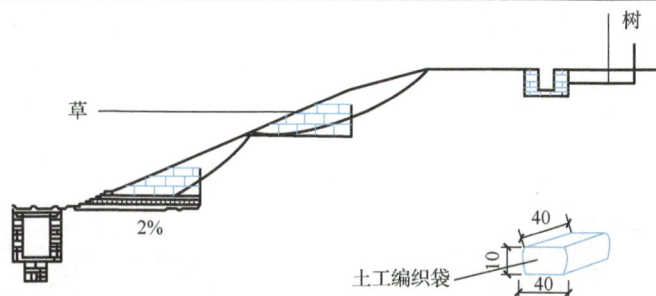

图 10-25 膨胀土路堑边坡防治方案（单位：cm）

南京绕越高速公路膨胀土路堑边坡高度大约为 4m，采用 4 行土袋单元体，顶层并排摊铺 3 列土袋、底层摊铺 5 列土袋。具体施工步骤如下（图 10-26）。

（1）开挖：采用挖掘机开挖膨胀土边坡，现场开挖成坡度为 1∶1.5 的边坡[图 10-26（a）]。

（2）装袋：采用现场开挖的膨胀土素土直接装袋，充填率一般为 80%，将装好土的编织袋置于路边，用作坡体和坡面防护填筑。最外侧土袋采用根植土装袋，便于边坡绿化 [图 10-26（b）]。

（3）摊铺：将膨胀土边坡表面整平、清理完毕后，分段分层开挖边坡。对路堑基底进行碾压，保证基底压实度不小于 87%，铺设一层防渗土工布后回填 30cm 碎石垫层，碎石垫层横坡为 2%，碎石垫层表面整平。在碎石垫层上分层摊铺土袋，将土袋逐个贴紧摊铺，要求将袋口扎紧后折叠置于土袋底下，保证土袋内填土受到约束，起到加固效果 [图 10-26（c）]。

（4）压实：用平板振动碾压实土袋，将袋内填土均匀压实，土袋层间连接处采用就地开挖的膨胀土补平，用平板振动碾压实、整平，再堆砌上一层土袋。两层间应错开叠置，重复以上步骤 [图 10-26（d）]。

（5）封顶：在土袋填至坡顶后，在边坡顶部培筑石灰土或黏土，厚度为 40～60cm，夯实封闭，防止雨水入渗，坡顶做好防水措施 [图 10-26（e）]。

（6）绿化：土袋施工完毕后，在土袋坡面外侧进行挂网客土喷播或摊铺草皮 [图 10-26（f）]。

（a）开挖

（b）装袋

图 10-26 南京绕越高速公路土袋现场施工

（c）摊铺　　　　　　　　　　　　　　（d）压实

（e）封顶　　　　　　　　　　　　　　（f）绿化

图 10-26（续）

2）施工监测

现场监测内容主要有：坡面水平位移和沉降、土袋间的土压力、土袋与土间的土压力、边坡土和袋内填土的含水量。土袋边坡坡面的水平位移和沉降通过在坡面设置钢筋边桩测量。

测点埋设位置如图 10-27 所示，图中 D_1、D_2 和 D_3 为测量位移的钢筋，E_1 和 E_2 是竖向埋设的土压力计，$W_{s,ex}$、$W_{s,b}$ 和 $W_{s,in}$ 是水分传感器。各传感器埋设深度和测试内容列于表 10-5 中。

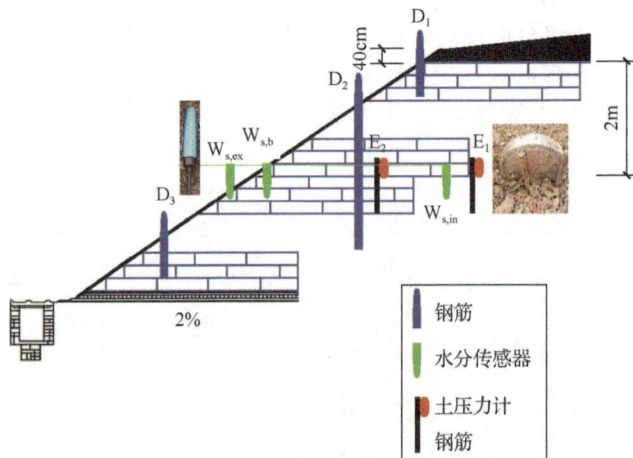

图 10-27　现场监测元件埋设点

表 10-5　各传感器埋设深度和测试内容

测点类型	测点编号	埋设深度/m	测试内容
位移	D_1	1.0	测量边坡坡顶的位移
	D_2	1.5	测量边坡坡中的位移
	D_3	1.0	测量边坡坡脚的位移
土压力	E_1		土袋与土之间的土压力
	E_2		土袋之间的土压力
含水量	$W_{s,b}$		测量土袋内填土的含水量
	$W_{s,ex}$		测量土袋上土体的含水量
	$W_{s,in}$		测量土袋下土体的含水量

3）监测结果分析

（1）含水量。

测点 $W_{s,b}$ 传感器埋在袋内土中，测点 $W_{s,in}$ 传感器埋在土袋下的土中，测点 $W_{s,ex}$ 传感器埋在土袋外侧的浅层边坡土中，三个水分传感器位于基本相同的高度。三个测点的含水量随时间变化如图 10-28（a）所示。测点 $W_{s,b}$ 的含水量的平均值在 23%～25%，测点 $W_{s,in}$ 的含水量的平均值在 23%～26%，测点 $W_{s,ex}$ 的含水量的平均值在 22%～29%。$W_{s,b}$ 和 $W_{s,in}$ 测点的含水量变化幅度小，$W_{s,ex}$ 测点的含水量变化幅度大。袋内和土袋内侧土的含水量变化幅度都很小，土袋阻止了大气和降雨对膨胀土含水量的影响，有效地分隔了水分变化因素。土袋上方浅层坡体内的含水量变化幅度大，膨胀土边坡受气候影响剧烈。2012 年 9 月南京雨量大，土的含水量大，土袋下的 $W_{s,in}$ 测点对降雨反应慢，含水量随时间的变化曲线平缓，$W_{s,b}$ 的含水量对气候影响基本没有反应，$W_{s,ex}$ 对气候影响反应最明显，含水量变化明显。因此，土袋起到覆盖、分隔作用，阻止了气候变化对膨胀土边坡的影响。

（2）位移。

测点 D_1 埋在坡顶的土袋内土中，测点 D_2 埋在边坡中间的土袋下的土中，测点 D_3 埋在坡底的土袋内的土中。D_1 点的水平向和竖向的位移都是最大的，竖向位移最大达到 5.8mm，表现为沉降；水平向位移最大达到 3.9mm，向着坡底方向。D_2 点的竖向位移最大值为 3.1mm，表现为沉降；水平向位移最大值为-3.7mm，向着坡顶方向。D_3 点的竖向位移最大值为-2.3mm，表现为隆起；水平向位移最大值为 2.9mm，向着坡底方向 [图 10-28（b）]。

（3）土压力。

E_1 土压力计埋在土袋与膨胀土之间，测量土对土袋的土压力。E_2 埋在土袋之间，测量土袋之间的土压力。E_1 点的土压力随时间逐渐增加，最大值达到 15kPa，E_2 点的土压力很小，基本稳定在 2kPa 左右。E_1 点土压力与土体的主动土压力基本一致，E_2 点的土压力远小于主动土压力 [图 10-28（c）]。

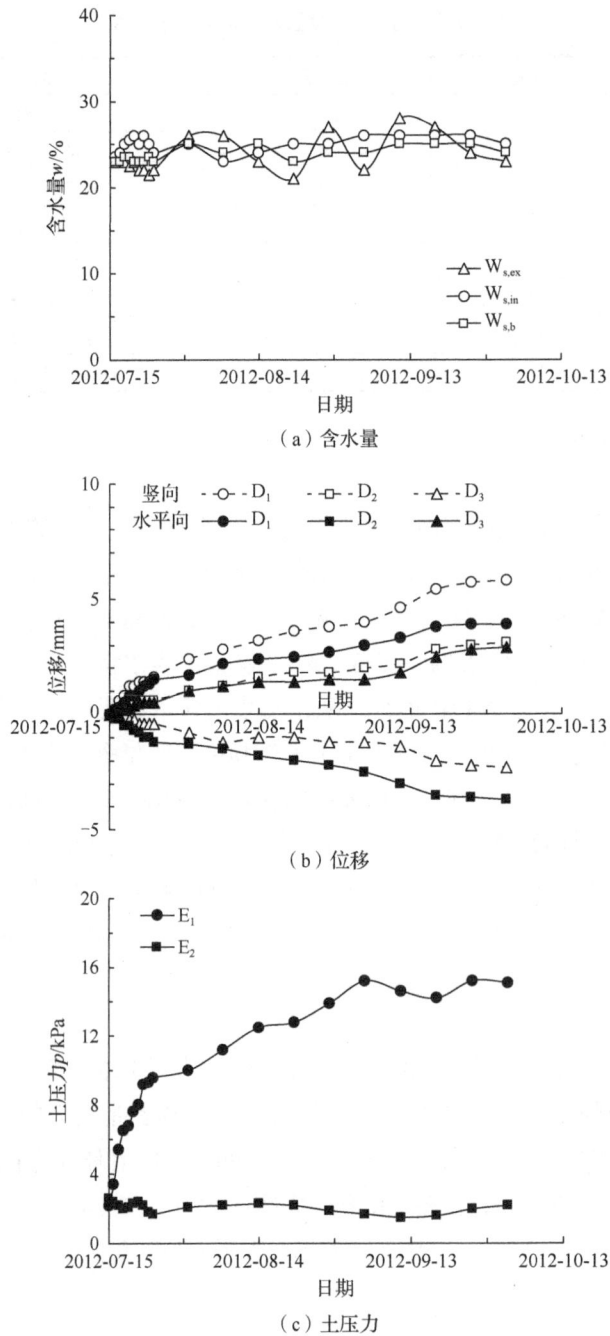

（a）含水量

（b）位移

（c）土压力

图 10-28　土袋现场测试结果

10.4.2　广西崇爱高速公路膨胀土路堑边坡防护工程

1）土袋护坡施工

广西崇（左）—爱（店）高速公路位于宁明县，路线由北向南经亭亮镇、明江镇、东安乡、峙浪乡，止于爱店镇板堪屯附近，主线全长约 55.2km，是《广西高速公路网规划（2018—2030 年）》布局中的"联 17"线、"纵 13"的面向东盟的国际大通道的重要组成部分，也是广西基础设施补短板"五网"建设三年大会战的一项重点工程，是一条平安、品质、绿色、智慧的"最美边境高速公路"。

在崇爱高速公路 K16+160 处的膨胀土主要为第四系冲洪积层黏土：①层为弱膨胀土，②层为中膨胀土，泥岩③为弱膨胀岩，膨胀土的物理力学指标列于表 10-6 中。采用土袋防护膨胀土边坡。在施工前，先将膨胀土边坡按 1∶1.5 设计坡比进行整平，清除开裂虚土、树根、碎石、杂物，再进行土袋堆叠施工。待膨胀土坡面整平后，就地取材，采用现场开挖膨胀土填充土袋，含水量控制在最佳含水量附近，编织袋口采用缝纫机封口。

表 10-6 膨胀土的物理力学指标

项目	指标
天然含水量 $w/\%$	22.9
颗粒比重 G_s	2.76
天然密度 $\gamma/(g \cdot cm^{-3})$	2.05
天然孔隙比 e_0	0.654
液限 $w_L/\%$	60.7
塑限 $w_p/\%$	26.1
塑性指数 I_p	34.6
液性指数 I_L.	-0.09

广西崇爱高速公路膨胀土路堑边坡坡度为 1∶1.5，边坡高度大约为 8m，并排摊铺 6 列土袋（图 10-29），具体施工步骤如下。

（1）开挖：采用挖掘机开挖膨胀土边坡，坡度为 1∶1.5 [图 10-29（a）]。

（2）装袋：现场采用装土机进行自动化装袋，最外侧采用黑色抗紫外线土袋，现场开挖膨胀土直接装填到编织袋中，编织袋的充填率一般为 80% [图 10-29（b）]。

（3）摊铺：对路堑基底进行碾压，保证基底压实度不小于 87%，铺设一层防渗土工布后回填 30cm 碎石垫层，碎石垫层横坡为 2%，碎石垫层表面采用石屑整平。基层处理完成后，分层摊铺土袋，将袋口扎紧后折叠置于其自身底下，保证土袋内的土体起到约束作用和加固效果 [图 10-29（c）]。

（4）压实：用小型振动机械碾压土袋，将袋中土均匀振铺在土工袋中，土袋层间连接处采用素土填充；采用错开叠置堆砌上一层土袋，在土袋之间适当补填少量素土，用平板振动碾压实土袋 [图 10-29（d）]。

（5）培土：将土袋填至坡顶后，在边坡顶部培筑非膨胀性黏土，厚度为 40～60cm，夯实封闭，防止雨水渗入，坡顶做好防水措施 [图 10-29（e）]。

（6）绿化：土袋施工完毕后，在土袋坡面外侧摊铺草皮进行绿化 [图 10-29（f）]。

（a）开挖

（b）装袋

（c）摊铺

（d）压实

（e）培土

（f）绿化

图 10-29　广西崇爱高速公路土袋现场施工

2）施工监测

土袋防护膨胀土边坡的测点布置如图 10-30 所示。将试验段划分为 5 个断面，每个断面分 3 层（从坡底往上依次为第 1、2、3 层）。在断面 1 和 2 处每层埋置土压力传感器 3 个，在第 2 层同时埋置水分传感器 3 个，断面 3 处只在第 1 层埋设 3 个土压力传感器。土压力传感器竖直埋设在土工袋间的缝隙中［图 10-31（a）］；水分传感器埋置在紧挨土压力传感器的袋内。考虑水分在土袋防护层内主要沿袋缝隙间的土体扩散，埋设水分传感器的土袋从侧面划破，埋设后土袋敞开以便其内土体与土袋之间土体的水分达到平衡［图 10-31（b）］；北斗位移传感器监测点布设在膨胀土边坡变形明显的坡顶和坡脚［图 10-31（c）］，与土压力传感器、水分传感器等进行并址布设，以便多源传感器互相检验及多源数据耦合；数据传输线接到坡底数据箱内，数据采集采用太阳能板供电［图 10-31（d）］。

图 10-32 分别表示了断面 1 坡顶（WY-1/2）、坡中（WY1-3-0）和坡脚（WY1-1-0）位置的 3 个方向位移，坡顶位置（WY-1/2）3 个方向的位移最小，坡中（WY1-3-0）位

置的 3 个方向位移最大。水平位移和竖向位移产生与降雨量相关，降雨量越大，坡面的位移越大。

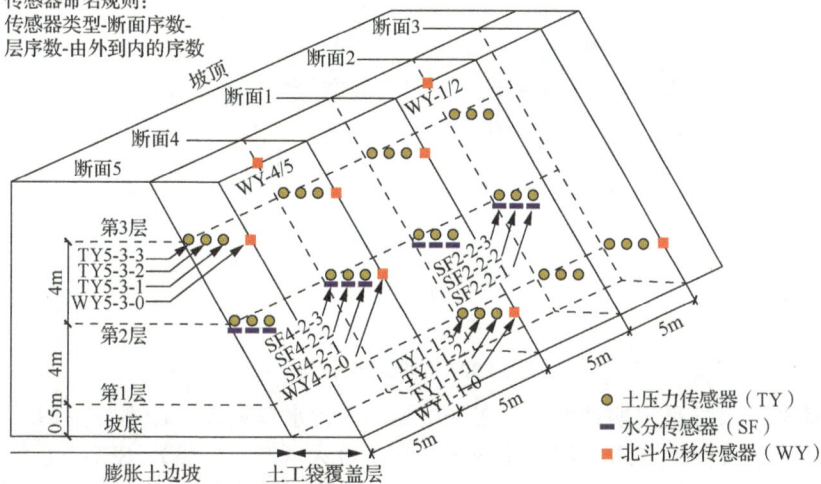

图 10-30 监测元件布置图

（a）土压力传感器

（b）水分传感器

（c）北斗位移传感器

（d）采集系统

图 10-31 监测元件现场埋设示意图

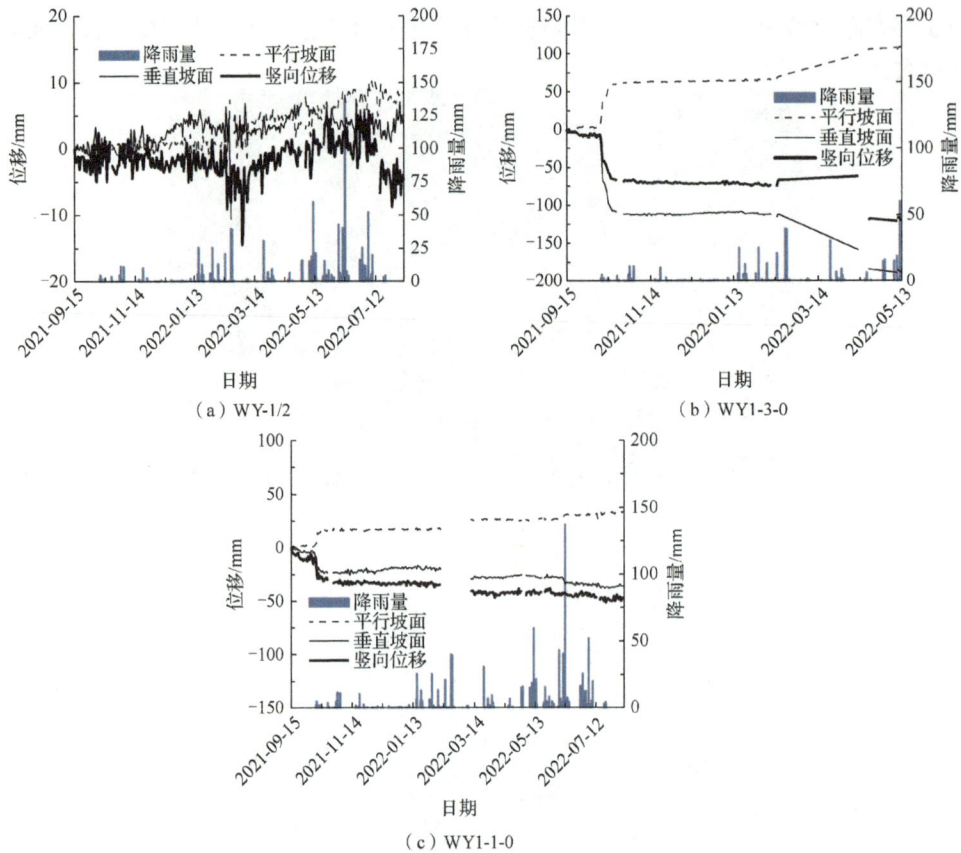

（a）WY-1/2

（b）WY1-3-0

（c）WY1-1-0

图 10-32　边坡坡面位移

含水量随降雨量呈周期性变化，在降雨期间，含水量增加；在不降雨期间，含水量逐渐减小。土袋外侧的含水量明显比内侧的含水量大（图 10-33），SF1-2-1 和 SF2-2-1 测量的是最外层土体的含水量，SF1-2-3 和 SF2-2-3 测量的是内侧土体的含水量，内侧土体的含水量明显小于最外侧土体的含水量。土袋明显将引起土体水分变化的外部因素分隔开来，减小膨胀土边坡土体含水量的变化幅度，抑制了膨胀土的胀缩裂隙发育，增强了膨胀土边坡的稳定性。

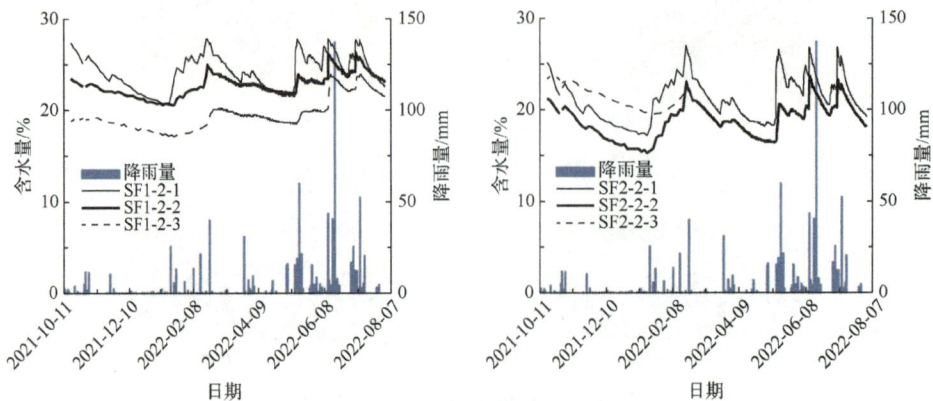

图 10-33　含水量的变化规律

边坡坡脚位置的土压力最大、边坡坡顶位置的土压力最小，这与3个位置的高度相关，高度越大，土压力越大（图10-34）。土袋外侧（TY1-1-1、TY1-2-1、TY1-3-1）的土压力明显比土袋之间（TY1-1-2、TY1-2-2、TY1-3-2）和内侧（TY1-1-3、TY1-2-3、TY1-3-3）的土压力大，表明土袋外侧的位移大于土袋内侧的位移。土压力与降雨量相关，降雨量大，土压力变化大。

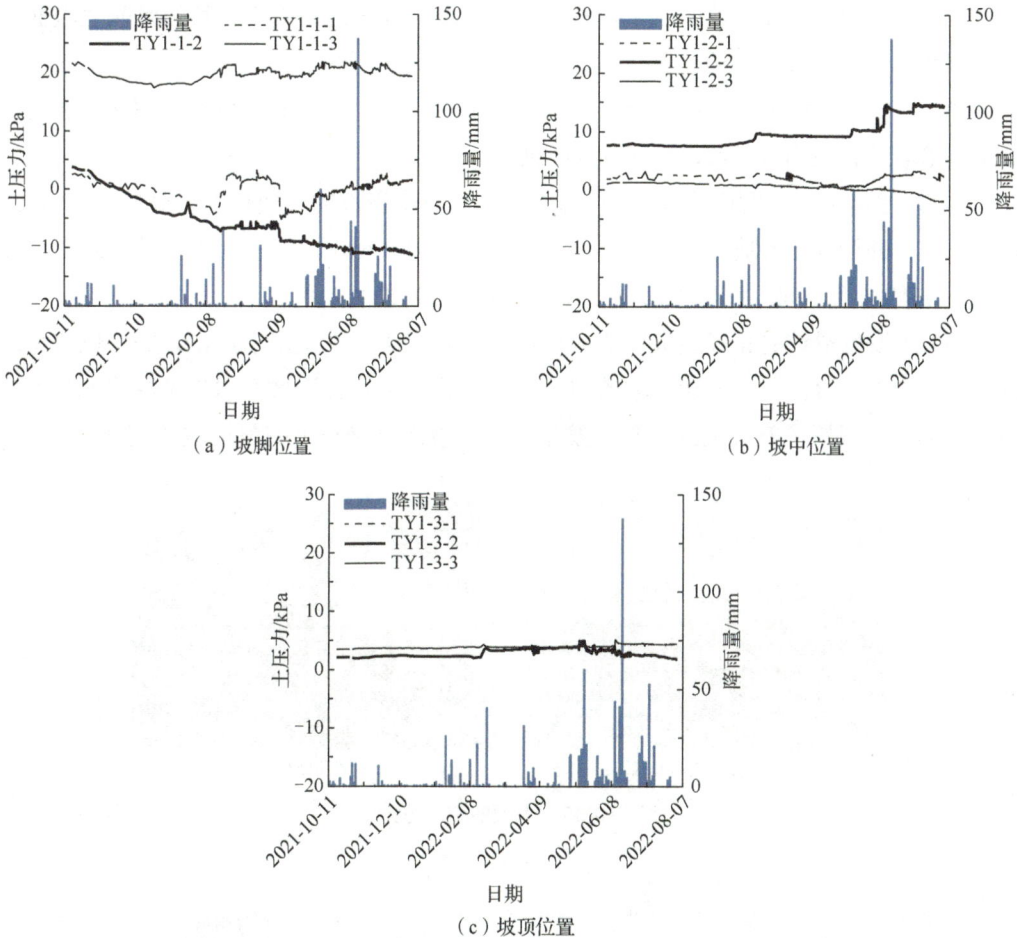

（a）坡脚位置

（b）坡中位置

（c）坡顶位置

图 10-34 土压力的变化规律

3）土袋的破坏形式

土袋施工完成后，遇到雨季，坡顶隔水层未来得及施工，土袋坡面出现了很多变形（图10-35）。图 10-35（a）为坡中位置的破坏形式，表现为鼓胀破坏；图 10-35（b）为坡顶位置的破坏形式，表现为拉裂破坏。因此，在坡中位置垂直坡面方向的位移大，撑开坡面；坡顶位置的竖向位移要大于水平位移，拉裂膨胀土边坡。

发生滑动的土袋边坡的坡面位移监测结果如图10-36所示。WY4-2-0位于断面4的坡中位置，WY4-1-0位于断面4的坡脚位置。发生滑坡的膨胀土边坡（断面4），坡面位移明显大于没有发生滑坡（断面 1）的坡面位移，特别是平行坡面位移和垂直坡面位移都非常大，远大于没有发生滑坡的坡面位移。将没有发生滑坡（断面 1）的坡面位移与发生滑坡（断面 4、5）的坡面位移进行对比，如图 10-37 所示，位移监测点选取位移数值最大的坡中位置。

（1）边坡滑动发生在持续降雨后，降雨量大，边坡土体的含水量高。

（2）发生滑动边坡的坡面水平位移大，无论是平行坡面的水平位移还是垂直坡面的水平位移，发生滑坡的坡面位移远大于未发生滑坡的坡面位移。

（3）比较发生滑坡的坡面位移，垂直坡面的位移比平行坡面的位移大得多，表明滑坡土体沿着垂直坡面方向移动，表现为鼓胀。

（4）发生滑坡的坡面位移以水平位移为主，未发生滑坡的坡面位移以竖向位移为主，发生滑坡（断面 4）的坡面水平位移大于未发生滑坡（断面 1）的水平位移，发生滑坡（断面 4）的坡面竖向位移小于未发生滑坡（断面 1）的竖向位移。

（5）未发生滑坡的完好边坡的竖向位移主要是由于压缩变形引起的，竖向位移是沉降，表现均为正值。发生滑动边坡的坡面竖向位移是由垂直于坡面水平位移引起的，坡面出现隆起，抵消了部分沉降，导致发生滑坡的坡面沉降小于完整边坡的沉降。

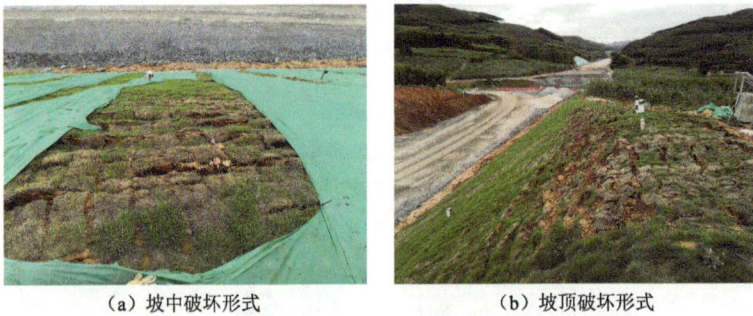

（a）坡中破坏形式　　　　　　　（b）坡顶破坏形式

图 10-35　土袋的破坏形式

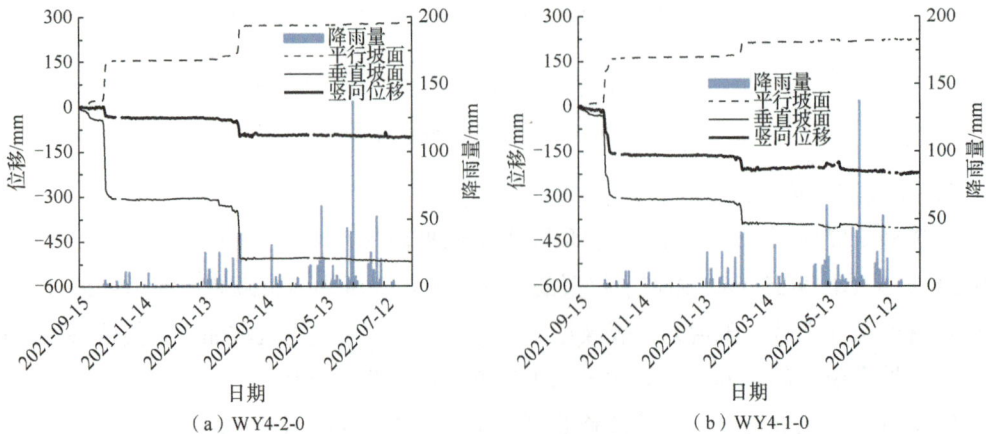

（a）WY4-2-0　　　　　　　　　（b）WY4-1-0

图 10-36　滑坡面上的位移监测结果

（a）平行坡面位移

（b）垂直坡面位移

（c）竖向位移

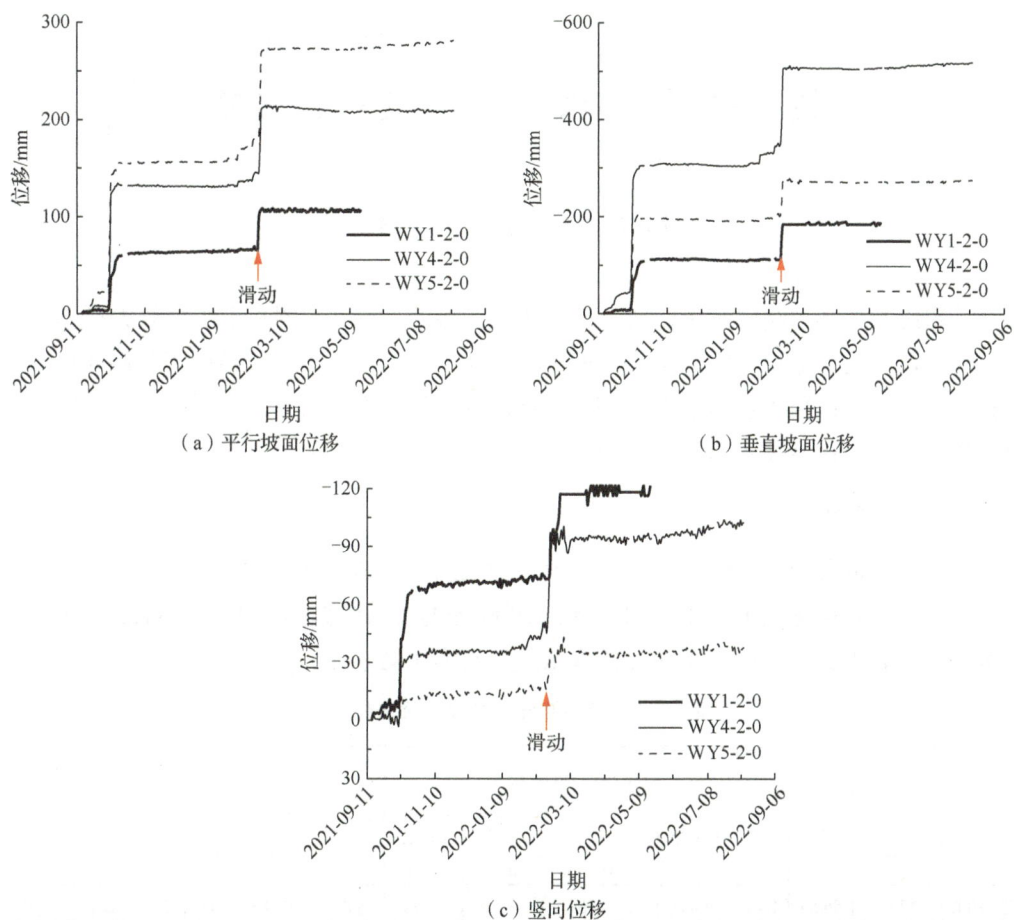

图 10-37 发生滑坡与未发生滑坡的坡面位移比较

　　根据土袋防护的膨胀土边坡的变形特征和现场开挖观测的土袋破坏特征，将土袋防护边坡的破坏特征用图 10-38 表示。图 10-38（a）所示是完好的土袋防护边坡，图 10-38（b）所示是发生滑动的土袋防护的膨胀土边坡。膨胀土边坡在降雨浸水过程中发生滑坡，由于坡中位移最大，坡中堆砌的土袋发生倾斜。因此，土袋防护的膨胀土边坡发生滑坡的特征表现为：①单个土袋完好如初，但土袋不再是初始碾压成形的方块体，而是由袋内土体发生不均匀变形形成的不规则形状；②土袋的滑动并不是简单地沿袋间水平向滑动，而是发生旋转、倾斜和不均匀变形，引起土袋边坡发生不规则变形；③土袋在垂直于边坡方向上的宽度足够大，即使土袋边坡出现很大位移，土袋边坡也不会出现滑动破坏。

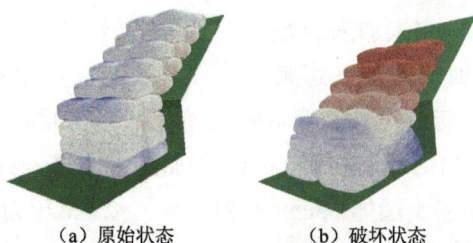

（a）原始状态　　　　　（b）破坏状态

图 10-38 土袋边坡的破坏特征

11　膨胀土边坡的加筋土覆盖技术

11.1　加筋模型试验

采用南宁外环公路膨胀土，制作了一侧土工格栅加筋、一侧素土的室外大型膨胀土边坡模型，埋设了体积含水量探头、水平与竖向土压力盒、柔性位移计等监测元件，对比分析干湿循环作用下坡体含水量、竖向应力和土压力的变化规律及土工格栅的应变规律，探究加筋土覆盖技术的工作机理。

11.1.1　土性试验

原状土样取自南宁外环高速公路五塘互通 K24+000 附近和收费站 NK2+200 处，膨胀土的物理性质指标列于表 11-1 中。K24+000 处的土为中偏强膨胀土，NK2+200 处为弱偏中。膨胀土的最大干密度和最佳含水量分别为 1.81g/cm³ 和 16%。

表 11-1　南宁膨胀土的物理性质指标

取样位置	岩块干燥饱和吸水率/%	岩粉吸水率/%	胶结系数	颗粒组成/%				蒙脱石/%	比表面积/(m²·g⁻¹)	黏土矿物相对含量/%				混层比/%
				>0.075 mm	0.075~0.005mm	<0.005 mm	<0.002 mm			I/S	I	K	C	
K24+000	47.93	56.54	1.18	0.45	43.35	66.20	52.24	13.82	112.49	49	19	32		30
NK2+200	39.05	50.35	1.29	0.30	56.14	43.56	42.29	11.78	105.53	58	11	20	11	50

取样位置	含水量/%	容重/(g·cm⁻³)	干容重/(g·cm⁻³)	孔隙比	孔隙度/%	体缩/%	液限/%	塑限/%	塑性指数	液性指数	自由膨胀率/%
K24+000	26.65	2.022	1.597	0.72	41.93	10.24	61.24	27.74	33.5	-0.03	60
NK2+200	22.31	2.075	1.697	0.62	38.29	4.42	46.04	23.77	22.27	-0.07	62

注：表中 I/S、I、K、C 分别表示蒙脱石/伊利石混层、伊利石、高岭石、绿泥石。

11.1.2　模型制作

1）模型尺寸

模型框架采用钢筋混凝土浇筑，模型槽内部的长、宽、高分别为 720cm、300cm 和 300cm。采用一侧加筋、一侧未加筋的方式制作模型，边坡内监测元件的埋设位置相对应，以便对比分析。未加筋与加筋膨胀土边坡模型的尺寸和监测元件埋设的位置如图 11-1 所示，图中括号内标注分别为距坡脚的高度 H_v 和坡面的水平距离 H_h。实际坡高 280cm，加筋土工格栅宽 110cm，离墙 10cm，未加筋边坡宽 180cm，监测元件分别埋设在两边坡中间位置，距加筋土墙体 65cm 和 210cm，水平土压力盒靠墙埋设，膨胀土边坡的实体模型如图 11-2 所示。

（a）未加筋膨胀土边坡

（b）土工格栅加筋

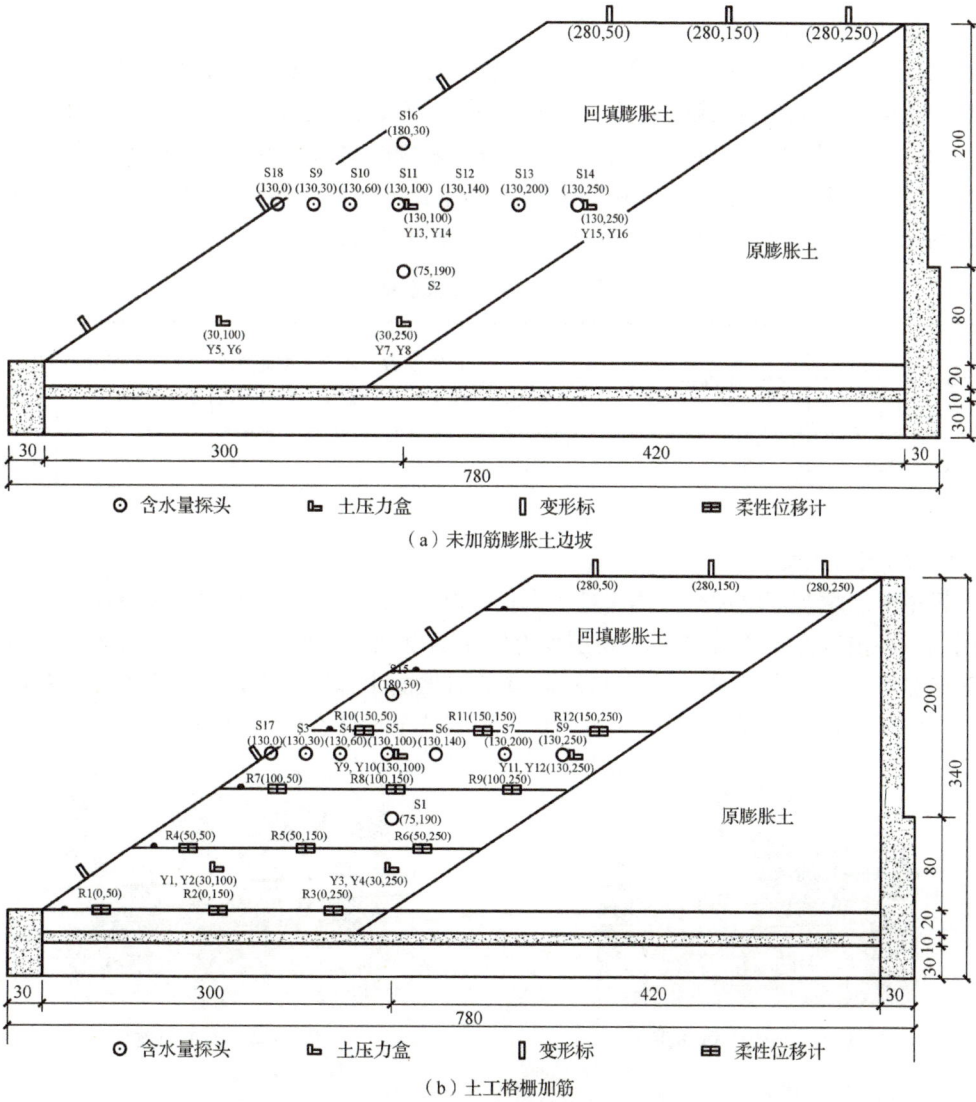

图 11-1　膨胀土边坡模型尺寸和监测元件布置图（单位：cm）

图 11-2　膨胀土边坡的实体模型

模型共埋设体积含水量探头 18 个（S1～S18），竖向和水平向土压力盒各 8 个（Y1～Y16，其中偶数为水平向土压力盒），柔性位移计 12 个（R1～R12）和百分表位移计 12 个。

土工格栅宽 110cm，裁剪成长度为 450cm，加筋长度为 300cm，坡面反包长约 90cm，余下 60cm 与上层土工格栅用连接棒连接。每层格栅的尾部和中间部位均用 2 个 U 形钉锚固。共铺设 6 层土工格栅，其中最下面 4 层每层安装了 3 个柔性位移计，离坡面水平距离为 50cm、150cm 和 250cm。土工格栅参数列于表 11-2 中。

表 11-2　土工格栅参数

格栅型号	尺寸		空隙面积/cm²	厚度/cm		拉伸强度/ (kN·m⁻¹)	2%伸长率的拉伸强度/ (kN·m⁻¹)	5%伸长率的拉伸强度/ (kN·m⁻¹)	最大伸长率/%
	MD	TD		肋	节点				
RS35PP	22.23	1.78	31.01	0.05	0.168	≥35	≥10	≥20	≤10

注：MD、TD 分别是纵肋、横肋。

2）填筑与压实

模型分层填筑，填筑时土体质量含水量控制在 16%±2% 内，每层松铺厚度约 22cm。采用快速冲击夯夯实（图 11-3），每层均夯实 7 遍以上，压实厚度为 17cm 左右。采用灌砂法检测每层压实度（均需大于 90%）。填筑时坡面土体需超出设计宽度 20cm 左右，每 3 层的压实厚度控制在 50cm 左右，再人工削坡至设计宽度（图 11-4）。

图 11-3　填筑土体的压实　　　　　　　　图 11-4　人工削坡

3）气候条件模拟

在坡顶和坡面分别架设 3 排降雨装置，每排安装 3 个专业雾化喷头，以实现降雨的均匀喷洒。模型试验共开展 7 次人工降雨，降雨强度均为 10mm/h（表 11-3）。

表 11-3　人工降雨情况

降雨日期	降雨历时/h	总雨量/mm
2012 年 7 月 6 日	4	40
2012 年 7 月 26 日	6	60
2012 年 8 月 2 日	10	100
2012 年 8 月 20 日	7	70
2012 年 9 月 8 日	6	60
2012 年 10 月 9 日～14 日	24×6	240×6=1440
2012 年 11 月 5 日～6 日	24	240

4）监测元件埋设

（1）土压力盒。

测量竖向应力的土压力盒的埋设如图 11-5（a）所示。采取挖坑埋设法，待土层按要求进行压实至埋设点高程以上 20cm 左右时，用钢尺确定埋设点位置，根据土压力盒的形状挖孔至设计位置；孔挖好后，先用细砂（2cm）找平底面并压实，再放置土压力盒（光面即承压面朝上），并用手按住来回旋转使其就位，采用水平气泡仪保证土压力盒水平；在土压力盒周围先用较细的土填筑压实，防止夯实过程中发生移动，在其上回填 2cm 细砂后回填细粒土，人工分层夯实；在土压力盒埋设好后，将导线从模型墙的孔中引出汇集，便于观测。埋设工作完成后，将土压力盒读数调零。

（a）测量竖向应力的土压力盒　　　　　　（b）测量土压力的土压力盒

图 11-5　土压力盒的埋设

测量土压力的竖向土压力盒埋设如图 11-5（b）所示。同样采取挖坑埋设法，待土层压实高度达到土压力盒埋设点位置以上 20cm 左右时，挖孔至设计位置；土压力盒与墙的接触面用薄层细砂找平，将其紧靠墙面并覆 2cm 细砂，周围用细粒回填，人工分层夯实。

（2）柔性位移计。

柔性位移计的安装如图 11-6 所示。安装时，采用配套安装夹具、螺杆将柔性位移计顺向牢固固定在土工格栅横肋处，将土工格栅横肋夹于柔性位移计安装座与夹片之间；将土工格栅铺平并稍微张紧（确保土工格栅纵肋平直），确定柔性位移计的安装位置后用螺丝刀在土工格栅横肋上打安装孔，将两端安装座固定牢固；土工格栅纵肋长度为 23.23cm，位于两横肋间的柔性位移计的初始读数处于满量程中间值附近，确保柔性位移计能够测量拉伸或压缩方向的变形；用直尺量测柔性位移计所夹土工格栅的原始长度 L，用细砂将柔性位移计底部垫平，在周围覆盖 30mm 的细砂并压实。

（3）体积含水量探头。

如图 11-7 所示，待土层填筑至设计方案中含水量探头高度以上 20cm 左右时，采取挖孔埋设法埋设体积含水量探头。用卷尺量测确定探头埋设位置后，采用人工挖孔（孔直径 15cm 左右）至设计位置，将孔底面整平，使含水量探头底面能与其接触良好；含水量探头需一次性垂直插入土中，尽量减少探头测试范围内的不正常空穴或气孔，确保测试精度。含水量探头插入就位后，采用读数仪读取一次数据，做好记录；再在四周用细粒土分层回填，人工均匀夯实。待回填土压实后再测试一次数据，两次测试结果应相同。

图 11-6　柔性位移计的安装

图 11-7　体积含水量探头的埋设

11.1.3　试验结果分析

1）坡体含水量

高 H_v=1.3m 处加筋与未加筋膨胀土边坡的体积含水量随时间变化如图 11-8 所示。各测点初始体积含水量在 27%～34%范围内变化（质量含水量变化幅度约为 4%）。模型表面采用双层不透水彩条布进行覆盖，在此期间两边坡各测点体积含水量相对稳定，变化很小。在降雨、蒸发干湿循环影响下，加筋土 S3 和未加筋土 S9（H_h=0.3m）的体积含水量分别由 29.5%和 31.0%逐渐增加，历时约半个月达到相对稳定值，分别为 36.4%和 39.5%；加筋土 S8 和未加筋土 S14（H_h=2.5m）分别从 31.0%和 32.1%增加到 34.9%（历时约 4 个月）和 36.0%（历时约 4.5 个月）。在干湿循环作用下，边坡存在一个相对平衡含水量，加筋土比未加筋土的小；距坡面水平距离（深度）越小，相对平衡含水量越大且达到平衡的历时越短。加筋土 S17 和未加筋土 S18 体积含水量的最大变化幅度分别为 11.6%和 18.6%，两坡体其他对应各点也具有相同规律，说明未加筋土含水量受干湿循环作用的影响比加筋土的显著。反包格栅起到了坡面植被的类似作用，与未加筋土相比，减小降雨时加筋土的渗流面；干燥蒸发时又起遮挡阻拦作用，使边坡蒸发作用面缩减。更重要的是，格栅加筋在一定程度上限制了膨胀土体的膨胀与收缩。

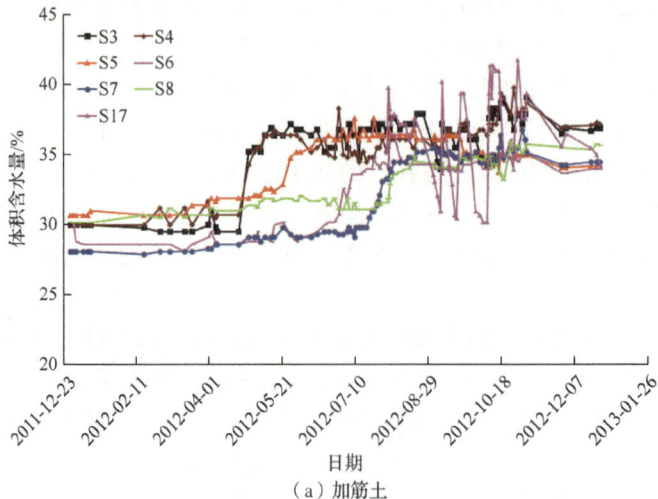

（a）加筋土

图 11-8　坡体的体积含水量随时间的变化（H_v=1.3m）

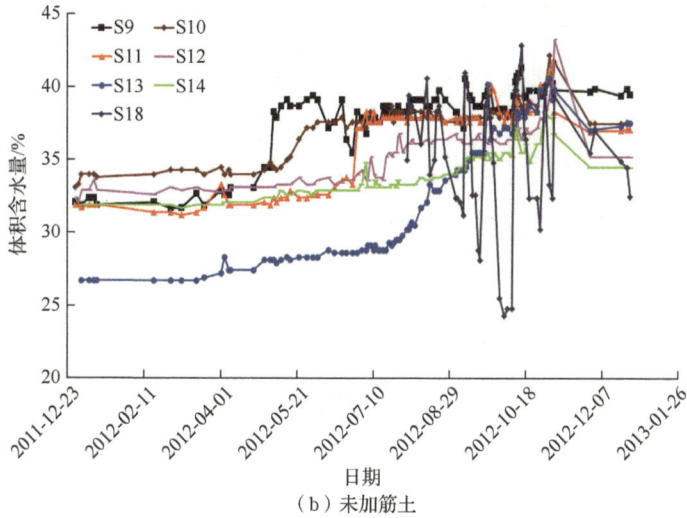

（b）未加筋土

图 11-8（续）

高 H_v=1.3m 处水平加筋与未加筋边坡体积含水量随深度的变化如图 11-9 所示。干湿循环作用影响下，加筋土含水量的显著变化深度（0.67m）范围比未加筋土（0.4m）的大，表层未加筋土含水量变化幅度较加筋土显著。加筋和未加筋两边坡含水量变化趋势基本一致，两端大，中间小。浅层土体受干湿循环作用显著，含水量变化明显；深层靠近坡底土体含水量增大，原因是，长时间降雨通过裂隙渗入、汇集坡脚处，由于模型槽为刚性封闭结构，汇集水无法排出，在边坡中形成了如图 11-10 的浸润线（殷宗泽和徐彬，2011），加筋土 S1 和未加筋土 S2 靠近或位于浸润线下部。

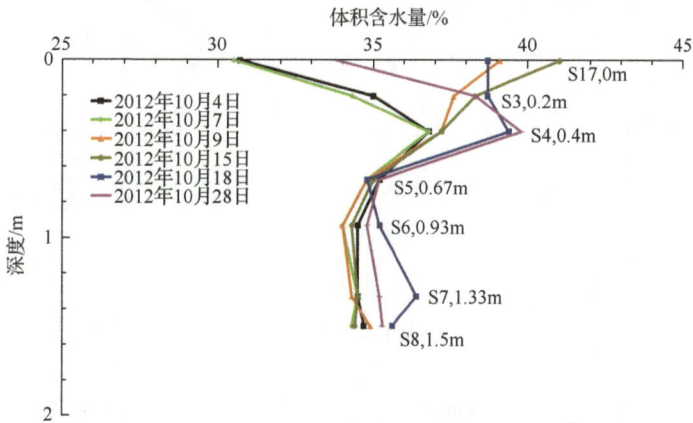

图 11-9 边坡体积含水量随深度的变化（H_v=1.3m）

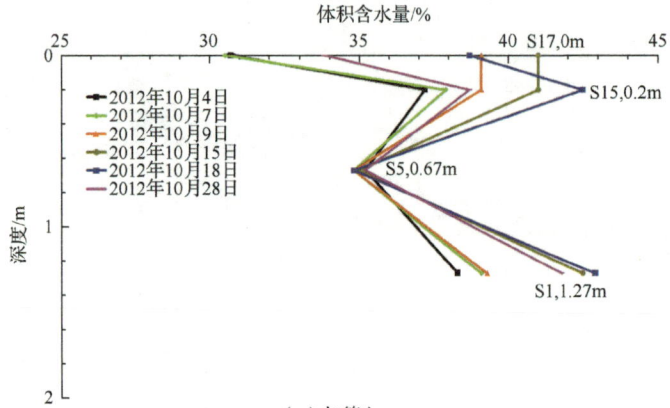

（a）加筋土

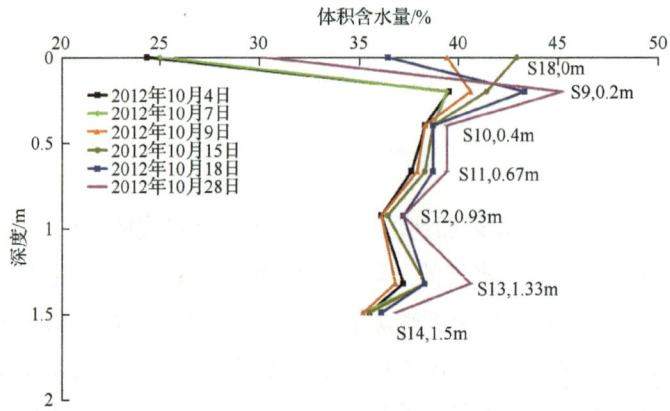

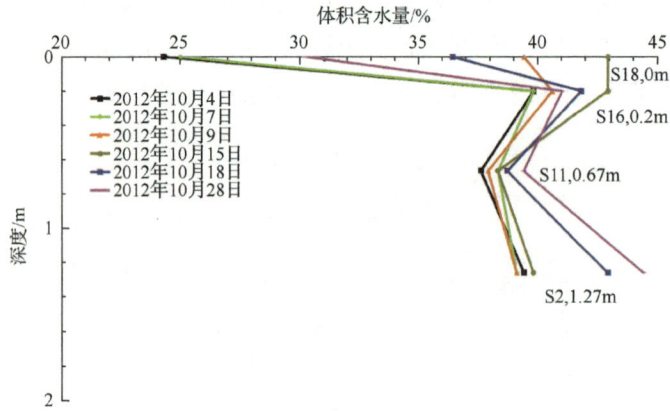

（b）未加筋土

图 11-9（续）

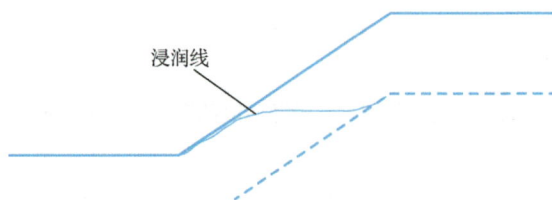

图 11-10　坡体浸润线位置

2）土压力变化规律

图 11-11 分别为竖向应力和土压力随时间的变化。相同埋深加筋土的竖向应力比未加筋土的大，土压力则相反，未加筋土的土压力大于加筋土的。未加筋土的土压力与竖向应力比为 1.7～2.8，加筋土的小于 1.0，应力比均呈"波浪"形变化，与降雨、蒸发干湿循环作用周期基本一致，但未加筋土比加筋土显著。土工格栅与土体的摩擦和嵌固作用限制了土体的侧向变形，水平应力减小，避免了膨胀土边坡因水平应力增大产生渐进式滑坡。

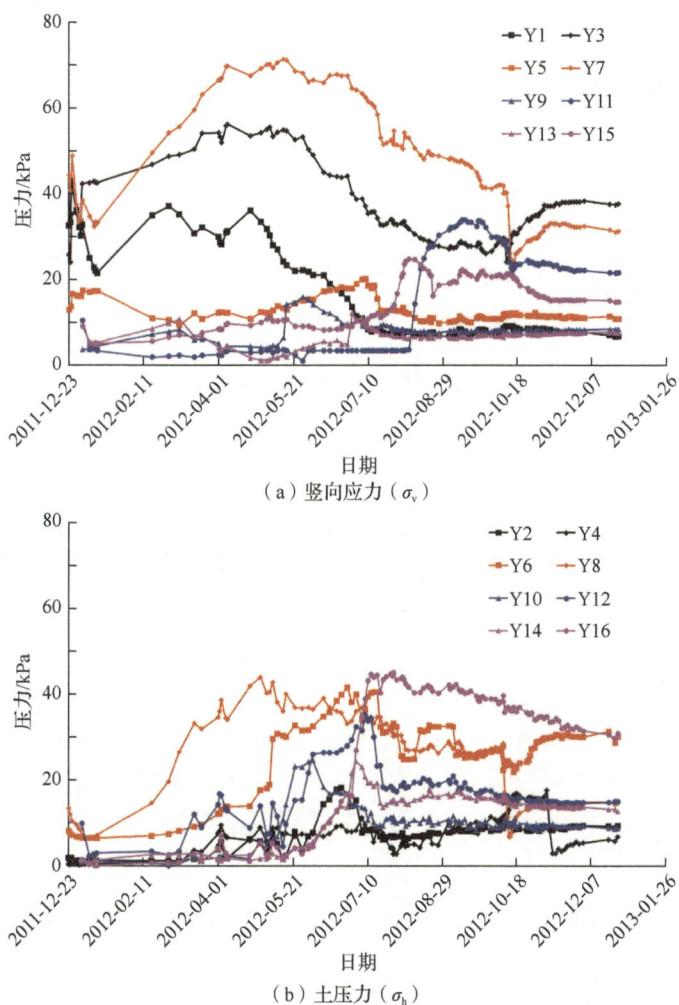

（a）竖向应力（σ_v）

（b）土压力（σ_h）

图 11-11　竖向应力和土压力随时间的变化规律

3）土工格栅的应变

图 11-12 为 4 层（H_v 为 0m、0.5m、1.0m 和 1.5m）水平加筋土工格栅的应变曲线。土工格栅应变曲线呈 S 形变化，分为缓慢增长期、快速变化期和相对平缓期。缓

慢增长期：施工与覆盖阶段，干湿循环影响很小，仅有填土的自然沉降固结作用，格栅应变变化平缓，呈近似线性关系；快速变化期：覆盖物掀除后，干湿循环作用显著，干燥时表土因失水收缩而产生裂隙，降雨时雨水可通过裂隙、筋土界面渗入坡体，使内部土体含水量增大；相对平缓期：随反复干湿循环作用，坡内土体含水量达到稳定，格栅应变趋于稳定。离坡面越近，格栅应变变化越快，峰值出现得越早，这是因为干湿循环作用影响由浅入深，越往内部雨水入渗所需时间越长，持续人工降雨造成应变突然持续增大。

　　每层格栅峰值应变沿水平深度方向均呈凸形变化，即中间大、两端小，且中间部位应变随高度逐渐增大，如图 11-13 所示。拉力的峰值出现在每层格栅的中部，各层拉力峰值的连线就是潜在破裂面位置，位于坡体中部。

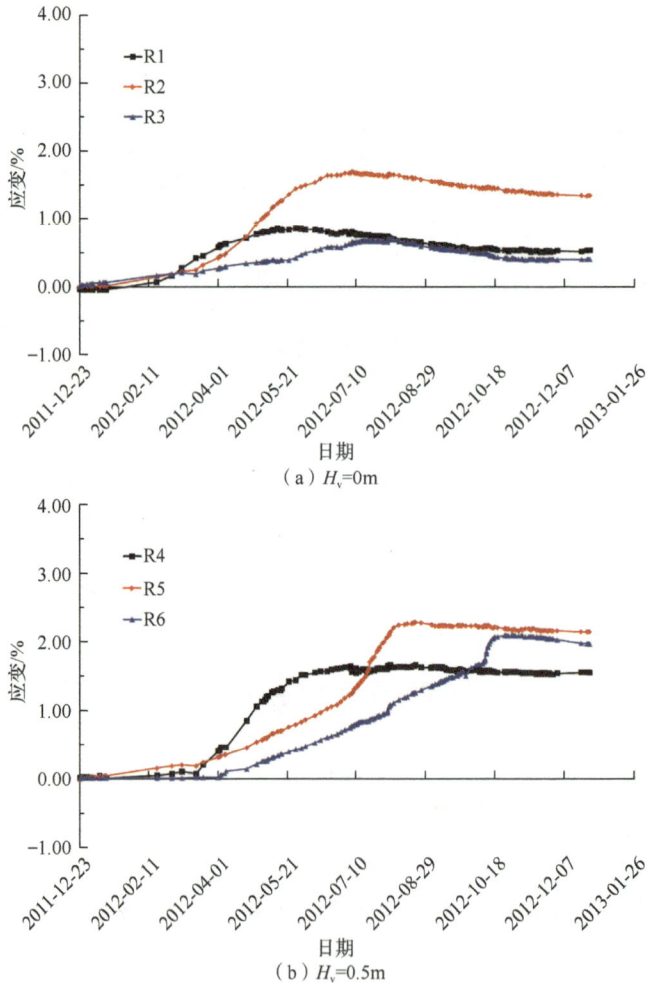

（a）H_v=0m

（b）H_v=0.5m

图 11-12　4 层水平加筋土工格栅的应变曲线

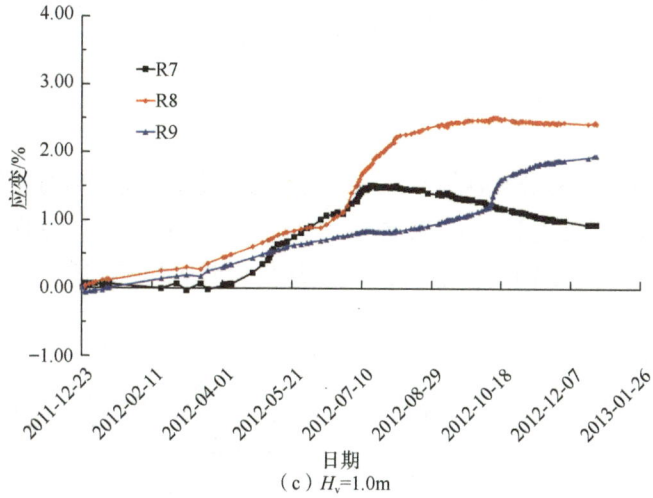

（c）H_v=1.0m

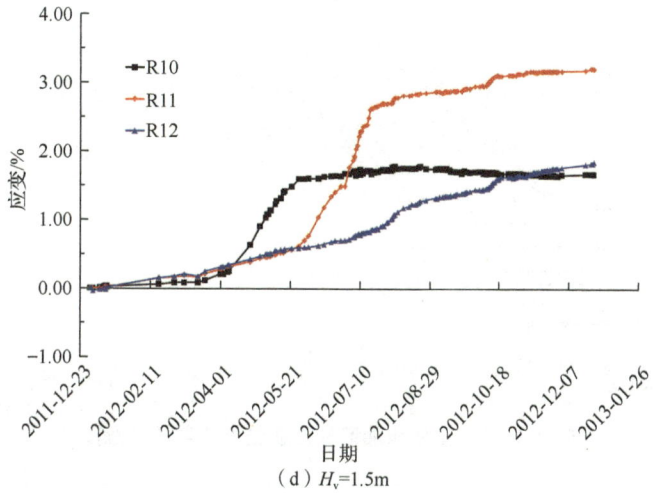

（d）H_v=1.5m

图 11-12（续）

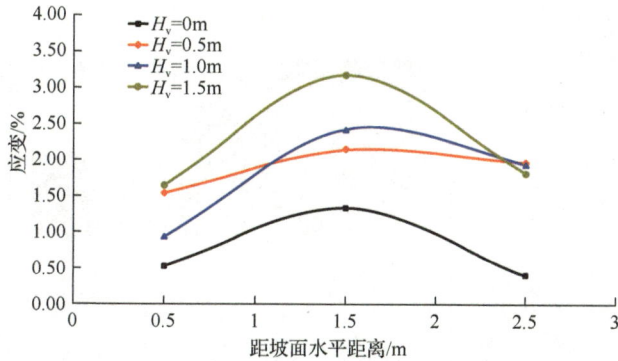

图 11-13　土工格栅应变随高度的变化

11.2　数　值　模　拟

11.2.1　计算模型

采用 FLAC2D 有限差分软件模拟，图 11-14 为加筋土覆盖技术处治膨胀土边坡的示意图。计算模型边坡尺寸为高 6m、坡比 1：1.5，网格划分如图 11-15 所示。加筋土体水平厚 3.5m，根据风化程度不同分成 4 层，左右边界为滚动约束，底部为固定约束。

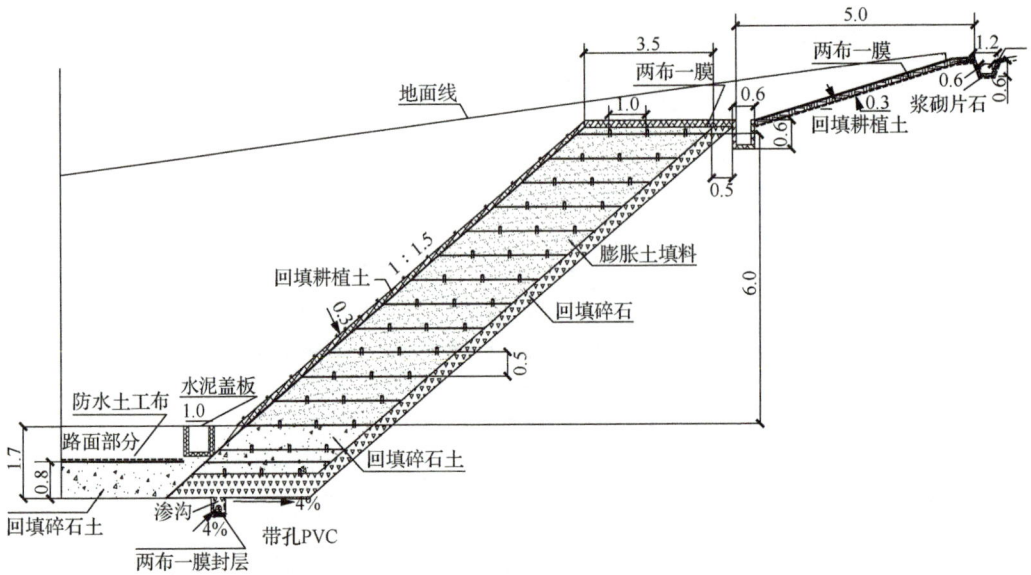

图 11-14　土工格栅加筋处治膨胀土边坡的示意图

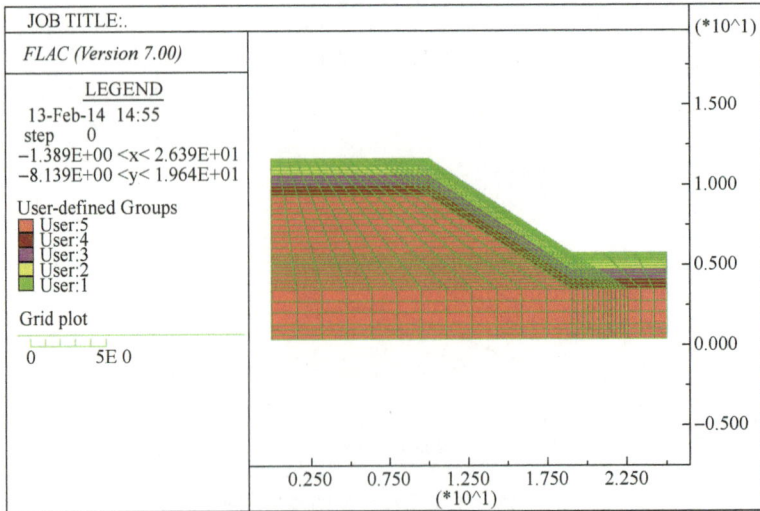

图 11-15　计算模型图

11.2.2 计算参数

重塑南宁膨胀土有荷干湿循环 6 次作用下，法向应力分别为 5kPa、10kPa、20kPa 和 50kPa；1~4 层土的饱和慢剪强度参数黏聚力和摩擦角分别为 3.1kPa 和 30.5°、3.4kPa 和 28.6°、4.1kPa 和 26.5° 及 6.2kPa 和 23.5°，加筋体后部的原状土或重塑土受外界干湿循环作用的影响很小，采用未风化原状土的饱和慢剪强度参数，黏聚力和摩擦角为 30.4kPa 和 28.5°。膨胀土采用理想莫尔-库仑弹塑性本构模型来模拟。

膨胀土的干密度、饱和度和孔隙率分别为 1700kg/m³、54% 和 0.40。最上两层（1 号和 2 号）、中间两层（3 号和 4 号）和最里层（5 号）土的饱和渗透系数分别为 2.3×10⁻⁶m/s、2.3×10⁻⁷m/s 和 2.3×10⁻⁸m/s。膨胀土的计算参数列于表 11-4 中。土工格栅单元采用 FLAC2D 中的 Cable 单元，土工格栅及筋土界面参数列于表 11-5 中。

表 11-4　膨胀土的计算参数

土层编号	干密度 ρ/ (kg·m⁻³)	体积模量 K/MPa	剪切模量 G/MPa	热膨胀系数 α/(m·K⁻¹)	强度参数	
					黏聚力 c/kPa	内摩擦角 φ/(°)
1	1700	8.710	2.394	2.34×10⁻⁵	3.1	30.5
2					3.5	29.6
3	1700	8.710	2.394	2.34×10⁻⁵	5.7	27.7
4					8.5	26.3
5					30.4	28.5

表 11-5　土工格栅及筋土界面参数

格栅型号	厚度/m	弹性模量/MPa	界面剪切刚度/ (kN·m⁻¹)	加筋间距/m	界面似黏聚力/kPa	界面似摩擦角/(°)
RS35PP	5×10⁻⁴	450	4.7×10³	0.5	5	5
				0.25	10	10
				0.5		
				0.75		
				1.0		
				0.5	15	15
				0.5	20	20

11.2.3 计算结果分析

1）加筋效果分析

加筋边坡坡面未反包，格栅加筋间距 0.5m，长 3.5m，界面似黏聚力和似摩擦角分别为 10kPa 和 10°。图 11-16 为未加筋边坡（裸坡）的水平位移分析图。未加筋边坡的最大水平位移达到 125cm，未加筋边坡在干湿循环作用下，随膨胀土体的抗剪强度不断下降，遇持续降雨后发生了浅层坍滑。

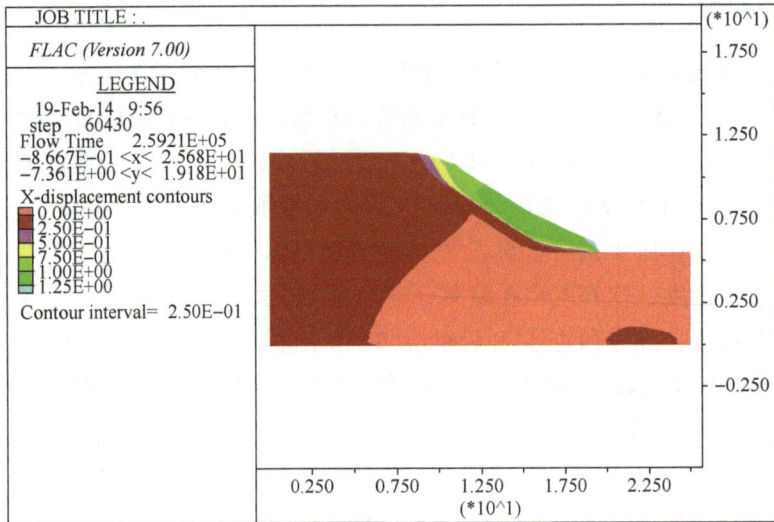

图 11-16　未加筋边坡（裸坡）的水平位移分析图

　　图 11-17 为加筋边坡的格栅轴力和水平位移分析图。水平格栅的最大轴力随高度的增加，先增加后减小，第 6 层的最大，为 2.545kN；水平格栅最大轴力的出现位置与未加筋边坡的滑动面位置基本一致，约位于格栅 2/3 处（至坡面距离）；加筋边坡坡面的最大水平位移仅 1.8cm，距坡脚高 1.5m，与未加筋边坡相比，显著减小。因此，土工格栅与加筋土间的相互作用，有效地约束了边坡的水平位移，减小了坡体的吸湿膨胀软化效应，提高了边坡稳定性。

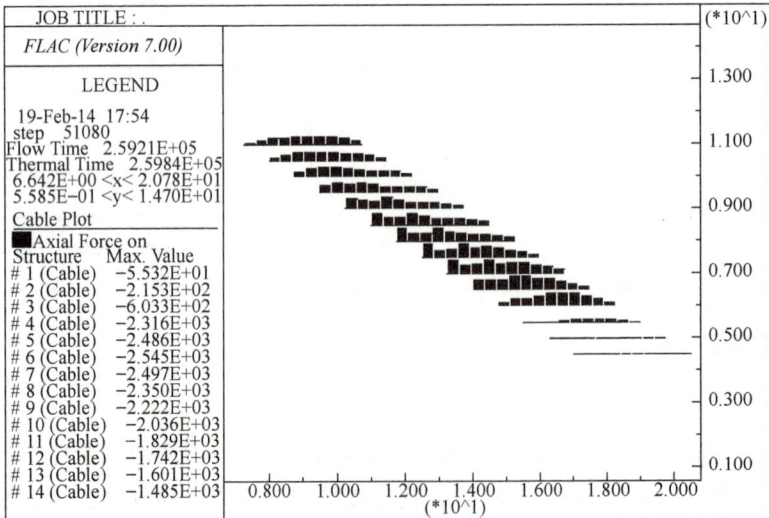

（a）格栅的轴力分布

图 11-17　加筋边坡的格栅轴力和水平位移分析图

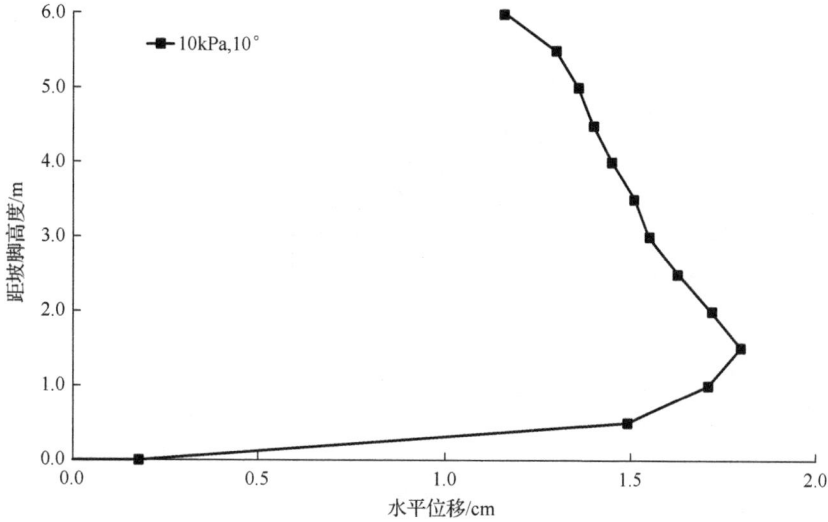

（b）水平位移

图 11-17（续）

2）界面参数影响

采用似黏聚力和似摩擦角表示界面参数，对坡面未反包，格栅间距 0.5m、长 3.5m 加筋边坡进行分析。图 11-18 和图 11-19 给出不同界面参数加筋边坡格栅的轴力分布和坡面的水平位移。对不同界面强度参数而言，相同高度格栅的轴力沿距坡面距离的分布均相同；格栅最大轴力（界面参数从小到大）分别为 2.768kN、2.545kN、2.545kN 和 2.499kN，出现在第 4 层（高 0.5m）、第 5 层（高 1.0m）、第 6 层（高 1.5m）和第 7 层（高 2.0m），且格栅最大轴力沿高度的变化曲线基本重合；坡面最大水平位移分别为 2.19cm、1.80cm、1.80cm 和 1.75cm，位置均位于高度约 1.5m 处，且坡面水平位移随高度的变化曲线也基本重合。格栅的最大轴力受筋土界面参数的影响很小，当界面强度参数大于某值后，其大小的改变对加筋格栅的应力、加筋体内土体的应力场以及边坡位移的影响均很微小，但安全系数会随界面强度的增大而增大。

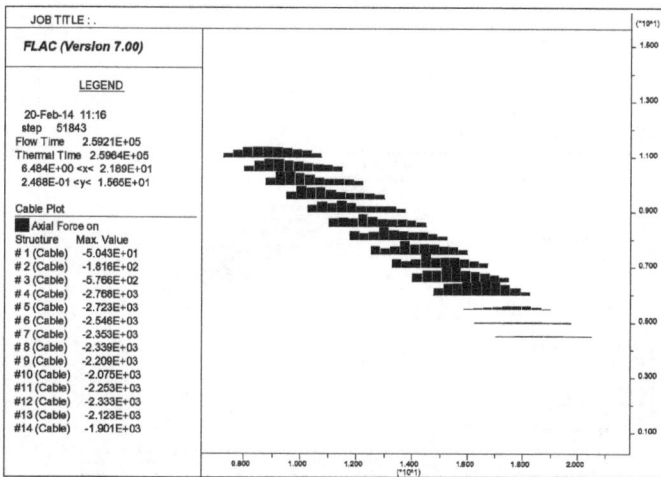

（a）$c=5$kPa，$\varphi=5°$

图 11-18 不同界面参数加筋边坡格栅的轴力分布

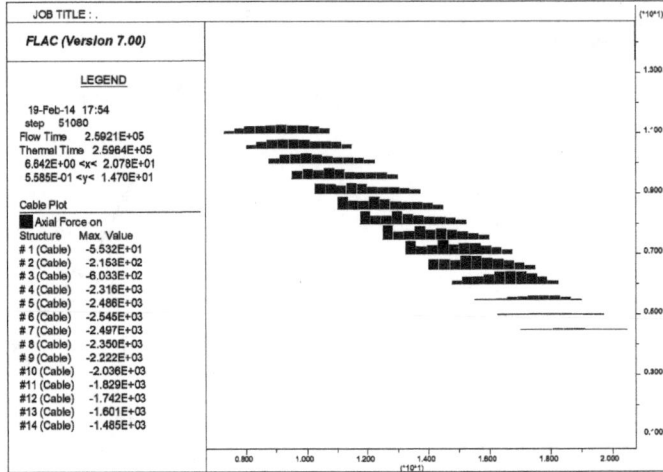

（b）c=10kPa，φ=10°

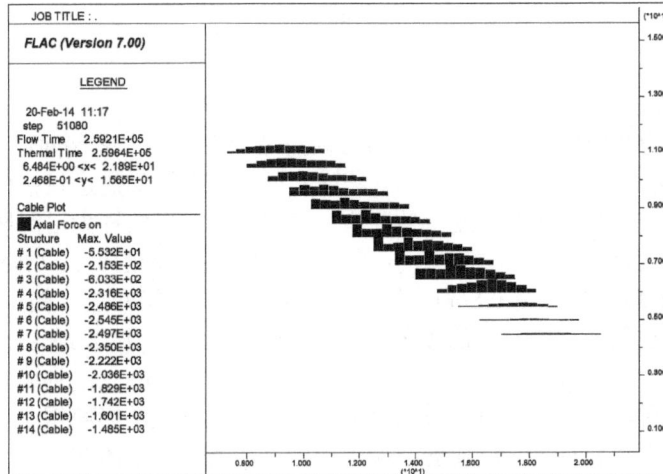

（c）c=15kPa，φ=15°

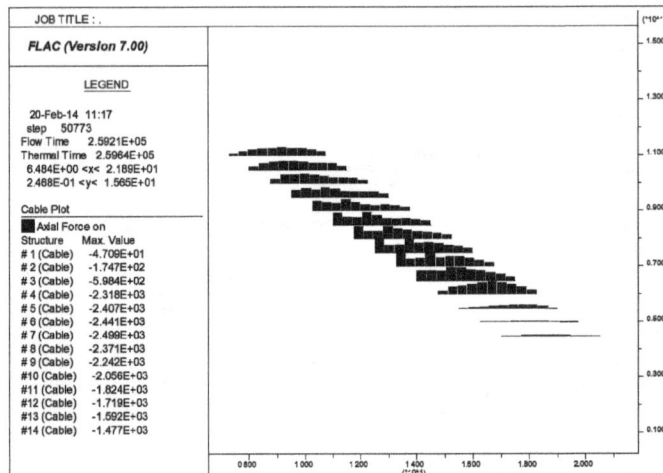

（d）c=20kPa，φ=20°

图 11-18（续）

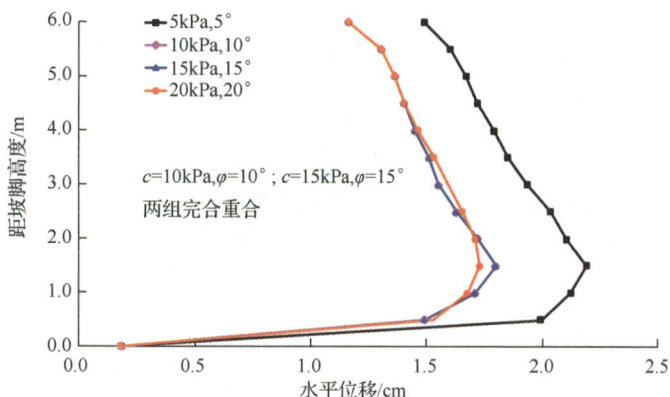

图 11-19 不同界面参数加筋边坡坡面的水平位移

3）加筋间距影响

筋土界面强度参数似黏聚力和似摩擦角分别为 10kPa 和 10°条件下，加筋间距分别为 0.25m、0.5m、0.75m 和 1.0m，对坡面未反包，格栅间距 0.5m、长 3.5m 加筋边坡计算分析。

对比不同加筋间距边坡格栅的轴力分布（图 11-20）、格栅最大轴力随高度分布（图 11-21）和边坡坡面的水平位移（图 11-22），不同加筋间距条件下，格栅的最大轴力沿高度的变化规律基本相同，先增加后减小；加筋间距越小，轴力最大值越小；坡面水平位移随高度增加均呈先增大后减小的规律变化，加筋间距越大，水平位移越大。因此，加筋间距对膨胀土边坡稳定性的影响大，间距越小，边坡的稳定性越好。加筋间距越小，边坡被分割的层位越多，加筋土体的厚度越小，土体吸湿膨胀软化的作用越小；随土工格栅数量的增加，受力变小，整体性越好，限制边坡水平变形的能力增强。

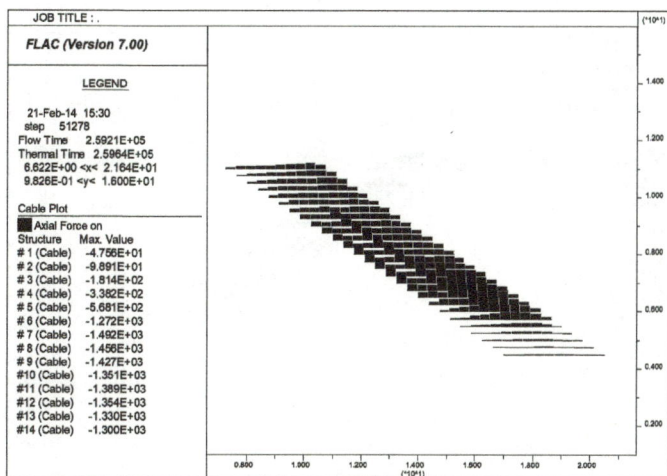

（a）间距 0.25m

图 11-20 不同加筋间距边坡格栅的轴力分布

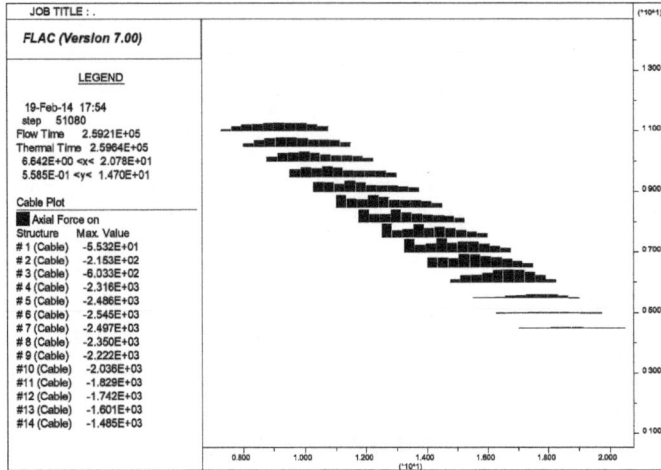

（b）间距 0.5m

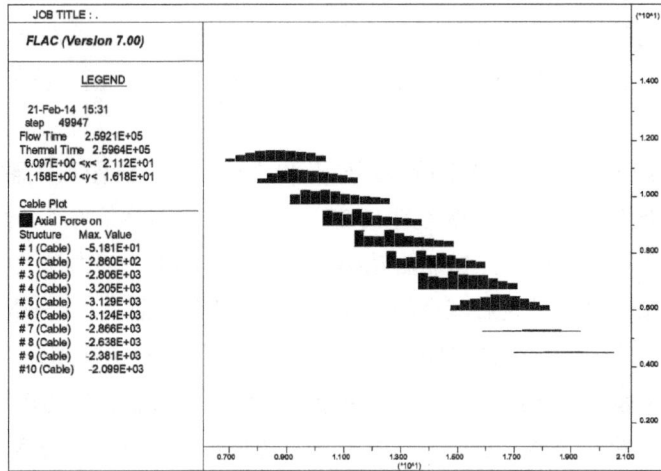

（c）间距 0.75m

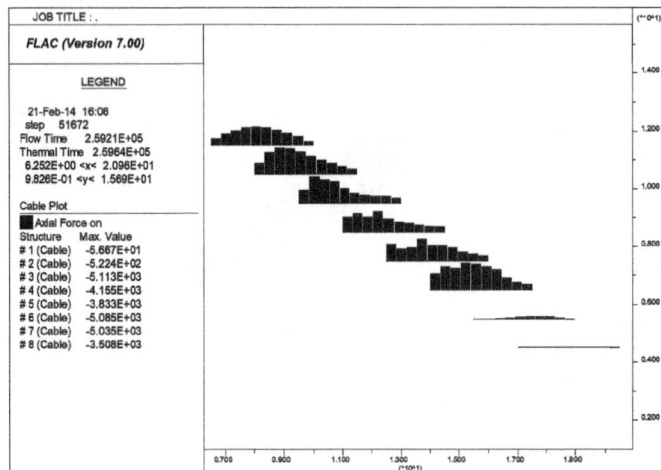

（d）间距 1.0m

图 11-20（续）

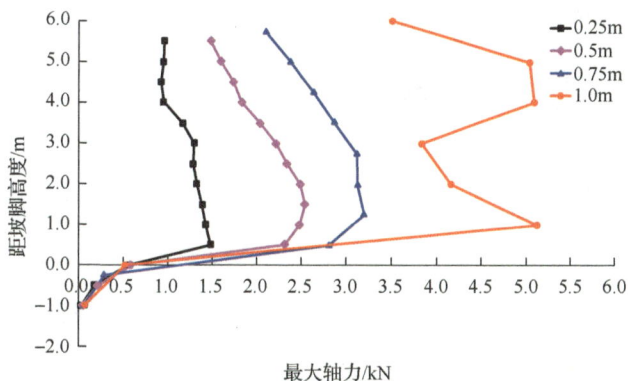

图 11-21　不同加筋间距格栅最大轴力随高度的变化

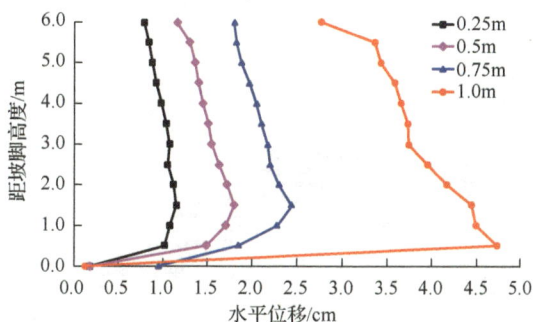

图 11-22　不同加筋间距加筋边坡坡面的水平位移

4）反包格栅影响

将土工格栅进行逐层反包，每层预留一定长度格栅再通过连接棒与上层格栅连接，用"U"形钉在尾部将格栅固定，使加筋体形成一个整体。图 11-23 和图 11-24 分别为反包边坡的水平加筋格栅轴力分布和坡面的水平位移。与未反包边坡结果比较，水平格栅的最大轴力随高度的变化规律基本一致，最大值也出现在第 6 层，为 2.519kN，略小于未反包的 2.545kN；反包格栅的最大轴力为 0.514kN，出现在坡脚处，使得近坡面的水平格栅轴力变大，但最大轴力略有减小；最大水平位移的位置相同，数值稍减小（1.75cm）。与未反包加筋相比，反包土工格栅使坡面附近水平格栅轴力略有增加，边坡的水平位移稍有减小，但对边坡安全系数没有影响。水平格栅加筋后，边坡滑动面由浅层推移至加筋体后部，加筋体为一个整体，反包格栅改变了加筋体内水平格栅和土的应力状态，使加筋体的整体性更强，"框箍"作用更好，保证了加筋体的稳定。反包格栅对坡面具有防护作用，当表层土体吸湿膨胀时，限制边坡膨胀变形，减小深部土体受外界干湿循环的影响。

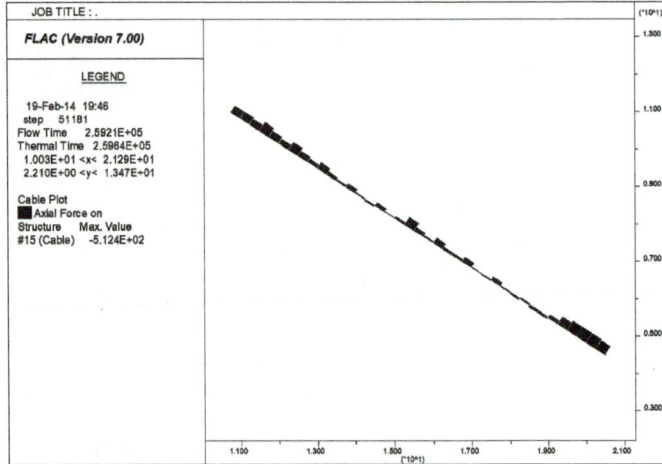

（a）坡面反包格栅的轴力

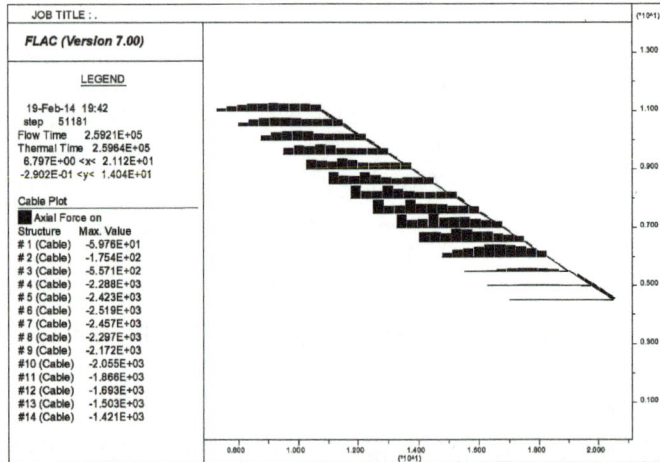

（b）加筋格栅的轴力

图 11-23   反包边坡的水平加筋格栅的轴力分布

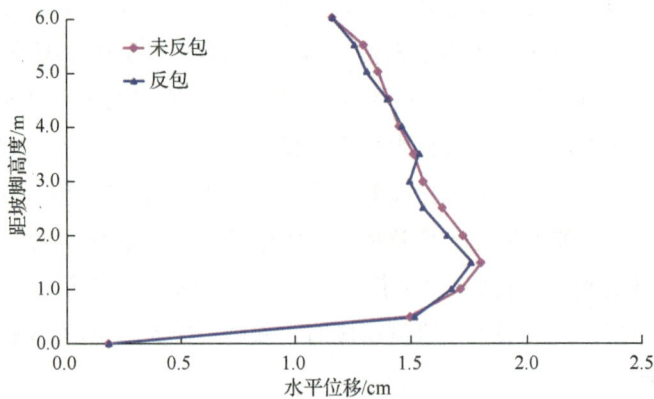

图 11-24   反包加筋边坡坡面的水平位移

11.3　应用示范工程

11.3.1　工程概况

加筋土覆盖技术处治膨胀土边坡示范应用工程选取在崇（左）—爱（店）高速公路 K16+500 处，长 200m、最高 12m 的膨胀土堑坡，分两级修筑，坡比为 1：1.75，马道宽度 4m。膨胀土的物理性质指标列于表 11-6 中，属中膨胀土。

表 11-6　膨胀土的物理性质指标

桩号	塑限/%	液限/%	塑性指数	砂粒含量/%	粉粒含量/%	黏粒含量/%	自由膨胀率/%	按膨胀性分类	按液塑限分类
K16+500	27	60	33	1	50	49	83	中膨胀土	高液限黏土

11.3.2　施工工艺

加筋土覆盖技术处治膨胀土路堑边坡施工工艺流程图如图 11-25 所示。施工步骤如下。

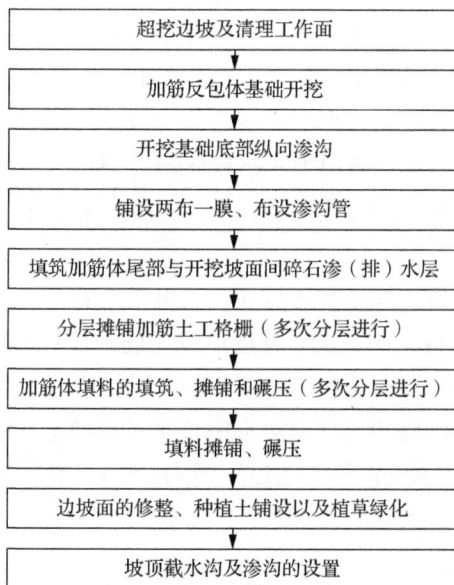

超挖边坡及清理工作面

↓

加筋反包体基础开挖

↓

开挖基础底部纵向渗沟

↓

铺设两布一膜、布设渗沟管

↓

填筑加筋体尾部与开挖坡面间碎石渗（排）水层

↓

分层摊铺加筋土工格栅（多次分层进行）

↓

加筋体填料的填筑、摊铺和碾压（多次分层进行）

↓

填料摊铺、碾压

↓

边坡面的修整、种植土铺设以及植草绿化

↓

坡顶截水沟及渗沟的设置

图 11-25　加筋土覆盖技术处治膨胀土路堑边坡施工工艺流程图

（1）超挖边坡及清理工作面。

按照设计横断面进行施工放样，进行超挖。挖出的膨胀土放于路床附近的指定位置，以备用于加筋体的回填料。

（2）加筋反包体基础开挖。

基础开挖至设计宽度。开挖过程中，若出现松土，需清干净；基坑上部土体有松动滑塌现象时，要及时进行清理和加固；基坑若出现滑动软化现象，可采用换填好土或利用石灰、水泥改良膨胀土，再分层填筑压实处理。基础开挖处理完成后，及时用压路机对基底静压，压实度要求≥90%。基础应碾压成向边坡内倾的斜面，其倾斜坡比为4%。

（3）开挖基础底部纵向渗沟。

基础开挖完后，再按设计开挖50cm×50cm纵向渗沟，至路基填挖交界处，并与排水沟相连。渗沟的顶部位于路床换填碎石底部。要求沟底平整并由挖方段中部向两头设置3%沟底纵坡，保证水流能畅通顺利排出。

（4）铺设两布一膜、布设渗沟管。

基础及渗沟均开挖好后，在渗沟底部、侧面铺设两布一膜，做好防渗工作，并在渗沟底部沿纵向布设ϕ10cm带孔PVC排水管或软式盲沟管，并用防水土工布包裹，再将碎石填于沟内。排水通道出口参照截水沟下渗沟的出口形式需设置一字墙出水口。

（5）填筑加筋体尾部与开挖坡面间碎石渗（排）水层。

在加筋体尾部与开挖坡面之间回填碎石以形成边坡体内渗（排）水层。

（6）分层摊铺加筋土工格栅（多次分层进行）。

在摊铺加筋土工格栅前，先确定需摊铺的平面位置，按设计宽度裁剪格栅，下料长度必须满足设计（含反包）长度要求。土工格栅的连接采用搭接，搭接长度为40cm，搭接处两层格栅需固定于下承压实土层内；采用土工连接棒将下层的反包格栅与上层平铺格栅连接。沿路线方向的相邻两片土工格栅的连接也必须搭接，其搭接宽度应保证不少于5cm。土工格栅铺设时注意需用力将格栅张紧并固定，不得有褶皱，也不能出现卷曲或折曲现象，确保格栅有一定的预拉应力，以有效约束工作过程中土体的收缩开裂与体积膨胀。

（7）加筋体填料的填筑、摊铺和碾压（多次分层进行）。

为保证坡面及坡比满足设计要求，分层填筑加筋土体时需超宽20～30cm，然后通过放线刷坡，要求刷方后的坡面平整、无棱角。当反包区域内出现比较松散部位时，需用人工夯实或采用挖掘机的料斗重新夯实再刷坡至设计坡比；每层格栅上的填土施工分两层进行，单层虚铺厚度30cm，压实的厚度约为25cm；按压实层厚50cm摊铺一层土工格栅，并顺主筋方向对夯实区实施反包。

（8）填料摊铺、碾压。

填料按分层厚度30cm逐层摊铺填筑并碾压。在碾压好的填土层上填第2层土，摊铺作业按正常路基填筑施工；每层填土摊铺完后用轻型推土机找平，以保证摊铺厚度均匀一致。填筑加筋土体的碾压施工作业以施工前开展试验确定的碾压遍数进行控制。碾压作业遵循"先轻后重"的原则，先静压后逐渐加大击振力度；压路机的行驶速度控制在2.5～3.0km/h的范围内，碾压太快或太慢均不利于保证施工质量与安全。

（9）边坡面的修整、种植土铺设以及植草绿化。

为防止反包格栅长时间暴露易老化影响使用寿命，同时保证能有效实施坡面植被绿化，加筋边坡体分层作业完工后，应尽快在反包格栅表面培植 30cm 厚非膨胀性种植土。修筑至设计高度后，需对其顶部实施封闭处理，用非膨胀性黏土填筑，其压实度按《公路路基设计规范》（JTG D30—2015）规定达到 90%以上。对加筋体尾部坡顶至截水沟宽度范围的坡面，采取换填耕植土层（50cm 左右）并进行压实处理；在顶部铺设土工膜隔水，其铺设宽度（坡顶距离截水沟距离）不小于 5m，并在其上铺填 30cm 以上厚度的种植土，植草绿化。

（10）坡顶截水沟及渗沟的设置。

按设计图在坡顶边缘不小于 5m 处设置截水沟和渗沟，拦截并排除山坡地表和地下水。设在截水沟下部的渗沟采用人工开挖沟坑，按设计图纸要求铺设防渗土工膜，安放软式透水管和回填碎石，渗沟顶回填山坡表层土夯实后砌筑截水沟。渗沟和截水沟沟底均需平整且纵坡不小于 0.5%，渗沟起、终端分别设一字墙出水口，以利于排水及时、顺畅。图 11-26 为加筋土施工现场情况。

图 11-26 现场施工照片

图 11-26（续）

11.3.3　施工监测

1）元件布置与埋设

在原坡体内分别埋设土压力盒、含水量探头及柔性位移计等元件，监测坡内含水量、土压力、格栅变形等参数的变化情况。监测元件布置示意图如图 11-27 所示，监测元件埋设的实物照片如图 11-28 所示。图 11-27 中的 1 号断面是加筋覆盖层断面，2 号断面是无加筋覆盖层对照断面。图中测点编号的命名规则是监测元件名称的汉语拼音简写-断面编号-元件布置层号-从外到里的测点数。例如，SF-1-2-1 表示含水量探头-1 号断面-第 2 层-最外侧的 1 号含水量探头；SF 代表含水量探头，WY 代表柔性位移计；TY 代表土压力盒。

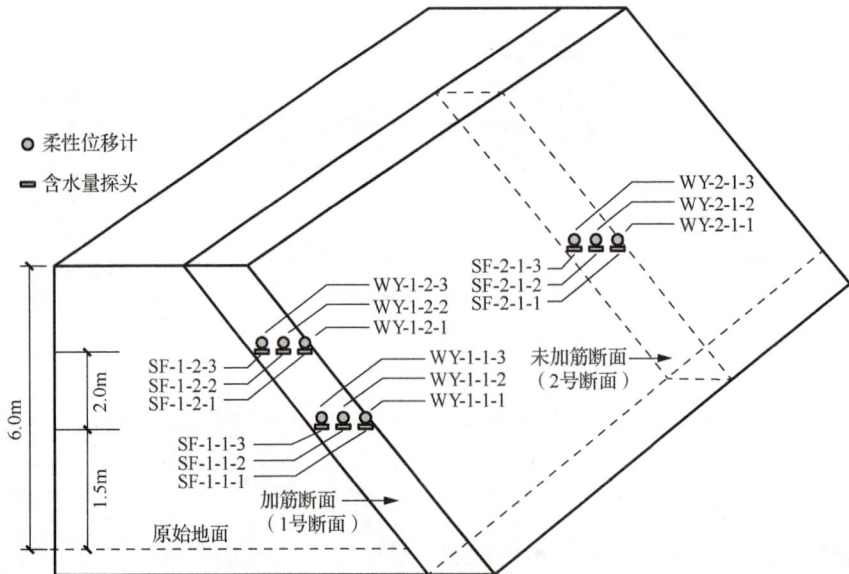

图 11-27　监测元件布置示意图

（a）柔性位移计安装　　　　　　　（b）含水量探头和土压力盒安装

图 11-28　现场监测元件埋设图

采用自动化云平台数据采集系统记录了断面 1 和断面 2 在 6 个月中的体积含水量、格栅应变以及水平土压力数据。

2）现场监测结果分析

（1）体积含水量。

图 11-29 为施工完成后，断面 1 和断面 2 中测点体积含水量的变化。降雨主要集中于 2022 年 1 月 22 日至 2022 年 2 月 20 日，含水量的变化幅度相对较大。外侧的体积含水量变化幅度最大，越靠近表层的土，受干湿循环作用的影响越大。断面 1 的水分变化幅度较小，格栅加筋有效阻碍了雨水渗入，降低了土体的大气蒸发，维持反包加筋层内水分的相对稳定。覆盖层无加筋（断面 2）的体积含水量变化较大，覆盖层有加筋（断面 1）受降雨影响很小；位于两个断面最内侧测点的体积含水量均缓慢地有所增加。

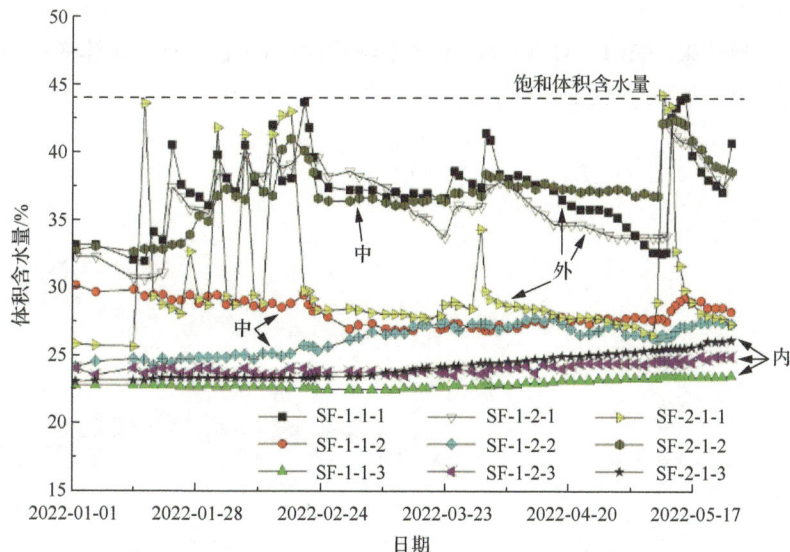

图 11-29　断面 1 和断面 2 中测点体积含水量变化

（2）格栅拉力。

柔性位移计固定于土工格栅之上，格栅位移的大小反映格栅受到的拉力。在整个监测期间，所有测点格栅的变形均在 3mm 之内。格栅拉力随时间的变化如图 11-30 所示。

根据格栅拉力变化，土层变化分为两个阶段：湿胀阶段（格栅拉力上升）和干缩阶段（格栅拉力下降）。在湿胀阶段，所有格栅的拉力均出现增长，靠近最外层的测点的增长幅度最大，吸湿产生的膨胀力也大于加筋土层内部；在干缩阶段，随着水分蒸发，土体收缩，格栅拉力也缓慢降低。

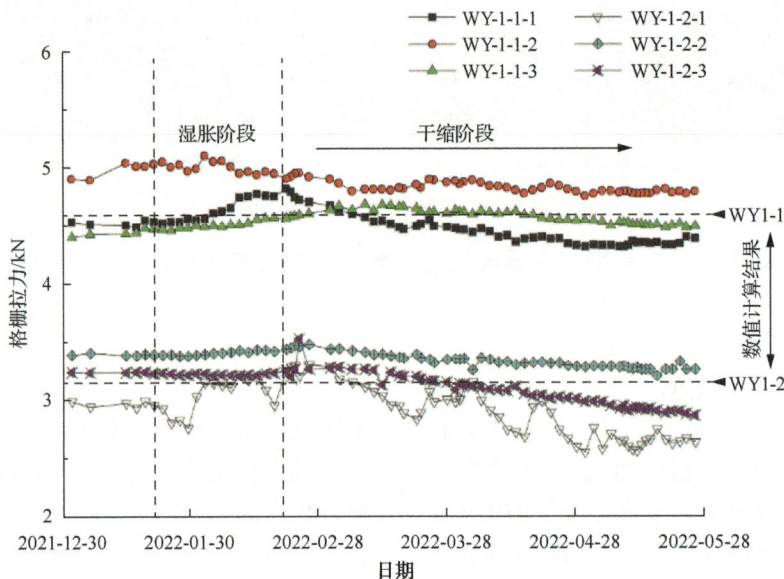

图 11-30　格栅拉力随时间的变化

（3）土压力。

土压力监测结果如图 11-31 所示。加筋土结构层中的土压力均连续变化，未出现突然的陡增或减小，加筋土边坡是稳定的。

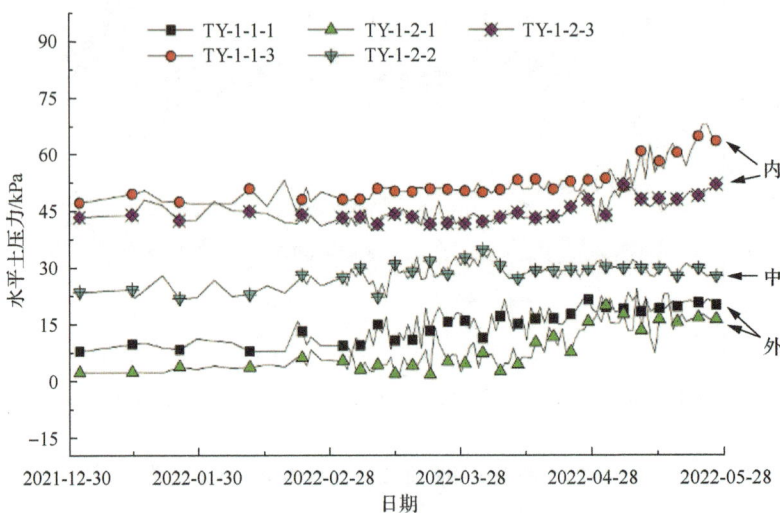

图 11-31　测点土压力变化

12   膨胀土边坡的复合防排水结构

12.1   毛细阻滞效应

细粒土层覆盖于粗粒土层之上，由于颗粒粒径相差较大，降雨时，下渗的水分会优先储存在细粒土层中，因粗细粒土界面存在毛细阻滞作用（图 12-1），阻止了雨水下渗至粗粒土中。当降雨不断增大，细粒土吸力逐渐降低，甚至接近饱和才渗入粗粒土中。

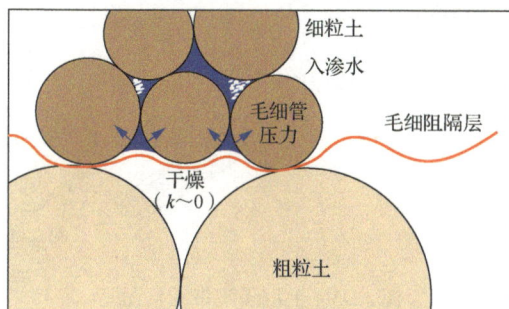

图 12-1   毛细阻滞原理示意图

细粒土层和粗粒土层的交界面简化为一个倒立的漏斗形孔隙，孔隙上、下两端的半径分别等于细粒土和粗粒土的平均孔径。在细粒土中孔隙水累积过程中，水是静态的，在垂直方向的水体连续，水头保持不变，如图 12-2 所示。粗粒土与细粒土层交界面的水带厚度随着地表水的不断入渗而逐渐增长，当厚度增加到 h_c 时，孔隙水突破交界面，渗入粗粒土层：

$$h_c \gamma_w g = 2T_s / r_f \tag{12-1}$$

式中，T_s 为水膜的表面张力；γ_w 为水的重度；h_c 为临界水头；r_f 为细粒土平均孔径。

孔隙水由细粒土层渗入粗粒土层中，毛细阻滞效应失效的条件是

$$h_c \geqslant 2T_s / (\gamma_w g r_f) \tag{12-2}$$

粗粒土层与细粒土层交界面上的毛细水厚度小于临界高度时，在毛细张力的作用下细粒土层中的毛细水不会渗入粗粒土层，毛细阻滞效应有效地阻止毛细水从细粒土层运移至粗粒土层。

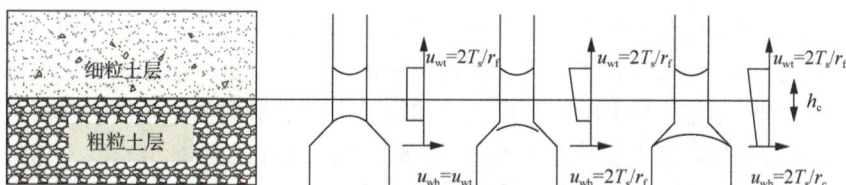

u_{wt}——细粒土在空气-水界面附近一点的孔隙水压力；u_{wb}——顶部附近的孔隙水压力；r_c——细粒土平均粒径。

图 12-2   非饱和粗粒土的毛细阻滞效应

基于毛细阻滞效应，粗粒土层之上覆盖一层细粒土层组成复合防排水层，如图 12-3 所示。在非饱和状态下，毛细隔离带产生的毛细张力有效阻碍了水分由细粒土层渗入粗粒土层，雨水储存在细粒土层中，流向坡脚。当细粒土层的侧向导排作用、蒸发作用、植被蒸腾作用超过了雨水入渗量，粗粒土层与细粒土层交界面上的基质吸力达不到细粒土层的进气值，水分很难渗入到粗粒土层中。

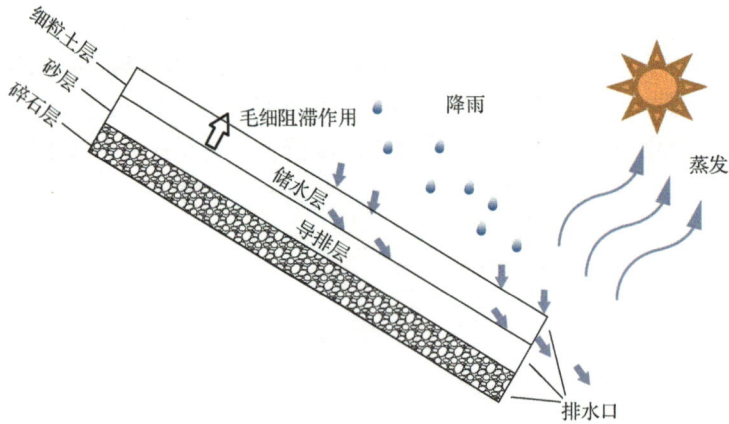

图 12-3　毛细隔离带示意图

12.2　渗　流　分　析

12.2.1　计算模型

复合防排水结构处治膨胀土边坡的模型几何尺寸如图 12-4（a）所示。考虑到在自然气候环境下，随着时间的推移，膨胀土边坡在干湿循环作用下表层土体会产生大量裂隙，导致剪切强度减小，将原膨胀土边坡土由上至下分为干湿循环强影响层、干湿循环弱影响层和干湿循环未影响层 3 层，其中干湿循环强影响层和干湿循环弱影响层竖直厚度分别为 1m 和 1.5m。干湿循环强影响层、干湿循环弱影响层和干湿循环未影响层剪切强度参数（c 和 φ）分别取 3.1kPa 和 30.5°、5.7kPa 和 27.7°、30.4kPa 和 28.5°。干湿循环强影响层、干湿循环弱影响层和干湿循环未影响层饱和渗透系数分别取 2.3×10^{-6}m/s、2.3×10^{-7}m/s、2.3×10^{-8}m/s。

复合防排水结构是在粗粒材料上覆盖一层细粒材料，整体覆盖在开挖的膨胀土边坡坡面上。复合防排水结构垂直坡面方向厚度 0.5m。边坡坡脚处设有宽 0.4m、深 1m 的渗沟，渗沟底部埋有排水管，将渗入坡脚内的积水沿纵向排走。在膨胀土边坡内设置了①～⑧共 8 个特征节点，其中特征节点①～④位置均位于干湿循环强影响和干湿循环弱影响膨胀土层交界处，X 坐标分别为 9m、12m、15m、18m；特征节点⑤～⑧位置均位于干湿循环弱影响和干湿循环未影响膨胀土层交界处，X 坐标分别为 9m、12m、15m、18m［图 12-4（b）］。

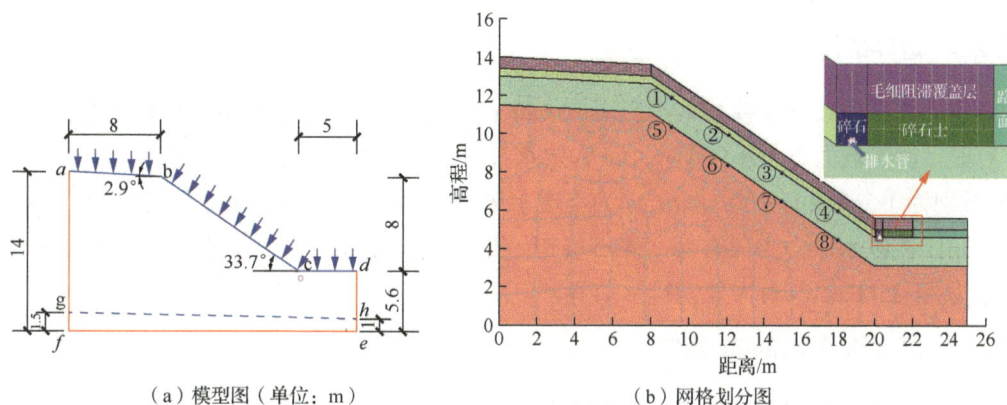

（a）模型图（单位：m）　　　　　　　（b）网格划分图

图 12-4　渗流计算模型

12.2.2　计算参数

粗粒材料采用碎石，细粒材料采用粉土，材料参数列于表 12-1 中。土-水特征曲线采用 VG 模型（图 12-5），非饱和渗透系数曲线如图 12-6 所示。

表 12-1　材料参数

参数	粉土	砂	碎石	强影响膨胀土	弱影响膨胀土	未影响膨胀土
饱和渗透系数 k_s/（m·s^{-1}）	5.79×10^{-6}	2.31×10^{-4}	5.79×10^{-3}	2.30×10^{-6}	2.30×10^{-7}	2.30×10^{-8}
饱和体积含水量 θ_s/%	40	39	47	41.9	41.9	41.9
残余体积含水量 θ_r/%	5	3	0.3	6.2	6.2	6.2
有效粒径 D_{10}/mm		0.0722	0.1317			
模型拟合参数 α	0.05	0.333	3.33	0.025	0.025	0.025
模型拟合参数 n	1.5	2	3	1.5	1.5	1.5
模型拟合参数 m	0.333	0.5	0.667	0.333	0.333	0.333
天然重度 γ/（kN/m^{-3}）	17.6	14.5	15.5	18.5	18.5	18.5
有效内摩擦角 φ'/（°）	10	25	38	30.5	27.7	28.5
有效黏聚力 c'/kPa	17	0.1	0.01	3.1	5.7	30.4

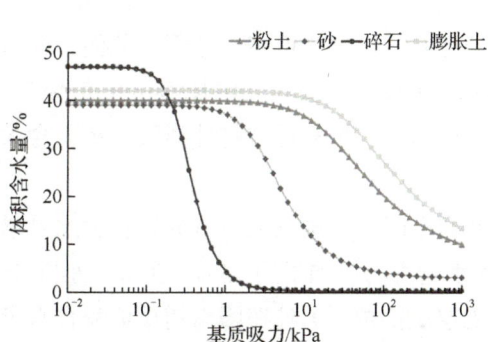

图 12-5　VG 模型拟合土体的 SWCC 曲线

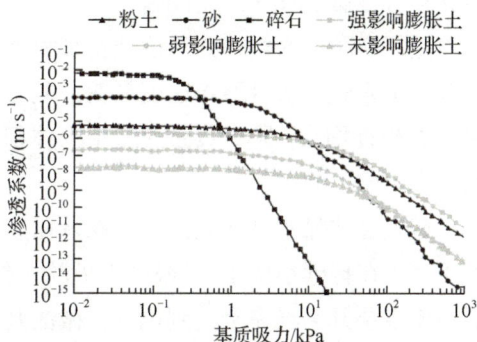

图 12-6　土体的非饱和渗透系数曲线

12.2.3　边界条件

计算模型的边界条件如下：①ab、bc、cd 为降雨边界，采用 SEEP/W 模块进行渗流计算时，假定坡面不积水；②gf、he 为定水头边界，总水头分别等于 g 点和 h 点处的高程，分别为 1.5m 和 1m；③ag、dh、fe 为不透水边界；④粉土层初始孔隙水压力为-35.2kPa，砂层初始孔隙水压力为-80kPa，碎石层初始孔隙水压力为-100kPa，膨胀土层初始孔隙水压力为-35kPa；⑤盲沟处为排水边界。

12.2.4　复合防排水结构的影响

复合防排水结构的材料组成和厚度为 30cm 粉土+20cm 碎石。大雨和小雨的降雨强度分别取 50mm/d 和 10mm/d，降雨总历时分别取 30d 和 100d。选取有、无复合防排水结构边坡模型中相同截面位置进行对比分析，截面位置距边坡表层垂直距离分别为 2.5cm、27.5cm、32.5cm、47.5cm 和 52cm。"细-粗"复合防排水结构模型剖面图如图 12-7 所示。

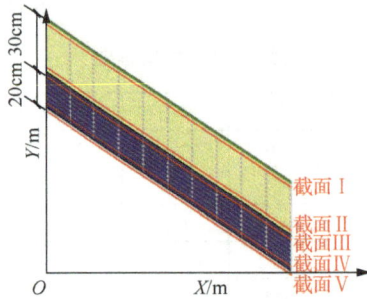

图 12-7　"细-粗"复合防排水结构模型剖面图

1）小雨分析

持续小雨 0d、1d、5d、10d，有、无复合防排水结构处治膨胀土边坡（图左为有复合防排水结构处治边坡、图右为无复合防排水结构处治边坡）截面 I～V 处体积含水量沿 X 坐标变化如图 12-8 所示。

无复合防排水结构处治边坡特征截面在持续小雨下，最接近表层截面即截面 I 处体积含水量率先增长且增长速度最快，垂直深度越大的截面，体积含水量增长速度越慢；随着 X 坐标增大，同一截面处膨胀土体积含水量越大，即越靠近坡脚处膨胀土体积含水量越大。

有复合防排水结构处治边坡在降雨初期，截面 I 即粉土层表层位置处体积含水量增长迅速，在持续小雨 1d 时截面 I 处粉土体积含水量平均增加了约 15%，在持续小雨 5d 后粉土表层几乎已完全达到饱和；截面 II（粉土层底部位置）处在降雨初期体积含水量不断增大，但增长速度略微低于截面 I。在降雨 10d 时截面 II 处粉土全部达到饱和状态，整个复合防排水结构的细粒土层均已达到饱和。截面 III（碎石层表层位置）处，在降雨

10d 时靠近坡脚处开始出现饱和区域，在坡中若干节点位置体积含水量出现了小幅度增加，在此之前截面Ⅲ处体积含水量均处于很低的水平。在相同降雨历时下，有复合防排水结构的边坡在截面Ⅴ处体积含水量增长速度远小于无复合防排水结构的边坡，表明复合防排水结构能对膨胀土边坡起到阻隔降雨入渗的作用。

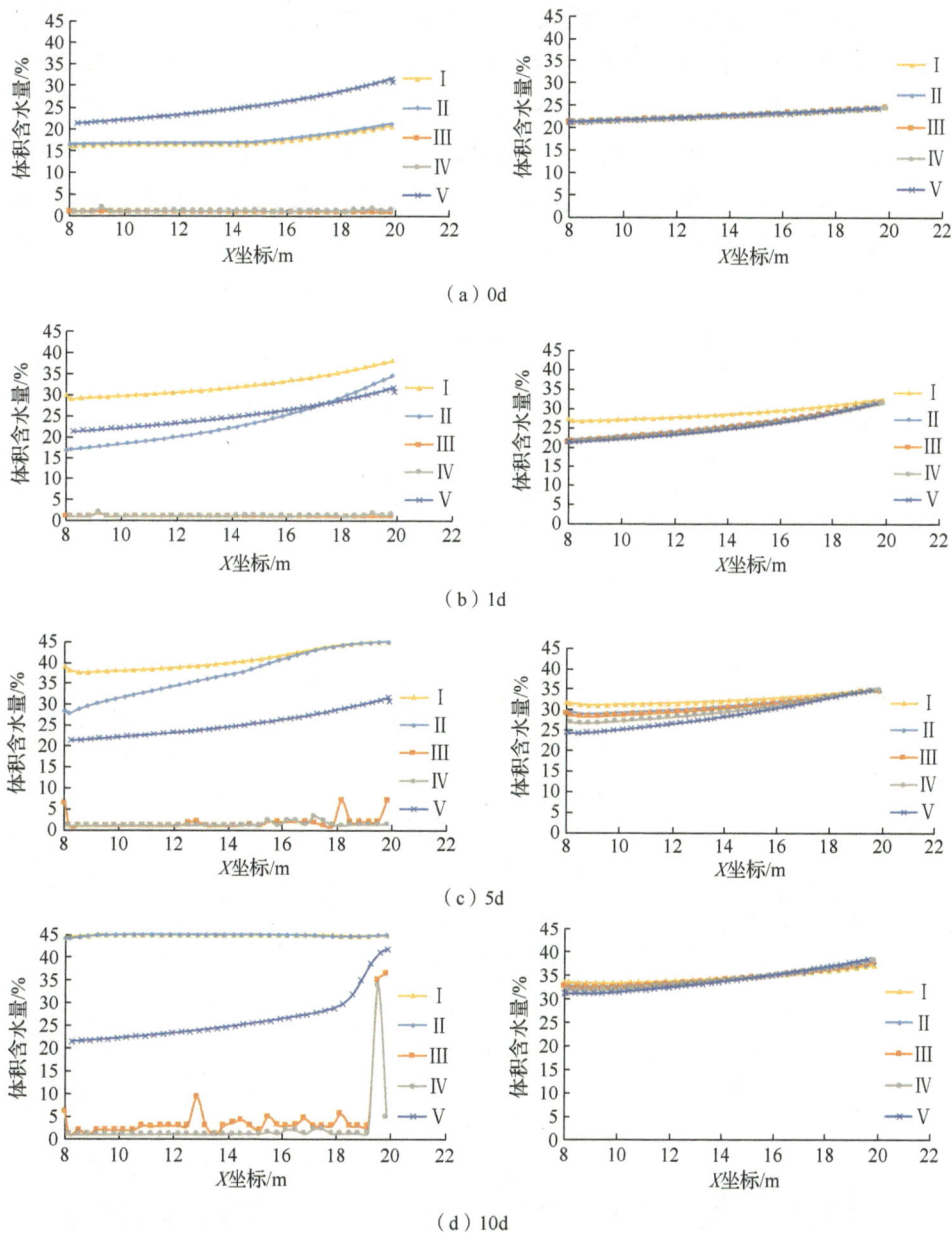

（a）0d

（b）1d

（c）5d

（d）10d

图 12-8　持续小雨条件下有、无复合防排水结构处治膨胀土边坡的防排水效果

2）大雨分析

持续大雨 0d、0.5d、1d、1.5d、2d 和 5d，截面Ⅰ～Ⅴ处体积含水量沿 X 坐标变化

如图 12-9 所示（图左为有复合防排水结构处治边坡，图右为无复合防排水结构处治边坡）。无复合防排水结构的边坡特征截面在持续大雨下，最接近表层截面即截面Ⅰ处体积含水量率先增长且增长速度最快，位于膨胀土更深处的截面，体积含水量增长速度更慢；在持续大雨 5d 后，5 处截面处膨胀土均已达到饱和。有复合防排水结构的边坡在持续大雨 1.5d 时，截面Ⅲ即碎石层表层处靠近坡脚位置体积含水量开始出现迅速的增长，并在降雨 2d 时，整个截面Ⅲ和Ⅳ处已出现多处饱和区，且此时截面Ⅰ和Ⅱ处均已达到饱和状态，表明坡脚复合防排水结构在持续大雨 1.5d 时已被突破，在第 2d 时突破位置扩展到了整个坡面，比持续小雨条件下的突破时间提前了 9d，表明在持续大雨作用下，"细-粗"复合防排水结构的防渗性能略有不足。在持续大雨 2d 时，膨胀土边坡表层坡脚含水量发生了明显增长。降雨强度越大，降雨入渗速度越快，相同位置节点达到饱和所需的时间越长；复合防排水结构在小雨条件下防渗效果明显，能在持续小雨条件下保持 10d 不突破，持续大雨条件下仅能保持 2d。

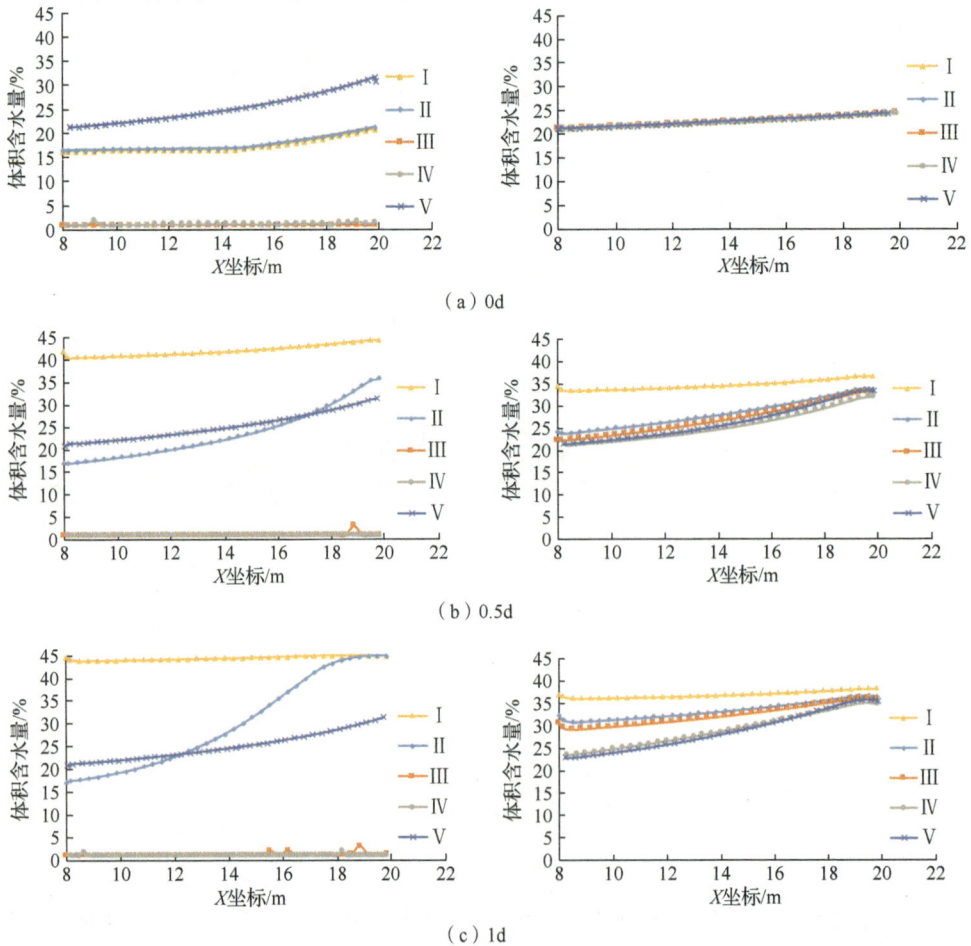

（a）0d

（b）0.5d

（c）1d

图 12-9　持续大雨条件下有、无复合防排水结构处治膨胀土边坡不同截面体积含水量沿 X 坐标变化

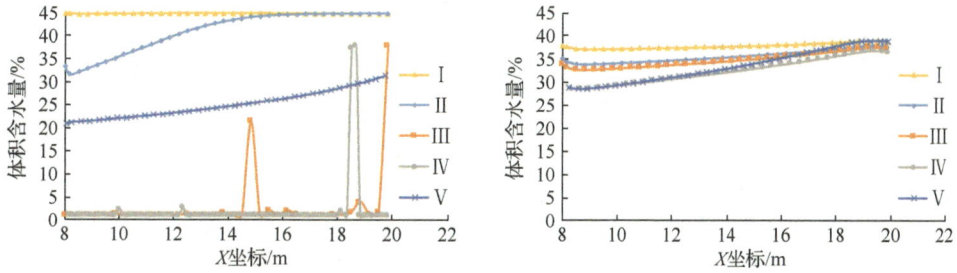

（d）1.5d

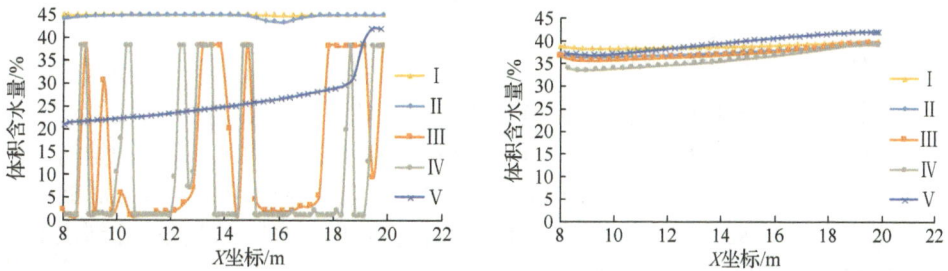

（e）2d

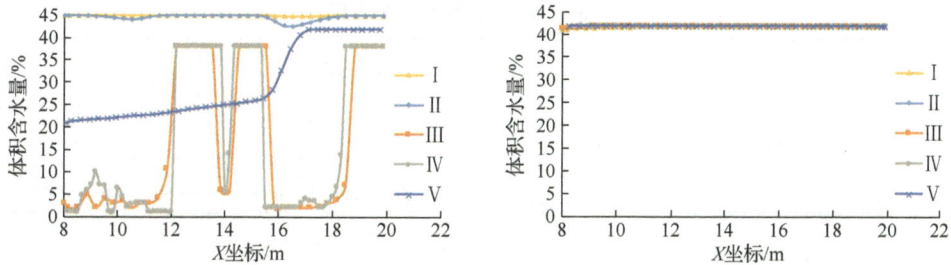

（f）5d

图 12-9（续）

　　大雨条件下，有、无复合防排水结构处治边坡节点的体积含水量随时间的变化如图 12-10 所示。无复合防排水结构处治边坡①～④ 4 个特征节点处膨胀土体均在持续大雨 4d 后达到饱和状态，比小雨条件下提前了 21d。⑤～⑧ 4 个特征节点处也在持续大雨 12d 后均达到了饱和，远远早于小雨条件下达到饱和的时间。有复合防排水结构边坡即使在持续大雨 30d 后，仅在靠近坡脚位置的节点③、④、⑦、⑧处达到了饱和，且位置越浅、越靠近坡脚，节点达到饱和所需的时间越短。

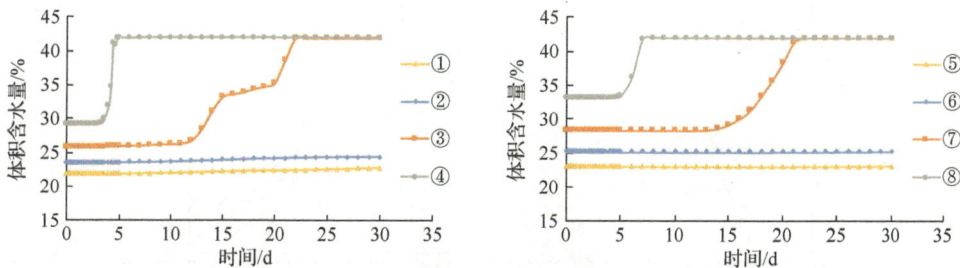

（a）有防渗保湿复合防排水结构

图 12-10　大雨条件下不同膨胀土边坡节点体积含水量随时间的变化

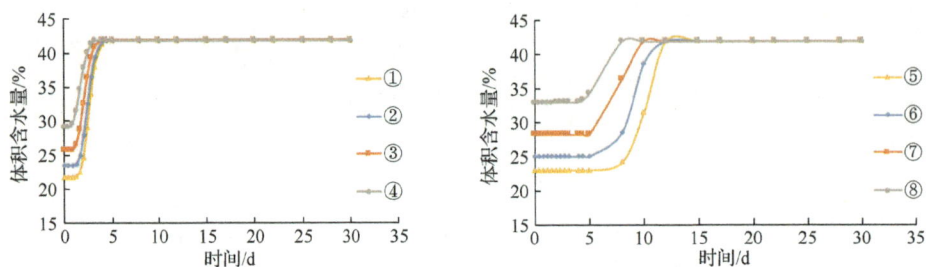

（b）无防渗保湿复合防排水结构

图 12-10（续）

12.2.5 复合防排水结构形式的影响

复合防排水结构有 4 种类型："细-粗"型（A）、"细-导排层-粗"型（B）、"细-粗-细"型（C）、"细-粗-细-粗"型（D），组成材料和厚度见表 12-2。在每种结构内部选取若干平行于坡面的特征截面（图 12-11）进行分析，其中 A4、B5、C5、D5 截面均位于垂直膨胀土表层下 5cm 处，A1～A3、B1～B4、C1～C4、D1～D4 截面分别位于垂直坡面或不同材料层交界面 2.5cm 处。

表 12-2　复合防排水结构组成

复合防排水结构类型	编号	由上至下结构组成及厚度
"细-粗"型	A	40cm 粉土+10cm 碎石
"细-导排层-粗"型	B	20cm 粉土+20cm 中砂+10cm 碎石
"细-粗-细"型	C	20cm 粉土+10cm 碎石+20cm 黏土
"细-粗-细-粗"型	D	20cm 粉土+10cm 碎石+10cm 粉土+10cm 碎石

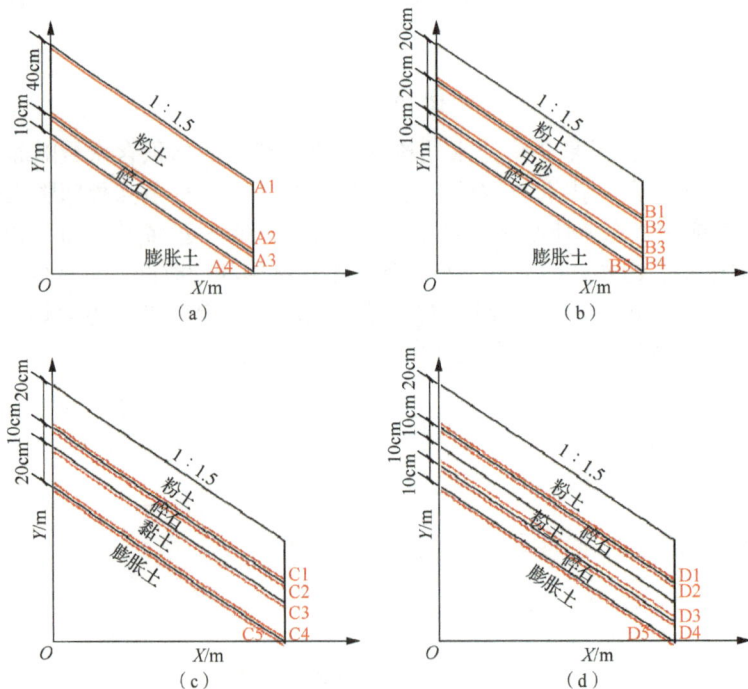

图 12-11　不同结构形式的特征截面

持续大雨下，A 结构内部 4 处截面 A1、A2、A3、A4 处体积含水量沿 X 坐标变化如图 12-12 所示。在降雨 0.5d 时，截面 A1 处即粉土层表层位置率先达到饱和，随着降雨的持续，A2 截面在降雨 2.5d 时全部达到饱和，整个粉土层均已处于饱和状态。A3 截面也在降雨 2.5d 时，坡脚位置含水量开始增长至饱和，持续降雨 2.5d 时，坡脚复合防排水结构已突破；随后复合防排水结构突破位置向坡面方向延伸，降雨 3d 时整个复合防排水结构完全突破；复合防排水结构突破后，A3 截面处碎石体积含水量出现大幅度的波动，是雨水排向坡脚所致。膨胀土表层处截面即 A4 截面，在 A 结构突破前体积含水量基本保持着不变的状态，在 2.5d 时 A 结构坡脚突破后，坡脚膨胀土处体积含水量也开始增长，且随着降雨的持续逐渐达到饱和，饱和区逐渐向坡面方向移动。

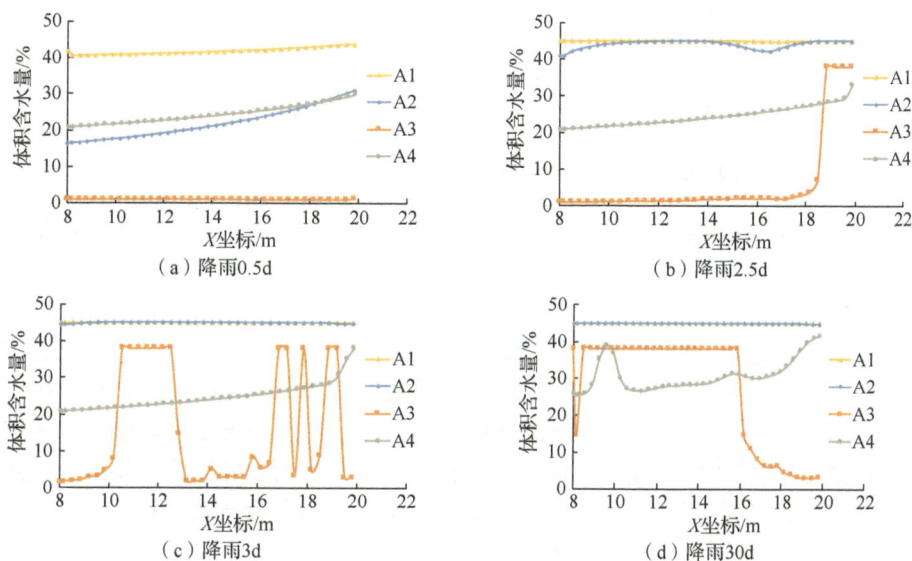

图 12-12　A 结构不同截面处体积含水量随 X 坐标变化

持续大雨作用下，B 结构内部 5 处截面 B1、B2、B3、B4、B5 处体积含水量沿 X 坐标变化如图 12-13 所示。降雨 1d 时截面 B2 和 B3 处体积含水量已出现较大的变化幅度，且 B3 截面处体积含水量的变化更加明显，随着降雨进行，位于砂层底部位置的截面 B3 处体积含水量超过了位于砂层顶部位置的截面 B2 处，这是由于砂层渗透系数超过了雨水渗入速度，导致了砂层底部处截面含水量变化幅度大。在降雨 3d 后，截面 B2 和 B3 处体积含水量同步波动，整个砂层几乎都已处于饱和状态，渗入雨水主要通过砂层排向坡脚。在降雨 3d 时碎石层坡脚处体积含水量增长，坡脚复合防排水结构突破，碎石层坡面位置处体积含水量始终保持着较低的状态，表明雨水大部分通过砂层排走，没有渗入碎石层中。截面 B5 处体积含水量也仅在坡脚处有较大增长，其余位置体积含水量变化幅度很小。B 结构能有效地防治降雨渗入膨胀土边坡，即使在连续降雨 30d 后，膨胀土坡面位置的体积含水量变化也不会有太大增长。

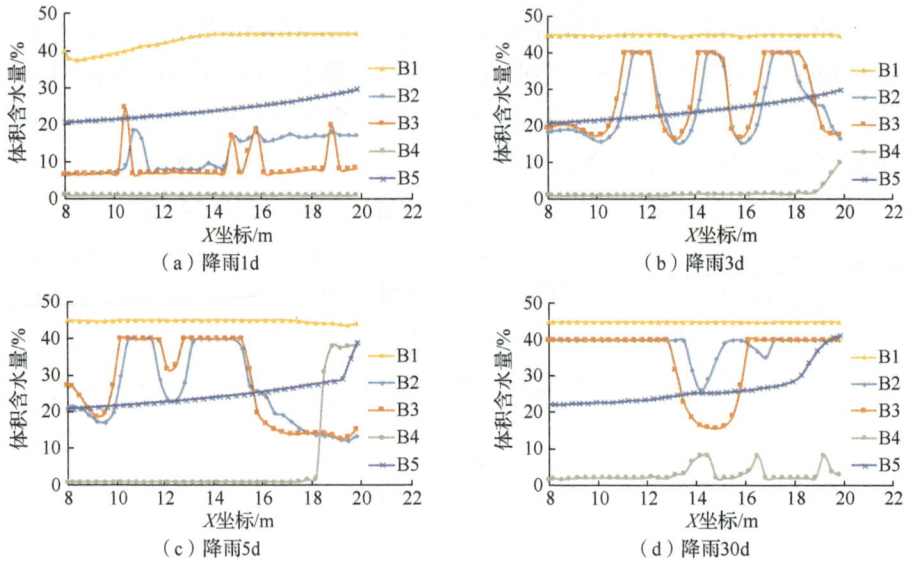

（a）降雨1d

（b）降雨3d

（c）降雨5d

（d）降雨30d

图 12-13　B 结构不同截面处体积含水量随 X 坐标变化

持续大雨下，C 结构内部 5 处截面 C1、C2、C3、C4、C5 处体积含水量随 X 坐标变化如图 12-14 所示。在降雨 1d 时，碎石层中截面 C2 坡脚位置处体积含水量出现明显增长，此时 C 结构中的两层复合防排水结构已突破，突破时间相比于 A 结构的 2.5d 更快；C 结构中的上两层复合防排水结构更加容易突破；膨胀土表层位置即截面 C5 处体积含水量并未在复合防排水结构突破后立即出现明显的增幅，这是因为 C 结构在上两层复合防排水结构下设置了 20cm 低渗透性黏土层，即使在上两层复合防排水结构突破后也能阻挡雨水的继续入渗。当上两层复合防排水结构突破后，随着降雨持续，低渗透性黏土层体积含水量仍会增长，直至饱和，此时膨胀土层体积含水量也随之增大，表明 C 结构在持续大雨条件下的防渗能力不足。

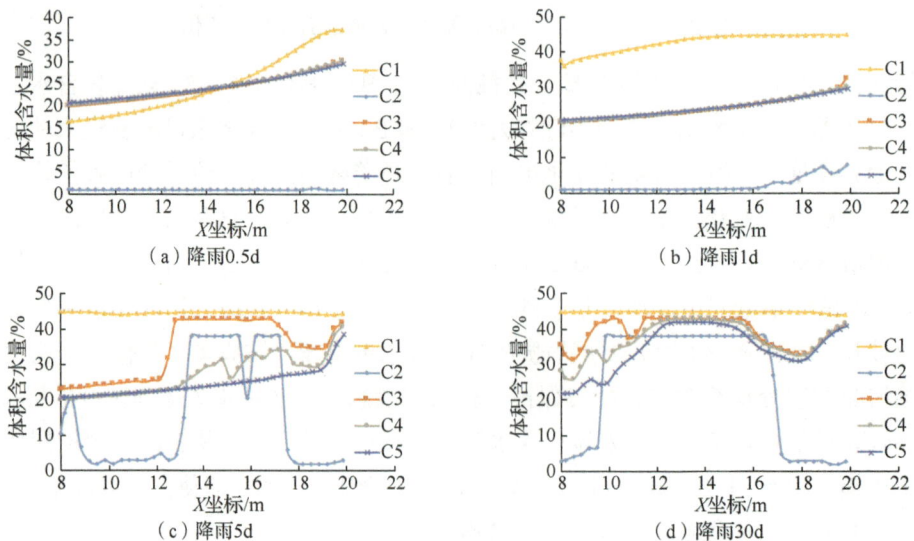

（a）降雨0.5d

（b）降雨1d

（c）降雨5d

（d）降雨30d

图 12-14　C 结构不同截面处体积含水量随 X 坐标变化

持续大雨下，D 结构内部 5 处截面 D1、D2、D3、D4、D5 处体积含水量沿 X 坐标变化如图 12-15 所示。截面 D1 和 D2 处体积含水量随降雨时间变化规律与 C 结构处治边坡截面 C1 和 C2 处基本一致。D 结构上层毛细阻滞层在 1d 时发生突破；下层碎石层在降雨 2.5d 时坡脚位置体积含水量出现了较大增长，此时下层复合防排水结构在坡脚处已发生突破，但边坡其他位置复合防排水结构直至降雨 20d 时才发生突破。上层复合防排水结构突破后，高渗透性碎石层充当了导排层的作用，渗入复合防排水结构内的雨水通过上层碎石层迅速排向坡脚。因此，下层复合防排水结构除坡脚处的其他位置均没有过多的降雨渗入；在 2.5d 时下层复合防排水结构坡脚位置突破后，坡脚膨胀土的体积含水量不断增大，除坡脚外其他位置处的膨胀土的体积含水量几乎不发生变化，表明 D 结构在持续降雨下能保持较好的防渗能力，可以通过优化结构厚度组成比例提高防渗能力。

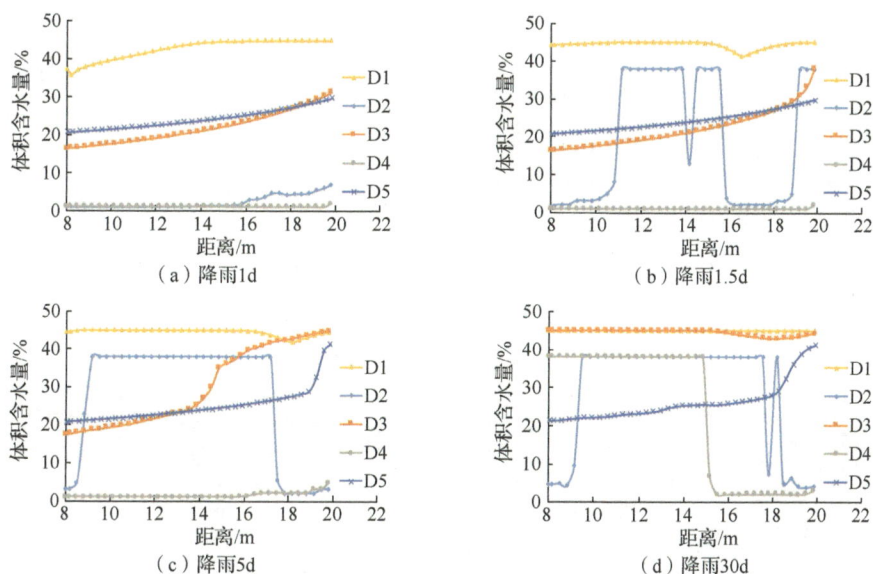

图 12-15 D 结构不同截面处体积含水量随 X 坐标变化

12.2.6 影响因素分析

以防渗性能最佳的"细-导排层-粗"结构为例，分析排水管位置、复合防排水结构厚度、坡比与坡高对防渗性能的影响。

1）排水管位置的影响

渗沟中排水管位置如图 12-16 所示，排水管直径均为 10cm，截面圆形位置均位于渗沟中心处，离渗沟底面的距离分别为 5cm、15cm、25cm、35cm，渗沟底部和左侧均设一层 2mm 厚的土工膜。选取模型坐标 X=20.1m 截面分别距渗沟底 0cm、10cm、20cm、30cm、40cm 的 5 个特征节点作为研究对象。

坐标 X=20.1m 截面 5 个特征节点的饱和度随时间的变化如图 12-17 所示。当排水管位于 d 位置时，离渗沟底部 0cm 处节点在降雨初期饱和度不断增加，直至饱和，此后一直处于稳定饱和状态；离渗沟底部 10cm 处节点饱和度在降雨初期也不断增加，但饱和度只增加至 29% 左右便停止增长，并趋于稳定状态。由于离渗沟底部 10cm 处节点与排水管顶面处于同一深度，当降雨渗入到该节点时，排水管的排水作用使该点处的含水量始终没有达到饱和状态；离渗沟底部20cm、30cm、40cm处节点的饱和度一直处于波动状态。因为碎石层具有高饱和渗透性，当降雨刚开始渗入碎石层时，渗入雨水速率大于碎石层渗透系数，此时碎石层饱和度慢慢增大；当饱和度增加至一定程度时，碎石层渗透系数逐渐超越雨水入渗速度，此时碎石层中的雨水会迅速排至坡脚渗沟中的排水管中，导致排水管深度以上的碎石层饱和度一直处于波动的状态，排水管深度以下的碎石层在降雨一段时间后处于饱和状态。同理，当排水管位于a、b、c位置时，排水管顶面深度以下碎石层在降雨一段时间后均会达到饱和状态，排水管顶面深度以上碎石层饱和度则会处于不规则波动的状态。

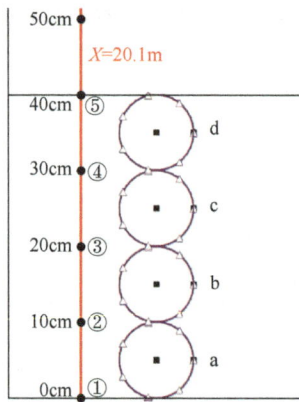

图 12-16　排水管不同位置布置示意图

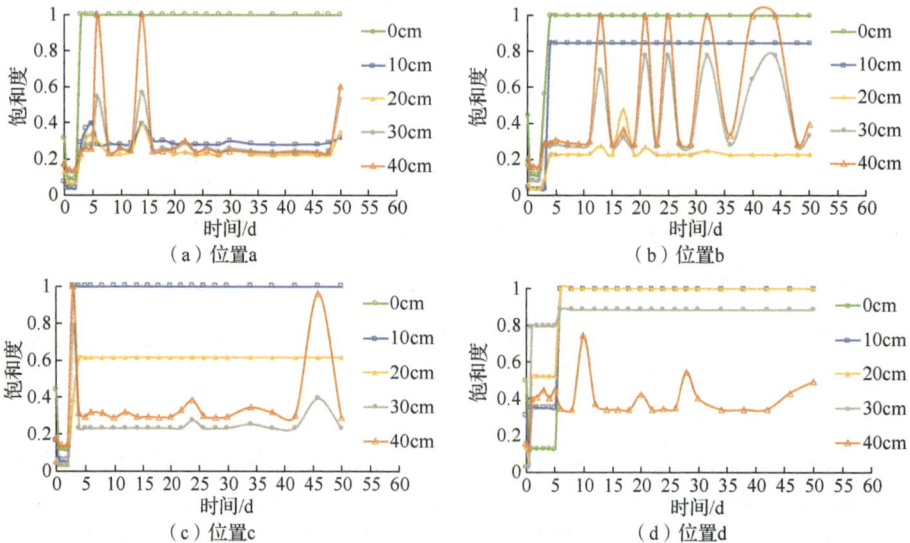

图 12-17　不同排水管位置渗沟截面（$X=20.1\text{m}$）处饱和度变化曲线

特征节点①～④处体积含水量随时间的变化如图 12-18 所示。排水管的位置对 4 个特征节点处的体积含水量变化几乎没有影响，仅当排水管位置离渗沟底部 30cm 时，在节点④处持续降雨 28d 后体积含水量有小幅度增加。这是因为排水管离渗沟底部 30cm时，排水管上表面高程与渗沟左侧土工膜上端处在同一深度，此时随着持续降雨进行，少部分的水通过没有土工膜的部分流入膨胀土边坡中，使得坡脚节点④体积含水量出现了小幅度增加，因此，排水管位置不宜离渗沟底部的距离过大。实际工程中，排水管应铺设在渗沟底部。

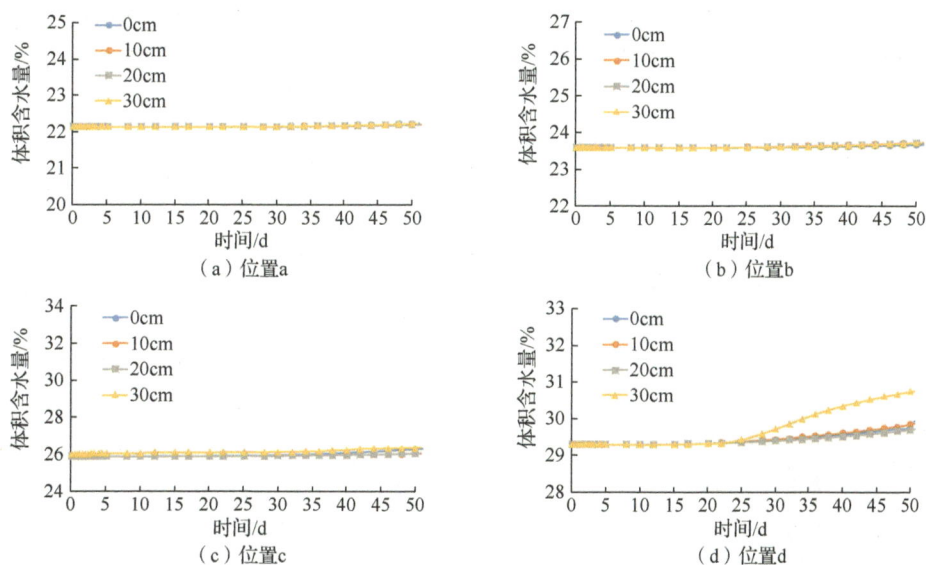

图 12-18 不同排水管位置边坡在特征节点①~④处体积含水量随时间的变化

2）复合防排水结构厚度的影响

针对降雨强度为 50mm/d，历时 100d，对比以下 3 种方案：①固定中砂层厚度为 20cm、碎石层厚度为 10cm，粉土层厚度分别为 10cm、20cm、30cm、40cm 的复合防排水结构。②固定粉土层厚度为 20cm、碎石层厚度为 10cm，中砂层厚度分别为 10cm、20cm、30cm、40cm 的复合防排水结构。③固定粉土层厚度为 20cm、中砂层厚度为 20cm，碎石层厚度分别为 10cm、20cm、30cm、40cm 的复合防排水结构。

（1）细层厚度的影响。

对于中砂层厚度为 20cm、碎石层厚度为 10cm，粉土层厚度分别为 10cm、20cm、30cm、40cm 的复合防排水结构，特征节点①~④处的体积含水量随时间的变化如图 12-19 所示。随着细层厚度增加，相同降雨历时下，特征节点处体积含水量逐渐变小，表明随着储水层厚度增加，复合防排水结构防渗效果越好。持续降雨 40d 后，细层厚度为 10cm 的复合防排水结构坡脚特征节点④处的体积含水量增加速度远超其他细层厚度复合防排水结构，随着降雨进行，坡中和坡顶处特征节点也出现类似现象，细层厚度为 20cm、30cm、40cm 时节点处体积含水量增长速度相差不大。细层厚度过小，复合防排水结构的储水能力和导排能力过弱，在持续大雨的极端条件下不能起到很好的防渗效果，复合防排水结构粉土层厚度不应小于 20cm。

（2）导排层厚度的影响。

对于粉土层厚度为 20cm、碎石层厚度为 10cm，中砂层厚度分别为 10cm、20cm、30cm、40cm 的复合防排水结构，特征节点①~④处体积含水量随时间的变化如图 12-20 所示。节点位置越靠近坡脚，相同降雨历时下节点的体积含水量增加幅度越大。"细-导排层-粗"型复合防排水结构中导排层使雨水迅速通过中砂层侧向导排至坡脚，导致坡脚体积含水量增加幅度和增加速率最大，复合防排水结构也率先从坡脚位置开始突破，并且突破位置逐渐延伸至坡面。随着中砂层厚度增大，各个特征节点处在经历相同降雨历时后体积含水量变化更小，坡脚节点④处尤为明显。因为随着中砂层即导排层厚度增大，复合防排水结构导排长度随之延长，导排能力也相应变强，复合防排水结构的防渗能力也越强，更易控制膨胀土边坡的含水量变化，维持膨胀土边坡的稳定。实际工程中，中砂层厚度应在 20～30cm。

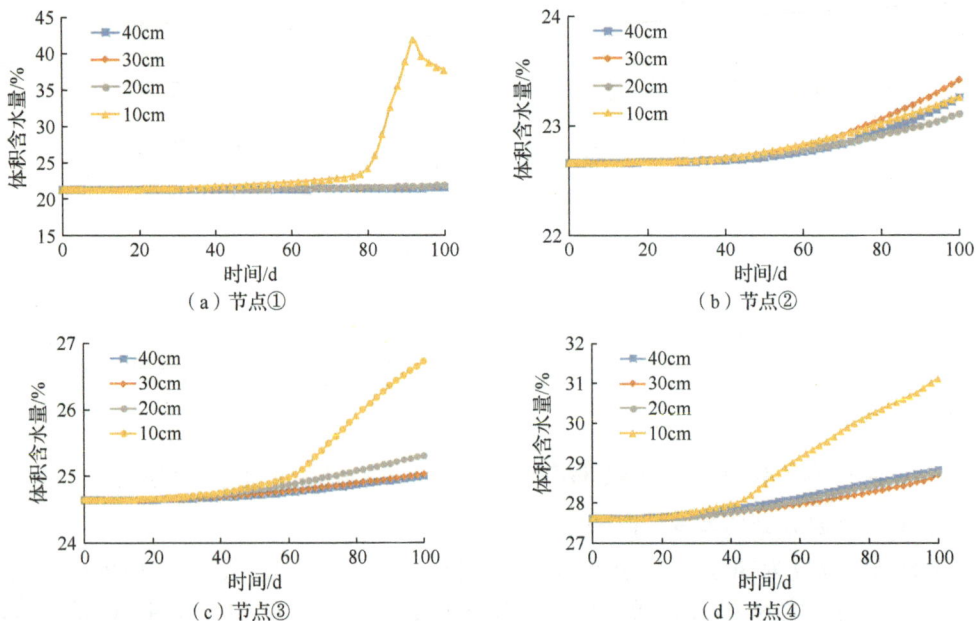

图 12-19　不同粉土层厚度复合防排水结构处治边坡体积含水量随时间的变化

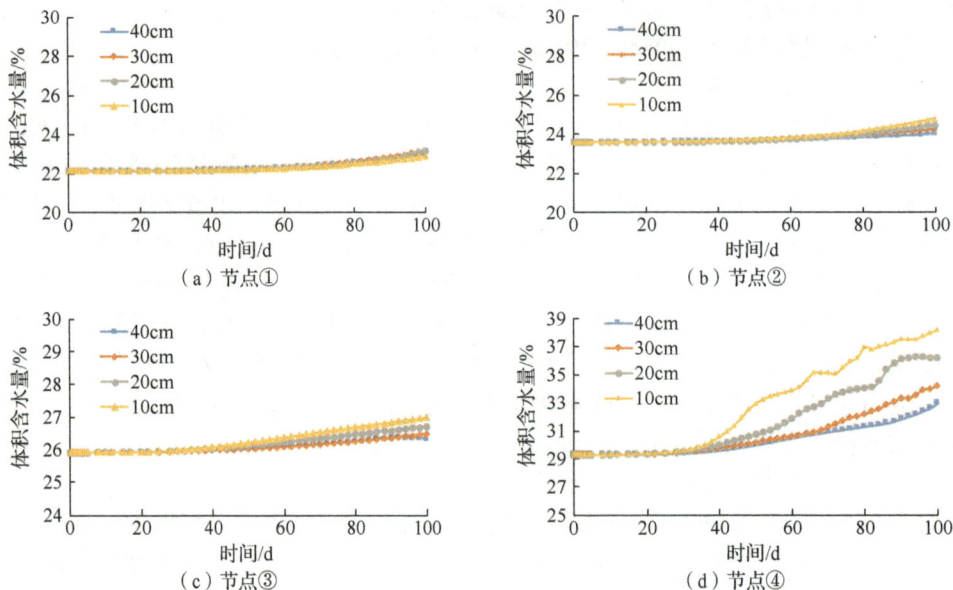

图 12-20　不同中砂层厚度复合防排水结构处治边坡体积含水量随时间的变化

（3）碎石层厚度的影响。

对于粉土层厚度为 20cm、中砂层厚度为 20cm，碎石层厚度分别为 10cm、20cm、30cm、40cm 的复合防排水结构，特征节点①～④处体积含水量随时间的变化如图 12-21 所示。随着节点位置越偏向于坡底，相同降雨历时下节点体积含水量越大，且靠近坡脚的节点④处体积含水量有明显增大。碎石层厚度为 10cm 和 20cm 时，两个模型在各个节点处含水量相差很小；当碎石层厚度增加到 30cm 时，节点在持续降雨后期体积含水量开始出现略微的增长；当碎石层厚度增加到 40cm 时，在降雨中期各个节点处的体积含水量出现迅速的增长，碎石层厚度过大，反而不利于复合防排水结构防渗能力的提升。

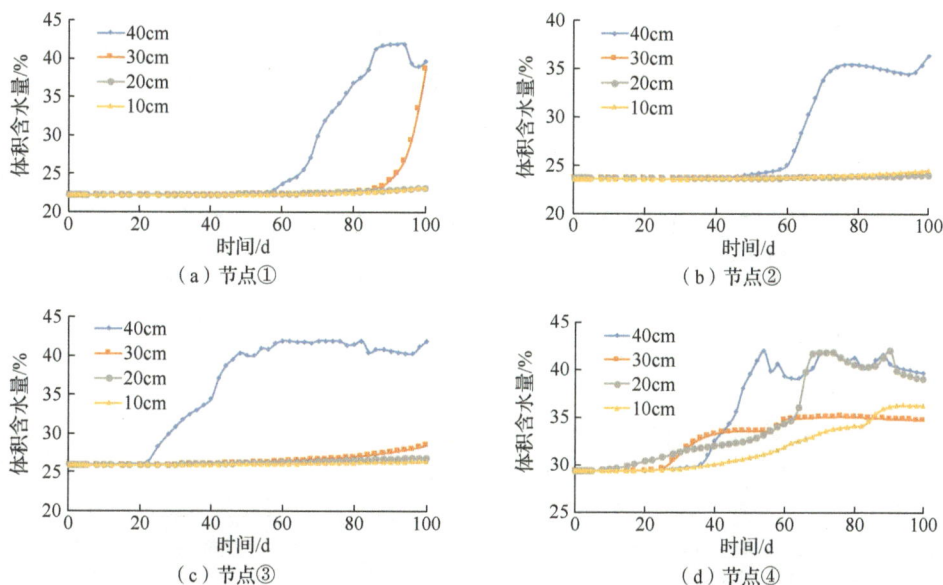

（a）节点①　　　　　　　　　（b）节点②

（c）节点③　　　　　　　　　（d）节点④

图 12-21　不同碎石层厚度复合防排水结构处治边坡体积含水量随时间的变化

3）坡比与坡高的影响

采用"20cm 粉土层+20cm 中砂层+10cm 碎石层"复合防排水结构，开展坡比 1：1.5，坡高 6m、8m、10m、12m、16m（每级边坡高 8m，平台宽 1.2m）和坡高 8m，坡比 1：1、1：1.5、1：2、1：2.5 的渗流分析。分析截面见图 12-22。

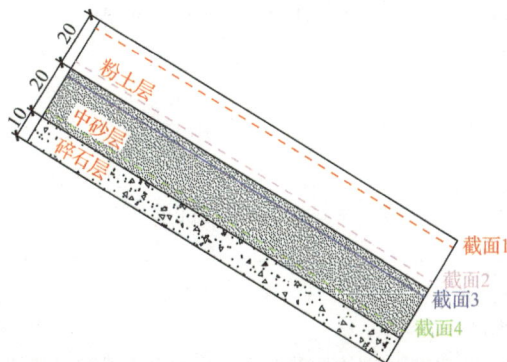

图 12-22　"20cm 粉土层+20cm 中砂层+10cm 碎石层"复合防排水结构截面示意（单位：cm）

（1）坡比的影响。

不同坡比（1∶1、1∶1.5、1∶2、1∶2.5，对应坡角度分别为45°、33.7°、26.6°、21.8°）、高8m边坡，截面4处的体积含水量随高程变化关系如图12-23所示。相同降雨历时下，随着高程增大，截面处的体积含水量下降，边坡坡比为1∶1时，体积含水量下降最快。随着坡比减小，在高程5～8m及靠近坡脚的位置处，体积含水量上升。随着边坡坡度增大，复合防排水结构导排长度也随之变大，导排层和细层中的水更快地排向坡脚排水管中，更能长期保持碎石层干燥。当边坡坡度过大时，碎石层和导排层很容易发生滑动，施工中应采用土工格室加固碎石层和导排层。

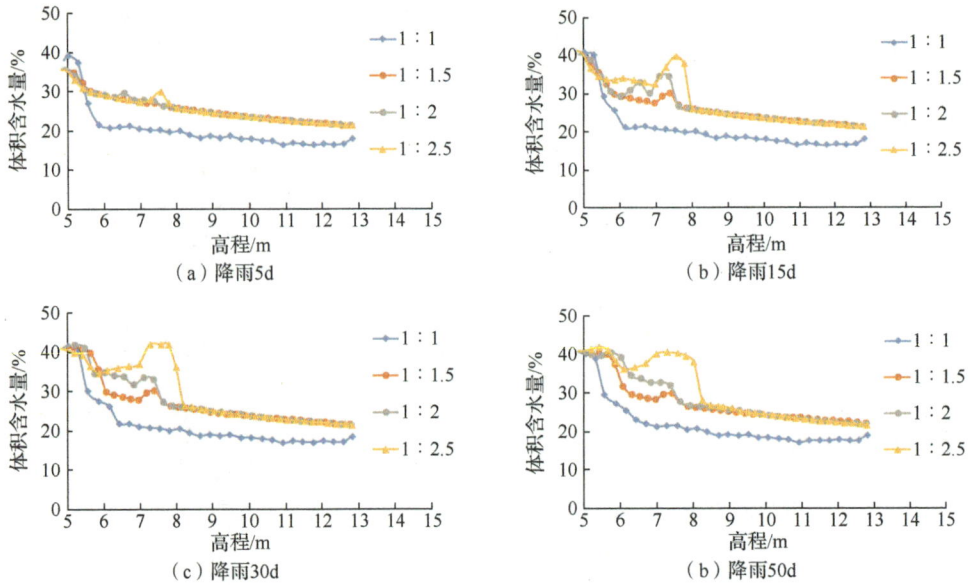

图 12-23　不同坡比边坡截面 4 处体积含水量随高程的变化

（2）坡高的影响。

不同坡高（6m、8m、10m、12m、16m）、坡比1∶1.5的边坡，截面4处体积含水量随高程变化关系如图12-24所示。高度超过8m的边坡将在分级平台处汇聚雨水，随着降雨进行，平台附近首先达到饱和，随后向边坡两侧延伸。在实际工程中，应在平台处铺设一层土工膜，防止平台处膨胀土中积累过多的雨水。

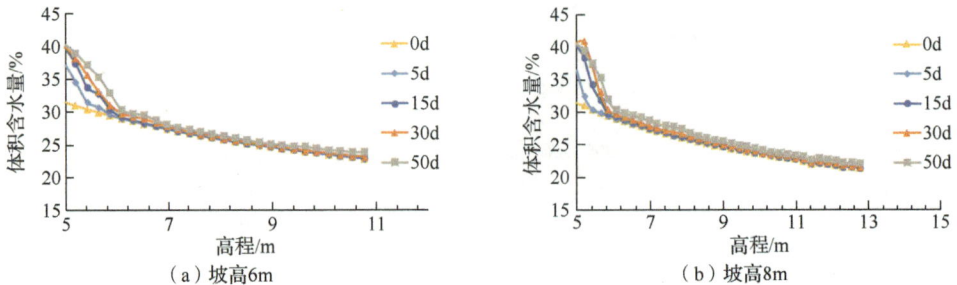

图 12-24　不同坡高边坡截面④处体积含水量随时间的变化

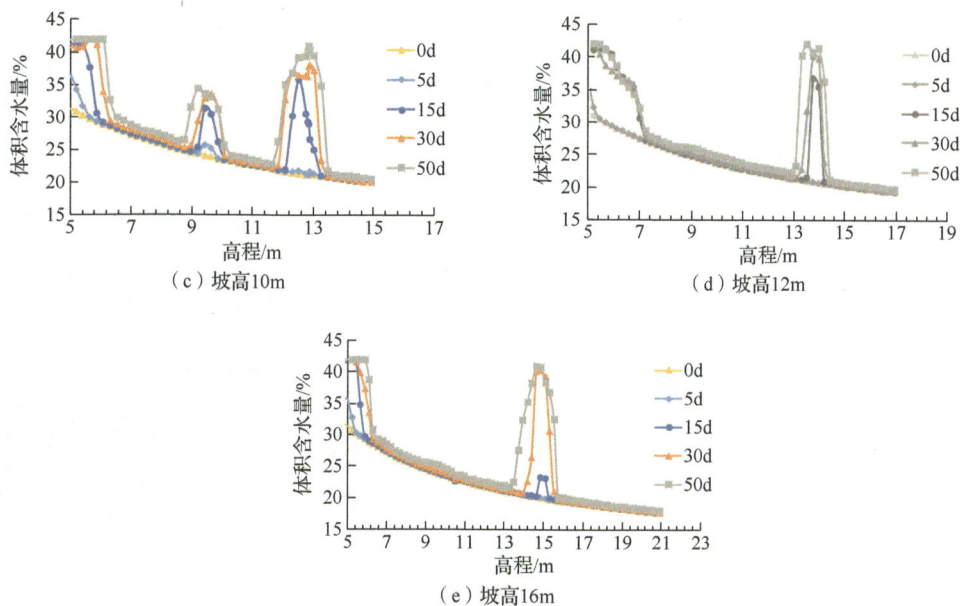

（c）坡高10m

（d）坡高12m

（e）坡高16m

图 12-24（续）

12.3 模型试验

12.3.1 模型箱设计

模型箱尺寸为 3m×0.8m×1.2m（长×宽×高），其中模型箱上部和底部空心。边坡模型箱四周均为 20mm 厚玻璃，采用玻璃胶密封接缝；周围由高强度槽钢保护，槽钢采用电焊连接。填土之前在坡脚位置修筑 100cm×80cm×50cm 的基础平台，在模型箱后侧焊接高强度槽钢斜撑结构（图 12-25），用膨胀螺栓固定于基础平台上。在边坡模型两侧及顶部修筑防渗排水沟（材料为防渗膜），如图 12-26 所示。

图 12-25 模型箱后侧斜撑及平台

图 12-26 防渗排水沟

模型箱左侧在垂直方向上开有 5 排直径 20mm 的圆孔，作为传感器接线出口，同时为防止空气中的水通过线路出口进入土体内，在传感器埋设完成后用防水密封胶对出口进行密封。线路右侧开半径 15mm 的圆形孔位，共设置 5 排，用于收集侧向导流水量，外接排水管，孔位外裹两层纱布防止堵塞。测量孔道及侧向排水管道位置如图 12-27 所示。

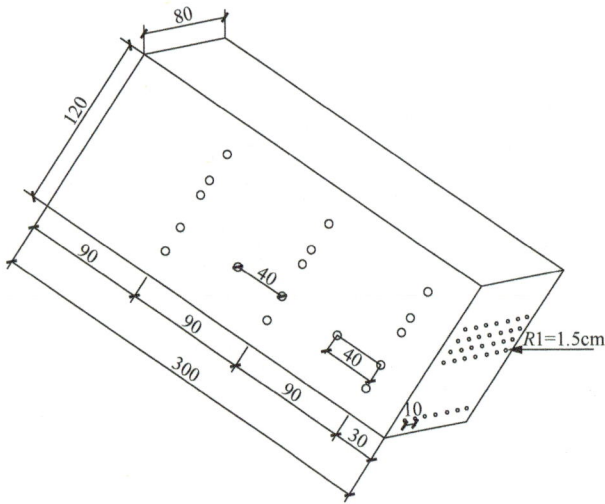

（a）测量孔道（单位：cm）　　　　　　　（b）侧向排水管道位置

图 12-27　测量孔道及侧向排水管道位置

12.3.2　回填与压实

　　填土采用人工夯实，先压实、整平基底，随后从基底开始每 10cm 厚膨胀土层分层压实，直到坡顶。每一层均夯实 7 遍以上，边角处采用小锤人工整平（图 12-28）。每填筑一层后，用环刀法检测压实度（图 12-29），抽取坡脚、坡中、坡顶处 3 点，保证每层压实度都在 88%以上。

图 12-28　分层压实

图 12-29　环刀取样

碎石的粒径为 10~20mm；所用机制砂过 2.5mm 筛，填筑压实；细粒土采用根植土，过 1mm 筛，烘干后配置最佳含水量±2%范围。每层材料填筑完成后，再按坡比要求进行削坡处理，在模型箱填筑范围内均匀涂抹凡士林，减少边界效应。在细粒土层与砂交界面、砂与碎石交界面、碎石与膨胀土层交界面均铺设一层土工布，避免混杂。

12.3.3 监测元件布置

边坡模型示意图如图 12-30 所示。通过埋设土壤水分计（SF，温度和含水量传感器为一体式传感器）、张力计（ZL）、土压力盒（TY）、雨量计（YL）、空气湿度计（KQSD）、空气蒸发计（KQZF），对含水量、基质吸力、土压力、降雨量、温度等进行监测。模型元件埋设总图见图 12-31。模型 1-1、1-2 和 1-3 断面示意图如图 12-32 所示。水分计埋设于中轴线上，与张力计埋置在中轴线侧 10cm 位置，土压力盒埋设于膨胀土层内。膨胀土层内监测点由坡底到坡顶分别记为 SF1-0.7、SF1-0.9、SF3-0.7、SF5-0.7，埋深分别为 70cm、90cm、70cm、70cm；膨胀土层内张力计监测点由坡底到坡顶分别记为 ZL1-0.7、ZL1-0.9、ZL3-0.7、ZL5-0.7，埋深分别为 70cm、90cm、70cm、70cm；砂层内含水量/吸力监测点由坡底到坡顶分别记为 SF1-0.4/ZL1-0.4、SF3-0.4/ZL3-0.4、SF5-0.4/ZL5-0.4，埋深均为 40cm；表层细粒土内含水量/吸力监测点由坡底到坡顶分别记为 SF1-0.2/ZL1-0.2、SF3-0.2/ZL3-0.2、SF5-0.2/ZL5-0.2，埋深均为 20cm。竖向土压力盒由坡脚到坡中分别记为 TY2-1、TY4-1，水平向土压力盒由坡脚到坡中分别记为 TY2-2、TY4-2。模型 2-1、2-2 和 2-3 断面监测元件埋设示意图见图 12-33。

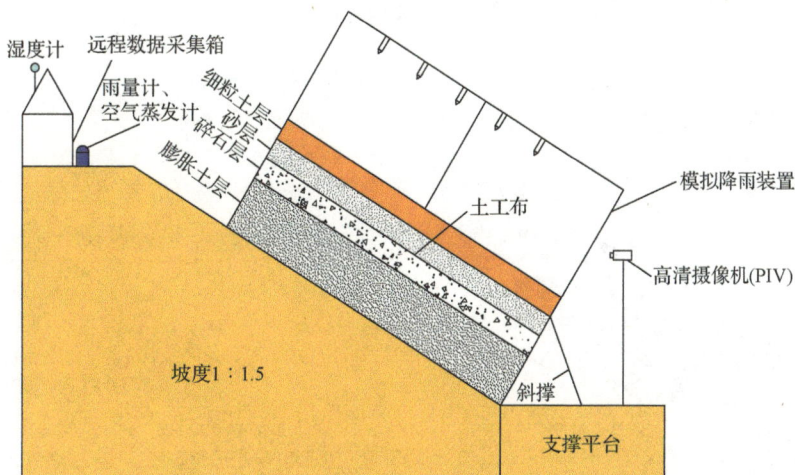

图 12-30 边坡模型示意图

图 12-30（续）

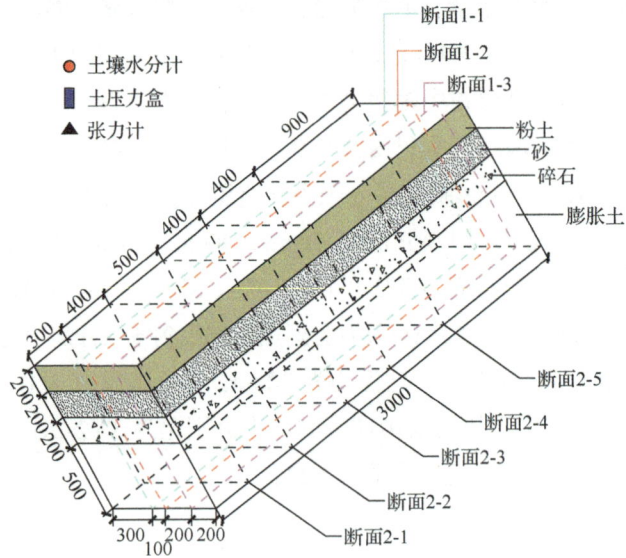

图 12-31　模型元件埋设总图（单位：mm）

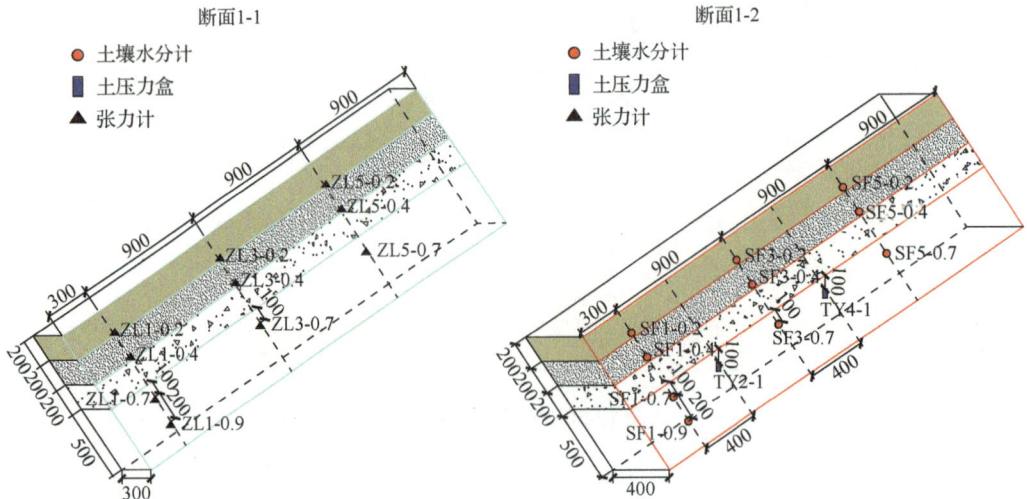

图 12-32　模型 1-1、1-2、1-3 断面示意图（单位：mm）

断面1-3

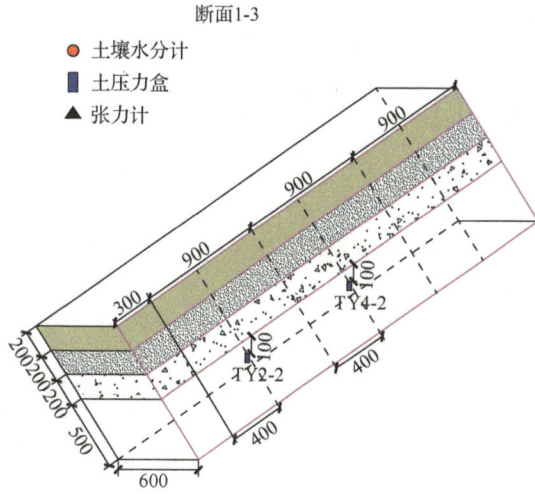

图 12-32（续）

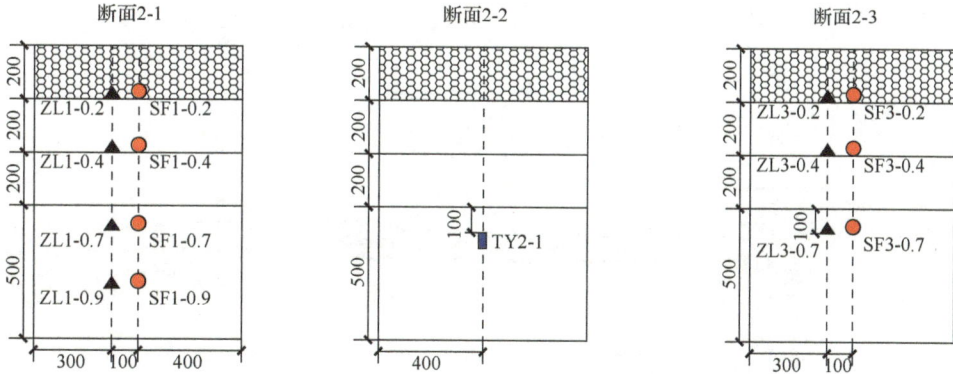

图 12-33 模型 2-1、2-2、2-3 断面监测元件埋设示意图（单位：mm）

12.3.4 试验结果分析

开始降雨时，位于表层土最深处位置的坡顶、坡中、坡脚体积含水量变化规律一致，表层土体积含水量变化能够反映复合防排水结构的储水与蒸发效果［图 12-34（a）］；位于砂层坡脚断面的体积含水量变化幅度最大，砂层导排作用良好，当表层土中的水进入砂层后能及时排出［图 12-34（b）］。经过冬春夏季节近 8 个月，其间有连续强降雨，膨胀土层内含水量基本无变化［图 12-34（c）］。

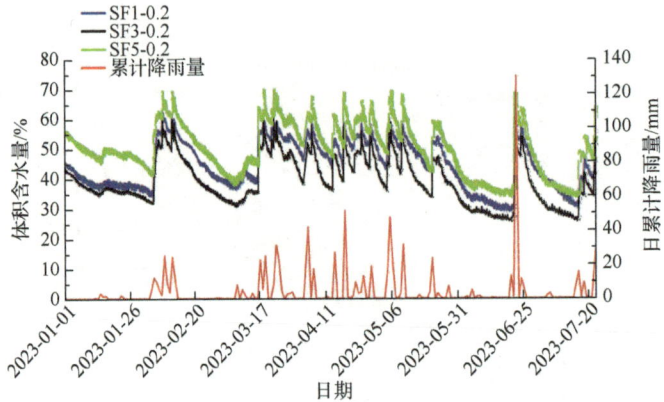

（a）表层细粒土层含水量变化

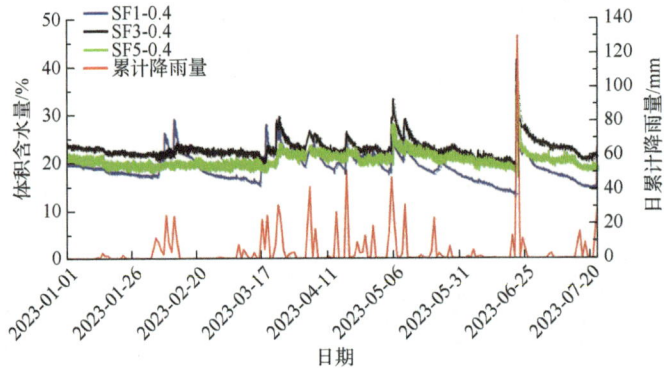

（b）砂层含水量变化

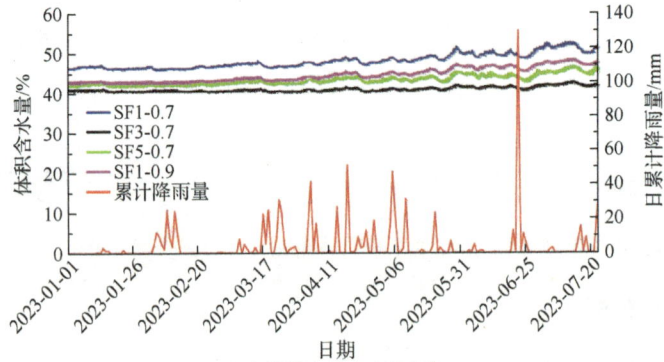

（c）膨胀土层含水量变化

图 12-34　不同位置含水量变化图

当细粒土层内的基质吸力不断上升时，坡中与坡脚断面读数基本重合，坡顶断面的回升幅度要明显大于坡中与坡脚断面，坡顶断面含水量下降幅度也要明显高于二者［图 12-35（a）］。当水分开始进入下层，并透过砂层，降雨之后表层根植土的储水与减缓渗流，很少有水流能到达导排层坡顶位置，从坡顶就渗入表层根植土中的水到达细粒土-砂界面时，已经汇集了在砂层坡中位置，导致砂层坡中位置基质吸力迅速下降［图 12-35（b）］。坡中竖向土压力一直高于坡脚竖向和横向土压力，坡脚竖向土压力略大于横向土压力。

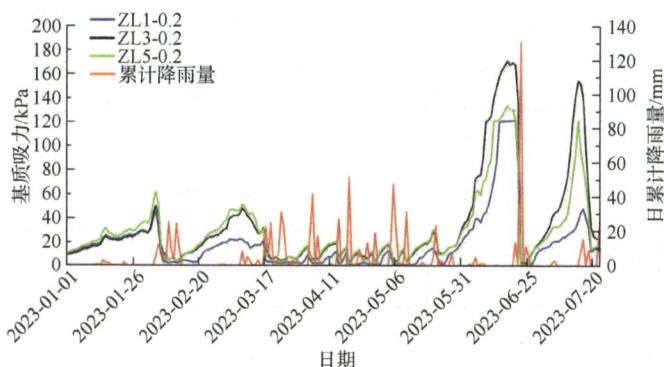

（a）表层细粒土层基质吸力变化

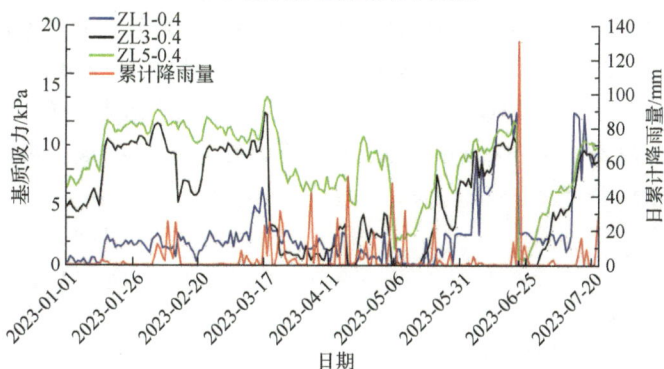

（b）砂层基质吸力变化

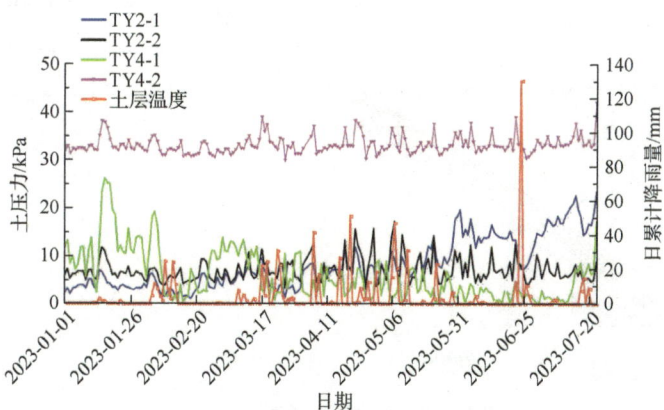

（c）膨胀土层土压力变化

图 12-35 不同位置基质吸力与土压力变化图

12.4 应用示范工程

12.4.1 工程概况

复合防排水结构处治膨胀土边坡示范应用工程选取在崇（左）—爱（店）高速公路宁明县境内的 K16+087～K16+220 处。场地为膨胀土，由上至下依次为黏土（揭露厚度

1.2~4m)、强风化泥岩（揭露厚度 1.5~3.5m）、中风化泥岩（揭露厚度 4.12~16.5m），膨胀土的基本物理特性指标列于表 12-3 中。黏土自由膨胀率为 64%，强风化泥岩自由膨胀率为 31%~48%，中风化泥岩自由膨胀率为 27%~65%，上部黏土属中膨胀土，强风化泥岩、中风化泥岩属弱膨胀岩。

表 12-3　膨胀土的基本物理特性指标

天然含水量 $w/\%$	液限 $w_L/\%$	塑限 $w_p/\%$	塑性指数 I_p	比重 G_s	天然密度 $\gamma/(\text{g·cm}^{-3})$	天然孔隙比 e_0
22.9	52.7	24.3	28.4	2.76	2.05	0.654

12.4.2　设计方案

方案一为客土铺草皮+单层土袋+土工布+土工格室。首先在开挖膨胀土边坡表面铺设一层带排水孔土工格室（高 20~30cm，网格内回填碎石 1~2cm），格室上表面再铺设一层土工布，土工布从坡顶覆盖到坡脚，防止上层细层土进入碎石层，形成排水隔热层；再覆盖一层宽度不小于 30cm 的土袋（袋中装开挖膨胀土），最后再铺设 10cm 客土、种草皮（图 12-36）。

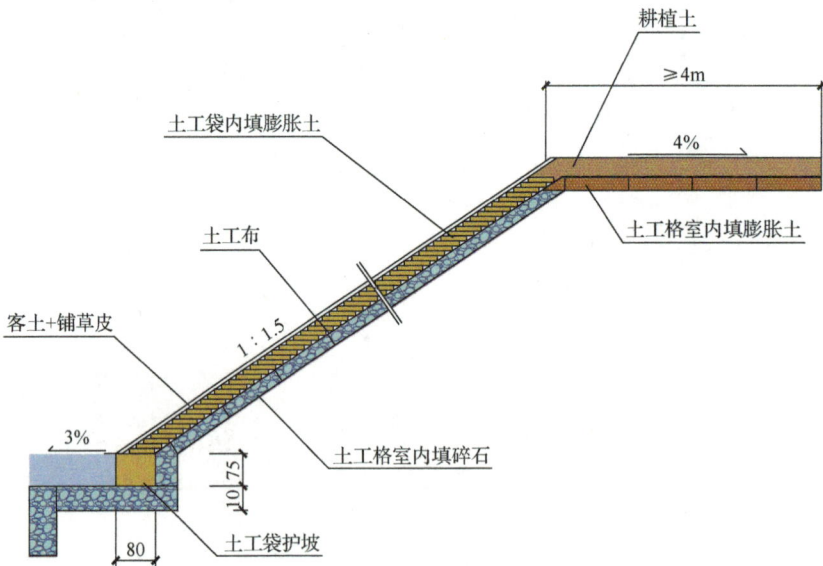

图 12-36　复合防排水结构方案一

方案一由现场开挖的边坡浅层膨胀土经土袋装袋后作为复合防排水结构的细粒土层，有效地抑制了膨胀变形；土袋下面为带排水孔的土工格室（网格内回填碎石），快速将渗入雨水排入坡底盲沟；袋装膨胀土层和土工格室碎石层构成毛细阻滞复合防排水结构。

方案二为客土铺草皮+双层土袋+三维复合排水网。方案二去除土工格室碎石层，加设一层袋装膨胀土层和一层三维复合排水网。首先在开挖膨胀土边坡坡面铺设一层三维复合排水网，主要用于排除坡体内部裂隙水及从表面渗入的水分，三维复合排水网表面再铺设两排土袋（袋中装开挖膨胀土），最后再铺设 10cm 客土、种草皮（图 12-37）。

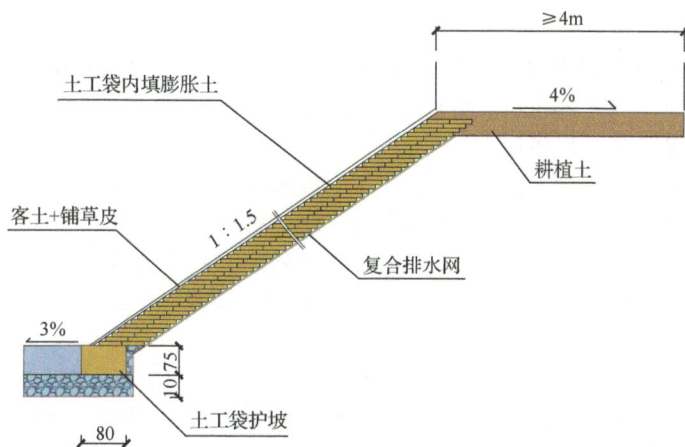

图 12-37　复合防排水结构方案二

12.4.3　施工流程

　　复合防排水结构方案一和方案二的施工步骤为：坡底横坡开挖→坡底铺设碎石层→土袋装袋→坡底护坡土袋铺设→坡面铺设排水结构粗层→坡面铺设土袋细层→挂网铺设客土并种草皮。复合防排水结构部分施工过程如图 12-38 所示。

　　1）坡底横坡开挖

　　利用挖掘机开挖出坡底横坡，横坡便于坡面排水结构的水通过碎石层顺利排入渗沟。将坡面和坡底基面腐殖土、杂物以及尖锐的石块等清除平整。

　　2）坡底铺设碎石层

　　利用挖掘机铺设一层 13#碎石，堆叠土袋护坡，同时放样得出起坡线。

（a）土袋装袋　　　　　　　　（b）土工格室内填 13#碎石　　　　　　（c）三维复合排水网铺设

（d）土袋压实　　　　　　　　　（e）土袋铺设完成　　　　　　　　（f）铺设草皮并覆盖透气膜

图 12-38　复合防排水结构部分施工过程

　　3）土袋装袋

　　采用 80cm×60cm 规格的绿色加厚土袋，土袋材料的拉伸强度大于 12kN/m。采用现场开挖膨胀土装填 [图 12-38（a）]。装土量为土袋体积的 60%～70%，装好后用手持缝纫机封袋。

4）坡底护坡土袋铺设

在碎石层上利用挖掘机搬运，人工堆叠土袋至设计高程。铺设后单个土袋尺寸一般为40cm（长）×40cm（宽）×10cm（高），每排土袋应错开铺设，每层土袋采用振动夯压实。

5）坡面铺设排水结构粗层

方案一高 20cm 的土工格室由坡顶铺设至坡脚碎石层，土工格室用长 45cm 并带拐角的钢筋固定。坡顶土工格室用挖掘机内填开挖的膨胀土并压实。坡面土工格室用挖掘机内填 13#碎石、人工平整［图 12-38（b）］。方案二的三维复合排水网由坡顶铺设至坡脚碎石层，宽度固定的排水网搭接宽度为 10cm［图 12-38（c）］。

6）坡面铺设土袋细层

在复合防排水结构的粗粒土层之上铺设内填开挖膨胀土的土袋至坡顶，坡面和坡顶的土袋分别由挖掘机和铲车运输至工作面，人工铺设两层土袋，用振动夯压实［图 12-38（d）］。

7）挂网铺设客土并种草皮

土袋铺设完成后［图 12-38（e）］，先在土袋坡面铺设一层铁丝网，铁丝网之间用 U 形钢筋连接，然后铺设一层 10cm 客土层，保护土袋免受日光紫外线照射。在坡面及坡顶的客土之上铺设一层草皮［图 12-38（f）］。

12.4.4　施工监测

1）元件布置与埋设

在边坡内埋设水分计 9 个、土压力盒 4 个、张力计 4 个、孔隙水压力计 1 个，监测断面元件布置图如图 12-39 所示。沿边坡纵向共布置 2 个断面，方案一为断面 1，方案二为断面 2，每个断面从下往上分为 3 层（依次为第 1、2、3 层），第 1、2、3 层距离坡脚的垂直高度分别为 0.5m、3m 和 5m。水分计和土压力盒等监测元件编号格式为元件类型（SF 代表水分计，TY 代表土压力盒，ZL 代表张力计，KY 代表孔隙水压力计）-断面号-层号-由坡内向外的测点号。例如，SF1-1-1 表示在断面 1、第一层、由坡内向外的第 1 个土压力盒。监测元件的主要技术指标见表 12-4。

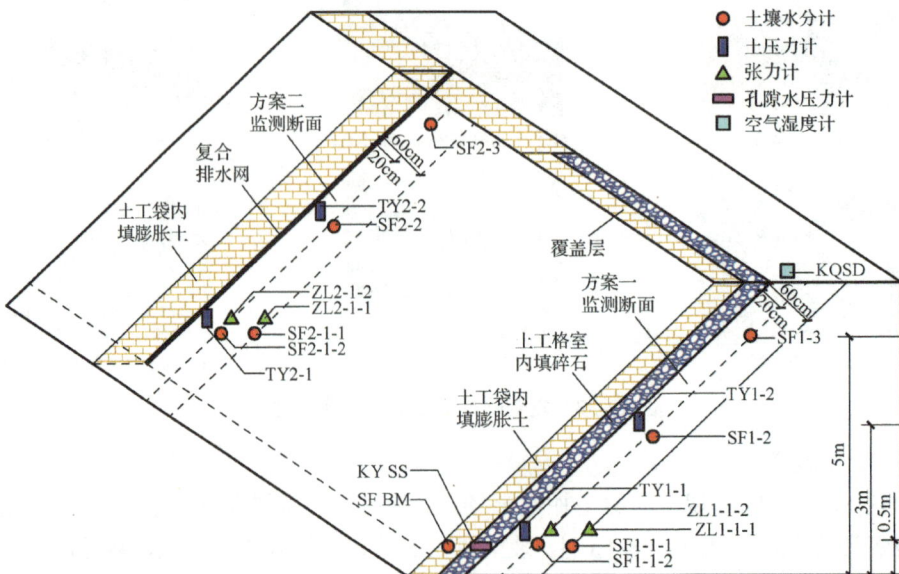

图 12-39　监测断面元件布置图

表 12-4　监测元件的主要技术指标

元件类型	水分计（SF）	张力计（ZL）	土压力盒（TY）	孔隙水压力计（KY）
元件型号	JC-SF-05	JC-ZL-01	JC-TY-03	JC-KY-03
量程	0～100%	199MPa	0.3MPa	0～0.3MPa
分辨率	0.1%	0.1	0.1kPa	0.1kPa
精度	±2%F.S	1kPa	±0.5%F.S	±0.1%F.S
温度范围			−40～80℃	−40～80℃
外形尺寸/mm	$\phi 40\times200$	$\phi 22\times83$	$\phi 120\times25$	$\phi 26\times120$

水分计探头竖直插入孔底的原状土内，逐层回填，每填 5～10cm 用铁锤压实 [图 12-40（a）]；用相同直径的铁管垂直成孔，埋入张力计，逐层回填压实至坡面 [图 12-40（b）]；断面 1 土袋表面的水分计竖直插入最表层的土袋内；空气湿度计放置于坡顶自动采集箱旁；土压力盒竖直埋设在坡面挖好的孔内，紧贴垂直于坡面的一侧，受力面朝后并分层填筑、压实至坡面 [图 12-40（c）]；土工格室碎石层底部的孔隙水压力计用土工布包裹后直接埋入指定位置 [图 12-40（d）]。

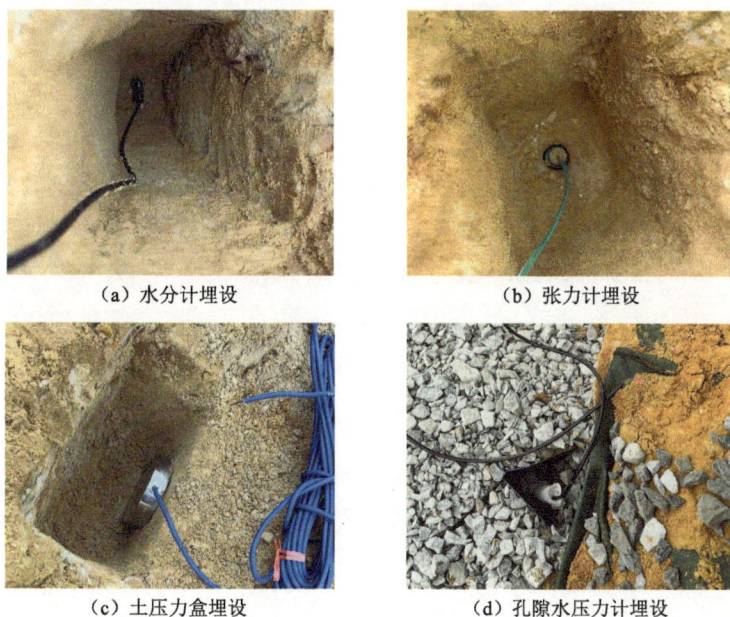

（a）水分计埋设　　　　　　　（b）张力计埋设

（c）土压力盒埋设　　　　　　（d）孔隙水压力计埋设

图 12-40　监测元件埋设

监测元件都埋设完成后，将所有数据线归置到坡顶数据箱内并完成连接，自动化数据采集系统借助于太阳能板供电，能够实现两小时采集一次数据。

2）监测结果分析

空气湿度随时间的变化如图 12-41 所示。现场绝大部分时间昼夜空气湿度相差在 50% 以上，对处在干燥和潮湿交替循环的环境中的天然膨胀土边坡稳定性极其不利。

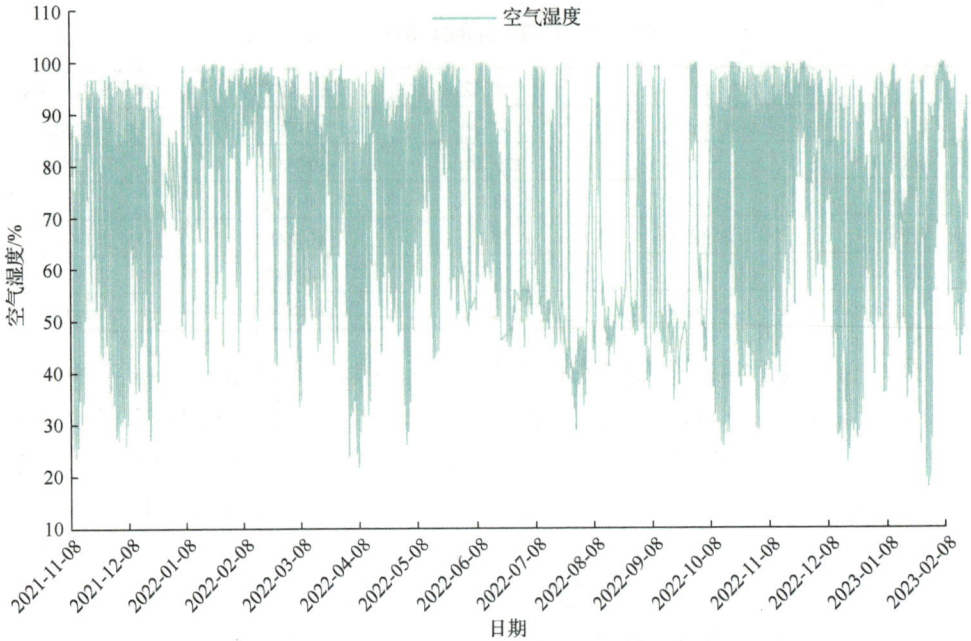

图 12-41 空气湿度随时间的变化

　　体积含水量随时间的变化如图 12-42 所示。表层土袋铺设完成后，袋中膨胀土含水量与坡体内膨胀土含水量相差不大。2022 年 1 月 14 日前并未发生降雨，表层土袋内膨胀土由于蒸发作用含水量明显降低，坡体内的不同位置处膨胀土的含水量并未出现明显变化。2022 年 1 月至 2 月，现场发生多次降雨，表层膨胀土含水量急剧增加，坡体内膨胀土含水量未出现明显增长现象，复合防排水结构表现良好的保湿效果。

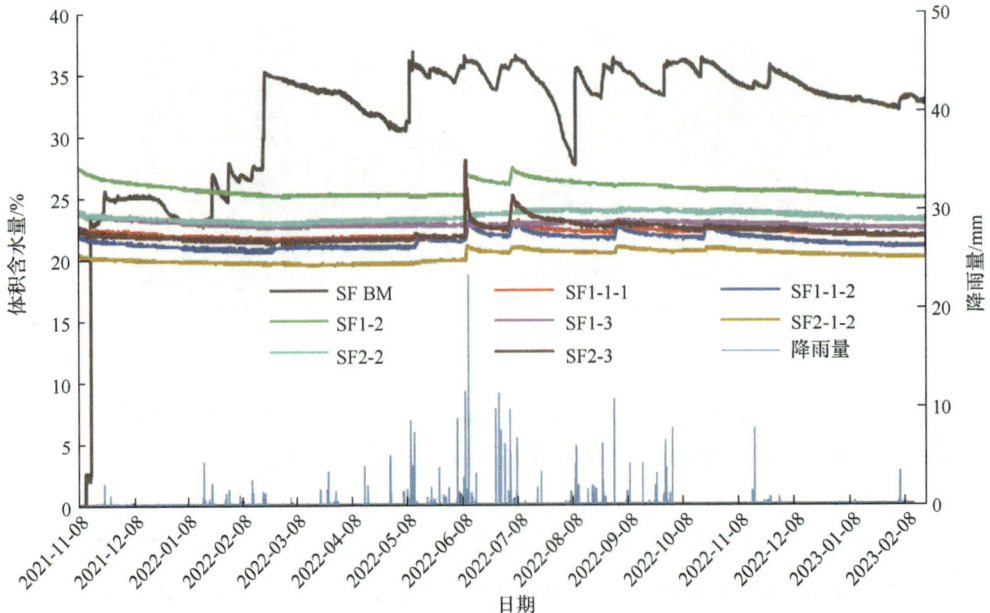

图 12-42 体积含水量随时间的变化

2022年5月初至7月初降雨集中期，表层膨胀土受到降雨和高温干旱的交替作用，含水量出现大幅升、降循环现象。6月初出现降雨量为25mm的大雨天气，7月初为连续降雨天气，断面1和断面2坡体内坡脚位置处膨胀土含水量均出现小幅增加，这是因为大量雨水汇集至坡脚，突破了土袋的细粒土层；断面2坡顶膨胀土含水量出现较大幅度的增长，是因为坡顶处三维复合排水网搭接不够严密，使水分突破至原膨胀土层。降雨期过后断面1和断面2的膨胀土含水量慢慢下降至初始值。复合防排水结构方案一和方案二都能使原膨胀土坡体的含水量稳定在一定合理范围内，有效地将外部高温多雨的气候条件与膨胀土边坡分隔开，减少了干湿循环引起的胀缩裂隙发育，增加了膨胀土边坡的稳定性。

土压力随时间的变化如图12-43所示。前两个月的土压力无明显变化，总体呈现下降趋势。2022年1月至7月初降雨期间，连续大量降雨使断面1和断面2的坡中与坡脚处膨胀土的含水量增加，膨胀土吸水膨胀产生膨胀力，土压力增加。2022年7月初至10月初为间隔较长的小雨，断面1和断面2坡脚处积水使少量雨水突破膨胀土层，TY1-1、TY2-1读数继续小幅增加；坡中处膨胀土含水量减少，产生收缩，TY1-2、TY2-2读数减小。2022年10月初过后，膨胀土中各位置含水量均缓慢减小，土压力开始减小。整个监测过程中，膨胀土边坡的含水量变化较小，土压力变化也不大。

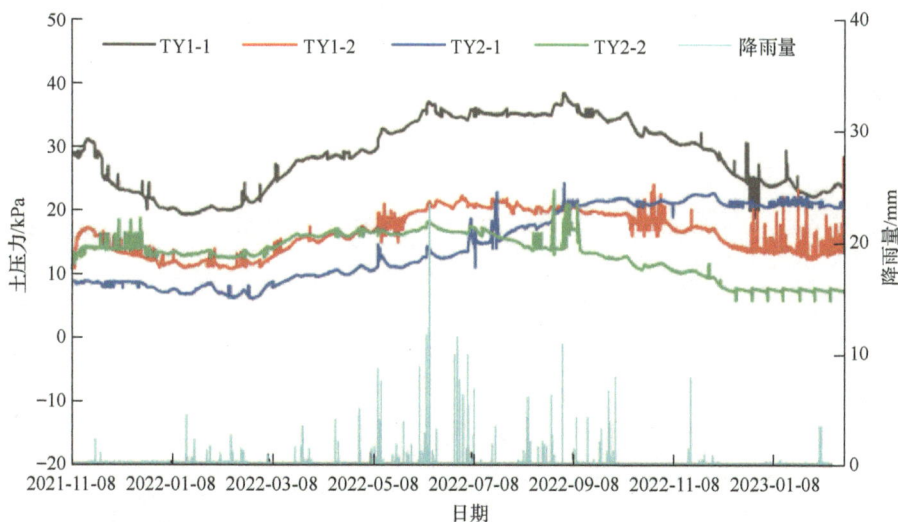

图12-43 土压力随时间的变化

基质吸力随时间的变化如图12-44所示。前两个月未发生降雨时，坡体膨胀土体积含水量小幅下降，基质吸力缓慢增加。2022年1月初至5月初小雨期间，坡体膨胀土含水量未发生变化，基质吸力基本维持稳定。2022年5月初至10月初强降雨期间，坡体膨胀土含水量小幅升高，基质吸力缓慢下降。2022年10月初后，坡体膨胀土的含水量开始缓慢下降，基质吸力也开始上升。

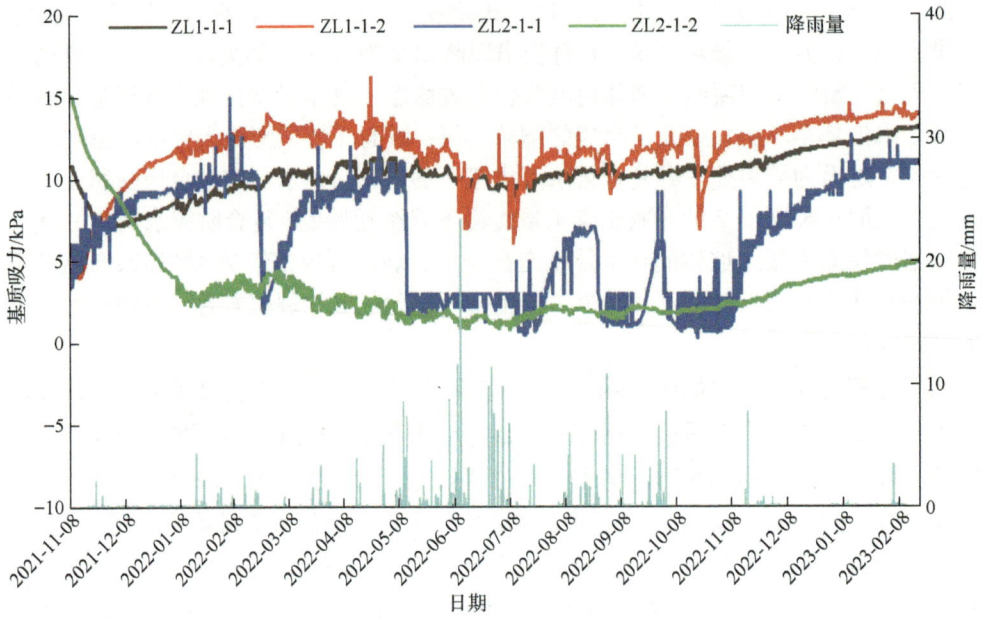

图 12-44　基质吸力随时间的变化

13 土工泡沫（EPS）减压挡土墙技术

13.1 无侧限抗压强度

EPS 无侧限压缩试验条件如下。

试样密度：14kg/m³、16kg/m³、25kg/m³；

试样尺寸：50mm×50mm×50mm 的立方体、直径 79.8mm、高 20mm 的圆饼试样；

应变速率：5%/min；

无侧限压缩蠕变试验的竖向蠕变荷载：12.5 kPa、25 kPa、37.5kPa；

环境温度：25℃；

相对湿度：50%。

EPS 无侧限压缩应力-应变曲线如图 13-1 所示（陈丛丛，2012）。EPS 的压缩应变为 1%～2%时，应力-应变关系是线弹性的。一般定义 1%应变所对应的应力为弹性极限应力；EPS 的屈服应变为 5%～10%。将应变水平为 5%对应的应力定义为压缩强度。弹性极限应力和压缩强度随 EPS 密度增加而增加。线弹性阶段的泊松比较小，一般为 0.05～0.1，设计时取为 0。

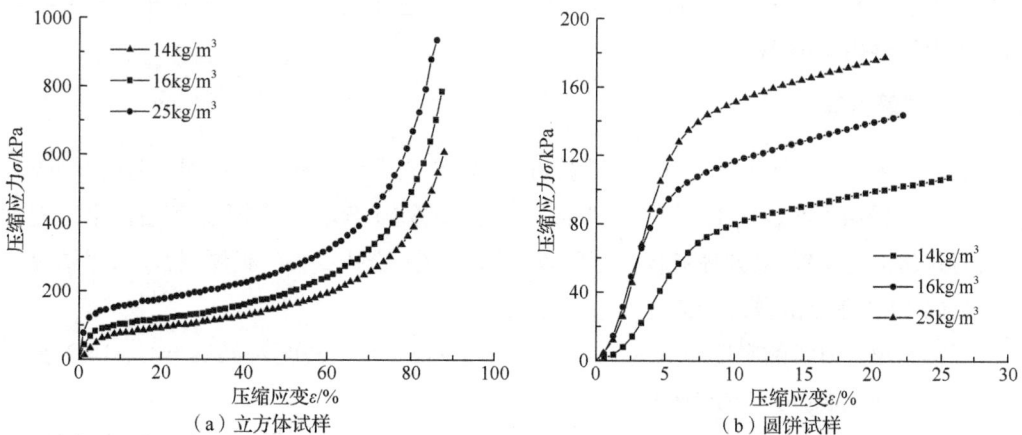

（a）立方体试样　　　　　　　（b）圆饼试样

图 13-1 EPS 无侧限压缩应力-应变曲线

EPS 无侧限压缩蠕变曲线如图 13-2 所示，密度为 16kg/m³。压缩应力不超过弹性极限应力时，EPS 的蠕变很小。

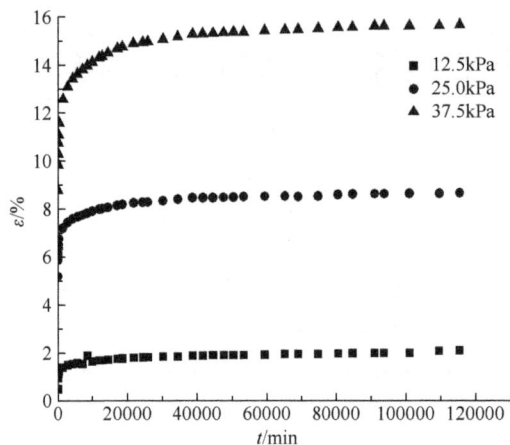

图 13-2 EPS 无侧限压缩蠕变曲线

13.2 应力历史的影响

EPS 的应力历史采用恒应力预压和恒应变预压两种方式实现，用预压应力（应力历史过程中的最大应力）和预压应变（应力历史过程中的最大应变）量化 EPS 的应力历史；预压结束后，通过 EPS 的常规压缩、蠕变和应力松弛试验所得到的屈服应力、屈服应变、平均蠕变速率和松弛系数等指标对 EPS 的力学特性进行量化，表征应力历史量化参数对 EPS 力学特性指标的影响。

13.2.1 试验方案

试验仪器：恒应变预压采用万能试验机，对 EPS 立方体试样进行压缩试验（无侧限），恒应力预压采用固结仪对 EPS 环刀试样进行压缩试验（侧限）；预压结束后，用万能试验机对预压后的 EPS 立方体试样进行常规压缩和应力松弛试验（无侧限），用固结仪对预压后的 EPS 环刀试样进行蠕变试验（侧限）。

试样密度：EPS 的密度分别为 $11.9kg/m^3$（EPS12，名义密度为 $12kg/m^3$）、$14.9kg/m^3$（EPS15）和 $18.5kg/m^3$（EPS19）。

试样尺寸：边长 50mm 的立方体试样和直径 61.8mm、高 20mm 的环刀试样两种。采用电热丝切割，精度控制在 1% 以内。预压阶段的应力（应变）-时间关系如图 13-3 所示，常规压缩试验、蠕变试验、应力松弛试验应力（应变）-时间关系如图 13-4 所示。（万梁龙，2019）。

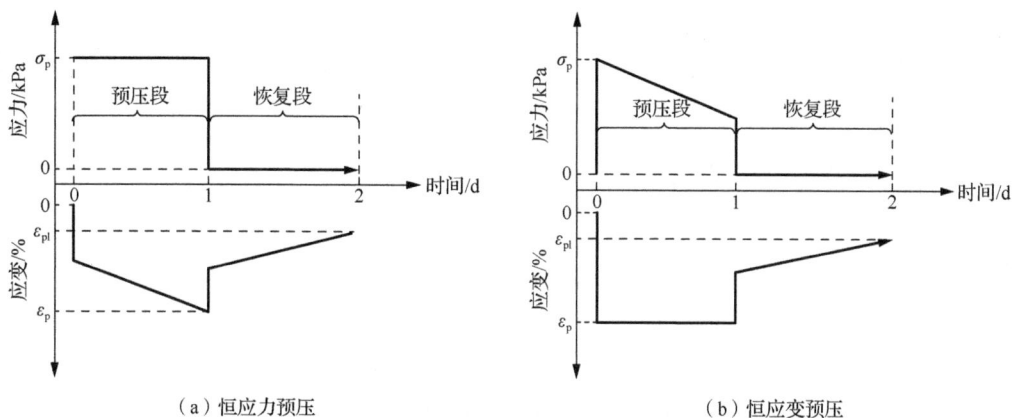

（a）恒应力预压 （b）恒应变预压

图 13-3 预压阶段的应力（应变）-时间关系

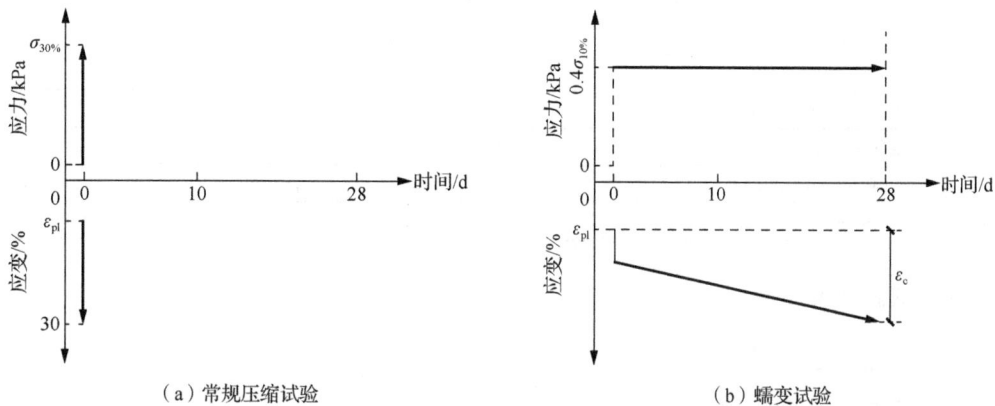

（a）常规压缩试验 （b）蠕变试验

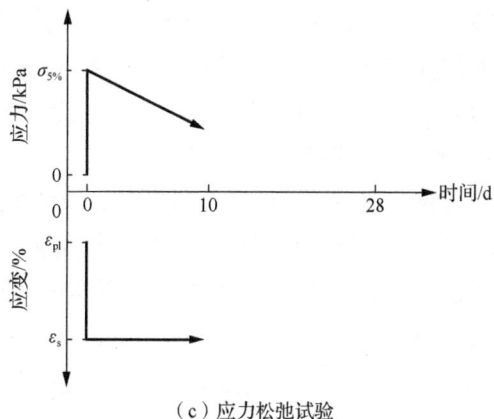

（c）应力松弛试验

图 13-4 常规压缩试验、蠕变试验、应力松弛试验应力（应变）-时间关系

EPS 立方体试样（边长 50mm）在变形速率 5mm/min 下的单轴压缩应力-应变关系如图 13-5 所示，得到 1%、5%和 10%应变时的强度列于表 13-1 中。

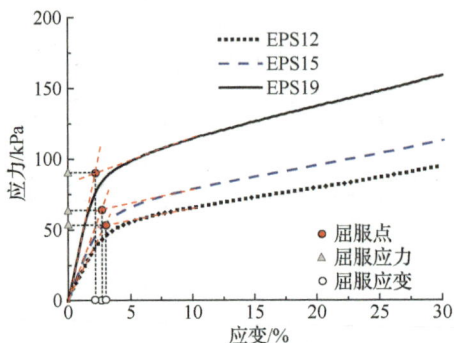

图 13-5　3 种 EPS 单轴压缩应力-应变关系

表 13-1　3 种 EPS 在不同应变下的强度

参数	EPS12	EPS15	EPS19
密度/（kg·m^{-3}）	11.9	14.9	18.5
1%应变下的强度，$\sigma_{1\%}$/kPa	18	24	41
5%应变下的强度，$\sigma_{5\%}$/kPa	56	66	99
10%应变下的强度，$\sigma_{10\%}$/kPa	66	79	114
屈服应力，σ_y/kPa	53	64	90
屈服应变，ε_y/%	3.0	2.7	2.2

13.2.2　试验结果分析

1）预压产生的塑性变形

（1）预压方式的影响。

对于立方体试样，如图 13-6（a）所示，当预压应变（ε_p）相同时（10%），恒应力预压和恒应变预压产生的塑性应变（ε_{pl}）十分接近。随着 EPS 密度的增加，塑性应变有增加的趋势；对于环刀试样，如图 13-6（b）所示，即使预压应变（ε_p）相同（比如12%），恒应力预压产生的塑性应变明显大于恒应变预压。原因在于固结仪上的环刀试样在恒应变预压加载结束后完全卸载，而恒应力预压在加载结束后，由于随后还要在固结仪上进行蠕变试验，环刀试样上的透水石和加压帽并未移除，透水石和加压帽会产生大约 1kPa 的竖向荷载。虽然考虑了试验中仪器本身的变形量，但 EPS 与透水石之间的间隙明显大于透水石和校正块（高 20mm、直径 61.7mm 的铁块，表面光滑）之间的间隙。预压应变相同时，恒应力预压和恒应变预压产生的塑性应变是相同的，与试样形状无关。

（2）试样形状的影响。

在相同等级的预压应力（$\sigma_p = 0.6\sigma_{10\%}$）下进行恒应力预压，立方体试样（边长 50 mm）的预压应变（ε_p）和塑性应变（ε_{pl}）均小于环刀试样（直径 61.8mm、高 20 mm）的预压应变（ε_p）和塑性应变（ε_{pl}）（图 13-7）；但随着 EPS 密度的增加，立方体试样和环刀试样之间的差别逐渐减小，这可能跟 EPS 颗粒大小有关。

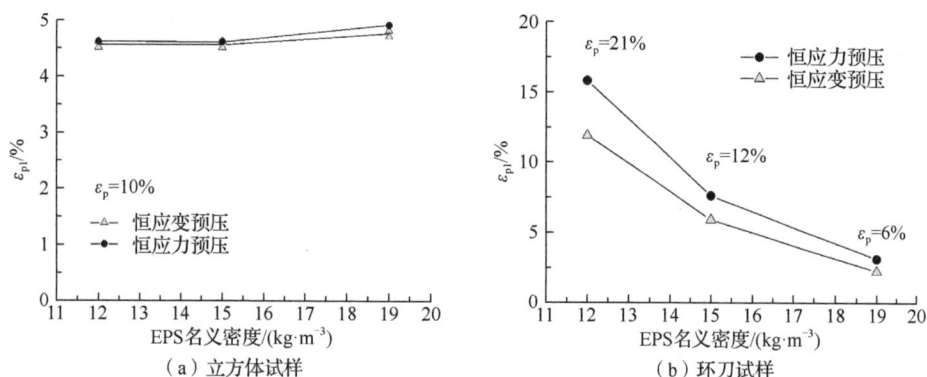

（a）立方体试样　　　　　　　（b）环刀试样

图 13-6　预压方式的影响（预压应变 ε_p 相同）

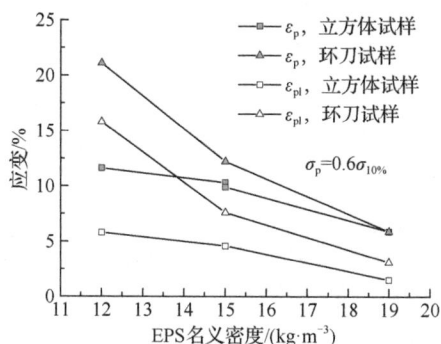

图 13-7　试样形状的影响（预压应力 σ_p 相同）

2）应力历史对应力-应变关系的影响

图 13-8 为 EPS15 试样不受预压、受到恒应力预压和恒应变预压后的压缩应力-应变曲线。恒应力预压的预压应力 σ_p 为 $0.2\sigma_{10\%}$、$0.4\sigma_{10\%}$ 和 $0.6\sigma_{10\%}$（即 σ_p 为 16kPa、32kPa 和 47kPa，见表 13-1），恒应变预压的预压应变为 1%、5%和 10%。图 13-9 分别给出了 EPS12 和 EPS19 试样不受预压、受到恒应力预压和恒应变预压后的压缩应力-应变曲线，其中恒应力预压的预压应力 $\sigma_p = 0.6\sigma_{10\%}$（对应于 EPS12、EPS19 分别为 σ_p =40kPa 和 σ_p = 68kPa，见表 13-1），恒应变预压的预压应变为 10%。

预压应变在 EPS 弹性范围内（1%）不会产生塑性变形，在应变 1%范围内预压后压缩所得到的屈服应力和屈服应变均不受预压的影响，也不受预压方式影响。预压应变超过 EPS 弹性范围时，产生塑性变形，应力-应变曲线的起始应变不为 0（图 13-8 和图 13-9），弹性模量降低，弹性范围增大。屈服后的应力-应变曲线与没有预压的试验曲线重合，即应力历史不会影响 EPS 屈服后的应力-应变关系（图 13-8 和图 13-9）。

当预压超过弹性范围时，图 13-10（a）比较了 EPS 的压缩屈服应力 σ_y 与预压应力 σ_p 的大小。对于恒应变预压，屈服应力与预压应力接近；对于恒应力预压，屈服应力则明显高于预压应力。预压应变 ε_p 与屈服应变 ε_y 对比于图 13-10（b）中。不管何种预压方式，屈服应变与预压应变接近，预压应变控制 EPS 的屈服点。EPS 具有一定的"记忆"功能，EPS 能记住经历过的最大压缩应变。

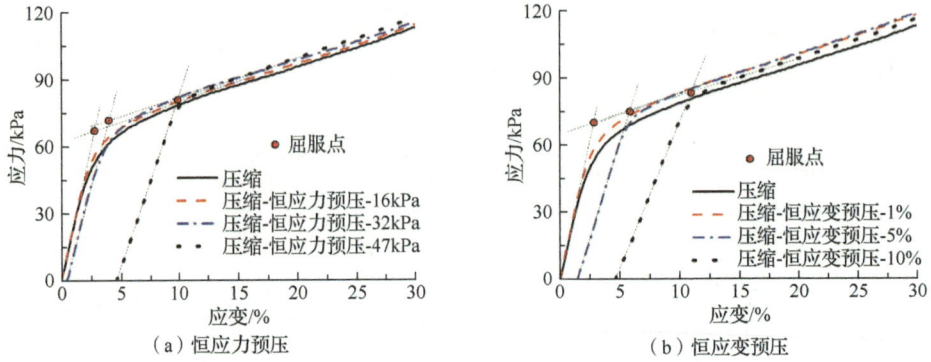

（a）恒应力预压

（b）恒应变预压

图 13-8 EPS15 试样不受预压、受到预压后的压缩应力-应变曲线

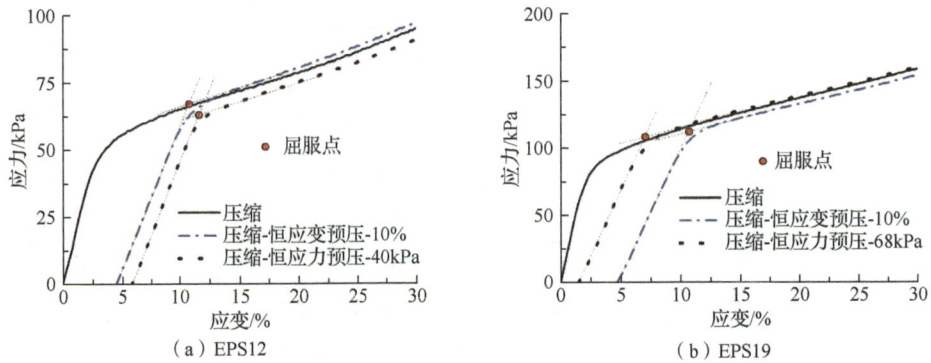

（a）EPS12

（b）EPS19

图 13-9 EPS12、EPS19 试样不受预压、受到预压后的压缩应力-应变曲线

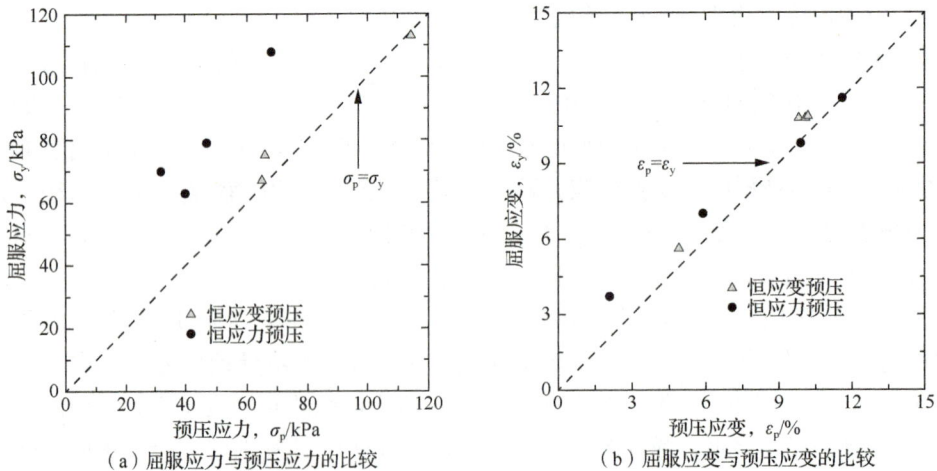

（a）屈服应力与预压应力的比较

（b）屈服应变与预压应变的比较

图 13-10 预压超过弹性范围时对屈服点的影响

3）应力历史对蠕变的影响

图 13-11 为 EPS15 没有预压和应力 σ_p 为 $0.2\sigma_{10\%}$、$0.4\sigma_{10\%}$ 和 $0.6\sigma_{10\%}$ 下预压后的压缩应变 ε_c 随时间 t 的变化规律，蠕变荷载 $\sigma_s = 0.4\sigma_{10\%} = 32\text{kPa}$。EPS 蠕变曲线的直线段的斜率定义为"平均蠕变速率"（R_{AC}）。EPS15 的预压应力从 0kPa（即不受预压）增大到 47kPa，蠕变逐渐减小，预压引起 EPS 的蠕变减小，平均蠕变速率 R_{AC} 也从 0.65%/log$t$

减小到 0.4%/log$t$（t 为蠕变时间，单位为"天"），R_{AC} 也随着 σ_p 或 ε_p 增加而减小；没有预压过的 EPS 的平均蠕变速率 R_{AC} 最大，受到恒应力预压的 EPS 试样的 R_{AC} 最小。不管预压方式如何，应力历史有助于 EPS 蠕变的减小。

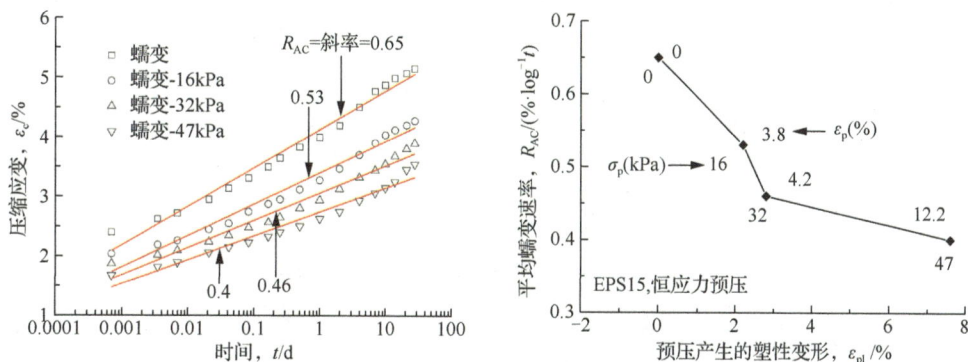

图 13-11 恒应力预压对 EPS15 蠕变曲线的影响（蠕变荷载 $\sigma_s=0.4\sigma_{10\%}$）

图 13-12 为 EPS12、EPS15 和 EPS19 没有预压和预压后在蠕变荷载 $\sigma_s=0.4\sigma_{10\%}$ 下的压缩应变随时间的变化，EPS12、EPS15 和 EPS19 经历了 21%、12% 和 6% 的恒应变预压和在 $\sigma_p = 0.6\sigma_{10\%}$ 下的恒应力预压。EPS19 的 σ_p 从 68kPa 增加到 95kPa，R_{AC} 从 0.18%/log$t$ 增加到 0.36%/log$t$，而非减小，如图 13-13 所示，预压应变是影响蠕变速率的主要因素。EPS19 的密度最大，ε_p 和 R_{AC} 都最小，在相同等级的蠕变荷载下，高密度 EPS 的蠕变速率小。

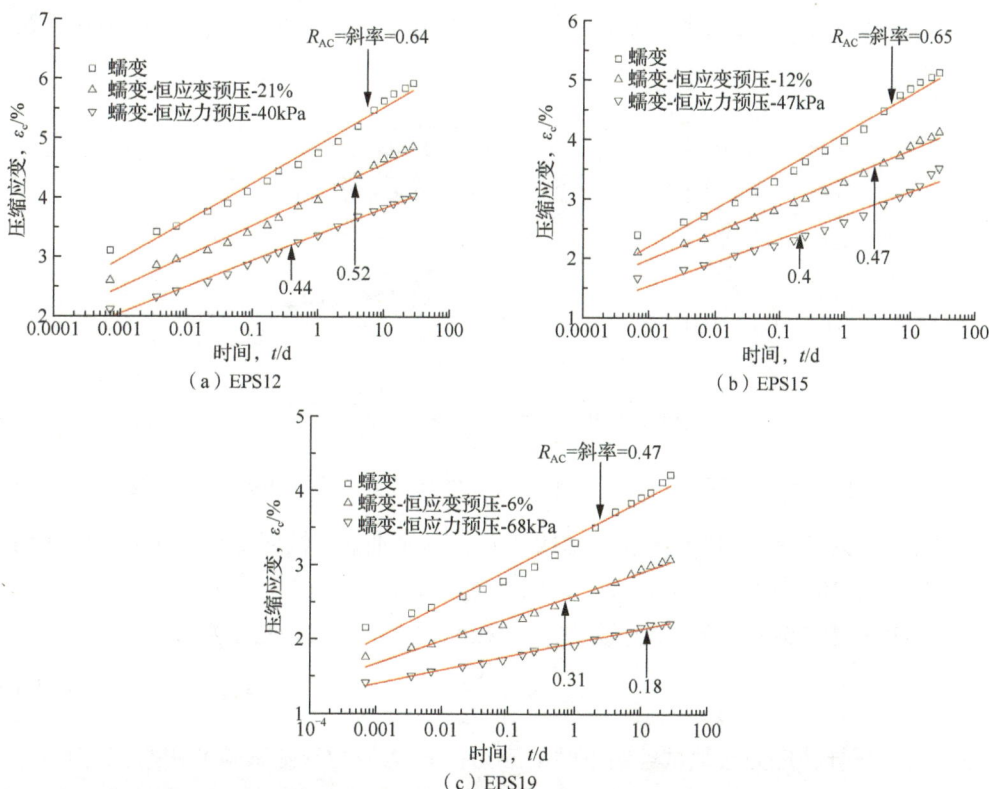

（a）EPS12

（b）EPS15

（c）EPS19

图 13-12 预压方式对 EPS 蠕变曲线的影响（蠕变荷载 $\sigma_s=0.4\sigma_{10\%}$）

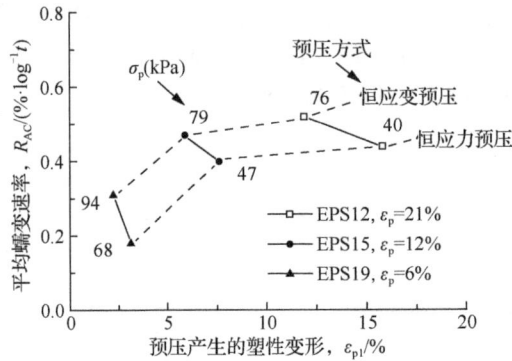

图 13-13　不同预压方式后 R_{AC} 随 ε_{pl} 的变化

4）应力历史对应力松弛的影响

在应力松弛试验中，EPS 试样通过万能试验机加压到应力 $\sigma_{in} = \sigma_{5\%}$（表 13-1）。图 13-14 为 EPS15 立方体试样不受和经受不同恒应变预压后的应力松弛曲线。EPS 的应力松弛主要发生在第 1 天，随时间的延长逐渐减弱，并最终趋于稳定；当恒预压应变在弹性范围（应变小于 1%）时，与没有经受预压的 EPS15 立方体试样比较，预压应变对 EPS 应力松弛没有影响。当恒预压应变超过 1% 时，在相同的松弛初始应力（$\sigma_{in} = \sigma_{5\%} = 66\text{kPa}$）下的应变 ε_s 接近；恒应变预压为 1% 试样的应力松弛程度明显增大（图 13-14）。预压应变超过 EPS 弹性极限应变后，预压应变越大影响越显著，松弛应变对 EPS 的应力松弛起着重要作用。

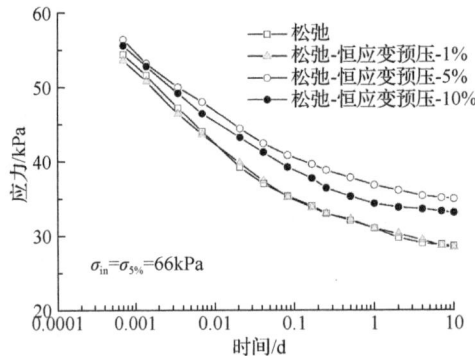

图 13-14　不受和受到恒应变预压后的 EPS15 立方体试样的应力松弛曲线

图 13-15 为 EPS12、EPS15 和 EPS19 的应力松弛曲线。恒应变预压使用的应变均为 10%，为了与 10% 的预压应变比较，恒应力预压试验中对 EPS 施加的预压应力分别为 38kPa、47kPa 和 75kPa。为了定量反映应力松弛程度，定义松弛系数 K_r 为

$$K_r = \frac{\sigma_e}{\sigma_{in}} \tag{13-1}$$

式中，σ_e 为试样在应力松弛试验结束时的应力；σ_{in} 为应力松弛试验的初始应力（$\sigma_{5\%}$）。经历过预压的 EPS 的应力松弛程度都比不受预压的应力松弛程度小；受到预压的试样，

预压应变相同（ε_p=10%），松弛初始应力均为$\sigma_{5\%}$，松弛应变ε_s均接近（9.5%）。同一密度，随着预压产生的塑性应变ε_{pl}增加，EPS 的K_r增加，应力松弛程度减小，不同密度 EPS 之间的应力松弛程度差别不大（图 13-16）。相同的预压方式下，即使松弛应变ε_s相同或相近，预压应力越大，预压产生的塑性变形越大，K_r越大，应力松弛程度越小。如图 13-16 所示，K_r并不随预压应力σ_p的增加单调变化。在松弛应变ε_s相同时，预压产生的塑性应变是影响 EPS 应力松弛的直接因素。

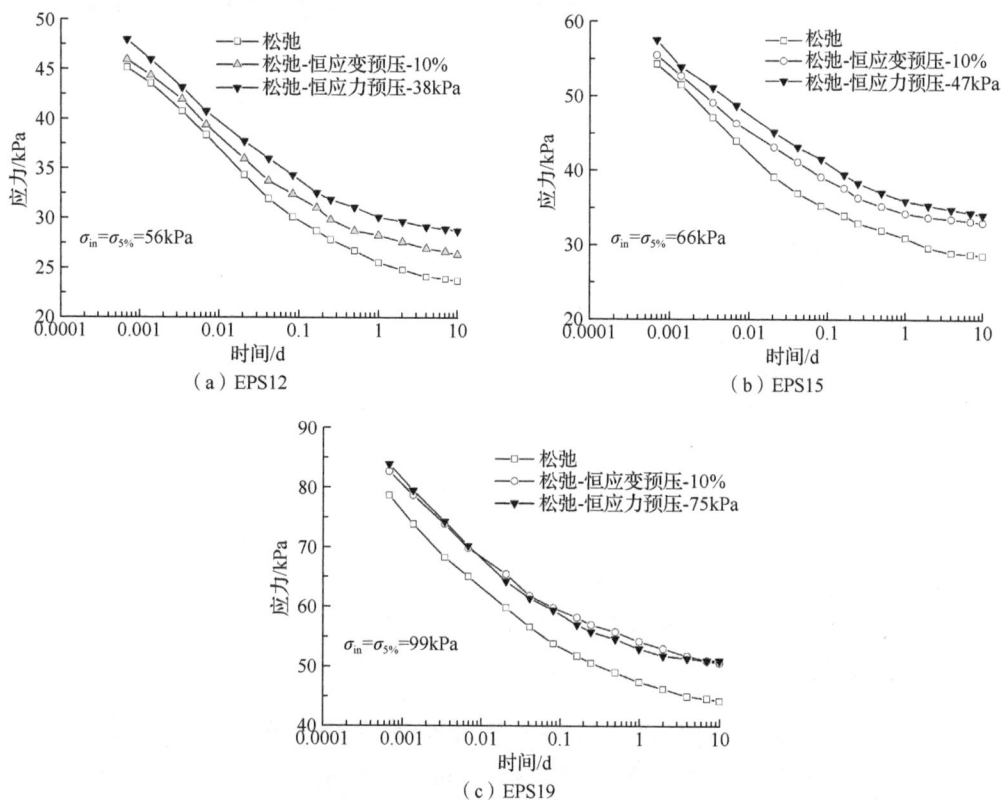

图 13-15　经历不同预压方式的 EPS 立方体试样的应力松弛曲线

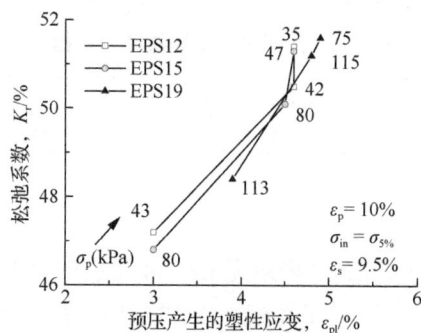

图 13-16　松弛系数与塑性变形的关系

图 13-17 为 EPS15 立方体试样（边长 50mm）在无侧限压缩仪上的反复应力松弛现象。无侧限压缩仪量力环的系数为 242N/mm。试样每次加载到 5% 应变，加载应变速率为 10%/min，每次应力松弛时间为 1d，每次应力松弛后卸载至荷载为 0，EPS 试样恢复 1d 后进行下一个试验循环。没有预压的 EPS15 立方体试样 1d 内无侧限应力松弛约 53%（图 13-14），在图 13-17（a）中，EPS15 试样 1d 内应力松弛约 41%，经历第一个应力松弛后，后续 3 个应力松弛循环的差别不大，每个循环的初始应力和最终应力略有降低。EPS 试样卸载后有回弹，但在循环过程中，EPS 的应力-应变关系呈弹性，且松弛特性无显著变化。

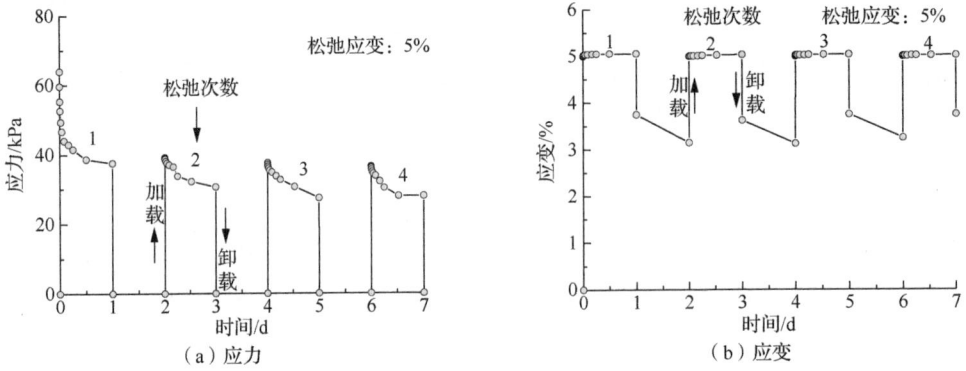

图 13-17　EPS15 立方体试样反复应力松弛现象

13.3　减　压　性　能

13.3.1　试验方案

南阳膨胀土的物理力学指标列于表 13-2 中。EPS 的名义密度分别为 $12kg/m^3$，$15kg/m^3$ 和 $25kg/m^3$（实际密度分别为 $11.5kg/m^3$、$14.9kg/m^3$ 和 $24.2kg/m^3$）。试样为圆饼样，由外层的 EPS 环和内层膨胀土圆饼组成，如图 13-18 所示。EPS 环的外直径为 61.8mm，内直径为 50mm，高为 20mm。膨胀土圆饼样干密度为 $1500kg/m^3$，初始含水量为 17%。

表 13-2　南阳膨胀土的物理力学指标

比重	液限/%	塑限/%	最优含水量/%	最大干密度/(kg·m^{-3})	自由膨胀率/%
2.71	66.4	23.2	16.7	1820	70

13.3.2　试验结果分析

试验结果列于表 13-3 中，EPS0 表示无 EPS 减压层的试样。常体积条件下的竖向膨胀力、水平膨胀力和膨胀后的土样半径列于表 13-4 中，膨胀前的土样半径为 25mm。含 EPS 减压层的试样的竖向和水平膨胀力比不含 EPS 减压层的试样明显小。

用水平膨胀力的减小率 R_H 来衡量 EPS 减小水平膨胀力的效果：

$$R_{\mathrm{H}} = \left(1 - \frac{p_1}{p_{\mathrm{HS}}}\right) \times 100\% \tag{13-2}$$

式中，R_{H} 为水平膨胀力的减小率；p_{HS} 为不含 EPS 减压层的膨胀土的水平膨胀力；p_1 为膨胀土作用在 EPS 上的膨胀力。K_0 固结仪测量结果为 p_2（图 13-19），p_1 与 p_2 的关系为（Timoshenko and Goodier，2004）：

$$p_1 = \frac{p_2}{r_{\mathrm{p}}} \tag{13-3}$$

$$r_{\mathrm{p}} = \frac{2(1-\mu)r_1^2}{(1-2\mu)r_2^2 + r_1^2} \tag{13-4}$$

式中，r_1 和 r_2 分别为 EPS 圆环的内径和外径；μ 为 EPS 泊松比，取 0；r_{p} 为压力传递系数；EPS 圆环的内半径 r_1 为膨胀土膨胀后的半径（表 13-3）。EPS 减压层的水平膨胀力减小率 R_{H} 列于表 13-4 中。含 EPS 减压层的试样减载率 R_{H} 达到了 70% 以上，减压效果明显。

图 13-18　含 EPS 减压层的膨胀土试样

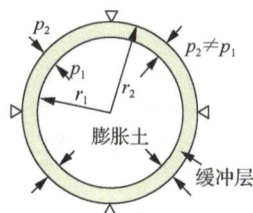

图 13-19　减压层间的应力关系

表 13-3　常体积膨胀力试验结果

编号	竖向膨胀力/kPa	水平膨胀力/kPa	膨胀土膨胀后半径/mm
EPS12	40	7	25.50
EPS15	44	9	25.45
EPS25	50	14	25.45
EPS0	89	58	

表 13-4　水平膨胀力减小率计算表

编号	EPS 圆环尺寸		EPS 泊松比	p_2/kPa	r_{p}	p_1/kPa	R_{H}/%
	r_1/mm	r_2/mm	μ				
EPS12	25.500	30.9	0	7	0.810	8.6	85
EPS15	25.450	30.9	0	9	0.808	11.1	81
EPS25	25.450	30.9	0	14	0.808	17.3	70

13.4　土压力分布

13.4.1　模型试验

膨胀土的主要物理指标见表 13-5。选用厚度 300mm、密度为 12kg/m³ 的 EPS 板作为减压材料，紧贴于模型槽左侧的混凝土墙背布置。EPS 立方块（长为 5cm）无侧限压缩试验的应力-应变曲线如图 13-20 所示，压缩应变速率为 10%/min。在 20% 应变范围内，EPS 的压缩曲线大致为直线。

表 13-5　膨胀土的主要物理指标

比重	液限/%	塑限/%	最优含水量/%	最大干密度/（kg·m⁻³）	自由膨胀率/%
2.69	64.8	37.2	24.0	1600	103

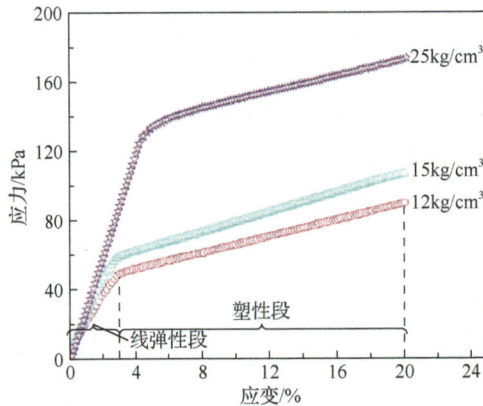

图 13-20　EPS 立方块无侧限压缩试验的应力-应变曲线

模型试验（图 13-21）在一个混凝土的矩形槽内进行，模型槽的一个侧面为厚有机玻璃。矩形槽的内部净尺寸为 2000mm（长）×1000mm（宽）×1200mm（高）。将微型土压力计固定在模型槽左侧 EPS 板表面和右侧墙背上，各布置 5 个，如图 13-22 所示；在微型土压力计的相同高度处，各布置 5 个水分计，在左右两侧不同高度处，各布置 3 个沉降板，在有机玻璃外壁每隔 5cm 画上竖向标记线，在玻璃内壁靠近 EPS 处，设置 5 根直径 5mm、长 100mm 的铝棒，随膨胀土变形而移动，用于量测短膨胀土的水平位移（以棒长中心点为准）。设置了 6 个沙井，加快墙后膨胀土浸水速度（邹维列等，2023）。

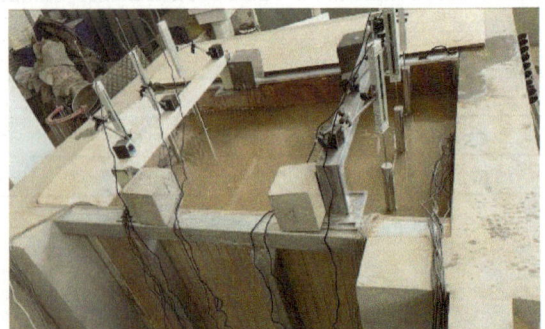

（a）浸水前　　　　　　　　　　　（b）浸水中

图 13-21　模型试验照片

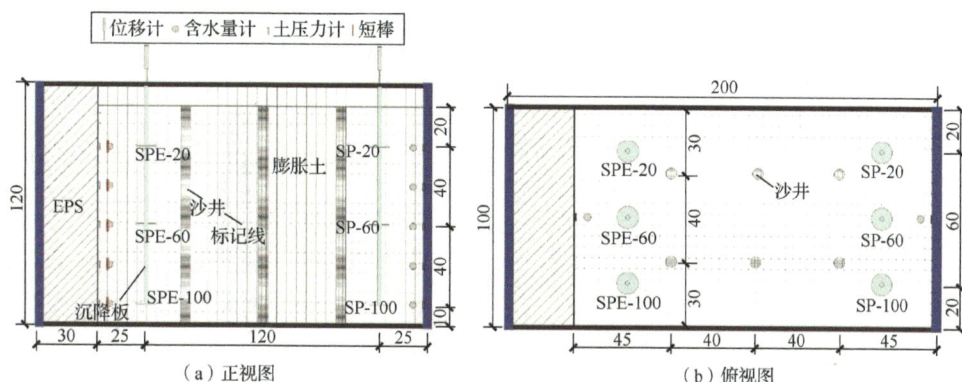

（a）正视图　　　　　　　　　　（b）俯视图

图 13-22　监测元件布置示意图

13.4.2　试验结果分析

1）含水量

图 13-23 为墙后填土顶面浸水条件下膨胀土的浸润线。由于 EPS 与挡墙墙背之间是渗水通道，顶面膨胀土及与 EPS 接触的膨胀土最先被浸润；随着浸水时间的延长，靠近模型箱底部和模型箱右侧的填土也逐渐被浸润。

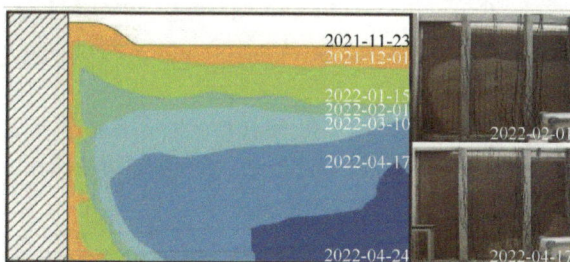

图 13-23　挡墙回填膨胀土中湿润线的演变过程

图 13-24 为膨胀土体积含水量随时间的变化。铺有 EPS 一侧的填土，底部位置（VM1-1）的填土最先达到饱和，含水量为 40%，随后靠近底部（VM1-2）和顶部（VM1-5）的填土相继达到饱和，中间填土（VM1-3 和 VM1-4）最后达到饱和；无 EPS 的填土从上到下依次达到饱和，且用时大于铺有 EPS 的填土。膨胀土中设置了沙井，VM2-1 先于 VM2-3 达到饱和，沙井只影响最底部填土的饱和时间，对中间填土的影响不大。

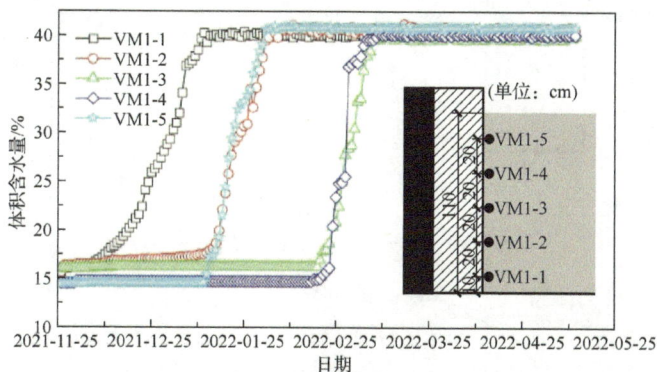

（a）有 EPS 一侧

图 13-24　膨胀土体积含水量随时间的变化

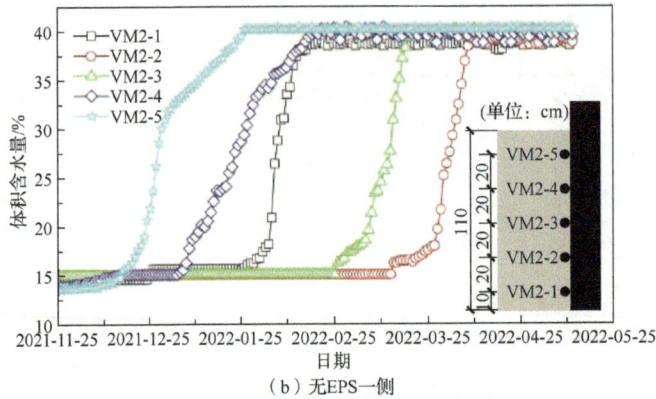

（b）无EPS一侧

图 13-24（续）

2）位移

膨胀土的水平位移沿墙高分布如图 13-25 所示。随着浸水时间增加，靠近 EPS 填土的水平位移不断增大，最大位移约为 2.5cm；由于模型箱底面的摩擦约束作用，底面填土的水平位移较小，深度处填土的水平位移相差不大。

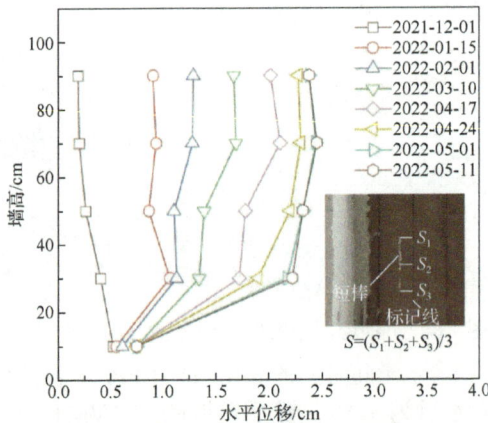

图 13-25 膨胀土水平位移沿墙高分布

图 13-26 为铺有 EPS 和无 EPS 膨胀土的竖向位移随时间的变化。铺有 EPS 膨胀土的竖向位移比无 EPS 的竖向位移小。

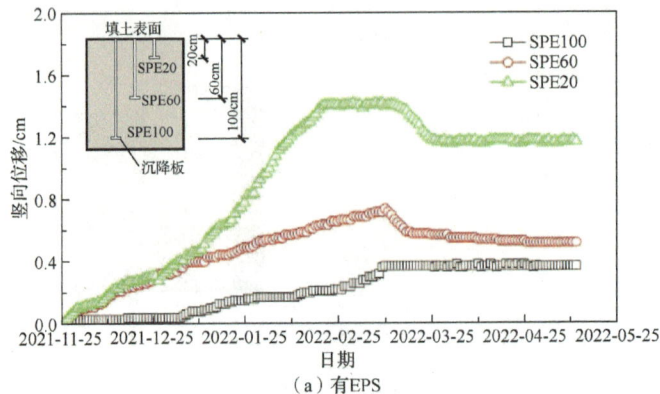

（a）有EPS

图 13-26 膨胀土不同深度竖向位移随时间的变化

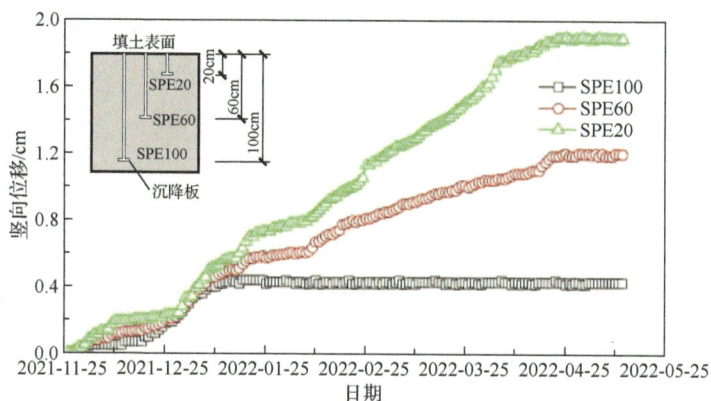

（b）无EPS

图13-26（续）

3）土压力

图13-27为膨胀土浸水膨胀产生的土压力。随着浸水时间增加，膨胀土沿深度分布的土压力逐渐增大。

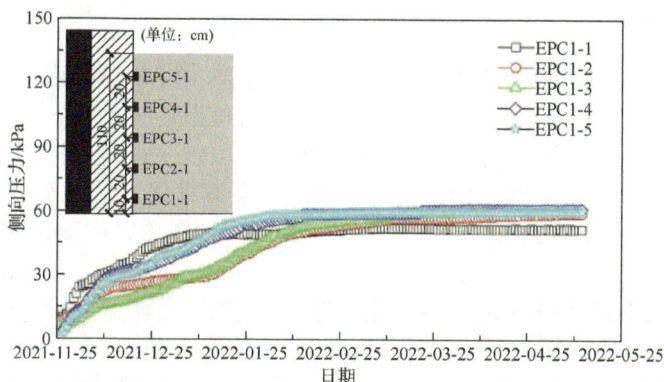

（a）有EPS

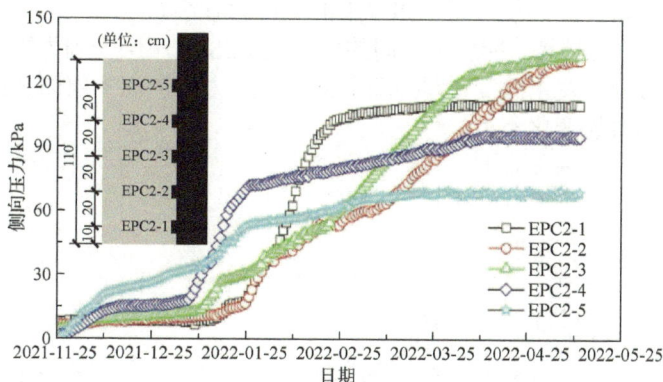

（b）无EPS一侧

图13-27　挡墙土压力随时间的变化

铺和不铺EPS膨胀土挡墙沿墙高的土压力分布如图13-28所示［图中还给出了按式（13-8）计算的预测值］。由于EPS的侧向压缩变形，铺有EPS膨胀土上、下部受到的约束作用差别不大，上、下部侧向压力也大致相同（Fan et al.，2024）。

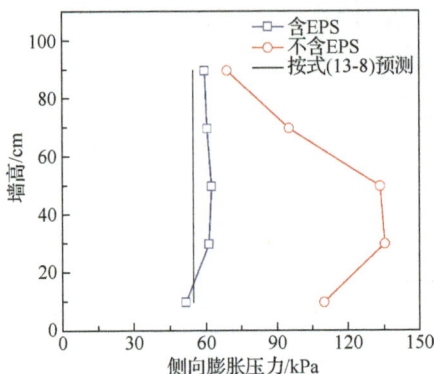

图 13-28　实测挡墙土压力

13.5　设 计 方 法

13.5.1　减压机理

膨胀土的土压力随侧向位移减小，如图 13-29 所示。在侧限条件下，膨胀土吸水饱和后产生的土压力 p_L 包括常规侧向静止土压力 p_0 和侧向膨胀压力 p_{EX}，即 $p_L = p_0 + p_{EX}$。随着膨胀土侧向膨胀变形的发展，p_L 首先降低至 p_0（$O \to B$），此时发生侧向位移 δ_0，释放了侧向膨胀压力 p_{EX}；随着膨胀土侧向位移的继续发展（从 δ_0 到 δ_a），其侧向压力继续从 p_0 降低至主动土压力 p_a（$B \to A$）。挡墙和回填膨胀土之间铺设 EPS 减压层产生如下减压效果。

（1）EPS 减压层在膨胀土膨胀时产生压缩，为膨胀土的侧向膨胀提供了变形空间，使侧向膨胀力得以释放，因而作用在挡墙上的侧向膨胀力减小。

（2）在 EPS 减压层侧向压缩变形的同时，膨胀土也发生等量的侧向变形，使膨胀土自身的抗剪强度得以发挥，使作用在挡墙上的土压力减小。

（3）EPS 减压层与挡墙、膨胀土之间的摩擦使 EPS 减压层受到力矩的作用，使作用在挡墙上的土压力分布发生改变，即挡墙上部的土压力增加而下部的土压力减小，但由此引起的总水平推力的变化不大。

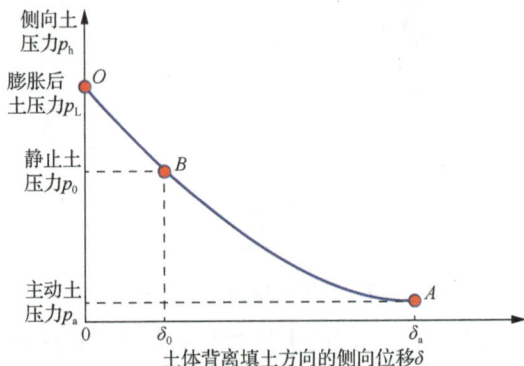

图 13-29　膨胀土的土压力随侧向位移的变化

13.5.2 土压力公式

将 EPS 减压层和膨胀土均视为线弹性材料，用两个弹簧 S_{EPS} 和 S_{Ex} 分别替代 EPS 和膨胀土（图 13-30），刚度分别为 K_{EPS} 和 K_{Ex}：

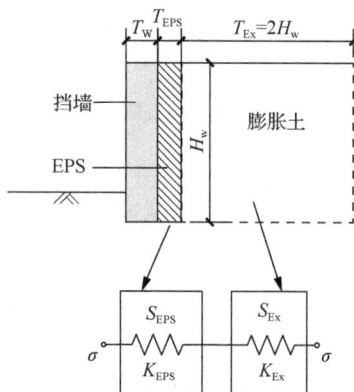

图 13-30　膨胀土挡墙土压力的计算模型

$$K_{EPS} = \frac{E_{EPS}}{T_{EPS}} \tag{13-5}$$

$$K_{Ex} = \frac{E_{sat}}{T_{Ex}} \tag{13-6}$$

式中，T_{EPS} 和 E_{EPS} 分别为 EPS 的厚度和压缩弹性模量；E_{sat} 和 T_{Ex} 分别为膨胀土的压缩弹性模量和墙后膨胀土的计算宽度（可取 $2H_W$，H_W 为墙高）。膨胀土属于硬黏土，弹性模量 E_{sat} 范围为 $7\sim18$MPa。

假设位于挡墙上部的膨胀土不受底部约束的影响，无 EPS 减压层时，作用在挡墙上部的最大土压力为 P_L；当铺设 EPS 减压层并产生压缩变形 D 时，膨胀土与 EPS 减压层达到平衡：

$$P_L - DK_{Ex} = DK_{EPS} \tag{13-7}$$

作用在衬有 EPS 减压层的膨胀土挡墙上的侧压力为

$$\sigma_L = DK_{EPS} \tag{13-8}$$

膨胀土产生的侧压力沿墙高均匀分布。从图 13-28 可见，式（13-8）可以较为准确地计算衬有 EPS 减压层的膨胀土挡墙的侧压力。

实际工程设计时，具体计算步骤如下。

（1）取应变 $\varepsilon_{EPS} = 1\%$ 时 EPS 的压缩弹性模量 E_{EPS}。

（2）由式（13-5）计算 EPS 的刚度系数 K_{EPS}。

（3）EPS 产生的压缩变形 $D = T_{EPS} \times 1\%$，由式（13-8）计算挡墙上的侧压力。

13.5.3 EPS 板选择

EPS 的密度一般要求不小于 15kg/m³，压缩弹性模量不小于 5MPa。EPS 的密度与压缩弹性模量列于表 13-6 中。膨胀土挡墙 EPS 板设计参数如表 13-7 所示。

表 13-6　常用 EPS 板的弹性模量及密度

EPS 规格	密度 $\rho_{EPS}/$ (kg·m^{-3})	压缩弹性模量 E/MPa
EPS15	15	5
EPS20	20	8
EPS25	25	12

表 13-7　膨胀土挡墙 EPS 板设计参数

膨胀土胀缩等级	设计参数			铺设方式
	密度 $\rho_{EPS}/$ (kg·m^{-3})	压缩弹性模量/MPa	厚度 T_{EPS}/m	
弱膨胀土			$D \geqslant 0.30$	沿墙高
中膨胀土	$\geqslant 1500$	$5 \sim 10$	$D \geqslant 0.40$	等厚布置
强膨胀土			$D \geqslant 0.50$	

EPS 板的厚度一般要求不小于 30cm，计算公式为

$$T_{EPS} = \frac{S\varepsilon_{Ex}}{\sigma_L R_H} \tag{13-9}$$

式中，T_{EPS} 为 EPS 的厚度（cm）；R_H 为 EPS 对侧向膨胀力的减压率（%）；σ_L 为挡墙的土压力，由式（13-8）计算（kPa）；ε_{Ex} 为膨胀土的水平膨胀率（%）；S 为墙后回填膨胀土产生水平膨胀的计算范围，取 $2H_W$（H_W 为墙高）（m），当膨胀土回填的宽度不足 $2H_W$ 时，S 取实际宽度。

13.6　应用示范工程

13.6.1　工程概况

广西 G322 国道 K2301+750—K2301+950 段膨胀土路基边坡发生滑坡（图 13-31），滑体纵向长 72m，滑坡前缘宽约 38m，后缘宽约 110m，滑坡平面面积约 6188m^2。膨胀土自由膨胀率列于表 13-8 中，属于弱膨胀土。

表 13-8　现场地层膨胀性指标

地层号	地层名称	指标	平均值/%
①	填土 Q$_4$^{ml}	自由膨胀率	47.9
②	黏土 Q$_4$^{el}	自由膨胀率	47.6
		胀缩总率	6.83
③	泥岩 E$_2$-N$_y$^{2}	自由膨胀率	48.5

设计采用 EPS 减压桩板墙方案进行修复（图 13-32），即在桩间挡土板与板后回填膨胀土之间铺设 EPS，以减小路基膨胀性填土对挡土板产生的土压力。

图 13-31　路基边坡滑坡现场

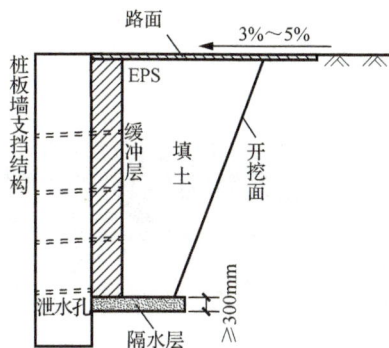

图 13-32　EPS 桩板墙加固方案

图 13-33 为路面结构、EPS 减压层、抗滑桩的高程及墙后填土、原地层等情况。桩板墙结构的抗滑桩长度约 15m，贯穿弱膨胀土①、黏土②和强风化泥岩③，嵌入中风化泥岩④中；路面结构总厚 1.0m，其下换填 1.0m 厚的砂土；采用的 EPS 厚 0.3m，高 3m，其顶面与换填砂土层齐平。

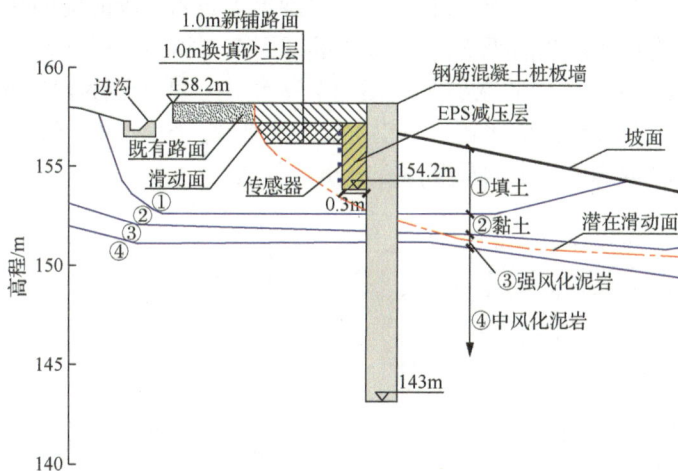

图 13-33　修复方案剖面图

13.6.2　监测元件埋设

设置 3 个试验段（图 13-34）：一是铺设密度 25kg/m³ 的 EPS 试验段（EPS25 试验段），长 12m；二是不铺设 EPS 的试验段（无 EPS 试验段），长 4m；三是铺设密度 15kg/m³ 的 EPS 试验段（EPS15 试验段），长 32m。

土压力计和水分计的埋设如图 13-35 所示，均埋置在同一标高处。其中土压力计编号从下至上依次为 TYx-1、TYx-2、TYx-3、TYx-4，编号中“x”代表试验段编号（EPS15 段编号为 1、无 EPS 段编号为 2、EPS25 段编号为 3）；水分计从下至上依次为 SFx-1、SFx-2、SFx-3。土压力计和水分计距离 EPS 板顶面的距离分别为 2.75m、2m、1.25m、0.5m，距离路面设计标高的距离分别为 3.75m、3m、2.25m、1.5m。将所有传感器由总线集成至采集传输箱，采用远程软件自动采集系统。

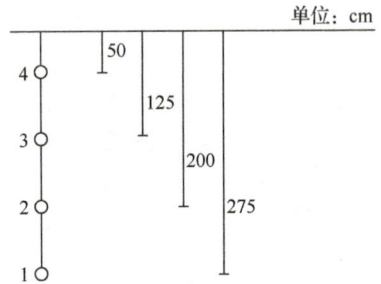

单位：cm

○代表土压力计及水分计所在位置；
⊥代表土压力计及水分计距地面距离。

图 13-34　试验段布置　　　　　　　图 13-35　监测元件埋设深度

13.6.3　监测结果分析

图 13-36 给出了 3 个试验段 3.75m 深度处土压力的变化（图中代号 TY1 表示 EPS15 试验段的土压力，代号 TY2 表示无 EPS 试验段的土压力，代号 TY3 表示 EPS25 试验段的土压力）；图 13-37 给出了 EPS25 试验段 3 个深度处含水量随时间的变化；表 13-9 总结了各水平土压力计实测值的平均值及 EPS 的减压率（指同一深度处铺设 EPS 后的土压力相对于无 EPS 时土压力的减小率）；图 13-38 给出了 3 个试验段平均水平土压力沿深度的分布，以及与理论值的比较，静止土压力系数 K_0 采用 Jaky（1944）公式计算，$K_0 = 1 - \sin\varphi'$，φ' 取 30°，土的重度 γ 取 19kN/m^3。

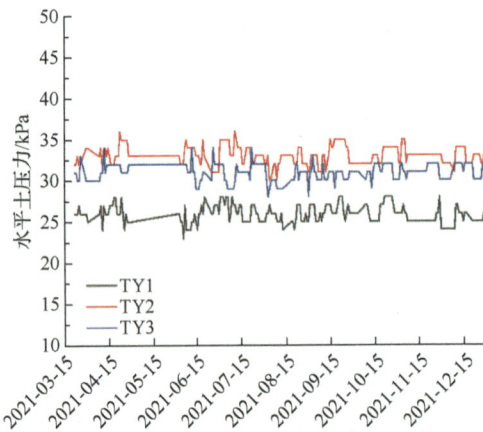

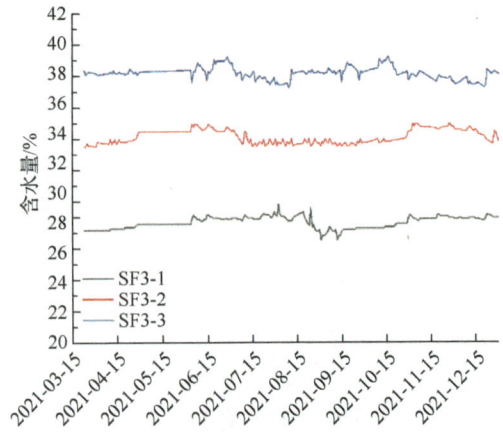

图 13-36　3 个试验段 3.75m 深度处土压力的分布

图 13-37　EPS25 试验段 3 个深度处含水量随时间的变化

表 13-9　实测土压力平均值与 EPS 减压率

EPS 规格	深度/m	土压力计编号	实测土压力/kPa	减压率/%
EPS15	1.5	TY1-4	10	80
	2.25	TY1-3	17	23
	3	TY1-2	20	17
	3.75	TY1-1	26	21

EPS 规格	深度/m	土压力计编号	实测土压力/kPa	减压率/%
EPS25	1.5	TY3-4	30	40
	2.25	TY3-3	21	5
	3	TY3-2	25	-4
	3.75	TY3-1	31	6
无 EPS	1.5	TY2-4	50	
	2.25	TY2-3	22	
	3	TY2-2	24	
	3.75	TY2-1	33	

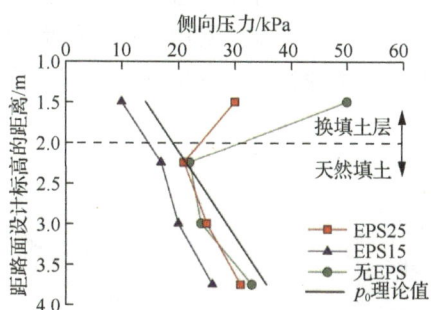

图 13-38　3 个试验段平均水平土压力沿深度的分布及与计算值的比较

　　土压力和含水量波动较小。这是由于填土表面被修复后的路面结构所覆盖，路基侧面有桩板墙结构的隔挡，受到外界环境变化的影响小，含水量变化不明显，相应的土压力变化也较小；在深度 1.5m 范围内，换填土层的实测土压力较大，远超过了静止土压力的计算值，这是由于填土碾压施工过程中，重型压路机产生了侧向应力。设有 EPS 减压层的桩板墙实测土压力小于没有 EPS 的土压力，在深度 1.5m 处，EPS 的减压率达到了 40%~80%，在更深的原路基填土中，EPS 的减压率最高也达到了 23%。设有 EPS15 减压层的膨胀土土压力小于设有 EPS25 减压层的土压力，相同厚度 EPS 的密度越小，减压效果越明显。

14 膨胀土边坡支挡的抗滑桩技术

14.1 门式抗滑桩

门式抗滑桩是指在滑坡体适当位置布设两排组合桩（靠近滑坡剪出口位置的称为前排桩，远离剪出口的为后排桩），在桩顶通过连梁将前、后两排桩连接而成的一种空间组合支护结构，连梁与桩之间采取刚性连接，因结构形式与门框相似，称为门式抗滑桩（图14-1）。门式抗滑桩后排桩受拉，前排桩受压，每榀门形刚架桩由两根竖向桩和一根横梁组成，能承受较大的推力，也能抵抗较大的弯矩，抗变形能力较强。

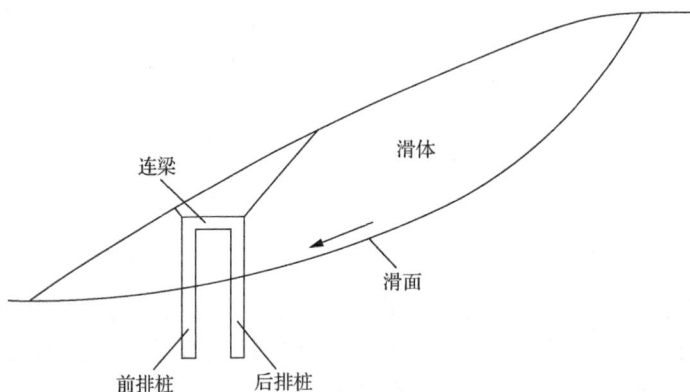

图 14-1 门式抗滑桩示意图

与普通单排抗滑桩相比，门式抗滑桩具有以下优点。

（1）具有较大的侧向刚度，桩顶位移较小，可以抵抗较大的滑坡推力。

（2）前、后排桩与桩顶连梁共同形成空间结构，通过连梁（板）调整前、后排桩的受力状况，可以有效地减小桩身内力，使整个结构受力更加合理。

（3）滑坡推力由两排桩分担，每排桩的截面尺寸比只设置单排桩的尺寸小，便于施工。

14.1.1 设计方法

门式抗滑桩设计的主要内容包括：①平面布置，包括桩位、桩间距；②断面布置，包括桩顶高程、桩长、桩的截面尺寸；③桩的配筋设计及钢筋布置图。

门式抗滑桩设计计算的主要步骤为：①由膨胀土边坡稳定分析计算，确定滑裂面、稳定层、滑动区、阻滑区、滑坡推力；②由计算分析和预测数据，确定门式抗滑桩的最佳布设位置；③根据滑坡推力大小，拟定抗滑桩长、锚固段长度、截面尺寸和桩间距；④计算门式抗滑桩应力及变形；⑤校核地基强度、应力及变形，若桩身作用于地基的弹性应力超过地层的容许值或者小于容许值过多，或应力及变形超过门式抗滑桩材料的极限，或不经济，或变形超出其他结构的容许值，则应调整桩的埋深或桩的截面尺寸或桩间距，重新计算直至符合规范设计要求为止；⑥根据应力计算结果进行结构设计。

作用于门式抗滑桩上的外力包括：滑坡推力（包括地震区地震力）、桩前滑体抗力（桩前滑体稳定时考虑，可能滑走时不考虑）、锚固段地层水平抗力和门式抗滑桩内力。桩侧摩阻力和黏聚力及桩身重力和桩底反力通常不计。

1）边坡滑坡推力

采用传递系数法（也称剩余推力法）计算边坡滑坡推力。在不考虑静（动）水压力和地震力作用的情况下，对于单个滑块而言，其第 i 个条块的剩余推力计算式如下：

$$E_i = k \cdot W_i \cdot \sin\alpha_i - W_i \cdot \cos\alpha_i \cdot \tan\phi_i - c_i \cdot L_i + E_{i-1} \cdot \psi_i \qquad (14\text{-}1)$$

式中，E_i 为第 i 个条块滑体的剩余下滑力（kN/m），方向指向下滑方向并平行于第 i 个条块滑面，当 $E_i \leqslant 0$ 时，在给定的安全系数下，不会发生滑动；当 $E_i > 0$ 时，在给定的安全系数下，会发生滑动。E_{i-1} 为第 i-1 个条块滑体的剩余下滑力（kN/m），方向平行于第 i-1 个条块滑面。W_i 为第 i 个条块滑体的重量（kN/m）。ψ_i 为剩余下滑力传递系数，$\psi_i = \cos(\alpha_i - \alpha_{i-1}) + \sin(\alpha_i - \alpha_{i-1}) \cdot \tan\phi_i$。$c_i$ 为第 i 个条块所在滑面上的单位黏聚力（kPa）。L_i 为第 i 个条块所在滑面的长度（m）。ϕ_i 为第 i 个条块所在滑面上的摩擦角（°）。α_i 为第 i 个条块滑面的倾角（°）。k 为安全系数。

2）桩前滑体抗力

桩前滑体抗力是指滑动面以上桩前滑体对桩的反力。强膨胀土因其特殊的工程性质，桩前土体稳定性差可能滑走，为此在门式抗滑桩设计计算时建议不考虑桩前滑体抗力。如果设置桩前土体稳定，则考虑桩前滑体抗力的作用，当剩余抗力大于桩前被动土压力时，采用被动土压力。

计算时应注意，因强膨胀土裂隙面（结构面）的抗剪强度远小于土体本身的抗剪强度，滑体沿着裂隙面滑动时，裂隙面（结构面）以上的滑体不能充分发挥其弹性抗力。桩前裂隙面（结构面）处的剩余抗力应是桩前滑体所能提供抗力的控制值。

3）锚固段地层水平抗力

采用地基系数法来计算锚固段地层水平抗力。

假定地层为弹性介质，即为弹性构件，作用于桩侧任一点 y 处的弹性抗力表示为

$$\sigma_y = KB_p x_y \qquad (14\text{-}2)$$

式中，x_y 为地层 y 深度处的水平位移值；B_p 为桩的计算宽度，当矩形宽度 B（或圆形桩直径 d）>0.6m 时，桩的计算宽度 B_p 为：矩形桩 $B_p = B+1$（m），圆形桩 $B_p = 0.9(d+1)$（m）；K 为地基系数（kN/m³），即在弹性变形限度内，使单位面积的岩土产生单位压缩变形所需要施加的力，计算式如下：

$$K = \frac{\sigma}{\Delta} \qquad (14\text{-}3)$$

式中，σ 为单位面积上的压力；Δ 为变形。

一般认为地基系数 K 随深度 y 按幂函数规律变化：

$$K = m(y + y_0)^n \qquad (14\text{-}4)$$

式中，K 为嵌固段地基系数（kN/m³）；m 为地基系数随深度变化的比例系数（kN/m⁴）；n

为与岩土特性有关的参数；y_0 为门式抗滑桩桩前滑体厚度（m）；y 为嵌固段底端距滑面深度（m）。

地基系数与滑床土体性质相关，概括为下列情况。

（1）K 法。地基系数为常数，即 $n=0$。滑床为较完整的岩质和硬黏土层。

（2）m 法。地基系数随深度呈线性增加，即 $n=1$，$K = m \cdot (y + y_0)$。滑床为硬塑～半坚硬的砂、黏土、碎石土或风化破碎成土状的软质岩层。

（3）C 法。K 值随深度为外凸的抛物线，即 $0<n<1$。

4）门式抗滑桩内力

采用有限元法计算门式抗滑桩内力。力学模型简化为弹性地基梁模型，不考虑桩前土的影响，模型顶、底均为自由端；采用梁单元和弹簧单元，计算模型如图 14-2 所示。

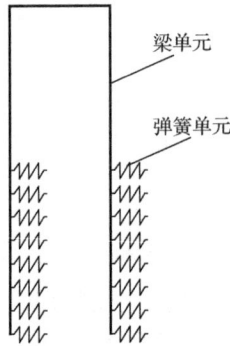

图 14-2　门式抗滑桩力学模型

（1）受荷段长度。门式抗滑桩的受荷段长度就是滑动面以上门式抗滑桩的长度，该部分桩体主要承受滑坡推力和滑体剩余抗力。

（2）锚固段深度。桩的锚固段深度与稳定地层的强度、滑坡推力大小、桩的刚度、桩的截面形状及间距、是否考虑桩前滑体剩余抗力等因素有关，影响因素复杂。门式抗滑桩锚固过浅，稳定性差；锚固过深，造成浪费，施工困难。

确定门式抗滑桩的锚固深度时主要考虑如下两个因素。

① 门式抗滑桩传递到滑动面以下地层的侧壁应力不大于地层的侧向容许抗压强度。对于埋设于强膨胀土地层的门式抗滑桩，在滑体推力作用下，桩发生转动变位，当桩周土体达到极限状态时，桩前土产生被动抗力，桩后土产生主动压力。显然，桩身某点对地层的侧壁压应力不应大于该点被动土压力与主动土压力之差：

$$\sigma_p - \sigma_a \geqslant \sigma_{max} \tag{14-5}$$

$$\sigma_p = \gamma y \tan^2(45° + \varphi / 2) + 2c \tan(45° + \varphi / 2) \tag{14-6}$$

$$\sigma_a = \gamma y \tan^2(45° - \varphi / 2) + 2c \tan(45° - \varphi / 2) \tag{14-7}$$

式中，σ_p 为被动土压力；σ_a 为主动土压力；σ_{max} 为地层土体所允许的最大侧壁压应力；γ 为地层土体的容重；y 为地面至计算点的深度；φ 为地层土体的内摩擦角；c 为地层土体的黏聚力。

一般验算桩身最大侧壁压应力不满足式（14-5）要求时，应调整桩的锚固深度或桩的截面尺寸、桩间距，直至满足要求为止。

② 外部结构对门式抗滑桩桩顶位移有限制时，桩顶位移不应超过外部结构要求的最大允许位移值，即应满足：

$$\Delta x_y \leqslant \Delta x_{max} \tag{14-8}$$

式中，Δx_y 为桩顶处的位移；Δx_{max} 为外部结构所允许的最大位移。

当抗滑桩布设于膨胀土过水断面时，因过水断面须进行混凝土衬砌防护，因此门式抗滑桩桩顶所允许的最大位移由衬砌板所能承受的最大变形决定。当门式抗滑桩位移不满足设计要求时，应增大锚固段深度。综合调整锚固段深度、桩间距和桩的截面尺寸，门式抗滑桩锚固长度一般为桩长的 0.5～0.67 倍。

14.1.2　应用示范工程

1. 工程概况

S246 胥河公路大桥全长 221m，桥面宽 12m。墩台采用钻孔灌注桩基础，桩径 1.2m 和 1.5m，桩长 30～35m。桥址两岸为高坡地，坡上杂草丛生，南岸坡体较平缓，为多级平台与陡坡相接；北岸较陡，坡上松树、竹林密集。

桥址区地层为第四系松散堆积物及白垩系沉积岩，由上而下分别为素填土（松散）、粉质黏土（可塑～硬塑）、黏土（硬塑～坚硬）；基岩为泥岩或砂质泥岩（白垩纪）风化带。土层为中～弱膨胀性土，岸坡属于膨胀土边坡。膨胀土分布具有明显的非均质性，总体趋势为深度愈大膨胀性愈明显。上部土层为非膨胀性土、弱膨胀性土，均质性差；下部土层以中膨胀土、弱膨胀土为主，夹非膨胀土层；风化（泥质）泥岩表现为弱膨胀性岩土为主，夹无膨胀性、中膨胀性岩土层。

南岸桥墩向河中严重偏移，护面结构发生了开裂，个别桥墩倾斜严重，且有继续发展态势。①桥面系及支座：支座偏移量在发展中，发展速度较快，位移速率大致为 4.1～6.2mm/月。②上部结构：箱梁底板有多处露筋锈蚀现象；箱梁左右侧腹板存在多条竖向和斜向裂缝。③下部结构：桥台护坡有沉降、开裂现象；墩台下缘发现多条横向裂缝，宽度 0.1～3.0mm，如图 14-3 所示。采用 JD-1 全孔壁成像系统对墩柱基桩进行钻芯法全孔壁的成像测井试验，发现基桩存在明显裂缝，桩身断裂位置分布在 5～13m 深度不等，多集中在 8～10m 深度。典型裂缝图像片段孔壁摄像成果如图 14-4 所示。

图 14-3　大桥典型病害

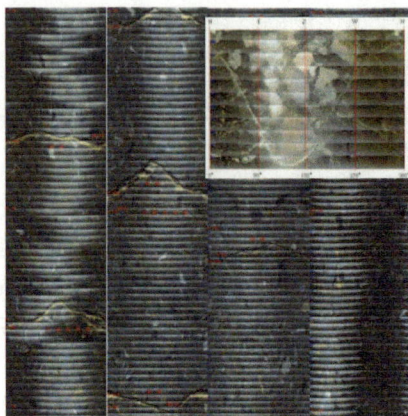

图 14-4　基桩全孔壁摄像成果（片段）

2. 南岸边坡稳定性分析

滑动面确定：桥梁基桩发生了断裂，断裂发生在地表下 10～13m 范围内，滑动面应在此范围的上界。多处护岸浆砌片石裂缝近似平行于河道走向且对称于桥梁中心线，说明边坡滑移方向与河道走向近似垂直。滑动面位置如图 14-5 中滑动面 1 所示。由于航道升级改造开挖后出现较大临空面，导致航道河岸边坡存在滑动面下移的可能，推测滑动面将下移 2m，以图 14-5 中滑动面 2 验算稳定性。

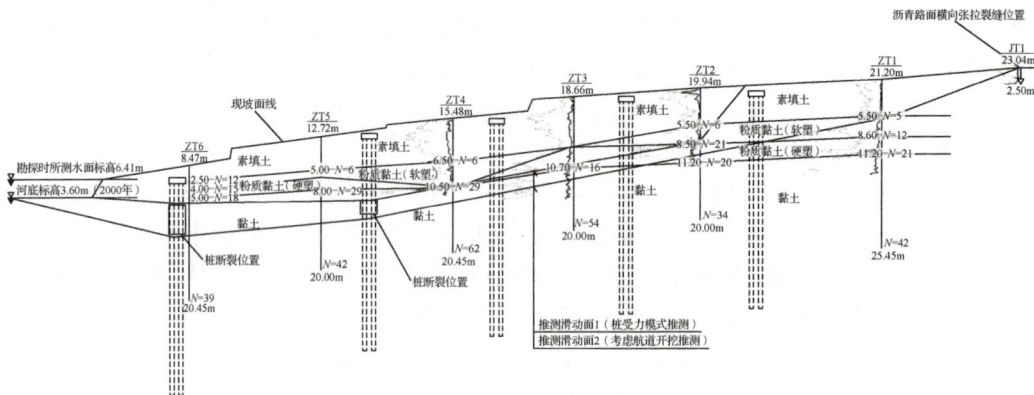

图 14-5　南岸滑动面推测

滑动面参数反演：南岸边坡参数反演和剩余下滑力计算采用传递系数法（也称为剩余推力法），土工参数为 $c=6$kPa，$\varphi=5°$。

3. 北岸边坡稳定性分析

北岸边坡的计算参数比南岸边坡的岩土参数适当提高，取值为 $c=10$kPa，$\varphi=8°$。

北岸滑动面为规划航道施工开挖切脚后边坡的推测滑动断面，假定为单一均质土层，采用瑞典圆弧法计算稳定性系数，最小值对应目标滑动面。北岸推测滑动面如图 14-6 所示。以升级后航道中心线为坐标原点，推测滑动面以建设驳岸切脚为起点延伸到顶部地面。

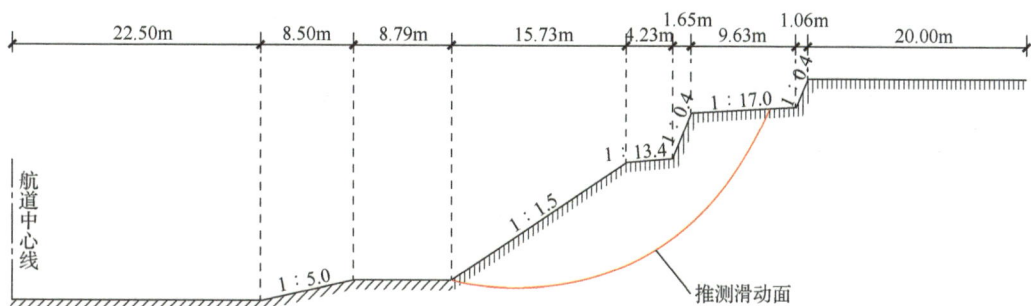

图 14-6 北岸滑动面推测

4. 岸坡滑移处治方案

滑坡治理方案可概括为门式抗滑桩+减载换填+防渗保湿+隔离桩墙。门式抗滑桩设计方案如图 14-7 所示。

1）门式抗滑桩

为保证新建桥梁桩基础的安全，采用门式抗滑桩，如图 14-8 所示。

（1）在南岸边坡桩基 35m 范围内顺桥向布置 3 排桩；每排布置 7 榀门架式桩，桩间距 5m。

（2）在北岸边坡桩基 35m 范围内顺桥向布置 1 排桩；同样为 7 榀门架式桩，桩间距 5m。

（3）桩顶标高与边坡设计坡面线相一致，但低于设计坡面线 1～2m。

（4）平面布置是在滑坡推力计算后，按每排桩均匀分担滑坡推力考虑，同时兼顾新建桥桩、旧桥桥桩对门式抗滑桩设置的影响。

（5）门式抗滑桩与新建桥桩净距控制为 4m。

采用门架式形式，每榀门式抗滑桩由桩肢及冠梁（系梁）构成，具体形式为：①桩肢断面为矩形，1.6m×2.0m，南岸最上端一排桩的桩肢长 29m（计入冠梁高度的桩长 31m）；其余两排桩的桩肢长 23m（计入冠梁高度门式抗滑桩长 25m）。②冠梁断面为矩形（6m×2.0m），长 4m（桩肢间净距）。③同一排门式抗滑桩（仅中间 5 榀）之间采用系梁连接，系梁断面为矩形：1.6m×2.0m。

2）边坡防排水措施

边坡防排水主要采用坡面排水和周边截水沟排水两种方式。

坡面水平方向每隔 20m 设一道排水沟，并采用"八"字形排水沟连接上、下两级排水沟，将雨水引至胥河航道。截水沟布设在边坡后缘裂缝 3m 以外。

边坡采用种植草（如香根草）及灌木等植物护坡，实施固土保湿。

3）膨胀土改性措施

驳岸后方自驳岸底脚 1∶1.5 坡度范围内及减载后边坡 2～3m 深度范围内的土层，应换填为弱透水非膨胀土。采用掺石灰改良膨胀土为非膨胀性土，使其自由膨胀率不大于 20%。

膨胀土改良参数初步定为：石灰土分两次掺拌，先掺加 2% 的生石灰闷料 3d，再次掺加 3% 的熟石灰搅拌，闷料 2d 后进行压实回填。

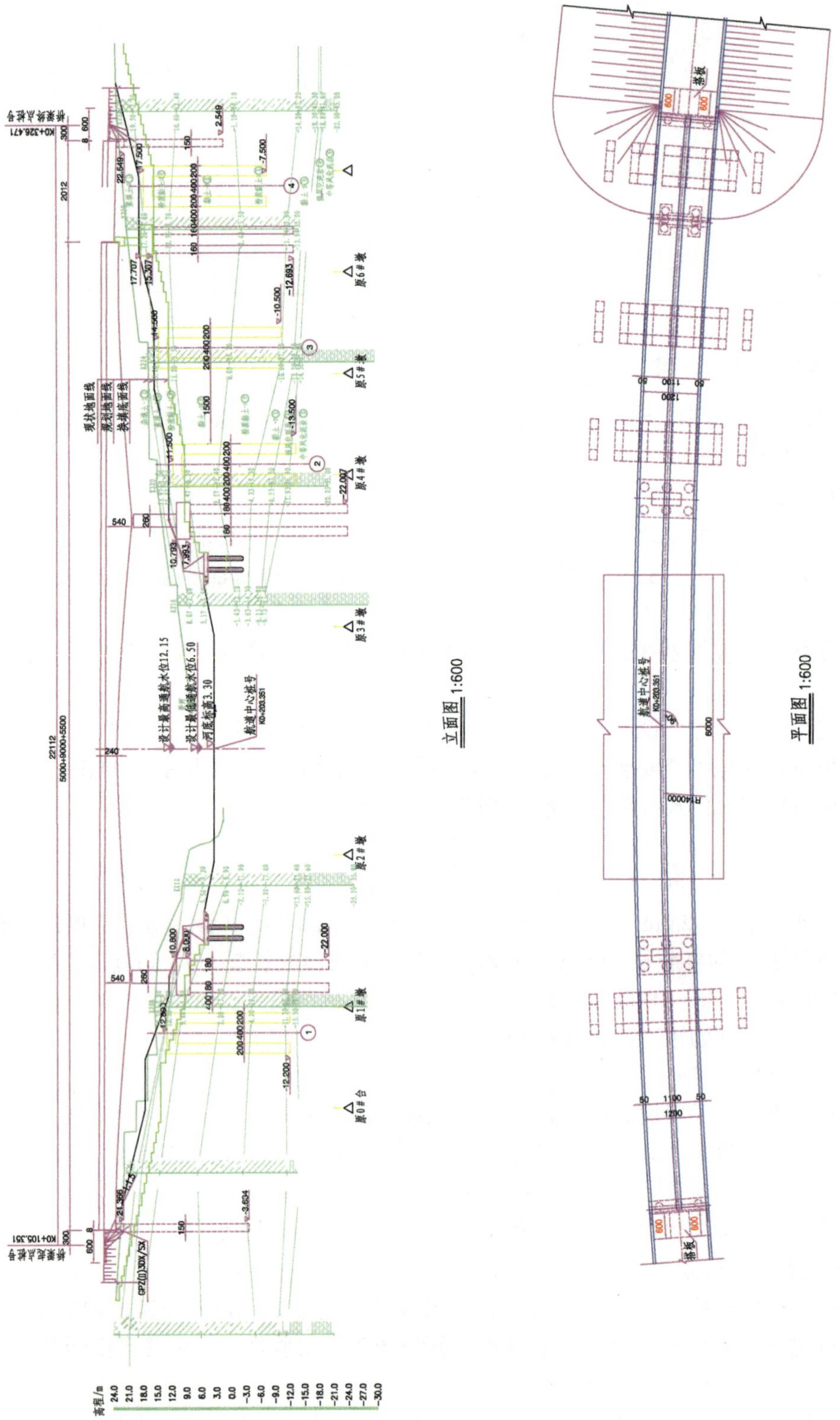

立面图 1:600

平面图 1:600

图 14-7 门式抗滑支挡方案（设计剖面）

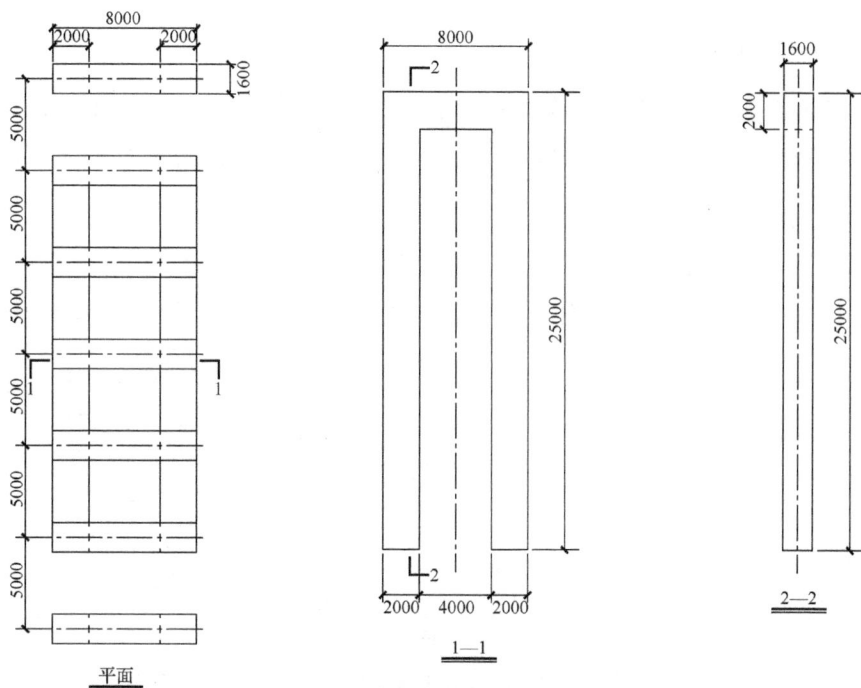

图 14-8　门式抗滑设计方案（桩身尺寸）

4）边坡隔离措施

为减免抗滑桩设置区域东西两侧土体可能下滑位移的拖曳作用荷载，在减载换填区域的边缘设置隔离桩，形成隔离带。隔离桩孔间距 350mm，深 8～10m，共设 2 排，交错布置。钻孔可采用 ϕ149mm 钻头施工，孔内填充聚乙烯泡沫颗粒，并用黄泥封孔，详细见设计图 14-9。

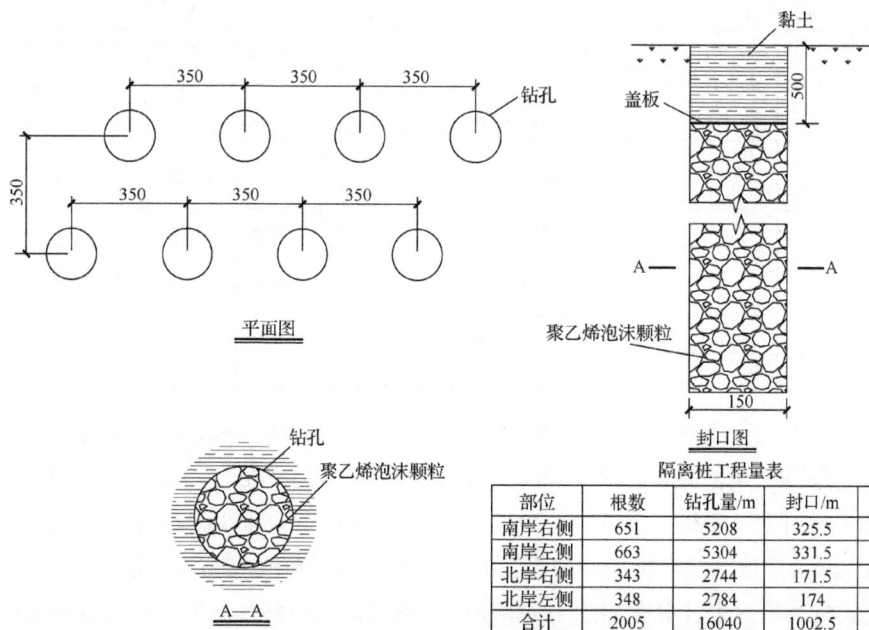

隔离桩工程量表

部位	根数	钻孔量/m	封口/m	盖板/个
南岸右侧	651	5208	325.5	651
南岸左侧	663	5304	331.5	663
北岸右侧	343	2744	171.5	343
北岸左侧	348	2784	174	348
合计	2005	16040	1002.5	2005

图 14-9　隔离桩设计方案

5. 南岸门式抗滑桩计算

采用传递系数法计算南岸边坡滑坡推力，剩余下滑力曲线如图 14-10 所示。计算安全系数取 1.25。通过调整试算，合理布置抗滑桩的位置，每根抗滑桩的受力见表 14-1。

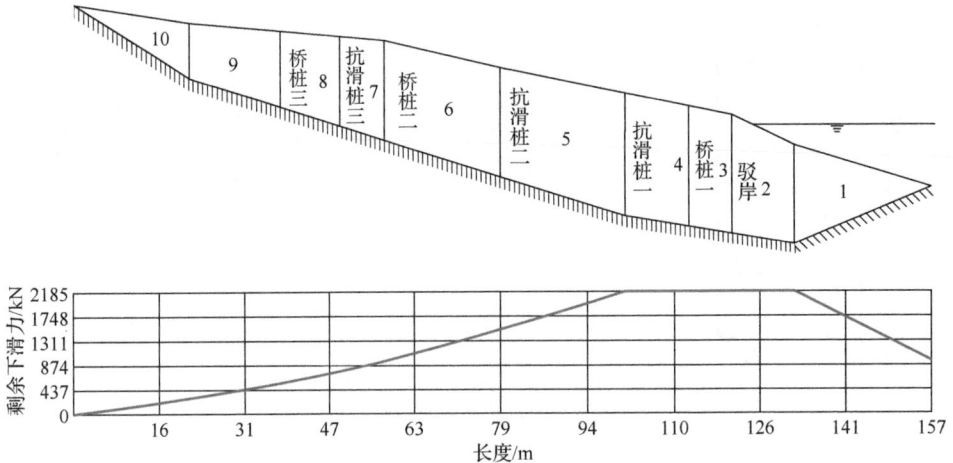

图 14-10 南岸边坡剩余下滑力曲线

注：图中 1、9、10 为土块。

表 14-1 南岸抗滑桩推力计算表

序号	1	2	3	4	5	6	7	8	9	10
结构物	土块	驳岸	桥桩一	抗滑桩一	抗滑桩二	桥桩二	抗滑桩三	桥桩三	土块	土块
传递推力/kN	0	303.45	531.349	747.544	942.063	1508.3	2184.315	2164.059	2162.431	2153.797
传递系数	0.969	0.972	1	1	1	1	0.987	1	1	0.922
下滑力/kN	542.675	837.791	983.204	1138.957	2053.472	2808.944	2508.915	2387.758	2461.34	1438.028
抗滑力/kN	239.225	306.442	235.66	196.894	545.172	624.629	344.856	225.327	307.543	439.724
剩余下滑力/kN	303.45	531.349	747.544	942.063	1508.3	2184.315	2164.059	2162.431	2153.797	998.304
修正传递推力/kN				0	194.519	0	0	8.140095		
修正下滑力/kN				391.413	1305.928	1300.644	352.996	223.699		
修正剩余下滑力/kN				194.519	760.756	676.015	8.140	-1.628		
桩后推力/kN			747.544		760.756	676.015				
桩前抗力/kN			0		0	0				

门式抗滑桩内力计算：门式抗滑桩嵌入段为坚硬状黏土，土层的弹性抗力按 m 法确定。以滑动面的顶点为 y 坐标原点，式（14-4）中的参数为 $m=5MN/m^4$，$y_0=4m$，$n=1$。滑坡推力按 800kN/m 计算，两榀抗滑桩中心距 5m，每根抗滑桩受力 4000kN。抗滑桩所受推力按矩形分布，滑动面位于抗滑桩顶部向下 12m 的位置，即受荷段 12m 长，锚固段 13m 长。南岸边坡门式抗滑桩内力计算图如图 14-11 所示。桩顶最大位移（水平向）为 6.94cm。

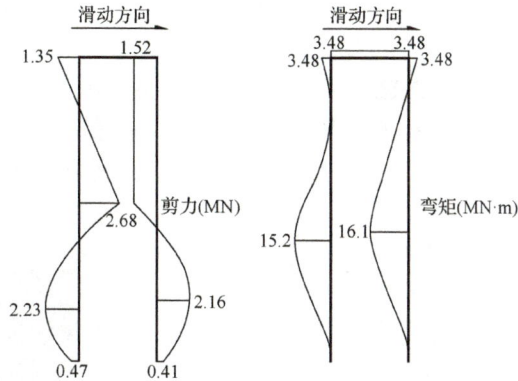

图 14-11　南岸边坡门式抗滑桩内力计算图

6. 北岸门式抗滑桩计算

北岸边坡滑坡推力计算仍采用传递系数法，剩余下滑力曲线如图 14-12 所示。

北岸边坡剩余下滑力最大为 952kN/m，设置一排抗滑桩即可。滑坡推力按 900kN/m 设计，每根抗滑桩受力 4500kN。北岸边坡门式抗滑桩内力计算图如图 14-13 所示。桩顶最大水平位移为 7.44cm。

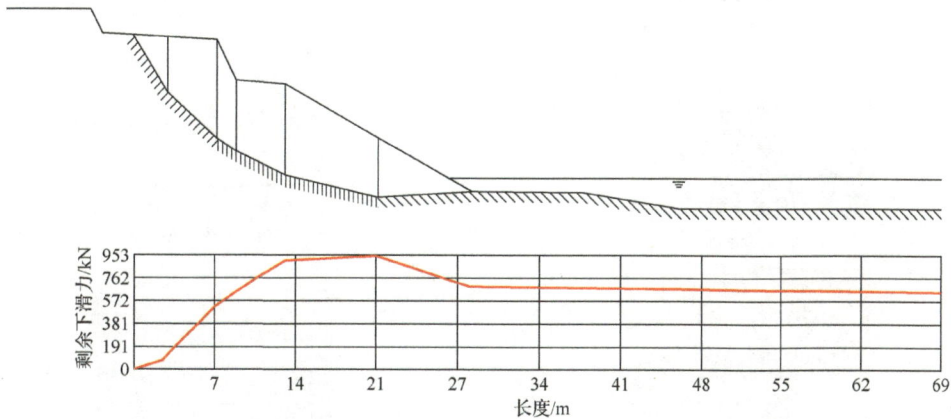

图 14-12　北岸边坡剩余下滑力曲线

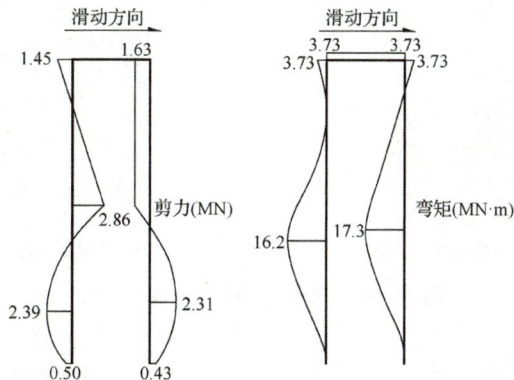

图 14-13　北岸边坡门式抗滑桩内力计算图

7. 施工方法

门式抗滑桩采用人工挖孔法施工，具体施工流程为：施工准备—清表施工—孔口定位—人工开孔—锁口—人工挖孔（跟进护壁）—验孔—下放钢筋笼—浇筑混凝土—系梁施工—回填土施工—排水沟施工—绿化植草。相关施工过程和完工效果如图 14-14 所示。

（a）孔口钢筋绑扎（锁口）

（b）内齿式钢筋混凝土护壁及孔内挖孔施工

（c）地面人工挖孔施工

（d）吊装钢筋笼

（e）下放钢筋笼

（f）驳岸工程

（g）绑扎系梁钢筋笼

（h）系梁浇筑成型

（i）南岸岸坡抗滑桩布设位置示意图

（j）北岸边坡抗滑桩布设位置示意图

图 14-14　门式抗滑桩现场施工过程

8. 现场监测

现场监测内容包括地表位移、深层位移、抗滑桩内应力等，测点布置如图 14-15 所示。

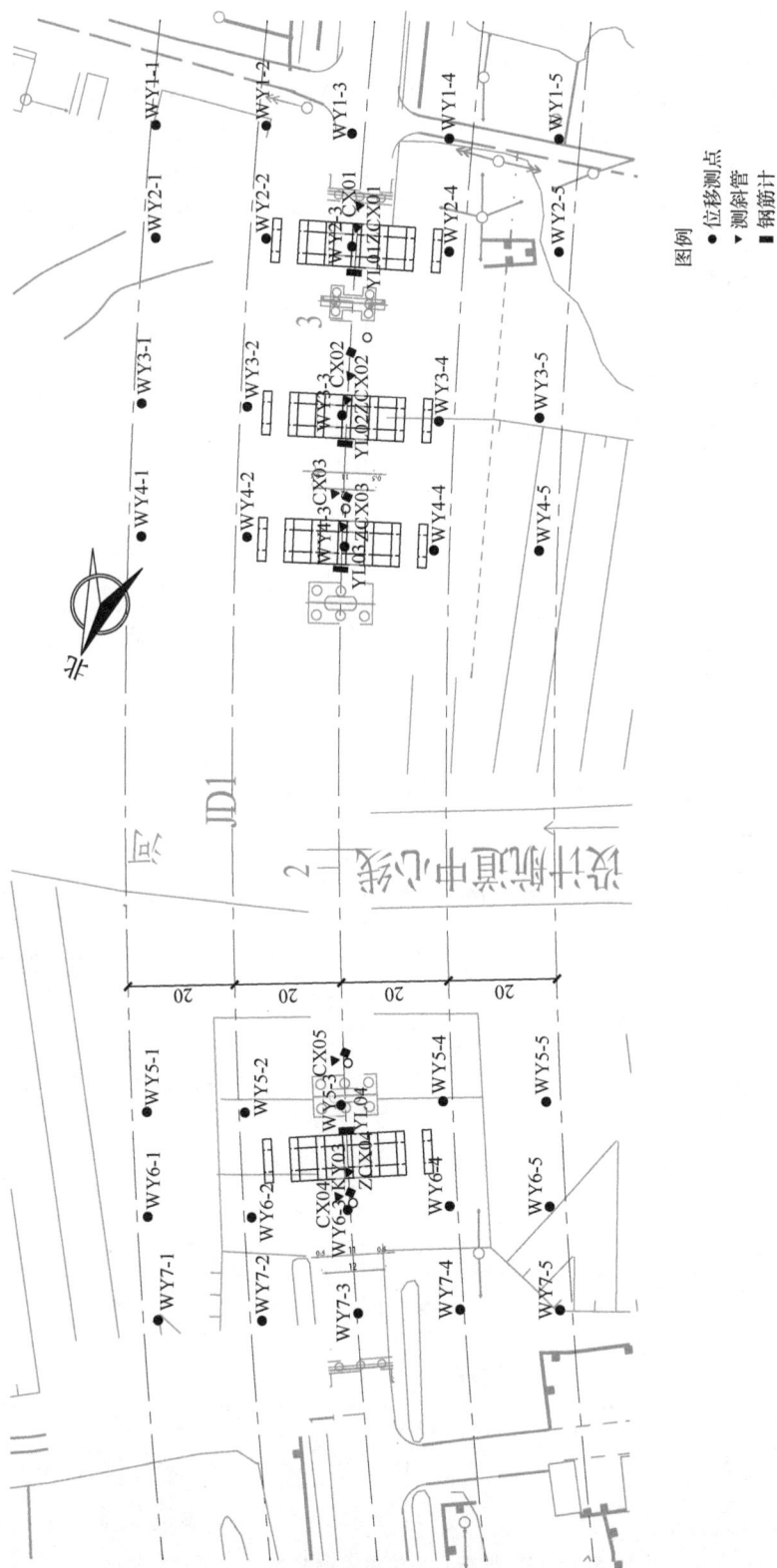

图 14-15 测点布置图

1）地表位移

门式抗滑桩处治滑坡施工完成后 2011 年 12 月至次年 3 月，对地表选取典型位置进行形变监测，部分地表监测点（WY1-1、WY2-5、WY3-2、WY6-5、WY5-2、WY5-4，均为水平位移与垂直位移共同监测点）监测结果如图 14-16 和图 14-17 所示（X 为南北方向且北为正，Y 为东西方向且东为正）。各测点水平向累计位移均在 83mm 以内，南岸靠近道路处测点位移较大；垂直向累计位移在 60mm 以内，且变化趋势趋于稳定，变形在允许范围内。

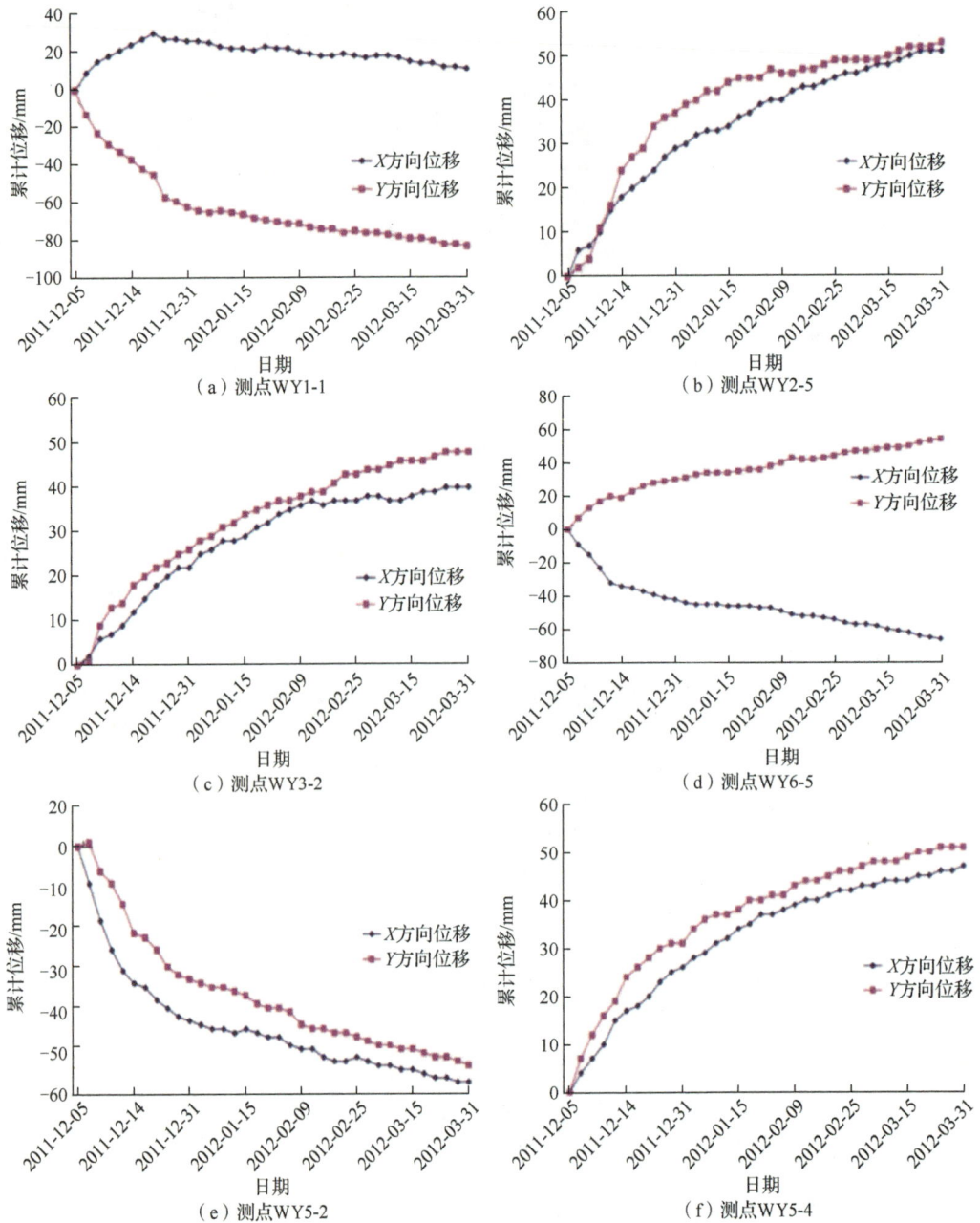

（a）测点WY1-1

（b）测点WY2-5

（c）测点WY3-2

（d）测点WY6-5

（e）测点WY5-2

（f）测点WY5-4

图 14-16　地表水平位移监测曲线

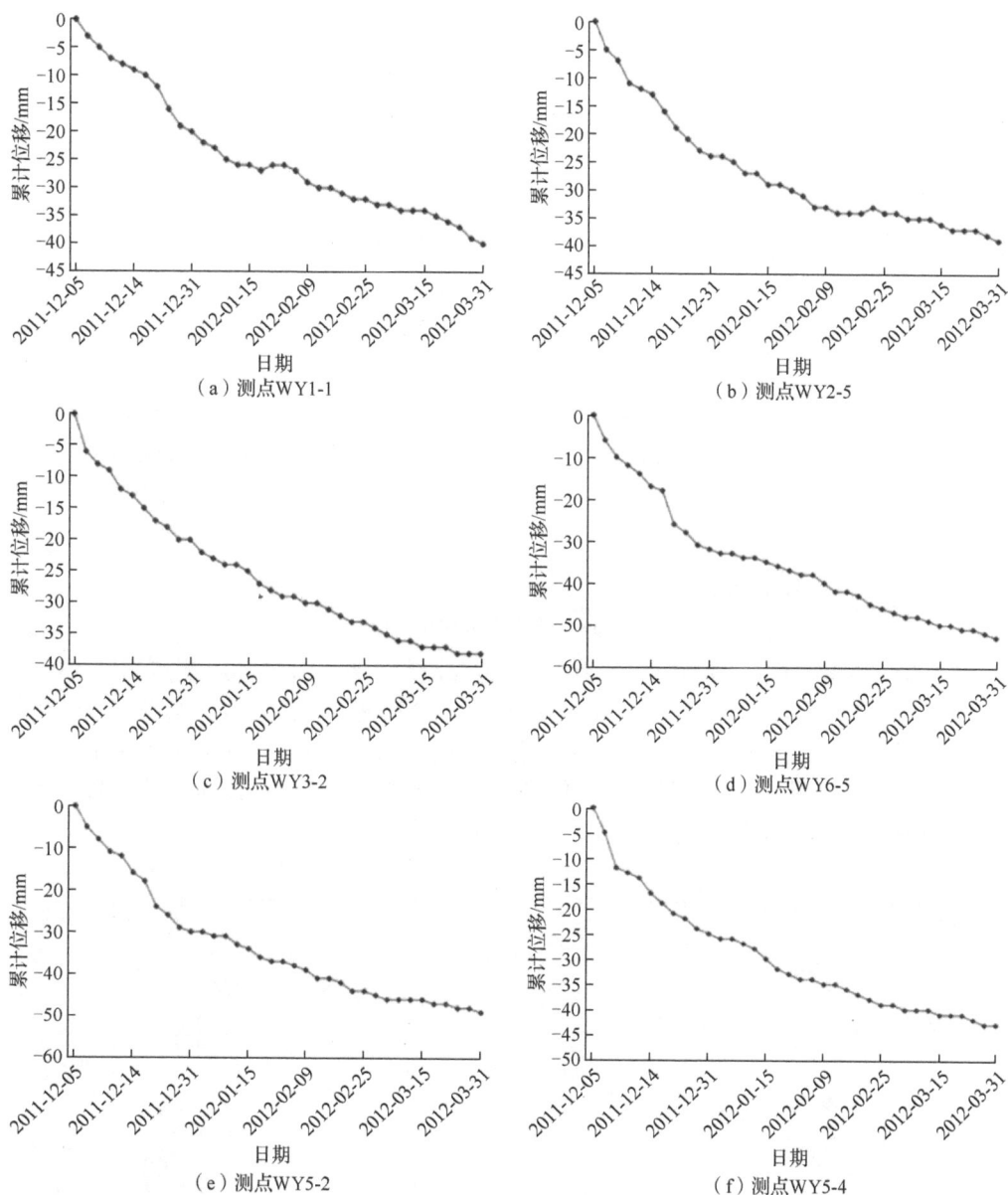

（a）测点WY1-1

（b）测点WY2-5

（c）测点WY3-2

（d）测点WY6-5

（e）测点WY5-2

（f）测点WY5-4

图 14-17 垂直位移监测曲线

2）深层位移

南岸 CX02 测点 10～15m 深度区间仍存在明显潜在滑动面，如图 14-18 所示。CX03 除管口附近由于 2012 年 5～7 月施工影响位移量变化较大，其他测点滑动已经不明显，同时测斜曲线部分重叠或者出现小幅反弹，门式抗滑桩有效减小了滑动力，土体处于相对稳定状态。

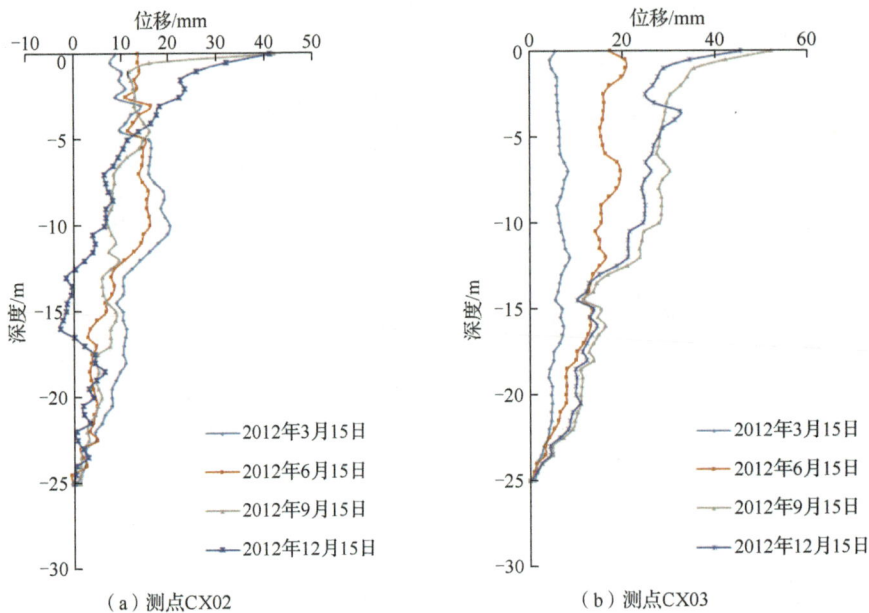

（a）测点CX02

（b）测点CX03

图 14-18　南岸边坡深层位移

通过对 CX04、CX05 测点进行深层水平位移测斜，在北岸 CX04 测点 10～15m 深度区间仍存在明显潜在滑动面，如图 14-19 所示，位移变化幅度较大，其他深度土体基本稳定，6、7 月的监测值变化较大，可能是期间由于系梁施工、压实回填土施工而产生的影响。7 月孔口附近位移量较大，可能是期间填土施工而产生的影响，从 9 月开始孔口附近位移量也已经明显减弱，土体处于稳定状态。

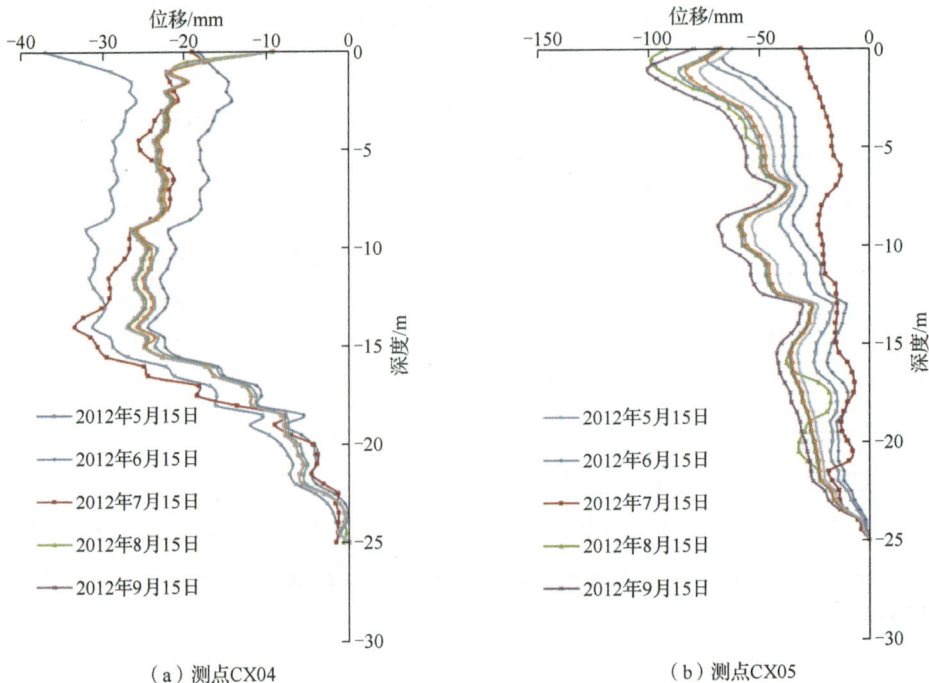

（a）测点CX04

（b）测点CX05

图 14-19　北岸边坡深层位移

对 ZCX02、ZCX03 进行桩内测斜监测，结果如图 14-20 所示，施工期间的水平位移变化大，施工完成后总桩内位移量变化小，桩内位移量小。

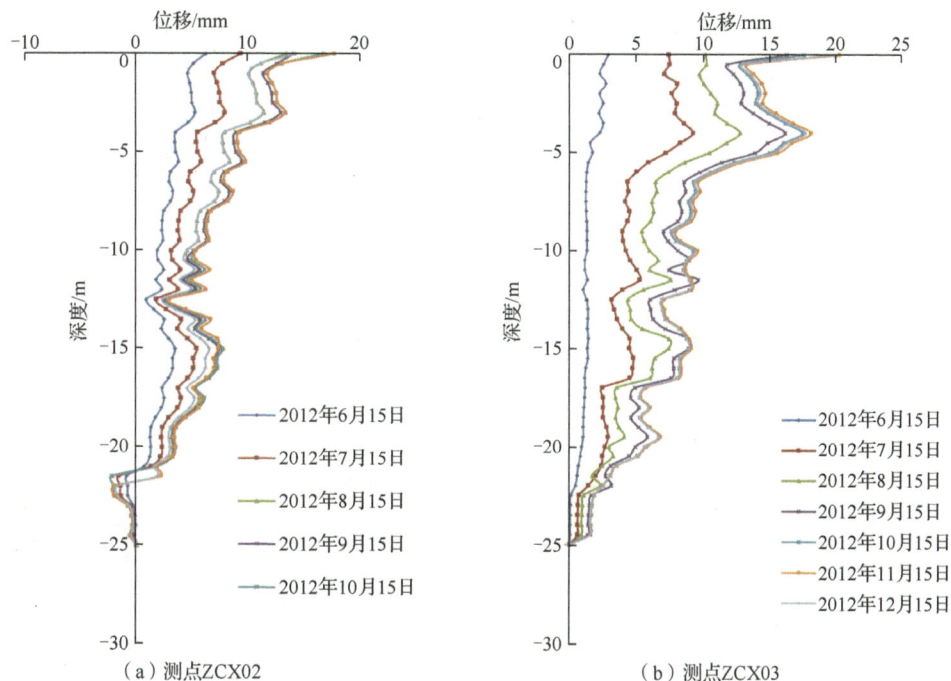

（a）测点ZCX02　　　　　　　　　　（b）测点ZCX03

图 14-20　南岸边坡桩内位移

3）抗滑桩内应力

门式抗滑桩内部沿桩身布置钢筋计（图 14-21），监测桩体受力特征和内应力的分布规律，结果如图 14-22 所示，其桩体内应力监测点平面布置图如图 14-15 所示。YL02 测点轴力值无明显变化且均在设计值范围内；YL03 测点（南岸靠近河道）钢筋内力接近 0，这一排桩受力很小，滑坡推力明显降低；YL04 测点北桩处（北岸背离河道）钢筋内力明显大于 YL04 测点南桩处（北岸靠近河道）钢筋内力，门式抗滑桩抗滑效果明显。

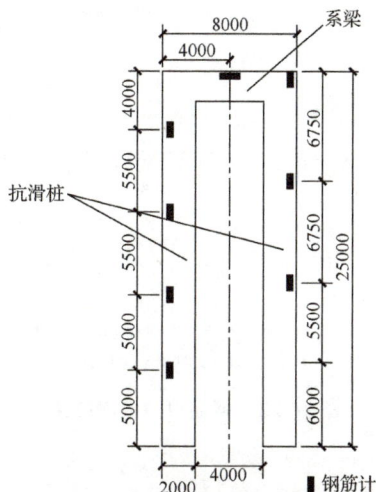

图 14-21　钢筋计布置示意图

（a）测点 YL02

（b）测点 YL03

（c）测点 YL04北桩

（d）测点 YL04南桩

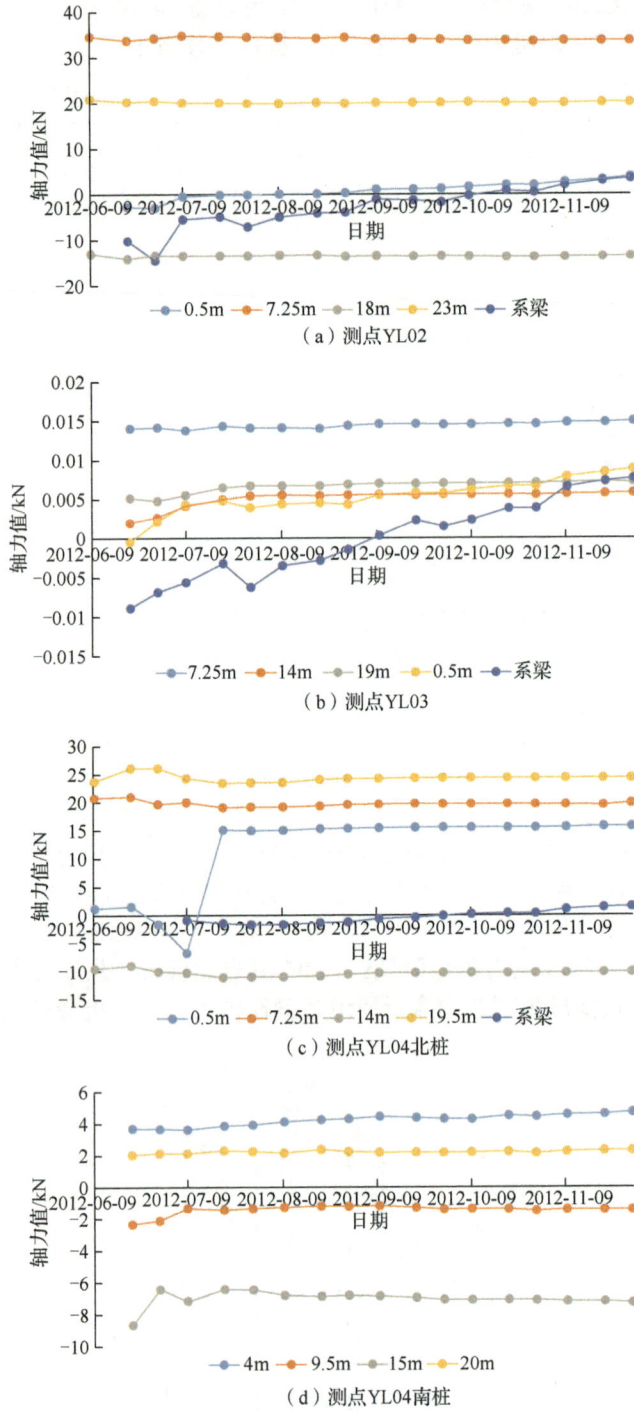

图 14-22　钢筋应力监测结果

14.2 双排抗滑桩

14.2.1 概述

双排抗滑桩的平面布桩形式主要有之字形、双三角形、梅花形、矩形格构式、丁字形、连拱形，具体平面布置形式如图 14-23 所示。

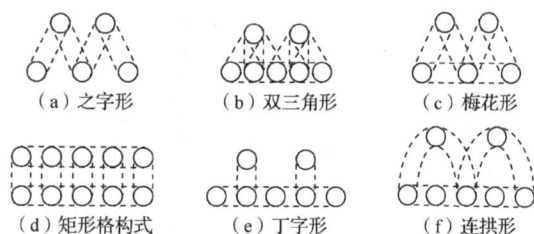

（a）之字形　　　（b）双三角形　　　（c）梅花形

（d）矩形格构式　　　（e）丁字形　　　（f）连拱形

图 14-23　双排抗滑桩平面布置形式

与单排桩相比，双排抗滑桩的优势有：

（1）整体刚度大。双排抗滑桩支挡是由前、后平行的排桩及刚性冠梁构成的空间超静定围护结构，整体刚度大；同时排桩嵌固部分的摩阻力与桩身侧压力形成一对反向力偶，使双排抗滑桩的位移明显减小。

（2）桩身内力调节能力强。双排抗滑桩支挡结构属于超静定空间结构，通过冠梁及连梁的空间效应调节结构自身内力，适应复杂的荷载条件。

（3）施工简捷快速。双排抗滑桩无须设置内撑，提供了更开阔的工作面。

（4）造价相对低。在桩数相同的情况下，采用双排抗滑桩比单排桩更经济，无须设置拉锚、支撑等结构，施工造价相对较低。

14.2.2 设计方法

1）双排抗滑桩推力分布规律

双排抗滑桩推力分布规律为：①当前排桩位置固定，后排桩与前排桩间距逐渐增大时，前排桩的桩前抗力基本不变，前排桩桩后推力逐渐增大，前排桩分担的推力也逐渐增大。②当前排桩位置固定，后排桩与前排桩间距逐渐增大时，双排抗滑桩的桩后推力总和与只设置前排抗滑桩时的桩后推力之比，随着排距的增大，先增大后减小。双排抗滑桩实际承担的设计推力总和与只设置单排抗滑桩时的桩实际推力之比，随着排距的增大，先增大后减小。③当前排桩位置固定，后排桩与前排桩间距逐渐增大时，前排桩分担的推力比例增大，后排桩分担的推力比例减小。④无论是两排桩的桩后推力与只设置前排抗滑桩的桩后推力之比，还是两排桩的实际推力与只设置单排抗滑桩的桩实际推力之比都大于 1，前者最大可达 1.75，后者最大可达 1.41，设置两排桩的效益更佳。

2）前排抗滑桩内力计算

（1）桩身荷载计算（图 14-24）。前排桩除了受到桩前被动土压力作用外，还有通过桩间土传递到桩背上的土压力，桩间土体在前、后排桩的约束作用下仍处于弹性阶段，即将桩间土体视为受侧向约束的无限长土体，桩间土对前、后排桩的土压力作用 e_x 的计

算式为

$$e_x = \frac{\mu}{1-\mu} \gamma z \qquad (14-9)$$

式中，μ 为泊松比；γ 为土的重度；z 为深度。

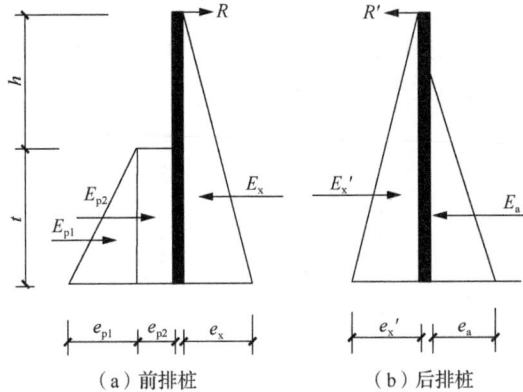

E_{p1}——被动土压力合力的三角形部分；E_{p2}——被动土压力合力的长方形部分；E_x——桩间土对前排桩的土压力合力；E_x'——桩间土对后排桩的土压力合力；E_a——主动土压力合力；h、t——深度；e_{p1}——被动土压力的三角形部分；e_{p2}——被动土压力的长方形部分；e_x——桩间土对前排桩的土压力；e_x'——桩间土对后排桩的土压力；e_a——主动土压力；R——桩身荷载。

图 14-24　桩身荷载作用示意图

（2）反弯点确定（图 14-25）。应用等值梁法计算前排桩内力，反弯点位置的确定方法有：①土压力为零的点即为反弯点所在位置；②挡土结构上开挖面所对应的点即为反弯点所在位置；③支护结构锚固段内离开挖面距离为 Y 的点即为反弯点所在位置，Y 受地质条件和结构特性影响，一般取 $Y=(0.1\sim0.2)h$。

（3）反弯点位置一旦确定，前排桩内力即可按照弹性结构的连续梁法求解。在此选用方法①来确定反弯点的位置，具体计算如下：

$$e_{p1} + e_{p2} = e_x \qquad (14-10)$$

其中，

$$e_{p1} = \gamma t K_p \qquad (14-11)$$

$$e_{p2} = 2c\sqrt{K_p} \qquad (14-12)$$

式中，K_p 为被动土压力系数；c 为土的黏聚力。

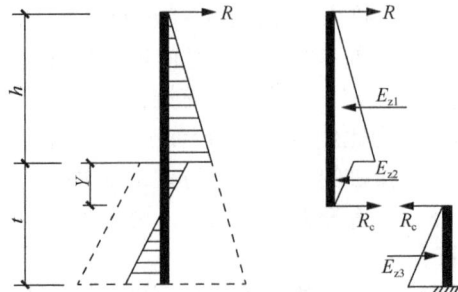

E_{z1}、E_{z2}、E_{z3}——合力的3个部分，E_{z1}、E_{z2} 分别为上部三角形的受力值和下部三角形的受力值；R——桩身荷载；R_c——土压力分布为零位置处上部桩身的受力值。

图 14-25　前排桩计算简图

求解桩身内力，根据前排桩静力平衡条件可知：

$$R + E_{p1} + E_{p2} = E_x \qquad (14\text{-}13)$$

由上半段桩的静力平衡条件，有

$$R_c = E_{z1} + E_{z2} - R \qquad (14\text{-}14)$$

由此可求桩身任意点弯矩。

3）后排桩内力计算

根据桩身静力平衡条件，有

$$R = E_q + E_a - E_x \qquad (14\text{-}15)$$

桩身任意截面弯矩为

$$M_z = Rh_z + E_{qz}h_{qz} + E_{az}h_{az} - E_{xz}{}'h_{xz} \qquad (14\text{-}16)$$

式中，R、E_{qz}、E_{az}、$E_{xz}{}'$为截面 z 以上桩身荷载值（kN）；h_z、h_{qz}、h_{az}、h_{xz} 为截面 z 以上桩身荷载作用点到所求界面的距离（m）。

4）稳定性验算

双排抗滑桩设计验算的稳定性包括抗滑稳定性、抗倾覆稳定性和整体稳定性。满足了抗倾覆稳定性要求，其他各种稳定性要求基本满足。抗倾覆计算简图如图 14-26 所示。抗倾覆稳定系数 K_0 表示为

$$K_0 = \frac{\sum M_y}{\sum M_0} \qquad (14\text{-}17)$$

式中，$\sum M_y$ 为稳定力系对桩底的总力矩；$\sum M_0$ 为倾覆力系对桩底的总力矩。

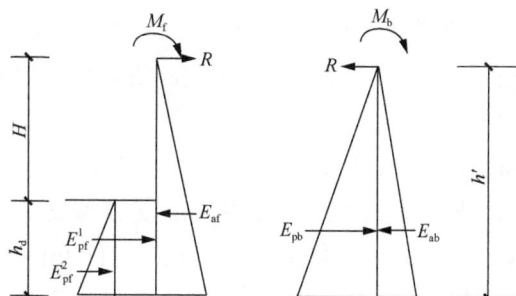

E_{pf}^1——被动土压力合力的长方形部分合力；E_{pf}^2——被动土压力合力的三角形部分合力；E_{af} 和 E_{pb}——桩间土对前、后排桩的土压力合力；E_{ab}——主动土压力合力；H、h_d——桩在滑动面上、下部分的长度。

图 14-26　抗倾覆计算简图

14.2.3 应用示范工程

1. 工程概况

江苏某航道整治工程施工过程中出现了多处挡墙滑移和边坡坍塌,现场立即疏浚,采取墙前反压土处理,做了护岸墙及护坡。多年后出现了岸坡变形和护岸墙损毁,其中近 90m 连续段损毁严重,最大位移达 70cm,需要加固处治,如图 14-27 所示。主要岩土层分布如下。

图 14-27　岸坡损毁段

①$_1$ 素填土:灰黄色为主局部杂色,稍密～中密,稍湿,以黏性土为主夹少量石灰,含量约 5%,局部夹少量建筑垃圾等,土质不均匀,经专门压实处理,填龄 3～5 年。层顶标高为 6.12～18.36m,厚度为 1.7～8.9m。

①$_2$ 淤泥:灰黄、灰色,流塑,主要分布于河道中,主要为被水浸泡后的填土。层顶标高为 7.02～8.45m,厚度为 0.3～2.0m。

①$_3$ 素填土:灰褐色、灰黄色,稍密,稍湿,以粉质黏土为主,浅部含少量植物根须,局部夹少量建筑垃圾等,硬杂质含量约 5%～10%,填龄大于 10 年。层顶标高为 5.36～127.03m,厚度为 1.5～9.5m。

③$_1$ 粉质黏土:灰黄、灰褐色,可塑,稍有光泽,含较多灰白色高岭土条带及团块,局部含少量铁锰质结核,结核粒径约 0.10～0.30cm,无摇振反应,干强度、韧性高,压缩性中等偏低。层顶标高为 5.68～23.53m,厚度为 0.9～11.3m。

③$_2$ 黏土:棕红色,局部褐黄色,硬塑～坚硬,稍有光泽,含较多灰白色高岭土条带及团块,局部含少量铁锰质结核,结核粒径约 0.10～0.30cm,无摇振反应,干强度、韧性高,压缩性中等偏低。层顶标高为 0.52～20.38m,厚度为 1.2～8.9m。

③$_{21}$ 黏土:棕红色,局部褐黄色,可塑,该层主要为受水浸泡后的③$_2$ 层黏土,稍有光泽,含较多灰白色高岭土条带及团块,局部含少量铁锰质结核,结核粒径约 0.10～

0.30cm，无摇振反应，干强度、韧性高，压缩性中等。层顶标高为1.02～17.80m，厚度为0.9～5.4m。

③₃ 黏土：黄褐色，硬塑，稍有光泽，含较多灰白色高岭土条带及团块，局部含少量铁锰质结核，结核粒径约0.10～0.30cm，无摇振反应，干强度、韧性高，压缩性中等偏低。层顶标高为-2.24～12.03m，厚度为0.7～10.0m。

⑤₁ 全风化砂质泥岩：灰黄色、棕红色，硬塑土状，风化强烈，组织结构完全破坏，矿物成分已完全风化成土状，岩芯呈硬塑土状，局部夹少量风化硬块，手可掰开。层顶标高为-5.59～12.35m，揭露厚度为1.6～10.3m。

⑤₂ 强风化砂质泥岩：棕红色，极软岩、坚硬土状，风化强烈，组织结构大部分破坏，矿物成分显著变化，岩芯呈硬塑土状，局部夹碎块状，手掰易断，遇水易崩解。层顶标高为-9.77～5.18m，揭露厚度为0.5～13.0m。

⑤₃ 中等风化砂质泥岩：棕红色，极软岩、柱状，组织结构部分破坏，泥砂质结构，层状构造，泥质胶结，主要成分为黏土矿物和少量砂质成分。裂隙稍发育，岩体较完整，多呈长、短柱状，遇水易软化，天然单轴抗压强度$f=1.70$MPa。层顶标高为-12.77～-1.1m，未揭穿，揭露厚度为2.0～8.6m。

对场地各土层进行了膨胀性试验，试验成果表明，①₁、①₃、③₁层具有弱膨胀性，③₂、③₂₁层具有中膨胀性，③₃层具有中～强膨胀性。

原护岸设计采用素混凝土重力式结构＋护坡结构，护岸墙身采用C25素混凝土，墙身高3.3m，墙前采用C15浆砌块石护脚，底板采用C25现浇素混凝土结构，底板宽3.5m，厚0.5m，墙顶高10.00m。迎水面护坡14.50m高程以下采用连锁块护坡，14.50～17.50m高程范围采用预制块衬砌拱护坡，17.50m高程以上采用草皮护坡。平台采用八字形植草砖铺砌，植草砖下设50mm砂垫层，空隙间植草。

护岸每10m为一结构段，每段之间设伸缩缝一道，伸缩缝宽20mm，以聚乙烯板填充。墙身结构分缝处及墙后基础顶面铺设1m反滤土工布，规格300g/m²。护岸墙后设纵向排水管两排，采用ϕ100透水软管；墙身设横向ϕ50 PVC排水管两排，坡比5%，纵向间距2.5 m。墙后地下水通过纵向排水管，从横向排水管中排出。

2. 加固方案

挡墙前沿采用双排直径1m钻孔灌注桩进行加固处理，前后排桩中心间距为2.4m，桩顶设置1.2m厚钢筋混凝土承台，形成框架结构。承台顶标高为9.5m，桩顶标高为8.4m，桩长21.0m，桩间距2.4m，临岸侧桩轴线距挡墙前沿距离为1.88m，挡墙与灌注桩之间采用块石换填。桩前水下疏浚边坡坡比为1：3，如图14-28所示，采用梅花形布设。

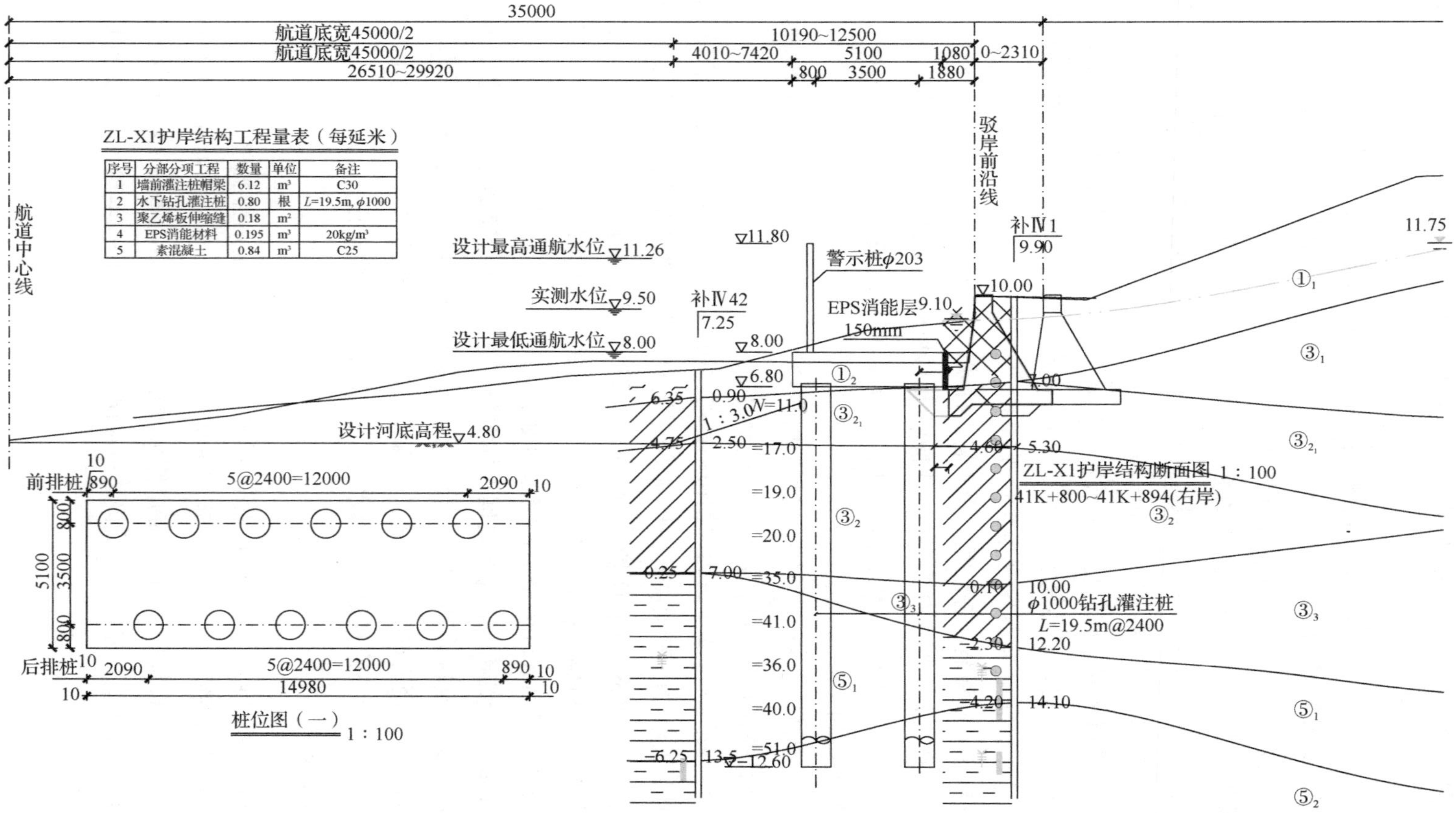

ZL-X1护岸结构工程量表（每延米）

序号	分部分项工程	数量	单位	备注
1	墙前灌注桩帽梁	6.12	m^3	C30
2	水下钻孔灌注桩	0.80	根	L=19.5m, ϕ1000
3	聚乙烯板伸缩缝	0.18	m^2	
4	EPS消能材料	0.195	m^3	20kg/m^3
5	素混凝土	0.84	m^3	C25

图 14-28　双排抗滑桩加固方案（标高单位 m，尺寸标注单位 mm）

3. 施工方法

旋挖钻孔双排抗滑桩施工工艺（图 14-29）具体如下。

（a）钢筋笼焊接　　　　　（b）钢筋笼吊装　　　　　（c）安装导管

（d）灌注桩浇筑　　　　　（e）钻心取样检测　　　　　（f）帽梁浇筑

图 14-29　双排抗滑桩施工过程部分现场照片

1）施工准备

（1）开工前应具备场地的工程地质资料和水文地质资料、施工图及图纸会审纪要。

（2）施工现场环境和邻近区域内的地上地下管线（高压线、管道、电缆）、地下构筑物、危险建筑、实际地质情况与设计上的差别等的调查资料。提前做好准备工作，确保不影响现场的施钻及其他工作。

（3）主要施工机械及其配套设备的技术性能资料，所需材料的检验和配合比试验资料，实验室根据所用的原材料做好混凝土的配合比试验。

（4）施工前对工程的地质情况进行必要的分析，对钻孔过程中可能会遇到的问题及突发事件制定针对性的措施及应急处理方案。

（5）根据现场施工要求，安排机械设备进场，并对进场设备进行必要的维护与保养，以保证设备正常运转。

（6）依据已得到监理工程师批准并能满足工程需要的测量控制网，组织测量人员对桩位进行精确放样。

（7）在监理工程师见证下随机抽取相应的钢筋、水泥、砂及碎石等材料样品，进行相关的原材料及混凝土配合比试验工作并报监理工程师批准。

（8）按照施工设计图相关内容做好钢材、水泥等的准备工作，保证物资材料按使用计划供应，满足正常施工需要。

（9）施工段落可利用现有道路网到达施工现场，现场修建便道与现有道路相通。

2）场地布置

（1）由于旋挖钻机回转半径大、钻杆高、自重大，钻机就位前对场地进行平整夯实，保证场地有一定硬度以免钻机沉陷或倾斜。

（2）合理布置施工场地，保证旋挖钻机及施工机械安全就位、材料运输通畅、钻渣及时外运。

（3）合理布置临时用水、用电及排渣等设施，全面满足施工作业的要求。

（4）由于旋挖钻机行走移位方便，在桩孔的施工顺序安排上采用跳挖法交替施工，以便减少钻孔作业和混凝土灌注作业的相互干扰。

3）测量放样

采用 GPS 精确定位桩孔的位置，根据桩定位点拉十字线、钉放四个控制桩，以四个控制护桩为基准控制护筒的埋设位置和钻机的准确就位。护桩要做好保护工作，防止施工过程中被扰动。

4）钢护筒制作及埋设

护筒采用 10mm 钢板卷制成型，其内径比设计桩径大 0.2m，钢护筒长 6m。

护筒安装时，钻机操作手利用扩孔器将桩孔扩大，之后通过大扭矩钻头将钢护筒压入设计标高。护筒压入前及压入后，通过靠在护筒上的精确水平仪调整护筒的垂直位置。护筒顶一般高于原地面 0.3m，以便钻头定位及保护桩孔。

5）灌注桩成孔施工

（1）钻机就位。事先检查钻机的性能状态是否良好，保证钻机工作正常。通过测设的桩位准确确定钻机的位置，并保证钻机稳定；手动粗略调平以保证钻杆基本竖直后，即可利用自动控制系统调整钻杆保持竖直状态。

（2）钻孔。开钻时，先用低挡慢速钻进，钻至土层 1m 以下后，再调为正常速度。钻进过程中，根据不同的地质情况选用不同形式的钻头。在土质或细角砾土地层中钻头选用螺旋式土钻或旋挖斗。在钻进过程中，应经常抽取渣样并与设计地质核对，注意土层变化，以便及时对不同地层调整钻速、钻进压力。钻至设计标高后，停止钻进。

（3）清孔及检孔。钻进到设计深度后，采用旋挖斗清孔，密切注视电脑上的深度显示值，当显示值为钻进深度显示值时，原位正向旋转 4～5 转，使孔底的沉渣旋入容斗内，同时利用旋挖斗的平底斗齿将孔底清理为平底，然后提出旋挖斗卸渣。

为确保孔底沉渣满足要求，第一次掏渣后还需要用测绳检测孔深，如果测量深度与钻进深度一致，表明清孔合格，否则再次用旋挖斗继续清渣至合格。

清孔后及时用测绳测量孔深，下放钢筋笼及灌注混凝土前重新测量孔深，检查是否有塌孔现象。遇塌孔或沉渣过厚时，及时用旋挖斗进行二次清孔。

6）钢筋笼制作及安装

（1）钢筋笼的制作。

钢筋应具有出厂质量证明书。进场后抽检，由试验单位出具试验报告。对于需要焊接的材料还应有焊接试验报告。确认材料满足施工要求，分类堆存。

钢筋下料前检查钢筋待加工的端部是否有弯曲现象，以确保钢筋端面与钢筋轴线垂直。钢筋下料时必须采用无齿锯切割，严禁使用气割或其他热加工的方法切断钢筋。钢筋笼分 2 节加工制作，基本节长 9m 和 12m。钢筋笼主筋接头采用单面搭接焊，搭接长度为 10d，每一截面上接头数量不超过 50%，加强箍筋与主筋连接全部焊接。

钢筋笼主筋外缘至设计桩径混凝土表面净保护层厚度为 50mm，在钢筋笼周围对称设置混凝土垫块，间隔与加强筋基本相等。

在设计桩顶标高以下 50cm 处另设置加强保护层一道，沿圆周方向均匀设置 4 个。

钢筋笼下放过程中安装加强保护层，钢筋笼下放到设计标高后，调整钢筋笼平面位置与设计桩中心位置在同一垂直线上。

（2）现场起吊。

现场钢筋笼的起吊直接利用 25t 吊机进行接高及下放，吊点设置在每节钢筋笼最上一层加劲箍处，对称布置，共计 4 个，吊耳采用 C25 钢筋制作并与相应主筋焊接。钢筋笼下放到位时待上口吊筋对中后，再松钩将吊筋挂于横在护筒顶口的位置上，并与护筒焊接固定。

（3）钢筋笼的下放。

提起连接好的骨架、抽出扁担梁，缓慢下放，重复上述工序。在下放过程中将钢筋笼的三角内撑割掉，以防钩挂混凝土灌注导管。钢筋笼下放到位后将吊筋与扁担、扁担与护筒焊接固定，防止浇注混凝土时钢筋笼的上浮和下沉。固定时，要根据钢护筒的偏位情况将钢筋笼中心反方向调整，以使钢筋笼中心与桩中心重合。

7）安装导管及下放

（1）导管安装。

导管采用 ϕ250mm 钢管，每节 2～3m，底节长度 4m，配 1～2 节 1～1.5m 的短管。导管接口应连接牢固，封闭严密，导管接头应清洁无杂物，密封胶圈无破损老化，同时检查拼装后的垂直情况与密封性。根据桩孔的深度，确定导管的拼装长度，导管组装后轴线偏差不宜超过桩孔深的 0.5%并不宜大于 10cm。符合要求后，在导管外壁用明显标记自下而上逐节编号并标明尺度。

（2）导管下放。

导管下放应竖直、轻放，以免碰撞钢筋笼。下放时要记录下放的节数，下放到孔底后，理论长度与实际长度进行比较，应吻合。

完全下放导管到孔底，并经检查无误后，轻轻提起导管，控制底口距离孔底 0.30～0.50m，并位于钻孔中央。

8）灌注桩基混凝土

（1）计算首批封底混凝土数量，使导管埋入混凝土不小于 1m 深并不宜大于 3m，确保有足够的冲击能量能够把桩底沉渣尽可能地冲开。此环节是控制桩底沉渣，减少施工后沉降的重要环节。

（2）浇筑连续进行，中途停歇时间不超过 30min。混凝土的运输时间和距离应尽量缩短，以迅速、不间断为原则，宜在 1h 以内完成，防止在运输中产生离析。在整个浇筑过程中，及时提升导管，使导管埋深控制在 2～6m。导管提升时应保持轴线竖直和位置居中，逐步提升。

（3）考虑桩顶含有浮渣及浮浆，灌注时混凝土的浇筑面按高出桩顶设计高程 50cm 控制，以保证桩顶混凝土的质量合格。

9）钻渣清理

钻孔桩施工中，产生大量废弃的钻渣，为防止对周围环境及桩孔造成不利影响，应处理后运往指定场地。

10）质量检测

所有钻孔桩要求采用低应变检测，对灌注桩混凝土钻取芯样检验，数量不少于总根数 1%，且不少于 3 根。

11）帽梁浇筑

灌注桩施工完成后破桩头预留钢筋，进行帽梁支模并分段浇筑。

4. 现场监测

现场观测的主要内容有：①护岸结构水平及竖向位移；②深层水平位移；③地下水位；④抗滑桩内力；⑤双排抗滑桩与护岸结构之间应力。各监测点的位置如图 14-30 所示。

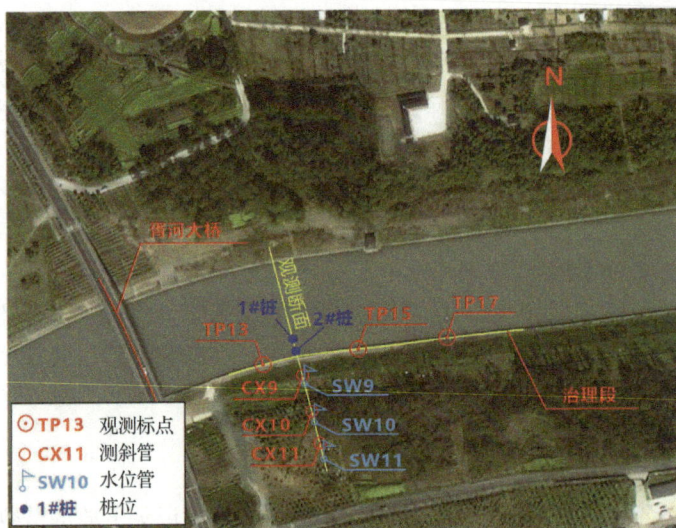

图 14-30　监测点平面布置图

1）护岸结构水平及竖向位移

护岸结构水平位移观测对航道边坡整体稳定性有着重要作用,现场观测数据如图 14-31 所示。水平位移设计控制值为累计不超过 30mm，变化速率不超过 3mm/d；竖向位移设计控制值为累计不超过 30mm，变化速率不超过 10mm/d。

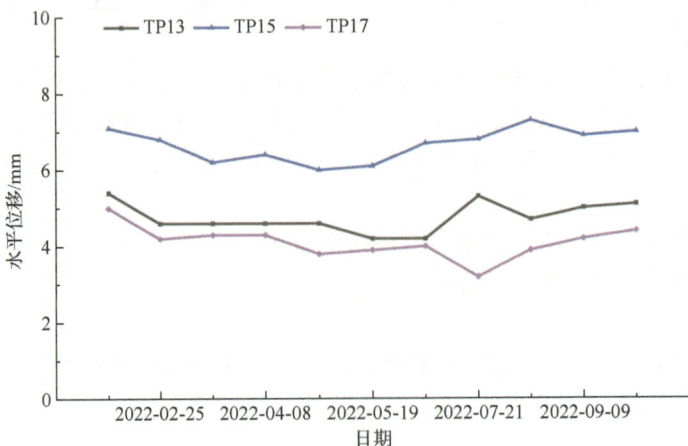

图 14-31　护岸结构水平位移

2）深层水平位移

CX10 测点深层水平位移设计控制值为累计不超过 50mm，如图 14-32 所示，变化速率不超过 3mm/d。深层水平位移最大值变化速率如图 14-33 所示，其各测点变化量均远小于设计控制值，航道护岸处于平稳状态。

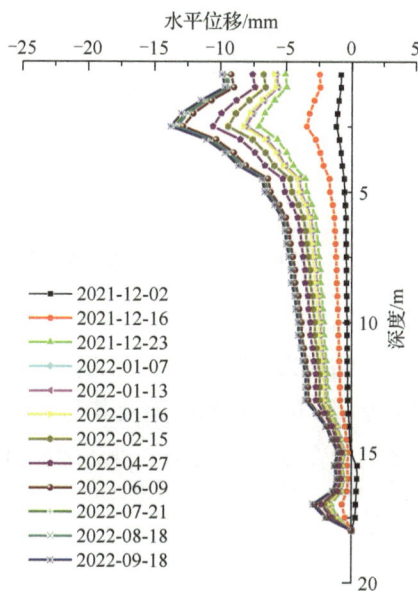

图 14-32　CX10 测点深层水平位移监测成果

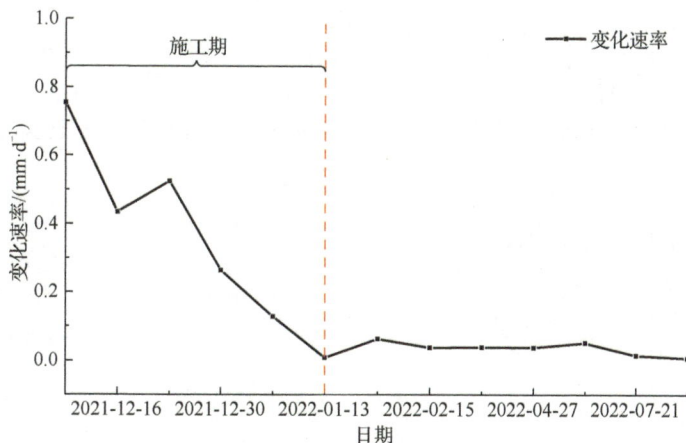

图 14-33　CX10 测点深层水平位移最大值变化速率

3）地下水位

地下水位设计控制值为 1000mm，变化速率为 300mm/d。地下水位整体变化较小，无较大水位上升、下降现象，且变化量均远小于设计控制值，如图 14-34 所示。

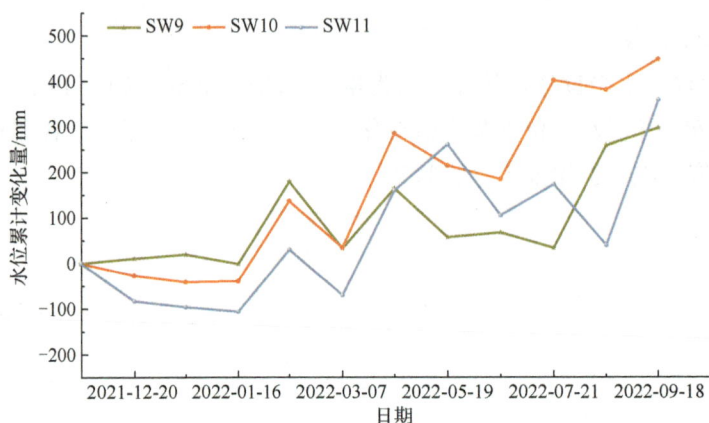

图 14-34　地下水位观测结果

4）抗滑桩内力及双排抗滑桩与护岸结构之间的压力

抗滑桩与护岸结构之间的应力采用预埋土压力盒监测，将土压力盒安装在桩顶与护岸结构之间。如图 14-35 所示，抗滑桩的应力及其与护岸结构之间的应力变化较大，抗滑桩的水平抗力和水平作用力在施工完成两个月后才完全发挥并趋于稳定。

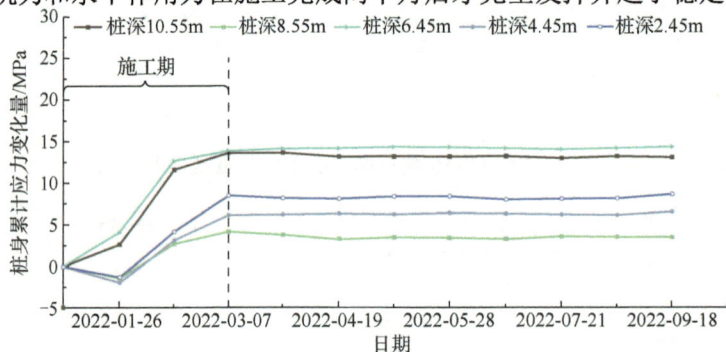

（a）桩身内力

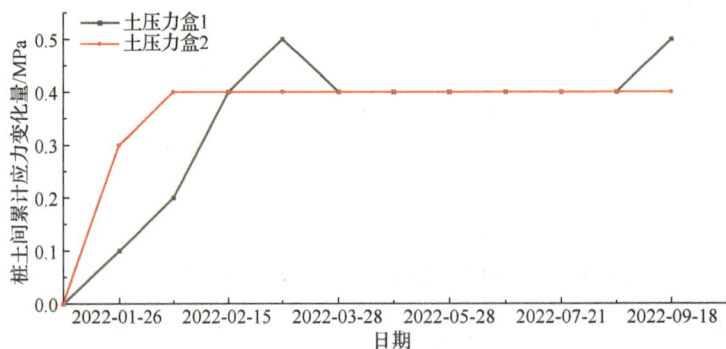

（b）桩与护岸结构间应力

图 14-35　桩身内力及其与护岸结构间应力的变化情况

15 膨胀土边坡的锚固技术

15.1 锚 固 技 术

15.1.1 注浆锚杆

注浆锚杆通过埋设在地层中的锚杆，将边坡潜在滑体与深层稳定地层紧密地连锁在一起，依靠锚杆与稳定地层之间的抗剪强度来提供锚固力，保持边坡稳定。注浆锚杆一般分为压力型和拉力型，如图 15-1 和图 15-2 所示。二者的基本原理、使用条件和应用场景有一定的差别。

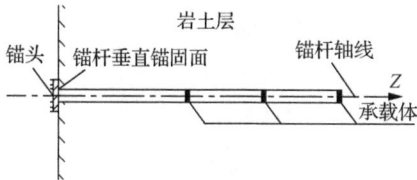

图 15-1 压力型注浆锚杆示意图   图 15-2 拉力型注浆锚杆示意图

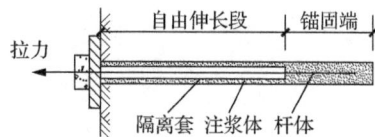

压力型锚杆采用套管包裹锚杆而形成全长无黏结状态，锚杆受到的荷载直接通过无黏结筋体传递至底端的承载体，承载体挤压注浆体后，依靠注浆体与岩土体界面的侧阻力提供承载力；拉力型注浆锚杆的筋体与注浆体直接接触，在筋体拉伸过程中与注浆体存在张拉变形不协调问题，仅在有效锚固长度范围内的注浆体可较好地发挥锚固作用。

目前，在膨胀土边坡中使用注浆锚杆锚固时，往往结合坡面框架梁进行浅层加固和坡面防护。然而膨胀土边坡整体失稳往往规模很大，变形明显，对加固措施的锚固力及变形适应能力要求高，注浆锚杆适用性较低。

15.1.2 扩大头锚杆

扩大头锚杆通过注浆或者机械扩大的方式，在深层稳定地层形成体积较大的扩大头，通过扩大头与稳定地层相互作用提供锚固力。在膨胀土地层中，采用扩大头锚杆加固，可提供较大的锚固力，从而有效地控制变形。

扩大头锚杆主要有注浆扩大头锚杆和机械扩大头锚杆。

注浆扩大头锚杆的适用性相较于普通锚杆更广泛，在软弱土层中也能发挥较好的支护效果。实施时，先扩孔，注浆后在锚杆底端形成一个直径相对较大的扩大头，有效提高了锚杆抗拔力，如图 15-3 所示，扩体锚杆明显提高了锚杆的承载能力。

机械扩大头锚杆通过施加外力使锚头在深部地层中有效张开，与周围土体相互挤压，实现边坡锚固。涨壳式预应力中空锚杆是一种机械扩大头锚杆（卢小刚，2009；王维涛等，2023），如图 15-4 所示，通过扭转使涨壳式锚头体积扩大，对其与孔壁摩擦形成的锚固力施加预应力，主要应用于岩体边坡锚固。伞型锚是适用于土质边坡锚固的机械扩大头锚杆，该技术在膨胀土边坡加固领域取得了较好的推广应用效果。

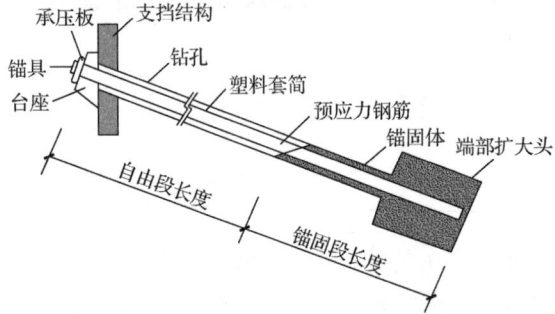

图 15-3　扩大头锚杆基本原理示意图（蔡强等，2022）

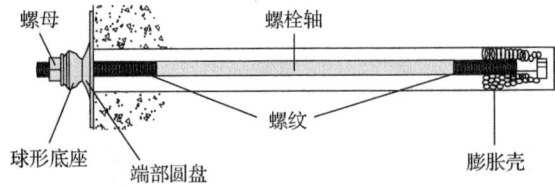

图 15-4　涨壳式锚杆基本原理示意图（卢小刚，2009；王维涛等，2023）

15.1.3　伞型锚

伞型锚快速锚固技术是以南水北调中线工程膨胀土边坡为背景，其工作原理是采用造孔或振动击入设备，将收紧的伞型锚锚头按预定方向和深度击入土体内，在张拉力作用下自动张开并刺入周边土体，进而形成整体，利用土体自身具有的抗力来提供所需的锚固力，维持边坡整体稳定，如图 15-5 所示；施加合适的预应力，可快速抑制变形发展。在膨胀土地层中，伞型锚可提供 250kN 锚固力，如图 15-6 所示，预应力施加完成后即可发挥锚固作用，迅速抑制坡体变形发展趋势（程永辉等，2019）。

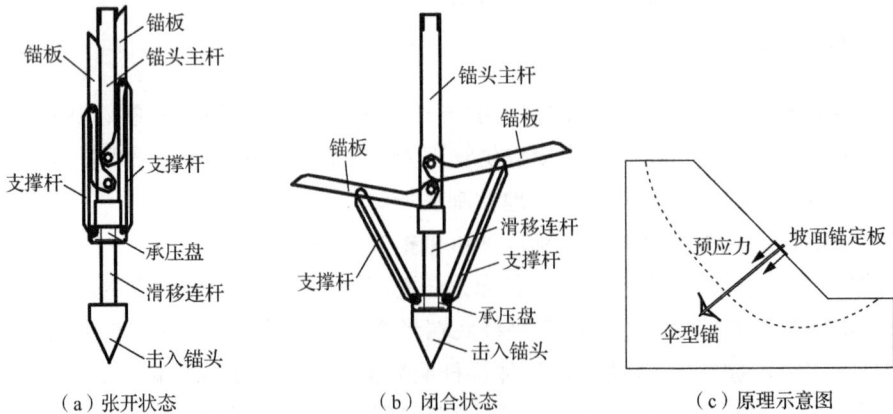

（a）张开状态　　　　　（b）闭合状态　　　　　（c）原理示意图

图 15-5　伞型锚技术（程永辉等，2019）

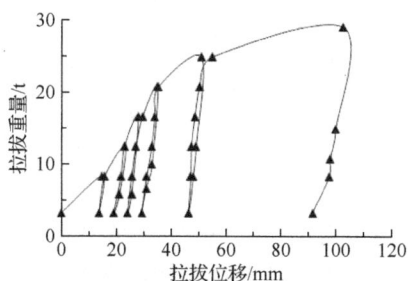

图 15-6　伞型锚在膨胀土地层中的锚固力增长曲线

伞型锚锚板与深部土体相互作用是锚固力的来源，拉拔过程中，板前土体经历初期压密、中期剪切破坏、后期再剪切扩展的发展阶段，压密过程中形成形态固定的锚固核，如图 15-7 所示。随着拉拔的持续发生，锚固核位移在周围土体中会出现一定的塑性屈服区，塑性区形态会发生变化，与土体特性、锚板尺寸及埋深等参数密切相关。

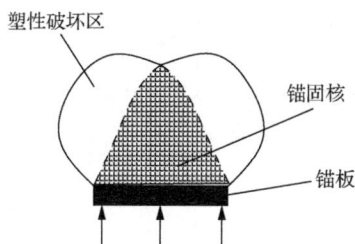

图 15-7　板前锚固核及塑性破坏区示意图

伞型锚在永久修复工程中须注浆防腐，采用套管包裹锚杆杆体，使杆体与注浆体脱离，通过位移协调施加预应力可实现浆锚协同锚固。浆锚协同后，注浆体由拉力型转变为压力型，锚固核与塑性区形态发生明显变化，锚固力取决于塑性屈服区形态及抗拔失效时的破坏模式。实现伞型锚与注浆体协同锚固后，可大幅提高伞型锚的极限锚固力，如图 15-8 所示。

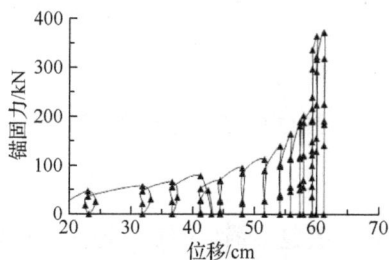

图 15-8　伞型锚-注浆体协同锚固曲线

伞型锚在抗拔过程中，影响范围与锚板尺寸、锚间距、土性、空间布置和加固对象等有关。现阶段伞型锚多用于土质边坡，锚间距和土性是最核心的影响因素：锚间距太小，影响范围相互重叠，会明显削弱单锚抗拔力的发挥程度；锚间距太大，锚固数量偏少将导致加固强度不足，变形控制能力削弱。

15.2　设 计 方 法

15.2.1　稳定性分析

在边坡设计中，当锚杆抗拔力满足要求时，还需要防止整体失稳。根据大量监测结果表明，黏性土自然边坡、人工填筑或开挖的边坡在破坏时，破裂面形状近似圆弧状。假定滑动面为圆弧面，稳定性分析方法主要有两种：条分法和有限元极限平衡法，仅考虑稳定时，采用条分法即可。

如图 15-9 所示，采用条分法时，边坡稳定安全系数的计算式为

$$K = \frac{f\left(\sum_1^n N_i + P_{N_i}\right) + \sum_i^n c_i L_i}{\sum_1^n T_i + P_{T_i}} \qquad (15\text{-}1)$$

式中，N_i 为作用在第 i 条滑动面上的法向力；T_i 为作用在第 i 条滑动面上的切向力；c_i 为第 i 条滑动面上的黏聚力；L_i 为第 i 条滑动面的长度；f 为滑动面上的摩擦系数；P 为单根伞型锚提供的锚固力，P_{N_i} 为第 i 根伞型锚锚固力沿滑动面法向的分力，P_{T_i} 为第 i 根伞型锚锚固力沿滑动面切向的分力。

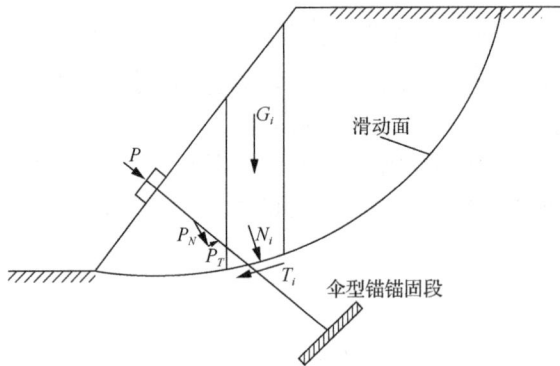

图 15-9　条分法计算简图

15.2.2　锚固力确定

伞型锚锚固力的影响因素主要包括锚板面积、地层性质以及埋深等因素。锚板面积越大，提供的约束越大，即提供的锚固力越大。受到钻孔直径的限制，锚板形状应满足闭合要求，以便于放入孔中。增加锚板长度或者将两个锚头串联可以增加锚板面积，从而提高锚固力。锚头所在土层强度越高、密实度越大，相应地提供的锚固力也就越大。随着锚头埋设深度变大，锚固力有所上升。在边坡加固工程中，潜在滑动面与锚头之间的距离看作埋深，这个深度直接决定了提供锚固力的土体范围，范围越大，锚固力越大。伞型锚锚固力受现场锚固区土层性质的影响较大，最终锚固力应通过现场试验确定。表 15-1 给出了 CKF-200 型伞型锚在典型土层中的锚固力。

表 15-1　CKF-200 型伞型锚在典型土层中的锚固力

土层类别	土层状态	经验值/kN	现场测试
膨胀土	硬塑	120～240	根据经验值，开展现场试验，进一步确定伞型锚的极限锚固力
黏性土、粉土	硬塑	150～250	
砂土	中密、密实	200～300	
含砾石黏土	硬塑	250～350	

伞型锚的设计比较复杂，其抗拔力是由土性、锚头结构构造、锚头与土体相互作用面大小等因素共同确定的，建议采用现场拉拔试验确定极限承载力。在设计时，根据勘察资料确定锚固地层性质，按推荐的锚固力进行设计，最后通过现场试验结果修正确定。

伞型锚抗拔安全系数根据边坡破坏的危害程度和使用年限按表 15-2 确定。

表 15-2　伞型锚抗拔安全系数

安全等级	危害程度	最小安全系数	
		临时抢险	永久使用
I	危害大，导致公共安全问题	1.8	2.2
II	危害较大，不至于导致公共安全问题	1.6	2.0
III	危害较轻，不会导致公共安全问题	1.4	2.0

注：对蠕变明显的地层中的永久性锚杆，最小抗拔安全系数取 2.5。

15.2.3　连接杆体横截面面积确定

连接杆体横截面面积的计算公式为

$$A_s \geqslant K_t \frac{T}{f_y} \tag{15-2}$$

$$A_s \geqslant K_t \frac{T}{f_{pt}} \tag{15-3}$$

式中，A_s 为连接杆体横截面面积（m^2）；K_t 为连接杆体抗拔安全系数；T 为伞型锚抗拔力设计值（kN），按照有关设计规范计算得到；f_y 和 f_{pt} 分别为钢筋和钢绞线的抗拉强度设计值（kPa）。

15.3　锚固施工

伞型锚锚固施工包括以下流程：钻孔、安装、张拉、注浆、安置顶端锁定装置、加固完成后处理。下面主要介绍钻孔、下锚、张拉、锁定、注浆和端部处理施工工艺。

1）钻孔

（1）锚孔测放。在钻机安放前，按照施工设计图使用全站仪进行测量放样确定孔位以及锚孔方位角，将锚孔位置准确测放在坡面上并做出标记，孔位在坡面上纵横误差不得超过±300mm。

（2）钻孔设备。根据不同的岩土条件和施工场地条件，选用合适的钻孔设备和方法。

膨胀土地层渗透性差、超固结性强，采用螺旋钻杆的潜孔钻配合合适功率的空压机，可保证下锚前孔壁不坍塌。场地条件较好时，可采用履带式液压钻孔机进行快速施工，如图 15-10 所示。受施工条件限制时，可采用组装的便携式钻孔设备，如图 15-11 所示。成孔后检查孔径、深度和倾角是否满足要求。

图 15-10 履带式液压钻孔设备

图 15-11 便携式组装钻孔设备

（3）钻进方式。对于滑坡应急抢险工程，最好采用无水钻孔法，尽量不扰动周围地层。钻孔前，根据设计要求和地层条件，定出孔位并做标记，钻孔深度比设计锚固长度长 1.5m 左右，以保证伞型锚有足够的张拉距离。

（4）钻进过程。钻进过程中应关注每个孔的地层变化，对钻进状态（钻径、钻速）、地下水及一些特殊情况应做好现场施工记录。例如，遇塌孔等不良钻进现象时，应立即停钻，及时进行固壁灌浆处理（灌浆压力 0.1～0.2MPa），待水泥砂浆初凝后，重新扫孔钻进。

（5）孔径深度。钻孔孔径、孔深要求不得小于设计值。根据锚头大小，钻孔孔径约为 110～130mm，且实际使用钻头直径不得小于设计孔径。为确保锚孔深度，要求实际钻孔深度大于设计深度 200 mm 以上。

（6）锚孔清理。钻进达到设计深度之后，不能立即停钻，要求稳钻 1～2min，防止孔底尖灭，达不到设计孔径要求。钻孔孔壁不得有尘渣及水体黏滞，必须清理干净。钻孔完成后，原则上要求使用高压空气（风压 0.2～0.4MPa）将孔内岩粉土渣及水体全部清除出孔外。

（7）锚孔检验。成孔结束后，须经现场监理检验合格后，方可进行下道工序。孔径、孔深检查一般采用设计孔径钻头和标准钻杆在现场监理旁站的条件下验孔，验孔过程中钻头平顺推进，不产生冲击或抖动，钻具验送长度满足设计锚孔深度，退钻要求顺畅，用高压风吹验不存在明显飞溅尘渣及水体现象。

2）下锚

（1）锚端锁定装置基础开挖。根据布置锚杆的位置，结合排水沟开挖尺寸，确定锚端锁定装置的基础尺寸。若排水沟开挖基础不满足伞型锚锁定装置安装尺寸，可适当扩挖，超挖部分后期采用 C25 混凝土浇筑。

（2）下锚。锚板保持收拢状态，锚杆上绑扎注浆导管，如图 15-12 所示，将锚头放入孔底，如图 15-13 所示。若锚头需要回收，则还须将机械式回收装置和锚头连接起来。下锚还应符合以下规定：在下锚前，应检查伞型锚锚头及连接杆件的长度尺寸和加工质量，确保满足设计要求；人工击入使锚头伸至孔底，击入过程中，防止扭压和弯曲；下锚时不得损坏防腐层，下锚后不得随意敲击。

图 15-12 伞型锚和锚杆连接

图 15-13 注浆管安装及下锚

3）张拉、锁定

在孔口采用液压千斤顶对锚杆进行张拉，如图 15-14 所示。张拉过程中记录拉拔力、锚杆上拔位移，荷载分级、每级持续时间均应符合《岩土锚杆（索）技术规程》（CECS 22—2005）要求。张拉至预定荷载且位移稳定后即可停止张拉，此过程中控制卷扬机连接锚板的绳索呈松弛状态。

张拉时还应符合下列规定：张拉前，应对张拉设备进行标定；张拉应有序进行，防止对临近锚杆产生较大影响；应按相应操作进行，注意安全施工，张拉时严禁人员正对千斤顶或在周边走动。正式张拉前，应取 0.1～0.2 倍的抗拔力设计值对伞型锚预张拉 1～2 次，使杆体平直，各部位接触紧密。

当拉拔过程中锚板已张开并提供工程所需的锚固力且位移稳定即可在孔口对锚杆进行锁定，以保证伞型锚提供工程所需的锚固力。预应力锁定值应根据具体工程情况（地层条件、变形要求等）确定。注意预先放入锁定装置，卡套内嵌入卡瓦，完成张拉、锁定，如图 15-15 所示。

图 15-14 张拉

图 15-15 张拉、锁定完成

4）注浆

采用有压注浆，从下往上将锚孔全孔注浆，形成完整注浆体。注浆管口置入伞型锚锚头底部，将伞型锚放入指定位置后注入水泥砂浆。砂浆应满足以下要求：水泥采用强度等级 42.5MPa 的普通硅酸盐水泥，其应符合现行国家标准《通用硅酸盐水泥》（GB 175—2023）的有关规定；注浆用拌合水水质应符合现行标准《混凝土用水标准》（JGJ 63—2006）的有关规定；浆液中的掺合料不应含有对伞型锚有腐蚀的物质；应采用质地坚硬的天然砂，粒径不宜大于 2.5mm，细度模数不宜大于 2.0，具体可根据可灌性确定；含泥量应小于 5%；浆液配合比应通过试验确定，施灌时按规定制备浆体试件，其浆体抗压强度不应低于 10MPa；浆液水灰比宜为 0.38～0.45，水泥砂浆的水灰比宜为 0.4～

0.5，要求浆液 3h 后的泌水率控制在 2%，泌水在 24h 内全部被浆体吸收；浆液应搅拌均匀，流动性好；浆液随拌随用，初凝的浆液应废弃；注浆压力根据试验确定，一般不宜超过 0.25MPa；当孔口排出的浆液与注入的浆液比重相同时，即可停止灌浆。

5）端部处理

施工完成后须对伞型锚端部采取必要的防锈、压实等处理措施。承压板上面须用素混凝土浇筑来进行防锈处理。若坡面角度与锚杆击入角度不垂直，须开挖调整承压板下坡面角度，在施工完成后会在承压板底部形成施工缺口，此时可采用土石料回填的方式进行补充压实。实施完成示意图和现场图如图 15-16 和图 15-17 所示。

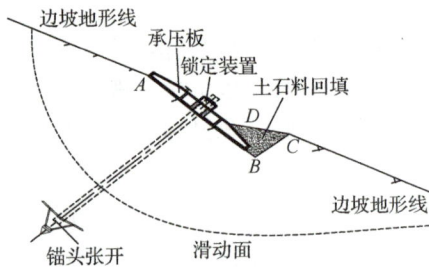

图 15-16　伞型锚安装施工完成示意图

图 15-17　伞型锚安装施工现场图

15.4　应用示范工程

15.4.1　临时加固工程

1. 工程概况

鄂北地区水资源配置工程干线总长 269.67km，经过膨胀土分布区总长 124.16km；其中，弱膨胀土段长度为 114.55km，占 92.26%；中膨胀土段长度为 9.61km，占 7.74%。膨胀土段地处襄枣盆地，主要为中、上更新统的黏性土，具有弱～中等膨胀性。膨胀土地段主要工程形式包括明渠、暗涵、渡槽和倒虹吸。工程建设过程中，超过 10m 高度的膨胀土边坡长达 14.6km，其中 10～15m 高度的边坡长度为 6.6km，15～20m 高度的边坡长度为 4.1km，20～25m 高度的边坡长度为 3.4km，25～35m 高度的边坡长度为 0.5km。暗涵段施工周期虽然较短（3～4 个月），但由于裂隙的存在导致边坡稳定性较差。

2. 膨胀土边坡失稳特征

袁冲暗涵 2 标段桩号 10+350～10+410，坡高约 25m，坡比 1∶1.5。如图 15-18 所示，在渠道开挖至接近渠底时，左、右岸均发生滑坡；采用 1∶2 坡比削坡减载后，滑坡虽有一定抑制，但作用不明显，原有滑坡仍进一步滑动，同时又出现新的滑坡，滑坡后断面图如图 15-19 所示。通过现场的地质勘探和室内试验分析，袁冲暗涵段临时开挖边坡二级马道以下存在两组长大裂隙发育的地层，裂隙面强度低，长大裂隙的存在导致了左右岸均出现失稳。

图 15-18 膨胀土边坡放坡后继续滑动

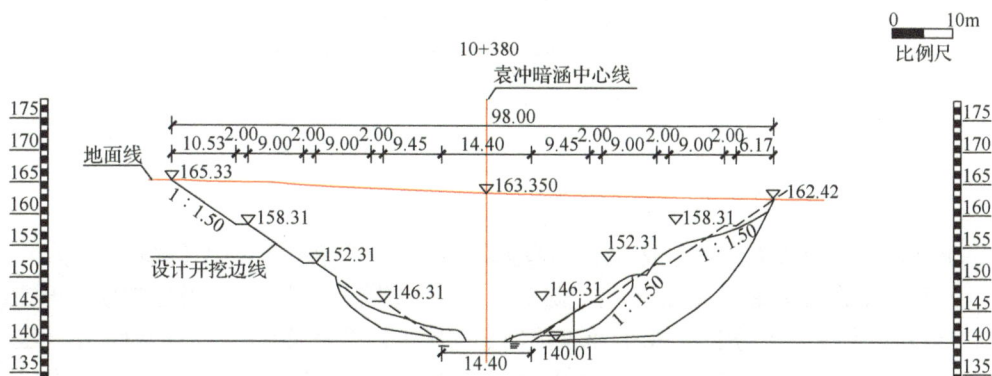

图 15-19 膨胀土边坡滑坡后断面图（单位：m）

在渠底、一级马道、二级马道和三级马道分别取原状样进行室内试验，得到土样的强度参数，如表 15-3 所示，其中渠底裂隙面（填充灰绿色黏土）强度采用三轴试验获得。

表 15-3 袁冲暗涵段地层物理力学参数表

序号	取样位置	黏聚力 c_{cq}/kPa	内摩擦角 φ_{cq}/(°)	黏聚力 c_{cu}/kPa	内摩擦角 φ_{cu}/(°)
1	三级马道	57.5	19.6		
2	二级马道	13.7	19.0		
3	一级马道	40.4	19.3		
4	一级马道以下裂隙面			9.6	10.3
5	建议值	37.2	19.3	9.6	10.3

注：c_{cq} 和 φ_{cq} 为固结排水剪切强度参数，c_{cu} 和 φ_{cu} 为固结不排水剪切强度参数。

3. 伞型锚临时加固方案

为了保证膨胀土边坡开挖安全，采用伞型锚对膨胀土边坡进行临时加固。试验段全长 90m，设计桩号为 10+710～10+810。加固方案中，左右岸共布置 4 排，每排 46 根锚杆，锚杆间距为 2m，共计 184 根锚杆。其中，右岸边坡布置 3 排伞型锚，分别位于一级马道下 3m 处、一级马道和二级马道处，设计锚固深度分别为 13m、15m 和 22m，左岸边坡布置 1 排伞型锚，位于一级马道下 3m 处，设计锚固深度为 13m。图 15-20 为试验段伞型锚设计布置断面图。伞型锚抗拔承载力设计值取 120kN，张拉、锁定荷载取 80kN。

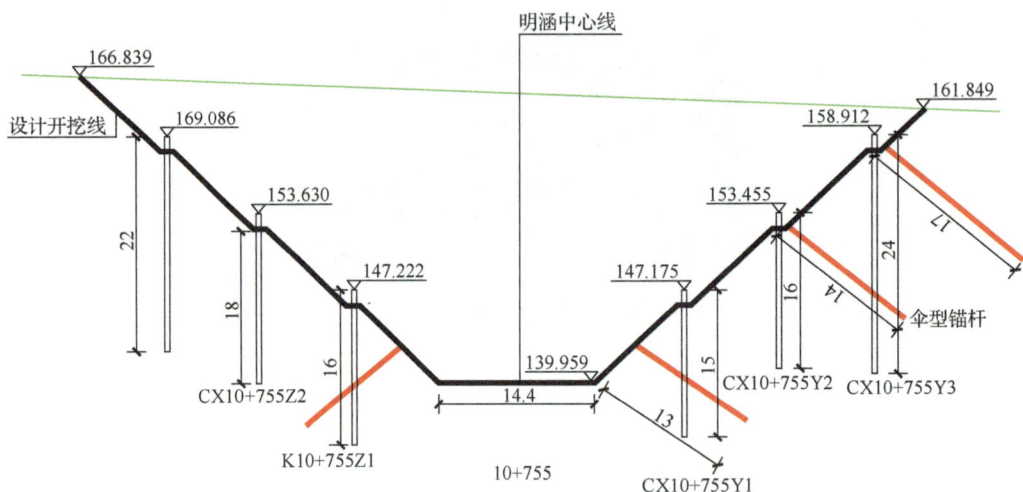

图 15-20　试验段伞型锚设计布置断面图（单位：m）

伞型锚施工流程为：先完成 **SY2**（试验段右岸一级马道）和 **SY3**（试验段右岸二级马道）伞型锚的加固施工，然后开挖一级马道下 3m 范围内土方，土方开挖完成后再完成 **SZ1**（试验段左岸一级马道下 3m）伞型锚的加固施工，再完成 **SY1**（试验段右岸一级马道下 3m）伞型锚的加固施工。最后采用土工膜对坡面进行封闭，以防止边坡产生膨胀变形作用下的失稳破坏。至此，袁冲暗涵伞型锚加固膨胀土边坡试验段加固施工完成。

伞型锚加固施工过程如下。

（1）预钻孔。根据伞型锚锚杆锚固位置与方向，标记钻孔位置，并严格控制钻孔方向倾角与锚杆安设角度一致，在(40±2)°范围内，控制孔径 90mm 以内，预钻孔施工现场图如图 15-21 所示。

（2）锚头击入。根据伞型锚锚杆锚固位置与方向，在斜坡上架设施工专用导向支架，开启动力装置，通过激振器将伞型锚连接杆击入土体内。安装前检查锚头和连接杆，锚头和连接杆采用专用工具连接，保证连接牢固。在击入过程中，注意控制柴油机动力阀大小，应由小到大逐渐进行，特别是刚开始带有锚头的锚杆应缓慢进入。伞型锚锚头击入施工现场图如图 15-22 所示。

图 15-21　伞型锚预钻孔施工现场图

图 15-22　伞型锚锚头击入施工现场图

（3）伞型锚张拉及锁定。在锚固点坡面上开挖与锚固方向垂直的承压坡面，开挖宽度为 1000mm，安装承压板。安装承压板时应进行坡面削整，力求锚杆张拉受力后与承压板垂直。张拉方式采用多级循环加卸载，循环荷载按 32kN、48kN、64kN 和 80kN 进行，每级加载油压稳定后方可卸载，直至稳定在 80kN 或以上时用卡瓦将连接杆锁定，锁定时应遵循保持各部位紧密接触的原则。凡是张拉、锁定未达到设计要求的伞型锚，一律重新补孔张拉。伞型锚张拉及锁定施工现场图如图 15-23 所示。

（4）加固完成后应采用土工膜对坡面进行封闭，以防止地表水浸入边坡，施工完成后现场情况如图 15-24 所示。

图 15-23　伞型锚张拉、锁定施工现场图

图 15-24　伞型锚加固施工完成后现场图（右岸）

截至 2016 年 9 月 5 日，已完成伞型锚加固边坡试验段 10+710～10+800 左岸一级马道下方 3m、右岸一级马道下方 3m、右岸一级马道上方 0.5m 和右岸二级马道上方 0.5m 4 排共 185 个伞型锚加固的施工，安装锚力计 22 个。

4. 锚固效果分析

试验段右岸深层缓倾裂隙为顺坡向，为本次伞型锚加固的主要对象。右岸一级马道以及二级马道设置有测斜管对深层水平位移进行监测，同时设置有锚力计进行锚杆拉力监测。边坡在 9 月 7 日加固完成后，开始开挖渠底设计高程 140～143m 范围内 3m 厚的土体，9 月 24 日渠底开挖至设计高程，9 月 24 日～28 日及 10 月 25 日～27 日之间有强降雨。监测历时 50d，一级马道和二级马道上测斜管监测边坡深层水平位移如图 15-25 和图 15-26 所示，对应有效的锚杆拉力监测曲线如图 15-27 和图 15-28 所示，开挖至渠底时现场如图 15-29 所示。

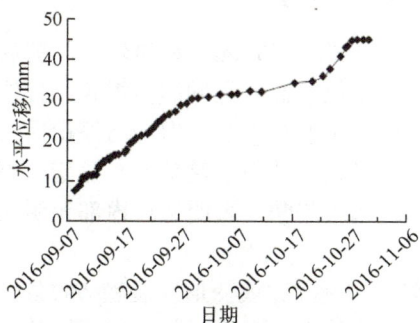

图 15-25　一级马道深层水平位移

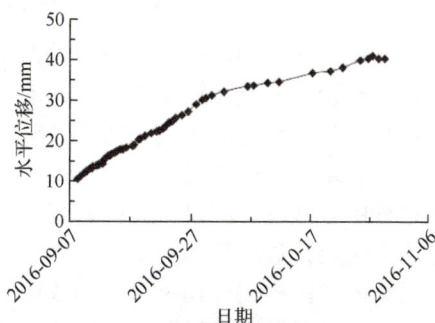

图 15-26　二级马道深层水平位移

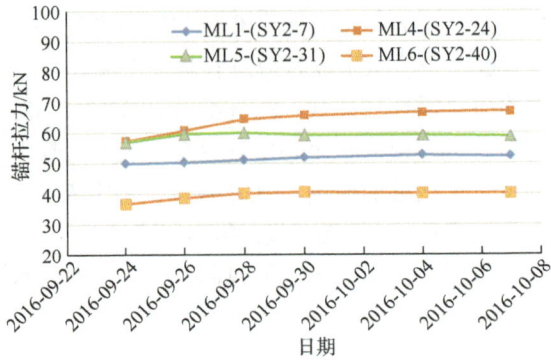

图 15-27 一级马道锚杆拉力-时间曲线

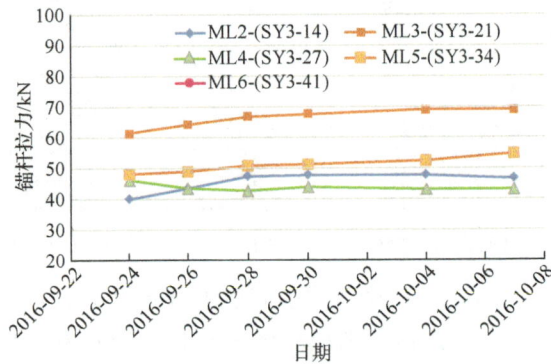

图 15-28 二级马道锚杆拉力-时间曲线

图 15-29 伞型锚加固后的膨胀土高边坡

监测期间（50d），试验段右岸的深层水平位移最大约为 45mm，相对较小，随后降雨停止，累积水平位移整体收敛。其中，一级马道水平位移监测期间缓慢增长，且位移速率很小，第二次降雨期间（10 月 25 日～28 日）出现了明显增长，但降雨停止后快速收敛，监测期间位移呈现收敛趋势；二级马道较一级马道位移发展趋势更加稳定，整个监测过程中收敛趋势明显。锚固力变化不大，无明显增大趋势，表明边坡内部无明显的位移增大趋势，边坡基本稳定。

试验段（10+710～10+800）因采取了伞型锚加固措施，边坡变形发展趋势收敛，锚固力稳定，保证了渠底开挖过程中的边坡安全，而且即使出现强降雨与边坡开挖的不利组合时，伞型锚仍然有效地控制了边坡变形的发展趋势，保证了工程的顺利进行。

15.4.2 永久修复工程

1. 工程概况

南水北调中线膨胀土渠道边坡某渠段运行期间出现变形体。该变形体位于左岸三级渠坡,沿渠向长 120m,高程 154.80~160.80m。该段边坡挖深 34~39m,渠道底宽 13.5m,过水断面坡比 1:3.0,一级马道以上每隔 6m 设置一级马道,一级马道宽度 3.28m,二、三级马道宽 2.00m,四级马道宽 50m,一级马道至四级马道之间各渠坡坡比为 1:2.5,如图 15-30 所示,四级马道以上渠坡坡比为 1:3.0。渠道全断面换填水泥改性土,其中,过水断面换填厚度为 1.5m,一级马道以上渠坡换填厚度为 1m。

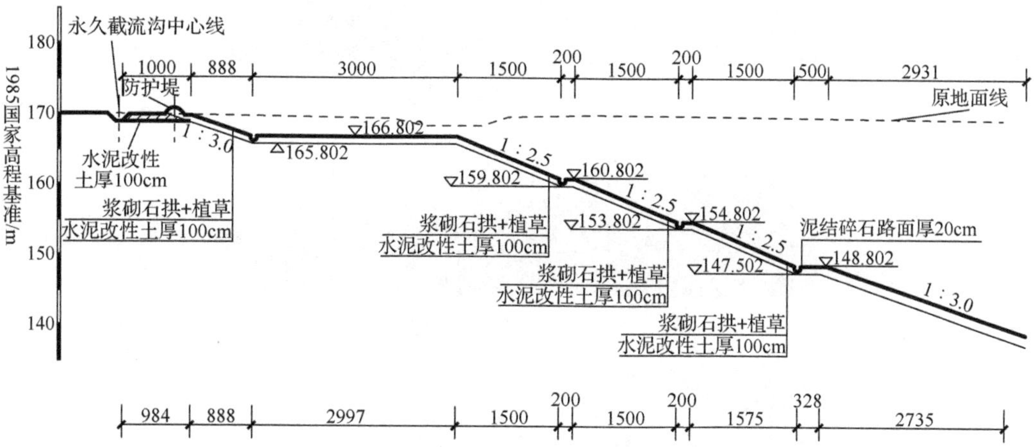

图 15-30 示范渠段膨胀土边坡设计示意图(标高单位 m,尺寸标注单位 mm)

变形体所在渠段渠坡由第四系中更新统(al-plQ2)粉质黏土、黏土以及钙质结核粉质黏土组成。分层描述如下。

第①层:粉质黏土,呈褐黄、棕黄色,土体颜色之间无统一界限,硬塑,含铁锰质结核以及钙质结核,钙质结核含量为 5%~15%,局部团块状富集。该层底板高程 135.0~152.0m,厚一般超过 20m。第②层:黏土,灰黄、浅褐黄色,硬塑—硬可塑,含铁锰质斑块,偶见姜石。该层呈透镜体式分布,分布于高程 135.0~152.0m 之间。第③层:钙质结核粉质黏土,整体呈黄褐色,钙质结核含量 50%~60% 之间,粒径一般为 1~4cm,细粒土为粉质黏土,硬塑。该层底板高程为 138.2~142.0m,厚一般为 4.0~6.5m。另外高程 150.0~152.0m 之间发育的钙质结核粉质黏土呈透镜体式分布。

2. 渠道边坡变形病害

调研运行维护资料显示,变形体所在渠坡在运行过程中,出现了以下变形病害:①二级马道排水沟出现内壁与沟底脱空、沟壁缩窄的现象,如图 15-31 所示;②二级马道顶部镶边局部断裂、沉陷,如图 15-32 所示;③三级边坡中下部混凝土拱圈出现连续裂缝,个别翘起形成错台;④三级边坡坡脚镶边开裂,部分镶边向渠内倾斜,与土体间形成错台、裂缝,如图 15-33 所示;⑤四级边坡中上部混凝土拱架也出现部分裂缝。

图 15-31　二级马道排水沟缩窄

图 15-32　二级马道混凝土镶边断裂

图 15-33　三级渠坡坡脚骨架断裂

3. 伞型锚加固方案

膨胀土边坡处理主要采用伞型锚进行永久加固，具体加固方案如下。

对总干渠桩号 TS8+740～8+640 渠段左岸第三级边坡采用 6 排锚固，垂直水流方向间距 2.4m，顺水流方向间距 3.4m，与水平方向夹角为 30°，伞型锚设计锚固力为 120kN，锁锚时张拉锚固力不小于 70kN。锚端钢筋伸入混凝土横向排水沟梁内，伸入部分长度不小于 50cm，并与排水沟梁主筋牢固焊接。

第一排伞型锚距坡脚 1m，锚固长度为 15m；第二排伞型锚距坡脚 3.4m，锚固长度为 15m；第三排伞型锚距坡脚 5.8m，锚固长度为 15m；第四排伞型锚距坡脚 8.2m，锚固长度为 20m；第五排伞型锚距坡脚 10.6m，锚固长度为 20m；第六排伞型锚距坡脚 13m，锚固长度为 20m；6 排伞型锚沿渠道延伸方向间距为 3.4m，呈矩形布置，共计 222 根。具体布置如图 15-34 所示。

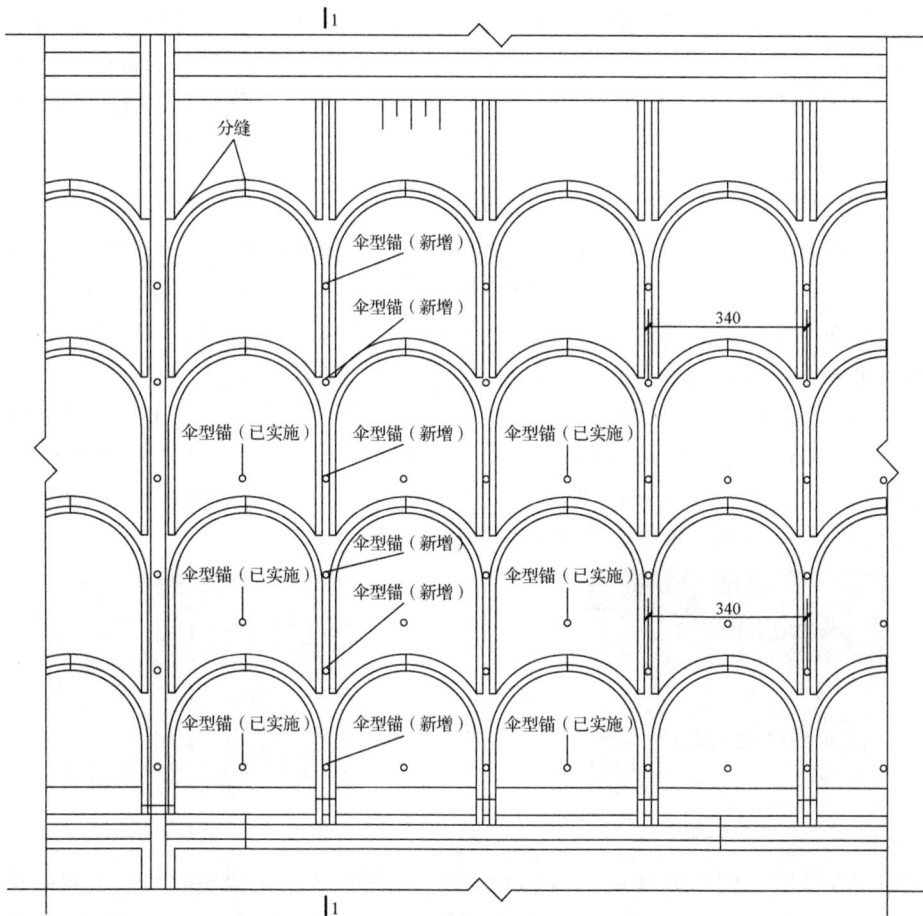

（a）平面图

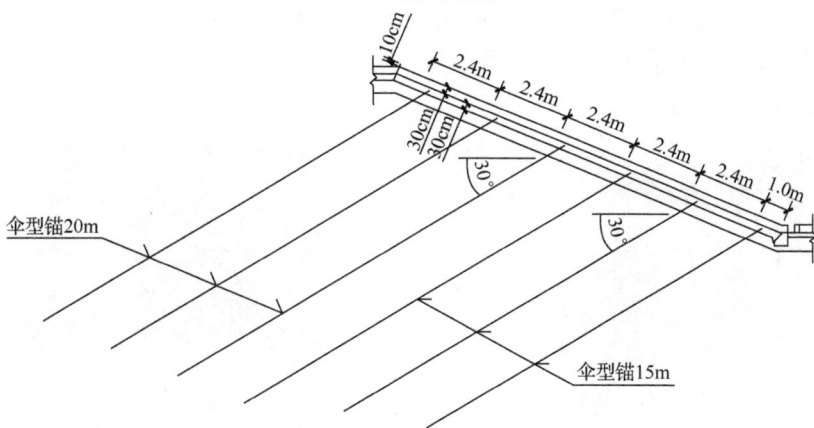

1—1断面图
（横向排水沟）

（b）剖面图

图 15-34 伞型锚布置及加固深度

采用伞型锚加固的同时，对土体裂缝采用黏土或水泥改性土回填；桩号 8+740～8+860 渠段左岸三级渠坡坡面混凝土拱骨架、横向排水沟和二级马道纵向排水沟全部拆除，采用 C25 及以上等级混凝土重新浇筑；在二级渠坡增设 13 处排水盲沟，排水盲沟由集水井和 ϕ110 PVC 排水管组成；在该段坡面恢复后重新播撒草籽；增加相应的监测设施。

4. 修复施工

（1）施工准备。考虑到边坡马道宽度及坡度条件，采用便携式施工装备，如图 15-35 所示，对伞型锚加固位置进行定位，并做好标识。

（2）坡面开挖。伞型锚锚杆安设角度为 35°～40°，允许偏差±3°，施工前应在锚固点坡面上开挖锚固方向垂直面，确保承压板与伞型锚锚杆垂直。

（3）钻孔。采用潜孔钻机进行钻孔，如图 15-36 所示。孔径为 110mm，孔深为 16.5m 和 21.5m，按照相应孔位确定深度；钻孔时不得扰动周围地层；钻孔前，须根据设计要求和地层条件，定出孔位并做标记；水平、垂直方向的孔距误差不应大于 300mm，钻孔轴线的偏斜率不应大于锚杆长度的 2%。

图 15-35　连夜组装潜孔钻机

图 15-36　潜孔钻机钻孔

（4）锚头安装。钻孔完成后，将第 1 根钢筋与锚头连接，锚头收拢向下置入孔内，人工施加压力将锚头送入，钢筋连接采用套筒连接，将锚头置入孔底，若锚头未进入孔底，应采用大锤或者激振锤将锚杆置入孔底，如图 15-37 所示。

（5）注浆。在伞型锚锚头上设置注浆导管，将伞型锚击入指定位置后，注入 32.5MPa 水泥浆，如图 15-38 所示。

图 15-37　伞型锚人工安装

图 15-38　锚杆孔灌浆

（6）伞型锚的张拉。将张拉设备置入锚端部，并锁定，通过电动油压泵张拉伞型锚锚杆至 50kN，如图 15-39 所示。张拉时还应符合下列规定：①张拉前，应对张拉计量设备进行标定；②张拉应有序进行，防止对临近锚杆产生较大影响；③正式张拉前，应取 0.1～0.2 倍的锚固力设计值对伞型锚预张拉 1～2 次，使杆体平直，各部位接触紧密。

（7）安置顶端锁定装置。伞型锚张拉至千斤顶压力计所示拉力达预定锚固力时，在千斤顶支架底座内、锁定装置卡瓦套内嵌入卡瓦。

（8）伞型锚加固完成。松开顶端锁定装置，撤除千斤顶及支架，伞型锚施工完成，如图 15-40 所示；施工完成后承压板底部存在缺口，可根据现场实际情况，采用土石料回填密实。

图 15-39 伞型锚张拉

图 15-40 承压板与锚具锁定

（9）覆盖混凝土。伞型锚加固完成后，在承压板上浇筑 C20 混凝土。混凝土覆盖范围超过承压板外缘 10cm 以上，并充满承压板与周边土体可能存在的空隙（图 15-41）。随后清理坡面。

5. 修复效果

采用伞型锚加固膨胀土边坡，如图 15-42 所示，加固前后的水平位移变化如图 15-43 所示。加固前深层水平位移呈现明显的发展趋势，且变形速率增加；伞型锚加固后，水平位移曲线变缓，即滑体基本稳定，处理效果较为理想。

图 15-41 锚头素混凝土封闭

图 15-42 伞型锚加固后坡面

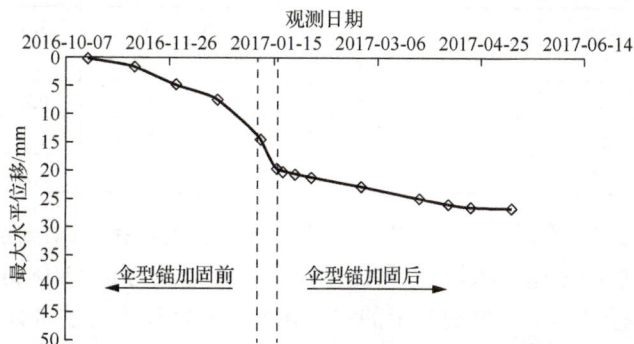

图 15-43 加固前后边坡水平位移变化趋势

16 膨胀土边坡防护的桩板墙技术

16.1 数值模拟

16.1.1 数值模型

基于 ABAQUS 建立三维数值分析模型,如图 16-1 所示。桩身悬臂段截面为 T 形桩,挡土板构造形式为桩间挂板,嵌固段的桩身截面为矩形。考虑模型边界对计算结果的影响,建模时坡脚到左端边界的距离不小于坡高的 1.5 倍,坡顶到右端边界的距离不小于坡高的 2.5 倍,且上、下边界高度不低于 2 倍坡高。模型左、右边界距离为 40m,上、下边界距离为 22.5m,计算参数列于表 16-1 中。

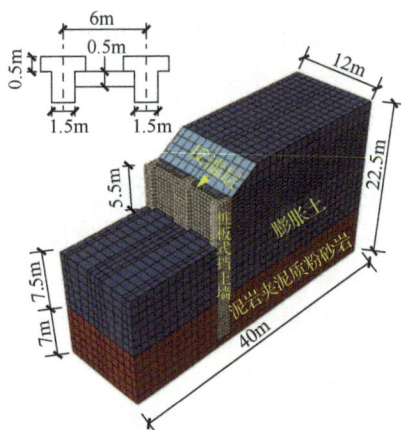

图 16-1 三维数值分析模型

表 16-1 模型计算参数

材料	重度/ （kN·m⁻³）	黏聚力/kPa	摩擦角/ （°）	剪胀角/ （°）	弹性模量/ MPa	泊松比	膨胀系数
膨胀土	19.6	36.4	13.7	0	12	0.3	6.650×10⁻⁵
粉砂层	22	200	18	0	1000	0.3	
反滤层	20.5	1	35	0	40	0.25	
抗滑桩	25				32500	0.17	
桩间板	25				32500	0.17	

桩板墙与土间的界面通过 ABAQUS 中的接触对实现,接触面法向采用接触约束算法和硬接触形式,切向采用摩擦模型。界面摩擦系数近似取为 $\tan(2/3 \times \varphi)$（φ 为内摩擦角）,桩与板间的摩擦系数为 0.4。墙后填土的体积含水量随深度变化的函数关系列于表 16-2 中。考虑现场桩板墙悬臂段底部存在混凝土开裂,导致雨水入渗的情况,建立悬臂段底部有、无渗水的两种数值模型,如图 16-2 所示。

表 16-2　体积含水量与深度的关系

降雨强度	体积含水量与深度的函数关系	R^2
中雨	$w_v = -14.60z + 96.36$	0.9956
小雨	$w_v = -9.42z + 74.95$	0.9613

注：z 为深度。

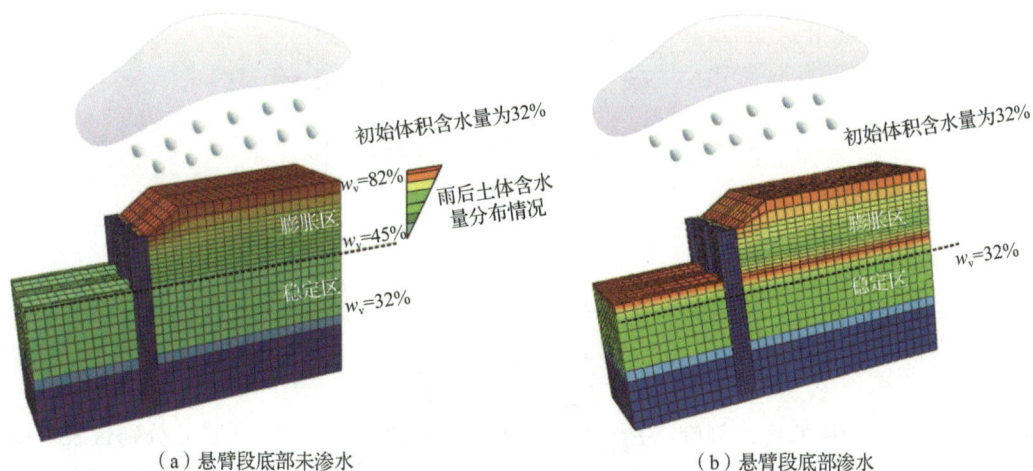

（a）悬臂段底部未渗水　　　　　　　　　　　　（b）悬臂段底部渗水

图 16-2　降雨后体积含水量的分布

16.1.2　模型验证

桩后土压力的实测数据与模拟值比较如图 16-3（a）所示。墙后土压力实测值与静止土压力接近。考虑悬臂段底部渗水工况下的桩后土压力模拟值与实测土压力值更为接近。板后土压力的实测数据与模拟值比较如图 16-3（b）所示，土压力的实测数据与考虑悬臂段底部渗水工况下的模拟值一致。实测板后土压力与桩后土压力大小接近。

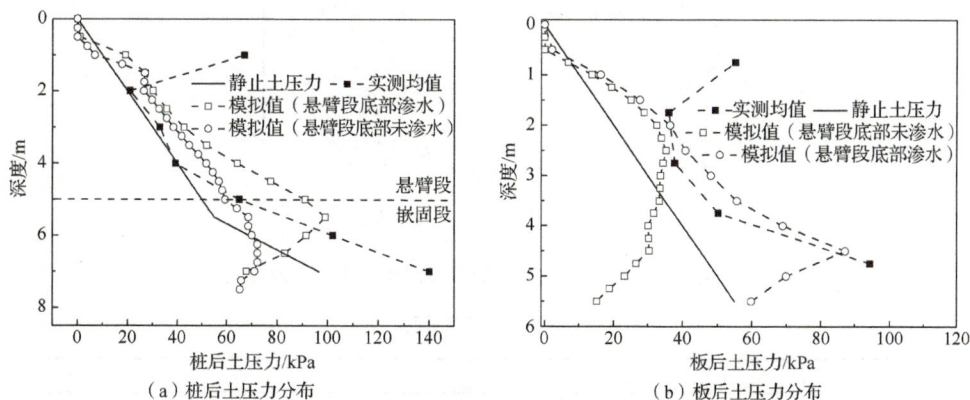

（a）桩后土压力分布　　　　　　　　　　　　（b）板后土压力分布

图 16-3　土压力实测数据与模拟值的比较

图 16-4 所示为弯矩模拟值与实测数据的比较。桩板墙底部渗水对桩身最大弯矩的影响较小，悬臂段的桩身弯距仅有微量增加。

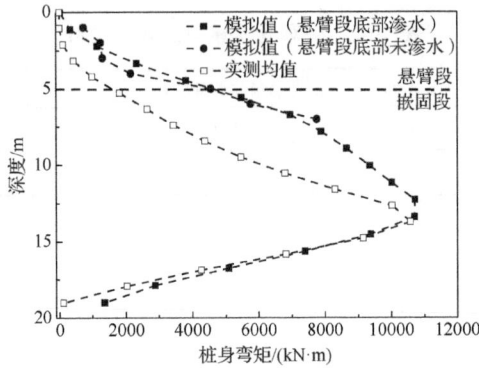

图 16-4　弯矩模拟值与实测数据的比较

16.1.3　参数分析

1. 桩、板刚度的影响

桩板墙结构的桩、板抗弯刚度的比值 η 定义为

$$\eta = \frac{E_{\text{pile}} I_{\text{pile}}}{E_{\text{sheet}} I_{\text{sheet}}} = \frac{a \times b^3}{t_1 \times t_2^3} \tag{16-1}$$

式中，$E_{\text{pile}} I_{\text{pile}}$ 为桩的抗弯刚度；$E_{\text{sheet}} I_{\text{sheet}}$ 为板的抗弯刚度；a、b，t_1、t_2 分别代表桩截面长度、宽度，板长度、厚度。桩身截面固定，改变板厚度 t_2，分别按 0.5m、0.45m、0.4m、0.35m、0.3m 取值，对应的桩、板刚度比 $\eta = 30$、40、55、85、135。

图 16-5 所示为不同桩、板刚度比（η）桩板墙的板后土压力分布。当桩板墙的桩、板刚度比由 30 变化至 135 时，桩、板所受的土压力变化不明显。考虑适当放大 η 值至 1000 或 10000，发现作用于板上的土压力大幅度减小。η 与 t_2 对应关系如表 16-3 所示。

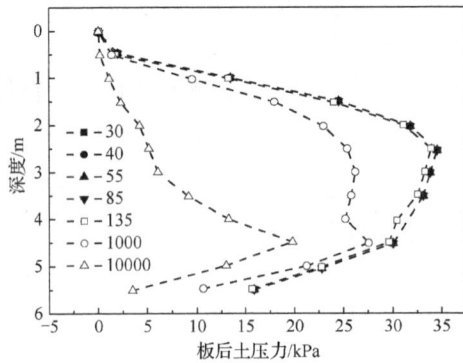

图 16-5　不同桩、板刚度比桩板墙的板后土压力分布

表 16-3　η 与 t_2 对应关系

t_2/m	η
0.5	30
0.45	40
0.4	55
0.35	85
0.3	135

2. 桩板墙构造形式的影响

图 16-6 给出了 3 种常用的桩板墙构造形式，分别为桩前挂板、桩间（翼缘后）挂板和桩后挡板，代号分别为Ⅰ、Ⅱ和Ⅲ。

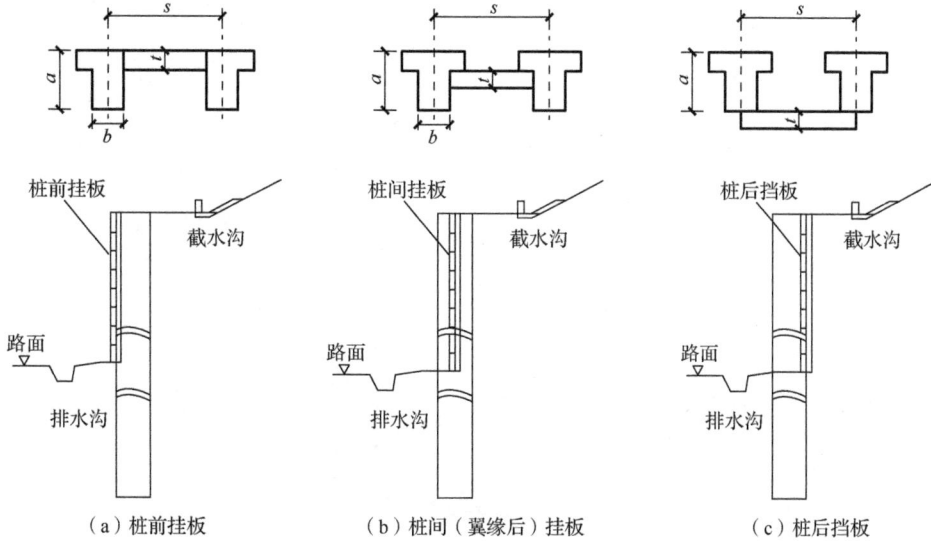

（a）桩前挂板　　　　　（b）桩间（翼缘后）挂板　　　　　（c）桩后挡板

图 16-6　桩板墙的构造形式

不同桩板墙构造形式的桩身变形、板体变形、桩后土压力、板后土压力和桩身弯矩的变化趋势如图 16-7 所示。桩板墙构造形式对桩身受力变形影响小。随着挡土板后移，板后土压力增加、桩后土压力减小。当采用挂板形式Ⅲ时，板后土压力大于桩后土压力。桩板墙构造形式对桩身弯矩影响小，三种构造形式差别不超过 1000kN·m

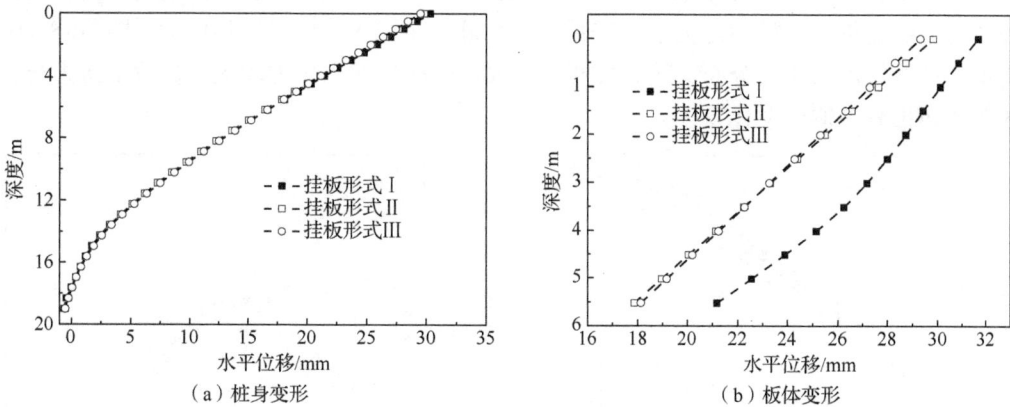

（a）桩身变形　　　　　　　　　　（b）板体变形

图 16-7　不同桩板构造形式对桩、板的变形和应力的影响

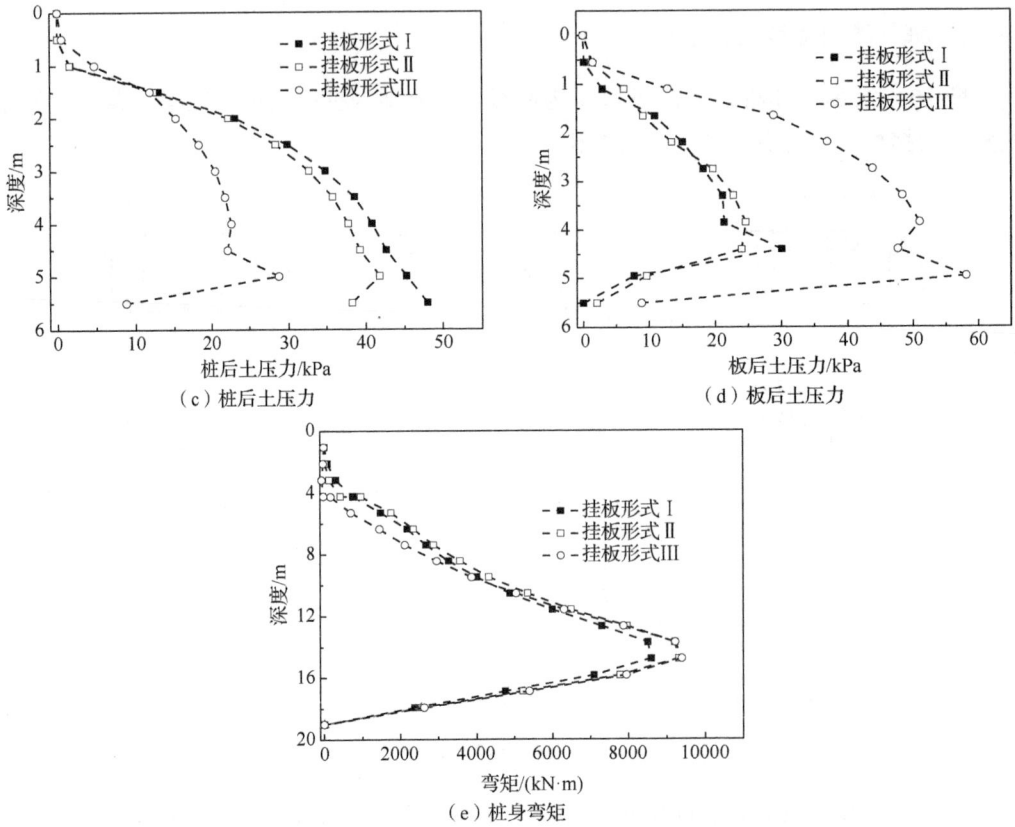

（c）桩后土压力

（d）板后土压力

（e）桩身弯矩

图 16-7（续）

3. 桩间距的影响

桩间距 s 分别按 4m、6m、8m 和 10m 设置。图 16-8（a）所示为桩板墙结构相同外部环境下桩身位移与桩间距大小的关系。随着桩间距增大，桩身位移增加。图 16-8（b）所示为桩悬臂段土压力分布。随着桩间距增大，桩承受的土压力增大，板后土压力与桩间距之间也有类似的变化规律。

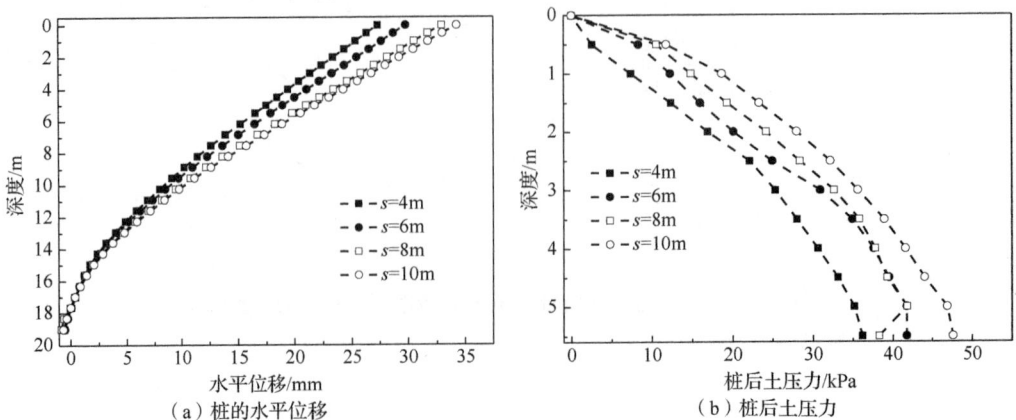

（a）桩的水平位移

（b）桩后土压力

图 16-8　桩间距的影响

桩、板土压力分担比 k 定义为

$$k = \frac{p_{pile}}{p_{sheet}} \qquad (16-2)$$

式中，p_{pile} 和 p_{sheet} 分别为桩后、板后的土压力。

图 16-9 所示为桩、板土压力分担比随桩间距的变化规律。随着桩间距增大，桩、板土压力分担比减小。在膨胀土地区设置桩板墙时，桩间距确定要尽量使桩、板土压力分担比合理，建议膨胀土地区桩板墙的桩间距取值范围为 4～6m。

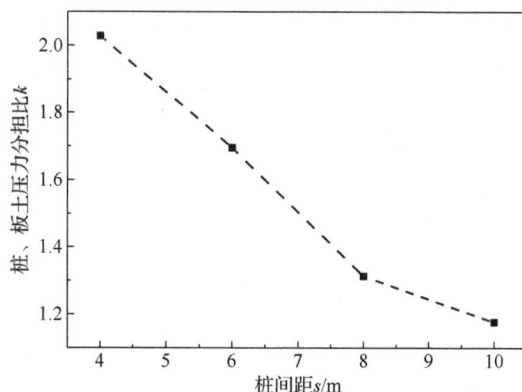

图 16-9　桩、板土压力分担比随桩间距的变化规律

4. 减压层的影响

在实际工程中，袋装砂砾、碎石层常用作减压层，但是需要设置较大厚度才能满足减压需求。EPS 具有很好的减压效果，被广泛用作挡墙的减压层。

1）EPS 弹性模量

常用 EPS 的密度和弹性模量列于表 16-4 中。本节中 EPS 的弹性模量取 40MPa、20MPa、10MPa、5MPa、2MPa，厚度固定为 50cm。

表 16-4　常用 EPS 的密度和弹性模量

名称	密度/（kg·m^{-3}）	弹性模量 E/MPa
EPS12	12	2.4
EPS15	15	5.0
EPS20	20	6.5
EPS25	25	12.0

（1）桩间挂板式桩板墙。图 16-10 给出了不同 EPS 弹性模量下桩间挂板式桩板墙的土压力分布。EPS 的弹性模量越小，板后土压力减小幅度越大。特别是 EPS 弹性模量在 2～10MPa 时，作用于板后土压力的减幅达 70% 以上。桩、板土压力分担比（k）随减压层弹性模量的变化如图 16-11 所示，EPS 弹性模量由 2MPa 增至 40MPa 过程中，k 值呈现减小趋势，在 $E<10$MPa 范围内的变化速率较大，在 10～40MPa 范围内的变化趋向稳定。

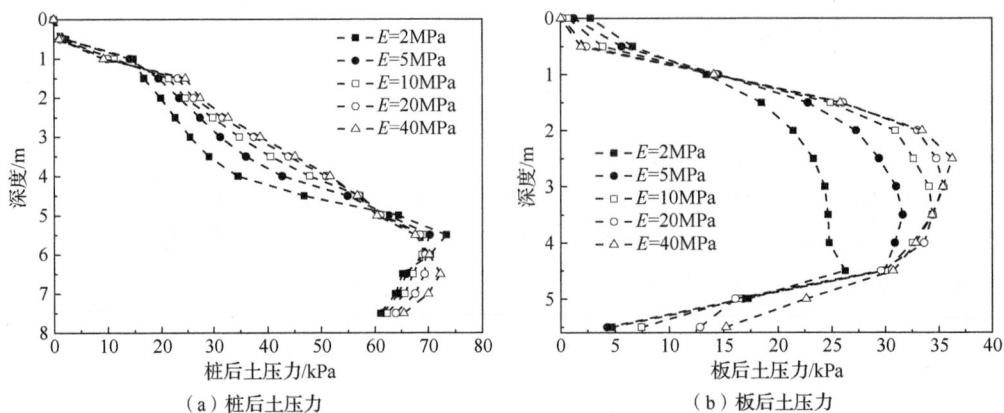

（a）桩后土压力　　　　　　　　　　（b）板后土压力

图 16-10　EPS 弹性模量对桩间挂板式桩板墙土压力的影响

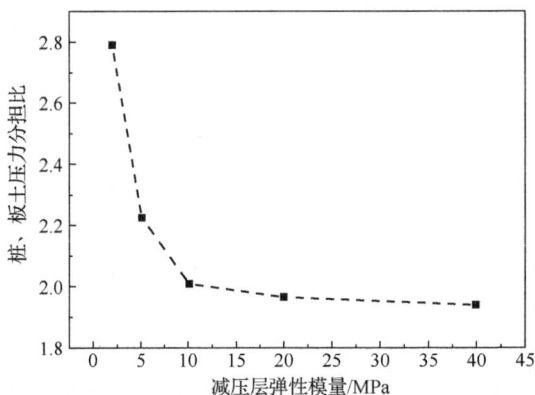

图 16-11　桩间挂板式桩板墙桩、板土压力分担比随减压层弹性模量的变化

（2）桩后挡板式桩板墙。图 16-12 给出了不同 EPS 弹性模量下桩后挡板式桩板墙土压力分布。桩后挡板式桩板墙设置 EPS 减压层的减压效果更明显，尤其是对板后土压力的影响。图 16-13 为桩、板土压力分担比随 EPS 弹性模量的变化。EPS 弹性模量从 40MPa 减小至 2MPa，k 由 0.97 变化至 8.4。EPS 对桩后挡板式桩板墙的减压效果明显优于桩间挂板式桩板墙。EPS 板的密度为 12～25kg/m³。

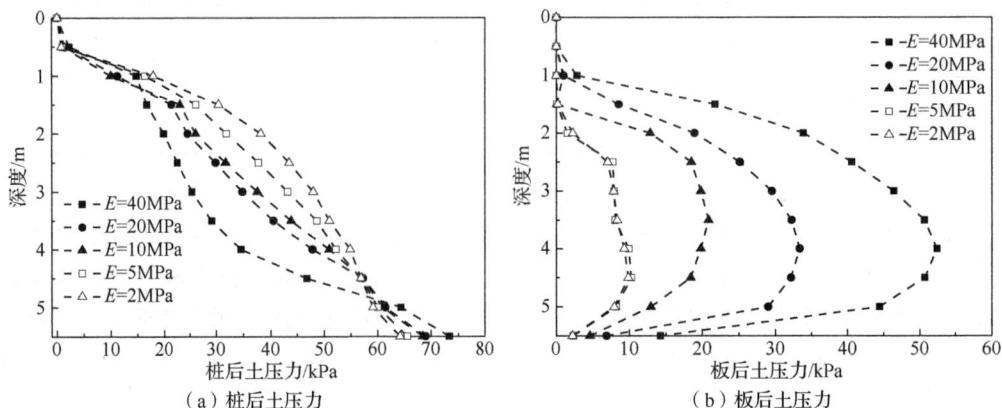

（a）桩后土压力　　　　　　　　　　（b）板后土压力

图 16-12　EPS 弹性模量对桩后挡板式桩板墙土压力的影响

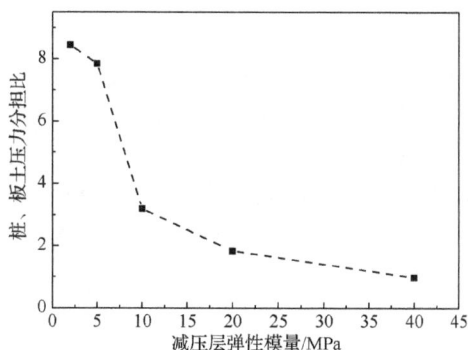

图 16-13 桩后挡板式桩板墙桩、板土压力分担比随减压层弹性模量的变化

2）EPS 板的厚度

EPS 板厚度（t）取 0～120cm，EPS 板的弹性模量设为 5MPa。

（1）桩间挂板式桩板墙。图 16-14 为不同 EPS 板厚下桩间挂板式墙桩、板后土压力分布。EPS 板厚度由 0cm 增至 120cm 时，作用于桩身的土压力逐渐增大，作用于板上的土压力逐渐减小。对桩间挂板式墙来说，应选用较厚的 EPS 板。

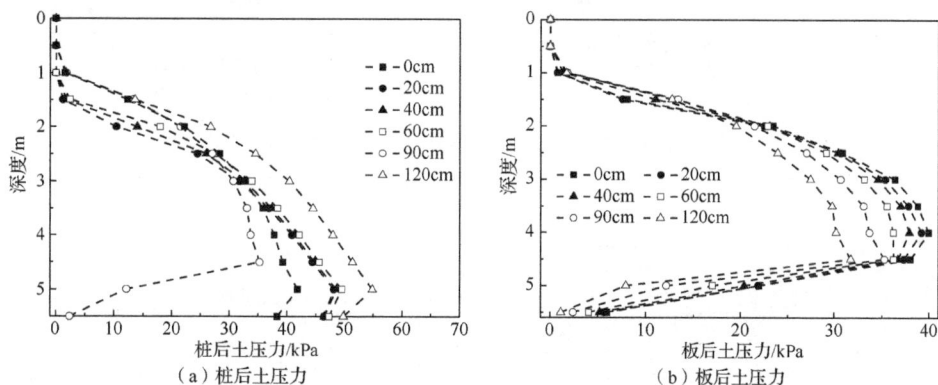

图 16-14 EPS 板厚度对桩间挂板式桩板墙土压力的影响

（2）桩后挡板式桩板墙。如图 16-15 所示，随着 EPS 板厚度 t 增加，作用于桩后的土压力逐渐减小。当 $t \geqslant 30$cm 时，桩后、板后土压力大幅度减小。对桩后挡板式桩板墙来说，EPS 板厚度应大于 30cm。

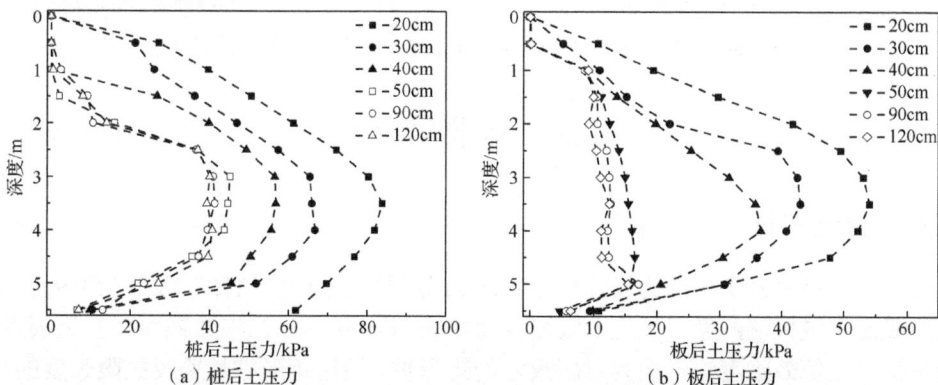

图 16-15 EPS 板厚度对桩后挡板式桩板墙土压力的影响

3）减压层埋置深度

在桩板墙向下 2m、3m 和 5.5m 深度处布置减压层，两种结构形式桩板墙的桩后、板后土压力分布如图 16-16 和图 16-17 所示。桩后挡板的悬臂段满布 EPS 板比只在大气急剧影响深度范围内布设 EPS 板的效果更好（图 16-16）。对于桩间挂板式桩板墙，随着 EPS 板埋置深度增大，桩后土压力增大、板后土压力减小（图 16-17）。随着 EPS 板布设深度的增大，桩后、板后土压力的变化规律不同，当 EPS 板埋置深度为 5.5m 时，作用于桩板墙墙后的土压力最小。

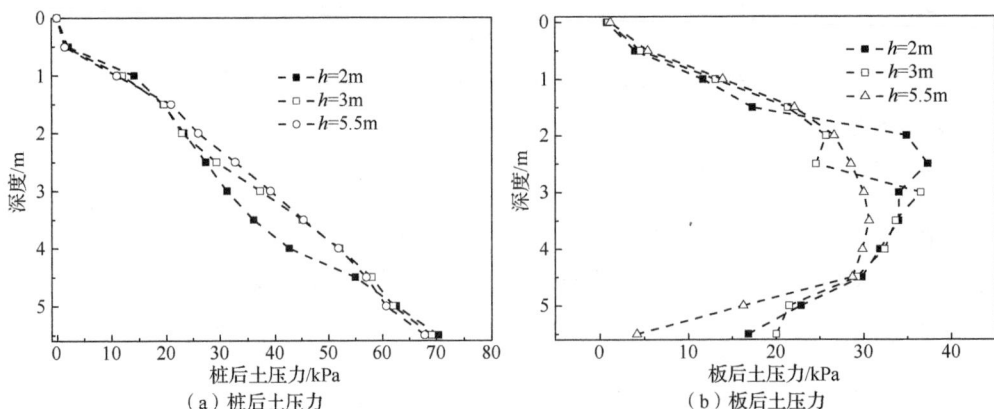

（a）桩后土压力　　　　　　　　　　　（b）板后土压力

图 16-16　EPS 板埋置深度对桩后挡板式桩板墙土压力的影响

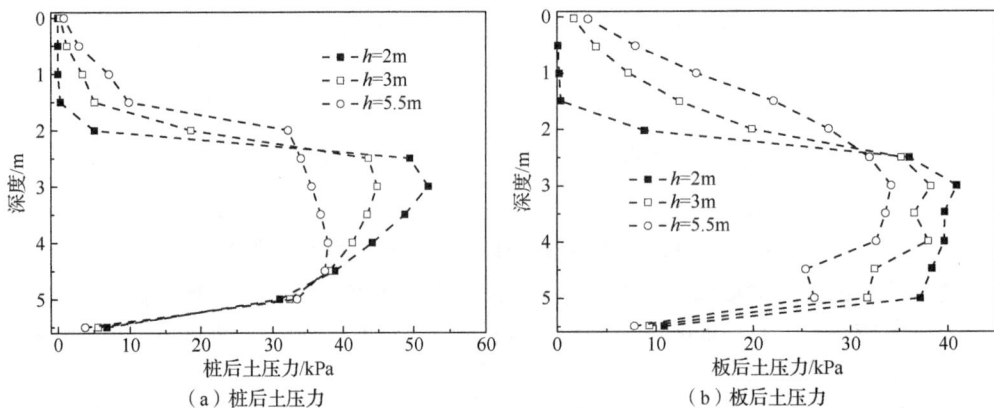

（a）桩后土压力　　　　　　　　　　　（b）板后土压力

图 16-17　EPS 板埋置深度对桩间挂板式桩板墙土压力的影响

16.2　标准化设计

16.2.1　悬臂段长度

根据《铁路路基支挡结构设计规范（2024 年局部修订）》（TB 10025—2019），不同等级膨胀土中桩板墙的悬臂长度上限建议值如表 16-5 所示。当桩体截面形状为圆形时，对圆形桩采用等效刚度法转换为对应尺寸的矩形桩，沿用矩形桩悬臂段极限长度的具体规定，圆形截面桩的悬臂段极限长度建议值如表 16-6 所示。

表 16-5 抗滑桩（矩形桩）悬臂段长度

胀缩等级	悬臂段长度 L_1/m
强膨胀土	≤8
中膨胀土	≤8
弱膨胀土	≤9

表 16-6 抗滑桩（圆形桩）悬臂段长度

胀缩等级	悬臂段长度 L_1/m
强膨胀土	≤4
中膨胀土	≤4
弱膨胀土	≤5

16.2.2 悬臂段桩身内力计算

在计算滑坡推力时，当滑坡体为砾石类土或块石类土时，下滑力采用三角形分布；当滑坡体为黏性土时，下滑力采用矩形分布；当滑坡体介于两者之间时，采用梯形分布。图 16-18 为滑坡推力的一般分布形式。考虑滑坡推力作用，桩身悬臂段内力计算式为

$$\begin{cases} M_0 = E_x Z_x \\ Q_0 = E_x \\ T_1 = \dfrac{6M_0 - 2E_x L_1}{L_1^2} \\ T_2 = \dfrac{6E_x L_1 - 12M_0}{L_1^2} \end{cases} \tag{16-3}$$

$$\begin{cases} M_y = \dfrac{T_1 y^2}{2} + \dfrac{T_2 y^3}{6L_1} \\ Q_y = T_1 y + \dfrac{(T_2 - T_1)y^2}{2L_1} \\ x_y = x_0 - \varphi_0(L_1 - y) + \dfrac{T_1}{EI}\left(\dfrac{L_1^4}{8} - \dfrac{L_1^3 y}{6} + \dfrac{y^4}{24}\right) + \dfrac{T_2}{EIL_1}\left(\dfrac{L_1^5}{30} - \dfrac{L_1^4 y}{24} + \dfrac{y^5}{120}\right) \\ \varphi_y = \varphi_0 - \dfrac{T_1}{6EI}(L_1^3 - y^3) - \dfrac{T_2}{24EIL_1}(L_1^4 - y^4) \end{cases} \tag{16-4}$$

式中，M_0 为嵌固点弯矩（kN·m）；E_x 为滑坡推力合力（kN）；Q_0 为嵌固点剪力（kN）；T_1、T_2 为滑坡推力（kN/m）；M_y 为滑坡推力作用下计算点弯矩（kN·m）；Q_y 为滑坡推力作用下计算点剪力（kN）；y 为计算点深度（m）；x_y、φ_y 分别为计算点的变位、转角；x_0、φ_0 分别为嵌固点的变位、转角；L_1 为抗滑桩悬臂段长度（m）；E 为桩身弹性模量（MPa）；I 为桩截面惯性矩（m^4）；Z_x 为滑坡推力合力作用点距嵌固点的距离（m）。

当 $T_1 = T_2$ 时，滑坡推力即为矩形分布。水平膨胀力分布形式如图 16-19 所示，水平膨胀力采用表 16-7 中的数值，大气影响深度列于表 16-8 中。

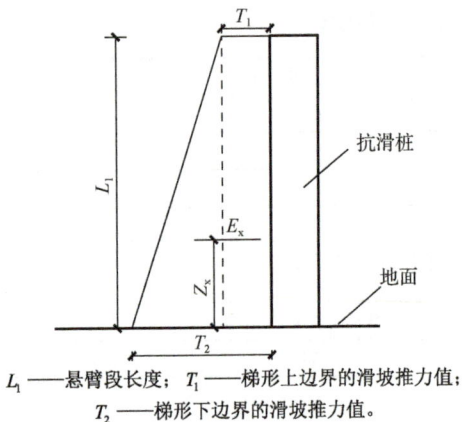

L_1——悬臂段长度；T_1——梯形上边界的滑坡推力值；
T_2——梯形下边界的滑坡推力值。

图 16-18　滑坡推力一般分布形式

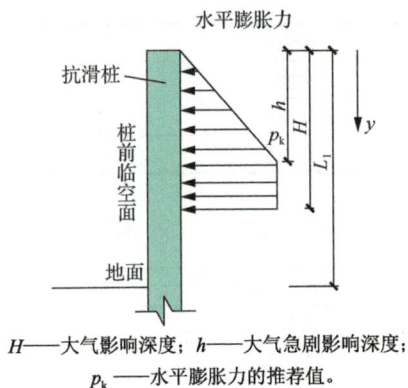

H——大气影响深度；h——大气急剧影响深度；
p_k——水平膨胀力的推荐值。

图 16-19　水平膨胀力分布形式

表 16-7　水平膨胀力 p_k 推荐值

膨胀土胀缩等级	水平膨胀力/kPa	
	设减压层	无减压层
强膨胀土	$45 < p_k \leqslant 60$	$80 < p_k \leqslant 100$
中膨胀土	$30 < p_k \leqslant 45$	$50 < p_k \leqslant 80$
弱膨胀土	$10 < p_k \leqslant 30$	$30 < p_k \leqslant 50$

表 16-8　大气影响深度

土的湿度系数 ψ_w	大气影响深度 H/m	大气急剧影响深度 h/m
0.6	5.0	2.25
0.7	4.0	1.80
0.8	3.5	1.58
0.9	3.0	1.35

桩身的剪力和弯矩分别见式（16-5）和式（16-6）：

$$
\begin{cases}
Q_p = \dfrac{y^2}{2h} p_k, \ 0 \leqslant y \leqslant h \\[2mm]
Q_p = \dfrac{1}{2} p_k h + p_k (y - h), \ h \leqslant y \leqslant H \\[2mm]
Q_p = \dfrac{1}{2} p_k h + p_k (H - h), \ H \leqslant y \leqslant L_1
\end{cases}
\tag{16-5}
$$

$$
\begin{cases}
M_p = \dfrac{y^3}{6h} p_k, \ 0 \leqslant y \leqslant h \\[2mm]
M_p = \dfrac{1}{2} p_k h \left(y - \dfrac{2h}{3} \right) + \dfrac{1}{2} p_k (y - h)^2, \ h \leqslant y \leqslant H \\[2mm]
M_p = p_k (H - h) \left[y - \left(\dfrac{h}{2} + \dfrac{H}{2} \right) \right] + \dfrac{1}{2} h p_k \left(y - \dfrac{2h}{3} \right), \ H \leqslant y \leqslant L_1
\end{cases}
\tag{16-6}
$$

式中，H 为膨胀土边坡大气影响深度（m）；h 为膨胀土边坡大气急剧影响深度（m）；L_1 为桩前临空高度，即悬臂段长度（m）；y 为计算作用点距桩顶的距离（m）；M_p 为水平膨胀力作用下计算点弯矩（kN·m）；Q_p 为水平膨胀力作用下计算点剪力（kN）。

16.2.3　嵌固段长度

嵌固点处的弯矩、剪力和嵌固段地基的弹性抗力采用地基系数法计算，地基土水平抗力系数的比例系数 m 和地基弹性抗力系数 K 按表 16-9 和表 16-10 选用。

表 16-9　地基土水平抗力系数的比例系数 m

序号	地基土类别	$m/$（MN·m^{-4}）	地面处单桩位移/mm
1	淤泥，淤泥质土，湿陷性黄土	2.5~6	6~12
2	流塑（$I_L>1$）、软塑状黏性土，$e>0.9$ 粉土，松散粉细砂，松散、稍密填土	2.5~6	6~12
3	可塑（$0.25<I_L\leqslant0.75$）状黏性土，$e=0.75$~0.9 粉土，湿陷性黄土，中密填土，稍密细砂	14~35	3~6
4	硬塑（$0<I_L\leqslant0.25$）、坚硬（$I_L>0$）状黏性土，湿陷性黄土，$e<0.75$ 粉土，中密中粗砂，密实老填土	35~100	2~5
5	中密、密实的砂砾、碎石类土	100~300	1.5~3

注：1. 当桩顶水平位移大于表列数值或当灌注桩配筋率较高（$\geqslant0.65\%$）时，m 值应适当降低。

2. 当水平荷载为长期或经常出现的荷载时，将表中的数值乘以 0.4，降低采用。

3. 桩嵌滑床范围内有多种不同土层时，应求得主要影响深度 $h_m=2(b_p+1)$ 范围内的 m 值作为计算值，其中，b_p 为矩形桩实际宽度。刚性桩的 h_m 值应采用嵌入滑床整个桩长内各层土进行加权计算 m 值。当 h_m 范围内存在两种不同土层时，$m=\dfrac{m_1h_1^2+m_2(2h_1+h_2)h_2}{h_m^2}$；当 h_m 范围内存在三种土层时，$m=\dfrac{m_1h_1^2+m_2(2h_1+h_2)h_2+m_3(2h_1+2h_2+h_3)h_3}{h_m^2}$，$h_1$ 为第一层土的厚度（m），h_2 为第二层土的厚度（m），h_3 为第三层土的厚度（m）。

表 16-10　抗滑桩嵌固段岩石的抗压强度和地基弹性抗力系数 K

序号	抗压强度/MPa 单轴极限抗压强度标准值	地基弹性抗力系数 $K/$（MN·m^{-1}） 竖直方向	地基弹性抗力系数 $K/$（MN·m^{-1}） 水平方向
1	10	100~200	60~160
2	15	250	150~200
3	20	300	180~240
4	30	400	240~320
5	40	600	360~480
6	50	800	480~640
7	60	1200	720~960
8	80	1500~2500	900~2000

嵌固段桩身宽度的计算式为

$$B_P=b_p+1 \text{ 或 } B_P=0.9\times(d+1) \tag{16-7}$$

式中，B_P 为桩身横截面计算宽度（m）；b_p 为矩形桩的实际宽度（m）；d 为圆形桩直径（m）。

当嵌固段地基系数为三角形分布时，嵌固段桩的换算长度为 αL_2，其中，L_2 为嵌固段长度，α 为桩的变形系数。桩的变形系数可按式（16-8）计算。

$$\alpha = \left(\frac{mB_{\mathrm{P}}}{EI} \right)^{\frac{1}{5}} \qquad (16\text{-}8)$$

式中，α 为桩的变形系数（m^{-1}）；m 为地基系数随深度变化的比例系数（$\mathrm{kN/m}^4$）；EI 为桩的截面抗弯刚度（$\mathrm{kPa \cdot m}^4$），$EI = 0.9E_{\mathrm{c}}I$，E_{c} 为混凝土弹性模量（kPa），I 为桩的截面惯性矩（m^4）。

当嵌固段地基系数为常数时，嵌固段桩的换算长度为 βL_2，L_2 为嵌固段长度，β 为桩的变形系数。桩的变形系数可按式（16-9）计算。

$$\beta = \left(\frac{KB_{\mathrm{P}}}{4EI} \right)^{\frac{1}{4}} \qquad (16\text{-}9)$$

式中，β 为桩的变形系数（m^{-1}）；K 为地基系数（$\mathrm{kPa/m}$）。

岩层中，桩的最大横向压应力应小于或等于地基的横向容许承载力 $[\sigma]$。当桩为矩形截面时，地基的横向容许承载力可按式（16-10）计算。

$$[\sigma] = K_{\mathrm{H}} \eta R_{\mathrm{c}} \qquad (16\text{-}10)$$

式中，K_{H} 为地基承载力在水平方向的换算系数，根据岩石的完整程度、层理或片理产状、层间的胶结物与胶结程度、节理裂隙的密度和充填物，可采用 0.5～1.0；η 为折减系数，根据岩层的裂隙、风化及软化程度，可采用 0.3～0.45；R_{c} 为岩石单轴抗压强度（kPa）。

膨胀土的地基横向容许承载力为

$$[\sigma] = P_{\mathrm{P}} - P_{\mathrm{a}} \qquad (16\text{-}11)$$

式中，P_{P} 为嵌固段所受被动土压应力（kPa）；P_{a} 为嵌固段所受主动土压应力（kPa）。嵌固段长度为 L_2，嵌固点以下 $L_2/3$ 和 L_2 处的横向压应力值应小于或等于地基横向容许承载力。

嵌固段及其翼缘板抗弯、抗剪和挡土板抗弯、抗剪设计验算应符合下列规定：一般情况下，结构抗力设计值应根据现行规范确定，作用效应设计值按式（16-12）计算。

$$S_{\mathrm{d}} = \gamma_{\mathrm{G}} S_{\mathrm{GK}} + \gamma_{\mathrm{Q}} S_{\mathrm{QK}} \qquad (16\text{-}12)$$

式中，γ_{G} 为永久作用分项系数，桩可采用 1.35～1.5，挡土板可采用 1.35；S_{Gk} 为永久作用效应标准值（mm）；γ_{Q} 为可变作用分项系数，可采用 1.40；S_{Qk} 为可变作用效应标准值（mm）。

作用效应设计值和抗力限定值应符合以下规定：检算桩顶位移和钢筋混凝土构件的最大裂缝宽度时，作用效应按式（16-13）进行计算。

$$S_{\mathrm{k}} = S_{\mathrm{Gk}} + \Psi_{\mathrm{q}} S_{\mathrm{Qk}} \qquad (16\text{-}13)$$

式中，S_{k} 为作用效应标准值（mm）；Ψ_{q} 为可变作用的准永久系数，可采用 0.6。

16.2.4　桩径及桩间距

1. 桩径

矩形截面的抗弯能力要优于正方形和圆形截面。矩形抗滑桩截面一般尺寸为：长边 2.0～3.5m，短边 1.5～2.5m；长短边尺寸比以 1.5∶1 为宜，当抗滑桩的长边过大、短边过小时会导致桩体的抗扭能力不足而失稳。对于抗弯能力要求不高的工点可采用圆形截面，圆形截面的直径一般情况下大于 1.0m。

2. 桩间距

桩板式挡土墙的桩净间距一般为 2～5m，墙高（自路基面算起）通常不低于 5m，桩间墙的长高比小于 0.8。根据膨胀土地区桩板墙结构，抗滑桩截面形状为矩形或 T 形时，强、中膨胀土边坡桩间距宜为 5～7m，弱膨胀土边坡桩间距宜为 5～8m。截面形状为圆形时，桩间距宜为 2～5m。

16.2.5 桩板墙构造形式

1）抗滑桩的配筋要求

抗滑桩的配筋应满足下列要求。

（1）桩身正截面配筋率可取 0.2%～0.65%（小直径桩取大值）；对于受水平荷载作用的桩，主筋不应小于 16mm；纵向主筋应沿桩身周边均匀布置，其净距不应小于 120mm，复杂情况下可适当缩小，但不得小于 80mm，采用束筋时，每束不得多于 3 根。

（2）若受桩体截面尺寸影响单排布筋不便时，可采取 2 排或 3 排布筋，排距宜控制在 120～200mm 之间，抗弯验算应按照布筋合力作用点进行计算。受力钢筋混凝土保护层不应小于 70mm。

（3）腐蚀环境下灌注桩主筋的直径不应小于 16mm，净距应介于 80～350mm 之间。当配筋较多时，可采用束筋。组成束筋的钢筋直径不宜大于 36mm，每束不宜多于 3 根。

（4）桩内不宜设置斜筋，可采用调整箍筋的直径、间距和桩身截面尺寸等措施，满足斜截面的抗剪要求。

（5）纵向受拉钢筋宜采用 HRB400，箍筋可采用 HPB300。

（6）结构耐久性应符合《混凝土结构耐久性设计标准》（GB/T 50476—2019）的规定。

（7）矩形截面桩的两侧和受压边，应适当配置纵向构造钢筋，间距不应大于 300mm，直径不宜小于 12mm。桩的受压边应配置架立钢筋，其直径不宜小于 16mm。当桩身较长时，纵向构造钢筋和架立钢筋的直径应增大。

（8）箍筋应采取封闭式，肢数不宜多于 4 肢，直径不应小于 14mm，间距宜为 200～300mm，不应大于 400mm。受水平荷载作用较大的桩基、承受水平地震作用的桩基以及考虑主筋作用计算桩身受压承载力时，桩顶以下 5D（D 为桩基直径）范围内的箍筋应加密，间距不应大于 100mm。

（9）考虑箍筋受力作用时，箍筋配置应符合国家标准《混凝土结构设计规范（2015 年版）》（GB 50010—2010）的有关规定；当钢筋笼长度超过 4m 时，应每隔 2m 设一道直径不小于 12mm 的焊接加劲箍筋。钢筋的连接应满足《钢筋焊接及验收规程》（JGJ 18—2012）的规定，纵向受力筋的接头应相互错开，同一截面内接头面积不宜大于 50%。

（10）当采用混凝土圆形钻孔灌注桩时，桩的桩身混凝土强度等级、钢筋配置和混凝土保护层厚度应符合相关规定。

2）嵌固桩构造要求

为改善桩体受力和控制桩顶位移，可在桩体上加预应力锚索、锚杆或锚杆束，形成嵌固桩。嵌固桩的构造应符合《铁路路基支挡结构设计规范（2024 年局部修订）》（TB 10025—2019）的相关规定。桩上设置锚索时，锚孔距离桩顶不宜小于 1.5m，锚点附近桩身箍筋需要加密。抗滑桩顶部宜设置连系梁，连系梁的高度不宜小于 300mm，宽度不宜小于抗滑桩管径，混凝土强度等级不应低于 C25，纵向钢筋的截面积不应少于连系梁截面积的 0.15%，箍筋直径不应小于 8mm，其间距不应大于 400mm。抗滑桩主筋伸入连系梁内不应小于 50mm，并与连系梁主筋焊接。

3）人工开挖桩孔要求

人工开挖桩孔过程中的护壁尺寸及其配筋应结合膨胀土的胀缩等级确定。护壁尺寸选用按表 16-11 取值。针对不同胀缩等级的膨胀土，护壁单节高度宜分级设置。对于开裂严重的膨胀土，应先注浆后开挖。

表 16-11　护壁尺寸选用

膨胀土胀缩等级	厚度/mm	单节护壁高度/m
强膨胀土	≥300	≤0.8
中膨胀土	≥200	≤1.0
弱膨胀土	≥150	≤1.2

4）挡土板的布置形式

挡土板的布置形式推荐采用桩后挡板式和桩间挂板式。

预制挡土板的截面尺寸不应过大，高度一般采用 0.5m，厚度一般采用 0.30～0.35m（表 16-12）。将板体视作单向板，板中受力钢筋直径推荐选用 12～16mm，间距不宜大于板厚的 1.5 倍且不宜大于 25cm（表 16-13）。

表 16-12　膨胀土挂板形式选择推荐表

膨胀土等级	挂板位置推荐	挂板厚度推荐/cm
强膨胀土	桩后式、翼缘板后式	≥35
中、弱膨胀土	桩后式、翼缘板后式	≥30

表 16-13　挂板钢筋直径及间距推荐表

膨胀土等级	直径/mm	间距/cm
强膨胀土	12～16	15～20
中、弱膨胀土	12～16	20～25

挡土板配筋率、钢筋搭接形式还应符合下列要求：①板体应在垂直于受力方向布置分布钢筋，单位宽度上的配筋不宜小于单位宽度上受力钢筋的 15%，且配筋率不宜小于 0.15%；②分布钢筋直径不宜小于 6mm，间距不宜大于 200mm；③受力主筋保护层厚度不应小于 25mm，临空一侧钢筋保护层厚度不应小于 20mm；④现浇板受力筋应伸入抗滑桩内部，嵌固长度不应小于钢筋直径的 5 倍。

16.2.6 减压层设计及膨胀土边坡设计

1. 减压层设计

采用 EPS 板作为减压层时，设计参数如表 16-14 所示。

表 16-14 EPS 板减压层设计参数推荐表

结构形式	胀缩等级	弹性模量 E/MPa	密度 ρ/（kg·m^{-3}）	厚度/m	布设方式
桩间挂板式、桩后挡板式	弱膨胀土	5～10	≥1500	$D \geqslant 0.48$	悬臂高度内满铺
	中膨胀土			$D \geqslant 0.52$	
	强膨胀土			$D \geqslant 0.57$	

2. 膨胀土边坡设计

膨胀土路堤边坡的坡率和边坡平台宽度按表 16-15 确定。膨胀土路堑边坡宜采用阶梯形，分级高度不应大于 6m，级间边坡平台宽度不应小于 2.0m。膨胀土路堑边坡坡率和平台宽度按表 16-16 取值。

表 16-15 膨胀土路堤边坡坡率和平台宽度

边坡高度/m	边坡坡率		边坡平台宽度/m	
	弱膨胀土	中膨胀土	弱膨胀土	中膨胀土
<6	1：1.5	1：1.5～1：1.75	可不设	
6～10	1：1.75	1：1.75～1：2.0	2.0	≥2.0

表 16-16 膨胀土路堑边坡坡率和平台宽度

边坡高度/m	边坡坡率			边坡平台宽度/m			侧沟平台宽度/m		
	弱膨胀土	中膨胀土	强膨胀土	弱膨胀土	中膨胀土	强膨胀土	弱膨胀土	中膨胀土	强膨胀土
<6	1：1.5	1:1.5～1：1.75	1:1.75～1:2.0	可不设置平台			1.0	1.0～2.0	2.0
6～10	1：1.75	1：1.75～1：2.0	1:2.0～1:2.5	≥2.0	≥3.0	≥3.0	1.5～2.0	2.0	≥2.0

16.3 施 工 工 法

16.3.1 成桩方法

抗滑桩采用旋挖钻机钻进开挖和人工挖孔成桩。旋挖钻机钻进施工迅速、工期短。人工挖孔成桩技术适用于工程地质条件较好、旋挖机械无法施工的场地。

16.3.2 工艺流程

桩板墙施工工艺流程为场地平整→施工边沟、管涵→施工抗滑桩→施工桩间板体→

（施工桩顶系梁）→EPS 板施工→麦克排水垫施工→板后填土施工。

1. 施工准备

施工前准备工作如下。

（1）修筑便道，接通水路、电路、整平桩位附近地面，基本达到三通一平。完成人员、机械、设备、材料进场检修和检验工作，做好一切准备，满足开工条件。

（2）队伍进场后，施工队伍对周边环境进行了调查，工棚搭建完成，场地已按要求进行了统一布设，施工便道也已全部拉通，各种原材料及施工机具可达现场。

（3）施工用电主要采用专用线路供电，同时自备一套发电机组防止停电，在边坡附近建设临时水池，以解决本工程的施工用水问题。

（4）水准点、导线点加密复测工作已全部完成，并已正式报告监理审批。轴线及控制点放样已完成，水准点、边坡变形监控点布设工作已完成，已报测量监理工程师复核。

2. 边沟、管涵施工

1）边沟、天沟排水措施

边沟、天沟排水措施如下。

（1）在施工前，应根据工程所在段的具体地理情况综合考虑，在开挖线以外及填土范围以外的地方做好排水边沟或天沟，以防止施工过程中地表水对施工范围的影响。

（2）选择边沟、天沟等地表排水设施位置时，应充分考虑该排水设施与天然沟渠和相邻的桥涵、隧道、车站等排水设施及路基面排水、坡面排水、电缆沟槽两侧排水衔接，组成完整的排水系统。

（3）施工前应核对全线排水系统的设计是否完备和妥善。

（4）排水工程应及时实施，防止在施工期间因地表水及地下水的浸入而造成路基松软和坡面坍塌。

2）管涵施工

管涵施工要求如下。

（1）横向排水沟应与两侧排水沟相接，组成完整的排水系统，水路畅通无隐患。

（2）水沟基底处理应符合设计要求，基底应密实、平整，且无草皮、树根等杂物，无积水。

（3）预制横向排水沟的基础与基坑边坡应密实、平整。预制件拼装应平顺、稳定，接缝咬合完好，并与基础和边坡密贴无空洞。

（4）横向排水沟盖板安装应平整。横向排水沟沟底坡度应符合设计要求，并与两侧排水沟相接，且沟底相接处不产生积水。

3. 抗滑桩施工（钻孔桩）

抗滑桩施工要求如下。

（1）技术人员、质检组人员及钻机技术人员先对钻机、泥浆泵的各种性能，循环池的设置等进行全面检查，确保设备能正常运作，并对即将使用的钻杆数量、直径及钻头的直径进行检查。钻孔技术人员在钻孔前准备好钻孔需要的各种资料，并将检查结果填写在记录表格上。在施工前根据地质报告和施工图纸绘制钻孔地质剖面图，以便施工中根据绘制的地质剖面图按不同土层选用适当的钻头、钻进压力、设置配重，以及确定钻进速度及适当的进尺、泥浆配置、钻进形式。抗滑桩桩身施工采用跳桩钻进施工，待第一批施工桩混凝土强度达到 75%后，方可进行第二批桩的施工。

（2）钻机就位准确后开始钻进，钻进时每回次进尺控制在 60cm 左右，刚开始要放慢旋挖速度，并注意放斗要稳、提斗要慢，特别是在孔口 5～8s 段旋挖过程中要注意通过控制盘来监控垂直度，如有偏差及时纠正。操作人员随时观察钻杆是否垂直，并通过深度计数器控制钻孔深度。当旋挖斗钻头顺时针旋转钻进时，底板的切削板和筒体翻板的后边对齐。钻屑进入筒体，装满一斗后，钻头逆时针旋转，底板由定位块定位并封死底部的开口，之后再提升钻头到地面卸土。开始钻进时采用低速钻进，主卷扬机钢丝绳承担不低于钻杆、钻具重量之和的 20%，以保证孔位不产生偏差。钻进护筒以下 3m 可以采用高速钻进，钻进速度与压力有关，采用钻头与钻杆自重摩擦加压，150MPa 压力下，进尺速度为 20cm/min；200MPa 压力下，进尺速度为 30cm/min；260MPa 压力下，进尺速度为 50cm/min。

（3）在旋挖钻进的过程中保障泥浆护壁的相对密度及泥浆性能指标，使孔壁形成坚实泥皮，防止孔壁坍塌。

（4）终孔后测量孔深、清孔，现场焊接、吊装下放钢筋笼。钢筋笼长度位于 15m 以下的整体加工成型，整体吊装；长度位于 15～26m 的分为 2 段制作，2 段吊装；长度位于 26～37m 的分为 3 段制作，3 段吊装；长度位于 37～45m 的分为 4 段制作，4 段吊装；所有钢筋间焊接均采用单面焊接。钢筋笼上须带有保护层水泥垫块，控制保护层厚度；钢筋笼放置孔内后，检查其位置是否正确。

（5）按设计要求每根桩基埋设 4 根声测管，并在管顶做好防护措施，防止后续灌注混凝土过程中堵塞声测管。

（6）使用导管灌注混凝土。

4. 桩间板施工

桩间板施工要求如下。

（1）桩间板采用现场现浇或预制。若采用预制板，为保证混凝土表观质量，须用 5cm 厚的光滑覆膜板制作。预制桩间板时须预留吊装孔。若采用现浇，须待桩身混凝土 28d 强度达到设计要求后在桩身上植筋、绑扎板钢筋。

（2）若采用预制板，钢筋混凝土挡土板采用翻转脱模时，混凝土的强度必须达到 70%以上才能翻身搬运，且混凝土养护必须及时，养护时间不得小于 7d。挡土板安装要求中线、标高、位置正确，表面平整，光洁度好。挡土板施工必须挂线作业，保证所有的板在同一平面上，且垂直度符合要求。吊装过程中为避免挡土板的正、反面弄错，现场预制时应对挡土板的正、反面做出明显标记。

（3）若采用现浇板，须保证立模后挡板的中线、标高、位置正确无误。进行混凝土浇筑振捣时，必须采取有效措施严格控制钢筋的设计位置，避免钢筋上爬、侧移而影响其承载力。同时对浇筑混凝土的配合比和原材料进行控制，保障板的质量。

（4）板后填土须在其强度达到规范规定强度后进行。

5. 桩顶系梁施工

桩顶系梁施工要求如下。

（1）使用全站仪放出桩顶系梁的平面位置，确保系梁平滑顺直。

（2）桩顶钢筋按设计恢复原位，保障钢筋顺直，焊接牢固后，进行系梁的钢筋绑扎；钢筋绑扎过程中，注意系梁的平面位置和高程应满足设计要求。

（3）钢筋绑扎验收后，可进行模板安装，注意模板中不能有积水，且模板与混凝土接触面应清理干净并涂刷隔离剂。

（4）混凝土浇筑须连续浇筑，混凝土运输、浇筑、间歇的全部时间不得超过混凝土的初凝时间。

（5）混凝土浇筑后，应按要求对其养护；达到拆模强度后进行拆模。

6. 板后 EPS 板与麦克排水垫施工

1）EPS 板施工

EPS 板施工要求如下。

（1）施工前须对墙面平整度、垂直度按相关质量要求标准进行验收。

（2）EPS 块体材料的各项性能必须满足设计要求，且在施工过程中须按规范要求对 EPS 块体的形状尺寸、密度、抗压强度、平整度等参数进行抽样检查。按实际需要的尺寸进行 EPS 板加工，尺寸误差为±2mm，施工中尽量使用整板，避免使用小尺寸板。

（3）EPS 板临时堆放须充分做好排水、遮阴和防火保护措施。

（4）保持板干燥平整，按设计要求铺设 EPS 板。

2）板后麦克排水垫施工

麦克排水垫施工要求如下。

（1）检查铺设麦克排水垫坡面的平整度、平面位置和高程是否符合设计要求。

（2）检查麦克排水垫的三维聚丙烯网垫与两层无纺土工布等材料是否符合设计要求。

（3）麦克垫具有粗糙、平滑两面，沿坡面自上而下展开铺设时，应使平滑面接触土体。

（4）将 U 形金属钉穿过钢丝网格锚钉固定麦克排水垫于坡面上，以提供最大的抗拔力，保持边坡稳定。

（5）相邻两张麦克排水垫的边缘至少要交叠 6cm，并将交叠部分锚固。

3）板后填土作业

板后填土作业要求如下。

（1）铺设好 EPS 板与麦克排水垫后，可直接在板后回填膨胀土。

（2）对没有铺设 EPS 板与麦克排水垫的桩板墙，填土前应按设计要求做好碎石反滤层，然后进行板后回填；用于回填的全部填料，必须符合技术规范和设计要求，既要能被充分压实，又具有良好的透水性，建议采用碎石回填。

（3）回填应分层进行，根据压实机型，一般控制每层厚度不大于50cm，并应尽量保证摊铺厚度均匀、平顺。雨季回填时，填筑面应做成3%～4%的坡度，以利于排水。

（4）不同回填料必须分层摊铺填筑，不得混填。

（5）每层回填都要做压实度检验，压实度检验记录必须和填筑高度相等，并保证符合技术规范要求。

7. 板后填土施工

1）基底换填

挖掘机挖除一定深度的膨胀土，自卸汽车运送至弃土场，推土机整平，弃土场绿化。进行基底填前碾压，达到规定压实度后，采用挖掘机挖装，自卸汽车运非膨胀土做基底。

2）填筑施工

（1）填料挖运。挖掘机挖装，自卸汽车运碎石填料至施工现场，按放样宽度及松铺厚度控制卸料量，并检查填料的含水量是否满足要求。

（2）摊铺整平。采用推土机将填料摊铺，保证每一填层的平整度及层厚均匀，检查松铺厚度并使每一填筑层形成一定坡度的人字形横坡。

（3）碾压。摊铺整平层松铺厚度、平整度和含水量均符合要求后即开始碾压。操作要求和方法：先慢后快、先边后中，静压—弱振—强振—弱振—静压，确保无漏压、无死角及均匀性。

（4）压实度检测。每一填土层碾压三遍后即用K_{30}平板载荷仪、核子密度仪检测地基系数K_{30}、压实系数K，同时采用灌砂法做平行对比试验，直至达到设计压实度要求。

16.4 应用示范工程

16.4.1 工程概况

湖北省当阳市4970专用线K2+035～K2+120段左侧铁路路堑边坡建成后的50多年内已发生多次滑坡垮塌事故。最近一次处置措施是采用重力式挡墙对边坡进行支护，竣工两年后膨胀土边坡发生失稳滑动。

16.4.2 加固方法

采用桩板墙、加筋土覆盖技术和生态防护技术对边坡进行加固，如图16-20所示。膨胀土边坡桩板墙结构示范工程共设计有11根矩形抗滑桩，桩身截面尺寸为1.75m×2.50m，悬臂段长度为5.0m，桩长列于表16-17中。抗滑桩的桩间由10块钢筋混凝土挡板组成，板高0.50m，厚度0.35m，采用工厂预制、现场拼装方式施工。现场除8#、9#抗滑桩的桩后挂板外，其他抗滑桩皆设有50cm厚的袋装碎石。在8#桩和9#桩的桩间板设置30cm厚、密度为16kg/m³的EPS板材。选用麦克排水垫设置于EPS板后，解决墙后排水问题。

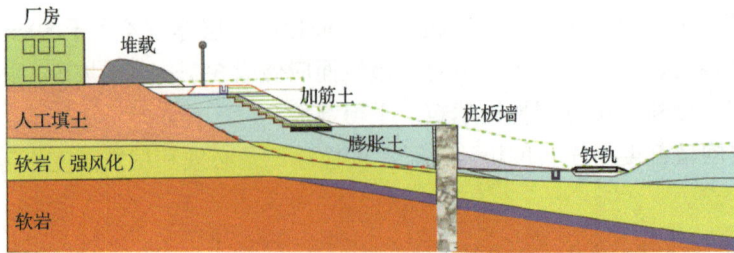

图 16-20 示范工程现场示意图

表 16-17 抗滑桩设计桩长

桩号	1#	2#	3#	4#	5#	6#	7#	8#	9#	10#	11#
总长/m	11.0	13.2	11.0	13.0	13.0	17.5	15.0	16.0	17.0	15.5	15.0

16.4.3 监测内容

现场对 5#、7# 及 9# 抗滑桩及其相邻的桩间板布设监测元件。5# 桩元件布设如图 16-21 所示，4#～5# 桩间板仅在底部板体内部埋设混凝土应变计，7#～8# 桩间板及 8#～9# 桩间板在距离桩顶 2.5m 的深度位置处加设一排混凝土应变计，在板的中线位置处按 1m 的竖向间距安装土压力盒（断面 1），7#～8# 和 8#～9# 桩间板在偏离中线 1.5m 的位置处布设一列土压力盒（断面 2）。工程于 2021 年 4 月清理滑体，7 月 1 日开始施工第一根抗滑桩，9 月 28 日桩后填土完工，9 月 30 日开始按 2d 一次的频率对抗滑桩及桩间挡土板后的元件数据进行采集。

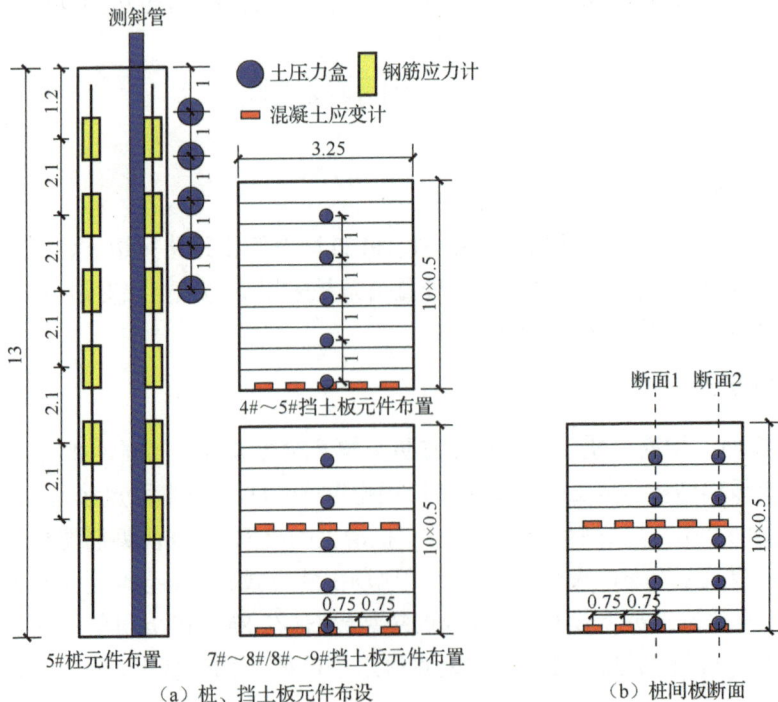

（a）桩、挡土板元件布设　　　　　（b）桩间板断面

图 16-21 监测元件布设图（单位：m）

图 16-22 为墙后湿度计的布置情况。湿度计埋设于距离桩板墙墙后 1m 的位置处，在距离桩顶 1～3m 的范围内均匀布设。施工期间采用人工按 1～2d 一次的频率采集读数，后因工程竣工，为实时监测土中的水分变化，采用自动监测设备进行数据的实时采集。

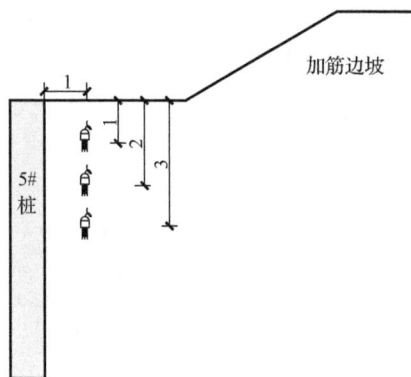

图 16-22　4#～5#抗滑桩桩板后含水量元件布设

16.4.4　监测结果分析

1）坡体湿度

桩板墙后土体体积含水量随时间变化的时程曲线如图 16-23 所示。监测分 3 个时段：时段Ⅰ为完工后 1 个月内人工采集的湿度变化值。查阅当地气象记录发现，该月天气以多云、阴天为主，仅 3d 局部小雨，水分的变化不明显，距桩顶 2m、3m 深度处读数略有波动，1m 处的读数基本不变。时段Ⅱ因加装自动监测设备导致数据监测部分中断，但分析同一深度测点在时段Ⅰ末和时段Ⅲ始的读数，发现二者基本相等，该月无降雨记录，时段Ⅱ内土体的含水量保持稳定。在时段Ⅲ，距桩顶 1m 处的湿度以 5%的增幅加大，尤其是 2022 年 1～2 月提升趋势明显，原因是当地发生了强降雪，距桩顶 2m、3m 处的读数呈下降趋势。

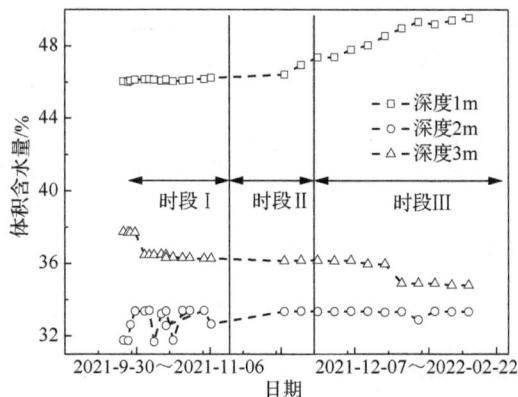

图 16-23　体积含水量随时间变化的时程曲线

2）土压力

图 16-24 给出 4#～5#（放置砂石袋）及 8#～9#（放置 EPS 板）桩间板后的土压力

分布。表 16-18 对比了板后布设 EPS 板与布设砂石反滤层的板后土压力消减率。8#~9#板后距桩顶 1~4m 处的土压力逐渐呈现均匀化趋势，EPS 板优化了桩间板的受力分布。距桩顶 2~4m 深度内 EPS 板对土压力消减可达 62.5%以上（表 16-18）。底板处的土压力沿桩间距方向分布见图 16-25。未设 EPS 板的土压力沿桩间距方向分布为中间大两端小，EPS 板后土压力分布为中间小两端大。

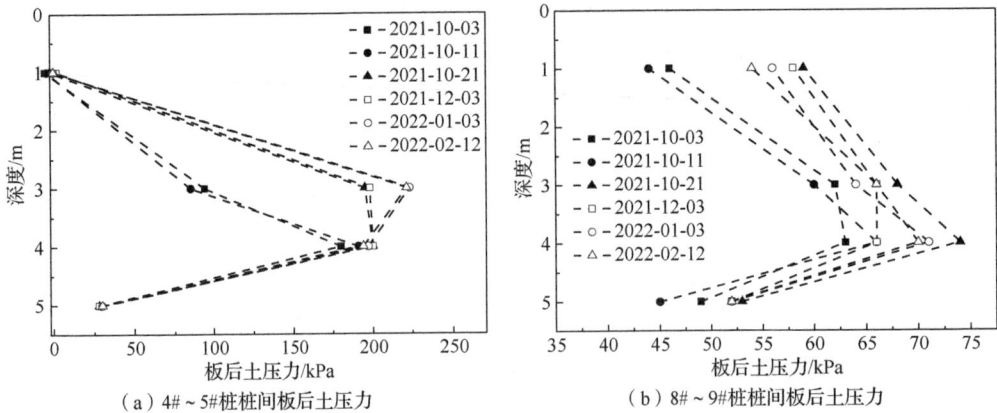

图 16-24　4#~5#桩和 8#~9#桩桩间板后土压力分布

表 16-18　EPS 板与砂石反滤层减压效果对比

距桩顶深度/m	板后放置砂石袋的板后土压力/kPa	板后放置 EPS 板的板后土压力/kPa	土压力相对消减率/%
1	0	60	
3	210	65	69.0
4	200	75	62.5
5	25	55	

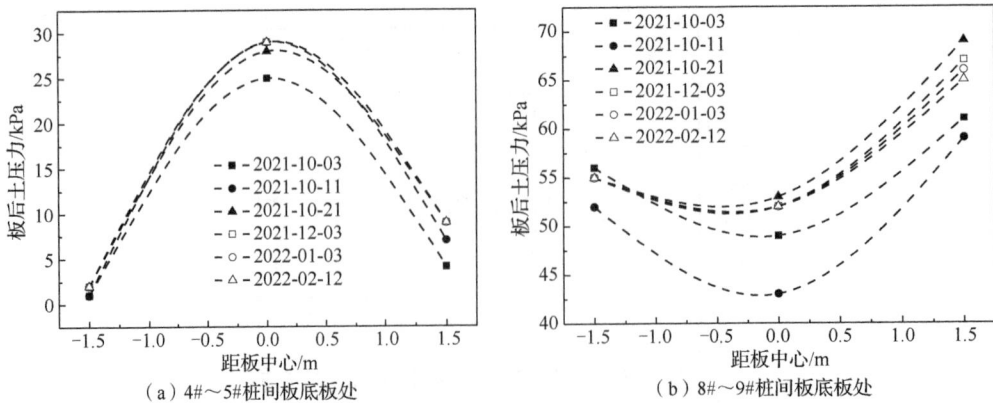

图 16-25　底板处的土压力沿桩间距方向分布

图 16-26 给出两类板在断面 2 处的土压力分布。布设 EPS 板的 8#~9#桩桩间板后土压力沿竖向大小基本相同，且比设置砂石反滤层的板更小。

（a）7#～8#桩桩间板　　　　　　　（b）8#～9#桩桩间板

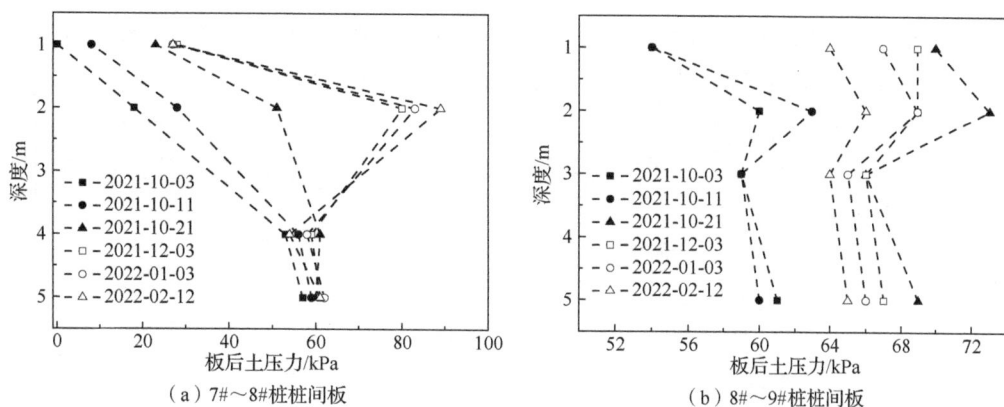

图 16-26　7#～8#桩和 8#～9#桩桩间板后土压力分布

3）桩板弯矩

如图 16-27 所示，桩间板后布设 EPS 板或砂石反滤层的弯矩基本都呈抛物线形式，符合简支梁在均布荷载下的受力形式。设置 EPS 板的板体无论在距离桩顶 3m 还是 5m 的位置处，弯矩值都小于放置袋装反滤层的板体，特别是两类板的中板（距离桩顶 3m 位置）处弯矩最大值相差约 40kN·m。深度在 3m 位置处的板体弯矩均显著大于深度 5m 处的板体弯矩，可能是桩顶 1m 范围内的水分入渗引起的，EPS 板能使结构受力均匀化。

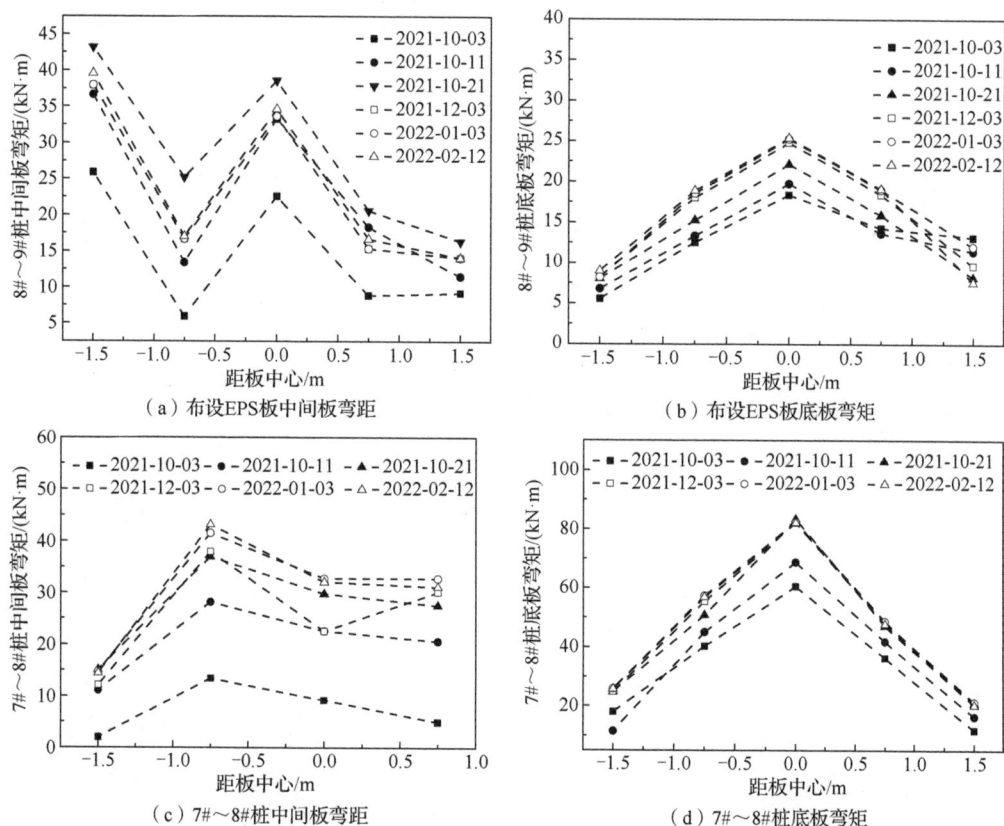

（a）布设EPS板中间板弯距　　　　　　（b）布设EPS板底板弯矩

（c）7#～8#桩中间板弯距　　　　　　（d）7#～8#桩底板弯矩

图 16-27　板的弯矩图

图 16-28 给出了 5#桩和 7#桩的桩身弯矩分布图。桩身弯矩分布趋势大致相同，最大值均在 8000～9000kN·m，且极值点位于土、岩分界面附近。

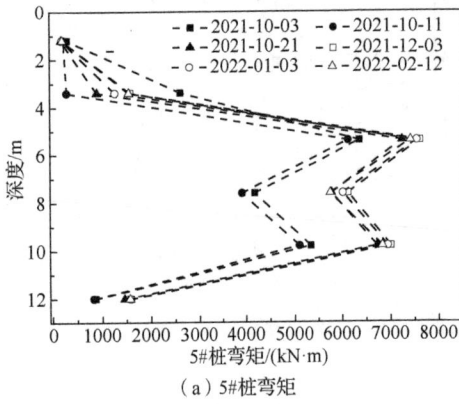

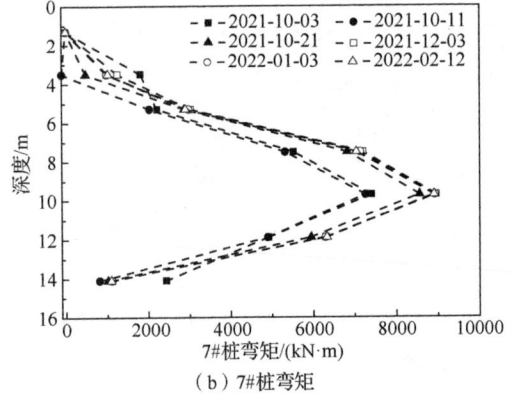

（a）5#桩弯矩　　　　　　（b）7#桩弯矩

图 16-28　桩的弯矩图

17　膨胀土边坡的生态防护技术

17.1　植 物 选 型

17.1.1　植物选型原则

膨胀土边坡植物防护中，选择合适的植物种类能有效增加边坡的稳定性和水土保持能力。植物选型须遵循以下原则。

（1）生态适应性。选择生态适应性强的植物种类是植物选型的重要原则。适应当地气候和土质条件的植物，方能生长良好，发挥固土护坡的作用。

（2）抗蚀性。植物的抗蚀性强，能有效减缓水流的冲刷及风力的侵蚀，保护边坡和植被。植物根系能增强土的抗剪和抗拉强度，选择根系发达的植物能有效加固边坡。例如，香根草的根系长达 3m，是优良的固土护坡草种。

（3）生长繁殖能力。快速生长且繁殖能力强的植物，通常能更快地形成植被覆盖，起到快速稳定边坡的作用。例如，矮牵牛等常用于边坡脆弱期防护。

（4）抗寒耐旱能力。耐旱能力强的植物在干旱季节能保持一定的生长活力。抗寒能力强的植物则能在严寒的冬季生长良好，为边坡提供稳定的防护。在寒冷地区应选择抗寒性强的植物，如松树、杨树等；在干旱地区则选择有较强抗旱能力的植物，如仙人掌、月季等。

（5）经济性。基于可持续发展考虑，要选择成本较低、易于维护的植物种类。从美学角度考虑，最好选择四季常青的植物。

（6）多种植被混播。多种植被适当混播能达到"三季有花、四季常青"的效果。混播种整体优于单播种，木本植物整体优于草本植物。

17.1.2　植物类型推荐

膨胀土生态边坡的植物选型应充分考虑坡面的地理条件与特征，以提高边坡的稳定性。所选植物的生物学、生态学特征必须与当地的生态条件相协调。在追求生态和经济效益的同时，还须确保连续性和多样性的景观效果。植物的选择应注重易于养护管理，合理搭配木本、草本植物，建立稳定、多样的植物群落。

我国幅员辽阔，各个自然区气候均有差异，不同自然区可参照表 17-1 进行草灌植物搭配（刘世奇，2004）。常用的草灌植物生长特性和标本图像列于表 17-2（高旭敏等，2016）中。膨胀土边坡生态防护草灌植物品种选取时，尽可能选取当地原生植物，以确保植被正常生长发育。

表 17-1 草灌植物品类推荐

地区	草本	灌木
东三省地区	高羊茅、野牛草、小糠草、草地早熟禾、冰草、羊茅、紫羊茅、林地早熟禾、早熟禾、小冠花、白三叶、赖草、野古草结缕草、马尼拉结缕草、针茅、披碱草、马兰花	紫穗槐、胡枝子、杨柴、柠条、夹竹桃、沙棘、白刺、锦鸡儿、榛子、毛榛、黄刺玫、枸杞子、刺玫、刺五加
华中地区	狗牙根、香根草、小冠花、羊茅、紫花苜蓿、高羊茅、葡茎剪股颖、无芒雀麦、野古草、结缕草、地毯草、百喜草、假俭草、知风草、弯叶画眉、金发草、中华结缕草	多花木兰、杞柳、酸枣、杜鹃、蔷薇、报春、小檗、山胡椒、山苍子、三棵针、爬柳、马桑、乌药
华南地区	百喜草、假俭草、黑麦草、画眉草、吉祥草、狗牙根、香根草、知风草、白三叶、葡茎剪股颖、结缕草、决明子、中华结缕草、马尼拉结缕草、地毯草	迎春、蔷薇、野山楂、白灰毛豆、金樱子、紫穗槐、胡枝子、爬柳、山毛豆、龙须藤、杜鹃、小果南竹
华东地区	结缕草、沟叶结缕草、中华结缕草、细叶结缕草、紫羊茅、小糠草、草地早熟禾、葡茎剪股颖、假俭草、狗牙根、结缕草、地毯草、百喜草	三棵针、白刺花、山胡椒、山苍子、报春、爬柳、马桑、乌药、蔷薇
西南地区	狼尾草、白车轴草、紫羊茅、地毯草、剪股颖、金须茅、羊茅、小冠花、沟草、结缕草、地毯草、百喜草、假俭草、马尼拉结缕草、早熟禾、白三叶、黑麦草	杜鹃、蔷薇、夹竹桃、紫穗槐、海棠、车桑子

表 17-2 不同自然区推荐草灌植物生长特性和标本图像

序号	种植区域	名称	植物类型	生长特性	标本图像
1	东三省地区	紫穗槐	灌木	耐干旱，耐水淹，耐盐碱，抗风沙，抗逆性极强，能够在贫瘠肥薄的土壤和干旱条件下生长；侧根发达，有根瘤菌，萌生力强，落叶丰富且易分解；有一定的抗污染能力，对二氧化硫等有一定的抗性	
2		胡枝子	灌木	耐干旱，耐瘠薄，耐水湿，喜肥沃土壤和湿润气候；生长迅速，萌生性强，根系发达，根群可以固结土壤和根瘤固氮，可以提高土壤肥力	
3		杨柴	灌木	适应性强，能在极为干旱瘠薄的膨胀土边坡生长，耐风蚀。侧根较多，有根瘤；株高可达 1～1.5m；是牛、羊、骆驼等牲畜的优良饲料	

续表

序号	种植区域	名称	植物类型	生长特性	标本图像
4	东三省地区	柠条	灌木	喜光，适应性很强，耐寒，抗高温；极耐干旱，既抗大气干旱，也较耐土壤干旱；具有根瘤菌，有固氮性能；属于深根性物种，主根明显，侧根纵横交错，固土能力强	
5		夹竹桃	灌木	喜温暖湿润的气候，耐寒力不强，不耐水湿，要求选择高燥和排水良好的地方栽植；喜光好肥，也能适应较阴的环境，但庇荫处栽植花少色淡；耐旱，对土壤适应性强	
6		高羊茅	草本	生态适应性强，抗病性强，抗逆性强，耐湿，耐寒，耐干旱，耐盐碱，耐高温，耐酸，耐贫瘠，不耐高温，喜光，对肥料反应敏感	
7		野牛草	草本	适应性强，耐瘠薄，耐寒；生长速度快；抗旱性强，适于在缺水地区或浇水不方便的地段铺植；生命力强，与杂草竞争力强；耐盐碱；抗病虫能力强	
8		小糠草	草本	耐寒，耐高温，耐瘠薄，对土壤条件要求不高，根茎繁殖蔓延迅速，侵占性强；耐干旱，喜湿润土壤，能在低温湿润地区生长	
9		草地早熟禾	草本	喜光耐阴，喜温暖湿润，繁殖能力强，夏季炎热时生长停滞，春秋生长繁茂；耐旱性强；适合有良好的排水能力且疏松肥沃的土壤	

序号	种植区域	名称	植物类型	生长特性	标本图像
10	东三省地区	冰草	草本	多年生草本,寿命长,耐寒性强;喜欢疏松、肥沃的沙质土壤;种子在零下低温下也可以发芽,根系发达,但不耐盐碱	
11	华中地区	多花木兰	灌木	耐寒,耐旱,耐瘠薄,生态适应性强,喜湿,但不耐水渍,低洼地不适宜种植;对土壤要求不高;可单播,也可与其他牧草混播,习性喜光,但又具有一定的耐阴性	
12		杞柳	灌木	喜光照,属阳性树种;喜肥水,抗雨涝,耐盐碱性能较差;多年生灌木,种子很小容易被风吹走,不易采集,可无性繁殖	
13		酸枣	灌木	野生酸枣抗逆性强,对环境适应性较强,适应多种类型的土壤;喜光,耐寒,耐旱,耐瘠薄,多生于向阳或干燥山坡、沟谷、平原或路旁	
14		杜鹃	灌木	杜鹃花喜酸性肥沃土壤,耐阴凉,喜温暖;常绿杜鹃在山地空气湿润凉爽处才能生长良好;多数产于高海拔地区,不耐干旱,不耐高温,适宜生长在富含腐殖质、疏松的土壤	
15		狗牙根	草本	具有一定的抗旱能力,生命力强,植株低矮,繁殖迅速、蔓延快,成片生长	
16		香根草	草本	香根草是一种多年生草本植物,具有极强的生态适应性和抗逆性,生长迅速,根系发达;可以在非常贫瘠、密实、强酸碱的土壤生长繁殖	

续表

序号	种植区域	名称	植物类型	生长特性	标本图像
17	华中地区	小冠花	草本	抗逆性强，抗旱、耐寒、耐瘠薄、耐盐碱，生命力强，对土壤要求不高，喜光不耐阴，病虫害少	
18		羊茅	草本	多年生草本植物，密丛，高可达 20cm，平滑，叶舌截平，具纤毛，叶片内卷成针状；抗旱，耐寒，不耐阴	
19		紫花苜蓿	草本	耐寒、耐旱、耐瘠薄的草本植物，对膨胀土边坡的生长条件有较好的适应性；根系发达，能够固定土壤，减少边坡的侧向滑动	
20	华南地区	迎春	灌木	喜光，稍耐阴，略耐寒，怕涝，喜温暖而湿润的气候，喜疏松肥沃和排水良好的沙质土壤，在酸性土壤上生长旺盛，在碱性土壤上生长不良。迎春花的繁殖方式以扦插繁殖为主，也可用压条或分枝繁殖	
21		蔷薇	灌木	喜光，耐半阴，较耐寒，在中国北方大部分地区都能露地越冬；耐干旱，耐瘠薄，不耐水湿	
22		野山楂	灌木	喜光照充足、凉爽湿润的空气环境，较耐寒、耐高温、耐旱，适宜土层深厚、质地肥沃、疏松、排水良好的微酸性沙壤土。繁殖方式一般为播种繁殖、分株繁殖和扦插繁殖	
23		白灰毛豆	灌木	生长于草地、旷野、山坡。具有发达的根系，生长能力强，适应范围广，耐酸、耐贫瘠、耐干旱，稍耐轻霜。喜光热，阳性树种，对土壤要求不高	

序号	种植区域	名称	植物类型	生长特性	标本图像
24	华南地区	金樱子	灌木	喜生于向阳的山野、田边、溪畔灌木丛中，喜温暖湿润的气候和阳光充足的环境。适应性强，对土壤要求不高，能在较干旱和瘠薄土壤上生长，在中性和微酸性土壤上生长最好	
25		百喜草	草本	对土壤要求不高，在肥力较低、较干旱的沙质土壤上生长能力仍很强。基生叶多而耐践踏，匍匐茎发达，覆盖率高	
26		假俭草	草本	喜光、耐热、抗旱、耐水湿，耐阴性较细叶结缕草强，耐践踏性中等，耐磨性好，耐重度修剪。在酸性及微碱性土壤中均有很强的适应性。繁殖方式为种子繁殖或无性繁殖	
27		黑麦草	草本	喜温凉湿润气候。宜于夏季凉爽、冬季不太寒冷地区生长。耐寒、耐热性均差，不耐阴，较耐湿，不耐旱，对土壤要求比较严格，喜肥不耐瘠	
28		画眉草	草本	一年生草本，叶片线形，扁平或内卷，背面光滑，表面粗糙。生于荒芜田野草地上，遍布全国	
29		吉祥草	草本	喜温暖湿润的环境，较耐寒、耐阴，对土壤的要求不高，适应性强。多生于阴湿山坡、山谷或密林下	

续表

序号	种植区域	名称	植物类型	生长特性	标本图像
30	华东地区	三棵针	灌木	喜光线充足，对水分要求不高；虽耐旱，但经常干旱对其生长发育不利	
31		白刺花	灌木	属阳性树种，喜光、耐旱，对土壤要求不高，具有耐干旱、耐贫瘠、耐火烧、耐践踏等特性，根系深而强大	
32		山胡椒	灌木	阳性树种，喜光照，也稍耐阴湿，抗寒力强，耐干旱瘠薄，对土壤适应性广	
33		山苍子	灌木	中性偏阳的浅根性树种，自然分布多见于向阳的采伐迹地或新垦地。适宜排水良好的酸性红壤、黄壤以及山地黄棕壤	
34		结缕草	草本	多年生草本，植株低矮，茎叶密集，属深根性植物。喜温暖湿润气候，喜光、耐阴、耐旱、耐盐碱、耐瘠薄、耐践踏、耐水湿	
35		沟叶结缕草	草本	多年生草本，低矮平整，喜温暖湿润气候，茎叶纤细美观，侵占力强，易形成草皮，耐践踏，具有观赏性	
36		中华结缕草	草本	多年生草本，具有强大的根状茎，阳性喜温植物，对环境条件适应性广，适宜在各种土壤上种植。耐湿、耐旱、耐盐碱	

续表

序号	种植区域	名称	植物类型	生长特性	标本图像
37	华东地区	细叶结缕草	草本	多年生草本，植株低矮，枝叶纤细，叶色翠绿，喜光及温暖气候，耐寒性差，喜湿润肥沃的土壤，耐干旱，适宜在微碱土中生长繁殖	
38		海棠	灌木	小枝粗壮，圆柱形，幼时具短柔毛，逐渐脱落，老时红褐色或紫褐色，无毛；冬芽卵形，先端渐尖，微被柔毛，紫褐色，有数枚外露鳞片，多喜阴湿	
39		狼尾草	草本	多年生草本，须根较粗壮，秆直立，丛生。喜光照充足的生长环境，耐旱、耐湿、耐半阴，且抗寒性强。适合温暖湿润的气候，抗倒伏，无病虫害	
40		白车轴草	草本	多年生草本，茎贴地匍匐，叶柄直立，喜温暖湿润气候，不耐干旱和长期积水，喜光，喜欢黏土耐酸性土壤，也可在沙质土中生长	
41	西南地区	紫羊茅	草本	多年生草本，喜肥又耐瘠薄，在砂砾地、岗坡地等生长也较好，喜微酸性至中性土壤，适应性强，喜冷凉湿润的气候，适于在海拔较高的地区生长，在半阴处能正常生长	
42		地毯草	草本	多年生草本，具长匍匐枝，匍匐枝蔓延迅速，植物体平铺地面呈毯状	
43		剪股颖	草本	多年生草本，具细弱根茎。秆丛生，直立或基部微膝曲	

序号	种植区域	名称	植物类型	生长特性	标本图像
44	西南地区	金须茅	草本	多年生草本，具匍匐的根茎，须根较坚韧。秆基部倾斜，无毛或仅紧接花序下部分被微毛	

17.2 根系加筋作用

17.2.1 加筋机理

图 17-1 直观地反映了植被边坡的加固机理。浅层根系的加筋作用、深部根系的锚固作用和植物蒸腾作用，导致土的剪切强度提高，根系叶片起到降雨截流的作用。

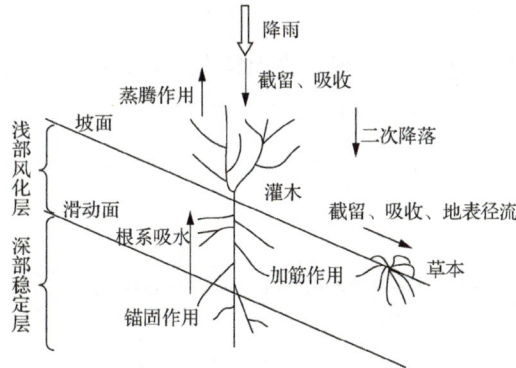

图 17-1 植被边坡加固机理

素土与根系土的应力状态如图 17-2 所示。在竖向应力 σ_1 作用下，土体会发生竖向压缩及水平向膨胀，随着 σ_1 不断增大，变形会逐渐增加直至破坏，此时压缩变形量为 ε_v，水平向变形量为 ε_b。相同竖向应力 σ_1 作用下，根-土间的摩擦作用将土中水平膨胀拉力传递给根系，要使根-土复合体破坏，须增加竖向应力。

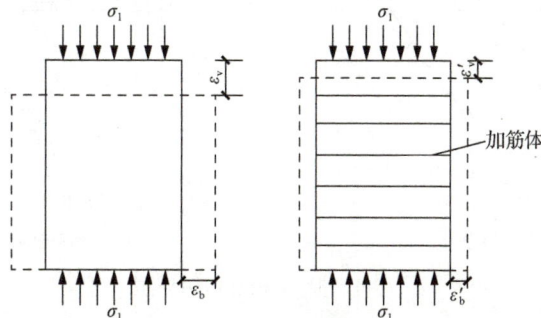

图 17-2 素土与根系土的应力状态

图 17-3 对比了素土与根系土复合体的三轴试验结果。应力莫尔圆 2 为土未破坏时的弹性应力状态，莫尔圆 1 为土体的极限应力状态。由于根系土中的根系承担部分荷载，在相同的应力状态下，根系土体仍然处于应力平衡状态。若要使根系土达到极限平衡状态，则必须增大 σ_1 至 σ_1'，即莫尔圆 3。与莫尔圆 1 相切的是素土的强度包络线，与莫尔圆 3 相切的是根系土的强度包络线，根系土体与素土的摩擦角近似相等，根系作用使强度包络线上移，相当于增加附加黏聚力 c_R，称为似（准）黏聚力。

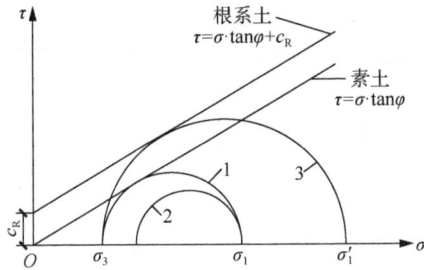

图 17-3　素土与根系土的三轴试验应力图

17.2.2　加筋力学模型

Wu 等（1979）最早提出了竖直根系固土模型（Wu 模型），Gray 和 Ohashi（1983）将其扩展到了倾斜根系，如图 17-4 所示。对于竖直根系，有

$$\Delta\tau = T_r \frac{A_r}{A_s}\sin\theta + T_r \frac{A_r}{A_s}\cos\theta\tan\varphi \qquad (17\text{-}1)$$

对于倾斜根系，有

$$\Delta\tau = T_r \frac{A_r}{A_s}\sin(90° - \psi) + T_r \frac{A_r}{A_s}\cos\theta\tan\varphi \qquad (17\text{-}2)$$

$$\psi = \tan^{-1}\left[\frac{1}{k + (\tan i)^{-1}}\right] \qquad (17\text{-}3)$$

式中，$\Delta\tau$ 为根系作用引起的剪切强度增量；T_r 为根系抗拉强度；A_r 和 A_s 分别为根系和土的横截面积；θ 为剪切变形角；φ 为土的内摩擦角；i 为根系与剪切面初始夹角；k 为剪切变形比，即 $k = x/H$，x 为根系剪切位移，H 为剪切区厚度 [图 17-4（b）]。

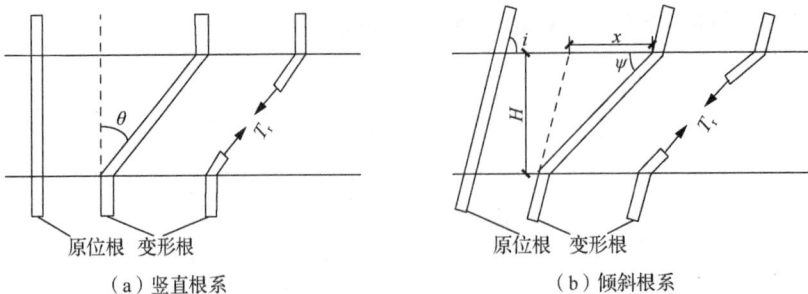

（a）竖直根系　　　　　　　　　　（b）倾斜根系

图 17-4　根-土相互作用模型

若土体内部同时存在 m 个竖直根系，$n-m$ 个倾斜根系，根的拉伸强度分别为 T_1、

T_2、…、T_n，竖直根系的剪切变形角分别为 θ_1、θ_2、…、θ_m，倾斜根系与剪切面初始夹角分别为 i_{m+1}、i_{m+2}、…、i_n，剪切变形比分别为 k_{m+1}、k_{m+2}、…、k_n，根系作用引起的剪切强度增量为

$$\Delta\tau = \frac{\sum\limits_{j=1}^{j=m} T_{rj}A_{rj}\sin\theta_j}{A_s} + \frac{\sum\limits_{j=1}^{j=m} T_{rj}A_{rj}\cos\theta_j}{A_s}\tan\varphi$$

$$+\frac{\sum\limits_{j=m+1}^{j=n} T_{rj}A_{rj}\sin(90°-\psi_j)}{A_s} + \frac{\sum\limits_{j=m+1}^{j=n} T_{rj}A_{rj}\cos(90°-\psi_j)}{A_s}\tan\varphi \tag{17-4}$$

$$\psi_j = \tan^{-1}\left[\frac{1}{k_j + (\tan i_j)^{-1}}\right] \quad (j=m+1,\ m+2,\ ...,n) \tag{17-5}$$

17.2.3 加筋效果分析

1）计算方法和参数

采用 ABAQUS 有限元软件分析植被边坡稳定性，以单元节点信息（如应力、位移等）为变量，求解单元上的各个场变量，结合边界条件求解。ABAQUS 平面应变的计算模型如图 17-5 所示，坡高 H，坡度 α，根系加筋区域深度为 Z_r，Z_r 数值大小与植物根系类型有关，无根系边坡 $Z_r = 0$。边坡稳定性分析时，考虑根系附加黏聚力随深度变化的情况，如图 17-6 所示。土体基本参数列于表 17-3 中。

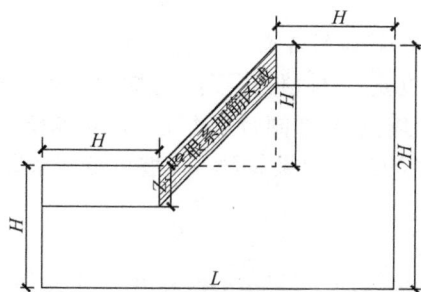

图 17-5 考虑加筋作用的植被边坡几何模型

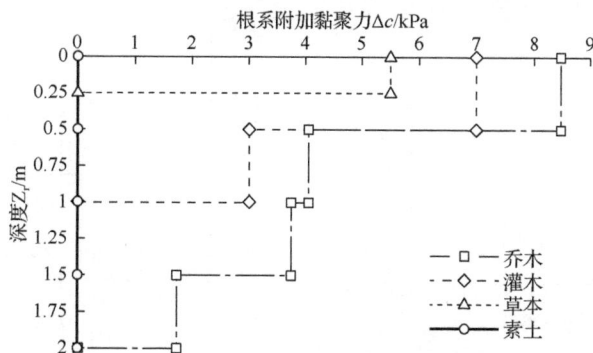

图 17-6 附加黏聚力空间分布

表 17-3 土体基本参数

土体类型	密度 ρ/ (g·cm^{-3})	杨氏模量 E/kPa	泊松比 υ	内摩擦角 φ/ (°)	黏聚力 c/kPa
素土	1.5	10000	0.3	29	7
根系土	1.5	10000	0.3	29	7+Δc

边界条件为：左右两端边界固定水平方向位移，模型底部限制水平和竖向位移，顶部为自由边界。采用 CPE4 单元（4 节点平面应变四边形），网格全局尺寸设置为 0.25m，根系区域局部加密。基于强度折减法，对黏聚力 c 和内摩擦角 φ 折减，折减后强度指标 c' 和 φ' 为

$$c' = \frac{c}{F_s}, \quad \varphi' = \arctan\left(\frac{\tan\varphi}{F_s}\right) \qquad (17\text{-}6)$$

式中，F_s 是折减系数，即为边坡稳定性系数

2）计算结果分析

选取三种植物根系类型（草本、灌木、乔木）、四种边坡高度（3m、5m、7m、10m）、四种边坡坡度（19°、27°、34°、45°）计算边坡稳定性系数。

（1）根系类型的影响。

采用植物根系边坡的稳定性系数相对增量（ΔF_s），直观分析植物根系对边坡稳定性的影响，稳定性系数相对增量 ΔF_s 的计算式为

$$\Delta F_s = \frac{F_{s(\text{root})} - F_{s(\text{bare})}}{F_{s(\text{bare})}} \qquad (17\text{-}7)$$

式中，$F_{s(\text{root})}$ 为含根系边坡的稳定性系数；$F_{s(\text{bare})}$ 为无根系边坡的稳定性系数。

对于 H=3m、α=45° 的边坡，三种植物根系对边坡稳定性系数相对增量的影响如图 17-7 所示。由图可知，草本植物根系的加固效果不明显，草本植物根系浅，附加黏聚力作用深度仅为 0.25m。灌木根系的加固效果显著，边坡稳定性系数提高明显，乔木植物根系发达，加固效果明显。

（2）边坡高度的影响。

不同高度边坡的 ΔF_s 如图 17-8 所示。边坡高度小于 7m 时，植物根系的加筋效果明显，超过 7m 时加固效果减弱。

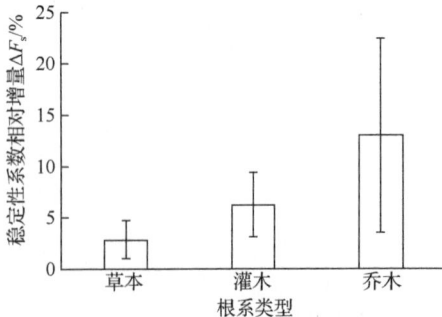

图 17-7 根系类型对稳定性系数相对
增量的影响

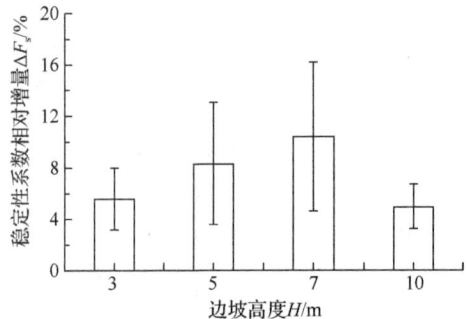

图 17-8 边坡高度对稳定性系数相对
增量的影响

（3）边坡坡度的影响。

不同坡度边坡的 ΔF_s 如图 17-9 所示。坡度 α 为 19°、27°、34° 边坡的 ΔF_s 增加不明显，加筋效果不明显；坡度 α 为 45° 的 ΔF_s 明显增加，植被边坡加筋效果最显著。

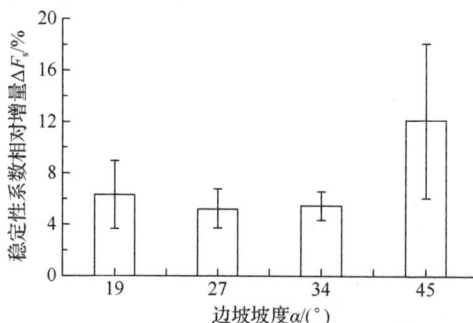

图 17-9 边坡坡度对稳定性系数相对增量的影响

17.3 根系锚固作用

17.3.1 锚固机理

图 17-10 为四种常见植物根系结构类型（Fan and Chen，2010）。①V 形根系形态为竖直形，主根系粗壮且延伸深度较大，侧根数量少，范围有限；②H 形根系主根较短，水平侧根发达，与主根垂直沿水平方向延展较长；③VH 形根系主根与侧根相互垂直且延展范围大；④R 形根系侧根倾斜，与主根呈锐角。

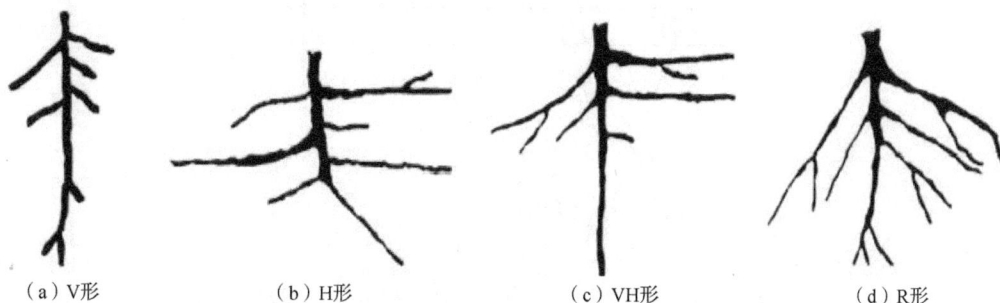

（a）V形　　　　（b）H形　　　　（c）VH形　　　　（d）R形

图 17-10 四种常见植物根系结构类型（Fan and Chen，2010）

木本植物的竖直主根系粗壮且较长，能穿过软弱风化层锚固到深部稳定土体。根系的锚固机理主要为：①增加了根-土复合体的强度；②具有骨架作用，植物根系通常在土内随机交错分布、相互交叉，且竖向和水平方向上均有分布，形成复杂的网络状结构，箍束土体；③起到分担荷载的作用，根-土界面间相互作用，荷载逐渐向根系转移，土中剪应力转化为根系拉力；④传递与扩散应力，根与土间的相互作用，将表层风化土锚固到深部稳定土体，提高土体的完整性。

17.3.2 锚固力学模型

植物根系锚固作用力学分析如图 17-11 所示，取深度 z 处的根系微单元 $\mathrm{d}l$ 进行分析。微单元受到竖向应力 γz（γ 为土的重度）作用，根-土界面的摩擦系数为 μ，微单元受到的总摩擦力（解明曙，1990）为

$$\mathrm{d}f = A \cdot \mu \gamma z = 2\pi r \cdot \mu \gamma z \cdot \mathrm{d}l \tag{17-8}$$

式中，r 为根系半径；A 为根系表面积。微单元总摩擦力 $\mathrm{d}f$ 在竖向的分量（解明曙，1990）为

$$\mathrm{d}f_z = \mathrm{d}f \cdot \cos\theta = 2\pi r \cdot \mu \gamma z \cdot \mathrm{d}l \cdot \cos\theta = 2\pi r \cdot \mu \gamma z \cdot \mathrm{d}z \tag{17-9}$$

植物根系任意微单元受到竖向的摩擦力与根系的倾斜方向 θ 无关，将微单元扩展到整个植物根系。假定根系直径随深度 z 变化的表达式为 $r=P(z)$，根系密度随深度 z 分布函数为 $N=Q(z)$，则在 $z\sim z+\mathrm{d}z$ 深度处的竖向摩擦力为

$$\mathrm{d}f_z = 2\pi \cdot \mu \gamma z \cdot P(z) \cdot Q(z) \cdot \mathrm{d}z \tag{17-10}$$

根系的最大锚固力（解明曙，1990）为

$$T = 2\pi \mu \gamma \int P(z) \cdot Q(z) \cdot z \cdot \mathrm{d}z \tag{17-11}$$

将根系土层划分为若干个区域截取剖面，根据各个区域内的根系直径和根系数量计算 $P(z)$ 和 $Q(z)$。

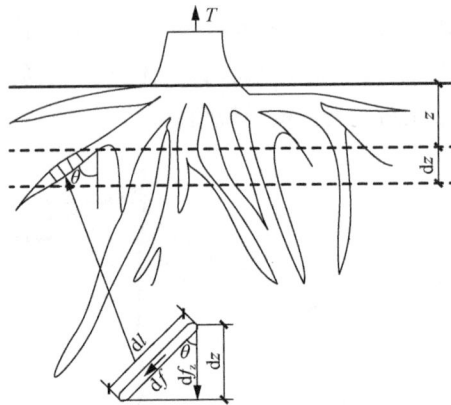

图 17-11 根系锚固作用力学分析（解明曙，1990）

17.3.3 锚固效果分析

1）计算方法和参数

利用 ABAQUS 建立考虑根系锚固作用的边坡三维模型（图 17-12），边坡高度 $H=10\mathrm{m}$，坡度 $\alpha=45°$，根系长度为 Z_r，根系空间分布的水平间距为 L、与坡面夹角为 β，根系在坡面空间布局为上、中、下三排。土采用 C3D8 单元（三维 8 节点线性单元）模拟，共计 9820 个单元；根系采用梁单元模拟，采用线弹性模型，土和根系的计算参数列于表 17-4 中。

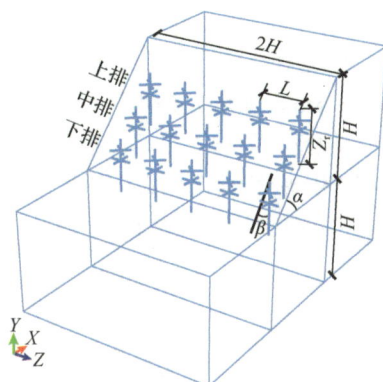

图 17-12　考虑根系锚固作用的植被边坡几何模型

表 17-4　有限元模型基本参数

类型	密度ρ/（g·cm^{-3}）	杨氏模量E/kPa	泊松比ν	内摩擦角φ/（°）	黏聚力c/kPa
土体	1.5	10000	0.3	29	7
根系	1.0	500000	0.3		

对根系与土分别建立模拟单元，将根系直接嵌入到土单元中，两者耦合，自动实现变形协调。在 ABAQUS 中建模时，采用 Embedded region 类型，边坡土设为主控面，根系设为嵌入体。边界条件设置为：垂直于 X 轴的前、后两个边界面固定住 X 方向位移（$U_1 = 0$），垂直于 Y 轴的左、右两个边界面固定住 Y 方向位移（$U_2 = 0$），垂直于 Z 轴的底面固定住 X、Y、Z 三个方向位移（$U_1 = U_2 = U_3 = 0$），坡面为自由面。

2）计算结果分析

（1）根系长度的影响。

选取根系倾角 $\beta=90°$（根系垂直于坡面），直径 $d=0.2$m，V 形根系，上、中、下三排均匀布置，水平间距 $L=2$m，根系长度分别为 0m、1m、2m、3m、4m、5m、6m、7m、8m 的边坡稳定性系数如图 17-13 所示。根系较短时，加固边坡的效果不明显。随着根系长度增加，边坡稳定性系数（F_s）增大，根系长度超过 5m 后，F_s 基本不变。

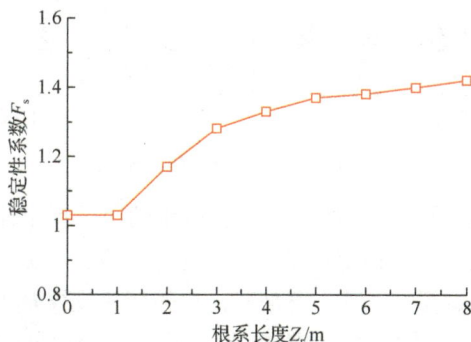

图 17-13　根系长度对边坡稳定性系数的影响

（2）根系倾角的影响。

有限元模型中根系直径 d 为 0.2m，V 形根系，上、中、下三排均匀布置，水平间距 L 为 2m，根系长度 Z_r 取 3m 和 5m，倾角 β 为 0°～180° 的边坡稳定性系数如图 17-14 所示。倾角 β 为 0° 和 180° 时，根系与斜坡面平行，根系对边坡无加固作用，稳定性系数与无根系的相同。β 为 0°～70° 时，随着倾角增大，F_s 先增后减并维持稳定。β 为 80°～120° 时，F_s 最大，根系倾角在该区间内的锚固效果最佳。β 为 130°～180° 时，F_s 降至同无根系边坡。

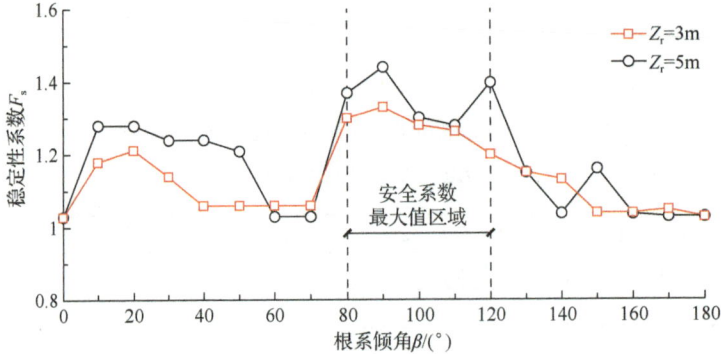

图 17-14　根系倾角对边坡稳定性系数的影响

（3）根系排列形式的影响。

根系直径 d=0.2m，长度 Z_r=5m，V 形根系，倾角 β=45°，水平间距取 2m、4m、6m、8m，根系空间分布形式见图 17-15。图 17-15（a）为根系在坡面上呈上、中、下排对齐分布，图 17-15（b）为根系在坡面上呈矩形、交错分布。

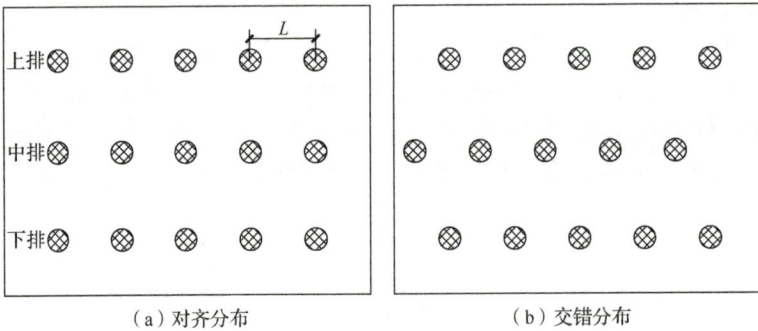

（a）对齐分布　　　　　　　　　　（b）交错分布

图 17-15　根系空间分布形式

图 17-16 给出了根系单独分布在上、中、下排的边坡稳定性系数。根系位于边坡上部时，无论水平间距多大，边坡稳定性系数基本保持不变，与无根系边坡的相等，对边坡稳定性无明显改善。根系位于边坡中、下部时，F_s 的变化规律基本一致，水平间距 L≤6m 时，稳定性系数明显比无根系的大，加固效果明显；随着水平间距增大（L 为 4m、6m），F_s 下降；根系水平间距增至 8m 时，F_s 迅速降低，同无根系情况。根系同时分布在上、中、下部时，稳定性系数远大于单独在上、中、下部的情况；随水平间距增大，F_s 减小。

图 17-17 给出了两种根系布局的边坡稳定性计算结果。随水平间距 L 增大，F_s 明显

降低。根系交错分布与对齐分布的 F_s 变化趋势大致相同，根系交错分布的 F_s 均大于对齐分布的情况，两者的差异大致为 1.6%～4.4%。

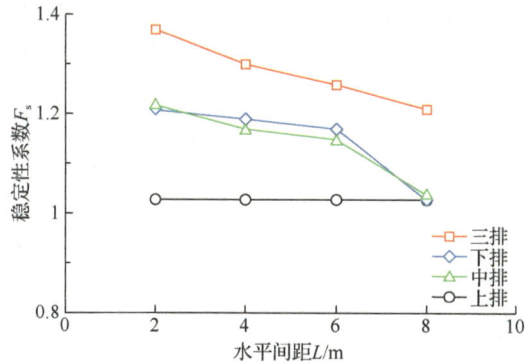

图 17-16　根系上、中、下三排分布形式对边坡稳定性系数的影响

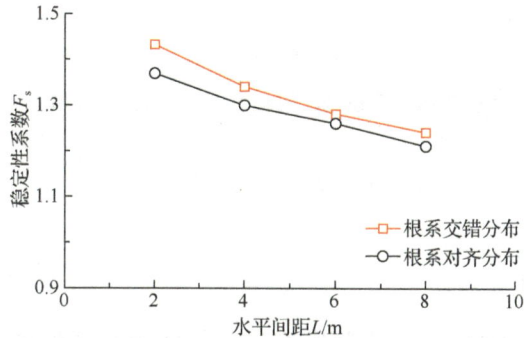

图 17-17　根系对齐分布和交错分布形式对边坡稳定性系数的影响

（4）根系结构的影响。

图 17-18 为 V 形、H 形、VH 形和 R 形根系结构有限元模型。主根直径统一设为 0.2m，H 形、VH 形和 R 形根系布设两层侧根，H 形侧根直径为 0.2m，VH 形和 R 形侧根直径均为 0.1m。

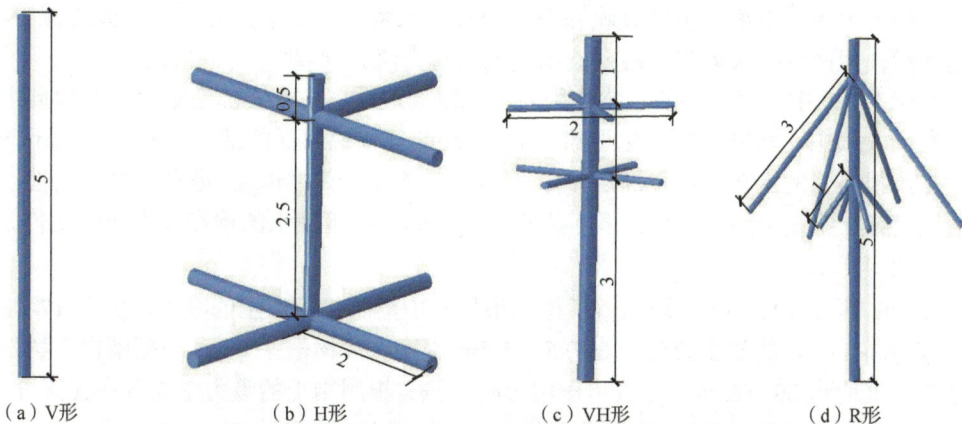

（a）V形　　　　（b）H形　　　　（c）VH形　　　　（d）R形

图 17-18　四种简化植物根系结构有限元模型（Fan and Chen，2010）（单位：m）

　　四种根系结构的边坡稳定性系数 F_s 计算结果见图 17-19。R 形根系加固边坡的 F_s 最大，其次是 H 形和 VH 形，V 形根系加固边坡的 F_s 最小。随着根系水平间距增大，R 形根系加固边坡的 F_s 略有降低，$L=8m$ 时减小为 1.38；H 形和 VH 形根系加固边坡的 F_s 变化趋势与 R 形根系大致相同。V 形根系加固边坡的 F_s 随水平间距增大迅速减小，间距继续增大，F_s 基本维持不变。

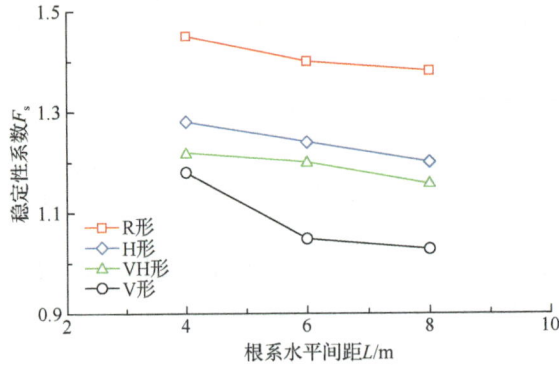

图 17-19　根系结构对边坡稳定性系数的影响

17.4　根系蒸腾作用

17.4.1　植物蒸腾作用

　　植物靠根系从土中吸收水分，供其生长发育、进行新陈代谢等生理活动和蒸腾作用。蒸腾是指水分从活植物的叶子中以水蒸气形式散失到大气中的过程（Wheeler and Stroock，2008）。与物理学的蒸发过程不同，蒸腾作用不仅受到外界环境条件的影响，还受到植物本身的调节和控制，是一复杂的生理过程。蒸腾的主要过程为：土中的水分→植物根毛→根内导管→茎内导管→叶内导管→气孔→大气（Wheeler and Stroock，2008），如图 17-20 所示。植物根系有两种吸水机制（Wheeler and Stroock，2008）：一是在蒸腾作用弱的情况下，由离子主动吸收和在根内外的水势差作用下主动吸水（渗透流）；二是由蒸腾作用产生的水势差使根系被动吸水（压力流），两种作用一般同时存在。

　　在图 17-20 中，将植物的蒸腾作用表示为水通过根膜、木质部毛细管和叶膜向上运移蒸发到大气中，水分总是从化学势（μ_w）高的部位流向低的部位。根系土处于非饱和状态，根系土的水蒸气活性满足 $a_{w,蒸汽}^{\pm} \leqslant a_{w,蒸汽}^{空气} \leqslant 1$，其中 $a_{w,蒸汽}$ 是水蒸气的活性。水的活性是指在密闭空间中，水的平衡蒸汽压与相同温度下纯水的饱和蒸汽压的比值，纯水的活性等于 1.0。

　　Fatahi 等（2010）在现场测量了桉树根周围由蒸腾作用产生的吸力，如图 17-21 所示。桉树高 12m，树根主要分布在 0.5～1.5m 深度、离树干 7～9m 的范围内，树根最大延伸长度达到 20～25m。受蒸腾作用影响，桉树根周围土的吸力主要分布在深度 3m 以上的土中，在离树干 7.3m 处的吸力最大，与树根分布范围一致。

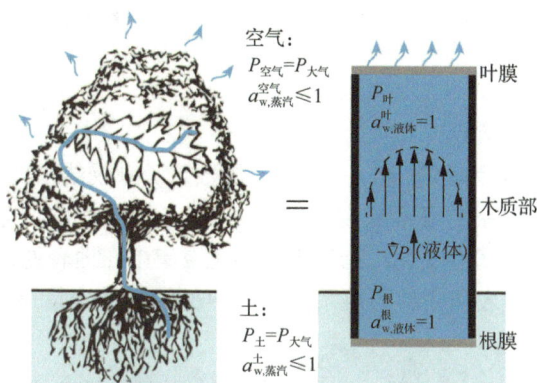

图 17-20　植物蒸腾作用示意图（Wheeler and Stroock，2008）

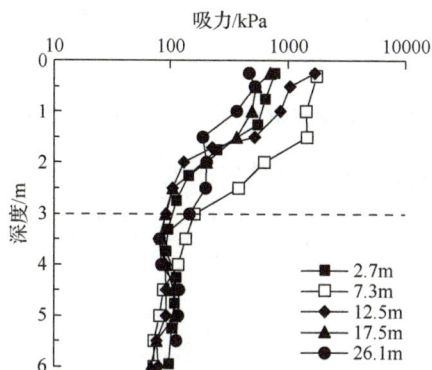

图 17-21　蒸腾作用产生的吸力分布（Fatahi et al.，2010）

蒸腾作用主要取决于暴露在空气中的叶子面积，与叶子面积成正比（Green，1993），表示为

$$T_{\mathrm{p}} = \sum_i f_i \left[\frac{sR_i + 0.93\rho_{\mathrm{a}}c_{\mathrm{p}}D_{\mathrm{a}}/r_{\mathrm{b}.i}}{s + 0.93\gamma(2 + r_{\mathrm{a}.i}/r_{\mathrm{b}.i})} \right] \tag{17-12}$$

式中，T_{p} 为蒸腾速率；f_i 为每片树叶占阳光照晒树叶总面积的百分比；s 为常温下空气饱和蒸汽压曲线的斜率；R_i 为叶子吸收的辐射通量密度；ρ_{a} 为空气密度；c_{p} 为空气的比热容；D_{a} 为空气蒸汽压差；γ 为湿度常数；r_{b} 为叶子边界层阻力；r_{a} 为叶子气孔阻力。

17.4.2　根系吸水模型

植物根系的吸水速率定义为单位时间内植物根系从单位土体吸收水的体积。根系吸水模型分为两类：微观模型和宏观模型。微观模型认为植物根系是由许多个无限长、均匀的圆柱体单根组成。宏观模型将根系视为整体，采用权重因子计算根系吸水速率（吉喜斌等，2006）：

$$S(z) = \alpha(z) \cdot F(\psi) \cdot T_{\mathrm{p}} \tag{17-13}$$

式中，$S(z)$ 为植物根系吸水速率，随深度 z 发生变化；$\alpha(z)$ 为根系形函数；$F(\psi)$ 为土的水分胁迫修正系数，与吸力大小有关；T_{p} 为植物潜在蒸腾速率，定义为植物在最优水分条件下，单位时间单位面积的蒸腾水分。潜在最大蒸腾速率与最大吸水速率近似相等。

17.4.3　蒸腾效应分析

1）植物根系分布形函数

植物根系形态简化分为均布形、三角形、指数形、抛物线形四大类（图 17-22）（Ng et al.，2015）。均布形根系沿根系深度方向变化不大，近似呈均匀分布；三角形根系沿深度方向根系含量锐减，呈线性变化；指数形根系主要集中在地表处，随深度变化根系急剧减少；抛物线形根系在地表和底部无根系分布，中部的根系含量最大，沿中部对称分布。

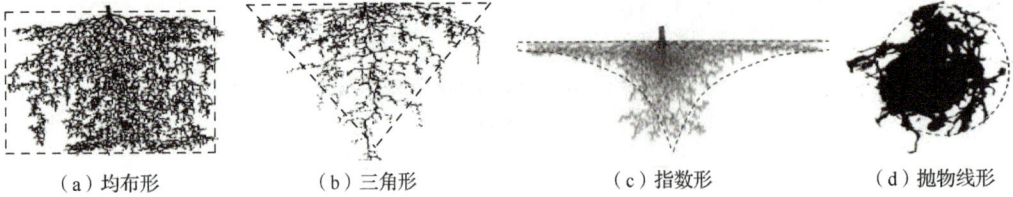

（a）均布形　　　　　（b）三角形　　　　　（c）指数形　　　　　（d）抛物线形

图 17-22　四种常见植物根系形态（Ng et al.，2015）

假设四种形态根系的总面积相同（单位面积），根系含量随深度分布表达式为

$$\alpha(z) = \begin{cases} \dfrac{1}{z_r} & \text{均布形} \\[2mm] \dfrac{2(z_r - z)}{z_r^2} & \text{三角形} \\[2mm] \dfrac{e^{(z_r - z)} - 1}{e^{z_r} - z_r - 1} & \text{指数形} \\[2mm] \dfrac{6z(z_r - z)}{z_r^3} & \text{抛物线形} \end{cases} \qquad (17\text{-}14)$$

式中，$\alpha(z)$ 为根系形函数，即根系含量随深度变化的表达式，当超出根系区域时，形函数 $\alpha(z)$ 取 0；z_r 为根系深度；e 为自然常数。如图 17-23 所示，四种曲线与横、纵坐标轴交线的积分为 1。四种形态根系的深度均为 z_r，均布形、三角形、指数形、抛物线形根系与横轴截距分别为 $1/z_r$、$2/z_r$、$(e^{z_r} - 1)/(e^{z_r} - z_r - 1)$、0。

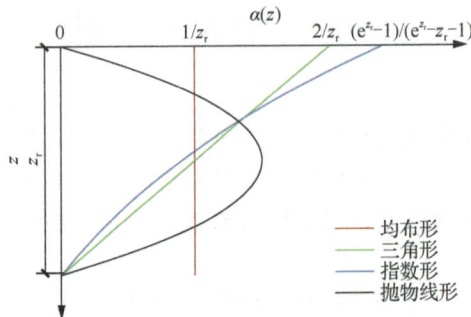

图 17-23　四种植物根系形函数曲线

Feddes 等（1976）定义蒸腾速率折减系数为

$$F(\psi) = \begin{cases} \dfrac{\psi}{\psi_1} & (\psi_1 \leqslant \psi \leqslant \psi_2) \\ 1 & (\psi_2 \leqslant \psi \leqslant \psi_3) \\ \dfrac{\psi_4 - \psi}{\psi_4 - \psi_3} & (\psi_3 \leqslant \psi \leqslant \psi_4) \end{cases} \quad (17\text{-}15)$$

式中，ψ_1 为根系吸水起始点的吸力，不超过基质吸力；ψ_2 为植物根系厌氧点对应的基质吸力；ψ_3 为根系吸水降低点，吸力超过此值后，根系吸水困难；ψ_4 为植物枯萎点，吸力过大，根系无法吸水。蒸腾速率折减系数曲线如图 17-24 所示。

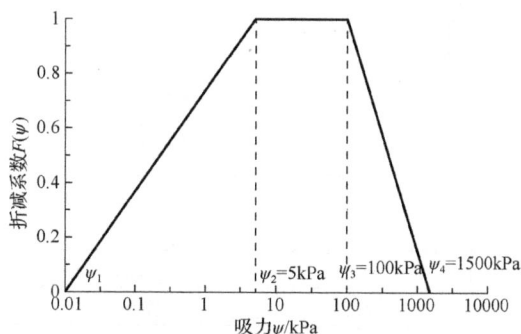

图 17-24　蒸腾速率折减系数曲线

在非饱和渗流的理查森（Richards）方程中添加源汇项 $S(z)$，Richards 修正方程为

$$\frac{\partial}{\partial x}\left(k\frac{\partial H}{\partial x}\right) + \frac{\partial}{\partial z}\left(k\frac{\partial H}{\partial z}\right) - S(z) = \frac{\partial \theta}{\partial t} \quad (17\text{-}16)$$

式中，k 为非饱和土渗透系数；H 为总水头；$S(z)$ 为源汇项，与根系吸水速率相等；θ 为体积含水量。

2）计算方法和参数

土-水特征曲线、渗透系数方程采用常见的 Van Genuchten 模型：

$$\theta_w = \frac{\theta_s - \theta_r}{[1 + (\alpha_w \psi)^{n_w}]^{m_w}} + \theta_r \quad (17\text{-}17)$$

$$k = k_s \cdot \frac{\{1 - (\alpha_w \psi)^{n_w - 1}[1 + (\alpha_w \psi)^{n_w}]^{-m_w}\}^2}{[1 + (\alpha_w \psi)^{n_w}]^{\frac{m_w}{2}}} \quad (17\text{-}18)$$

式中，θ_w 为体积含水量；θ_s 为饱和体积含水量；θ_r 为残余体积含水量；ψ 为基质吸力；α_w、n_w、m_w 为土-水特征曲线的三个拟合参数，α_w 与进气值有关，近似等于进气值的倒数，n_w 是与土-水特征曲线斜率相关的参数，$m_w = 1 - 1/n_w$；k_s 为饱和渗透系数。

有限元计算模型如图 17-25 所示，边坡水平长度 L 取 100m，竖向高度 H 为 6m，坡度 β 取 45°。平面中任意一点到坡面的垂直距离为 $[H - (y - x \cdot \tan\beta)] \cdot \cos\beta$。地下水位设置在边坡底部，地表处的初始静态非饱和土的孔隙水压力为 $-H \cdot (\cos\beta)^2$。边坡上部为根系区域，垂直深度为 z_r；下部为无根系区域，垂直深度为 z_u。模型两侧与底部均设置为不透水边界，含根区域增加源汇项，无根区域没有源汇项。选择三角形单元，最大单元尺寸为 0.1m，根系区域局部加密。计算参数列于表 17-5 中。

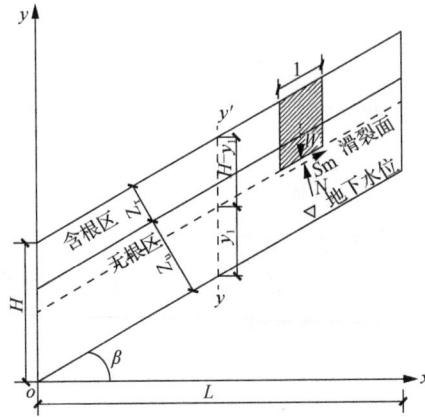

图 17-25　植被边坡有限元模型

表 17-5　有限元模型参数

土体参数	取值	模型几何参数	取值
干重度 γ_d/（kN·m^{-3}）	15	长度 L/m	100
有效黏聚力 c'/kPa	7.61	高度 H/m	6
有效内摩擦角 φ'/（°）	29	坡度 β/（°）	45
饱和体积含水量 θ_s	0.45	植物根系参数	取值
残余体积含水量 θ_r	0.05	潜在蒸腾速率 T_p/(m·s^{-1})	2.6×10^{-6}
α_w/m^{-1}	0.2		
n_w	2		
m_w	0.5		
饱和渗透系数 k_s/（m·s^{-1}）	2.6×10^{-6}		

非饱和土的剪切强度表示为

$$\tau_f = c' + (\sigma_n - u_a)\tan\varphi' + \psi\tan\varphi^b \tag{17-19}$$

式中，$(\sigma_n - u_a)$ 为净法向应力；ψ 为基质吸力；φ' 为土的有效内摩擦角；c' 为土的有效黏聚力；φ^b 为剪切强度随基质吸力的增长率，这里取常量 15°。随着植物根系不断吸水，基质吸力增大，抗剪强度增大。无限长边坡的滑坡面与边坡坡面平行，如图 17-25 所示，根据阴影部分微单元力的平衡原理，有

$$\frac{c' + (\sigma_n - u_a)\tan\varphi' + \psi\tan\varphi^b}{F_s} \cdot \frac{1}{\cos\beta} = W\sin\beta \tag{17-20}$$

$$F_s = \frac{c' + (\sigma_n - u_a)\tan\varphi' + \psi\tan\varphi^b}{W\sin\beta\cos\beta} \tag{17-21}$$

式中，W 为单元体土条重度。考虑根系吸水蒸发作用，边坡稳定性系数为

$$F_s = \frac{c' - u_w\tan\varphi^b}{\left[\gamma_d(H - y_1) + \gamma_w\int_{y_1}^{H}\theta(y)\mathrm{d}y\right]\sin\beta\cos\beta} + \frac{\tan\varphi'}{\tan\beta} \tag{17-22}$$

式中，γ_d 为土的干重度；y_1 为竖向滑裂面到边坡底部的距离；u_w 为孔隙水压力；γ_w 为水的重度。

通过有限元数值模拟根系吸水特征，得到边坡内部任意深度的孔隙水压力分布，利用土-水特征曲线计算体积含水量 θ_y，对于每一个任意滑裂面的深度 y_1。植物根系土边坡的稳定性系数与裸坡稳定性系数之比定义为稳定性系数比 F_{sr}：

$$F_{sr} = \frac{F_{s(root)}}{F_{s(none)}} \tag{17-23}$$

式中，$F_{s(root)}$ 为植物根系边坡的稳定性系数；$F_{s(none)}$ 为素土边坡的稳定性系数。

3）计算结果分析

（1）蒸腾时间的影响。

选取根系长度为 1m 的均布形、三角形、指数形、抛物线形四种植物根系，取边坡正中间横截面 y—y' 上的节点数据进行分析。在蒸腾作用下，孔隙水压力分布随时间变化规律如图 17-26 所示。初始地表处的孔隙水压力均为-30kPa。随着时间推移，四种植物根系的孔隙水压力逐渐减小，基质吸力不断增大。边坡孔隙水压力包络线与根系形状一致，指数形根系的孔隙水压力分布线在根系区域呈指数变化；抛物线形根系的孔隙水压力包络线呈抛物线形，最小孔隙水压力出现在根系中部，上、下部呈对称分布。

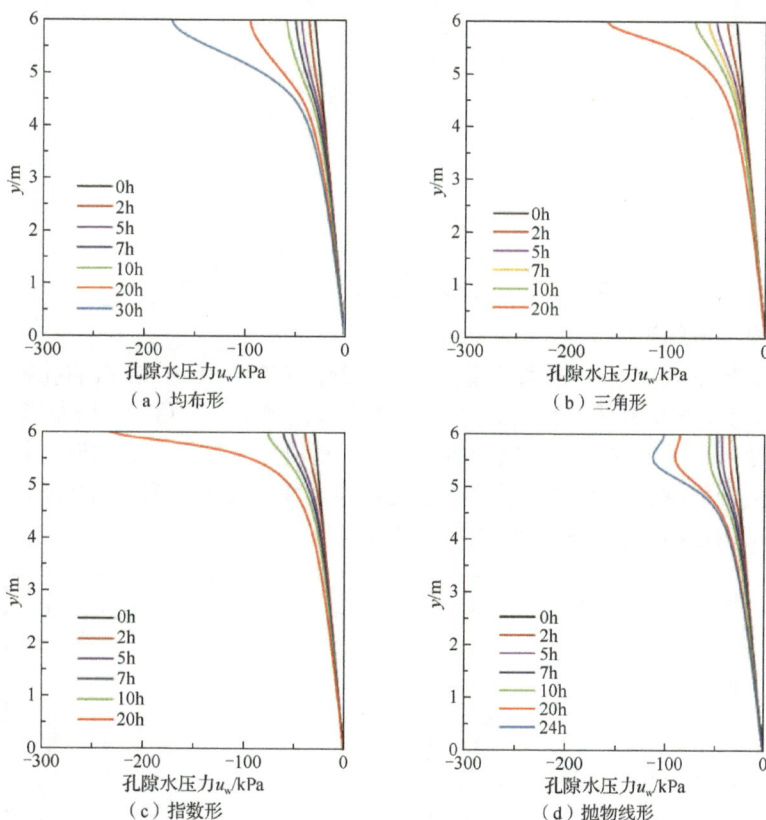

图 17-26　孔隙水压力分布随时间变化规律

四种形态植物根系边坡稳定性系数比随时间变化规律如图 17-27 所示。随着蒸腾作用时间的推移，边坡稳定性系数比逐渐增大，边坡稳定性逐渐提高。均布形、三角形、指数形三种形态根系的最大稳定性系数比出现在坡面处，抛物线形根系的最大稳定性系数比出现在深度 0.5m 处（根系中部），与孔隙水压力包络线规律相同。

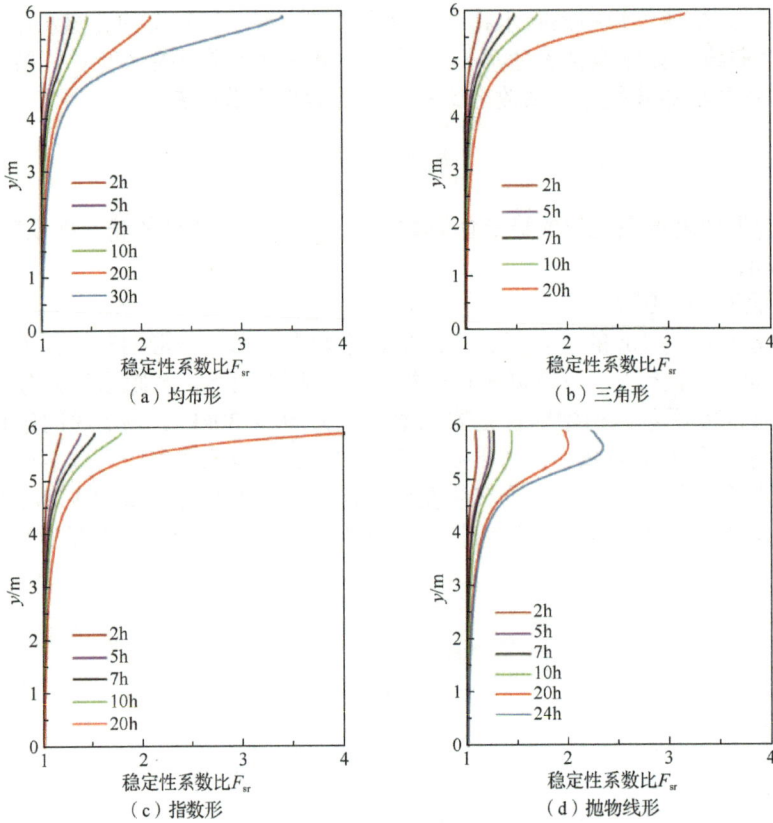

图 17-27　边坡稳定性系数比随时间变化规律

（2）根系深度的影响。

四种形态根系吸水 6h，根系长度分别为 0.2m、0.5m、1m，各自的孔隙水压力分布如图 17-28 所示。坡面孔隙水压力由小到大依次为指数形、三角形、均布形、抛物线形；三角形与指数形接近，均布形与抛物线形接近。植物根系越短，影响深度相应越小，浅层的基质吸力变化越大。不同根系深度的边坡稳定性系数比如图 17-29 所示。根系长度越大，影响范围越深，地表稳定性系数比越小。

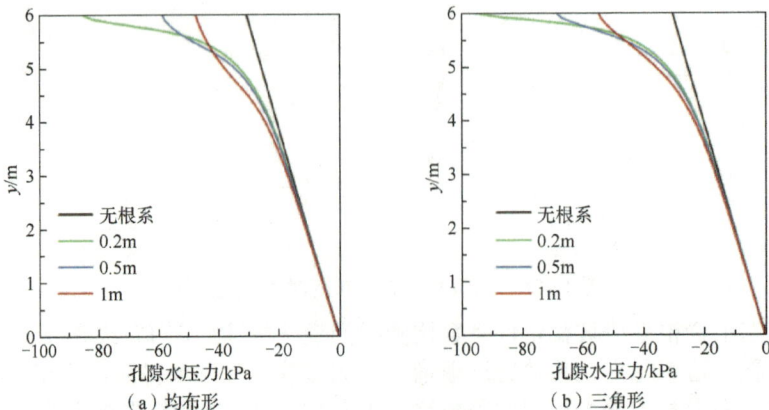

图 17-28　不同根系深度对应的孔隙水压力分布

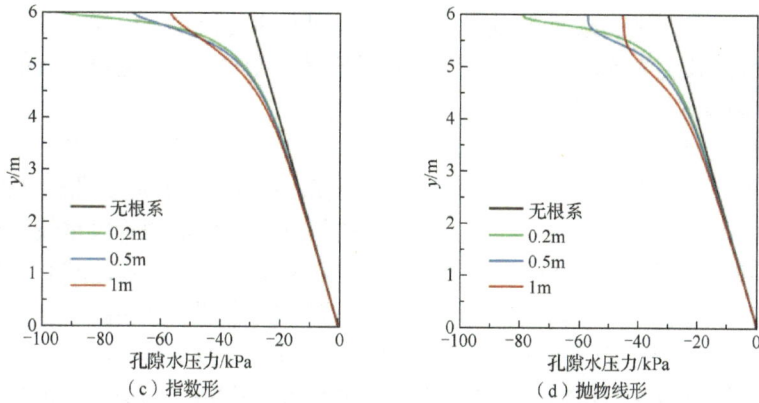

（c）指数形 （d）抛物线形

图 17-28（续）

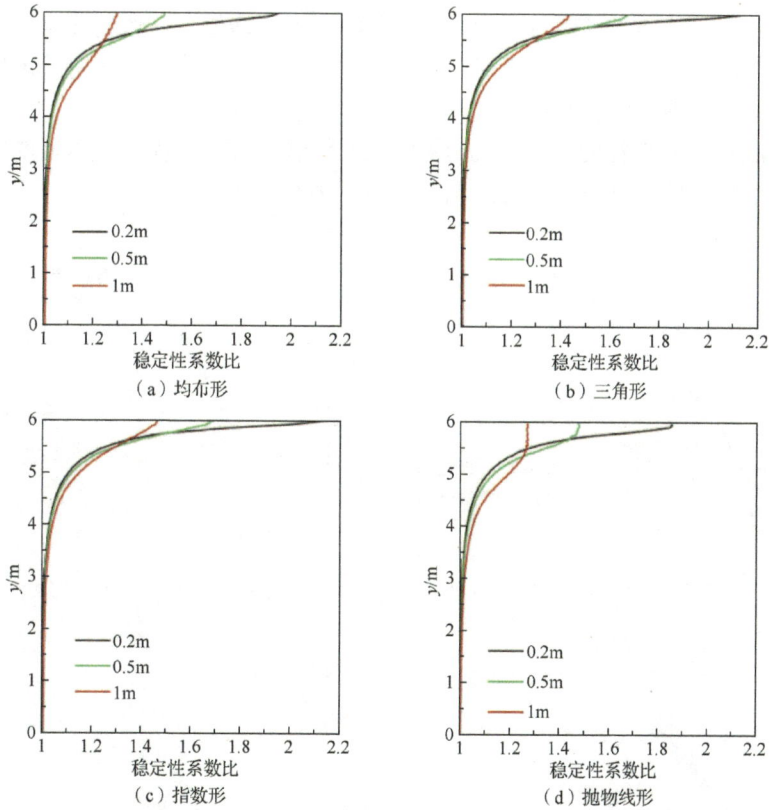

（a）均布形 （b）三角形

（c）指数形 （d）抛物线形

图 17-29 不同根系深度对应的稳定性系数比

17.5 根系土剪切强度

17.5.1 根系的拉伸强度

1）根茎制样

将现场挖取的四种植物龙葵、灰灰菜、苦苣菜、狗牙根根系清洗干净，用剪刀将主根与侧根进行分离。挑选直径在 0.02～2mm 之间鲜活的根系,用螺旋测微器准确测量直径;控制根系长度为 5cm。植物根系拉伸试验采用 UTM6104 型电子万能试验机,仪器精度为 0.001N,拉伸速率为 5mm/min。

2）应力-应变曲线

龙葵、灰灰菜、苦苣菜、狗牙根四种植物根系的拉伸应力-应变曲线如图 17-30 所示。龙葵根系呈现多峰值型,直径 0.187mm 的根系在拉伸前期阶段呈线弹性变形,在应变达到 0.035 时出现第一个应力峰值,随后应力略微波动,下降到 22.86MPa,然后再次攀升到第二个峰值应力,其后根系瞬间断裂,应力立即降低为 0。

直径 0.226mm 的灰灰菜根系同样呈现多峰值拉伸变形规律。直径 0.365mm 的灰灰菜根系拉伸前期应力呈线性增加,达到峰值后降低到 15MPa,随着应变的持续增加,应力基本维持稳定,随后出现脆性断裂。

直径 0.211mm 的苦苣菜根系应力-应变曲线呈现单峰值,在达到峰值强度后,根系应力随着应变的增加逐渐减小直至断裂。0.359mm 的根系在峰值强度附近出现了一段塑性变形。根系均呈现脆性拉断破坏。

狗牙根四种不同直径的根系应力-应变曲线呈现相同的性状,整体呈现单峰值,前期线性增加达到峰值强度后,应力逐渐减小直至发生断裂。

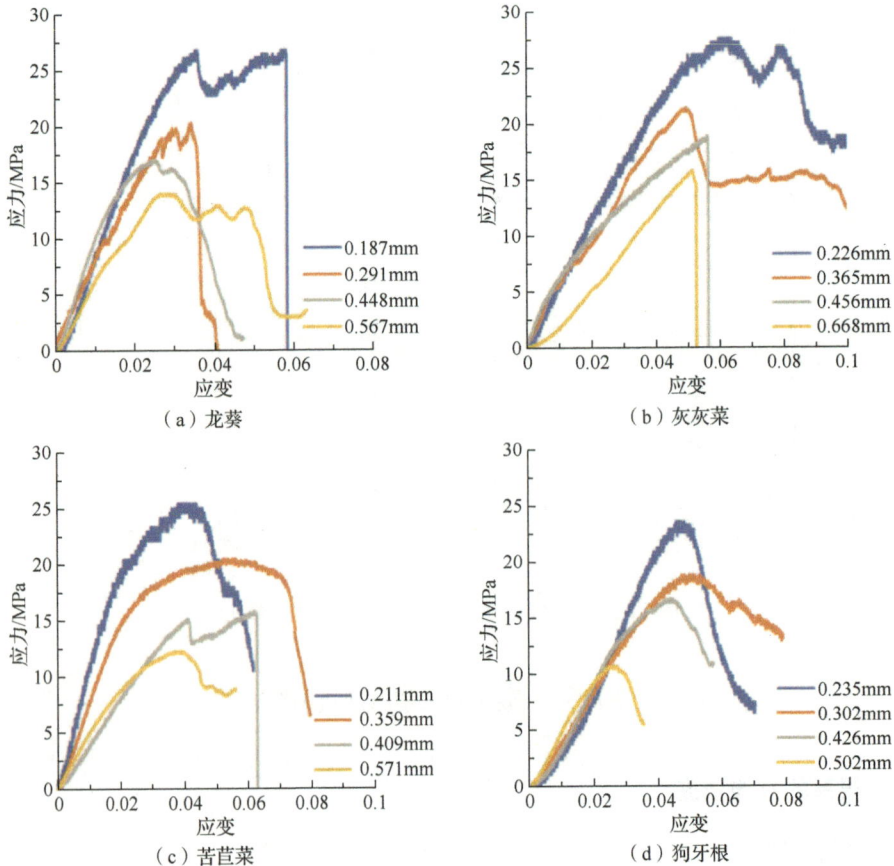

（a）龙葵　　　　　　　　　　　　（b）灰灰菜

（c）苦苣菜　　　　　　　　　　　（d）狗牙根

图 17-30　四种植物根系拉伸应力-应变曲线

3）植物根系抗拉强度

根系抗拉强度与根径的关系如图 17-31 所示。直径为 0.113mm 的龙葵根系的抗拉强度为 62.82MPa，量级已达到兆帕级别，远大于土的抗拉强度。直径为 0.154mm 的灰灰菜根系的抗拉强度为 66.47MPa，直径为 0.211mm 的苦苣菜根系的抗拉强度为 25.45MPa，直径为 0.038mm 的狗牙根根系的抗拉强度为 71MPa。随根系直径增大，抗拉强度减小。根系抗拉强度与直径呈幂函数负相关：

$$T_r = \alpha \cdot d^{-\beta} \tag{17-24}$$

式中，T_r 为根系抗拉强度；d 为根系直径；α 和 β 为曲线拟合系数，列于表 17-6 中。

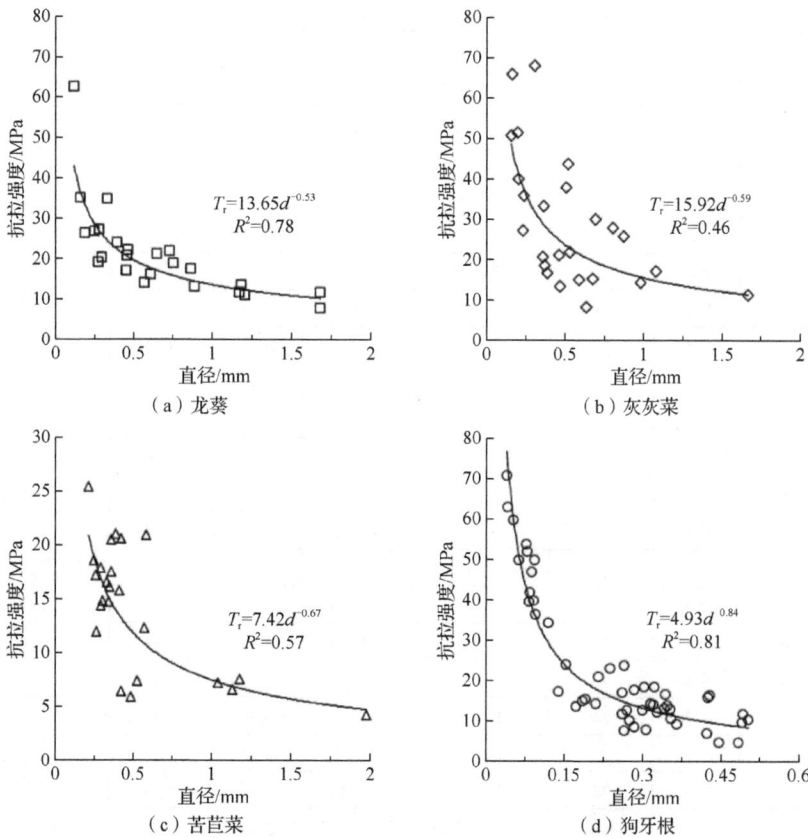

图 17-31　四种植物根系的抗拉强度与直径 d 的关系

表 17-6　曲线拟合系数 α 和 β

植物名称	类型	样本数	直径 d/mm	α	β	R^2	参考文献
怪柳	乔木	55	0.10～4.80	31.74	0.89	0.42	
滨藜	灌木	38	0.217～4.68	45.59	0.56	0.52	
猪毛菜	灌木	26	0.30～3.84	44.23	0.51	0.58	De Baets 等（2008）
欧瑞香	灌木	52	0.117～2.70	33.31	0.64	0.55	
蒿属	灌木	32	0.17～2.15	30.12	0.61	0.37	
麝香百里香	灌木	52	0.117～2.43	15.71	0.66	0.53	

植物名称	类型	样本数	直径 d/mm	α	β	R^2	参考文献
百里香	灌木	34	0.12~2.88	19.31	0.73	0.63	De Baets 等（2008）
迷迭香	灌木	54	0.17~3.60	12.89	0.77	0.63	
利坚草	草本	50	0.26~2.72	19.28	0.68	0.44	
异燕麦	草本	53	0.34~1.22	14.51	1.08	0.42	
草沙蚕	草本	52	0.17~0.32	4.77	1.52	0.60	
短柄草	草本	33	0.10~1.45	45.05	0.61	0.71	
细茎针草	草本	57	0.417~1.34	24.34	0.61	0.22	
欧洲山毛榉	乔木	168	0.17~4.59	41.65	0.97	0.62	Bischetti 等（2005）
赤杨	乔木	49	0.65~5.91	34.76	0.69	0.34	
欧榛	乔木	13	0.31~3.82	60.15	0.75	0.57	
挪威云杉	乔木	92	0.12~5.84	28.10	0.72	0.53	
欧洲落叶松	乔木	43	0.17~5.47	33.45	0.75	0.47	
红皮柳	灌木	150	0.117~4.10	26.33	0.95	0.55	
黄花柳	灌木	144	0.117~5.70	34.50	1.02	0.82	
水棕竹	草本	17	0.27~5.70	35.73	1.11	0.51	
黑柳	乔木	78		45.90	1.10	0.75	Pollen 和 Simon（2005）
三角叶杨	乔木	90		18.90	0.64	0.29	
绣线菊	乔木	50		22.90	0.54	0.31	
长叶松	乔木	147		30.00	0.99	0.14	
阔叶白蜡木	乔木	101		24.30	0.50	0.66	
水白桦	乔木	51		45.80	0.66	0.30	
沙洲柳树	乔木	44		25.20	0.68	0.46	
枫香树	乔木	56		52.10	1.04	0.62	
无花果树	灌木	36		50.50	0.94	0.58	
喜马拉雅黑莓	灌木	30		19.50	0.69	0.17	
鸭茅状磨擦禾	草本	76		43.10	1.00	0.39	
龙葵	草本	24	0.112~1.68	13.65	0.53	0.78	张攀（2020）
灰灰菜	草本	26	0.147~1.67	15.92	0.59	0.46	
苦苣菜	草本	24	0.211~1.97	7.42	0.67	0.57	
狗牙根	草本	50	0.032~0.502	4.93	0.84	0.81	

17.5.2　根系土的强度

1）试验方法

狗牙根的根系土现场取样如图 17-32 所示。清除坡面植物后，将地表整平；在环刀内壁涂抹一层凡士林，随后将刀刃口朝下垂直压入土中，达到既定深度后停止压入；用切土刀将环刀周围的土挖除，将底部刃口处根系切断；用塑料保鲜膜将带环刀的根系土包裹、编号，防止含水量变化。原状根系土样的直径为 49.6mm、高为 30.0mm，含水量为 13.10%、20.61%、21.47%。采用 25-SIXTY SHEAR 型气动直剪仪，通过气压控制竖向荷载，水平剪切速率为 0.8mm/min。试验前、后根系土样如图 17-33 所示。

（a）平整场地　　　　　　　　（b）环刀压入　　　　　　　　（c）土体样本

图 17-32　根系土体取样

图 17-33　试验前、后根系土样

根据根系条件计算根系横截面积比 RAR，每个根系土样做三组剪切试验后，敲碎根系土进行根土分离，将根系放入盛水量筒中测量根系总体积 V_r，根系横截面积比为

$$RAR = \frac{A_r}{A_s} = \frac{4V_r}{\pi d^2 h} \tag{17-25}$$

式中，A_r 为根系横截面积；A_s 为土样横截面积；V_r 为根系体积；h 和 d 分别为土样高度和直径，$h=3$cm。

2）剪切应力–位移曲线

狗牙根根系土的含水量分别为 13.1%、20.61%、21.47%，直剪试验的竖向压力分别为 100kPa、200kPa、400kPa。含水量 13.1%根系土的剪切应力–位移曲线如图 17-34 所示。随着竖向压力增大，剪切应力增加，峰值应力对应的剪切位移值也增大。竖向压力 100kPa 时，无根土的应力–位移曲线呈现应变软化特征。不同竖向压力下，根系土的剪切应力–位移曲线均明显呈应变硬化特征，无软化现象，剪切强度明显比无根土的大，植物根系明显提高了土的剪切强度。

不同含水量的根系土的直剪试验结果如图 17-35 所示。不同竖向压力下的剪切应力–位移曲线均呈应变硬化特征。随着竖向压力增大，根系土剪切强度亦增大；相比根系含量（RAR），含水量对根系土的剪切强度影响更大。

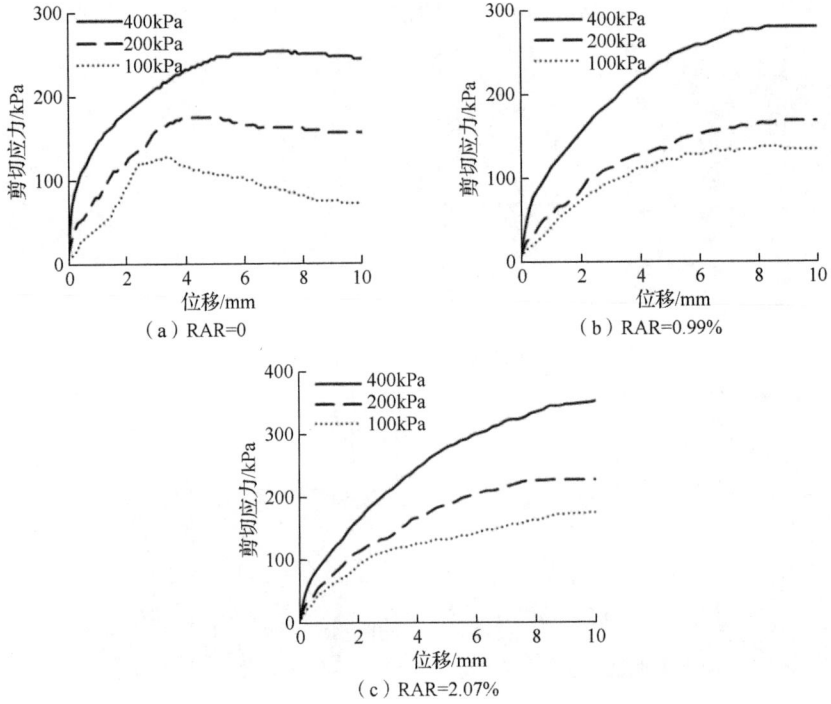

（a）RAR=0

（b）RAR=0.99%

（c）RAR=2.07%

图 17-34　不同含根量的根系土体剪切应力-位移关系曲线（w=13.1%）

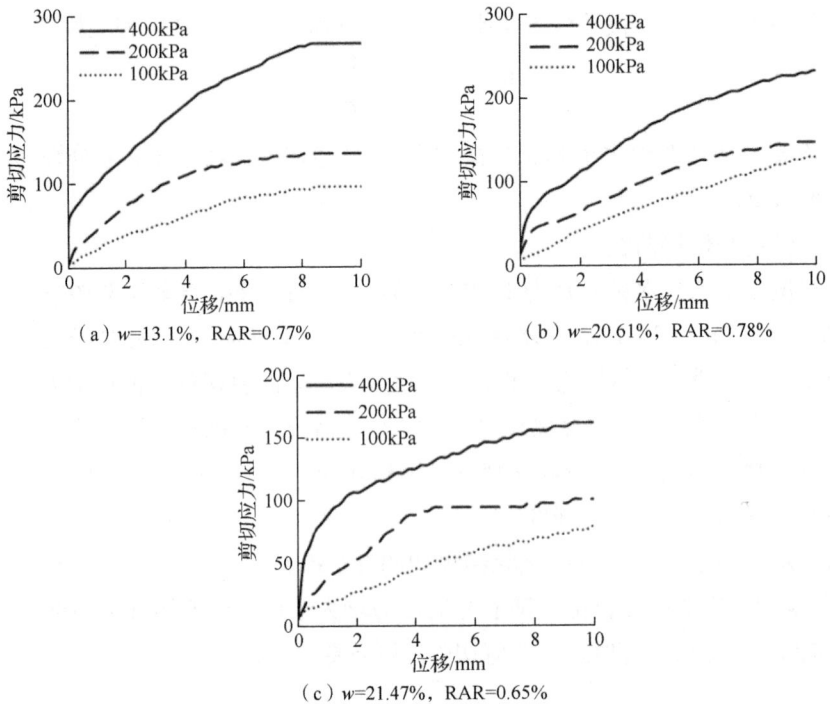

（a）w=13.1%，RAR=0.77%

（b）w=20.61%，RAR=0.78%

（c）w=21.47%，RAR=0.65%

图 17-35　不同含水量的根系土体剪切应力-位移关系曲线

3）根系土的剪切强度

无根系土的残余强度与垂直压力的关系如图 17-36 所示，13.10%含水量无根系土的摩擦角为 29.1°，黏聚力为 27.6kPa；20.61%含水量无根系土的摩擦角为 21.2°，黏聚力为 21.33kPa；21.47%含水量无根系土的摩擦角为 20.0°，黏聚力为 19.83kPa。随着含水量增大，无根系土的摩擦角和黏聚力均呈降低趋势。

根系土的内摩擦角和黏聚力统计于图 17-37 和图 17-38 中。含水量为 13.10%、20.61% 和 21.47%根系土的内摩擦角分别为 30.1°、19.7° 和 16.3°，与相同含水量无根系土的内摩擦角区别不大，根系对土的内摩擦角影响不明显。随根系横截面积比（RAR）增大，黏聚力均呈线性增加（图 17-38）。根系土剪切强度增量计算式为

$$\Delta \tau = K \cdot T_r \cdot RAR \tag{17-26}$$

式中，$\Delta \tau$ 为根系土剪切强度增量；K 为修正系数，Wu 等（1979）建议取 1.2；T_r 为根系抗拉强度。根系土剪切强度增量 $\Delta \tau$ 与 $T_r \cdot RAR$ 相关关系见图 17-39。剪切强度增量值与 $T_r \cdot RAR$ 呈线性变化，拟合直线斜率约为 0.20，与建议取值 1.2 不一致，K 值列于表 17-7 中。

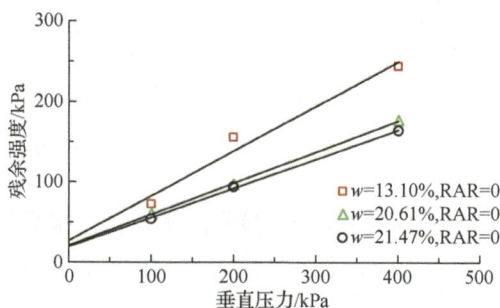

图 17-36 无根系土的残余强度与
垂直压力的关系

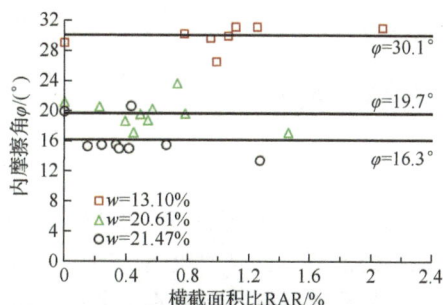

图 17-37 不同含水量下土体内摩擦角与
根系横截面积比关系

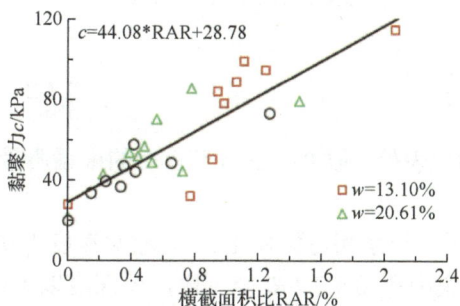

图 17-38 不同含水量下土体黏聚力与根系
横截面积比关系

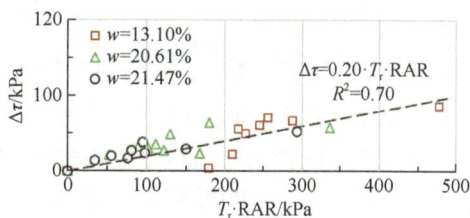

图 17-39 根系土剪切强度增量与根系含量的
关系

表 17-7　修正系数 K 值对比

区域	植物类型	修正系数 K	参考文献
以色列区域	迷迭香、紫花苜蓿、黄连木属、蔷薇	0.25	Operstein 和 Frydman（2000）
地中海	草本、灌木、乔木（24 种植物）	0.21~0.82	De Baets 等（2008）
台湾高雄	田菁	0.39（峰值） 0.42（残余）	Fan 和 Su（2008）
台湾高雄	黄瑾、野梧桐、乌桕、铁木、银合欢	0.34、0.46、0.69、 0.3、0.87	Fan 和 Chen（2010）
重庆缙云	马尾松、香樟、广东山胡椒、四川大头茶、白毛 新木姜子、四川山矾	0.63	朱锦奇等（2014）
西宁盆地	细茎冰草、垂穗披碱草、霸王、柠条鸡儿锦	1.2	卢海静等（2016）
江苏海门	狗牙根	0.20	张攀（2020）

17.5.3　根系土剪切强度计算方法

定义相对面积比和相对深度两个变量，相对面积比（R_A）：

$$R_A = \frac{A_r}{A_{r0}} = \frac{d^2}{d_0^2} \tag{17-27}$$

相对深度（R_h）：

$$R_h = \frac{h}{h_{max}} \tag{17-28}$$

式中，A_r 为根系任意深度处的横截面积；A_{r0} 为根系在地表处的横截面积；d 为根系任意深度处的直径；d_0 为根系在地表处的直径；h 为根系任意截面距离地表的垂直距离；h_{max} 为根系顶部距离地表的最大垂直距离。

R_A 的测定方法是：沿深度方向将植物根系间隔距离 l_i（不超过 10mm）剪断，称取每一段根系的质量 m_i。假定根系分布均匀，利用根系质量比 $R_m = m_i / l_i$ 计算根系的相对面积比 R_{Ai}，地表处的根系相对面积比 R_A 为 0~5mm 深度范围内的根系相对面积比。任意相对深度 R_h 处的根系相对面积比 R_A 为

$$R_A = \frac{m_i / l_i}{m_0 / l_0} \tag{17-29}$$

式中，m_i 为第 i 段质量；l_i 为第 i 段长度；m_0 为地表处（取 0~5mm 范围）的根系质量；l_0 为地表处（取 0~5mm 范围）的根系长度。

四种草本植物根系空间分布如图 17-40 所示，根系相对面积比 R_A 与相对深度 R_h 拟合呈幂函数变化。植物根系含量的 70% 以上都集中在 0~0.2R_h 范围内，此深度以下根系含量近似呈直线骤减。根系含量随深度变化的表达式为

$$R_A = m \cdot R_h^{-n} \tag{17-30}$$

式中，R_A 为根系相对面积比；R_h 为相对深度；m 和 n 为拟合系数。

木本植物粗枝木麻黄和广叶桉的根系分布如图 17-41 所示。随着相对深度增大，根系相对面积比呈幂函数减小，相对深度 $R_h = 0.20$ 时，相对面积比 $R_A = 0.30$，与地表根茎处相比减少了 70% 左右。

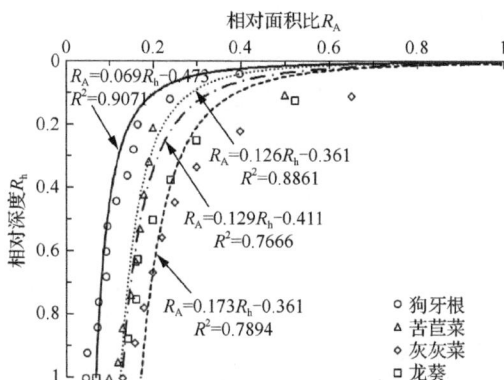

图 17-40　四种草本植物根系含量随深度变化

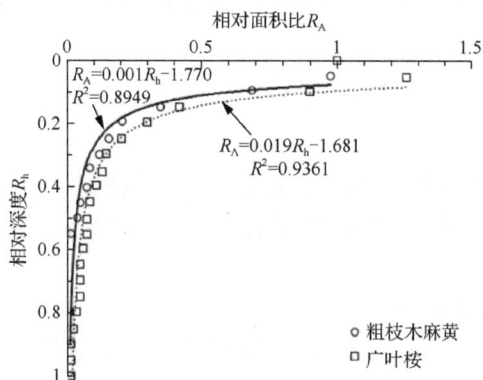

图 17-41　木本植物根系含量随深度的变化（Docker 和 Hubble，2009）

根系剪切强度增量为

$$\Delta\tau_0 = K \cdot \mathrm{RAR}_0 \cdot T_{r0} = K \cdot \alpha \cdot d_0^{-\beta} \cdot \frac{A_{r0}}{A_s} \tag{17-31}$$

式中，$\Delta\tau_0$ 为地表处（根茎）根系土的剪切强度增量；RAR_0 为地表处根系横截面积比；d_0 为根系在地表处的直径；A_{r0} 为地表处根系横截面积；A_s 为土的横截面积。

$$d = (m \cdot R_h^{-n} \cdot d_0^2)^{\frac{1}{2}} \tag{17-32}$$

任意相对深度处的剪切强度增量 $\Delta\tau$：

$$\Delta\tau = K \cdot T_r \cdot \mathrm{RAR} = K \cdot \alpha \cdot d^{-\beta} \cdot \frac{A_r}{A_s} = K \cdot \alpha \cdot (m \cdot R_h^{-n} \cdot d_0^2)^{\frac{-2}{\beta}} \cdot \frac{A_{r0} \cdot R_A}{A_s}$$

$$= \left(K \cdot \alpha \cdot d_0^{-\beta} \cdot \frac{A_{r0}}{A_s} \right) \cdot m^{1-\frac{\beta}{2}} \cdot R_h^{n\left(\frac{\beta}{2}-1\right)} \tag{17-33}$$

根据表层根系土的剪切强度增量 $\Delta\tau$，计算任意深度处的剪切强度增量。四种草本根系的基本力学参数修正系数 K 取 0.2，表层根系横截面积比 RAR=1%，直接计算四种植物根系 $\Delta\tau$ 沿深度的分布。如图 17-42 所示，地表处龙葵、苦苣菜、灰灰菜、狗牙根的剪切强度增量分别为 43.24kPa、59.18kPa、28.53kPa 和 46.60kPa，在 0～0.1 R_h 深度内，剪切强维持在较高水平，随着深度增加，$\Delta\tau$ 迅速减小，植物根系对浅层土具有显著的增强作用。

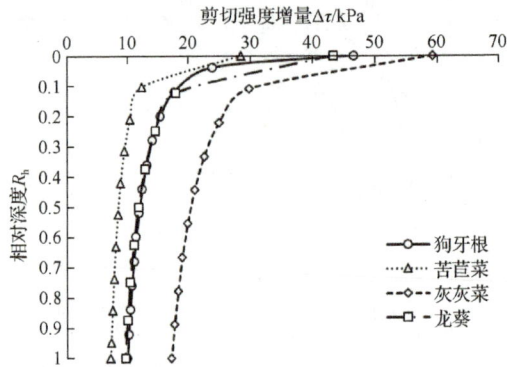

图 17-42　四种植物根系剪切强度增量随深度的变化

17.6　根系土膨胀特性

将现场挖掘的夹竹桃根系剪碎成 10mm 长度的碎根，与土混合均匀后闷料一昼夜后制样。含根土的含水量为 15.8%、17.8%、19.8%、21.8%，根系含量为 0、0.1%、0.2%、0.3%和 0.4%。

膨胀力室内测试采用加荷平衡法，通过动态加载，控制试样保持体积不变，由膨胀稳定时的荷载计算膨胀力。无荷膨胀率试验按照《土工试验方法标准》（GB/T 50123—2019）操作，无荷膨胀率计算式为

$$\delta = \frac{Z_0 - Z_t}{h_0} \tag{17-34}$$

式中，δ 为无荷膨胀率（%）；Z_0 为试验开始时百分表读数（mm）；Z_t 为试验开始 t（min）时百分表读数（mm）；h_0 为试样初始高度，取 20mm。

初始含水量为 15.8%素土的膨胀力为 130kPa，根系含量为 0.4%的含根土的膨胀力下降到 83kPa，根系能够显著降低膨胀土膨胀力。随着初始含水量增加，膨胀力逐渐减小（图 17-43）。随着膨胀土含根量增大，无荷膨胀率逐渐减小（图 17-44）。随着初始含水量增加，含根量对膨胀土无荷膨胀率的影响减弱。

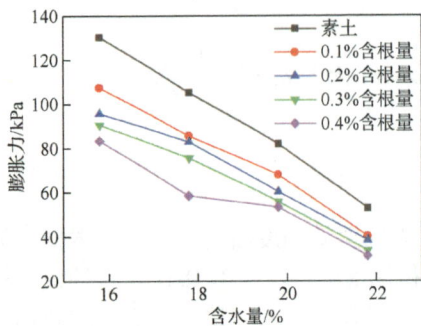

图 17-43　含根土的膨胀力与含水量关系　　图 17-44　含根膨胀土无荷膨胀率与含水量的关系

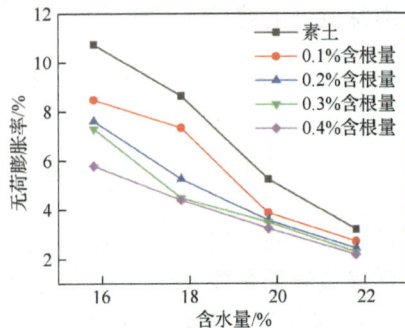

17.7 应用示范工程

17.7.1 工程概况

试验区位于湖北省当阳市岩屋庙 4970 铁路专用线西侧的路堑边坡上，区域地处鄂西山地向江汉平原的过渡地带，属亚热带季风性湿润气候，年均气温为 16.6℃，年均蒸发量为 1364.7mm，年平均降雨量为 992.1mm，降雨具有历时短和强度高的特点。土质为深厚黏土，硬塑，含少量铁锰质氧化物，切面较光滑，局部夹灰白色网纹状条带，层厚 0.80～7.00m，自由膨胀率介于 53%～76% 之间，为弱中膨胀土；膨胀土液限为 45.0%，塑限为 24.8%，塑性指数为 20.2，属于低液限黏土。

试验区的路堑边坡分 2 级设置，第一级采用桩板墙形式的结构防护，第二级采用人字形骨架内草灌混播形式的生态防护。施工二级边坡的顺序为先回填石灰改良膨胀土及人字形骨架，而后在骨架内回填厚 0.6m 的未改良膨胀土，骨架内绿化采用草灌混播方式。

17.7.2 生态防护设计

调查当阳当地的植物类型，筛选出优势草本植物狗牙根、马尼拉草，灌木植物小叶女贞、夹竹桃作为试验植物，所选植物对潮湿和炎热气候有较强适应性，生长较快、根系较发达且固土能力较强。区内生态边坡由南向北布设 13 个人字形骨架（图 17-45），作为对照组 7 号骨架为素土边坡。素土边坡南北两侧各 4 个骨架分别设为草灌混播试验区，南侧试验区种植小叶女贞和狗牙根，北侧试验区种植夹竹桃和马尼拉草，每个骨架内种植 11 株龄期为 3 年的灌木，每平方米撒播 25g 草籽。最南和最北侧各 2 个骨架为非试验区，分别撒播狗牙根和马尼拉草草籽。2021 年 11 月底试验区完成植物种植，草本植物采用撒播法种植，灌木采用穴播法种植。

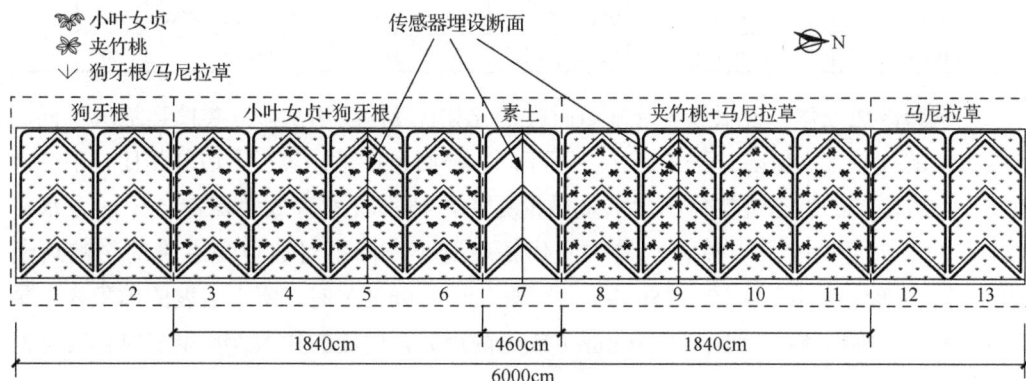

图 17-45 试验区种植方案

现场监测内容包括体积含水量和天然降雨量。选用型号为 SZYK-S 的含水量传感器监测含水量，在坡顶、坡中、坡底采用钻孔方式安装传感器，具体埋设位置见图 17-46，代号及初始体积含水量见表 17-8。在试验边坡坡底，设置了型号为 VMS-YL-PL-3002 的全自动雨量计，量程为 0～8mm/min，精度为±0.2mm。

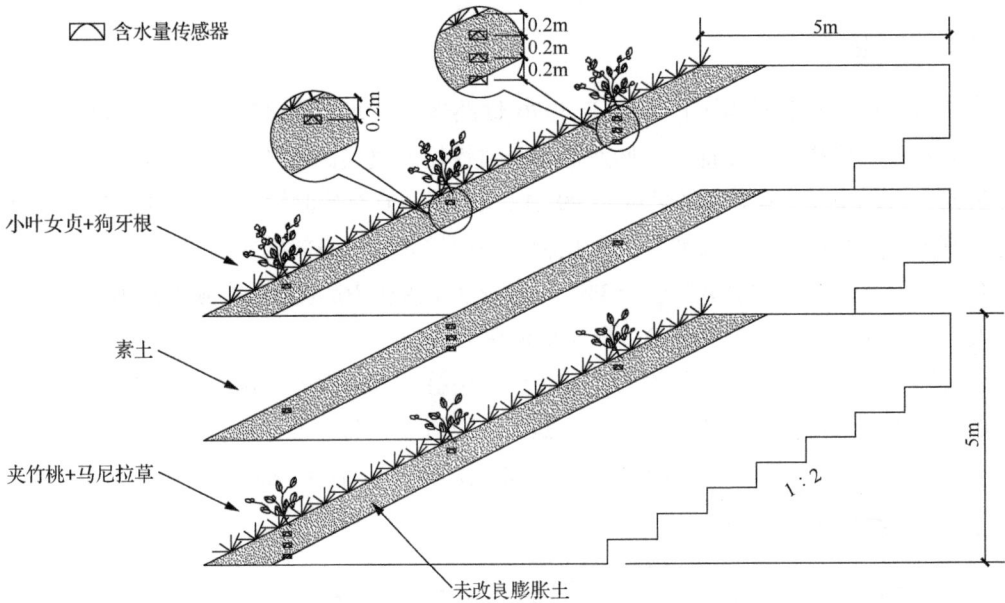

图 17-46　含水量传感器布置

表 17-8　含水量传感器布置位置及初始体积含水量

类型	编号	位置	深度/cm	初始含水量/%	类型	编号	位置	深度/cm	初始含水量/%	类型	编号	位置	深度/cm	初始含水量/%
小叶女贞护坡	LT-20	坡顶	20	23.2	素土边坡	BT-20	坡顶	20	34.0	夹竹桃护坡	PT-20	坡顶	20	31.2
	LT-40	坡中	40	26.6		BM-20	坡中	20	29.9		PM-20	坡中	20	19.5
	LT-60		60	28.1		BM-40		40	28.6		PB-20	坡底	20	28.9
	LM-20		20	33.0		BM-60		60	32.0		PB-40		40	23.7
	LB-20	坡底	20	30.4		BB-20	坡底	20	31.1		PB-60		60	31.7

　　各试验区边坡体积含水量随降雨量时程变化如图 17-47 所示。三类植物护坡不同深度处土体的体积含水量随时程的变化各不相同。降雨条件下，与素土边坡相比，小叶女贞和夹竹桃防护的生态边坡体积含水量增量更小，植物根系有效地保持了土的含水量稳定。随着深度增加，土体含水量的变化幅度变小，降雨对边坡含水量的影响逐渐减弱。降雨等级为中雨（10～25mm）、大雨（25～50mm）时，所有边坡的体积含水量均有所升高。降雨等级为小雨（<10mm）或无降雨时，边坡的体积含水量随时程变化曲线平缓。

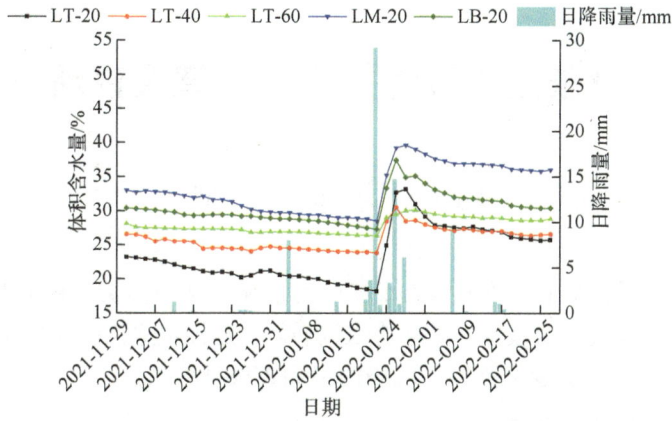

（a）小叶女贞护坡

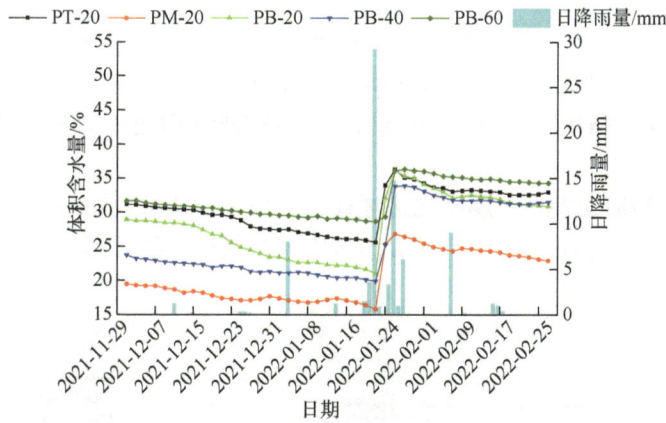

（b）夹竹桃护坡

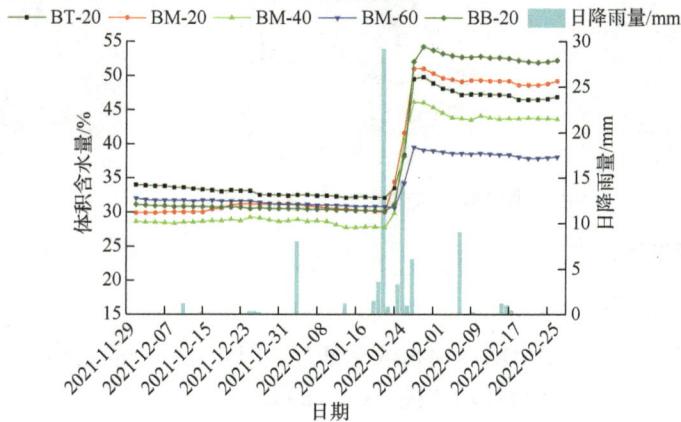

（c）素土边坡

图 17-47 各试验区边坡体积含水量随降雨量时程变化

18 膨胀土边坡防护工程的健康诊断方法

18.1 病 害 类 型

通过对膨胀土边坡防护工程的现场调查,对膨胀土边坡防护工程的典型病害进行了归纳和分类,包括骨架及植被破坏、截排水沟破坏、连锁块/混凝土护坡破坏、挡土墙顶部破坏、墙身裂缝、挡土墙位移等。现场病害调查表见附录。

18.1.1 坡面防护及排水工程

（1）骨架及植被。在膨胀土长期的收缩膨胀作用下,护坡骨架会出现不同程度的变形和破损,同时导致骨架内的植被遭受损坏 [图 18-1 (a)]。

（2）截排水沟。截排水沟的病害主要表现为结构断裂破损、坡脚处堵塞及坡顶积水 [图 18-1 (b)]。

（3）连锁块/混凝土护坡。膨胀土边坡通常采用连锁块护坡和混凝土护坡两种形式。根据现场调查结果,连锁块/混凝土护坡的病害主要表现为护坡面结构破损和凹陷积水,如图 18-1 (c) 所示。

（a）骨架植被缺失　　　　　　（b）截排水沟积水　　　　　　（c）连锁块破损

图 18-1　坡面防护及排水工程病害

18.1.2 挡土墙工程

挡土墙工程主要有以下病害。

（1）顶部破坏。由于挡土墙墙顶和墙身分开浇筑,并由钢筋连接,因此接触面容易发生破坏,导致挡土墙顶部被冲塌 [图 18-2 (a)]。

（2）墙身裂缝。裂缝通常是由挡土墙抗剪强度不足引起的,挡土墙发生滑移或基底不均匀沉降等均能导致开裂,如图 18-2 (b) 所示。

（3）挡土墙滑移。挡土墙滑移主要是由膨胀土边坡的土压力过大以及挡土墙基础埋深不足所引起的 [图 18-2 (c)]。

（a）挡土墙顶部冲塌　　　　　　（b）挡土墙裂缝　　　　　　（c）挡土墙滑移

图 18-2　挡土墙病害

18.2　健康诊断指标

膨胀土边坡防护工程的健康诊断指标包括：坡面防护及排水工程（S_i）、挡土墙工程（R_i）和边坡工程（C_i），如图 18-3 所示。坡面防护及排水工程分为四个二级指标：截排水沟破损程度（S_1）、骨架破损程度（S_2）、骨架植被缺损程度（S_3）、护坡面破损程度（S_4）；挡土墙工程分为四个二级指标：挡土墙裂缝数量（R_1）、挡土墙滑移距离（R_2）、挡土墙沉降（R_3）、挡土墙破损长度（R_4）；边坡工程分为三个二级指标：膨胀力（C_1）、边坡高度（C_2）和边坡坡度（C_3）。设置四个健康等级：良好、一般、较差、差。

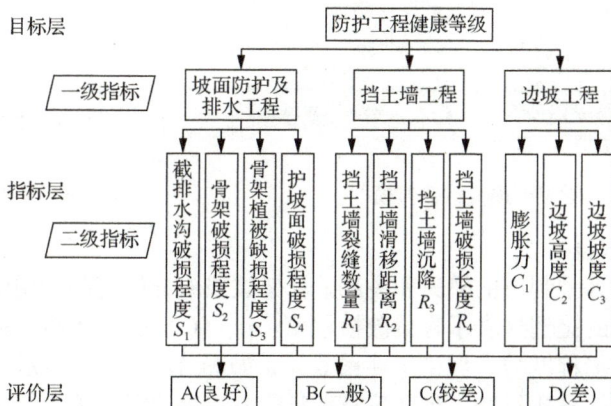

图 18-3　膨胀土边坡防护工程健康诊断指标体系

需要指出的是，防护结构的病害类型是多样的，对于不同的膨胀土边坡工程，其诊断指标也有所不同。因此，实际工程从业人员在应用该方法时，应根据所建立的指标体系重新校准模型，对指标的修改不影响该健康诊断方法的实施。

结合室内试验数据，利用 Midas GTS NX 有限元软件模拟了防护工程的健康诊断指标对边坡稳定性系数的影响，采用等概率离散法，确定健康诊断指标的分级标准。有限元模型的坡高为 10m，坡度为 45°，如图 18-4 所示。

1）截排水沟破损程度（S_1）

排水措施的病害主要是排水通道堵塞、沟体破损断裂，导致坡体排水受阻，雨水大量漫入坡体，膨胀土产生胀缩变形、强度降低，危及边坡安全。数值模拟中（图 18-5），采用强度折减法计算边坡稳定性系数。模拟时通过在坡体表层设置饱和土层并改变土层厚度来近似模拟截排水沟不同的破损程度对边坡稳定性的影响（即通过对不同厚度比例的土层进行强度参数折减，比例的不同则表示截排水沟破损程度的不同）。

首先，依据样本数据或已有研究成果确定诊断指标的取值范围 $[x_a, x_b]$，并根据实际需要确定划分区间数量 n（假设 $n=4$），计算出函数曲线、坐标轴和研究区域端点围成的面积 S，则每个划分区间的面积为 $S/4$；然后，通过定积分反算出各区间端点值：x_a、x_1、x_2、x_3、x_b，其中 x_a 和 x_b 为已知条件；最后，划分后的 4 个区间就对应 4 个健康等级（A、B、C、D），等概率离散法示意图如图 18-6 所示。截排水沟破损程度与边坡稳定性系数关系如图 18-7（a）所示，截排水沟破损程度的健康分级标准列于表 18-1 中。

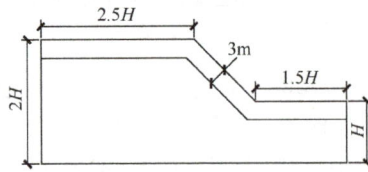

图 18-4　边坡模型几何尺寸

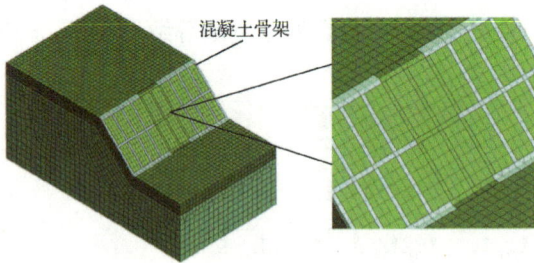

图 18-5　骨架破损模拟数值模型

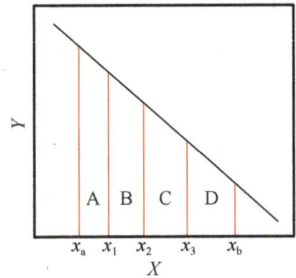

图 18-6　等概率离散法示意图

2）骨架破损程度（S_2）

骨架破损主要为预制块的缺失和脱离，骨架破损部分的混凝土用膨胀土代替。以破损长度与骨架总长的比例来表示骨架破损程度，分为 0、20%、40%、60%、80% 和 100% 六个等级，骨架破损程度与边坡稳定性系数关系如图 18-7（b）所示。随着骨架破损程度增加，边坡稳定性系数降低。通过等概率离散方法，计算健康等级区间，骨架破损程度的健康分级标准列于表 18-1 中。

3）骨架植被缺损程度（S_3）

通过在边坡表层设置植被层，用黏聚力增量代替植被根系的增强效果，植被缺损区域设置为表层膨胀土。植被层厚度设置为 50cm，黏聚力增量为 15kPa。植被缺损程度用缺失面积占植被总面积的百分比表示，设置为 0、20%、40%、60%、80% 和 100% 六个等级。骨架植被缺损程度与边坡稳定性系数关系如图 18-7（c）所示。骨架植被缺损程度的健康分级标准列于表 18-1 中。

4）护坡面破损程度（S_4）

膨胀土边坡护坡面结构多为连锁块护坡面和混凝土护坡面两种形式，病害表现为护坡面结构缺失。护坡面结构厚度设为 20cm，护坡面破损程度表示为护坡面结构缺失面积占护坡面总面积的百分比。混凝土护坡面破损程度与边坡稳定性系数的关系如图 18-7（d）所示，护坡面破损程度的健康分级标准列于表 18-1 中。

5）挡土墙裂缝数量（R_1）

挡土墙裂缝主要由挡土墙滑移、基底不均匀沉降、土压力偏大等原因造成。裂缝宽度在 0.5～7cm 之间。根据现场调查结果，通过对现场统计的挡土墙裂缝最大和最小数量进行等概率离散，划分了其不同健康等级区间的对应裂缝数量，挡土墙裂缝数量的健康分级标准列于表 18-1 中。

6）挡土墙滑移距离（R_2）

挡土墙滑移距离设为 0m、0.1m、0.2m、0.4m、0.6m 五个等级。挡土墙滑移距离与边坡稳定性系数的关系如图 18-7（e）所示，健康分级标准列于表 18-1 中。

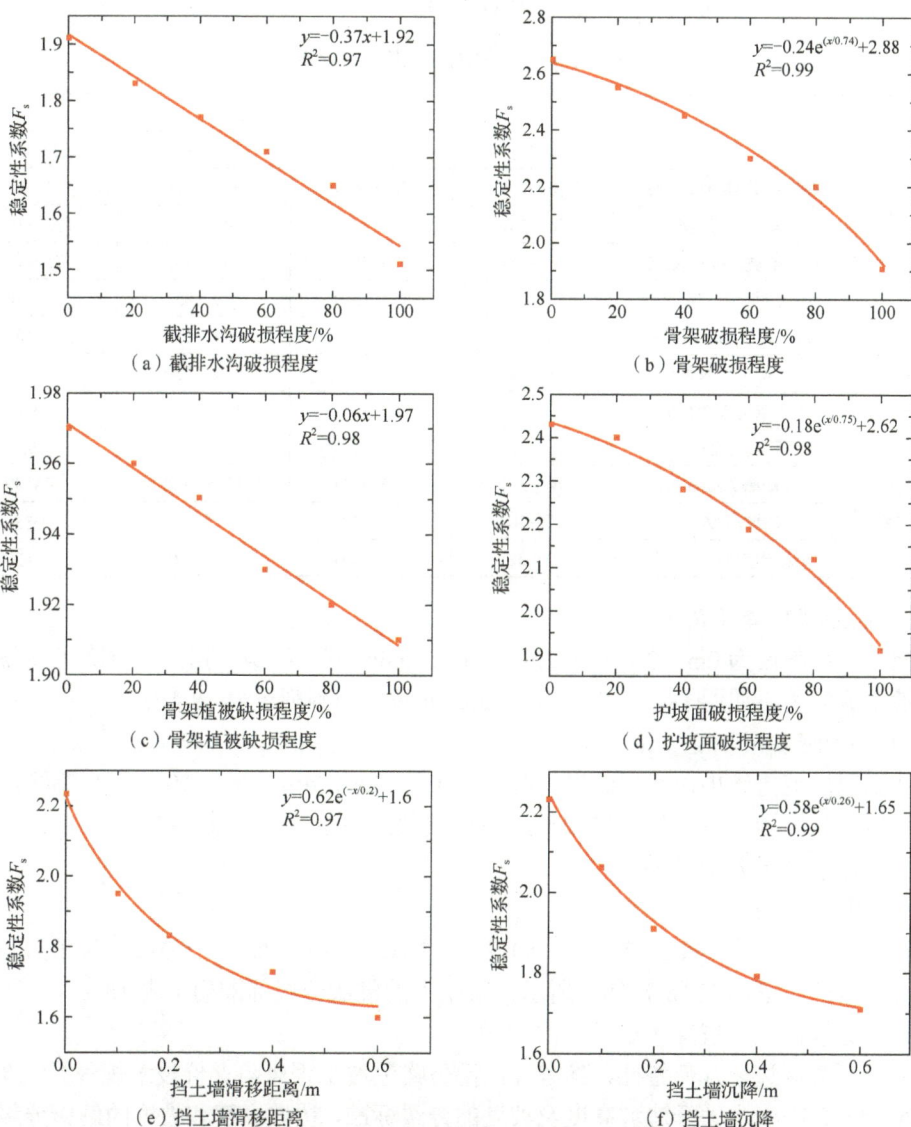

图 18-7　健康诊断指标对边坡稳定性的影响

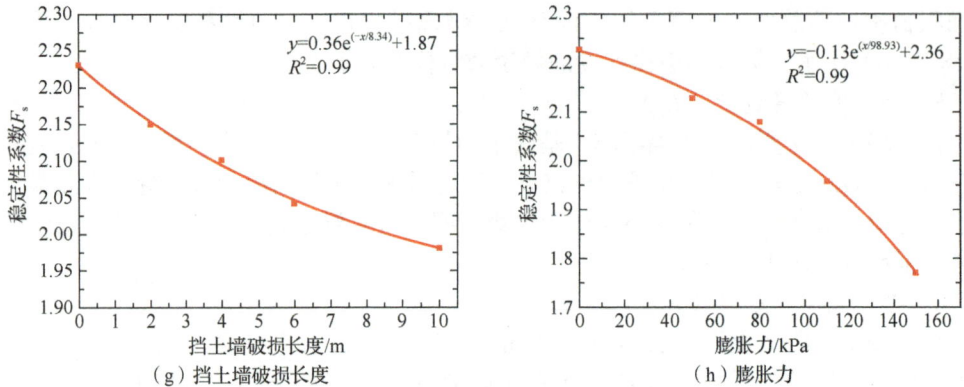

（g）挡土墙破损长度　　　　　　　　（h）膨胀力

图 18-7（续）

表 18-1　诊断指标健康分级标准

健康诊断指标		诊断指标健康等级			
		A（良好）	B（一般）	C（较差）	D（差）
坡面防护及排水工程	截排水沟破损程度/%	[0～23)	[23～47)	[47～72)	[72～100]
	骨架破损程度/%	[0～23)	[23～47)	[47～72)	[72～100]
	骨架植被缺损程度/%	[0～25)	[25～50)	[50～75)	[75～100]
	护坡面破损程度/%	[0～35)	[35～59)	[59～85)	[85～100]
挡土墙工程	挡土墙裂缝数量/条	[0～2)	[2～4)	[4～6)	≥6
	挡土墙破损长度/m	[0～2.4)	[2.4～4.9)	[4.9～7.4)	≥7.4
	挡土墙滑移距离/m	[0～0.13)	[0.13～0.28)	[0.28～0.44)	≥0.44
	挡土墙沉降/m	[0～0.13)	[0.13～0.28)	[0.28～0.44)	≥0.44
边坡工程	膨胀力/kPa	[0～35)	[35～71)	[71～109)	≥109
	边坡高度/m	(0～10]	(10～12]	(12～15]	>15
	边坡坡度/（°）	(0～32]	(32～37]	(37～42]	>42

7）挡土墙沉降（R_3）

挡土墙沉降设为 0m、0.1m、0.2m、0.4m、0.6m 五个等级，挡土墙沉降距离与边坡稳定性系数的关系如图 18-7（f）所示，健康分级标准则列于表 18-1 中。

8）挡土墙破损长度（R_4）

依据现场调查结果，墙顶破损长度设为 0m、2m、4m、6m、10m 五个等级，每段边坡坡顶的长度为 30m。墙顶破损长度与边坡稳定性系数的关系如图 18-7（g）所示，健康分级标准列于表 18-1 中。

9）膨胀力（C_1）

膨胀力分别设为 0kPa、50kPa、80kPa、110kPa、150kPa 五个等级。膨胀力与边坡稳定性系数的关系如图 18-7（h）所示，膨胀力的健康分级标准列于表 18-1 中。

10）边坡高度和坡度（C_2、C_3）

结合研究区边坡几何特征，参考《在役公路边坡工程风险评价技术规程》（T/CECS G: E70-01—2019）中关于边坡高度及坡度的分级标准，边坡高度和坡度的健康分级标准列于表 18-1 中。

18.3 健康诊断方法

健康诊断方法的基本流程为：基于改进的层次分析法（improved analytic hierarchy process，IAHP）计算主观权重值，根据健康诊断指标对边坡稳定性系数影响程度的正交试验结果，计算客观权重和组合权重，建立健康诊断模型。

18.3.1 改进的层次分析法

基于改进的层次分析法，采用三标度$(0, 1, 2)$，建立比较矩阵，并确定判断矩阵。改进的层次分析法的具体计算步骤如下。

（1）构建比较矩阵$\boldsymbol{C} = (c_{ij})$。

$$c_{ij} = \begin{cases} 2 & \text{指标}\,i\,\text{比指标}\,j\,\text{重要} \\ 1 & \text{指标}\,i\,\text{与指标}\,j\,\text{同等重要} \\ 0 & \text{指标}\,i\,\text{无指标}\,j\,\text{重要} \end{cases} \qquad (18\text{-}1)$$

一级指标的重要性比较矩阵列于表 18-2 中，二级指标的重要性比较矩阵列于表 18-3～表 18-5 中。

表 18-2 一级指标比较矩阵

一级指标	坡面防护及排水工程	挡土墙工程	边坡工程	重要性排序指数 r
坡面防护及排水工程	1	0	2	3
挡土墙工程	2	1	2	5
边坡工程	0	0	1	1

表 18-3 坡面防护及排水工程二级指标比较矩阵

二级指标	截排水沟破损程度	骨架破损程度	骨架植被缺损程度	护坡面破损程度	重要性排序指数 r
截排水沟破损程度	1	0	2	0	3
骨架破损程度	2	1	2	2	7
骨架植被缺损程度	0	0	1	0	1
护坡面破损程度	2	0	2	1	5

表 18-4 挡土墙工程二级指标比较矩阵

二级指标	挡土墙裂缝数量	挡土墙破损长度	挡土墙滑移距离	挡土墙沉降	重要性排序指数 r
挡土墙裂缝数量	1	0	0	0	1
挡土墙破损长度	2	1	0	0	3
挡土墙滑移距离	2	2	1	2	7
挡土墙沉降	2	2	0	1	5

表 18-5　边坡工程二级指标比较矩阵

二级指标	膨胀力	边坡高度	边坡坡度	重要性排序指数 r
膨胀力	1	0	0	1
边坡高度	2	1	0	3
边坡坡度	2	2	1	5

（2）计算重要性排序指数 r_i：

$$r_i = \sum_{j=1}^{n} c_{ij} \qquad (18\text{-}2)$$

式中，r_i 为矩阵 C 中第 i 行元素之和；c_{ij} 为指标 i 相对指标 j 的重要性取值；n 为比较矩阵阶数。

（3）构造判断矩阵 $A = (a_{ij})$：

$$a_{ij} = \begin{cases} r_i - r_j & r_i > r_j \\ 1 & r_i = r_j \\ (r_j - r_i)^{-1} & r_i < r_j \end{cases} \qquad (18\text{-}3)$$

计算一级指标间的判断矩阵（表 18-6）和二级指标间的判断矩阵（表 18-7～表 18-9）。

表 18-6　一级指标判断矩阵

一级指标	坡面防护及排水工程	挡土墙工程	边坡工程
坡面防护及排水工程	1	1/2	2
挡土墙工程	2	1	4
边坡工程	1/2	1/4	1

表 18-7　坡面防护及排水工程二级指标判断矩阵

二级指标	截排水沟破损程度	骨架破损程度	骨架植被缺损程度	护坡面破损程度
截排水沟破损程度	1	1/4	2	1/2
骨架破损程度	4	1	6	2
骨架植被缺损程度	1/2	1/6	1	1/4
护坡面破损程度	2	1/2	4	1

表 18-8　挡土墙工程二级指标判断矩阵

二级指标	挡土墙裂缝数量	挡土墙破损长度	挡土墙滑移距离	挡土墙沉降
挡土墙裂缝数量	1	1/2	1/6	1/4
挡土墙破损长度	2	1	1/4	1/2
挡土墙滑移距离	6	4	1	2
挡土墙沉降	4	2	1/2	1

表 18-9　边坡工程二级指标判断矩阵

二级指标	膨胀力	边坡高度	边坡坡度
膨胀力	1	1/2	1/4
边坡高度	2	1	1/2
边坡坡度	4	2	1

（4）计算诊断指标相对权重 ω：

$$\omega = \left(\frac{\sum\limits_{j=1}^{n} a_{1j}}{\sum\limits_{i=1}^{n}\sum\limits_{j=1}^{n} a_{ij}}, \frac{\sum\limits_{j=1}^{n} a_{2j}}{\sum\limits_{i=1}^{n}\sum\limits_{j=1}^{n} a_{ij}}, \cdots, \frac{\sum\limits_{j=1}^{n} a_{nj}}{\sum\limits_{i=1}^{n}\sum\limits_{j=1}^{n} a_{ij}} \right) \qquad (18\text{-}4)$$

计算一级指标间相对权重（表 18-10）和二级指标间相对权重（表 18-11～表 18-13）。

表 18-10　一级指标间相对权重

诊断指标	坡面防护及排水工程	挡土墙工程	边坡工程
相对权重值	0.286	0.571	0.143

表 18-11　坡面防护及排水工程二级指标间相对权重

诊断指标	截排水沟破损程度	骨架破损程度	骨架植被缺损程度	护坡面破损程度
相对权重值	0.143	0.497	0.073	0.287

表 18-12　挡土墙工程二级指标间相对权重

诊断指标	挡土墙裂缝数量	挡土墙破损长度	挡土墙滑移距离	挡土墙沉降
相对权重值	0.073	0.143	0.497	0.287

表 18-13　边坡工程二级指标间相对权重

诊断指标	膨胀力	边坡高度	边坡坡度
相对权重值	0.143	0.286	0.571

（5）计算诊断指标综合权重 α：

$$\alpha_i = \sum_{k=1}^{m} \omega_k \delta_{ik} \qquad (18\text{-}5)$$

式中，α_i 为第 i 个二级指标相对目标层的综合权重值；ω_k 为第 k 个一级指标相对目标层的权重值；δ_{ik} 为第 i 个二级指标相对第 k 个一级指标的权重值。确定诊断指标权重向量 $\boldsymbol{\alpha} = (\alpha_1, \alpha_2, \cdots, \alpha_n)$，$n$ 为诊断指标数量。计算二级指标相对目标层的权重（表 18-14）。

表 18-14　诊断指标权重值

一级指标	一级指标权重	二级指标	二级指标综合权重
坡面防护及排水工程	0.286	截排水沟破损程度	0.041
		骨架破损程度	0.142
坡面防护及排水工程	0.286	骨架植被缺损程度	0.021
		护坡面破损程度	0.082
挡土墙工程	0.571	挡土墙裂缝数量	0.042
		挡土墙滑移距离	0.284
		挡土墙沉降	0.164
		挡土墙破损长度	0.082
边坡工程	0.143	膨胀力	0.020
		边坡高度	0.041
		边坡坡度	0.082

18.3.2　正交试验方法

正交试验是通过选取适当的正交表进行部分试验以代替全面试验，通过极差分析对试验因素的重要性进行排序的方法。基于正交试验的设计原理，将防护工程诊断指标作为试验因子，将边坡稳定性系数作为试验结果，通过有限元软件模拟诊断指标对膨胀土边坡稳定性系数的影响。利用极差分析方法，对诊断指标的重要性进行排序，并计算诊断指标的权重。计算流程如图 18-8 所示。

$$\boxed{\text{确定试验目的}} \rightarrow \boxed{\text{确定试验指标及指标水平}} \rightarrow \boxed{\text{正交表的选用}} \rightarrow \boxed{\text{开展试验并记录数据}} \rightarrow \boxed{\text{极差分析}} \rightarrow \boxed{\text{确定指标权重}}$$

图 18-8　正交试验计算流程

1）权重计算

选择边坡稳定性系数作为考察指标：边坡稳定性系数越小，诊断指标水平组合风险越大，防护工程的健康状态就越差。健康等级设置 4 个水平：良好、一般、较差、差（表 18-1），取表 18-1 中每个诊断指标健康等级范围最大值和最小值的中间值作为边坡防护工程正交试验因子水平，如表 18-15 所示。

试验因子共有 11 个，每个因子均有 4 个水平，选用 $L_{64}(4^{11})$ 正交表（表 18-16）。按照正交试验表建立数值模型，计算边坡稳定性系数。根据因素极差值（R 值）判断试验因子的优劣。

表 18-15　防护工程诊断指标水平表

诊断指标	指标水平			
	A	B	C	D
截排水沟破损程度 S_1/%	12	35	60	86
骨架破损程度 S_2/%	12	35	60	86
骨架植被缺损程度 S_3/%	13	38	63	88
护坡面破损程度 S_4/%	18	47	72	93
挡土墙裂缝数量 R_1/条	1	3	5	7
挡土墙滑移距离 R_2/m	0.1	0.2	0.4	0.6
挡土墙沉降 R_3/m	0.1	0.2	0.4	0.6

诊断指标	指标水平			
	A	B	C	D
挡土墙破损长度 R_4/m	2	4	6	10
土体膨胀力 C_1/kPa	18	53	90	120
边坡高度 C_2/m	10	12	15	18
边坡坡度 C_3/(°)	32	37	42	48

表 18-16 部分正交试验结果

试验编号	S_1/%	S_2/%	S_3/%	S_4/%	R_1/条	R_2/m	R_3/m	R_4/m	C_1/kPa	C_2/m	C_3/(°)	稳定性系数
1	12	12	38	47	1	0.2	0.4	2	90	10	32	3.31
2	60	35	88	93	5	0.6	0.2	10	90	10	32	2.07
...	...	...	...	...	...	...	...	...	...	...	...	...
34	60	12	88	18	3	0.2	0.1	6	120	10	32	2.46
35	12	60	88	18	1	0.6	0.6	2	18	10	37	2.27
...	...	...	...	...	...	...	...	...	...	...	...	...
63	12	86	88	93	7	0.2	0.4	4	53	10	37	2.68
64	86	86	88	93	7	0.6	0.6	10	120	18	48	1.04

（1）计算 K_{mn}、k_{mn} 和 R_m 值。K_{mn} 是正交试验表中第 m 个因子第 n 水平对应试验结果的累加值；k_{mn} 是 K_{mn} 的平均值；R_m 是第 m 个因子的极差值，即第 m 个因子 4 个水平试验结果的最大值与最小值的差值。

（2）试验因子排序。

根据 k_{mn} 的大小判断第 m 个因子第 n 水平对于试验指标的影响趋势；根据 R_m 的大小判断试验因子对于试验指标影响的主次顺序，R_m 越大，试验因子的影响越大。

诊断指标对边坡稳定性系数影响的重要性排序为：边坡高度>挡土墙滑移距离>边坡坡度>土体膨胀力>截排水沟破损程度>挡土墙沉降>骨架植被缺损程度>骨架破损程度>护坡面破损程度>挡土墙破损长度>挡土墙裂缝数量（表 18-17）。

表 18-17 极差分析结果

极差分析	试验因子										
	S_1	S_2	S_3	S_4	R_1	R_2	R_3	R_4	C_1	C_2	C_3
K_1	32.3	32.77	32.56	31.16	31.93	37.29	31.17	31.21	34.76	41.3	35.75
K_2	33.7	31.22	31.71	32.43	31.5	32.71	33.23	31.2	31.57	32.71	32.25
K_3	29.88	31.57	32.19	30.94	31.01	30.7	32.62	32.55	30.13	27.51	32.18
K_4	30.83	31.15	30.25	32.18	32.27	26.01	29.69	31.75	30.25	25.19	26.53
k_1	2.02	2.05	2.03	1.95	2	2.33	1.95	1.95	2.17	2.58	2.23
k_2	2.11	1.95	1.98	2.03	1.97	2.04	2.08	1.95	1.97	2.04	2.02
k_3	1.87	1.97	2.01	1.93	1.94	1.92	2.04	2.03	1.88	1.72	2.01
k_4	1.93	1.95	1.89	2.01	2.02	1.63	1.86	1.98	1.89	1.57	1.66
R	0.24	0.1	0.14	0.09	0.08	0.71	0.22	0.08	0.29	1.01	0.58

依据极差分析对指标重要性排序，指标权重 β_j 定义为

$$\beta_j = \frac{R_j}{R_{\mathrm{T}}}, j = 1, 2, \cdots, n \qquad (18-6)$$

式中，β_j 为第 j 个诊断指标的权重；R_j 为第 j 个诊断指标的极差值；R_{T} 为所有诊断指标的极差之和；n 为诊断指标数量。诊断指标权重值列于表 18-18 中。

表 18-18　客观权重计算结果

一级指标	二级指标	二级指标客观权重
坡面防护及排水工程	截排水沟破损程度	0.068
	骨架破损程度	0.028
	骨架植物缺损程度	0.040
	护坡面破损程度	0.025
挡土墙工程	挡土墙裂缝数量	0.023
	挡土墙滑移距离	0.201
	挡土墙沉降	0.062
	挡土墙破损长度	0.023
边坡工程	膨胀力	0.082
	边坡高度	0.285
	边坡坡度	0.164

2）组合权重计算

根据最小鉴别信息原理计算组合权重 γ，目标函数为

$$\begin{cases} \min J(\gamma) = \sum_{i=1}^{n} \left(\gamma_i \ln \dfrac{\gamma_i}{\alpha_i} + \gamma_i \ln \dfrac{\gamma_i}{\beta_i} \right) \\ \text{s.t. } \sum_{i=1}^{n} \gamma_i = 1, (\gamma_i \geqslant 0, i = 1, 2, \cdots, n) \end{cases} \qquad (18-7)$$

组合权重计算式为

$$\gamma_i = \frac{\sqrt{\alpha_i \beta_i}}{\sum_{j=1}^{n} \sqrt{\alpha_j \beta_j}} \qquad (18-8)$$

组合权重向量为 $\gamma = (\gamma_1, \gamma_2, \ldots, \gamma_n)$，$n$ 为诊断指标数量。由改进的层次分析法计算得到的权重向量 α 和正交试验极差分析求得的权重向量 β 计算诊断指标组合权重，计算结果列于表 18-19 中。

表 18-19　组合权重计算结果

一级指标	二级指标	二级指标组合权重
坡面防护及排水工程	截排水沟破损程度	0.061
	骨架破损程度	0.073
	骨架植物缺损程度	0.033
	护坡面破损程度	0.052

续表

一级指标	二级指标	二级指标组合权重
挡土墙工程	挡土墙裂缝数量	0.036
	挡土墙滑移距离	0.275
	挡土墙沉降	0.116
	挡土墙破损长度	0.050
边坡工程	膨胀力	0.047
	边坡高度	0.124
	边坡坡度	0.133

18.3.3　聚类分析方法

通过组合权重对诊断指标实测数据进行量化处理，运用聚类算法对蕴含指标权重和健康等级信息的数据进行分类，将聚类中心向量与健康等级目标层向量进行匹配，实现膨胀土边坡防护工程的健康诊断。

1）二分 k-means 算法

二分 k-means（k 均值聚类）算法将所有数据点看作是一个簇，将该簇一分为二，随后选择簇内误差平方和最大的簇继续划分，直至簇数达到要求。二分 k-means 算法计算流程如图 18-9 所示。假设有 m 组样本数据，每个样本有 n 个指标值，第 i 组样本数据表示为 $y_i = \{y_{i1}, y_{i2}, \cdots, y_{in}\}$，二分 k-means 算法的步骤如下。

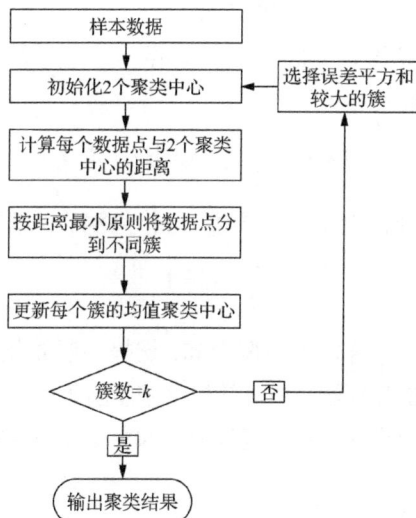

图 18-9　二分 k-means 算法计算流程

（1）将所有样本数据看作一个簇，从中随机选取两组样本数据 y_1 和 y_2 作为初始聚类中心。

（2）分别计算簇中每组样本与 y_1 和 y_2 的欧几里得距离 $d(y_i, y_j)$：

$$d(y_i, y_j) = \sqrt{\sum_{r=1}^{n}(y_{ir} - y_{jr})^2} \tag{18-9}$$

式中，$y_{ir}(y_{jr})$ 为样本数据 $y_i(y_j)$ 的第 r 个指标值。将每组样本划入距离较近的聚类中心所在簇。

（3）计算两个簇的均值聚类中心。

（4）迭代（2）～（3）步，直到新的均值聚类中心与前均值聚类中心相等或小于指定阈值。

（5）选择最终得到的两个簇中样本和聚类中心误差平方和较大的簇，重复步骤（1）～（4），直到聚类簇数等于目标聚类个数 k，结束迭代。k 个聚类中心矩阵 $\boldsymbol{B}$ 为

$$\boldsymbol{B}=\begin{bmatrix} b_{11} & b_{12} & \dots & b_{1n} \\ b_{21} & b_{22} & \dots & b_{2n} \\ \vdots & \vdots & & \vdots \\ b_{k1} & b_{k2} & \dots & b_{kn} \end{bmatrix} \tag{18-10}$$

2）高斯混合聚类算法

将数据库中数据点的集中分布看作是多个高斯分布的线性组合，通过估计各个高斯函数的均值与协方差矩阵，拟合数据集中点的分布，进而确定各个点对应的高斯函数中心，划归为相应的簇。假设数据集 D 有 m 组 n 维样本数据，则第 i 组样本数据表示为 $\boldsymbol{x}_i=(x_{i1},x_{i2},\cdots,x_{in})$，若 $\boldsymbol{x}_i$ 服从高斯分布，概率密度函数为

$$p(\boldsymbol{x}_i)=\frac{1}{(2\pi)^{\frac{n}{2}}|\boldsymbol{\Sigma}|^{\frac{1}{2}}}\mathrm{e}^{-\frac{1}{2}(x_i-\mu)^{\mathrm{T}}\boldsymbol{\Sigma}^{-1}(x_i-\mu)} \tag{18-11}$$

式中，$\boldsymbol{\mu}$ 为 n 维均值向量；$\boldsymbol{\Sigma}$ 为 $n\times n$ 的协方差矩阵。

定义高斯混合分布为

$$p(\boldsymbol{x}_i)=\sum_{j=1}^{k}\alpha_j\cdot p(\boldsymbol{x}_i|\boldsymbol{\mu}_j,\boldsymbol{\Sigma}_j) \tag{18-12}$$

式中，$\boldsymbol{\mu}_j$ 和 $\boldsymbol{\Sigma}_j$ 为第 j 个高斯混合成分的参数；α_j 为混合系数：

$$\sum_{j=1}^{k}\alpha_j=1 \tag{18-13}$$

根据混合系数 $\alpha_1,\alpha_2,\cdots,\alpha_k$ 确定的先验分布，选择高斯混合成分，α_j 表示选择第 j 个混合成分的概率；根据被选择的高斯混合成分的概率密度函数进行采样，生成样本数据 $\boldsymbol{x}_i$。采用期望最大算法进行迭代优化求解，每个混合成分的高斯分布参数 $\{(\alpha_j,\boldsymbol{\mu}_j,\boldsymbol{\Sigma}_j)|1\leqslant j\leqslant k\}$ 的迭代求解式为

$$\boldsymbol{\mu}_i=\frac{\sum\limits_{i=1}^{m}w_{ij}\boldsymbol{x}_i}{\sum\limits_{i=1}^{m}w_{ij}} \tag{18-14}$$

$$\boldsymbol{\Sigma}_j=\frac{\sum\limits_{i=1}^{m}w_{ij}(\boldsymbol{x}_i-\boldsymbol{\mu}_j)(\boldsymbol{x}_i-\boldsymbol{\mu}_j)^{\mathrm{T}}}{\sum\limits_{i=1}^{m}w_{ij}} \tag{18-15}$$

$$\alpha_i = \frac{1}{m}\sum_{i=1}^{m} w_{ij} \tag{18-16}$$

式中，w_{ij} 为第 i 个样本 $\pmb{x}_i$ 由第 j 个高斯混合成分生成的后验概率：

$$w_{ij} = P(j|\pmb{x}_i) = \frac{\alpha_j \cdot p(\pmb{x}_i|\pmb{\mu}_j, \pmb{\Sigma}_j)}{\sum_{l=1}^{k} \alpha_l \cdot p(\pmb{x}_i|\pmb{\mu}_l, \pmb{\Sigma}_l)} \tag{18-17}$$

通过给定一组初始参数，由式（18-17）计算样本数据属于每个高斯混合成分的后验概率 w_{ij}，根据式（18-14）～式（18-17），由后验概率更新参数 $\{(\alpha_j, \pmb{\mu}_j, \pmb{\Sigma}_j)|1 \leqslant j \leqslant k\}$，高斯混合聚类算法的计算流程如图 18-10 所示。

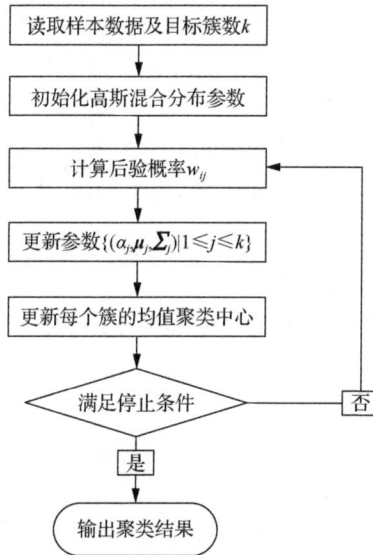

图 18-10　高斯混合聚类算法计算流程

3）组合赋权和聚类方法

根据聚类概念算法，结合诊断指标健康分级标准及组合权重，建立基于组合赋权和聚类方法的健康诊断模型，计算步骤如下。

（1）诊断指标数据的预处理。假设有 m 个样本，每个样本有 n 个指标，诊断指标数据矩阵表示为

$$\pmb{X} = \begin{bmatrix} x_{11} & x_{12} & \cdots & x_{1n} \\ x_{21} & x_{22} & \cdots & x_{2n} \\ \vdots & \vdots & & \vdots \\ x_{m1} & x_{m2} & \cdots & x_{mn} \end{bmatrix} \tag{18-18}$$

将诊断指标数据矩阵 $\pmb{X}$ 按表 18-1 进行指标分级，指标数据分级矩阵 $\pmb{D}$ 为

$$\pmb{D} = \begin{bmatrix} d_{11} & d_{12} & \cdots & d_{1n} \\ d_{21} & d_{22} & \cdots & d_{2n} \\ \vdots & \vdots & & \vdots \\ d_{m1} & d_{m2} & \cdots & d_{mn} \end{bmatrix} \tag{18-19}$$

式中，d_{ij} 表示第 i 个样本的第 j 个指标的健康等级，$1 \leqslant d_{ij} \leqslant 4$，分别对应 A、B、C、D 四个等级。

　　根据样本数据的分级矩阵 $\boldsymbol{D}$ 及诊断指标组合权重，计算样本数据指标量化值：若第 i 个样本的第 j 个诊断指标健康等级为 d_{ij}，第 j 个诊断指标组合权重为 γ_j，则第 i 个样本的第 j 个诊断指标的计算量化值 $y_{ij} = \gamma_j \times d_{ij}$，指标数据量化矩阵 $\boldsymbol{Y}$ 为

$$\boldsymbol{Y} = \begin{bmatrix} y_{11} & y_{12} & \cdots & y_{1n} \\ y_{21} & y_{22} & \cdots & y_{2n} \\ \vdots & \vdots & & \vdots \\ y_{m1} & y_{m2} & \cdots & y_{mn} \end{bmatrix} \tag{18-20}$$

　　（2）健康等级目标层向量。以表 18-1 中诊断指标 4 个健康等级的取值，作为聚类分析的 4 个健康等级目标层向量，进行量化处理，健康等级目标层矩阵 $\boldsymbol{Z}$ 为

$$\boldsymbol{Z} = \begin{bmatrix} z_{11} & z_{12} & \cdots & z_{1n} \\ z_{21} & z_{22} & \cdots & z_{2n} \\ \vdots & \vdots & & \vdots \\ z_{k1} & z_{k2} & \cdots & z_{kn} \end{bmatrix} \tag{18-21}$$

式中，k 为健康等级数；n 为诊断指标数。

　　（3）健康等级划分。将指标数据量化矩阵 $\boldsymbol{Y}$ 中的数据代入聚类算法程序中，k 个聚类中心组成的矩阵 $\boldsymbol{B}$ 为

$$\boldsymbol{B} = \begin{bmatrix} b_{11} & b_{12} & \cdots & b_{1n} \\ b_{21} & b_{22} & \cdots & b_{2n} \\ \vdots & \vdots & & \vdots \\ b_{k1} & b_{k2} & \cdots & b_{kn} \end{bmatrix} \tag{18-22}$$

分别计算每个聚类中心向量 $\boldsymbol{b}_i$ 与每个健康等级目标层向量 $\boldsymbol{z}_j$ 的欧几里得距离为

$$d(\boldsymbol{b}_i, \boldsymbol{z}_j) = \sqrt{\sum_{r=1}^{n}(b_{ir} - z_{jr})^2}, (i, j = 1, \cdots, k) \tag{18-23}$$

式中，$b_{ir}(z_{jr})$ 为 $\boldsymbol{b}_i(\boldsymbol{z}_j)$ 的第 r 个指标值。$\boldsymbol{b}_i$ 所属簇中样本的健康等级即为欧几里得距离最小的 $\boldsymbol{z}_j$ 对应的健康等级，计算流程如图 18-11 所示。

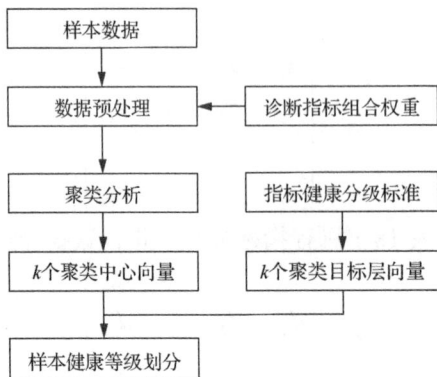

图 18-11　诊断模型计算流程图

18.4 应用示范工程

18.4.1 二分 *k*-means 诊断结果

以芜申航道某膨胀土河岸边坡为例，42 个边坡防护工程样本的现场调查数据列于表 18-20 中。

表 18-20 膨胀土边坡调查原始数据

样本编号	S_1/%	S_2/%	S_3/%	S_4/%	R_1/条	R_2/m	R_3/m	R_4/m	C_1/kPa	C_2/m	C_3/(°)
1	77	0	0	23	1	0	0	0	66.2	10.8	21.8
2	85	24	0	65	4	0.15	0	2.5	66.2	10.8	21.8
3	5	0	10	0	2	0.05	0	0	66.2	10.8	21.8
4	84	0	0	0	4	0.13	0	0	66.2	10.8	21.8
5	91	0	13	71	4	0.15	0	0	66.2	10.8	21.8
6	73	6	0	66	2	0.15	0	0.8	66.2	10.8	21.8
7	0	12	0	36	3	0.08	0	0	66.2	10.8	21.8
8	0	0	0	12	0	0	0	0	66.2	10.8	21.8
9	86	0	0	87	1	0	0	3	66.2	10.8	21.8
10	0	0	0	30	0	0	0	0	66.2	10.8	21.8
11	13	0	6	15	0	0	0	0	66.2	10.8	21.8
12	0	0	5	0	1	0	0	0	66.2	10.8	21.8
13	78	0	19	0	1	0.04	0.05	0	66.2	10.8	21.8
14	82	0	8	14	3	0	0	0	66.2	10.8	21.8
15	12	0	6	13	0	0	0	0	66.2	10.8	21.8
16	8	0	0	23	1	0	0	0	66.2	10.8	21.8
17	31	0	0	71	5	0	0	0	66.2	10.8	21.8
18	53	0	0	69	0	0	0	0	66.2	10.8	21.8
19	62	0	12	63	0	0	0	0	66.2	10.8	21.8
20	49	0	0	0	0	0	0	0	66.2	10.8	21.8
21	0	0	14	0	1	0	0	0	66.2	10.8	21.8
22	0	0	0	21	0	0	0.06	0.2	66.2	10.8	21.8
23	21	15	14	0	0	0.31	0.13	0	66.2	10.8	21.8
24	100	100	78	100	6	0.49	0.29	7.6	66.2	10.8	21.8
25	100	83	83	100	7	0.51	0.31	8.1	66.2	10.8	21.8
26	69	68	77	23	4	0.06	0.14	3.2	66.2	10.8	21.8
27	0	14	73	28	0	0	0	0	66.2	10.8	21.8
28	77	31	57	15	0	0	0	0	66.2	10.8	21.8
29	71	23	98	0	2	0.14	0	0	66.2	10.8	21.8
30	94	0	49	0	1	0.16	0	0	66.2	10.8	21.8
31	70	0	78	0	3	0.13	0.15	0	66.2	10.8	21.8
32	65	11	77	0	4	0.14	0	0	66.2	10.8	21.8

续表

样本编号	S_1/%	S_2/%	S_3/%	S_4/%	R_1/条	R_2/m	R_3/m	R_4/m	C_1/kPa	C_2/m	C_3/(°)
33	78	76	86	87	6	0.45	0.32	9.2	66.2	10.8	21.8
34	32	0	75	0	2	0.13	0.06	0	66.2	10.8	21.8
35	62	0	76	0	2	0.29	0	0	66.2	10.8	21.8
36	93	54	88	12	3	0.17	0	0	66.2	10.8	21.8
37	75	29	95	0	1	0.03	0	0	66.2	10.8	21.8
38	24	0	67	0	1	0	0	0	66.2	10.8	21.8
39	29	0	58	0	1	0	0	0	66.2	10.8	21.8
40	87	63	76	16	1	0.14	0.15	0	66.2	10.8	21.8
41	14	0	99	21	0	0.13	0.13	1.5	66.2	10.8	21.8
42	78	87	89	87	6	0.45	0.28	12	66.2	10.8	21.8

运用 Python 编程语言，编写了基于组合赋权和聚类方法的膨胀土边坡防护工程健康诊断模型程序，根据 42 个边坡防护工程样本数据，计算边坡防护工程样本的健康诊断结果。将表 18-20 中样本数据进行量化处理，计算划分健康等级的诊断指标（表 18-21）。

表 18-21　样本指标数据量化值

编号	S_1	S_2	S_3	S_4	R_1	R_2	R_3	R_4	C_1	C_2	C_3
1	0.24	0.07	0.03	0.05	0.04	0.28	0.12	0.05	0.09	0.25	0.13
2	0.24	0.15	0.03	0.16	0.11	0.55	0.12	0.10	0.09	0.25	0.13
...	...	...	...	...	...	...	...	...	...	...	...
24	0.24	0.07	0.03	0.05	0.11	0.55	0.12	0.05	0.09	0.25	0.13
25	0.24	0.07	0.03	0.16	0.11	0.55	0.12	0.05	0.09	0.25	0.13
...	...	...	...	...	...	...	...	...	...	...	...
41	0.06	0.07	0.03	0.10	0.07	0.28	0.12	0.05	0.09	0.25	0.13
42	0.24	0.29	0.13	0.21	0.14	1.10	0.35	0.20	0.09	0.25	0.13

按照表 18-15 确定聚类分析的健康等级目标层向量进行量化处理（即诊断指标值乘以组合权重值），计算健康等级目标层向量（表 18-22）。膨胀土边坡防护工程的健康等级分为 4 个等级，簇数 k 为 4。经过量化处理的样本数据输入二分 k-means 健康诊断模型程序，最终健康诊断结果如图 18-12（a）所示。

表 18-22　健康等级目标层量化值

指标	S_1	S_2	S_3	S_4	R_1	R_2	R_3	R_4	C_1	C_2	C_3
A	0.06	0.07	0.03	0.05	0.04	0.28	0.12	0.05	0.05	0.12	0.13
B	0.12	0.15	0.07	0.10	0.07	0.55	0.23	0.10	0.09	0.25	0.27
C	0.18	0.22	0.10	0.16	0.11	0.83	0.35	0.15	0.14	0.37	0.40
D	0.24	0.29	0.13	0.21	0.14	1.10	0.46	0.20	0.19	0.50	0.53

18.4.2　高斯混合聚类方法的诊断结果

将经过量化处理的样本数据输入高斯混合聚类健康诊断模型程序中，计算得到健康诊断结果，如图 18-12（b）所示。

18.4.3　模糊层次分析法的诊断结果

根据层次分析法，选取评价指标，确定评价指标的因素集 U：

$$U = \{U_1, U_2, \cdots, U_m\} \qquad (18\text{-}24)$$

评价集 V：

$$V = \{V_1, V_2, \cdots, V_n\} \qquad (18\text{-}25)$$

针对因素集 U 中某一元素 u_i 做单独的评判 $f(u_i)$，建立从 U 到 $f(u_i)$ 的模糊映射，通过模糊映射 f 得到模糊矩阵 $\boldsymbol{R}$：

$$\boldsymbol{R} = (r_{ij})_{m \times n}, 0 \leqslant r_{ij} \leqslant 1 \qquad (18\text{-}26)$$

式中，$\boldsymbol{R}$ 为由 $U \rightarrow V$ 的单因素评判矩阵。

若存在一个集合 U 上的模糊子集 $A = \{a_1, a_2, \cdots, a_m\}$，并且有

$$\sum_{i=1}^{m} a_i = 1 \qquad (18\text{-}27)$$

式中，a_i 为第 i 种因素的权重。得到一个 $U \rightarrow V$ 的模糊变换 B，B 为模糊合成结果：

$$B = A \cdot R \qquad (18\text{-}28)$$

记 $B = \{b_1, b_2, \cdots, b_n\}$，其中 $b_j (j = 1, 2, \cdots, n)$ 为第 j 种评判 v_j 与模糊集 B 的隶属度。B 中最大值即为最大隶属度，所对应的评价级别就是模糊综合评价的最终结果，如图 18-12（c）所示。

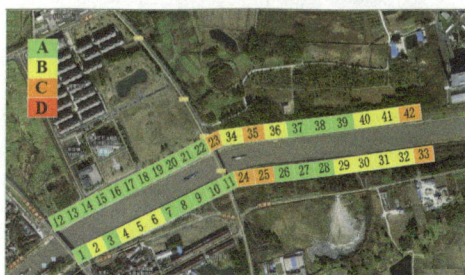
（a）二分 k-means 算法的诊断结果

（b）高斯混合聚类算法的诊断结果

（c）模糊层次分析法的诊断结果

图 18-12　不同健康诊断模型所得边坡健康评价结果

18.4.4　健康诊断结果验证

1）算法比较

芜申航道某膨胀土河岸边坡的健康诊断结果图（图 18-12）中数字表示样本编号，

绿、黄、橙和红颜色分别表示 A、B、C 和 D 四个健康等级，该图清晰表明了边坡防护工程的健康状态。基于组合赋权和二分 k-means 算法的诊断结果 [图 18-12（a）]：42 个样本中健康等级为 A（良好）的有 24 个，健康等级为 B（一般）的有 12 个，健康等级为 C（较差）的有 6 个。基于组合赋权和高斯混合聚类算法的诊断结果 [图 18-12（b）]：42 个样本中健康等级为 A（良好）的有 36 个，健康等级为 B（一般）的有 2 个，健康等级为 C（较差）的有 4 个。模糊层次评判模型的计算结果 [图 18-12（c）]：42 个样本中健康等级为 A（良好）的有 35 个，健康等级为 B（一般）的有 3 个，健康等级为 C（较差）的有 4 个。高斯混合聚类算法和模糊层次分析法的健康诊断结果分布较为接近且突兀，但二分 k-means 算法诊断结果分布更为连续，因此在实际使用时，二分 k-means 算法相对于另外两种方法而言，更加全面且合理。

　　2）诊断结果验证

　　图 18-12 中 24 号至 25 号样本对应的现场情况如图 18-13 所示。该区域挡土墙已有较为严重的滑移、沉降和破损病害，并且二级边坡已经发生滑坡，导致护坡面和骨架护坡被掩埋，截排水沟堵塞。3 种方法均将这几段区域的边坡样本诊断为 C 等级，即防护工程健康状态较差，与现场情况基本吻合。

（a）挡土墙滑移　　　　　　　　　　　　　　　　　（b）边坡滑坡

图 18-13　24 号至 25 号样本防护工程病害情况

　　图 18-12 中 42 号样本对应的现场情况如图 18-14 所示。该段区域边坡已经发生滑坡，挡土墙顶部已被冲塌，坡面防护工程已失效。但由于挡土墙并未倒塌，因此将这段区域诊断为 C 等级较为合理。

　　图 18-12 中 29 号至 32 号样本对应的现场情况如图 18-15 所示。一级边坡的混凝土护坡面脱落，二级边坡骨架也存在较为严重的破损，挡土墙相对完好。因此，二分 k-means 算法将此区域防护工程诊断为 B 等级，较为合理。

(a) 墙顶坍塌

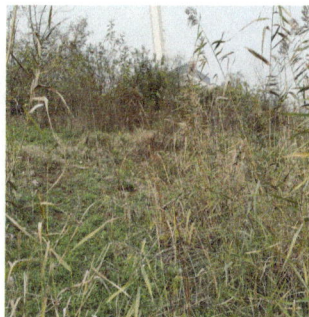

(b) 边坡滑坡

图 18-14　42 号样本防护工程病害情况

(a) 混凝土护坡面脱落

(b) 骨架破损

图 18-15　29 至 32 号样本防护工程病害情况

19 膨胀土滑坡隐患识别与北斗实时监测技术

19.1 膨胀土滑坡隐患识别技术

19.1.1 合成孔径雷达干涉测量

1）合成孔径雷达干涉测量基本原理

合成孔径雷达干涉测量（interferometric synthetic aperture radar，InSAR）的基本原理是：卫星两次对地面上的地物目标 P 成像，获得地物目标 P 的高程和变形信息，如图 19-1 所示。其中，S_1 和 S_2 为卫星两次测量成像时的传感器天线相位中心；B 为 S_1 与 S_2 的空间距离，即空间基线；α 为空间基线 B 与水平方向之间的夹角；R_1 和 R_2 分别为 S_1 和 S_2 到地物目标 P 的距离；θ 为卫星视角；h 为 P 点处的高程；H 为卫星距离参考椭球面的垂直高度。

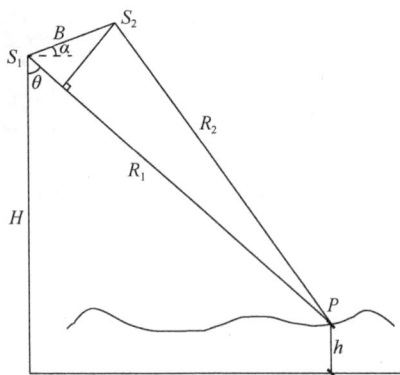

图 19-1 InSAR 原理示意图

重复两次对地物目标点 P 发射电磁波时获得的后向散射相位 ϕ_1 和 ϕ_2 分别表示为

$$\phi_1 = -2\frac{2\pi}{\lambda}R_1 + \phi_{s1} \tag{19-1}$$

$$\phi_2 = -2\frac{2\pi}{\lambda}R_2 + \phi_{s2} \tag{19-2}$$

式中，λ 为传感器波长，将式（19-1）和式（19-2）作差便可得到地物目标 P 的差分干涉相位 ϕ：

$$\phi = \phi_1 - \phi_2 = -\frac{4\pi}{\lambda}(R_1 - R_2) + (\phi_{s1} - \phi_{s2}) \tag{19-3}$$

ϕ_{s1} 与 ϕ_{s2} 为卫星在实际观测过程中获得的随机相位，通常情况下只存在微小的差异，在观测过程中对该微小差异可忽略不计，则式（19-3）可以写成

$$\phi = -\frac{4\pi}{\lambda}(R_1 - R_2) \tag{19-4}$$

由几何关系和余弦定理便可推出式（19-5）：

$$\sin(\theta - \alpha) = \frac{R_1^2 - R_2^2 + B^2}{2R_1 B} = \frac{(R_1 + R_2)(R_1 - R_2)}{2R_1 B} + \frac{B}{2R_1} \tag{19-5}$$

卫星两次对地物目标点 P 进行观测时，距离差远小于本身之间距离：

$$\sin(\theta - \alpha) \approx \frac{R_1 - R_2}{B} \tag{19-6}$$

结合地面点的成像几何和函数关系，卫星的入射角和地物目标点 P 的高程为

$$\theta = \alpha - \arcsin\left(\frac{\lambda \phi}{4\pi B}\right) \tag{19-7}$$

$$h = H - R_1 \cos\theta \tag{19-8}$$

2）SBAS-InSAR 技术

SAR 影像的单幅差分干涉相位受偶然误差的影响比较大，不能准确反映地表微小变形信息。小基线集合成孔径雷达干涉测量（small baseline subsets InSAR，SBAS-InSAR）技术通过利用足够多的干涉图，降低解算过程中的相位误差、大气误差、地形误差的影响，进而提高形变测量精度（Berardino et al.，2002）。基本思想是：按照一定的时空基线将所有 SAR 图像划分为不同的短基线子集，对各个子集进行差分干涉处理，利用最小费用流方法进行相位解缠，最后利用奇异值分解（singular value decomposition，SVD）法获取最小范数解，获取时间序列变形信息。SBAS-InSAR 的基本原理如下：假设现有 $N+1$ 幅 SAR 影像，选取其中的一幅作为主影像，将其余 N 幅 SAR 影像配准至主影像的像空间上。通过控制时间基线阈值与空间基线阈值，生成具有较好相干性的 M 幅干涉对。

$$\frac{N+1}{2} \leqslant M \leqslant \frac{N(N+1)}{2} \tag{19-9}$$

设第 j 幅差分干涉图是由满足所设置的时间基线阈值和空间基线阈值的两景 SAR 影像干涉生成，这两景 SAR 影像的数据获取时间为 t_A 和 t_B，差分干涉图中任意一点的干涉相位可用式（19-10）～式（19-13）进行表示：

$$\delta_{\varphi_j}(x,r) = \varphi(t_B, x, r) - \varphi(t_A, x, r)$$

$$\approx \delta_{\varphi_j}^{\text{disp}}(x,r) + \delta_{\varphi_j}^{\text{topo}}(x,r) + \delta_{\varphi_j}^{\text{atm}}(x,r) + \delta_{\varphi_j}^{\text{noise}}(x,r) \tag{19-10}$$

$$\delta_{\varphi_j}^{\text{disp}}(x,r) = \frac{4\pi}{\lambda}[d(t_b, x, r) - d(t_A, x, r)] \tag{19-11}$$

$$\delta_{\varphi_j}^{\text{topo}}(x,r) = \frac{4\pi}{\lambda} \frac{B_{\perp j} \Delta z}{R \sin\theta} \tag{19-12}$$

$$\delta_{\varphi_j}^{\text{atm}}(x,r) = \varphi_{\text{atm}}(t_B, x, r) - \varphi_{\text{atm}}(t_A, x, r) \tag{19-13}$$

式中，$1 \leqslant j \leqslant M$，$\delta_{\varphi_j}^{\text{disp}}(x,r)$ 为形变相位；$\delta_{\varphi_j}^{\text{topo}}(x,r)$ 为高程误差相位；$\delta_{\varphi_j}^{\text{atm}}(x,r)$ 为受大气影响产生的相位；$\delta_{\varphi_j}^{\text{noise}}(x,r)$ 为数据处理过程中引入的随机误差相位；λ 为波长；R 为斜距；θ 为雷达入射角；Δz 为 DEM 误差；$d(t_A, x, r)$ 和 $d(t_B, x, r)$ 分别为相对于 t_0 的累计形变量。

处理过程中产生 M 幅差分干涉图，M 阶矩阵表示为

$$\delta_{\varphi}(x,r) = A\boldsymbol{\varphi}(x,r) \tag{19-14}$$

式中，A 为 $M \times N$ 阶系数矩阵；$\boldsymbol{\varphi}(x,r)$ 为点 (x,r) 在 N 个时刻对应的未知形变相位构成

的矩阵，当 $M \geqslant N$ 时，A 是一个列满秩矩阵。根据最小二乘法：

$$\varphi(x,r) = (A^{\mathrm{T}}A)^{-1}A^{\mathrm{T}}\delta\varphi(x,r) \tag{19-15}$$

当 $M < N$ 时，方程有无数解，使用 SVD 方法联合求解多个小基线，得到不同时刻的累计形变量。

SBAS-InSAR 的主要处理流程如图 19-2 所示。

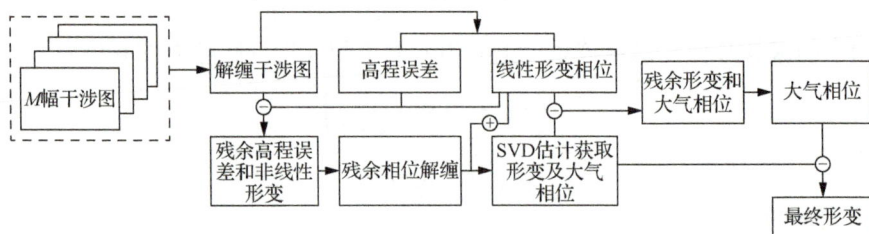

图 19-2　SBAS-InSAR 数据处理流程图

3）PS-InSAR 技术

永久散射体合成孔径雷达干涉测量（persistent scatterer InSAR，PS-InSAR）技术是通过多景单视复数影像进行差分干涉处理，选取干涉图上具有强后向散射特性、稳定像素点作为研究对象。像素在长时间间隔内保持良好的稳定性，受外界噪声影响较小，具有较高相干性。PS-InSAR 技术具有较高的监测精度，适用于研究长时间缓慢的地表形变。PS-InSAR 技术获取地表形变信息的数据处理流程如图 19-3 所示。数据处理分为预处理、差分干涉计算和形变量计算，具体流程如下。

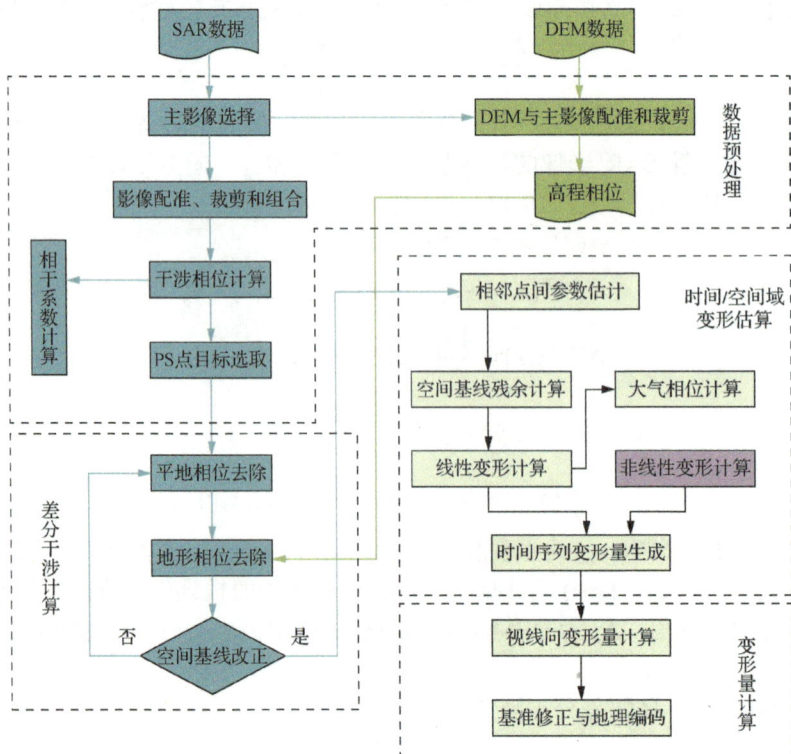

图 19-3　PS-InSAR 数据处理流程图

（1）选择覆盖地面相同区域的 *N*+1 幅雷达影像，进行辐射校正处理，通过设定合理振幅离差阈值或相干系数阈值，探测试验区 PS 候选点，构建 PS 网络。

（2）根据时间基线长度、空间基线长度和多普勒质心频率参数，选取其中一景雷达影像作为公共主影像，其余雷达影像作为辅影像，将主辅影像进行配准处理，将配准的两景影像进行共轭相乘，生成 *N* 幅干涉图。

（3）提取 PS 点在 *N* 幅时序差分干涉图中的干涉相位，建立时序差分干涉相位阵。

（4）形变相位分解为线性形变相位和非线性形变相位。非线性形变相位与 DEM 残差相位都表现为较强的空间相关特性，通过相邻两 PS 点作差消除影响。建立相位差与形变速率增量、高程异常增量的模型，利用空间搜索法或者二维周期图法求取形变速率增量和高程异常增量。

（5）同时将形变速率增量和高程异常增量进行积分运算，得到点位的形变速率和高程异常值。通过去除 PS 点形变信息中的线性形变部分，由非线性形变、大气延迟相位、噪声相位组成残差相位，通过滤波的方式进行信号去除。去除大气延迟影响后，重新对 PS 点进行识别，重复（3）～（5）迭代求解，最终获得 PS 点的累计形变量与形变速率。

19.1.2 膨胀土边坡隐患识别技术

基于时序 InSAR 的膨胀土边坡隐患识别数据处理，主要包括差分干涉、时间序列、奇异谱分析。数据处理流程如图 19-4 所示。

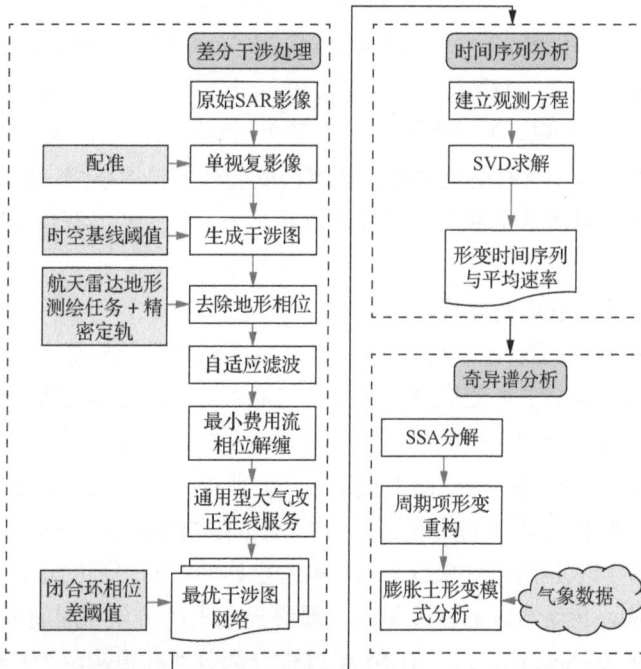

图 19-4 膨胀土边坡时序 InSAR 隐患识别流程图

在差分干涉环节，首先进行多视处理，抑制斑点噪声，使得距离向和方位向具有近似的空间分辨率。其次，由于标记-1 逐级扫描地形观测（Sentinel-1 TOPS）模式影像在采集时天线会发生旋转，为了避免相邻突发（burst）之间发生相位跳变，基于 SAR 影像相位和强度信息估计距离向和方位向的偏移量，随后拟合偏移量多项式模型，进行迭代处理，直至配准精度达到千分之一个像元。然后，选取适当的时空基线生成干涉图，依次去除干涉图中的地形相位、大气相位、噪声相位及趋势项，将形变相位分离出来并完成相位解缠。由于解缠误差会影响时间序列形变的估计精度，在时序分析前需要剔除含有解缠误差的干涉基线，为此选择利用相位闭合环方法去除含有解缠误差的干涉图，选取最优的干涉对网络。时间序列形变采用短基线 SBAS 或 PS 干涉测量方法进行求解。最后，为了提取膨胀土的形变特征，基于奇异谱分析（singular spectrum analysis，SSA）对时间序列形变进行分解，并分析边坡形变与降水、气温之间的相互关系。

1）相位闭合环选取干涉图

在进行 InSAR 相位解缠处理时，由于去相干、地形复杂等原因引起的干涉图相位不一致，增加了相位解缠的困难，不可避免地产生相位解缠误差，降低了形变参数的解算精度。因此在进行时序分析之前，需要生成最优的干涉网络，提高解算精度。基于干涉网络的冗余性，采用相位闭合环方法识别、校正解缠误差。假设三景 SAR 影像 φ_1、φ_2、φ_3 和相关的三幅解缠相位 φ_{12}、φ_{23} 和 φ_{13}，相位环闭合差定义为

$$\varphi_{123} = \varphi_{12} + \varphi_{23} - \varphi_{13} \tag{19-16}$$

式中，φ_{12} 为 SAR 影像 φ_1 和 φ_2 之间的解缠相位；φ_{23} 为 φ_2 和 φ_3 之间的解缠相位；φ_{13} 为 φ_1 和 φ_3 之间的解缠相位；φ_{123} 为相位环闭合差。理论上，φ_{12}、φ_{23} 和 φ_{13} 不存在解缠误差，则 φ_{123} 等于 0。由于受多视、滤波及土壤含水量变化等因素影响，式（19-16）的值应是一常量。如果其中干涉图含有解缠误差，解缠相位会产生整周跳变，则 φ_{123} 为 2π 的整数倍。根据以上准则计算所有干涉对的相位闭合环，去除含有明显解缠误差的干涉对，生成最优的干涉网络。

2）基于 SSA 的边坡形变分解

由于环境、系统等的影响，由时序 InSAR 技术所获取的原始形变时间序列中不可避免地含有噪声误差，限制了形变信息的精度与可靠性。故将可靠的形变信号从原始形变时间序列中提取出来并确定其变化趋势，对地表形变的时序分析具有重要意义。SSA 方法建立在卡尔胡宁-勒夫（Karhumen-Loeve）分解理论的基础之上，是近年来飞速发展起来的一种研究非线性时间序列的方法。该方法无须先验信息，不受正弦波假定约束，通过对一维时间序列数据进行主成分分析，构造出原始时间序列的轨迹矩阵并在此基础上分解、动力重构，再结合经验正交函数，最终提取出趋势项和周期项等有效信息。

一维时间序列 $x = (x_1, x_2, \cdots, x_s)$ 的 SSA 过程分为分解和重构两个步骤。首先，选取合适的分解窗口 $L(1 < L \leqslant S/2)$ 构造轨迹矩阵 $X_{L \times N}(N = S - L + 1)$：

$$\boldsymbol{X}_{L\times N}=\begin{pmatrix} x_1 & x_2 & \cdots & x_{S-L+1} \\ x_2 & x_3 & \cdots & x_{S-L+2} \\ \vdots & \vdots & & \vdots \\ x_L & x_{L+1} & \cdots & x_S \end{pmatrix} \tag{19-17}$$

然后，采用 SVD 法对轨迹矩阵 $\boldsymbol{X}_{L\times N}$ 进行分解，得

$$\boldsymbol{X}=\sum_{m=1}^{L}\boldsymbol{X}_m=\sum_{m=1}^{L}\sqrt{\lambda_m}\boldsymbol{U}_m\boldsymbol{V}_m^{\mathrm{T}},m=1,2,\cdots,L \tag{19-18}$$

式中，λ_m 为矩阵 $\boldsymbol{XX}^{\mathrm{T}}$ 的特征值 $(\lambda_1>\lambda_2>\cdots>\lambda_m>0)$、$\boldsymbol{X}^{\mathrm{T}}$ 为矩阵的转置；$\boldsymbol{U}_m$ 和 $\boldsymbol{V}_m$ 分别为轨迹矩阵的左右特征向量；$\boldsymbol{X}_m=\sqrt{\lambda_m}\boldsymbol{U}_m\boldsymbol{V}_m^{\mathrm{T}}$ 称为时间序列 $\boldsymbol{X}$ 的奇异谱。保留较大的特征值对应的特征向量，剔除较小的特征值对应的特征向量。根据时间序列数据特点，选取不同的互不相交子集进行信号分组：

$$M=\sum_{i=1}^{L}X_i \tag{19-19}$$

最后，根据式（19-20）对 $\boldsymbol{X}$ 矩阵沿对角线方向求取所有元素平均值，得到重构时间序列 $(y_1,y_2,\cdots,y_S)$：

$$y_i=\begin{cases} \dfrac{1}{i}\sum\limits_{n=1}^{i}y_{n,i-n+1} & 1\leqslant i\leqslant L \\[3mm] \dfrac{1}{L}\sum\limits_{n=1}^{L}y_{n,i-n+1} & L\leqslant i\leqslant M \\[3mm] \dfrac{1}{s-i+1}\sum\limits_{n=i-M+1}^{S-M+1}y_{n,i-n+1} & M\leqslant i\leqslant S \end{cases} \tag{19-20}$$

基于时间序列分解原理，首先采用 SSA 算法得到 InSAR 时间序列各分量特征值，计算时间序列各分量特征值的贡献率。基于趋势形变平滑、周期形变规律明显、残差符合白噪声特点等原则，依据特征值累积贡献率，将原始监测数据划分为趋势项、周期项和噪声项。

19.1.3 南水北调中线工程膨胀土边坡隐患识别

1）南水北调中线工程膨胀土区域概况

南水北调中线工程沿线经过长江、淮河、黄河以及海河四大流域,全长总约 1432km。2014 年 12 月 12 日通水以来,南水北调一期工程累计的调水量超过 500 亿 m³,直接受益人口更是高达 8500 余万人,受水区包括河南、河北、北京以及天津 4 省（直辖市）的 24 座城市,其中河南 13 个,河北 9 个,为缺水城市提供了安全的饮用水,从空间上实现了水资源的合理利用。

南水北调中线工程沿线膨胀（岩）土跨越约 387km,主要分布在长江流域的南阳盆地、淮河流域的方城—长葛段、海河流域的新乡—安阳段及邯郸—邢台段。膨胀（岩）土单元划分列于表 19-1 中。

表 19-1　南水北调中线工程沿线膨胀（岩）土分布情况

一级单元	二级单元	三级单元	膨胀（岩）土段
渠首段	邓州管理处	32	15
	镇平管理处	18	4
	南阳管理处	75	46
	方城管理处	41	27
	小计	166	92
河南段	叶县管理处	62	12
	鲁山管理处	48	12
	宝丰管理处	22	12
	郏县管理处	13	4
	禹州管理处	27	10
	长葛管理处	8	7
	新郑管理处	49	6
	郑州管理处	16	1
	荥阳管理处	19	3
	焦作管理处	21	2
	辉县管理处	36	6
	卫辉管理处	38	20
	鹤壁管理处	30	13
	汤阴管理处	16	8
	安阳管理	30	7
	小计	435	123
河北段	磁县管理处	65	77
	邯郸管理处	29	16
	永年管理处	25	10
	沙河管理处	21	4
	邢台管理处	19	1
	临城管理处	17	2
	高邑元式管理处	22	1
	小计	198	111

注：二级单元是按照一级单元划分的管理处命名而来，三级单元按照二级单元划分的渠段桩号编排。

在陶岔—沙河段膨胀土主要分布在南阳和平顶山市，南阳市的膨胀土分布在西十八里岗，沙河南至黄河南的膨胀土主要分布在沙河南至贾鲁河，黄河北至漳河南的膨胀土主要分布在淇河至洪河南、安阳河至东稻田等，漳河以北的邯郸以及高邑、石家庄等地也有膨胀土分布。

2）南水北调中线膨胀土边坡隐患识别

为了开展南水北调中线工程通水以来沿线膨胀土边坡隐患，选取欧洲空间局的 C 波段哨兵 1A 号卫星（Sentinel-1A）8 个轨道的合成孔径雷达数据进行处理，时间范围为 2017 年 3 月至 2020 年 12 月，共计 869 景数据。收集到的 SAR 影像能够完全覆盖膨胀土的研究区域,DEM 为美国太空总署和国防部国家测绘局以及德国与意大利航天机构共同合作完成的全球数字高程模型。

利用 SBAS-InSAR 技术,针对试验区 869 景 SAR 影像,采用 GAMMA 软件进行数据处理。由于一个轨道的影像无法覆盖,需要这些影像数据进行分块处理,通过坐标转换到地理坐标系下拼接镶嵌,经过 ArcMap 软件处理,最终得到南水北调中线 2017 年 3 月至 2020 年 11 月的年平均形变速率。沿线区域大部分处于稳定。

南水北调中线工程膨胀土边坡隐患识别结果如图 19-5 所示,共绘制出 28 处膨胀土隐患边坡,蓝色表示抬升区域,红色表示沉降区域,年平均沉降速率主要集中在-10mm/a～10mm/a。

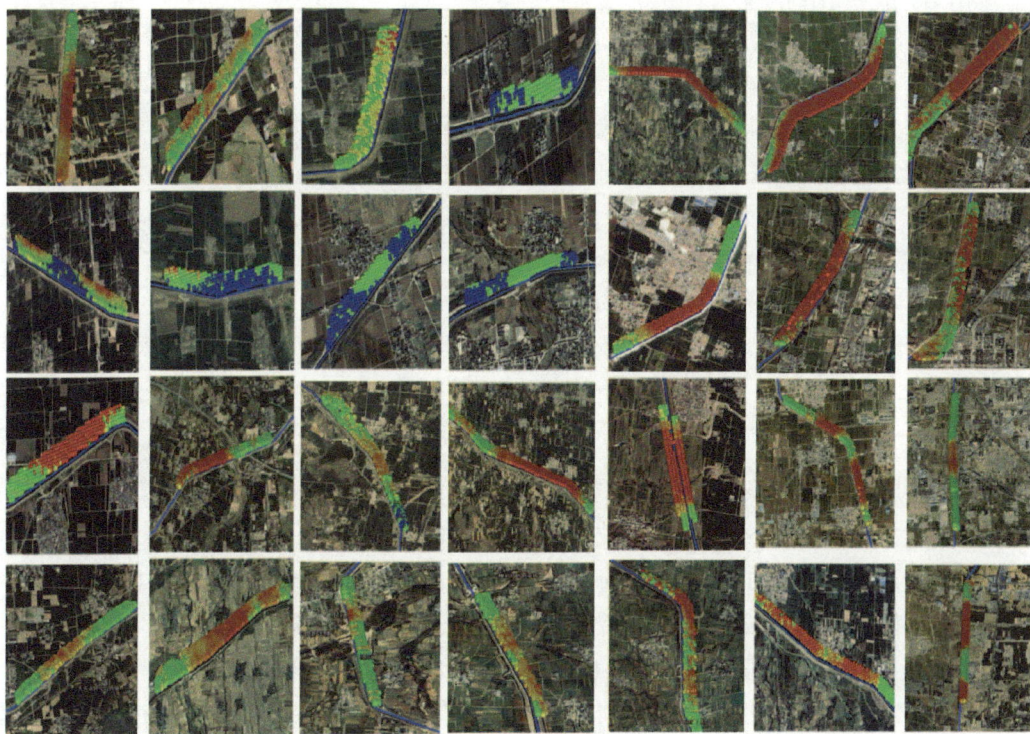

图 19-5 膨胀土边坡隐患识别结果

3) 重点区域膨胀土边坡隐患分析

图 19-6 (a) 展示了河南省南阳市淅川段南水北调路线及膨胀土分布。图 19-6 (b) 为美国航天雷达地形测绘任务数字高程模型与德国 TanDEM-X 数字高程模型之间的差值,反映了该区域 2001～2015 年的地形变化。可以看到,南水北调渠道大部分为挖方区域,最大挖深约 40m;同时,部分穿越河流的渠道采取填充处理,最大填充高度约为 20m,如图 19-6 (b) 中的 $P2$ 点附近。图 19-6 (c) 展示了渠道沿线 $P1$～$P2$ 的地质剖面,整个沿线分布着厚度不等的膨胀土,其中大部分为强膨胀土,增加了南水北调中线工程沿线边坡失稳的可能性。

（a）研究区域及数据覆盖范围　　　　　（b）研究区域DEM变化

（c）南水北调中线P1—P2点地质剖面

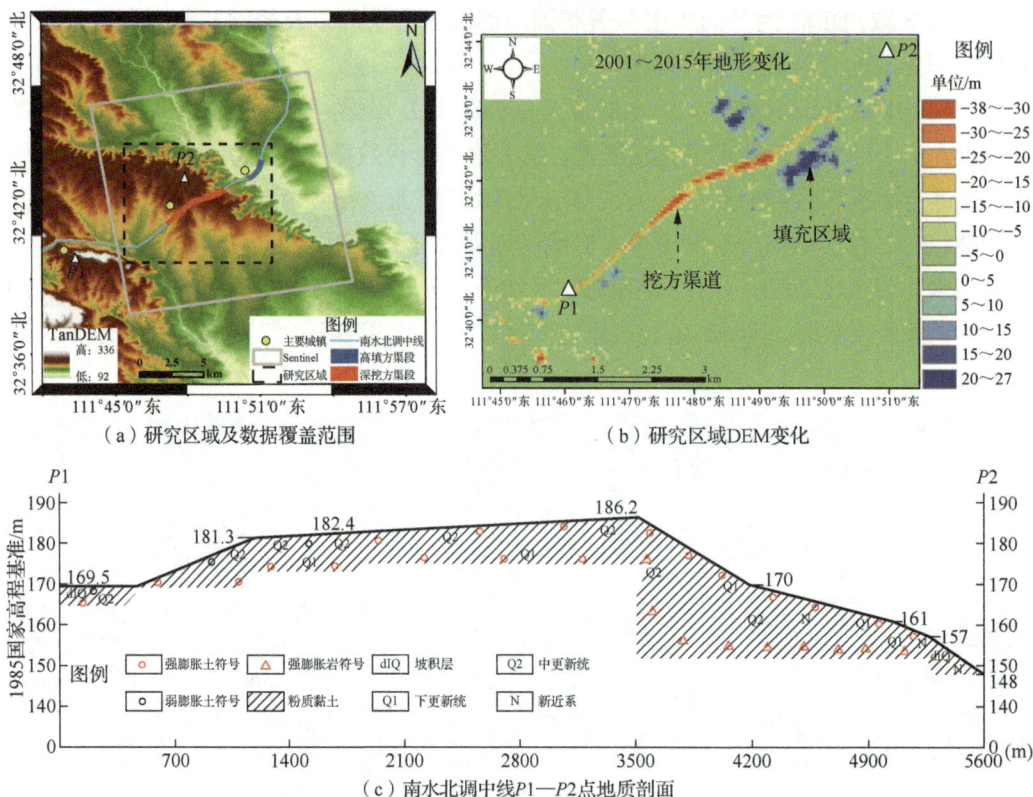

图 19-6　膨胀土边坡隐患分析

（1）膨胀土边坡形变空间分布特征。

利用收集的 112 景 Sentinel-1A 数据获取了 2017 年 3 月 12 日至 2021 年 4 月 8 日的年平均形变速率，如图 19-7（a）所示，其中绿色代表稳定区域，黄色及红色代表下沉区域，蓝色代表上升区域。InSAR 观测点位主要位于附近村庄建筑物密集区域以及南水北调两侧人工修筑的边坡 [图 19-7（b）]，大部分农田则表现为失相干。

空间分布上，除了东北角之外，南水北调干渠沿线大部分区域表现为抬升变形，最大年抬升速率约为 18mm/a。干渠沿线东北角表现为下沉变形，最大年下沉速率约为 18mm/a。除此之外，干渠东侧区域也表现为较为明显的下沉，最大年下沉速率达到 15mm/a。研究区的变形空间分布与地形变化相关，挖方区域表现为抬升变形，填方区域表现为下沉变形。变形量大小与挖填方深度相关，挖方越深抬升变形越大，填方越厚下沉变形越大。

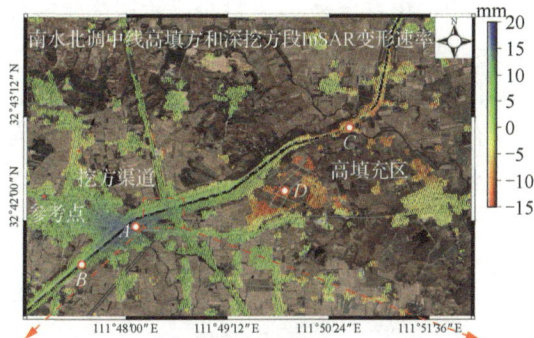

（a）地表形变速率图

（b）挖方渠道现场图

图 19-7　膨胀土边坡的变形

（2）膨胀土边坡形变时间分布特征。

利用 PS-InSAR 技术监测膨胀土边坡的变形。A、B、C 和 D 四个点［图 19-7（a）］于 2017 年 3 月至 2021 年 4 月四年多的时间序列形变如图 19-8 所示。A 点位于干渠堤岸边坡上，挖方深度为 35m，整体表现为明显的抬升变形，观测时段内累计抬升达到 48mm，时间上经历先缓慢下沉后加速抬升再缓慢抬升的变化特征。B 点同样为挖方区域，但是挖方深度只有 25m，相应的累计抬升量小于 A 点，观测时段内约为 20mm，时间变化特征与 A 点相似，经历缓慢下沉后加速抬升再缓慢抬升。C 点位于膨胀土填方渠道上，填方厚度为 15m，总体表现为持续的下沉变形，累计下沉量为 63mm，时间上具有一定的波动性，每年夏季表现为加速下沉特征。D 点位于干渠东侧填方区域，填方厚度为 25m，累计下沉量达到 90mm，时间波动性与 C 点相似。对应相同高度（深度）边坡，填方下沉速度大于挖方抬升速度（图 19-8 中 B 点）。

（3）时间序列变形分解和重构。

利用 SSA 方法，基于趋势变形平滑、周期变形规律明显、残差符合白噪声特点的原则，对 A 点深挖方抬升变形和 D 点高填方下沉变形进行了分解和重构，如图 19-9 所示。设置 A、D 点奇异谱分析窗口长度 L 为 12。图 19-9（a）为 A 点趋势变形，反映了上部膨胀土卸载情况下，下部土的膨胀过程，表现为抬升变形，占 A 点总体变形量的 75%。图 19-9（b）为 A 点周期变形，为降雨、气温、蒸发、地下水、荷载等外部因素引起的膨胀土变形，占 A 点总体变形量的 12%。2018～2021 年 A 点表现为每年 4 至 9 月份抬升变形，10 月至来年 3 月下沉变形的周期性变形规律。挖方膨胀土在每年 4 至 9

集中降雨阶段遇水膨胀，每年 10 月至来年 3 月少雨阶段失水收缩。与 A 点相比较，D 点呈现出相反的趋势变形［图 19-9（c）］，未压实的土产生固结下沉变形，占 D 点总体变形量的 81%。图 19-9（d）中 D 点的周期变形也主要受降雨、温度等外在因素的影响，发现 2017 年和 2019 年具有较大波动，2018 年和 2020 年波动相对较小。

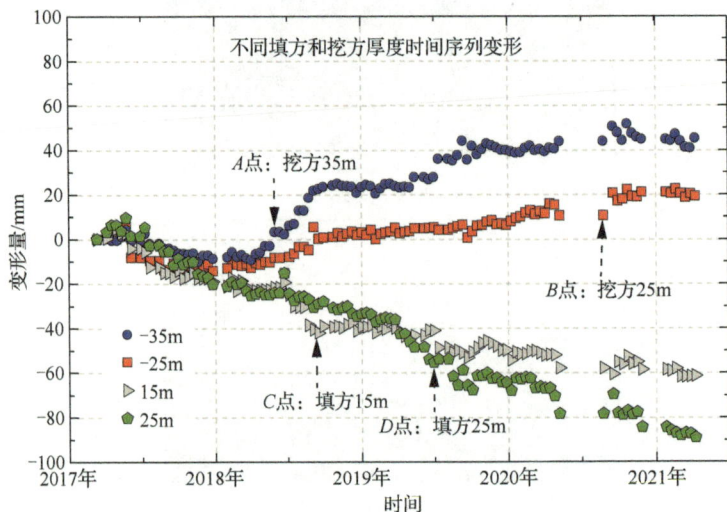

图 19-8　研究区域地表时间序列变形

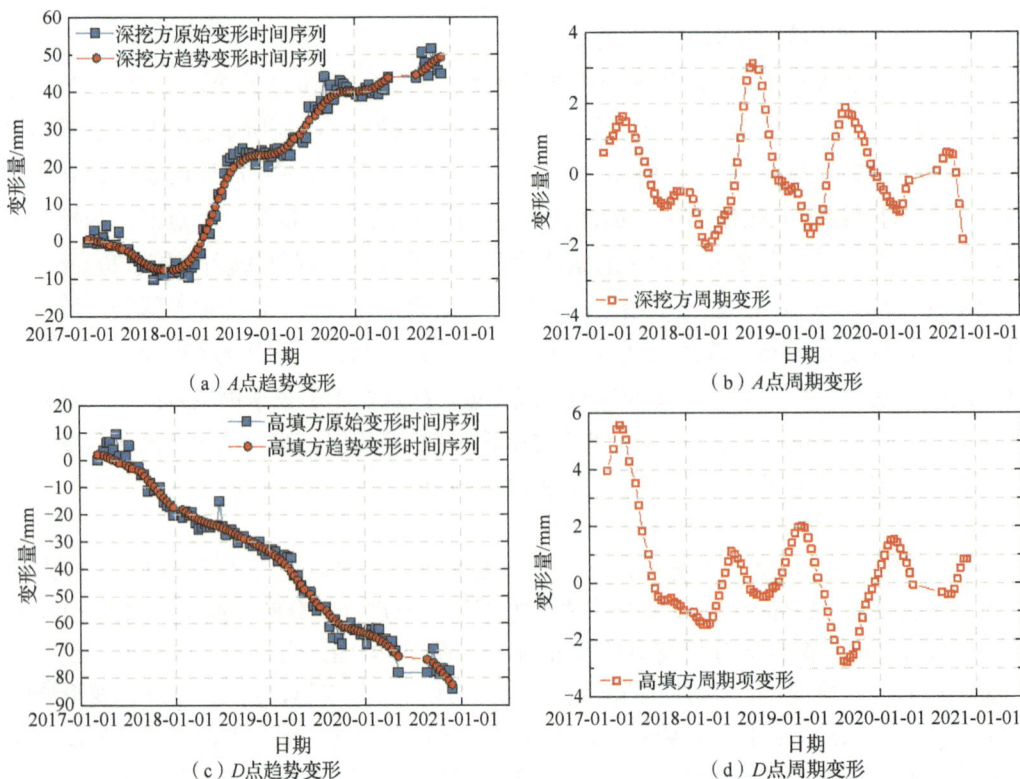

（a）A 点趋势变形

（b）A 点周期变形

（c）D 点趋势变形

（d）D 点周期变形

图 19-9　基于 SSA 的时间序列变形分解和重构

（4）膨胀土边坡变形分析。

膨胀土边坡变形的外部原因主要是降水、蒸发、温度、地下水等引起的膨胀土土体含水量变化，进而导致膨胀土渠道胀缩。每次干湿循环（降雨与蒸发交替），膨胀土边坡均累积了向坡下的沉降和水平位移。其中，降水决定土体湿化程度及入渗深度，是渠坡变形的最直接气候因素。降水入渗有一定滞后性，且由于地表径流、水分蒸发等原因，入渗量要小于降水量，因此由于降水引起的变形具有一定的滞后性。图 19-10（a）为深挖方 A 点（图 19-8）周期变形与月平均降水量之间的关系。可以看到，随着降水量的逐渐增大，A 点抬升变形逐渐增大，且变形会滞后 2～3 个月，之后随着降水量的减小变形开始下沉。气温变化会引起土体温度变化，进一步引起含水量变化，从而导致膨胀土渠坡变形。图 19-10（b）为深挖方 A 点周期变形与月平均气温之间的关系。可以看到，温度逐渐升高变形逐渐增大，温度逐渐降低变形也逐渐降低，且也表现出一定的时滞性，表明温度与变形具有较强的相关性。地下水是影响渠坡变形的另一重要因素，地下水不仅可以加快结构面软化，使得滑面抗滑力降低；还能在底滑面上提供扬压力、在后缘拉裂面提供静水压力，导致渠坡变形和滑坡启动。由于本例中的地下水位略高于渠道水位，因此渠道变形外部因素主要是降雨和温度。

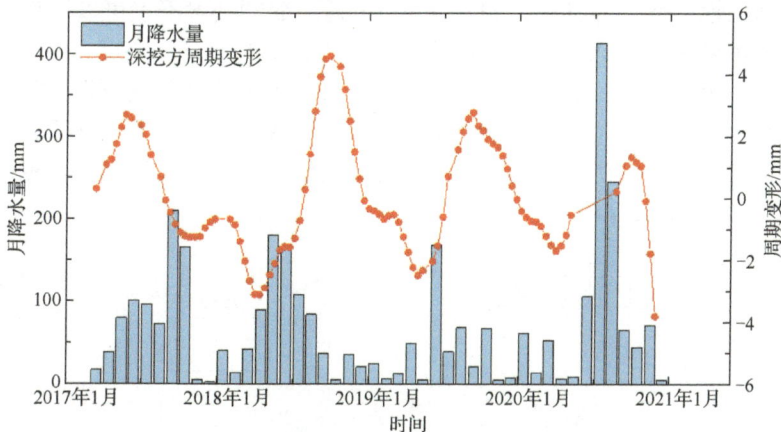

（a）膨胀土边坡变形与降水的关系

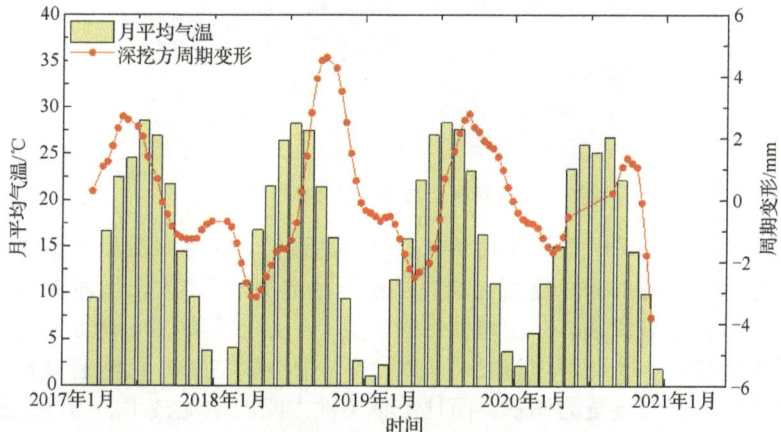

（b）膨胀土边坡变形与温度的关系

图 19-10　膨胀土边坡变形与降水和温度之间的关系

19.2　北斗/GNSS 实时监测技术

19.2.1　普适性北斗/GNSS 监测设备

　　轻量化全球导航卫星系统（global navigation satellite system，GNSS）监测装置由监测终端（接收机）、信号接收装置（天线）、连接装置构成（图 19-11）。装置的核心是 GNSS 监测终端（接收机），固定于监测装置底部。GNSS 监测终端中剥离了非必要功能模块（如定位解算、数据存储、电池等功能模块），仅保留数据采集模块和通信模块，通过数据采集单元收集各监测点的实时观测数据，通过 GPRS/4G/5G 等无线通信手段将监测数据实时传输至北斗云监测平台，基于"传感器+云端服务"的理念，利用北斗云在线解算取代监测终端的自解算模块，实现云存储和云解算。除此之外，为了保证有效捕获滑坡初始阶段到加速阶段的完整变形数据及降低监测功耗，GNSS 监测终端可加入自适应变频功能，在膨胀土滑坡运动处于稳定状态时，以较低的监测频率（如 1 次/h）进行常态化监测；而当坡体遭遇降雨或气候变化，膨胀土体易处于非稳定状态时，GNSS 监测终端自适应地加快采样频率，如 2 次/s。自适应变频技术不仅可以捕获更加全面的监测数据，还可以降低长期不间断监测的功耗。立杆式监测杆（高度 1.8m 以上）替换为可调整高度（10～50cm）的小型天线连接杆。根据不同边坡观测环境，自适应地调节天线连接杆高度，这在很大程度上减少了公共环境干扰问题。为了无缝匹配测量机器人进行同期监测数据检核，在天线连接杆处侧边安装测量机器人棱镜贴片，棱镜贴片可水平旋转 360°，上下旋转 30°。

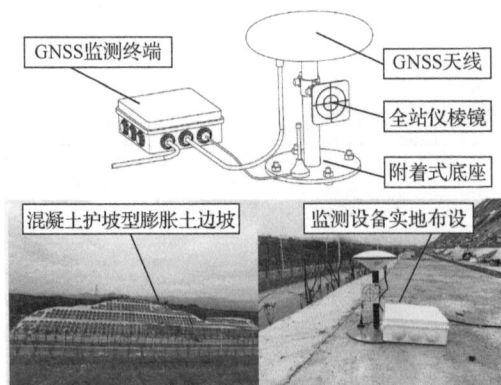

图 19-11　膨胀土边坡北斗实时监测设备

　　在设备供电方面，采用立体式共享电源集成站设计。共享电源集成站的主要作用在于向膨胀土监测区内各 GNSS 监测终端提供长期稳定供电。将太阳能蓄电池与 GNSS 监测终端/GNSS 天线装置剥离，并在坡体后缘安放"一对多"集成电源站，通过电缆线与边坡监测装置连接。一个共享电源站可以对 2～3 个小型 GNSS 监测装置长时间稳定供电。这不仅减少了监测装置的体积，而且是集柔性太阳能电池技术、高性能胶体蓄电池于一体的高效率供电解决方案。在滑坡体后缘稳定处建立共享电源集成站，单个共享电源集成站可同时向多个 GNSS 监测点提供连续稳定供电，并根据实测区域调整阳光照射的角度以获取足够多的电力资源，保证了该监测设备的长期低功耗监测和稳定供电。

对于无护坡工程设施的土质膨胀土边坡，采用图 19-12 所示的 GNSS 监测装置，其附着式监测底座设计适合经过水泥混凝土加固后的缓变形边坡表面变形监测。图 19-12 中，土工编织袋铺设在膨胀土体表层，变形量和真实坡体地表变形并不一致，监测装置须能实现土工编织袋和坡体表面两层实时监测。

图 19-12 北斗监测设备适用环境及布设场景

19.2.2 北斗/GNSS 实时监测技术及原理

1）GNSS-RTK 监测定位技术

膨胀土滑坡位移监测主要采用实时动态定位（real-time kinematic positioning，RTK）技术实时获取监测站高精度三维坐标（图 19-13）。GNSS 相对定位主要通过地面 GNSS 接收机接收在轨运行的 GNSS 卫星所发出的信号来确定接收机天线所在位置的地面三维坐标。所有信号类别中用于空间定位的观测量主要分为伪距和载波相位两种观测值。

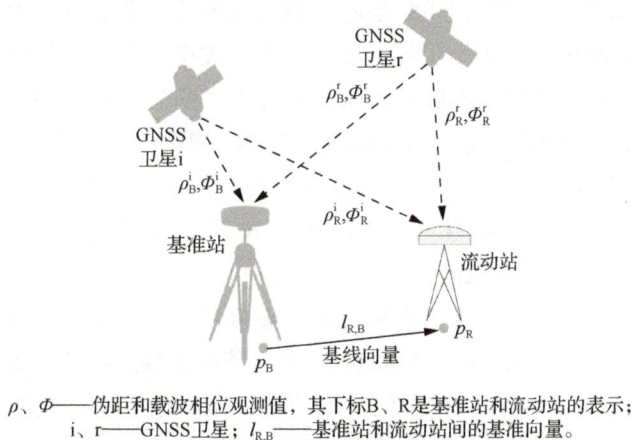

ρ、Φ——伪距和载波相位观测值，其下标 B、R 是基准站和流动站的表示；
i、r——GNSS 卫星；$l_{R,B}$——基准站和流动站间的基准向量。

图 19-13 GNSS-RTK 相对定位原理图

$$P = \rho + C(\mathrm{d}t^s - \mathrm{d}t_r) + \mathrm{Tro} + \mu \cdot \mathrm{Ion} + \lambda(\delta P_r - \delta P^s) + \varepsilon_P \tag{19-21}$$

$$\Phi = \rho + C(\mathrm{d}t^s - \mathrm{d}t_r) + \mathrm{Tro} + \mu \cdot \mathrm{Ion} + \lambda(N + \delta\varphi_r - \delta\varphi^s) + \varepsilon_L \tag{19-22}$$

式中，P、$\varPhi$ 分别为伪距与载波相位观测值；ρ、C 分别为站星真实几何距离、光速；s、r 分别表示卫星、接收机相关项；dt^s、dt_r 分别为卫星、接收机钟差；δP^s、δP_r、$\delta \varphi^s$、$\delta \varphi_r$ 对应为卫星、接收端的伪距、载波相位硬件延迟；Tro、Ion 为对流层、电离层延迟误差；μ 为电离层延迟误差系数，为 f_1^2/f_i^2，即 1 频点频率与当前频点频率平方之比；λ 为当前频点波长；N 为载波相位观测值中所包含的整周模糊度参数；ε_P、ε_L 分别为伪距、载波相位观测值中所包含的观测噪声。

GNSS 双差实时动态定位观测方程为

$$\Delta \nabla P_i = \Delta \nabla \rho + \Delta \nabla T + \mu_i \Delta \nabla I_i + \Delta \nabla e_i \tag{19-23}$$

$$\lambda_i \Delta \nabla \varphi_i = \Delta \nabla \rho + \Delta \nabla T - \mu_i \Delta \nabla I_i + \lambda_i \Delta \nabla N_i + \Delta \nabla \varepsilon_i \tag{19-24}$$

式中，$\Delta \nabla$ 为星站间双差算子；P 为伪距观测值；φ 为相位观测值；μ 为电离层延迟参数；ρ 为监测站与卫星的几何距离；T 为对流层延迟误差；I 为电离层延迟误差；e 和 ε 为伪距和相位观测值噪声；i 为观测频率。

$$\begin{bmatrix} E_t \\ N_t \\ U_t \end{bmatrix} = \begin{bmatrix} -\sin B_M \cos L_M & -\sin B_M \sin L_M & \cos B_M \\ -\sin L_M & \cos L_M & 0 \\ \cos B_M \cos L_M & \cos B_M \sin L_M & \sin B_M \end{bmatrix} \begin{bmatrix} X_t - X_0 \\ Y_t - Y_0 \\ Z_t - Z_0 \end{bmatrix} \tag{19-25}$$

式中，E_t、N_t、U_t 为 t 时刻监测点在东、北、垂直方向的实时位移；B_M、L_M 为监测站初始坐标在大地坐标系中的经度、纬度；X_t、Y_t、Z_t 为 t 时刻监测点的空间直角坐标；X_0、Y_0、Z_0 为监测点初始的空间直角坐标。

2）GNSS-NRTK 监测定位技术

在理想状态下，GNSS 边坡监测基准站应该处于稳定非变形区域。但由于膨胀土区域较大，滑坡和工程边坡具有破碎性、不稳定等特点，难以布施稳定的区域基准站，从而直接影响膨胀土边坡监测精度。为了满足膨胀土边坡实时厘米级监测精度，且测区 50km 范围内存在连续可用的 GNSS 地基增强基准网络数据，将网络 RTK（network RTK，NRTK）技术应用到膨胀土工程边坡中，利用虚拟参考站代替测区基准站，节约监测成本。网络 RTK 技术的基本流程指在区域内建立多个 CORS 站，通过固定参考站间双差模糊度提取大气延迟信息，构建区域误差改正模型，内插流动站处的大气延迟信息，为用户提供实时高精度定位服务。与常规 RTK 技术相比，网络 RTK 作业范围广、成本低、定位精度高、初始化时间短。网络 RTK 系统组成：基准站系统、数据处理中心，通信系统与监测用户应用系统（图 19-14）。

网络 RTK 目前主要采用虚拟参考站技术。虚拟参考站技术是由兰多（Landau）所提出的，是目前应用最为广泛的网络 RTK 技术。基本流程为：数据处理中心对基准站数据整体进行处理，将各类误差模型化；流动站发送概略坐标，数据处理中心依据概略坐标利用区域内的模型误差和某个基准站的观测值生成一个流动站附近的虚拟观测值，并传输给流动站；流动站利用虚拟观测值和自己接收到的数据进行实时差分定位。在区域范围内选择一个主参考站，一般选取距离流动站概略坐标最近的基准站作为主参考站，内插各颗卫星的电离层和对流层延迟误差。

$$\begin{cases} I^{ij}_{mv} = a^{ij}_I x_{mv} + b^{ij}_I y_{mv} \\ T^{ij}_{mv} = a^{ij}_T x_{mv} + b^{ij}_T y_{mv} \end{cases} \qquad (19\text{-}26)$$

式中，I、T 分别为电离层延迟和对流层延迟，a、b 为内插系数，x、y 为站点坐标；m、v 分别表示主参考站和虚拟参考站。

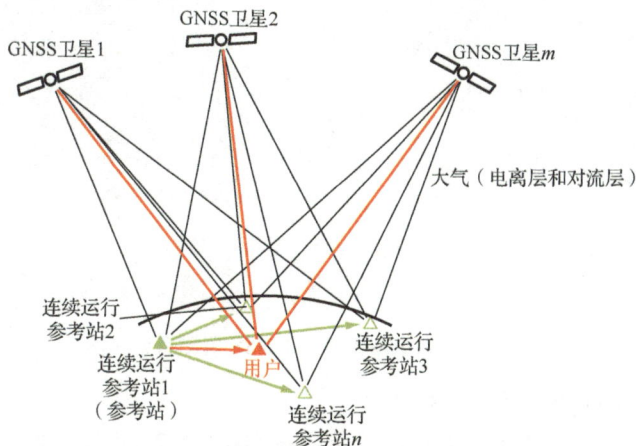

图 19-14　网络 RTK 监测定位示意图

在内插得到虚拟参考站处与主参考站的大气延迟误差后，生成虚拟参考站的虚拟观测值：

$$\begin{cases} \phi^j_{v,\ k} = \phi^j_{m,\ k} + \rho^{jv}_{mv} / \lambda_k + (-u_k I^{ij}_{mv,1} + T^{ij}_{mv}) / \lambda_k \\ P^j_{v,\ k} = P^j_{m,\ k} + \rho^{jv}_{mv} + u_k I^{ij}_{mv,1} + T^{ij}_{mv} \end{cases} \qquad (19\text{-}27)$$

式（19-27）表示虚拟参考站参考星 i 的伪距和相位的观测值生成公式。P、ϕ 分别为伪距和载波观测量，λ 为波长，ρ 为卫地几何距离，u 为系数。虚拟观测值生成算法是建立在两个假设的基础上，主参考站与虚拟参考站的观测值模糊度相同；主参考站与虚拟参考站的接收机钟差相同。通过虚拟观测值与监测站之间进行常规 RTK 定位即可解算出监测站的坐标位置，通过坐标转换便可获得变形信息。

19.2.3　广西宁明膨胀土边坡北斗/GNSS 实时监测

1）宁明膨胀土公路边坡区域概况

膨胀土边坡位于广西崇左市宁明县崇爱高速公路旁。试验场地附近约 10km 内均分布有膨胀土，弱、中、强跨度均有分布，属于典型的中强膨胀土区域。边坡坡长约为 110m，坡中最高高差为 12m，坡度 1∶1.5。宁明县地处北回归线以南，纬度较低，受海洋季风影响，终年温度较高，雨量较多，夏季多雨，冬季少雨，属于雨季旱季分明的亚热带季风气候。经现场勘探和室内试验，确定该边坡属于中膨胀土不稳定边坡，主要受当地降水影响所致。

2）膨胀土边坡北斗监测点布设

为了实时监测广西宁明膨胀土边坡稳定性，在膨胀土边坡布设一定密度的监测点以实时获取膨胀土的表面变形及土工编织袋处的变形。共布设 9 个北斗/GNSS 监测站（1 个基准点和 8 个监测点），同时还在边坡布设了降水量、土压力、土壤含水量等智能传感器，用于边坡稳定性的安全分析预警（图19-15）。

图19-15　膨胀土边坡北斗/GNSS监测点分布图

3）膨胀土边坡GNSS监测结果分析

选取宁明膨胀土边坡布设的GNSS监测网在2021年258d与2022年243d连续观测的测站变形数据进行分析。其中NNJZ为基准点，其余测站为宁明膨胀土边坡监测点，每个监测点相距GNSS基准点的距离最远约为400m。基于GAMIT/GLOBK软件，实时获取了膨胀土边坡监测点的变形信息（图19-16）。由监测结果可知，NN06、NN07、NN08这3个点各方向的累计变形接近50cm，原因为2021年10月10日～17日、2022年2月18日～21日这两个时间段膨胀土边坡出现了滑动。

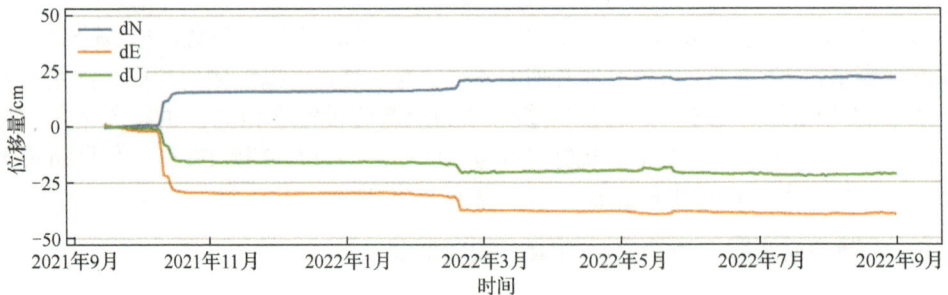

（a）NN06点变形时间序列

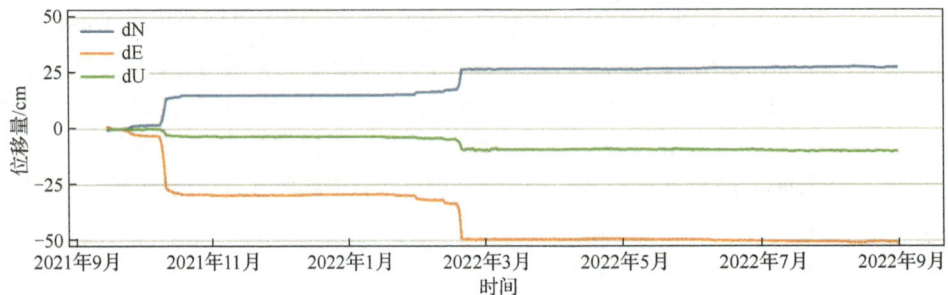

（b）NN07点变形时间序列

图19-16　膨胀土边坡北斗监测点变形时间序列

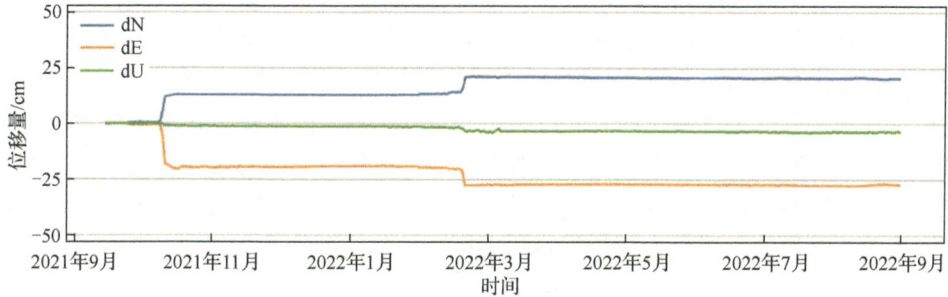

（c）NN08点变形时间序列

dN、dE、dU——北、东及高程方向。

图 19-16（续）

对 NN06、NN07、NN08 3 个监测点进行了皮尔逊（Pearson）相关性分析。监测点位移与土压力变化曲线如图 19-17 所示。边坡土压力与变形有相同的变化趋势，两者在同一时间点发生突变。

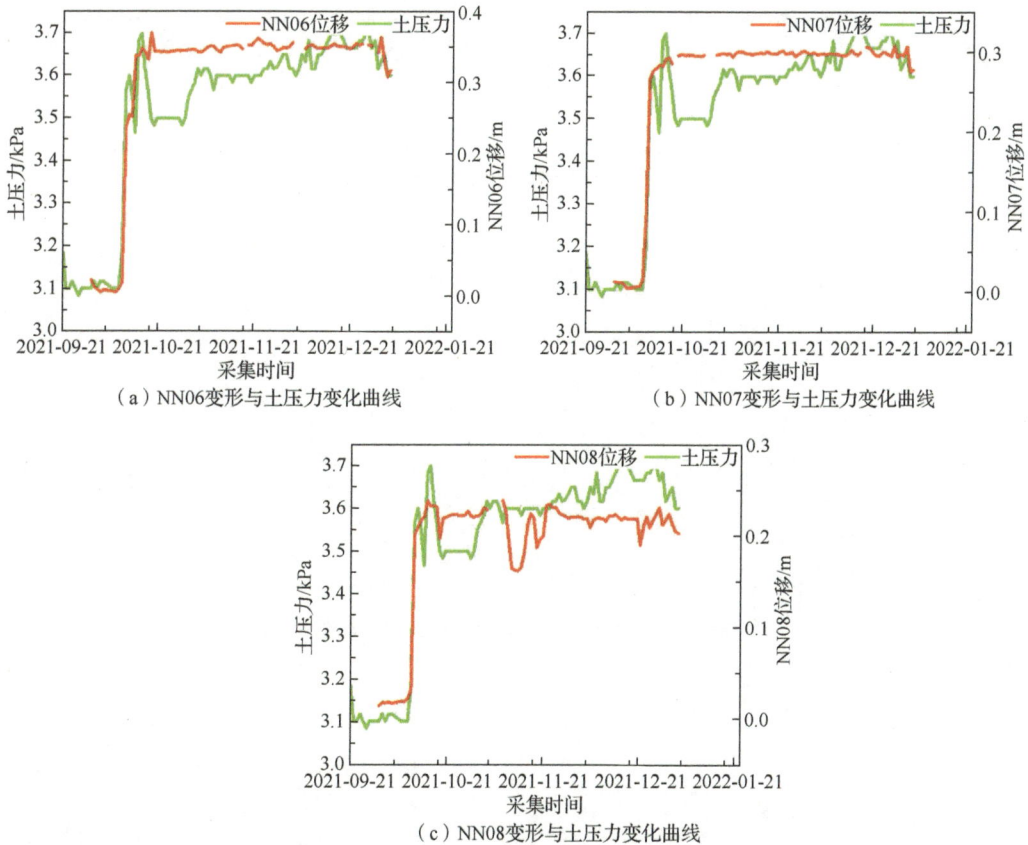

（a）NN06变形与土压力变化曲线

（b）NN07变形与土压力变化曲线

（c）NN08变形与土压力变化曲线

图 19-17　监测点变形与土压力监测结果变化

NN06、NN07、NN08 变形与含水量结果进行了 Pearson 相关性分析，如图 19-18 所示。边坡的土壤含水量序列与北斗变形序列同时发生突变，没有滞后性。但是随着含水量达到极值后，其监测数值逐渐下降，北斗变形监测结果并未继续发生较大变化。在滑坡发生时刻附近时间弧段内有较高的相关性。随着含水量从极值不断降低，边坡变形并未继续增加，相关系数则不断减小。通过分析土壤含水量与监测点变形信息以及土压力信息，可以初步推断，膨胀土坡体在该时间段经历强降水之后，雨水持续入渗导致坡体含水量持续增加，土体软化膨胀，变形呈不断增大趋势。坡体内部应力也相应发生了突变，坡体自身强度不断减小，最终导致该处膨胀土土体的表面破坏，降水量导致土体含水量增加是变形的直接原因，发生变形的根本原因则是坡体内部应力失衡。

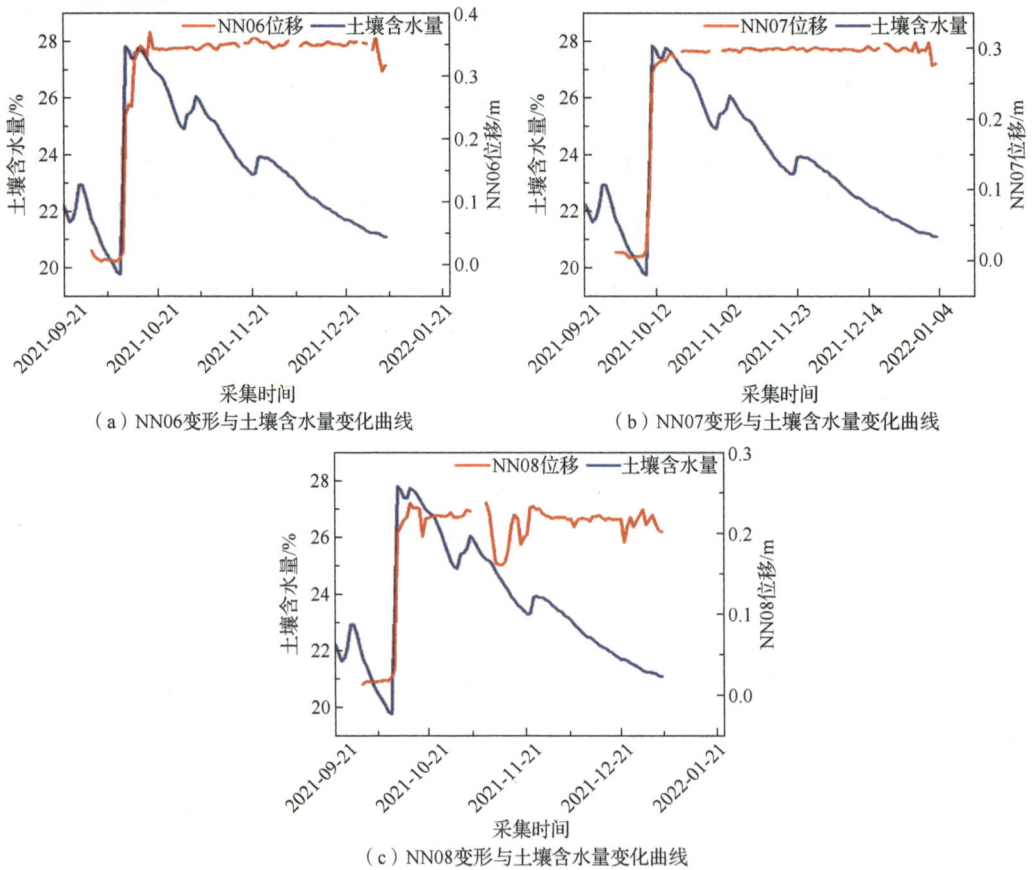

（a）NN06变形与土壤含水量变化曲线

（b）NN07变形与土壤含水量变化曲线

（c）NN08变形与土壤含水量变化曲线

图 19-18　监测点变形与土壤含水量监测结果变化

参 考 文 献

包承纲，2004. 非饱和土的性状及膨胀土边坡稳定问题. 岩土工程学报，26（1）：1-15.

蔡强，李宝幸，宋军，2022. 扩大头锚杆研究进展综述. 科学技术与工程，22（25）：10819-10828.

曹文贵，刘晓明，张永杰，2015. 工程地质学. 长沙：湖南大学出版社.

陈丛丛，2012. 泡沫塑料板（EPS）的物理力学特性及其用于稳定膨胀土渠坡的研究. 武汉：武汉大学.

陈孚华，1979. 膨胀土地基. 石油化学工业部组化工设计院，等译. 北京：中国建筑工业出版社.

陈善雄，余颂，孔令伟，等，2006. 中膨胀土路堤包边方案及其试验验证. 岩石力学与工程学报，25（9）：1777-1783.

陈正汉，2014. 非饱和土与特殊土力学的基本理论研究. 岩土工程学报，36（2）：201-272.

陈正汉，2022. 非饱和土与特殊土力学. 北京：科学出版社.

程永辉，王满兴，熊勇，2019. 伞型锚在鄂北调水工程膨胀土临时边坡加固中的应用. 长江科学院院报，36（4）：71-76.

程展林，龚壁卫，2015. 膨胀土边坡. 北京：科学出版社.

丁振洲，郑颖人，李利晟，2007. 膨胀力变化规律试验研究. 岩土力学，28（7）：1329-1332.

高旭敏，林鲁生，谢孙元，等，2016. 生态边坡—理论与实践. 北京：中国建筑工业出版社.

龚壁卫，程展林，胡波，等，2014. 膨胀土裂隙的工程特性研究. 岩土力学，35（7）：1825-1831.

吉喜斌，康尔泗，陈仁升，等，2006. 植物根系吸水模型研究进展. 西北植物学报，26（5）：1079-1086.

蒋世庭，喻明灯，雷云佩，2011. 膨胀土边坡双排抗滑桩土压力监测与分析. 铁道科学与工程学报，8（6）：70-74.

李生林，秦素娟，薄遵昭，等，1992. 中国膨胀土工程地质研究. 南京：江苏科学技术出版社.

李章政，2011. 土力学与地基基础. 北京：化学工业出版社.

廖世文，1984. 膨胀土与铁路工程. 北京：中国铁道出版社.

林鹏，赵思健，李昂，等，2002. 坡积土渗水软化对边坡稳定性的影响. 工程勘察（1）：26-28.

刘世奇，2004. 植被护坡技术及综合防护体系研究. 武汉：中国科学院武汉岩土力学研究所.

刘斯宏，汪易森，杨旭辉，等，2019. 南水北调中线总干渠膨胀岩（土）渠坡处理潞王坟试验段土工袋处理方案效果分析// 中国水利学会. 中国水利学会 2019 学术年会论文集第四分册，北京：358-368.

刘斯宏，薛向华，樊科伟，等，2014. 土工袋柔性挡墙位移模式及土压力研究. 岩土工程学报，36（12）：2267-2273.

刘特洪，1997. 工程建设中的膨胀土问题. 北京：中国建筑工业出版社.

刘正和，杨录胜，廉浩杰，等，2019. 砂岩钻孔轴向预制裂缝定向压裂试验. 煤炭学报，44（7）：2057-2065.

卢海静，胡夏嵩，付江涛，2016. 寒旱环境植物根系增强边坡土体抗剪强度的原位剪切试验研究. 岩石力学与工程学报，35（8）：1712-1721.

卢小刚，2009. 涨壳式预应力中空锚杆的研究与应用. 铁道建筑技术（11）：96-98.

卢肇钧，吴肖茗，孙玉珍，等，1997. 膨胀力在非饱和土强度理论中的作用. 岩土工程学报，19（5）：20-27.

沈忠言，刘永智，彭万巍，等，1994. 径向压裂法在冻土抗拉强度测定中的应用. 冰川冻土，16（3）：223-231.

松冈元，2003. 地盘工学の新しいアプロチ构成式・试验法・补强法. 日本京都：京都大学学术出版社.

索洛昌 E A，1982. 膨胀土上建筑物的设计与施工. 徐祖森，等译. 北京：中国建筑工业出版社.

万梁龙，2019. 聚苯乙烯泡沫（EPS）减小膨胀土挡墙侧压力的研究. 武汉：武汉大学.

汪红志，张学龙，武杰，2008. 核磁共振成像技术实验教程. 北京：科学出版社.

王维涛，鲁武民，王纬康，等，2023. 涨壳式预应力中空锚杆锚固效果及其支护参数优化. 长安大学学报（自然科学版），43（1）：123-132.

王钊，陈春红，王金忠，2007. 玻璃钢螺旋锚在修复膨胀土渠坡中的应用. 四川大学学报（工程科学版），39（4）：1-5.

魏洪山，王伟志，徐永福，等，2022. 水泥改良土的拉伸强度特性及其计算方法. 水文地质工程地质，49（6）：81-89.

解明曙，1990. 林木根系固坡抗土力学机制研究. 水土保持学报，4（3）：7-14.

徐永福，程岩，唐宏华，2022. 膨胀土边坡失稳特征及其防治技术标准化. 中南大学学报（自然科学版），53（1）：1-20.

徐永福，刘松玉，1999. 非饱和土强度理论及其工程应用. 南京：东南大学出版社.

徐永福，孙婉莹，吴正根，1997. 我国膨胀土的分形结构的研究. 河海大学学报，25（1）：18-23.

徐永福，田美存，1996. 土的分形微结构. 水利水电科技进展，16（1）：25-31.

杨果林，胡敏，申权，等，2017. 膨胀土高边坡支挡结构设计方法与加固技术. 北京：科学出版社.

殷宗泽，韦杰，袁俊平，等，2010. 膨胀土边坡的失稳机理及其加固. 水利学报，41（1）：1-6.

殷宗泽，徐彬，2011. 反映裂隙影响的膨胀土边坡稳定性分析. 岩土工程学报，33（3）：454-459.

殷宗泽，袁俊平，韦杰，等，2012. 论裂隙对膨胀土边坡稳定的影响. 岩土工程学报，34（12）：2155-2161.

殷宗泽，袁俊平，2018. 膨胀土特性与边坡稳定. 北京：科学出版社.

张攀，2020. 高速公路路基边坡植物根系加固机理研究. 上海：上海交通大学.

张颖钧，1993. 裂土挡墙土压力分布探讨. 中国铁道科学，14（2）：90-99.

张颖钧，1995a. 挡墙后裂土膨胀压力分布与设计计算方法. 铁道学报，17（1）：93-102.

张颖钧，1995b. 裂土挡土墙模型试验缓冲层设置的研究. 岩土工程学报，17（1）：39-45.

张颖钧，1995c. 裂土挡土墙土压力分布、实测和对比计算. 大坝观测与土工测试，19（1）：20-26.

郑健龙，杨和平，2009. 公路膨胀土工程. 北京：人民交通出版社.

中国工程建设标准化协会，2023. 非饱和土试验方法标准：T/CECS 1337—2023. 北京：中国建筑工业出版社.

周鸿逵，1984. 三轴拉伸试验中试样的断裂机理. 岩土工程学报（3）：11-23.

朱锦奇，王云琦，王玉杰，2014. 基于试验与模型的根系增强抗剪强度分析. 岩石力学，35（2）：449-458.

Abdollahi M, Vahedifard F, 2021. Model for lateral swelling pressure in unsaturated expansive soils. Journal of Geotechnical and Geoenvironmental Engineering, 147(10): 04021096.

Abu-Hejleh A N, Znidarcic D, 1995. Desiccation theory for soft cohesive soils. Journal of Geotechnical Engineering, 121(6): 493-502.

Akin I D, Likos W J, 2017. Brazilian tensile strength testing of compacted clay. Geotechnical Testing Journal, 40(4): 608-617.

Albrecht B A, Benson C H, 2001. Effect of desiccation on compacted natural clays. Journal of Geotechnical and Geoenvironmental Engineering, 127(1): 67-75.

Alonso E E, Gens A, Josa A, 1990. A constitutive model for partially saturated soils. Géotechnique, 40(3): 405-430.

Alonso E E, Vaunat J, Gens A, 1999. Modelling the mechanical behaviour of expansive clays. Engineering geology, 54(1-2): 173-183.

ASTM, 2017. Standard specification for rigid cellular polystyrene geofoam: D6817M-17. West Conshohocken, PA: ASTM.

Avnir D, Jaroniec M, 1989. An isotherm equation for adsorption on fractal surfaces of heterogeneous porous materials. Langmuir, 5: 1431-1433.

Ayad R, Konrad J M, Znidarcic D, 1997. Desiccation of a sensitive clay: application of the model CRACK. Canadian Geotechnical Journal, 34 (6): 943-951.

Aytekin M, 1997. Numerical modeling of EPS geofoam used with swelling soil. Geotextiles and Geomembranes, 15: 133 -146.

Barton N R, 1971. A relationship between joint roughness and joint shear strength//Rock Fracture Proceedings of the International Symposium on Rock Mechanics, Nancy, France: 1-8.

Barton N R, 1973. Review of a new shear strength criterion for rock joints. Engineering Geology, 7: 287-332.

Beckett C T S, Smith J C, Ciancio D, et al, 2015. Tensile strengths of flocculated compacted unsaturated soils. Géotechnique Letters, 5: 253-260.

Berardino P, Fornaro G, Lanari R, et al, 2002. A new algorithm for surface deformation monitoring based on small baseline differential SAR interferograms. IEEE Transactions on geoscience and remote sensing, 40(11): 2375-2383.

Berndt R D, Coughlan K J, 1976. The nature of changes in bulk density with water content in a cracking clay. Australian Journal of Soil Research, 15(1): 27-37.

Bischetti G B, Chiaradia E A, Simonato T, et al, 2005. Root strength and root area ratio of forest species in Lombardy (Northern Italy). Plant and Soil, 278(1-2): 11-22.

Bishop A W, Alpan L, Blight G E, 1960. Factors controlling the shear strength of partly saturated cohesive soils//ASCE Research Conference on the Shear Strength of Cohesive soils, University of Colorado: 503-532.

Bloembergen N, Purcell E M, Pound R V, 1948. Relaxation effects in nuclear magnetic resonance absorption. Physical review, 73(7): 679.

Boivin P, Garnier P, Vauclin M, 2006. Modeling the soil shrinkage and water retention curves with the same equations. Soil Science Society of America Journal, 70 (4): 1084-1093.

Brand E W, Phillipson H B, Borrie G W, et al, 1983. In situ shear tests on Hong Kong residual soil//Proceedings of the International Symposium: Soil and Rock Investigations by In Situ Testing, Paris, France: 13-17.

Braudeau E, Costantini J M, Bellier G, et al, 1999. New device and method for soil shrinkage curve measurement and characterization. Soil Science Society of America Journal, 63: 525-535.

Bronswijk J J B, 1988. Modeling of water balance, cracking and subsidence of clay soils. Journal of Hydrology, 97 (3-4): 199-212.

Bronswijk J J B, 1991. Relation between vertical soil movements and water-content changes in cracking clays. Soil Science Society of America Journal, 55(5): 1220-1226.

Calvello M, Lasco M, Vassallo R, 2005. Compressibility and residual shear strength of smectitic clays: influence of pore aqueous solutions and organic solvents. Rivista Italiana di Geotecnica, 1: 34-46.

Casimir H B, Polder D, 1948. The influence of retardation on the London-van der Waals forces. Physical Review, 73(4): 360.

Chapman D L, 1913. A contribution to the theory of electrocapillarity. Philosophical Magazine, 25(148): 475-481.

Chertkov V Y, Ravina I, Zadoenko V, 2004. An approach for estimating the shrinkage geometry factor at a moisture content. Soil Science Society of America Journal, 68: 1807-1817.

Chertkov V Y, 2000. Modeling the pore structure and shrinkage curve of soil clay matrix. Geoderma, 95: 215-246.

Chertkov V Y, 2003. Modelling the shrinkage curve of soil clay pastes. Geoderma, 112: 71-95.

Clayton C R I, Symons I F, Hiedra-Coco J C, 1991. Pressure of clay backfill against retaining structures. Canadian Geotechnical Journal, 28 (2): 282-297.

Coates G R, Xiao L L, Prammer M G, 1999. NMR logging principles and application. Houston: Halliburton Energy Services Publication.

Cornelis W M, Corluy J, Medina H, et al, 2006. Measuring and modelling the soil shrinkage characteristic curve. Geoderma, 137: 179-191.

Costa S, Kodikara J, Shannon B, 2013. Salient factors controlling desiccation cracking of clay in laboratory experiments. Géotechnique, 63 (1): 18-29.

Crescimanno G, Provenzano G, 1999. Soil shrinkage characteristic curve in clay soils: measurement and prediction. Soil Science Society of America Journal, 63: 25-32.

Dasaka S M, Gade V K, 2018. Effect of long-term performance of EPS geofoam on lateral earth pressures on retaining walls// Krishna M A, Dey A, Sreedeep S. Geotechnics for Natural and Engineered Sustainable Technologies. Singapore: Springer, 271-289.

De Baets S, Poesen J, Reubens B, et al, 2008. Root tensile strength and root distribution of typical Mediterranean plant species and their contribution to soil shear strength. Plant and Soil, 305(1-2): 207-226.

Di Maio C, Santoli L, Schiavone P, 2004. Volume change behaviour of clays: the influence of mineral composition, pore fluid composition and stress state. Mechanics of Materials, 36: 435-451.

Docker B B, Hubble T C T, 2009. Modelling the distribution of enhanced soil shear strength beneath riparian trees of south-eastern Australia. Ecological Engineering, 35(5): 921-934.

Fan C, Chen Y, 2010. The effect of root architecture on the shearing resistance of root-permeated soils. Ecological Engineering, 36(6): 813-826.

Fan C, Su C, 2008. Role of roots in the shear strength of root-reinforced soils with high moisture content. Ecological Engineering, 33(2): 157-166.

Fan K W, Zou W L, Zhang P, et al, 2024. Laboratory investigation and theoretical analysis of lateral pressure exerted by expansive soils on retaining walls with expanded polystyrene geofoam block upon water infiltration. Geotextiles and Geomembranes, 52(3): 332-341.

Fatahi B, Khabbaz H, Indraratna B, 2010. Bioengineering ground improvement considering root water uptake model. Ecological Engineering, 36: 222-229.

Feddes R A, Kowalik P, Kolinska-Malinka K, et al, 1976. Simulation of field water uptake by plants using a soil water dependent root extraction function. Journal of Hydrology, 31(1-2): 13-26.

Fredlund D G, Morgenstern N R, Widger R A, 1978. The shear strength of unsaturated soils. Canadian Geotechnical Journal, 15: 313-321.

Fredlund D G, Morgenstern N R, 1976. Constitutive relations for volume change in unsaturated soils. Canadian Geotechnical Journal, 13(3): 261-276.

Friesen W I, Mikula R J, 1987. Fractal dimensions of coal particles. Journal of Colloid and Interface Science, 120 (1): 263-271.

Frydman S, 1992. An effective stress model for swelling of soils//Proceedings of the 7th International Conference on Expansive Soils, Dallas, Texas (USA): 191-195.

Garga V K, 1988. Effect of sample size on shear strength of basaltic residual soils. Canadian Geotechnical Journal, 25: 478-487.

Giráldez J V, Sposito G, Delgado C, 1983. A general soil volume change equation: I. The two-parameter model. Soil Science Society of America Journal, 47: 419-422.

Giráldez J V, Sposito G, 1983. A general soil volume change equation: II. Effect of load pressure. Soil Science Society of America Journal, 47: 424-425.

Godefroy S, Korb J-P, Fleury M, et al, 2001. Surface nuclear magnetic relaxation and dynamics of water and oil in macroporous media. Physical Review E, 64(2): 021605.

Gouy, M, 1910. Sur la constitution de la charge électrique à la surface d'un électrolyte. Journal de Physique Théorique et Appliquée, 1(9): 457-468.

Graham J, Williams D J, 1992. Cracking in drying soils. Canadian Geotechnical Journal, 29(2): 263-277.

Gray D H, Ohashi H, 1983. Mechanics of fiber reinforcement in sand. Journal of Geotechnical Engineering, 109(3): 335-353.

Green S R, 1993. Radiation balance, transpiration and photo-synthsis of an isolated tree. Agricultural and Forest meteorology, 64: 201-221.

Groenevelt P H, Bolt G H, 1972. Water retention in soil. Soil Science, 113: 238-245.

Groenevelt P H, Grant C D, 2001. Re-evaluation of the structural properties of some British swelling soils. European Journal of Soil Science, 52: 469-477.

Groenevelt P H, Grant C D, 2002. Curvature of shrinkage lines in relation to the consistency and structure of a Norwegian clay soil. Geoderma, 106: 235-245.

Hassiotis S, Chameau J L, Gunaratne M, 1997. Design method for stabilization of slopes with piles. Journal of Geotechnical and Geoenvironmental Engineering, 123(4): 314-322.

Holtz W G, Gibbs H J, 1956. Engineering properties of expansive clays. Transactions of the American Society of Civil Engineers, 121(1): 641-663.

Horvath J S, 2005. Integral-abutment bridges: geotechnical problems and solutions using geosynthetics and ground improvement// Proceedings of the 2005 FHWA Conference on Integral Abutment and Jointless Bridges, Baltimore, Maryland, USA: 1-11.

Ibarra S Y, McKyes E, Broughton R S, 2005. Measurement of tensile strength of unsaturated sandy loam soil. Soil & Tillage Research, 81: 15-23.

Ito T, Matsui T, Hong W P, 1981. Design method for stabilizing piles against landslide-one row of piles. Soil Foundation, 21 (1): 21-37.

Jaeger F, Bowe S, Van As H, et al, 2009. Evaluation of ^{1}H NMR relaxometry for the assessment of pore - size distribution in soil samples. European Journal of Soil Science, 60(6): 1052-1064.

Jaky J, 1944. The coefficient of earth pressure at rest. Journal of Society of Hungarian Architects and Engineers, 78(22): 355-358.

Katti R K, Bhangale E S, Moza K K, 1983. Lateral pressure in expansive soil with and without a cohesive non-swelling soil layer-application to earth pressures on cross drainage structures in canals and key walls in dams (Studies on $K0$ Condition), Technical Report 32. Central Board of Irrigation and Power, New Delhi, India.

Katti R K, Katti D R, Katti A R, 2002. Behaviour of saturated expansive soil and control methods, Revised and enlarged edition. The Netherlands: Balkema.

Kim D J, Vereecken H, Feyen J, et al, 1992. On the characterization of properties of an unripe marine clay soil: I. Shrinkage processes of an unripe marine clay soil in relation to physical ripening. Soil Science, 153(6), 471-481.

Konrad J-M, Ayad R, 1997. An idealized framework for the analysis of cohesive soils undergoing desiccation. Canadian Geotechnical Journal, 34: 477-488.

Korb J-P, Hodges M W, Bryant R, 1998. Translational diffusion of liquids at surface of microporous materials: New theoretical analysis of field cycling magnetic relaxation measurements. Magnetic Resonance Imaging, 16(5-6): 575-578.

Lakshmikantha M R, Prat P C, Ledesma A, 2012. Experimental evidence of size effect in soil cracking. Canadian Geotechnical Journal, 49(3): 263-284.

Li J H, Zhang L M, 2011. Study of desiccation crack initiation and development at ground surface. Engineering Geology, 123: 347-358.

Liu Y L, Vanapalli S K, 2017. Influence of lateral swelling pressure on the geotechnical infrastructure in expansive soils. Journal of Geotechnical and Geoenvironmental Engineering, 143(6): 04017006.

Lo K Y, 1970. The operational strength of fissured clays. Geotechnique, 20 (1): 57-74.

Low P F, 1980. The Swelling of clay: II. Montmorillonites. Soil Science Society of America Journal, 44(4): 667-676.

McGarry D, Malafant K W J, 1987. The analysis of volume change in unconfined units of soil. Soil Science Society of America Journal, 51: 290-297.

McKeen R G, Johnson L D, 1990. Climate-controlled soil design parameters for mat foundations. Journal of Geotechnical Engineering, 116(7): 1073-1094.

Mesri G, Olson R E, 1971. Consolidation characteristics of montmorillonite. Geotechnique, 21(4): 341-352.

Michalowski R L, 2013. Stability assessment of slopes with cracks using limit analysis. Canadian Geotechnical Journal, 50(10): 1011-1021.

Mitchell J K, Soga K, 2005. Fundamentals of soil behavior. New York: John Wiley & Sons.

Mitchell P W, 1980. The structural analysis of footings on expansive soil. 2nd ed. P.W.503 Mitchell and Kenneth: W.G.Smith & Associates Pty. Ltd.

Morris P M, Graham J, Williams D J, 1992. Cracking in drying soils. Canadian Geotechnical Journal, 29: 263-277.

Moza K K, Katti R K, Katti D R, 1987. Active pressure studies in saturated expansive soil. Proceedings of the 8th Asian Regional Conference on Soil Mechanics and Foundation Engineering, Kyoto, Japan, 189-192.

Nahlawi H, Chakrabarti S, Kodikara J, 2004. A direct tensile strength testing method for unsaturated geomaterials. Geotechnical Testing Journal, 27(4): 356-361.

Namikaw T, Koseki J, 2007. Evaluation of tensile strength of cement-treated sand based on several types of laboratory tests. Soils Foundation, 47(4): 657-674.

Neimark A, 1992. A new approach to determination of surface fractal dimension of porous solids. Physica A, 191: 258-262

Nelson J D, Chao K C, Overton D D, et al, 2015. Foundation engineering for expansive soils. Hoboken, New Jersey: John Wiley & Sons.

Ng C W W, Liu H W, Feng S, 2015. Analytical solutions for calculating pore-water pressure in an infinite unsaturated slope with different root architectures. Canadian Geotechnical Journal, 52(12): 1981-1992.

Nitao J J, Bear J, 1996. Potentials and their role in transport in porous media. Water Resources Research, 32(2): 225-250.

Olivella S, Gens A, Carrera J, et al, 1996. Numerical formulation for a simulator (CODE_BRIGHT) for the coupled analysis of saline media. Engineering computations, 13(7): 88-112.

Olsen P A, Haugen L E, 1998. New model of the shrinkage characteristic applied to some Norwegian soils. Geoderma, 83: 67-81.

Operstein V, Frydman S, 2000. The influence of vegetation on soil strength. Ground Improvement, 4: 81-89.

Or D, Tuller M, 1999. Liquid retention and interfacial area in variably saturated porous media: upscaling from single‐pore to sample‐scale model. Water Resources Research, 35(12): 3591-3605.

Peng X, Horn R, 2005. Modeling soil shrinkage curve across a wide range of soil types. Soil Science Society of America Journal, 69: 584-592.

Peron H, Hueckel T, Laloui L, et al, 2009. Fundamental of desiccation cracking of fine-grained soils: experimental characterization and mechanisms identification. Canadian Geotechnical Journal, 46: 1177-1201.

Picarelli L, Di Maio C, 2010. Deterioration processes of hard clays and clay shales. Engineering Geology Special Publications, 23: 15-32.

Pollen N, Simon A, 2005. Estimating the mechanical effects of riparian vegetation on stream bank stability using a fiber bundle model. Water Resources Research, 41(7): 1-11.

Pufahl D E, Fredlund D G, Ranardjo H, 1983. Lateral earth pressures in expansive clay soils. Canadian Geotechnical Journal, 20: 229-241.

Rahardjo H, Lee T T, Leong E C, et al, 2005. Response of a residual soil slope to rainfall. Canadian Geotechnical Journal, 42: 340-351.

Sapaz B, 2004. Lateral versus vertical swell pressures in expansive soils. Ankara: Middle East Technical University.

Scott G J T, Webster R, Nortcliff S, 1986. An analysis of crack pattern in clay soil: its density and orientation. Journal of Soil Science, 37: 653-668.

Shahrokhabadi S, Vahedifard F, Ghazanfari E, et al, 2019. Earth pressure profiles in unsaturated soils under transient flow. Engineering Geology, 260: 105218.

Shin H, Santamarina J C, 2011. Desiccation cracks in saturated fine-grained soils: particle-level phenomena and effective-stress analysis. Géotechnique, 61 (11): 961-972.

Sridharan A, Sreepada R, Sivapullaiah P V, 1986. Swelling pressure of clays. Geotechnical Testing Journal, 9(1): 24-33.

Stirk G B, 1954. Some aspects of soil shrinkage and the effect of cracking upon water entry into the soil. Australian Journal of Agricultural Research, 5(2): 279-296.

Stirling R A, Hughes P, Davie C T, et al, 2015. Tensile behaviour of unsaturated compacted clay soils: a direct assessment method. Applied Clay Science, 112-113: 123-133.

Stirling R A, Toll D G, Glendinning S, et al, 2020. Weather-driven deterioration processes affecting the performance of embankment slopes. Géotechnique, 71(11): 957-969.

Studds P G, Stewart D I, Cousens T W, 1998. The effects of salt solutions on the properties of bentonite-sand mixtures. Clay Minerals, 33: 651-661.

Sudhindra C, Moza K K, 1988. An approach for lateral pressure assessment in expansive soils. Proceedings of the 6th International Conference on Expansive Soils, New Delhi, India: 67-70.

Tamrakar S B, Mitachi T, Toyosawa Y, et al, 2005. Development of a new soil tensile strength test apparatus. GSP 138 Site Characterization and Modeling, ASCE.

Tariq A, Durnford D S, 1993a. Analytical volume change model for swelling clay soils. Soil Science Society of America Journal, 57: 1184-1187.

Tariq A, Durnford D S, 1993b. Soil volumetric shrinkage measurements: a simple method. Soil Science, 155: 325-330.

Timoshenko S P, Goodier J N, 2004. Theory of elasticity. Beijing: Tsinghua University Press.

Trabelsi H, Romero E, Jamei M, 2018. Tensile strength during drying of remoulded and compacted clay: the role of fabric and water retention. Applied Clay Science, 162: 57-68.

Tudisco E, Vitone C, Mondello C, et al, 2022. Localised strain in fissured clays: the combined effect of fissure orientation and confining pressure. Acta Geotechnica, 17: 1585-1603.

Van Genuchten M T, 1980. A closed-form equation for predicting the hydraulic conductivity of unsaturated soils. Soil Science Society of America Journal, 44: 894-898.

Van Olphen H, 1977. An introduction to clay colloid chemistry: for clay technologists, geologists and soil scientists. 2nd ed. New York: Wiley.

Varsei M, Miller G A, Hassanikhah A, 2016. Novel approach to measuring tensile strength of compacted clayey soil during desiccation. International Journal of Geomechanics, 16(6): D4016011.

Viswanadham B V S, Jha B K, Pawar S N, 2010. Experimental study on flexural testing of compacted soil beams. Journal of Materials in Civil Engineering, 22 (5): 460-468.

Ward W H, Marsland A, Samuels S G, 1965. Proprieties of the London clay at the Ashford common shaft: in-situ and undrained strength tests. Géotechnique, 15 (4): 321-344.

Wheeler T D, Stroock A D, 2008. The transpiration of water at negative pressures in a synthetic tree. Nature, 455: 208-213.

Wu T H, Mckinnell III W P, Swanston D N, 1979. Strength of tree roots and landslides on Prince of Wales Island, Alaska. Canadian Geotechnical Journal, 16(1): 19-33.

Xu Y F, 2004a. Fractal approach to unsaturated shear strength. Journal of Geotechnical and Geoenvironmental Engineering, 130 (3): 264-273.

Xu Y F, 2004b. Bearing capacity of unsaturated expansive soils. Geotechnical and Geological Engineering, 22: 611-625.

Xu Y F, Jiang H, Chu F F, et al. 2014. Fractal model for surface erosion of cohesive sediments. Fractals, 22(3): 1440006.

Xu Y F, Matsuoka H, Sun D A, 2003. Swelling characteristics of fractal-textured bentonite and its mixtures. Applied Clay Science, 22(4): 199-209.

Xu Y F, Zhang H R, 2021. Design of soilbag-protected slopes in expansive soils. Geotextiles and Geomembranes, 49: 1036-1045.

Zhang B Q, Li S F, 1995. Determination of the surface fractal dimension for porous media by mercury porosimetry. Industrial & Engineering Chemistry Research, 34: 1383-1386.

附录　现场病害调查表

边坡编号：　　　　　　　　时间：　　　　　　　　天气：

所属桩段：

一、边坡信息

一级边坡坡度：　　　　　　二级边坡坡度：

二、排水工程

1. 截水沟信息（破损、堵塞）　　总长：

编号	类型	面积/长度	编号	类型	面积/长度

2. 排水沟信息（破损、堵塞）　　总长：

编号	类型	面积/长度	编号	类型	面积/长度

三、骨架植被护坡工程

1. 植物防护工程：　□有　　□无

绿化类型：　　　　绿化总面积：　　　　缺损面积：

2. 骨架植物防护工程：□有　　□无

绿化类型：　　　　骨架数量：　　　　单个绿化面积：　　　　缺损面积：

骨架破损信息：

编号	面积/长度	编号	面积/长度	编号	面积/长度

四、连锁块/混凝土护坡面工程

破坏类型：破损、隆起、凹陷

编号	类型	面积	编号	类型	面积

五、护岸挡土墙

破坏类型：裂缝、破损情况、滑移、沉降等

裂缝

编号	长度	最大宽度	编号	长度	最大宽度

破损情况

编号	程度	面积/长度	编号	程度	面积/长度

滑移、沉降

编号	类型	距离	编号	类型	距离